PROBABILITY AND MATHEMATICAL STATISTICS

概率论与数理统计

人工智能专用

田霞　徐瑞民·编

中国纺织出版社有限公司

内 容 提 要

本书介绍了与人工智能密切相关的概率论与数理统计的内容。全书分成两大部分，第一部分主要介绍概率论的知识，涵盖概率论的基本概念、一维随机变量及其分布、二维随机变量及其分布，数字特征，大数定理和中心极限定理外，还增加了信息论基础知识、若干集中不等式的相关知识。第二部分主要介绍常见的数理统计知识，包括抽样分布、参数估计（包括贝叶斯估计）、假设检验、方差分析。为了满足机器学习的两大目标任务：分类和预测，又介绍了回归分析和聚类分析。还介绍了概率论与数理统计的具体知识点在人工智能里的应用。在最后的附录二给出了数理统计部分问题的 python 程序实现。在每一章每一小节后面配备各种题型的习题。每章后面配备本章的总复习题。习题分为两类：习题 A 可以作为对本章知识内容的考察，习题 B 中收集了历年研究生入学考试试题，有利于考研复习。

本书适合从事机器学习的在校学生、高校研究者使用，也可作为高等理工科院校非数学专业的学生学习概率论与数理统计课程的教材使用。

图书在版编目（CIP）数据

概率论与数理统计：人工智能专用 / 田霞，徐瑞民编 . -- 北京 : 中国纺织出版社有限公司，2021.5（2023.10 重印）

ISBN 978-7-5180-8427-2

Ⅰ . ①概… Ⅱ . ①田… ②徐… Ⅲ . ①概率论②数理统计 Ⅳ . ① 021

中国版本图书馆 CIP 数据核字 (2021) 第 046954 号

责任编辑：郝珊珊　　责任校对：王蕙莹　　责任印制：储志伟

中国纺织出版社有限公司出版发行

地址：北京市朝阳区百子湾东里 A407 号楼　邮政编码：100124

销售电话：010—67004422　传真：010—87155801

http://www.c-textilep.com

中国纺织出版社天猫旗舰店

官方微博 http://weibo.com/2119887771

北京虎彩文化传播有限公司印刷　各地新华书店经销

2021 年 5 月第 1 版　2023 年 10 月第 4 次印刷

开本：710 × 1000　1/16　印张：29.5

字数：426 千字　定价：88.00 元

前　言

随着人工智能的迅猛发展，越来越多的高校建立人工智能研究院，申请人工智能专业或者智能科学与技术专业。2019 年，教育部批准 96 所高校新增智能科学与技术本科专业，35 所高校新增人工智能本科专业。人工智能类本科专业需要扎实的概率论与数理统计基础。已有的经典的概率论与数理统计教材已经不太能适应人工智能类本科专业的需要和发展。本教材是专门针对人工智能类本科专业编写的概率论与数理统计教材，主要增加了关于贝叶斯估计、聚类分析、信息论等相关知识。还介绍了概率论与数理统计的具体知识点在人工智能里的应用。相信本教材的出版会为从事该人工智能方向的研究者和初学者提供有益的参考。

本书内容为十一章，前五章为概率论部分，六到十一章为数理统计部分。建议学时为 80 学时。概率论部分主要介绍概率论的知识，涵盖概率论的基本概念、一维随机变量及其分布、二维随机变量及其分布，数字特征，大数定理和中心极限定理、若干集中不等式和信息论基础部分。数理统计部分主要介绍常见的数理统计的知识，包括抽样分布、参数估计(包括贝叶斯估计)、假设检验、方差分析。为了满足机器学习的两大目标任务:分类和预测，介绍了回归分析和聚类分析。附录二给出了数理统计部分问题的 python 程序实现。

本书的习题分节而设置，每一小节后面配备各种题型的习题。每章配备本章的总复习题。习题分为两类:习题 A 可以作为对本章的知识内容的考察，这部分习题绝大多数是基本题目，只有极少数为较难的题目。第一到第七章的习题 B 收集了历年研究生入学考试试题，有利于考研复习，并在习题中标出具体的试题的年份。本教材的习题均由作者搜集，参考了众多教材和习题集而成。

在此，我们感谢齐鲁工业大学数学与统计学院的三位院长，他们对本教材的编写给与大力的支持。感谢齐鲁工业大学数学与统计学院的察可文教授对本教材的特色、具体内容等方面给与了大量的指导。感谢齐鲁工业大学云计算 18 级的金立威、贾青州、韩其鑫三位同学和人工智能特色班 18 级的同学们，他们对本书内容的校对做出了工作。最后感谢中国纺织出版社的编辑对本书的支持和帮助。

本教材由齐鲁工业大学教材建设资金资助。第一章到第十一章由齐鲁工业大学田霞编写，章节思维导图由齐鲁工业大学徐瑞民完成。

田霞、徐瑞民

2020 年 11 月

目　录

第一章　随机事件与概率

第一节　随机事件及样本空间

概率论与数理统计是研究和揭示随机现象统计规律性的一门数学学科．由于随机现象的普遍性，概率论与数理统计的理论与方法得到了越来越广泛的应用，几乎遍及所有科学技术领域、工农业生产和国民经济各个部门，例如气象预报、水文、地震预报、试验设计等．它与其他学科相结合发展了许多新的学科，如生物统计、数学地质、环境数学等．概率论与数理统计还是一些重要学科如可靠性理论、控制论、人工智能等的理论基础．

机器学习中，得到的结果通常是一个概率值，比如手写数字识别的正确率为0.95，那么0.95就是概率．如何理解这个概率呢？我们从样本空间入手．

一、随机现象和样本空间

在自然界中，我们经常会遇到两类现象——确定性现象与随机现象．

每天早晨太阳都从东方升起，这是确定性现象．水在一个标准大气压下，加热到100°C就会沸腾，这也是确定性现象．在一定条件下一定会发生的现象称为**确定性现象**．将一枚质地均匀的硬币向上抛掷，则可能正面向上，也可能反面向上，这是随机现象．又如孵化中的一只鸡蛋，有孵化出小鸡及孵不出小鸡两种可能．这样，孵得出小鸡便是一种有可能出现，但未必一定出现的现象，为随机现象．在一定条件下有可能出现，但未必一定出现的现象称为**随机现象**．

定义 1　事先知道所有的可能的结果(有多种结果)，但是每次试验前不知道会出现哪种结果的现象称为**随机现象**．

投掷硬币、抽取纸牌、观察天气、射击目标、商场的顾客数、公交车站候车人数、发生交通事故的次数等均是随机现象．

如果试验在相同条件下可以重复进行，而且每次试验的结果事前不可预测，就称它为一个**随机试验**，简称**试验**．有些试验是不能重复进行的，比如某场足球比赛．概率论主要研究可以重复进行的随机试验．

随机试验具有如下三个特征：

第一，可以重复进行．

第二，试验的可能结果不止一个，事先知道所有可能结果．有的是人为设置，有的是必须经历，但是每次试验前不知道哪种结果会出现．

第三，做大量试验时，试验结果具有统计规律性．

在随机试验的所有结果中，有一些结果是在一次试验中必然有一个要出现并且只有一个出现，这种结果称为**基本结果**．基本结果称为**样本点**，**记为** ω_1，ω_2，…，ω_n，….

定义 2 由所有的样本点组成的集合称为一个随机试验的**样本空间**，记作 Ω，则 $\Omega=\{\omega_1, \omega_2, \cdots, \omega_n, \cdots\}$.

随机试验的实例不胜枚举，其中较为典型的实例有：

【例 1】 将一枚硬币垂直向上抛，结果可能是正面朝上，也可能是反面朝上．因此，抛一枚硬币是随机试验．若正面朝上记作 H，反面记作 T，那么上抛一枚硬币的样本空间 $\Omega_1=\{H, T\}$.

检验产品是正品还是次品，其样本空间也可以表示为 $\Omega_1=\{H, T\}$，此时 H 表示正品，T 是次品．还有考试成绩是否及格，车牌识别是否正确等．不同的试验对应的样本空间可以是相同的．

抛掷两枚硬币也是随机试验．其样本空间为 $\Omega_2=\{HH, HT, TH, TT\}$，即四种可能结果：正正，正反，反正，反反．

若是试验的目的改成观察正面向上出现的次数，则样本空间为 $\Omega_3=\{0, 1, 2\}$．说明同一个试验，如果试验目的不同，样本空间可以是不同的．

【例 2】 抛掷一颗质地均匀的骰子，观察出现的点数，结果有 6 种．因此，掷一颗骰子是随机试验．样本空间为 $\Omega_4=\{1, 2, 3, 4, 5, 6\}$.

抛掷两颗骰子也是随机试验．其样本空间为 $\Omega_5=\{(i, j) \mid i, j=1, 2, 3, 4, 5, 6\}$，其中的 (i, j) 分别表示第一颗骰子和第二颗骰子出现的点数．

【例 3】 测定某厂家生产的灯泡的寿命，试验的结果是时间 t(单位：小时)，其样本空间为 $\Omega_6=\{t \mid t\geqslant 0\}$.

【例 4】 记录某城市 120 急救电话台一昼夜接到的呼唤次数．其样本空间为 $\Omega_7=\{0, 1, 2, \cdots\}$.

前面提到的手写数字识别中的样本空间为 $\Omega_8=\{0, 1, 2, \cdots, 9\}$，而对人脸识别来说，如果只是针对某个人做人脸识别，则样本空间为 $\Omega=\{$正确，错误$\}$．针对所有人来说，由于不断有新生儿，所以样本空间的样本点个数理论上为可列无限个，$\Omega_9=\{(\omega_1, \omega_2, \cdots, \omega_n, \cdots) \mid \omega_i \in$ (正确，错误)$\}$，每个样本点看作一个人．

包含的样本点个数是有限个或者无限可列个的样本空间称为**离散型样本空间**，若包含的样本点个数是无限不可列个称为**连续型样本空间**．

二、随机事件

定义 3 随机试验的结果称为**随机事件**，简称为**事件**．随机事件事前不能确定，事后可观察到是否发生，以 A，B，C，…，表示．

比如教师任取一个学号(随机)，请对应的学生站起来回答问题，站起来的可以是"男生""女生""戴眼镜的学生""穿蓝衣服的学生""高个子""体重在 60 公斤以上的"——这些都是随机事件．

若随机事件的样本空间只包含单个的样本点，称为**基本事件**．包含两个及以上的样本点，称为**复合事件**．如果把样本空间看作集合，随机事件则可以看作是样本空间 Ω 的子集．

在例 1 中，抛一枚硬币时，A 表示事件"正面朝上"，B 表示事件"反面朝上"，都是样本空间 $\Omega_1=\{H, T\}$的子集，为基本事件．抛两枚硬币时，事件 C"至少有一枚硬币正面朝上"，$C=\{(HH), (HT), (TH)\}$，则 C 是样本空间 $\Omega_2=\{HH, HT, TH, TT\}$的子集，为复合事件．

在例 2 中掷一颗骰子时，事件"奇数点朝上"表示为 $A=\{1, 3, 5\}$．掷两颗骰子时，事件"朝上的点数之和刚好是 9"表示为 $B=\{(3, 6), (4, 5), (5, 4), (6, 3)\}$，属于复合事件．

事件 A 包含的样本点在一次试验中出现了，称事件 A 发生．比如掷骰子试验中出现了 3 点，则事件 A="奇数点朝上"发生了．

【例 5】 在 52 张扑克牌中，任取一张，A="抽到红桃"，B="抽到 J"，这两个都是事件，但都不是基本事件，为复合事件．而"抽到黑桃 6"是基本事件．

将样本空间 Ω 看作是一个特殊的事件，在每次试验中都会发生，则称 Ω 为**必然事件**．空集 Φ 也看作是一个特殊的事件，在每次试验中都不会发生，称 Φ 为**不可能事件**．必然事件包含所有的样本点，不可能事件不包含任何样本点．

三、事件的关系与运算

事物之间总是相互联系的，事件之间也存在着一定的关系．需要研究事件之间的关系和事件之间的一些运算，设 A，B 是样本空间 Ω 的任意两个事件．

1. 事件的集合表示

可以用集合的观点描述事件，必然事件是全集，事件是样本空间的子集，不

可能事件 Φ 是空集．

根据集合之间的关系与运算，可以得到事件之间的关系与运算．

2. 事件的关系

(1)事件的包含关系

如果 A 发生必然导致 B 发生，则称 A 包含于 B 或 B 包含 A，记作 $A\subset B$. 当 $A\subset B$ 时，属于 A 的元素一定属于 B，A 是 B 的子集．

集合语言：A 中的样本点全在 B 内．

事件语言：若 A 发生，则 B 必发生．

(2)事件的相等关系

如果 $A\subset B$ 并且 $B\subset A$，则称 A 与 B 等价(或相等)，记作 $A=B$.

含义：$A\subset B$ 且 $B\subset A$，A 与 B 是同一个事件．

(3)事件的和(并)

A 与 B 中至少有一个发生，称为 A 与 B 的和事件，记作 $A\cup B$ 或者 $A+B$.

$A\cup B$ 是由只属于 A 或者只属于 B 或者既属于 A 又属于 B 的元素所组成的集合．由 A 和 B 中所有的样本点构成．

推广：$\bigcup\limits_{i=1}^{n}A_i$ 表示 A_1，A_2，…，A_n 这 n 个事件中至少有一个发生．

(4)事件的积(交)

A 与 B 都出现，称为 A 与 B 的积事件(交事件)，记作 $A\cap B$，也可记作 AB.

含义：A 与 B 同时发生．$A\cap B$ 是由既属于 A 又属于 B 的元素组成的集合，它是在 A 与 B 都发生的条件下出现的一个新事件．

推广：$\bigcap\limits_{i=1}^{n}A_i$ 表示 A_1，A_2，…，A_n 这 n 个事件同时(都)发生．

(5)互不相容事件(互斥)

若 $AB=\Phi$，则称 A、B 互不相容，即 A、B 不能同时发生．A、B 无公共的样本点．

结论 1　基本事件一定两两互斥．

(6)差事件

A 发生但是 B 不发生，记为 $A-B$. 将 B 中的样本点从 A 中去掉，由属于 A 而不属于 B 的元素组成的集合．

(7)逆事件(对立事件)

A 不发生，记为 $\overline{A}$. 显然 $A\overline{A}=\Phi$(不相容)且 $A\cup\overline{A}=\Omega$(完备).

用来表示集合之间关系的文氏图，也可以用来表示随机事件之间的相互关系.

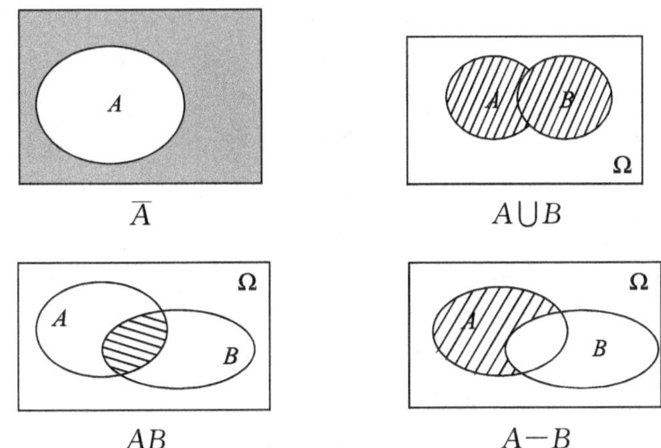

结论 2　$A-B=A\overline{B}=A-AB$，$A=A\overline{B}\cup AB$，$A\cup B=A\overline{B}\cup B=\overline{A}B\cup A$.

【例 6】　掷一枚质地均匀的硬币三次，A_i（$i=1$，2，3）表示第 i 次是正面，则：

(1)$A_1A_2A_3$：三次全是正面；

(2)$A_1\overline{A}_2\overline{A}_3$：只有第一次是正面；

(3)$\overline{A}_1A_2A_3\cup A_1\overline{A}_2A_3\cup A_1A_2\overline{A}_3$：有一次是反面；

(4)$A_1\cup A_2\cup A_3$：至少有一次是正面.

3. 事件间运算规律

【例 7】　有一项活动，可以自愿报名．设事件 $A=\{$甲报名$\}$，$B=\{$乙报名$\}$，则：

$A\cup B=\{$甲、乙至少有一人报名$\}$；

$A\cap B=\{$甲、乙都报名$\}$；

$\overline{A\cup B}=\overline{A}\overline{B}=\{$甲、乙都不报名$\}$；

$\overline{A}\cup\overline{B}=\overline{AB}=\{$甲、乙至少有一人不报名$\}$.

后面两个结果就是事件运算规律的德摩根律．

【例 8】　从数字 1，2，…，9 中可重复地任取 n 次，事件 A 表示“所取的 n 个数字的乘积能被 6 整除”、事件 B 表示“所取的 n 个数字中没有 3”、事件 C 表示“所取的 n 个数字中没有偶数”，则事件 A、B、C 的关系为 $A=\overline{B}\cap\overline{C}=\overline{B\cup C}$.

事件间运算规律有：

(1)交换律：$A\cup B=B\cup A$，$A\cap B=B\cap A$；

(2)结合律：$A\cup B\cup C=A\cup(B\cup C)$，$A\cap B\cap C=A\cap(B\cap C)$；

(3)分配律：$(A\cup B)\cap C=(AC)\cup(BC)$，$A\cap(B\cup C)=(AB)\cup(AC)$；

(4)德摩根(DeMorgan)定律(对偶律)：

$\overline{A\cup B}=\overline{A}\overline{B}$；$\overline{AB}=\overline{A}\cup\overline{B}$；$\overline{A\cup B\cup C}=\overline{A}\overline{B}\overline{C}$；$\overline{ABC}=\overline{A}\cup\overline{B}\cup\overline{C}$.

推广：$\overline{\bigcup_{i=1}^{n}A_i}=\bigcap_{i=1}^{n}\overline{A}_i$，$\overline{\bigcap_{i=1}^{n}A_i}=\bigcup_{i=1}^{n}\overline{A}_i$

【例 9】 向指定目标射击 3 枪，如果 $A_1=$｛第一枪击中目标｝，$A_2=$｛第二枪击中目标｝，$A_3=$｛第三枪击中目标｝，则：

(1)$A_1\cup A_2\cup A_3=$｛至少有一枪击中目标｝；

(2)$A_1A_2A_3=$｛三枪都击中目标｝；

(3)$A_1\overline{A}_2\overline{A}_3=$｛只有第一枪击中目标｝；

(4)$A_1\overline{A}_2\overline{A}_3+\overline{A}_1A_2\overline{A}_3+\overline{A}_1\overline{A}_2A_3=$｛只有一枪击中目标｝；

(5)$\overline{A_1\cup A_2\cup A_3}=\overline{A}_1\overline{A}_2\overline{A}_3=$｛三枪都没有击中目标｝；

(6)$\overline{A_1A_2A_3}=\overline{A}_1\cup\overline{A}_2\cup\overline{A}_3=$｛至少有一枪没有击中目标｝.

4. 事件的分割

B 是 Ω 中的一个事件，如果样本空间 $\Omega=\{A_1, A_2, \cdots, A_n, \cdots\}$，则：

$$B=BA_1\cup BA_2\cup\cdots\cup BA_n\cup\cdots$$

分割定律表达了一个事件与所在的样本空间中各个基本事件的因果关系．最简单的分割为 $B=BA\cup B\overline{A}$.

【例 10】 超市里有甲、乙、丙三厂生产的牛奶若干箱，从中任取一箱，又从中任取一盒牛奶，如果 $A_1=$｛取出的是甲厂的牛奶｝，$A_2=$｛取出的是乙厂的牛奶｝，$A_3=$｛取出的是丙厂的牛奶｝，$B=$｛取出合格的牛奶｝，则 $B=BA_1+BA_2+BA_3$，其中 $BA_1=$｛取出的是甲厂生产的合格牛奶｝，$BA_2=$｛取出的是乙厂生产的合格牛奶｝，$BA_3=$｛取出的是丙厂生产的合格牛奶｝.

习题 1.1

一、选择题

1. 设 A，B，C 为三个事件，则 A，B，C 至少发生一个的事件应该表示为(　　)

A. ABC　　B. $A\cup B\cup C$　　C. $\overline{ABC}$　　D. $A\overline{BC}$

2. 设 A，B，C 为三个事件，则 A，B，C 至少发生两个的事件应该表示为(　　)

A. $AB\cup AC\cup BC$　　B. $AB\cup AC\cup ABC$

C. ABC　　D. $A\cup B\cup C$

3. 对于事件 A 和 B，下述命题正确的是(　　)

A. 如果 A 与 B 互不相容，则 A 与 B 相互对立

B. 如果 A 与 B 相互对立，则 A 与 B 互不相容

C. 如果 A 与 B 相容，则 $\overline{A}$ 与 $\overline{B}$ 相容

D. 如果 A 与 B 互不相容，则 $\overline{A}$ 与 $\overline{B}$ 互不相容

4.(01 年研)对于任意二事件 A 和 B，与 $A\cup B=B$ 不等价的是(　　)

A. $A\subset B$　　B. $\overline{B}\subset\overline{A}$　　C. $A\overline{B}=\Phi$　　D. $\overline{A}B=\Phi$

5. 设样本空间为$\{1, 2, 3, \cdots, 10\}$，$A=\{1, 2, 3\}$，$B=\{3, 4, 5\}$，$C=\{4, 5, 6\}$，则$\overline{AB\cup C}$表示的集合是(　　)

A. $\{3, 4\}$　　B. $\{3, 4, 5, 6\}$

C. $\{7, 8\}$　　D. $\{1, 2, 7, 8, 9, 10\}$

6. 设 A、B 为两个事件，则$(A+B)(\overline{A}+\overline{B})$表示(　　)

A. 必然事件　　B. 不可能事件

C. A 与 B 恰有一个发生　　D. A 与 B 不同时发生

7. 在单位圆内任取一点，记录它的坐标，则该随机试验的样本空间为(　　)

A. $\Omega=\{(x, y)\mid x^2+y^2\leqslant 1\}$　　B. $\Omega=\{(x, y)\mid x^2+y^2<1\}$

C. $\Omega=\{(x, y)\mid |x|\leqslant 1, |y|\leqslant 1\}$　　D. $\Omega=\{(x, y)\mid |x|<1, |y|<1\}$

二、综合题

1. 写出下列试验的样本空间.

(1)连续投掷一颗骰子直至 6 点出现两次，记录投掷的次数.

(2)连续投掷一颗骰子直至 6 点接连出现两次，记录投掷的次数.

(3)连续投掷一枚硬币直到出现 10 次正面为止，记录投掷次数.

(4)连续投掷一枚硬币直至反面出现为止，观察正反面出现的情况.

(5)投掷一颗骰子，若出现 1 点，则掷一枚硬币，否则再抛一次骰子，观察出现的各种结果.

(6)抛掷三颗骰子一次，观察三次点数之和.

2. 设 A，B，C 为三个事件，试表示下列事件.

(1)A 发生，B 与 C 不发生.

(2)A，B 都发生，而 C 不发生.

(3)A，B，C 中至少有一个发生.

(4)A，B，C 都发生.

(5)A，B，C 都不发生.

(6)A，B，C 中不多于一个发生.

(7)A，B，C 中不多于二个发生.

(8)A，B，C 中至少有二个发生.

3. 掷骰子试验中，记事件 A 为“掷出的点数为 2，3，4”，B 为“掷出的点数为 3，4，5”，C 为“掷出的点数为 5，6”，写出下列事件：

(1)$\overline{A}B$；(2)$\overline{A}\cup B$；(3)$\overline{A(B\cup C)}$；(4)$A\,\overline{BC}$.

第二节　概率的定义及性质

一、可能性大小的度量

在相同条件下进行大量重复的试验，随机事件的出现就会呈现出一定的规律性．这种规律性是由事件自身决定的，是客观存在的．我们可以根据该事件在大量重复试验中出现的次数来度量这一事件出现的可能性．

例如，抛一颗质地均匀的硬币，做大量的重复试验时，发现正面向上和反面向上出现的次数几乎是一样的，可以认为它们出现的可能性各为 0.5. 掷一颗质地均匀的骰子，做大量的重复试验时，6 个点数出现的次数几乎是一样的，认为它们出现的可能性各为 1/6.

我们可以用一个数来度量可能性的大小，这个数至少应该满足：

(1)可以在相同条件下通过大量的重复试验得到，且是事件本身所固有的，不随做试验的人的主观意志而改变的一种客观的度量．

(2)事件出现可能性大的值就大，事件出现可能性小的值就小．

(3)必然事件的值是最大的，取为 1. 不可能事件的值是最小的，取为 0. 这样的数称为事件发生的概率，记作 P.

度量可能性常用的方法有统计法、古典概型法和几何概型法．

二、概率的统计定义

在相同条件下进行重复的试验，如果事件 A 在 n 次试验中出现了 k 次，则 k 称为这 n 次试验中事件 A 出现的频数，比值 $\frac{k}{n}$ 为事件 A 出现的频率，记为 $f(A)$，即 $f(A)=\frac{k}{n}$.

【例 1】 抛一枚质地均匀的硬币的重复试验，结果如下：

试验者	上抛次数	正面朝上次数	正面朝上的频率
蒲丰	4040	2048	0.5069
皮尔逊	12000	6019	0.5016
皮尔逊	24000	12012	0.5005

试验表明，大量的试验会呈现某种规律性，这叫做统计规律性．例如，掷一枚均匀的硬币试验中，正面出现的频率的稳定值为 1/2.

在相同条件下进行大量重复的试验，频率的稳定值称为**概率**．频率和概率的区别为：频率具有波动性，每做一次试验，就会有一个频率；而概率不会随着试验而改变．

频率的性质为：

(1)非负性：$f(A)\geqslant 0$；

(2)正则性：$f(\Omega)=1$，$f(\Phi)=0$；

(3)可加性：对于两两互斥的事件 A_1、A_2、…、A_n，有：

$$f(A_1\cup A_2\cup\cdots\cup A_n\cdots)=f(A_1)+f(A_2)+\cdots+f(A_n)$$

根据贝努利大数定律，当 n 很大时，频率收敛于概率，所以解决实际问题时，不能确定某个事件的概率，且数据量足够大时，可以用频率近似代替概率．

三、概率的公理化定义

定义 1 设 E 是随机试验，Ω 是该试验的样本空间．对 E 中的事件 A 赋予一个实数，记为 $P(A)$，若 $P(A)$ 满足如下三条公理：

(1)非负性：$P(A)\geqslant 0$；

(2)正则性：$P(\Omega)=1$；

(3)可列可加性：对于两两互斥的可列个事件 A_1，A_2，…，A_n…，有：

$$P(A_1\cup A_2\cup\cdots\cup A_n\cdots)=P(A_1)+P(A_2)+\cdots+P(A_n)+\cdots$$

则称 $P(A)$ 为事件 A 的概率．

深度学习很重要的应用便是对数据进行分析和预测．既然是预测，可能的结果自然不止一个，或者说每个结果都有发生的概率，而我们需要做的便是寻找概率最高的事件．

四、概率的性质

性质 1 $P(\Phi)=0$

证明 对于两两互斥的可列个事件 Ω，Φ，…，Φ，…，有：

$$P(\Omega)=P(\Omega\cup\Phi\cup\cdots\cup\Phi\cdots)=P(\Omega)+P(\Phi)+\cdots+P(\Phi)+\cdots$$

由正则性 $P(\Omega)=1$，有：

$$1=1+P(\Phi)+\cdots+P(\Phi)+\cdots$$

因为 $P(\Phi)$ 为常数，所以 $P(\Phi)=0$.

注意：不可能事件的概率为 0，概率为 0 的事件不一定是不可能事件．必然事件的概率为 1，概率为 1 的事件不一定是必然事件．

性质 2 (有限可加性)对于两两互斥的有限个事件 A_1，A_2，…，A_n，有：

$$P(A_1\cup A_2\cup\cdots\cup A_n)=P(A_1)+P(A_2)+\cdots+P(A_n)$$

证明 对于两两互斥的可列个事件 A_1，A_2，…，A_n，Φ，Φ，…Φ，…，有：

$$\begin{aligned}P(A_1\cup A_2\cup\cdots\cup A_n)&=P(A_1\cup A_2\cup\cdots\cup A_n\cup\Phi\cup\Phi\cdots\cup\Phi\cdots)\\&=P(A_1)+P(A_2)+P(A_n)+P(\Phi)+\cdots+P(\Phi)+\cdots\\&=P(A_1)+P(A_2)+\cdots+P(A_n)\end{aligned}$$

性质 3 (减法公式)$P(A-B)=P(A)-P(AB)$

证明 由 $A=(AB)\cup(A-B)$，且 $A-B$ 与 AB 互斥，由有限可加性知，

$P(A)=P(AB)+P(A-B)$，故 $P(A-B)=P(A)-P(AB)$

推论：(单调性)对任意事件 A，B，若 $A\subset B$，则 $P(A)\leqslant P(B)$.

性质 4 (加法公式)对任意事件 A，B，有 $P(A\cup B)=P(A)+P(B)-P(AB)$.

证明 由 $A\cup B=(A-B)\cup B$，且 $A-B$ 与 B 互斥，由有限可加性知，$P(A\cup B)=P(A-B)+P(B)=P(A)-P(AB)+P(B)=P(A)+P(B)-P(AB)$，一般地，有：

$$P(A\cup B\cup C)=P(A)+P(B)+P(C)-P(AB)-P(BC)-P(AC)+P(ABC)$$

$$P(A_1\cup A_2\cup\cdots\cup A_n)=\sum_{i=1}^{n}P(A_i)-\sum_{1\leqslant j<i\leqslant n}P(A_iA_j)+\sum_{1\leqslant j<k<i\leqslant n}P(A_iA_jA_k)+\cdots+(-1)^{n-1}P(A_1A_2\cdots A_n)$$

性质 5 (逆公式)对任意事件 A，$P(\overline{A})=1-P(A)$.

性质 6 对任意事件 A，有 $P(A)\leqslant 1$.

【例 1】 设 $P(A)=0.3$，$P(B)=0.4$，若分别满足(1)A 与 B 互斥；(2)$A\subset B$；(3)$P(AB)=0.1$，求 $P(A\cup B)$ 与 $P(\overline{A}B)$.

解：(1)因为 A 与 B 互斥，则 $P(A\cup B)=P(A)+P(B)=0.7$，所以有 $P(\overline{A}B)=P(B)-P(AB)=0.4$.

(2)因为 $A\subset B$，$A\cup B=B$，$AB=A$，所以 $P(A\cup B)=P(A)+P(B)-P(AB)=0.4$，$P(\overline{A}B)=P(B)-P(AB)=0.1$.

(3)$P(A\cup B)=P(A)+P(B)-P(AB)=0.6$，$P(\overline{A}B)=P(B)-P(AB)=0.3$.

【例 2】 抛一枚硬币 5 次，求有正有反的概率．

解：记 A=\{掷硬币 5 次全为正面\}，B=\{掷硬币 5 次有正面也有反面\}，C=\{掷硬币 5 次全为反面\}，则：

$$P(B)=1-P(\overline{B})=1-P(A)-P(C)=1-\frac{1}{2^5}-\frac{1}{2^5}=\frac{15}{16}$$

【例 3】 已知事件 A，B，$A\cup B$ 的概率分别为 0.4，0.3，0.6，求 $P(A\overline{B})$.

解：由 $P(A\cup B)=P(A)+P(B)-P(AB)$，$0.6=0.4+0.3-P(AB)$，有 $P(AB)=0.1$，于是 $P(A\overline{B})=P(A)-P(AB)=0.4-0.1=0.3$.

概率的六大性质一定熟记，尤其是概率的加法公式和减法公式．

习题 1.2

一、选择题

1.(91 年研)A，B 是任意两个概率不为 0 的互不相容事件，则必成立的是(　　)

A. $\overline{A}$ 与 $\overline{B}$ 不相容　　B. $\overline{A}$ 与 $\overline{B}$ 相容

C. $P(AB)=P(A)P(B)$　　D. $P(A-B)=P(A)$

2.(87 年研)若二事件 A 和 B 同时出现的概率 $P(AB)=0$，则(　　)

A. A 和 B 不相容(互斥)　　B. AB 是不可能事件

C. AB 未必是不可能事件　　D. $P(A)=0$ 或 $P(B)=0$

3. (92 年研)设当事件 A 与 B 同时发生时，事件 C 必发生，则(　　)

A. $P(C)\leqslant P(A)+P(B)-1$　　B. $P(C)\geqslant P(A)+P(B)-1$

C. $P(C)=P(AB)$　　D. $P(C)=P(A\cup B)$

4. 设 A、B 是任意两个互不相容的事件，则一定有 $P(A\cup B)=$(　　)

A. $P(A)P(B)$　　B. $P(A)+P(B)-P(A)P(B)$

C. $1-P(\overline{A})P(\overline{B})$　　D. $P(A)+P(B)$

二、填空题

1.(92 年研)已知 $P(A)=P(B)=P(C)=\frac{1}{4}$，$P(AB)=0$，$P(AC)=P(BC)=\frac{1}{16}$，则事件 A、B、C 全不发生的概率为________.

2. 设 $P(\overline{A})=0.5$，$P(\overline{A}B)=0.2$，$P(B)=0.4$，则 $P(AB)=$________，$P(A-B)=$________，$P(A\cup B)=$________，$P(\overline{AB})=$________.

3. 当事件 A，B 满足 $B\subset A$，则 $P(A-B)=$________，若把条件 $B\subset A$ 去掉，则 $P(A-B)=$________.

三、计算题

1.(94年研)已知事件 A、B，满足 $P(AB)=P(\overline{A}\overline{B})$，记 $P(A)=p$，求 $P(B)$.

2. 已知 $P(A)=0.8$，$P(A-B)=0.2$，求 $P(\overline{AB})$.

3. 设 $P(A)=P(B)=0.5$，试证：$P(AB)=P(\overline{A}\overline{B})$.

4. 设 A，B 是两个事件，已知 $P(A)=0.25$，$P(B)=0.5$，$P(AB)=0.125$，求 $P(A\cup B)$，$P(\overline{A}B)$，$P(\overline{AB})$，$P[(A\cup B)(\overline{AB})]$.

5. 设 A，B 是两事件且 $P(A)=0.5$，$P(B)=0.7$，问：

(1)在什么条件下 $P(AB)$取到最大值，最大值是多少？

(2)在什么条件下 $P(AB)$取到最小值，最小值是多少？

第三节　古典概型和几何概型

一、排列与组合

1. 不允许重复的排列

定义 1　从 n 个不同元素中不放回(不重复)地选取 m 个元素，按照一定的顺序排成一列，称为排列，记为 P_n^m(或 A_n^m)，则所有不同排列的总数为：

$$P_n^m=A_n^m=\frac{n!}{(n-m)!}=n(n-1)\cdots(n-m+1)$$

2. 允许重复的排列

定义 2　从 n 个不同元素中有放回(可重复)地取 m 个元素进行排列，称为允许重复的排列(可重排列)，所有不同排列的总数为 n^m.

3. 组合

定义 3　从 n 个不同元素中不重复地选取 m 个元素，不考虑顺序问题，组成一组，称为从 n 个不同元素中选取 m 个元素的组合，则所有不同组合的总数为：

$$C_n^m=\frac{n!}{m!\ (n-m)!}=\frac{P_n^m}{m!}$$

4. 分组组合

定义 4　把 n 个不同元素分成 k 组($1\leqslant k\leqslant n$)，使第 i 组有 n_i($i=1,2,\cdots,n$)个元素，$\sum_{i=1}^{k}n_i=n$，若组内元素不考虑顺序，那么不同分法的总数为$\frac{n!}{n_1!\cdots n_k!}$.

二、古典概率

1. 古典概型

定义 5　若试验满足以下条件：

第一，样本空间中包含的样本点个数是有限的；

第二，每个样本点发生的可能性相同(等可能性)，即：

$$P(\omega_1)=P(\omega_2)=\cdots=P(\omega_n)=\frac{1}{n}$$

则称之为**古典概型**(等可能概型). 古典概型中事件 A 发生的概率为：

$$P(A)=\frac{n_A}{n}=\frac{A\text{ 所含的样本点数}}{\text{样本点总数}}=\frac{\text{对 }A\text{ 有利的可能数}}{\text{总的可能数}}$$

注意：此处关心的是样本点的个数，而不是具体的哪些基本条件.

(1)常见模型——不放回抽样

N 个产品，其中 M 个不合格品、$N-M$ 个合格品(口袋中有 M 个白球，$N-M$ 个黑球). 从中不放回任取 n 个，则这 n 个产品中有 m 个不合格品的概率为：

$$\frac{C_M^m C_{N-M}^{n-m}}{C_N^n},\ n\leqslant N,\ m\leqslant M,\ n-m\leqslant N-M$$

此模型又称为超几何模型.

【例 1】　一副扑克牌 52 张(去掉大小王)，随机抽 3 张，求事件“抽到的都是黑桃”的概率.

解：设事件 A 为抽到的都是黑桃，样本空间里总的样本点数是 C_{52}^3，所以 $P(A)=\frac{C_{13}^3}{C_{52}^3}=\frac{11}{850}=0.0129$.

注意：同时抽 2 张和不放回的先后抽 2 张，效果是一样的(不考虑次序的话).

【例 2】　从一批 9 个正品，3 个次品的产品中，依次任取 5 件，记 A=“恰有两件次品”，B=“至少有一件次品”，C=“至少有两件次品”，求三个事件 A，B，C 的概率.

解：(1)$P(A)=\frac{C_9^3C_3^2}{C_{12}^5}=\frac{7}{22}=0.318$.

(2)$P(B)=\frac{C_{12}^5-C_9^5}{C_{12}^5}=1-\frac{7}{44}=0.841$.

(3)“至少有两件次品”包含两种可能：有两件次品和有三件次品.

$$P(C)=\frac{C_3^2C_9^3+C_3^3C_9^2}{C_{12}^5}=\frac{4}{11}=0.364$$

(2)常见模型——放回抽样

N 个产品，其中 M 个不合格品、$N-M$ 个合格品(口袋中有 M 个白球，$N-M$ 个黑球). 从中有放回任取 n 个，则这 n 个中有 m 个不合格品的概率为：

$$\frac{C_n^m M^m (N-M)^{n-m}}{N^n}=C_n^m\left(\frac{M}{N}\right)^m\left(\frac{N-M}{N}\right)^{n-m},\ m\leqslant n$$

此模型为二项分布.

【例 3】 (分房问题)设有 n 个人，每个人都被等可能地分配到 $N(n\leqslant N)$ 个房间中去住，求下列事件的概率.

(1)指定的 n 个房间，其中各住一人；

(2)恰有 n 个房间，其中各住一人；

(3)某指定的一个房间中恰有 m 个人住.

解：(1)因为 n 个房间已经指定好，所以只需要 n 个人直接入住即可，则有 $n!$ 种分法，概率为 $\frac{n!}{N^n}$.

(2)从 N 个房间中选出 n 个房间，共有 C_N^n 种选法，再将 n 个人入住，概率为 $\frac{C_N^n n!}{N^n}$.

(3)从 n 个人选出 m 个人去住指定的房间，则有 C_n^m 种选法，剩下的 $n-m$ 个人去住剩下的 $N-1$ 个房间，概率为 $\frac{C_n^m (N-1)^{n-m}}{N^n}$.

【例 4】 (生日问题)某班有 50 个同学，问至少有两个人的生日在同一天的概率(假定一年按 365 天计算).

解：设 $A=$“至少有两个人的生日在同一天”，则 $P(A)=1-\frac{C_{365}^{50}50!}{365^{50}}=0.97$.

【例 5】 (抽签问题)设 10 张票中有 3 张甲票，10 个同学依次从中任取一张，求第 $k(1\leqslant k\leqslant 10)$ 个同学抽到甲票的概率.

解：先考虑第 k 个同学，再考虑其他同学，则 $P(A)=\frac{C_3^1 9!}{10!}=\frac{3}{10}$.

说明抽签不必争先恐后，每个人抽到的机会都是一样的.

【例 6】 12 名新生中有 3 名优秀生，将他们随机平均分配到 3 个班中去，试求：

(1)每班各分配到一名优秀生的概率；

(2)3 名优秀生分配到同一个班的概率.

解：(1)每班各分配到一名优秀生，共有 $3!$ 种分法. 剩下的 9 人平均分到每个班，各 3 人，由分组组合的公式得概率为 $\frac{3!\times 9!/(3!\,3!\,3!)}{12!/(4!\,4!\,4!)}$.

(2)3 名优秀生分配到同一个班，共有 3 种分法．则该班还需要 1 人，剩下的 8 人可以分为两组，每组人数分别为 4，由分组组合的公式得概率为 $\frac{3\times 9!/(1!\ 4!\ 4!)}{12!/(4!\ 4!\ 4!)}$.

【例 7】 (配对问题)有 n 个人参加晚会，每人带一件礼物，各人的礼物互不相同，晚会随机抽取礼物，则至少一人抽到自己的礼物的概率是多少？

解： 记 $A_i=\{$第 i 人抽到自己的礼物$\}$，$i=1, 2, \cdots, n$，则所求概率为 $P(A_1\cup A_2\cup\cdots\cup A_n)$．因为

$$P(A_1)=P(A_2)=\cdots=P(A_n)=\frac{1}{n}$$

$$P(A_1A_2)=P(A_1A_3)=\cdots=P(A_{n-1}A_n)=\frac{1}{n(n-1)}$$

$$P(A_1A_2A_3)=P(A_1A_2A_4)=\cdots=P(A_{n-2}A_{n-1}A_n)=\frac{1}{n(n-1)(n-2)},\ \cdots,$$

$$P(A_1A_2\cdots A_n)=\frac{1}{n!}$$

于是

$$P(\bigcup_{i=1}^{n}A_i)=\sum_{i=1}^{n}P(A_i)-\sum_{1\leqslant i<j\leqslant n}P(A_iA_j)+\sum_{1\leqslant i<j<k\leqslant n}P(A_iA_jA_k)+\cdots (-1)^{n-1}P(A_1A_2\cdots A_n)$$

$$=1-\frac{1}{2!}+\frac{1}{3!}-\frac{1}{4!}+\cdots+(-1)^{n-1}\frac{1}{n!}\approx 1-\mathrm{e}^{-1}$$

2. 使用古典概型注意的问题及解决方法

(1)等可能性

使用古典概型解题目时，一定注意等可能性这个条件．

【例 8】 随机抛两枚均匀硬币，出现一正一反概率是 1/2 还是 1/3？

解： 这个概率应是$\frac{1}{2}$．初学者常取{两正，一正一反，两反}为样本空间，错误地得出$\frac{1}{3}$．错误的原因是“正，一正一反，两反”这三个结果不是等可能的．

【例 9】 袋中有 5 只白球，4 只黑球，从中不放回取出三球，求顺序为黑白黑的概率．

解： 设 A 表示“陆续取出三球的顺序为黑白黑”．在计算事件 A 中包含的样本点个数时要考虑三球的排列顺序．而在计算样本空间中包含的样本点个数时，也需要考虑三球的排列．所以概率为 $P(A)=\frac{4\times 5\times 3}{9\times 8\times 7}$.

(2)样本空间包含样本点的个数是有限的

古典概型中的另一个条件是要求包含样本点的个数是有限的，如果样本空间是包含无限多样本点，可以将其等价缩减．

【例 10】 求任取一自然数能被 3 整除的概率．

解：首先取 $\Omega=\{1, 2, \cdots, n, \cdots\}$ 为样本空间，这时样本点具有等可能性，但样本点个数不是有限的，不满足古典概型的要求．因为任一自然数模 3 的余数是 0，1，2，且由于取数是随机的，故得到的余数也是随机的．因此可以取样本空间为 $\Omega_1=\{0, 1, 2\}$，此时样本空间包含的样本点个数有限，且是等可能的．被 3 整除意味着模 3 余数为 0，故任取一自然数能被 3 整除的概率为 1/3.

3. 概率性质的应用

【例 11】 口袋有编号为 1，2，…，n 的 n 个球，从中有放回抽取 m 次，求 m 个球中最大号码为 k 的概率．

解：记 $A_k=\{m$ 个球最大号码为 $k\}$，$B_k=\{m$ 个球最大号码小于等于 $k\}$，则 $P(B_k)=\frac{k^m}{n^m}$，$P(A_k)=P(B_k)-P(B_{k-1})=\frac{k^m-(k-1)^m}{n^m}$，$k=1, 2, \cdots, n$.

三、几何概型

如果随机试验的样本空间有无限多个样本点，各个样本点出现的可能性相同，并且根据问题的实际意义可以将各个样本点看作是某个区间或区域 Ω 中的一个点，将各个样本点出现的可能性相同理解为在 Ω 中的任一小区间或区域 G 任取一点的可能性只与 G 的测度(长度、面积、体积等)成正比，而与 G 的位置及形状无关，那么 $A=\{$在 Ω 中任取一点，该点落在 $G\}$ 的可能性只与 G 的测度(长度、面积、体积等)成正比，而与 G 的位置及形状无关，可定义事件 A 出现的概率 $P(A)=\frac{G\text{ 的测度}}{\Omega\text{ 的测度}}$，并且称这样的概率为**几何概率**．得到**几何概型**的定义如下：

定义 6 若(1)可度量性．样本空间 Ω 充满某个区域，其度量(长度、面积、体积)为 S_Ω；

(2)等可能性．落在 Ω 中的任一子区域 G 的概率，只与子区域的度量 S_G 有关，而与子区域的位置无关，则事件 A 的概率为：

$$P(A)=\frac{S_G}{S_\Omega}$$

【例 12】 (会面问题)两人相约 7 点至 8 点在某地会面，先到者等候另一人 20 分钟，过时就离去，试求两人能会面的概率．

解：设两人到达的时刻分别为 x，y，以分钟作为计时单位，则两人能会面

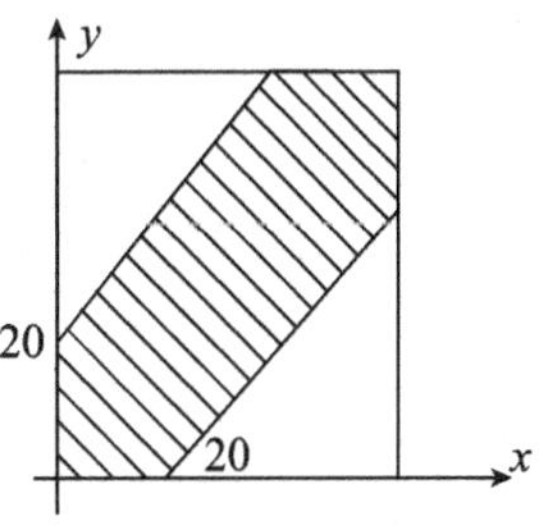

的充要条件为：

$$|x-y|\leqslant 20\Leftrightarrow\begin{cases}x-y\leqslant 20\\x-y\geqslant -20\end{cases}$$

这是一个几何概型问题，样本空间为边长为 60 的正方形区域，能会面的点落在带状区域内里，见图 1.2，于是所求概率为 $P=\dfrac{60^2-40^2}{60^2}=\dfrac{5}{9}$.

【例 13】 将一个长度为 a 的木棒截成三段，求这三段可以构成一个三角形的概率．

解： 设三段长度分别为 x，y，$a-x-y$，则满足如下条件：

$$\begin{cases}0<x<a\\0<y<a\\0<a-x-y<a\end{cases}，\quad 所以有\begin{cases}0<x<a\\0<y<a\\0<x+y<a\end{cases}.$$

构成一个三角形，则需要满足两边之和大于第三边，所以有：

$$\begin{cases}x+y>a-x-y\\x+a-x-y>y\\y+a-x-y>x\end{cases}，化简得\begin{cases}0<x<a/2\\0<y<a/2\\x+y>a/2\end{cases}，从而概率为 P=\frac{\frac{1}{8}a^2}{\frac{1}{2}a^2}=\frac{1}{4}.$$

【例 14】 （蒲丰投针问题）在一个平面上，画有若干条平行线，距离为 d，把一个长为 $l(l<d)$ 的针投掷在画有平行线的平面上，求针与任一平行线相交的概率．

解： 将针的中点与最近一根平行线的距离记为 x，针与线的夹角记为 α，显然 $0\leqslant\alpha\leqslant\dfrac{\pi}{2}$，针与平行线相交的充要条件是 $\dfrac{x}{\sin\alpha}\leqslant\dfrac{l}{2}$，化解为 $x\leqslant\dfrac{l}{2}\sin\alpha$，见图 1.3 和图 1.4. 计算得：

$$x=\frac{l}{2}\sin\alpha$$

$$\frac{\int_0^{\frac{\pi}{2}}\frac{l}{2}\sin\alpha d\alpha}{\frac{d}{2}\cdot\frac{\pi}{2}}=\frac{2l}{d\pi}$$

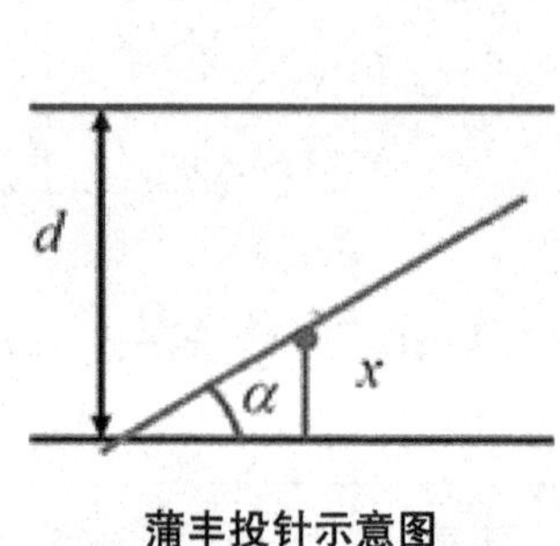

蒲丰投针示意图

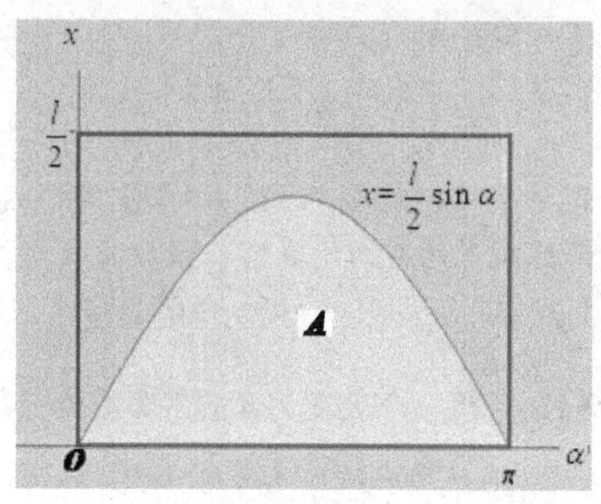

蒲丰投针的关系图

关于蒲丰投针问题，历史上有一些学者做过该试验，这是一个颇为奇妙的方法．只要设计一个随机试验，使一个事件的概率与某个常数相关，然后通过重复试验，以频率估计概率，即可求得未知常数的近似解．试验次数越多，求得近似解就越精确．随着计算机的发展，人们可以利用计算机大量重复地模拟所设计的随机试验，这种方法称为随机模拟法，也称为蒙特卡罗方法．比如我们可以利用蒲丰投针问题随机模拟计算圆周率的值．根据大数定律，当试验次数趋于很大的时候，平行线与针相交的概率可以近似认为是频率，由此概率用相应的频率替代，可以得到圆周率的近似值．

注意：此处可以利用 Python 等软件编程模拟计算圆周率的值．

资料：蒙特卡罗树搜索方法的应用(来源网络)．

超级计算机“深蓝”战胜国际象棋棋王用的是“穷尽一切可能的暴力搜索法”．国际象棋棋盘由横纵各 8 格、颜色一深一浅交错排列的 64 个小方格组成，要计算所有可能的棋步，是 10 的四十几次方，以现在的计算机运算速度，还是可以应付的．但是，对于围棋来说，由于棋盘纵横各 19 道，共有 361 个交叉点．对手下一着棋子下去，我们有 360 种走法，就此再向下测算以指数级别增长的各种棋局(搜索量达到了惊人的 10 的 170 次方)结果，目前计算机根本不可能完成，所以围棋早先一直被认为是不可战胜的．

暴力搜索行不通，需另辟蹊径．有人想到了结合“概率”的算法，使用“蒙特卡罗方法”(Monte Carlo Method)．这一方法也称统计模拟方法，是 20 世纪 40 年代美国在第二次世界大战研制原子弹的“曼哈顿计划”的成员乌拉姆和冯·诺伊曼首先提出，并以驰名世界的赌城——摩纳哥的 Monte Carlo 来命名这一方法的．

2006 年，Rémi Coulom 作为 Crazy Stone 的一个组成部分引入蒙特卡罗树搜索，在蒙特卡罗方法上加了树状搜索，主要目的是给出一个状态来选择最佳的下一步．该搜索法面世后，那时就有人预言，未来不久，电脑将在围棋上击败人类顶级选手．这一预言只经历了十年，在2016年变成了现实．

谷歌在《自然》杂志上公布阿尔法狗运作的基本原理，分别如下：走棋网络(Policy Network)，给定当前局面，预测和采样下一步的走棋；快速走子(Fast Rollout)，在适当牺牲走棋质量的条件下提高速度；价值网络(Value Network)，给定当前局面，估计双方胜率；蒙特卡罗树搜索，就是把以上三个部分串联成一个完整的系统．该搜索法并没有穷尽所有的走法，而是先完成数十步计算以后，剩下的便靠概率模拟算法(传统的局部特征匹配与线性回归两种方法演算出可能胜负作为依据)来推算获胜可能，并据以选择棋步．

习题 1.3

1. 盒子中有10张卡片，分别写有数字1～10，10个人分别从盒子中任取一张，任选3人并记录其卡片上的数字．

(1)求最小的数字为5的概率．

(2)求最大的数字为5的概率．

2. 某水果商店发出17箱苹果，其中红富士10箱、金帅4箱、冰糖心3箱．在快递运输过程中由于下雨导致所贴标签模糊看不清楚，交货人根据苹果种类和数目随意贴上标签，某个人在该商店订购了4箱红富士、3箱金帅和2箱冰糖心，则他能按照订购的苹果种类如数得到订货的概率是多少?

3. 某公司生产了1500台电视，其中10台是次品．从中任意取100台．求：

(1)恰有1台次品的概率．

(2)至少有1台次品的概率．

4. 袋中有5只白球，4只红球，3只黑球，在其中任取4只，求下列事件的概率：

(1)4只中恰有2只白球，1只红球，1只黑球．

(2)4只中至少有2只红球．

(3)4只中没有白球．

5. 投掷一颗质地均匀的骰子，求出现的点数为偶数的概率．

6. 从一副52张的扑克中任取4张，求下列事件的概率：

(1)全是梅花．(2)同一花色．(3)没有两张同一花色．(4)同一颜色．

7. 把12个球任意放入三个杯中，求第二只杯子中没有球的概率．

8. 甲盒中有5个白色的珠子和3个黑色的珠子，乙盒中有4个白色的珠子和6个黑色的珠子，从两个袋中各任取一个珠子，求取到的两个珠子同色的概率．

9. 把10个人随机排成一队，求指定的3个人排在一起的概率．

10. 某人有 7 副不同手套，从中任取 4 只，问至少有 2 只配成一副的概率是多少？

11. 将三个人随机地分配到 4 个房间住，问房间中能安排的最大人数分别是 1，2，3 的概率各为多少？

12. 在所有的 3 位数中，任取一个，求不包含数字 5 的概率．

13. 有 10 张卡片，卡片上写有数字 0～9，从中取出三张，形成一个三位数，任取一个三位数，求该数是奇数的概率．

14. 将编号为 1，2，3 的 3 只球随机放入编号为 1，2，3 的 3 只杯子中，一只杯子里面放一只球．若一只球装入与球同号的杯子中，称为一个配对．求：

(1)没有配对的概率．(2)3 只球至少有 1 只配对的概率．

15. 5 个人乘坐观光电梯，观光电梯一共十一层，假若每个人以相同的概率走出任一层(从第二层开始)，求 5 个人在不同楼层走出的概率．

16. n 个人随机地围一圆桌而坐，求甲乙两人相邻而坐的概率．

17. 书桌上有 6 本概率论与数理统计的书和 4 本线性代数的书，求指定的 3 本概率论与数理统计的书放在一起的概率．

18. 在电话号码薄中任取一个电话号码，求后面四个数全不相同的概率．

19. 甲乙两辆物流车驶向一个门前不能同时停两辆车的菜鸟驿站，它们在一昼夜内到达的时间是可能的，若甲车的卸货时间为一小时，乙车的卸货时间为两小时，求它们中任何一辆都不需要等候的概率．

20. (88 年研)在区间(0，1)中随机地取两个数，求事件“两数之和小于 6/5”的概率．

21. 在(0，1)区间上任意取两个数 x，y，试求 $xy<1/4$ 的概率．

22. (91 年研)随机地向半圆 $0<y<\sqrt{2ax-x^2}$ (a 为正常数)内掷一点，点落在半圆内任何区域的概率与该区域的面积成正比．则原点与该点的连线与 x 轴的夹角小于 $\pi/4$ 的概率是多少？

23. n 个人各有手机一部，外形完全相同，参加科目一考试时，要求放在一起，考试结束后，这 n 个人同时离开考场，每人随机地取了一部手机，求至少有一人拿对自己的手机的概率．

24. n 个人围着 n 条围巾参加聚会，到达聚会场所后摘下放在一起，聚会结束时每个人任意取一条围巾，求至少一个人拿对自己围巾的概率．

第四节　条件概率

一、条件概率

设 A 与 B 是某随机试验中的两个随机事件，在已知 A 出现的条件下 B 出现的概率称为**条件概率**，记作 $P(B|A)$. 同样地，在已知 B 出现的条件下 A 出现的概率也称为**条件概率**，记作 $P(A|B)$.

【例 1】 袋中有 3 个红球，2 个白球，无放回依次取 2 个．考虑 A=“第一次取到红球”，B=“第二次取到红球”. 则(1)求 $P(A)$，$P(AB)$；(2)已知第一次取到红球，求第二次取到红球的概率 $P(B|A)$.

解：(1)由题意，根据古典概型的计算公式，有 $P(A)=\frac{3}{5}$，$P(AB)=\frac{C_3^2}{C_5^2}=\frac{3}{10}$.

(2)缩减样本空间法．第二次取时为 4 个球，其中 2 个红球，所以概率为 $P(B\mid A)=\frac{2}{4}$. 而$\frac{P(AB)}{P(A)}=\frac{5}{10}$，所以 $P(B|A)=\frac{P(AB)}{P(A)}$.

本例中，显然 $P(B|A)=\frac{P(AB)}{P(A)}(P(A)>0)$，这是一般规律．同样 $P(A|B)=\frac{P(AB)}{P(B)}(P(B)>0)$.

定义 1　已知 A，B 为任意事件，且 $P(A)>0$，则 $P(B|A)=\frac{P(AB)}{P(A)}$. 若 $P(B)>0$，则 $P(A|B)=\frac{P(AB)}{P(B)}$.

条件概率应具有概率的所有性质．比如：

(1)$P(\bar{B}\mid A)=1-P(B\mid A)$；

(2)$P(B\cup C\mid A)=P(B\mid A)+P(C\mid A)-P(BC\mid A)$；

(3)$B\supset C\Rightarrow P(B\mid A)\geqslant P(C\mid A)$.

【例 2】 设 10 件产品中有 4 件不合格品，从中不放回地抽取两个，已知第一次取到不合格品，求第二次又取到不合格品的概率．

解法一：设 A=\{第一次取到不合格品\}，B=\{第二次取到不合格品\}，则

$$P(B|A)=\frac{P(AB)}{P(A)}=\frac{\frac{4\times 3}{10\times 9}}{4/10}=\frac{1}{3}$$

解法二(缩减样本空间法)：第一次取到不合格品之后，还剩下 9 件产品，其中 3 件不合格品，所以第二次再取到不合格品的概率 $P(B \mid A)=3/9=1/3$.

【例 3】 设 10 件产品中有 4 件不合格品，从中任取两件，已知所取两件中有一件是不合格品，求另一件也是不合格品的概率.

解：设 $A=\{$一件是不合格品$\}$，$B=\{$另一件也是不合格品$\}$，则所求的概率为：

$$P(B|A)=\frac{P(AB)}{P(A)}=\frac{C_4^2/C_{10}^2}{(C_4^2+C_4^1C_6^1)/C_{10}^2}=\frac{1}{5}$$

概率图模型(PGM)是一种对现实情况进行描述的模型．其核心是条件概率，本质上是利用先验知识，确立一个随机变量之间的关联约束关系，最终达成方便求取条件概率的目的.

二、乘法公式

将条件概率公式变形，得到乘法公式.

定理 1 若 $P(A)>0$，$P(B)>0$，则：

$$P(AB)=P(A)P(B|A)=P(B)P(A|B)$$

这就是乘法公式，可推广到多个事件，以三个事件为例：

$$P(ABC)=P(A)P(B|A)P(C|AB)$$

$$P(A_1A_2\cdots A_n)=P(A_1)P(A_2|A_1)P(A_3|A_1A_2)\cdots P(A_n|A_1A_2\cdots A_{n-1})$$

利用乘法公式可以将联合概率密度(见第三章)链式展开，得到条件概率的链式法则．链式法则通常用于计算多个随机变量的联合概率，特别是在变量之间相互为(条件)独立时会非常有用．注意，在使用链式法则时，我们可以选择展开随机变量的顺序；选择正确的顺序通常可以让概率的计算变得更加简单.

【例 4】 52 张扑克牌．(1)依次不放回地取三张，求三张都是红桃的概率．(2)一次性抽取三张，求三张都是红桃的概率.

解：(1)事件 A、B、C 分别表示第一、二、三次取得是红桃，则三张都是红桃的概率为：

$$P(ABC)=P(A)P(B|A)P(C|AB)=\frac{13}{52}\times\frac{12}{51}\times\frac{11}{50}$$

(2)一次性抽取三张，则三张都是红桃的概率为：

$$P=\frac{C_{13}^3}{C_{52}^3}=\frac{13\times12\times11}{52\times51\times50}$$

这两个概率是相同的.

注意：不放回的取 k 张与同时取 k 张，效果相同(对不讲次序的结果).

【例 5】 已知 $P(A)=0.6$，$P(B)=0.4$，$P(B|A)=0.5$，求 $P(A\cup B)$.

解：$P(AB)=P(A)P(B|A)=0.3$，$P(A\cup B)=0.6+0.4-0.3=0.7$.

【例 6】 (波利亚模型)罐子中有 b 只黑球，r 只红球，从中任取一球，观察颜色后放回，并加进 c 个同色球和 d 个异色球，记 B_i 为第 i 次取出的是黑球，R_i 为第 i 次取出的是红球．若连续从罐中取出三个球，其中一个黑的、两个红的，概率为多少?

解：红红黑的概率为：$P(R_1R_2B_3)=\frac{r}{b+r}\times\frac{r+c}{b+r+c+d}\times\frac{b+2d}{b+r+2c+2d}$,

红黑红的概率为：$P(R_1B_2R_3)=\frac{r}{b+r}\times\frac{b+d}{b+r+c+d}\times\frac{r+c+d}{b+r+2c+2d}$,

黑红红的概率为：$P(B_1R_2R_3)=\frac{b}{b+r}\times\frac{r+d}{b+r+c+d}\times\frac{r+c+d}{b+r+2c+2d}$.

这三种情况的概率与第几次抽取到黑球有关．这个模型也称为罐子模型，有如下几种特殊情况：

(1)当 $c=-1$，$d=0$ 时，为不放回模型；

(2)当 $c=0$，$d=0$ 时，为放回模型；

(3)当 $c>0$，$d=0$ 时，为传染病模型．此时每取出球后会增加下一个取到同色球的概率，即每发现一个传染病人，以后会增加再传染的概率．这就是传染病人需要隔离治疗的原因．

三、全概率公式

定理 2 若(1)A_1，A_2，…，A_n 为样本空间 Ω 的一个分割，即满足 A_1，A_2，…，A_n 两两互不相容且 $A_1\cup A_2\cup\cdots\cup A_n=\Omega$，(2)$P(A_i)>0$，$i=1$，2，…，$n$，则有：

$$P(B)=\sum_{i=1}^{n}P(A_i)P(B|A_i)$$

特别的，当 $n=2$ 时，有 $P(B)=P(A)P(B|A)+P(\overline{A})P(B|\overline{A})$，这是全概率公式最简单的情形．

证明：$P(B)=P(B\cap\Omega)=P(B\cap[A_1\cup A_2\cup\cdots\cup A_n)]=P(BA_1\cup BA_2\cup\cdots\cup BA_n)=P(A_1B)+P(A_2B)+\cdots+P(A_nB)=P(A_1)P(B|A_1)+\cdots+P(A_n)P(B|A_n)$

【例 7】 甲口袋有 a 只白球、b 只黑球；乙口袋有 n 只白球、m 只黑球．从甲口袋任取一球放入乙口袋，然后从乙口袋中任取一球，求从乙口袋中取出的是白球的概率．

解：设 $A=$“甲口袋摸出白球”，$B=$“乙口袋摸出白球”，由全概率公式得：

$$P(B)=P(A)P(B|A)+P(\overline{A})P(B|\overline{A})=\frac{a}{a+b}\times\frac{n+1}{n+m+1}+\frac{b}{a+b}\times\frac{n}{n+m+1}$$

【例 8】 保险公司认为人可分为两类，一类为容易出事故者，一类为安全者．统计表明，一个易出事故者在一年内发生的事故的概率为 0.4，而安全者，这个概率降为 0.1，若假定第一类人占人口比例为 20%．现有一个人来投保，问该人在购买保单后一年内出事故的概率．

解： 设 A 表示“投保人属于易出事故者”，B 表示“投保人一年内出事故”，则 A，$\overline{A}$ 构成一个划分，所以 $P(B)=P(A)P(B|A)+P(\overline{A})P(B|\overline{A})=0.4$.

【例 9】 (摸彩模型)设在 n 张彩票有一张奖券，求第二人摸到奖券的概率．

解： 设 $A_i=\{$第 i 人摸到奖券$\}$，$i=1$，2，则：

$$P(A_2)=P(A_1)P(A_2|A_1)+P(\overline{A}_1)P(A_2|\overline{A}_1)=\frac{1}{n}\cdot 0+\frac{n-1}{n}\cdot\frac{1}{n-1}=\frac{1}{n}$$

类似的有：$$P(A_3)=P(A_4)=\cdots=P(A_n)=\frac{1}{n}$$

注意：抓阄时不用争先恐后，每个人抓到的概率是相同的．

有时候需要去调查一些敏感问题，例如学校领导想要知道究竟多少人谈恋爱，多少人考试作弊等，假如直接问，不一定能了解到真实的情况，而且容易让人反感．我们的本意不是去打探别人的隐私，我们想要调查的只是这一特征的人在人群中所占的比例．下面通过敏感性问题的调查方法来确定大学某门课程考试作弊的情况．

对于敏感性问题，采用直接询问的方式，调查者难以控制样本信息，得到的数据并不可靠，为了得到可靠的数据，要采取一种科学可行的技术——随机回答技术．所谓的随机化回答，采用的原理是，使用特定的随机装置，使得调查者回答敏感性问题的概率为预定的 P，目的是让调查者最大程度地保守秘密，以此获得他们的信任．

【例 10】 (敏感性问题调查)调查学生考试时是否作弊，可采用如下方案设计：

问题 A：你的生日是否在 7 月 1 日之前?

问题 B：你是否在考试中作弊?

现在抛硬币决定回答问题 A 还是问题 B．根据统计结果，求作弊的同学的比例．

把回答“是”的频率计算出来，即为 P(是)．由全概率公式知：

解： P(是)$=P$(正面)P(是|正面)$+P$(反面)P(是|反面)，即 $\frac{k}{n}=0.5\times 0.5+0.5\times p$，于是 $P=\dfrac{\frac{k}{n}-0.5\times 0.5}{0.5}$.

四、贝叶斯公式

贝叶斯公式已经成为机器学习的核心算法之一，在拼写检查、语言翻译、海难搜救、生物医药、疾病诊断、邮件过滤、文本分类、侦破案件、工业生产等方面都有很广泛的应用．

贝叶斯公式是以英国学者托马斯·贝叶斯(Thomas Bayes)命名的．1763 年 Richard Price 整理发表了贝叶斯的成果《An Essay towards solving a Problem in the Doctrine of Chances》，使得贝叶斯公式展现在世人的面前．

定理 3 若(1)A_1，A_2，…，A_n 为样本空间Ω的一个分割，即满足A_1，A_2，…，A_n 两两互不相容且 $A_1 \cup A_2 \cup \cdots \cup A_n = \Omega$，(2)$P(A_i)>0$，$i=1, 2, \cdots, n$，则有：

$$P(A_i \mid B) = \frac{P(A_i)P(B \mid A_i)}{\sum_{j=1}^{n} P(A_j)P(B \mid A_j)}$$

贝叶斯公式用于解决“由果索因”问题，如公安破案、医生看病，又称逆概率公式．全概率公式用于解决“由因索果”问题．

先验概率(prior probability)是指根据以往经验和分析得到的概率，如在全概率公式中，它往往作为“由因求果”问题中的“因”出现的概率．利用过去历史资料计算得到的先验概率，称为**客观先验概率**；当历史资料无从取得或资料不完全时，凭人们的主观经验来判断而得到的先验概率，称为**主观先验概率**．

在机器学习中，贝叶斯公式通常写 $P(H \mid D) = \frac{P(H)P(D \mid H)}{P(D)}$，其中 $P(H)$表示在没有进行样本训练之前假设 H 的初始概率，即前面提到的先验概率，先验概率反映了关于 H 的所有前提认知．在机器学习中，我们通常更关心后验概率 $P(H|D)$，即给定 D 时 H 成立的概率．

【例 11】 某一地区患有甲状腺疾病的人占 0.005，患者对一种试验反应是阳性的概率为 0.95，正常人对这种试验反应是阳性的概率为 0.04，现抽查了一个人，试验反应是阳性，问此人是甲状腺患者的概率有多大?

解： 设 $C=\{$抽查的人患有甲状腺疾病$\}$，$A=\{$试验结果是阳性$\}$，则 $\bar{C}$ 表示“抽查的人没有甲状腺疾病”. 已知 $P(C)=0.005$，$P(\bar{C})=0.995$，$P(A \mid C)=0.95$，$P(A \mid \bar{C})=0.04$. 由贝叶斯公式，可得

$$P(C \mid A)=\frac{P(C)P(A \mid C)}{P(C)P(A \mid C)+P(\bar{C})P(A \mid \bar{C})}$$

代入数据计算得 $P(C \mid A)=0.1066$.

垃圾邮件是一个令人头痛的问题，长期困扰着邮件运营商和用户．据统计，用户收到的电子邮件中80%以上是垃圾邮件．传统的垃圾邮件过滤方法，主要有“关键词法”和“校验码法”等．它们的识别效果都不理想，而且很容易规避．2002年，Paul Graham 提出使用“贝叶斯方法”过滤垃圾邮件，效果非常好．这种方法还具有自我学习能力，会根据新收到的邮件不断调整，收到的垃圾邮件越多，它的准确率就越高．

【例 12】 (贝叶斯公式应用之病人分类问题)假设一个人有没有感冒的概率都是 50%. 某个医生接诊的 1000 个感冒病人中有 50 个人有打喷嚏的症状，接诊的 1000 个未感冒的人中有 1 人有打喷嚏的症状．现在接诊一个人，发现他打喷嚏，则这个人感冒的概率为多少?

解: 用事件 A 表示感冒，B 表示打喷嚏，这个问题可以归结为在打喷嚏的条件下，这个人感冒的概率 $P(A|B)$. 这是一个条件概率．根据全概率公式，有:

$$P(B)=P(B\mid A)P(A)+P(B\mid \overline{A})P(\overline{A})$$

$P(B\mid A)=5\%$，$P(B\mid \overline{A})=0.1\%$，于是:

$$P(A\mid B)=\frac{5\%\times 50\%}{5\%\times 50\%+0.1\%\times 50\%}=98\%$$

因此，这个人感冒的概率是 98%.

从贝叶斯思维的角度，打喷嚏这个词推断能力很强，直接将感冒从 50% 的概率提升到 98% 了．那么，是否就此能给出结论：这个人真的感冒了？现在还不能说这个人感冒了．因为未感冒的人也可能打喷嚏，会不会造成误判？第二个问题将在第三章第四节的条件独立性中解决．

习题 1.4

1. 设 $P(A)=0.5$，$P(B)=0.3$，$P(AB)=0.1$，求 $P(A\mid B)$，$P(B\mid A)$，$P(A\mid A\cup B)$，$P(AB\mid A\cup B)$，$P(A\mid AB)$.

2. 假设一批产品中一、二、三等品各占 60%，30%，10%，从中任取一件，发现它不是二等品，求它是一等品的概率．

3. 一只盒子装有两只白球，两只红球，在盒中取球两次，每次任取一只，做不放回抽样，已知得到的两只球中至少有一只是红球，求另一只也是红球的概率.

4. 袋中有 5 只白球、6 只黑球，从袋中一次取出 3 个球，发现都是同一颜色，求这颜色是黑色的概率．

5. 从 52 张扑克牌中任意抽取 5 张，求在至少有 3 张黑桃的条件下，5 张都是黑桃的概率．

6. 袋中有6只白球，5只红球，每次在袋中任取1只球，若取到白球，放回，并放入1只白球；若取到红球不放回也不放入另外的球．连续取球4次，求第一、二次取到白球且第三、四次取到红球的概率．

7. 在11张卡片上分别写上independent这11个字母，从中任意连抽4张，求依次排列结果为tine的概率．

8. 某流感有两种症状：流鼻涕、发烧，有20%的人只有流鼻涕，有30%的人只有发烧，有10%的人两种症状都有，其他的人两种症状都没有．在患有流感的人群中随机选一人，求：(1)该人两种症状都没有的概率；(2)该人至少有一种症状的概率；(3)已知该人发烧，求该人有两种症状的概率．

9. 某超市有4种品牌的牛奶，所占的份额以及合格率如下表，从超市随机的购买一包牛奶，则该牛奶是合格品的概率．

品牌	占的份额	合格率
1	0.4	0.9998
2	0.3	0.9999
3	0.1	0.9997
4	0.2	0.9996

10. 有一种检验法用来检验是否患有颈椎病，对于确实有颈椎病的病人被认为患有颈椎病的概率为85%，没有颈椎病的人认为有颈椎病的概率为4%．已知颈椎病发病率为10%，问一名被检验者经检验被认为没有颈椎病，而他却有颈椎病的概率．

11. 某打印社有三台打印机A，B，C，将文件交与这三台打印机打印的概率依次为0.6，0.3，0.1，打印机发生故障的概率依次为0.01，0.05，0.04．已知一文件因为打印机发生故障的问题而没有打印成功，则该文件是在A，B，C三个打印机上打印的概率分别为多少？

12. 甲袋中有3个白球2个黑球，乙袋中有4个白球4个黑球，今从甲袋中任取2球放入乙袋，再从乙袋中任取1球，求该球是白球的概率．

13. 一个盒子中装有15个乒乓球，其中9个新球，在第一次比赛时任意抽取3只，比赛后仍放回原盒中；在第二次比赛时同样地任取3只球，求第二次取出的3个球均为新球的概率．

14. 电报发射台发出“·”和“-”的比例为5∶3，由于干扰，传送“·”时失真的概率为2/5，传送“-”时失真的概率为1/3，求接受台收“·”时发出信号恰是“·”的概率．

15. 一袋中装有 m 枚正品硬币，n 枚次品硬币(次品硬币的两面均印有国徽)从袋中任取一枚，已知将它投掷 r 次，每次都得到国徽，问这枚硬币是正品的概率是多少?

16. 已知一批产品中 96%是合格品，检查产品时，一个合格品被误认为是次品的概率是 0.02，一个次品被误认为是合格品的概率是 0.05，求在检查后认为是合格品的产品确实是合格品的概率.

17.(98 年研)设有来自三个地区的各 10 名、15 名和 25 名考生的报名表，其中女生报名表分别为 3 份、7 份和 5 份，随机抽取一个地区的报名表，从中先后取出两份，(1)求先取到的一份为女生表的概率 p；(2)已知后取到的一份是男生表，求先抽到的一份是女生表的概率 q.

第五节　独立性

相互独立指的是两个事件互不影响. 在机器学习中，通常对数据做这样的假设：假设训练样本是从某一底层空间独立提取，并且假设样例的标签独立于样例的特征.

一、独立性

【例 1】 袋中有 3 个红球、2 个白球，有放回地依次取 2 个. A="第一次取到红球"，B="第二次取到红球"，则 $P(B)=P(B|A)=\frac{3}{5}$，说明事件 A 的发生与否不影响 B 的概率，A 与 B 是相互独立的，即 $P(A)=P(A|B)=P(A|\overline{B})$.

由 $P(B|A)=\frac{P(AB)}{P(A)}=P(B)$，得 A 与 B 时独立的条件为 $P(AB)=P(A)P(B)$.

定义 1 若 $P(AB)=P(A)P(B)$，称事件 A 与 B 相互独立.

与定义 1 等价的定义为：

定义 2 $P(A)=P(A|B)=P(A|\overline{B})$，此时称事件 A 与 B 相互独立.

【例 2】 在 52 张牌中，有放回地抽取两次，A="第一次是红桃"，B="第二次是 K"，试问事件 A 和 B 是否独立.

解： $P(A)=\frac{13}{52}$，$P(B)=\frac{4}{52}$(第二次仍面对 52 张牌)，而 $P(AB)=\frac{13\times 4}{52\times 52}$，则 $P(AB)=P(A)P(B)$.

事件的独立性可根据实际经验判断，如天气好坏与学习成绩，二人打枪各自的命中率等．

定理 1　A，B 独立，则 $\overline{A}$，B 独立；A，$\overline{B}$ 独立；$\overline{A}$，$\overline{B}$ 独立．

【例 3】　两人射击，甲射中概率 0.9，乙射中概率 0.8，各射一次，求目标被击中的概率．

解：设 A=“甲击中”，B=“乙击中”，事件“目标被击中”表示为 $A\cup B$，且 A 与 B 独立，有：

$$P(A\cup B)=P(A)+P(B)-P(AB)=0.9+0.8-0.9\times 0.8=0.98$$

或者利用 $P(\overline{A}\overline{B})=P(\overline{A})P(\overline{B})=0.1\times 0.2=0.02$，有：

$$P(A\cup B)=1-P(\overline{A}\overline{B})=1-0.02=0.98$$

结论 1　若 A、B 互斥，且 $P(A)>0$，$P(B)>0$，则 A 与 B 不独立．

结论 2　若 A 与 B 独立，且 $P(A)>0$，$P(B)>0$，则 A 与 B 不互斥．

所以若 $P(A)>0$，$P(B)>0$，独立和互斥互相不能推出．

定义 3　若 A，B，C 三个事件满足如下四个条件：

$$P(AB)=P(A)P(B)$$

$$P(AC)=P(A)P(C)$$

$$P(BC)=P(B)P(C)$$

$$P(ABC)=P(A)P(B)P(C)$$

则称 A，B，C 相互独立．若只满足前面三个条件，则称为两两独立．推广如下：

定义 4　若 A_1，A_2，…，A_n 中任意 2 个交集的概率等于概率的乘积，则称 A_1，A_2，…，A_n 两两独立．

定义 5　若 A_1，A_2，…，A_n 中任意 k 个($k\geqslant 2$)乘积的概率等于概率的乘积，则称 A_1，A_2，…，A_n 相互独立．

显然，相互独立→两两独立，反之不然．

定理 2　若事件 A_1，A_2，…，A_n 相互独立，则：

$$P(A_1\cup A_2\cup\cdots\cup A_n)=1-P(\overline{A}_1)P(\overline{A}_2)\cdots P(\overline{A}_n)$$

【例 4】　对目标进行三次射击，命中率依次为 0.4，0.5，0.7，求至少有一次命中的概率．

解：设 A_i=“第 i 次命中”($i=1, 2, 3$)．用加法公式计算 $P(A_1\cup A_2\cup A_3)$ 太麻烦(展开有 7 项，4 正，3 负)：

$$P(A_1\cup A_2\cup A_3)=P(A_1)+P(A_2\cup A_3)-P[A_1(A_2\cup A_3)]=\cdots$$

用另一种方法．先求未击中的概率：

$$P(\overline{A}_1\overline{A}_2\overline{A}_3)=P(\overline{A}_1)P(\overline{A}_2)P(\overline{A}_3)=0.6\times 0.5\times 0.3=0.09$$

从而至少有一次击中的概率为：

$$P(A_1 \cup A_2 \cup A_3) = 1 - P(\overline{A}_1 \overline{A}_2 \overline{A}_3) = 0.91$$

【例 5】 一元件(或系统)能正常工作的概率称为元件(或系统)的可靠性．如下图设有 5 个独立工作的元件 1，2，3，4，5，按先串联再并联的方式连接，设元件的可靠性均为 p，试求系统的可靠性．

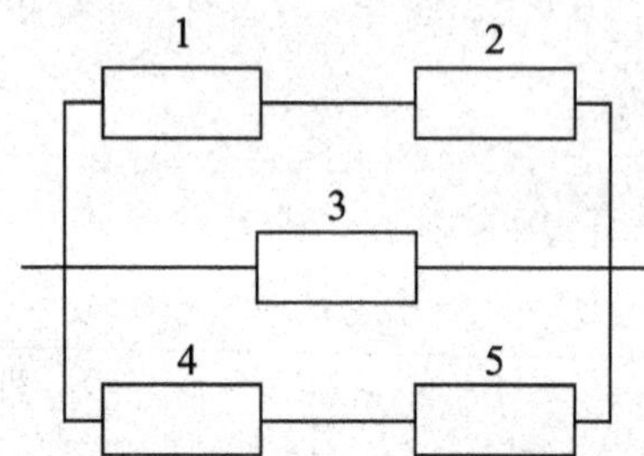

解： 设“元件 i 能够正常工作”记为事件 $A_i(i=1, 2, 3, 4, 5)$.

(1)两个元件串联时系统能够正常工作的概率为：

$$P(A_1A_2) = P(A_1)P(A_2) = p_1p_2$$

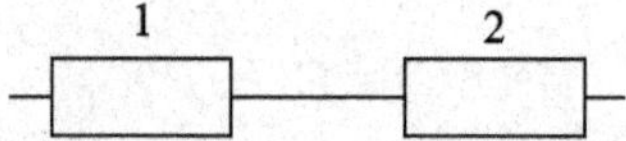

(2)两个元件并联时系统能够正常工作的概率为：

$$P(A_1 \cup A_2) = 1 - P(\overline{A}_1)P(\overline{A}_2) = (1-p_1)(1-p_2)$$

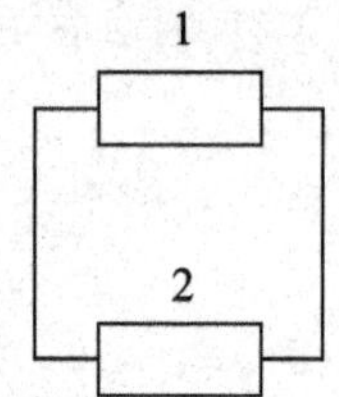

(3)题目要求的系统的可靠性为：

解法 1：

$P\{(A_1A_2) \cup (A_3) \cup (A_4A_5)\} = P(A_1A_2) + P(A_3) + P(A_4A_5) -$

$P(A_1A_2A_3) - P(A_1A_2A_4A_5) - P(A_3A_4A_5) + P(A_1A_2A_3A_4A_5) =$

$P(A_1)P(A_2) + P(A_3) + P(A_4)P(A_5) - P(A_1)P(A_2)P(A_3) - P(A_1)P(A_2)$
$P(A_4)P(A_5) - P(A_3)P(A_4)P(A_5) + P(A_1)P(A_2)P(A_3)P(A_4)P(A_5) =$

$p^2 + p + p^2 - p^3 - p^4 - p^3 + p^5 = p + 2p^2 - 2p^3 - p^4 + p^5$

解法 2：

$P\{(A_1A_2) \cup (A_3) \cup (A_4A_5)\} = 1 - (1-P_1P_2)(1-P_3)(1-P_4P_5) = 1 - (1-p^2)^2(1-p) = p + 2p^2 - 2p^3 - p^4 + p^5$

【例 6】 甲乙两人进行羽毛球比赛，每局甲赢的概率为 p，对甲来说，是三局两胜有利还是五局三胜有利．设每局胜负是独立的．

解：设 A=甲胜，(1)三局两胜：此时比赛结果有三种——甲甲、甲乙甲、乙甲甲，即最后一局一定是甲赢．所以甲最终取得胜利的概率为：

$$P(A)=P(A_1A_2\cup A_1\overline{A}_2A_3\cup\overline{A}_1A_2A_3)=p^2+2p^2(1-p)=p_1$$

(2)五局三胜：分局前面的分析，最后一局一定是甲赢．此时比赛结果有三种情况：一种是总共比了三局，概率为 p^3；第二种是总共比了四局，概率为 $C_3^1(1-p)p^3$；第三种是总共比了五局，概率为 $C_4^2(1-p)^2p^3$，因为这三种情况是互不相容的，所以五局三胜时甲赢的概率为：

$$P(A)=p^3+C_3^1(1-p)p^3+C_4^2(1-p)^2p^3=p_2$$

$$p_2-p_1=3p^2(p-1)^2(2p-1)\Rightarrow\begin{cases}p_2>p_1，当\ p>\dfrac{1}{2}\\ p_2=p_1，当\ p=\dfrac{1}{2}\end{cases}$$

当甲的打球技术更好一些时，打的局数越多对他越有利．

二、n 重贝努利试验

1. 重复独立试验

将同一个试验在相同的条件下，独立地重复 n 次，叫做 n 次重复独立试验．这时每次试验中出现哪个结果是独立的，不同次试验中的事件是相互独立的．

2. 贝努利(Bernoulli)试验

只有 2 个不同结果的试验称为贝努利试验．这 2 个结果常记为 A 和 $\overline{A}$，称为“成功”与“失败”．如合格与不合格，正品与次品，打中与不中等．贝努利试验是概率论研究中最简单的试验．每次试验出现事件 A 的概率均相等．

3. n 重贝努利试验

将同一个贝努利试验独立地重复 n 次作为一个试验整体来研究，称为 n 重贝努利试验．n 次射击中击中目标的次数、有放回的抽样(抽牌、模球、检验产品)都属于 n 重贝努利试验．

一般地，在 n 重贝努利试验中，A 出现的概率是 p，$q=1-p$，则事件 A 出现 k 次的概率为：

$$P_n(k)=C_n^kp^kq^{n-k}=C_n^k(1-p)^kq^{n-k}\quad(k=0，1，2，\cdots，n)$$

这种概率模型称为 n 重贝努利概型．

【例 7】 产品次品率为 0.2，有放回地抽 5 次，求出现 2 次次品的概率．

解：求 $P_5(2)$，出现次品为 A，5 次抽样情况可以是 $AA\overline{A}\overline{A}\overline{A}$，$A\overline{A}A\overline{A}\overline{A}$，$\overline{A}\overline{A}A\overline{A}A$，…，这样的情况共有 C_5^2 种，互不相容，其概率都是 $0.2^2\times0.8^3$，所以

由加法定理得：

$$P_5(2)=C_5^2 0.2^2 0.8^3$$

【例 8】 某彩票每周开奖一次，每一次提供十万分之一的中奖机会，若你每周买一张彩票，尽管你坚持十年(每年 52 周)之久，你从未中过一次奖的概率是多少？

解： 按假设，每次中奖的概率是 10^{-5}，于是每次未中奖的概率是 $1-10^{-5}$. 十年共购买彩票 520 次，每次开奖都是相互独立的，故十年中未中过奖(每次都未中奖)的概率是 $P=(1-10^5)^{520}\approx 0.9948$.

习题 1.5

一、选择题

1. 设 A、B 为互斥事件，且 $P(A)>0$，$P(B)>0$，下面四个结论中，正确的是(　　)

A. $P(B \mid A)>0$　　B. $P(A \mid B)=P(A)$

C. $P(A \mid B)=0$　　D. $P(AB)=P(A)P(B)$

2. 设 A、B 为独立事件，且 $P(A)>0$，$P(B)>0$，下面四个结论中，正确的是(　　)

A. $P(B|A)\geqslant 0$　　B. $P(A \mid B)=P(B)$

C. $P(A \mid B)=0$　　D. $P(AB)=P(A)P(B)$

3. (03 年研)将一枚硬币独立地掷两次，引进事件：$A_1=\{$掷第一次出现正面$\}$，$A_2=\{$掷第二次出现正面$\}$，$A_3=\{$正、反面各出现一次$\}$，$A_4=\{$正面出现两次$\}$，则事件(　　)

A. A_1，A_2，A_3 相互独立　　B. A_2，A_3，A_4 相互独立

C. A_1，A_2，A_3 两两独立　　D. A_2，A_3，A_4 两两独立

4. (00 年研)设 A，B，C 三个事件两两独立，则 A，B，C 相互独立的充分必要条件是(　　)

A. A 与 BC 独立　　B. AB 与 $A+C$ 独立

C. AB 与 AC 独立　　D. $A+B$ 与 $A+C$ 独立

5. (94 年研)$0<P(A)<1$，$0<P(B)<1$，$P(A \mid B)+P(\overline{A} \mid \overline{B})=1$，则 A 与 B(　　)

A. 互不相容　　B. 相互对立

C. 不独立　　D. 独立

6. 对事件 A 与 B，下列命题正确的是(　　)

A. 如果 A、B 互不相容，则 $\overline{A}$、$\overline{B}$ 也互不相容

B. 如果 A、B 相容，则 $\overline{A}$、$\overline{B}$ 也相容

C. 如果 A、B 互不相容，且 $P(A)>0$，$P(B)>0$，则 $\overline{A}$、$\overline{B}$ 相互独立

D. 如果 A、B 相互独立，则 $\overline{A}$、$\overline{B}$ 也相互独立

二、填空题

1.(99 年研)两两独立的三事件 A，B，C 满足 $ABC=\Phi$，$P(A)=P(B)=P(C)<\frac{1}{2}$，且 $P(A\cup B\cup C)=\frac{9}{16}$，则 $P(A)=$__________.

2.(00 年研)两个独立事件 A，B 都不发生的概率为 1/9，A 发生 B 不发生的概率与 B 发生 A 不发生的概率相等，则 $P(A)=$__________.

3. 某人向同一目标独立重复射击，每次射击命中目标的概率为 $p(0<p<1)$，则此人第 n 次射击恰好第 2 次命中目标的概率为__________.

4.(87 年研)设在一次试验中 A 发生的概率为 p，现进行 n 次独立试验，则 A 至少发生一次的概率为__________；而事件 A 至多发生一次的概率为__________.

5. 设四次独立试验中，事件 A 出现的概率相等，若已知 A 至少出现一次的概率等于 175/256，则事件 A 在一次试验中出现的概率为__________.

三、计算题

1. 将一枚质地均匀的硬币抛两次，以 A，B，C 分别记事件“第一次出现正面”“第二次出现正面”“两次出现同一面”. 试验证 A 和 B，B 和 C，C 和 A 分别相互独立(两两独立)，但 A，B，C 不是相互独立.

2. 设甲乙丙三个篮球运动员在三分线处投篮命中的概率依次为 0.5，0.7，0.6，设甲乙丙各在三分线处投篮一次，设各人是否进球是相互独立，求：

(1)恰有一人投篮命中的概率；

(2)恰有二人投篮命中的概率；

(3)至少有一人投篮命中的概率.

3. 有一发生交通事故的危重病人，只有在 10 分钟内输入足量的相同血型的血才能得救. 现有人排队献血，化验一位献血者的血型需要 2 分钟，将所需的血全部输入病人体内需要 2 分钟，医院只有一套验血型的设备，且供血者仅有 40% 的人具有该型血，各人具有什么血型相互独立，求病人能得救的概率.

4. 检验某菜场的韭菜是否含有农药残留. 记事件 $A=$“真含有农药残留”，$B=$“检验结果为含有农药残留”，已知数据：$P(B|A)=0.8$，$P(\overline{B}|\overline{A})=0.9$，据以往的资料知 $P(A)=0.4$. 今独立地对一批韭菜进行了 3 次检验，结果是 2 次检验认为含有农药残留，而 1 次检验认为不含有农药残留，求此韭菜真含有农药残留的概率.

5. 甲、乙两人独立地对同一目标各射击一次，命中率分别为 0.4 和 0.7，现

已知目标被击中，求甲击中的概率．

6. 三人独立地向一目标射击，他们能击中的概率分别是$\frac{1}{5}$，$\frac{1}{3}$，$\frac{1}{4}$，求目标被击中的概率．

7. 甲、乙、丙三人向同一猎物进行射击，他们的命中率分别为 0.4，0.5，0.7. 设该猎物中一弹而死亡的概率为 0.2，中两弹而死亡的概率为 0.6，中三弹必然死亡，今三人各射击一次，求该猎物死亡的概率．

8. 某学生需要某本专业书，决定到京东、当当、亚马逊三家网上商城看看，对每一个商城来说，有无这本书的概率相等；若有，是否有库存的概率也相等，假设这三个商城采购、售卖是独立的，求该生能买到这本书的概率．

9. 设 $P(A)>0$，$P(B)>0$，证明 A、B 互不相容与 A、B 相互独立不能同时成立．

10. 证明若三事件 A，B，C 相互独立，则 $A\cup B$ 及 $A-B$ 都与 C 独立．

11. 某个辅导班里有教初一、初二课程的教师 10 人，其中 4 名男性，6 名女性，教初三课程的教师中，有 6 名男性，女性若干．随机选择一名教师时，性别和教授的年级是相互独立的，则该辅导班里教初三的女教师应有多少人?

12. 图中系统由 5 个电子元件构成，所有元件是否正常工作是独立的．每个电子元件正常工作的概率为 p，求系统能正常工作的概率．

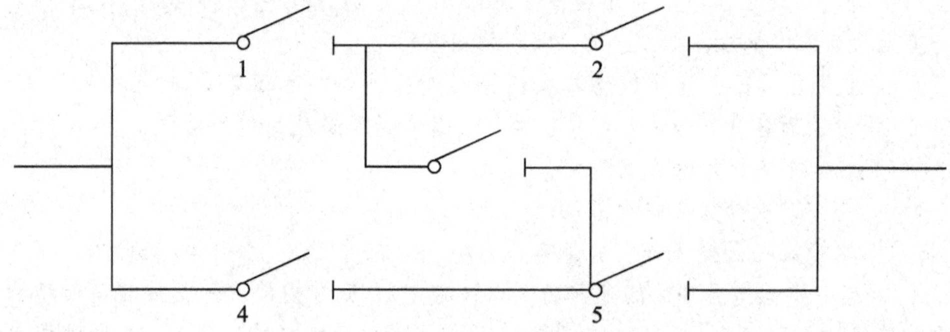

13.(90 年研)一射手对同一目标独立进行四次射击，若至少命中一次的概率为 80/81，求该射手的命中率．

14. 设一批空调的次品率为 0.01，今从这批空调中抽取 4 个，求至少有一个是次品的概率．

15. 概率论与数理统计考试试题中有四道选择题，均是单选题，每题 3 分．一个考生随意地选择每题的答案，求他至少能得 9 分的概率．

16. 在 n 重贝努利试验中，事件 A 成功的概率为 p，求事件 A 第 r 次成功的概率．

总习题一

习题 A

一、选择题

1. 如果 A，B 为任意事件，下列命题正确的是(　　)

A. 如果 $A\cap B=\Phi$，则 $\overline{A}\cap\overline{B}=\Phi$

B. 如果 A，B 相容，则 $\overline{A}$，$\overline{B}$ 相容

C. 如果 A，B 相互独立，则 $\overline{A}$，$\overline{B}$ 相互独立

D. $\overline{AB}=\overline{A}\overline{B}$

2. 10 箱产品中有 8 箱次品率为 0.1，2 箱次品率为 0.2，从这批产品中任取一件为次品的概率是(　　)

A. $0.1+0.2$　　　　B. $0.8\times0.1+0.2\times0.2$

C. $(0.1+0.2)/2$　　　　D. $0.1+0.2-0.1\times0.2$

3. 对任意事件 A，B，若 $0<P(B)<1$，则有(　　)

A. $P(A\mid B)+P(\overline{A}\mid\overline{B})=1$　　　　B. $P(A\mid B)+P(\overline{A}\mid B)=1$

C. $P(A\mid B)+P(A\mid\overline{B})=1$　　　　D. $P(\overline{A}\mid B)+P(A\mid\overline{B})=1$

4. A，B，C 是三个事件，设以下条件概率均有意义，则以下不正确的是(　　)

A. $P(A\mid C)=1-P(\overline{A}\mid C)$

B. $P(A\mid C)+P(A\mid\overline{C})=1$

C. $P(A\cup B\mid C)=P(A\mid C)+P(B\mid C)-P(AB\mid C)$

D. $P(A\mid C)=P(B\mid C)P(A\mid BC)+P(\overline{B}\mid C)P(A\mid\overline{B}C)$

5. A，B，C 是三个随机事件，其中 $0<P(A)$，$P(B)$，$P(C)<1$，且已知 $P(A\cup B\mid C)=P(A\mid C)+P(B\mid C)$，则以下正确的是(　　)

A. $P(A\cup B\mid\overline{C})=P(A\mid\overline{C})+P(B\mid\overline{C})$

B. $P(AC\cup AB)=P(AC)+P(AB)$

C. $P(A\cup B)=P(A)+P(B)$

D. $P(C)=P(A)P(C\mid A)+P(B)P(C\mid B)$

二、填空题

1. 掷骰子试验，设 A 表示事件“掷出的点数为奇数”，B 表示事件“掷出的点数小于 5”，则 $\overline{AB}$ 表示事件__________.

2. 在 n 重贝努利试验中，事件 A 出现的概率为 p，则事件 A 中至少有一次

不发生的概率是__________.

3. 已知 $P(A)=0.8$，$P(\overline{B})=0.3$，$P(A\cup B)=0.9$，则 $P(B\mid A)=$__________.

4. 一个袋子中装有饼干，其中 8 包为巧克力味的，3 包为草莓味的，9 包为蓝莓味的，如果随机不放回地取出 3 包饼干，用事件 A 表示“摸到的三包饼干，各个口味的饼干各一包”，则 $P(A)=$__________.

5. 任意投掷 4 枚质地均匀的硬币，则正反面都出现的概率为__________.

6. 已知 $P(A)=0.1$，$P(B)=0.3$，$P(A|B)=0.2$，则 $P(A\mid\overline{B})=$__________.

7. 从一副扑克的 13 张黑桃中，有放回地抽取 3 次，有两张是同号的概率=__________.

8. 已知 $P(A)=a$，$P(B)=b$，$P(A\cup B)=c$，求 $P(\overline{AB})=$__________，$P(\overline{A}\cup\overline{B})=$__________.

9. 设 A、B 两事件相互独立，且 $P(B)=0.6$，$P(A\cup B)=0.9$，$P(A)=$__________.

三、计算题

1. 将一颗均匀的骰子掷两次，求未出现 5 点的概率.

2. 7 个人乘坐观光电梯，电梯一共十层，假若每个人以相同的概率走出任一层(从第二层开始)，求没有两位及两位以上乘客在同一层离开的概率.

3. 假设下图中每个电子元件正常工作的概率为 r，且是否正常工作相互独立，求整个系统正常工作的概率.

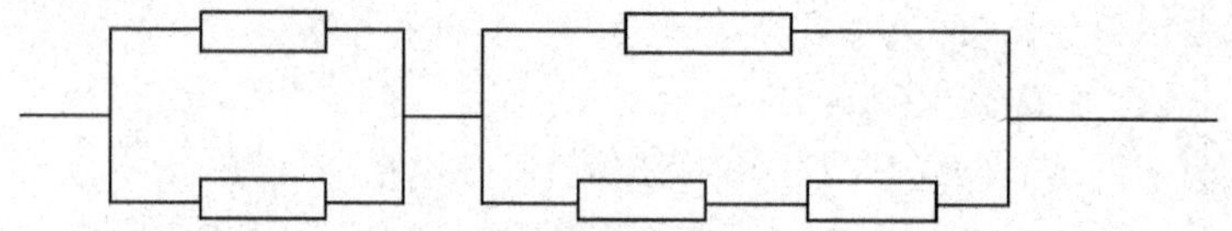

4. 盒子里装有 8 个球，其中 5 件是黄色的，3 件是红色的，现从中任取 2 件，求取得的 2 个球中至少有一个是黄色的概率.

5. 某人购买了四只股票，分别为 A、B、C、D，所占的比例为 9∶3∶2∶1，它们在一段时间内价格上涨的概率之比为 1∶2∶3∶1. 当有一只股票价格上涨了，问它是股票 A 的概率是多少?

6. 甲、乙、丙三人同时向同一架飞机射击一次，已知甲、乙、丙射中的概率分别为 4/5，3/4，2/3，求飞机被击中两次的概率.

7. 已知某售楼处一天内接待咨询房子的人数为 k 个人的概率为 $\frac{\lambda^k}{k!}e^{-\lambda}(\lambda>0)$，而每个来咨询房子的人最后成功购买房子的概率为 p，证明：该售楼处一天内成功购买房子的人数为 r 的概率为 $\frac{(\lambda p)^r}{r!}e^{-\lambda p}$.

8. 某工厂生产了 10 个冰箱，其中有 4 个次品，6 个正品，从中不放回的随机地抽取一只检查，直到找出 4 个次品为止，求最后一个次品在第 5 次检查时发现的概率．

9. 有两个文具袋，甲袋中红色中性笔 5 支、蓝色中性笔 5 支、黑色中性笔 15 支，乙袋中有红色中性笔 10 支、蓝色中性笔 5 支、黑色中性笔 10 支．独立地从两袋各取一支笔，求两支中性笔颜色相同的概率．

10.（97 年研）设 A、B 是任意两个随机事件，求 $P\{(\overline{A}+B)(A+B)(\overline{A}+\overline{B})(A+\overline{B})\}$ 的值．

11. 有人用 19 个字母 A，B，B，B，I，I，I，I，L，P，P，R，R，O，T，T，T，Y，Y 做组字游戏．如果字母的各种排列是等可能的，问恰好组成 probability 一词的概率为多大?

12. 有两个人进行射击比赛，命中率分别为 0.8 和 0.7，每人射击 3 次，求两人击中目标次数相等的概率．

13. 设 A、B 是两个随机事件，且知 $P(A)=\frac{1}{4}$，$P(B|A)=\frac{1}{2}$，$P(A|B)=\frac{1}{4}$，试求 $P(\overline{A}|\overline{B})$ 之值．

习题 B

一、选择题

1.（07 年研）某人向同一目标独立重复射击，每次射击命中目标的概率为 $p(0<p<1)$，则此人第 4 次射击恰好第 2 次命中目标的概率为（　　）

A. $3p(1-p)^2$　　B. $6p(1-p)^2$

C. $3p^2(1-p)^2$　　D. $6p^2(1-p)^2$

2.（96 年研）已知 $0<P(B)<1$，且 $P[(A_1+A_2)\mid B]=P(A_1\mid B)+P(A_2\mid B)$，则下列选项成立的是（　　）

A. $P[(A_1+A_2)\mid \overline{B}]=P(A_1+\overline{B})+P(A_2\mid \overline{B})$

B. $P(A_1B\cup A_2B)=P(A_1B)+P(A_2B)$

C. $P(A_1\cup A_2)=P(A_1\mid B)+P(A_2\mid B)$

D. $P(B)=P(A_1)P(B\mid A_1)+P(A_2)P(B\mid A_2)$

3.（98 年研）设 A、B、C 是三个相互独立的随机事件，且 $0<P(C)<1$. 则在下列给定的四对事件中不相互独立的是（　　）

A. $\overline{A+B}$ 与 C　　B. $\overline{AC}$ 与 $\overline{C}$　　C. $\overline{A-B}$ 与 $\overline{C}$　　D. $\overline{AB}$ 与 $\overline{C}$

4. 设 A、B 为事件，则 $P(A)=P(B)$ 的充分必要条件是(　　)

A. $P(A\cup B)=P(A)+P(B)$　　B. $P(AB)=P(A)P(B)$

C. $P(A\overline{B})=P(B\overline{A})$　　D. $P(AB)=P(\overline{A})P(\overline{B})$

5. (15 年研)若 A、B 为任意两个随机事件，则(　　)

A. $P(AB)\leqslant P(A)P(B)$　　B. $P(AB)\geqslant P(A)P(B)$

C. $P(AB)\leqslant \dfrac{P(A)+P(B)}{2}$　　D. $P(AB)\geqslant \dfrac{P(A)+P(B)}{2}$

二、填空题

1. (18 年研)设随机事件 A，B 相互独立，A，C 相互独立，且 $BC=\Phi$，若 $P(A)=P(B)=1/2$，$P(AC|AB\cup C)=1/4$，则 $P(C)=$________.

2. (89 年研)甲、乙两人独立地对同一目标射击一次，其命中率分别为 0.6 和 0.5，现已知目标被命中，则它是甲射中的概率为________.

3. (07 年研)在区间(0，1)中随机地取两个数，则这两个数之差的绝对值小于$\dfrac{1}{2}$的概率为________.

4. (92 年研)将 C，C，E，E，I，N，S 这七个字母随机地排成一行，则恰好排成 SCIENCE 的概率为________.

5. (89 年研)已知 $P(A)=0.5$，$P(B)=0.6$，$P(B\mid A)=0.8$，则 $P(A\cup B)=$________.

6. (97 年研)袋中有 50 个乒乓球，其中 20 个是黄球，30 个是白球．今有两人依次随机地从袋中各取一球，取后不放回，则第二个人取得黄球的概率是________.

7. (88 年研)设三次独立试验中，事件 A 出现的概率相等，若已知 A 至少出现一次的概率等于$\dfrac{19}{27}$，则事件 A 在一次试验中出现的概率为________.

8. (94 年研)设一批产品中一、二、三等品各占 60%、30%、10%，现从中任取一件，结果不是三等品，则取到的是一等品的概率为________.

9. A，B 是两随机事件，$P(A)=0.6$，$P(B)=0.9$，则________$\leqslant P(AB)\leqslant$________.

三、综合题

1. (87 年研)设有两箱同种零件：第一箱内装 50 件，其中 10 件一等品；第二箱内装 30 件，其中 18 件一等品．现从两箱中随机挑出一箱，然后从该箱中先后随机取出两个零件(取出的零件均不放回)．试求：

(1)先取出的零件是一等品的概率；

(2)在先取出的是一等品的条件下，后取出的零件仍然是一等品的条件概

率 q.

2.(88年研)玻璃杯成箱出售，每箱20只，设各箱含0，1，2只残次品的概率分别为0.8，0.1和0.1. 一顾客欲购买一箱玻璃杯，由售货员任取一箱，而顾客开箱随机地察看4只；若无残次品，则买下该箱玻璃杯，否则退回. 试求：

(1)顾客买此箱玻璃杯的概率；

(2)在顾客买的此箱玻璃杯中，确实没有残次品的概率.

3.(90年研)从0，1，2，…，9这10个数字中任意选出三个不同的数字，求下列事件的概率：

(1)A_1={三个数字中不含0和5}；

(2)A_2={三个数字中不含0或5}.

4.(95年研)某厂家生产的每台仪器，以概率0.7可以直接出厂，以概率0.3需进一步调试，经调试后以概率0.8可以出厂，以概率0.2定为不合格产品不能出厂. 现该厂新生产了$n(n\geqslant 2)$台仪器(假设各台仪器的生产过程相互独立)，求：

(1)全部能出厂的概率α；

(2)恰有两台不能出厂的概率β；

(3)至少有两台不能出厂的概率θ.

5.(96年研)考虑一元二次方程$x^2+Bx+C=0$，其中B、C分别是将一枚骰子连掷两次先后出现的点数，求该方程有实根的概率p和有重根的概率q.

第一章　知识结构思维导图

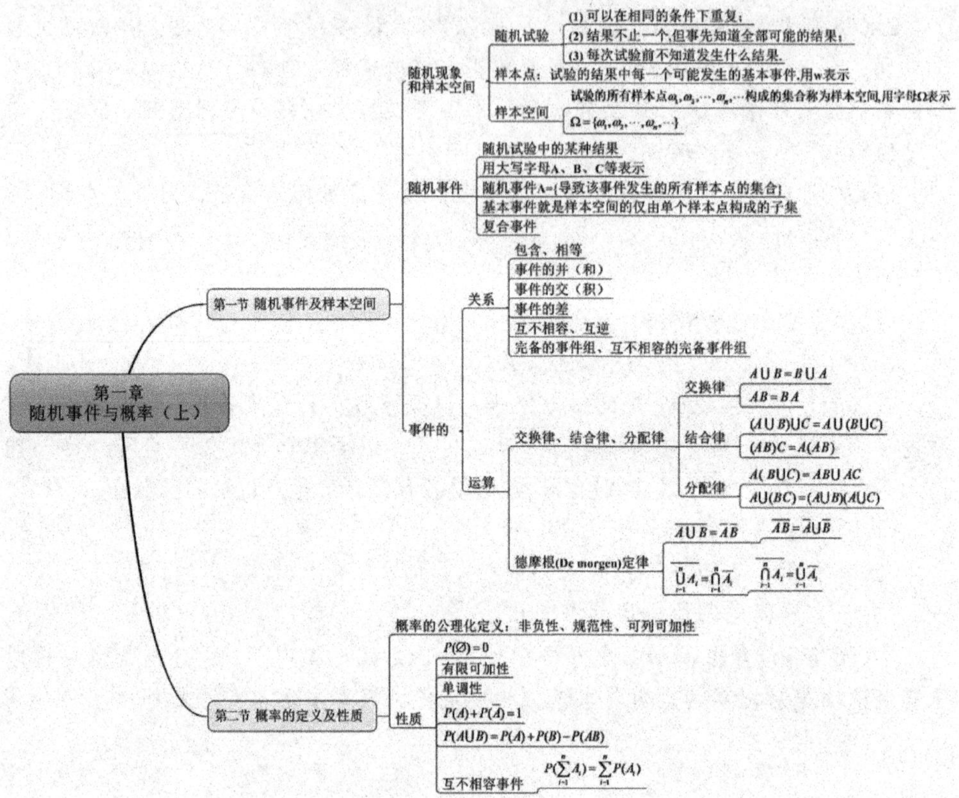

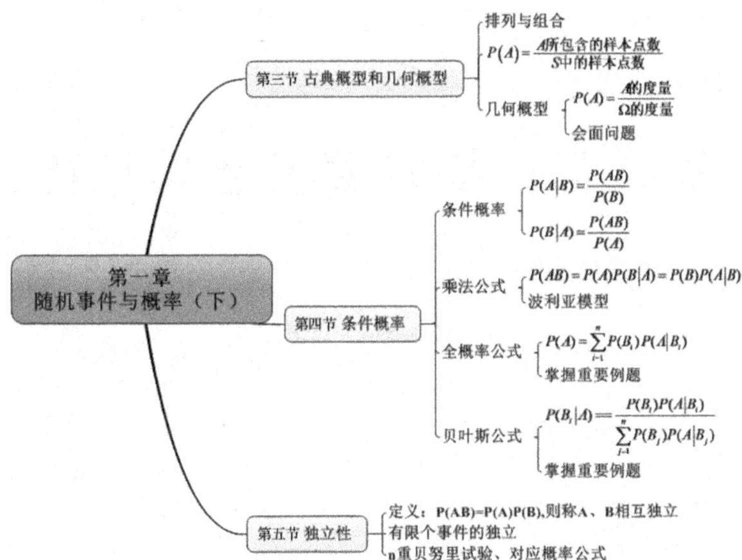
第一章
随机事件与概率（下）
第三节 古典概型和几何概型
排列与组合
$P(A)=\frac{A\text{所包含的样本点数}}{S\text{中的样本点数}}$
几何概型
$P(A)=\frac{A\text{的度量}}{\Omega\text{的度量}}$
会面问题
第四节 条件概率
条件概率
$P(A|B)=\frac{P(AB)}{P(B)}$
$P(B|A)=\frac{P(AB)}{P(A)}$
乘法公式
$P(AB)=P(A)P(B|A)=P(B)P(A|B)$
波利亚模型
全概率公式
$P(A)=\sum_{i=1}^{n}P(B_i)P(A|B_i)$
掌握重要例题
贝叶斯公式
$P(B_i|A)=\frac{P(B_i)P(A|B_i)}{\sum_{j=1}^{n}P(B_j)P(A|B_j)}$
掌握重要例题
第五节 独立性
定义：P(AB)=P(A)P(B),则称A、B相互独立
有限个事件的独立
n重贝努里试验、对应概率公式

第二章　随机变量及其分布

第一节　离散型随机变量及其分布律

一、随机变量

第一章主要研究了某个随机试验中出现的事件发生的概率，而这一章则要借助于随机变量，计算对某个随机试验中出现的事件发生的概率．

在随机现象中，大多数观测结果与数值有关系．比如射击击中的次数、灯泡的使用寿命、掷骰子出现的点数等，它们都与数值有关，即随机试验的结果表现为数量．也有一些随机现象，观测结果与数值之间没有上述那种“自然”的联系，但我们可以引进一个变量来表示它的各种结果，即把试验结果数值化．例如在抛硬币的试验中，变量 $X=1$ 表示正面向上，$X=0$ 表示反面向上，这样抛硬币试验结果就与数值建立了关系．

这些例子中，随机试验的结果能用一个变量 X 来表示．显然 X 的取值是随着试验结果的变化而变化的．这种取值依赖随机试验结果的变量，我们把它称为**随机变量**，常用大写的英文字母 X、Y、Z 等表示．

定义 1　设 $\Omega=\{\omega\}$ 为某随机现象的样本空间，称定义在 Ω 上的实值单值函数 $X=X(\omega)$ 为随机变量，简记为 *r. v.*(*Random Variable*)，常用 X，Y，Z，…表示，其取值用 x，y，z…表示．主要有离散型 *r. v.*(有限个或无限可列个取值)，连续型 *r. v.*(取值充满某一区间)．

随机变量在本书中主要分为两类——离散型和连续型，对于非离散非连续型变量不加以讨论．

【例 1】　掷一枚质地均匀的骰子，用随机变量 X 表示“出现的点数”，X 的可能取值为 1、2、3、4、5、6. $\{X=1\}$=“出现点数为 1”，$\{X=5\}$=“出现点数是 5”等，并且 $P\{X=0\}=P\{X=1\}=\cdots P\{X=6\}=\frac{1}{6}$.

例 1 说明随机变量的取值有概率规律．

【例 2】 抛掷两枚硬币，观察其出现正面与反面的情况，则其有四个可能结果，其样本空间为 $\Omega=\{HH, HT, TH, TT\}$．此时令 X 表示正面向上出现的次数，X 的可能取值为 0、1、2，则 $\{0\leqslant X\leqslant 1\}$ 表示最多出现正面一次或者出现正面的次数小于 2．而且有 $P\{X=0\}=\frac{1}{4}$，$P\{X=1\}=\frac{1}{2}$，$P\{X=2\}=\frac{1}{4}$，$P\{0\leqslant X\leqslant 1\}=\frac{3}{4}$．

注意：

(1) $\{a<X\leqslant b\}=\{X\leqslant b\}-\{X\leqslant a\}=\{a<X\leqslant b\}$，其他类似．

(2)可以用随机变量的取值或取值范围表示随机事件，而我们主要研究随机变量取值或在某个范围内取值的概率，如 $P\{X=k\}$ 或 $P\{a\leqslant X<b\}$，但是随机变量 X 本身不是事件．

随机变量是定义在样本空间上的“函数”，$X=X(\omega)$．随机变量与样本点的的关系是固定的、不随机的，但是它又与普通的函数不同．“随机”体现在如下两点：第一，其取值随样本点而变，而在试验中出现哪个样本点是随机的，试验前不知道出现哪个样本点，所以试验前随机变量的取值是随机的；第二，随机变量取不同值的概率是不同的，而变量一般没有这背景，所以称其为“随机变量”．

二、离散型随机变量

如果 X 的取值是有限个或者无限可列个，则称 X 是**离散型随机变量**．

1. 概率分布律

设离散型随机变量 X 的可能取值为 x_1，x_2，…，x_n，…，称：

$$p_i=p(x_i)=P\{X=x_i\},\ i=1,\ 2,\ \cdots n,\ \cdots$$

为 X 的概率分布律，简称为分布律，记为 $X\sim\{p_i\}$，或者：

$$X\sim\begin{pmatrix} x_1 & x_2 & \cdots & x_k & \cdots \\ p_1 & p_2 & \cdots & p_k & \cdots \end{pmatrix}$$

分布律也可用表格形式表示：

X	x_1	x_2	…	x_n	…
p	p_1	p_2	…	p_n	…

求离散型随机变量分布律的关键是：找到所有可能取值，求出取每个值的概率．在机器学习中，对离散型随机变量 X，取得任一个整数值 x 的概率定义为概

率质量函数(Probability Mass Function，PMF)，即 $p(x)=P\{X=x\}$，概率质量函数其实就是概率分布律．在 python 的 scipy 包里，概率质量函数表示为 PMF.

2. 分布律的性质

(1)非负性：$p_k \geqslant 0(k=1, 2, \cdots)$；

(2)正则性：$\sum_{k} p_k = 1$．

离散型随机变量的分布律一定满足这两条性质，如果一个数列满足这两条性质，一定可以成为某个离散型随机变量的分布律．

注意：$P(X \in A)=\sum_{x_i \in A} p(x_i)$ 即 X 在某集合内取值的概率等于它在该集合内所有可能取值的概率之和．

【例 3】 掷一颗质地均匀的骰子，用 X 表示出现的点数，求 X 的分布律．

解： 因为骰子质地均匀，故 $P\{X=i\}=\frac{1}{6}$，$i=1, 2, 3, 4, 5, 6$，X 的分布律为：

X	1	2	3	4	5	6
P	16	16	16	16	16	16

【例 4】 掷两颗质地均匀的骰子，定义随机变量如下：X 表示点数之和，Y 表示出现 6 点的骰子个数，Z 表示最大点数，分别求 X、Y、Z 的分布律．

解： 两颗骰子点数之和 X 的可能取值为 2，3，…，12，$X=2$ 意味着两颗骰子点数为(1，1)，因为两颗骰子投掷是独立的，所以 $P\{X=2\}=\frac{1}{6}\times\frac{1}{6}=\frac{1}{36}$. $X=3$ 意味着两颗骰子点数为(1，2)，(2，1)，所以 $P\{X=3\}=\frac{1}{6}\times\frac{1}{6}+\frac{1}{6}\times\frac{1}{6}=\frac{2}{36}$，以次类推．所以随机变量 X 的分布律为：

X	2	3	4	5	6	7	8	9	10	11	12
P	1/36	2/36	3/36	4/36	5/36	6/36	5/36	4/36	3/36	2/36	1/36

Y 表示出现 6 点的骰子个数，可能取值为 0，1，2，$Y=0$ 意味着两颗骰子没有出现 6 点，共有 25 种，$P\{Y=0\}=\frac{25}{36}$. $Y=1$ 意味着两颗骰子只出现一个 6 点，共有 10 种，$P\{Y=1\}=\frac{10}{36}$. $Y=2$ 意味着两颗骰子出现 2 个 6 点，为(6，6)，共有 1 种，$P\{Y=2\}=\frac{1}{36}$. 所以随机变量 Y 的分布律为：

Y	0	1	2
P	25/36	10/36	1/36

同理可分析求出随机变量 Z 的分布律为：

Z	1	2	3	4	5	6
P	1/36	3/36	5/36	7/36	9/36	11/36

【例 5】 抽奖箱有 100 个纸条，其中有三个上面写有奖字，其余均为空白．从中任取两个纸条，记 X 是"抽得的带有奖字的纸条数"，求 X 的分布律．

解： X 可能取值为 0，1，2，概率分别为：

$P\{X=0\}=C_{97}^{2}/C_{100}^{2}$，$P\{X=1\}=C_{3}^{1}C_{97}^{1}/C_{100}^{2}$，$P\{X=2\}=C_{3}^{2}/C_{100}^{2}$

则分布律为：

$$X\sim\begin{pmatrix} 0 & 1 & 2 \\ \dfrac{1552}{1650} & \dfrac{97}{1650} & \dfrac{1}{1650} \end{pmatrix}$$

注：求分布律时，首先弄清 X 的确切含义及其所有可能取值．

【例 6】 已知随机变量 X 的分布律为 $P\{X=k\}=c\left(\dfrac{2}{3}\right)^{k}$，$k=1，2，\cdots$，求 c.

解： 由分布律的正则性，有 $\sum\limits_{k=1}^{\infty}c\left(\dfrac{2}{3}\right)^{k}=c\dfrac{\dfrac{2}{3}}{1-\dfrac{2}{3}}=2c=1$,从而求出 $c=\dfrac{1}{2}$.

三、几种常见的离散型分布

1. 0-1 分布(贝努利分布)

定义 2 若随机变量 X 只取数值 0 和 1，其分布律为：

$$P\{X=1\}=p，P\{X=0\}=1-p(0<p<1)$$

或用表格形式表示为：

X	0	1
P	$1-p$	p

则称 X 服从参数为 p 的 0－1 分布，又称贝努利分布．如果 X 的取值不是 0，1，而是 x_1，x_2，则称为两点分布．

当随机试验只有两个可能的结果，比如产品质量合格与不合格，性别为男与女，考试成绩及格与不及格，对某种商品买或者不买等，我们都可以用服从0－1分布的随机变量来描述试验的结果．

机器学习最常见的使用场景之一是分类问题，如果将数据点属于某个分类记为1，不属于某个分类记为0，这就是贝努利分布．另一个使用场景是实现预测．例如预测图中是否存在一只猫，或者预测用户是否会购买某样东西．显然，这也是贝努利分布．贝努利分布是经典二分类算法－logisitic 回归的概率基础．

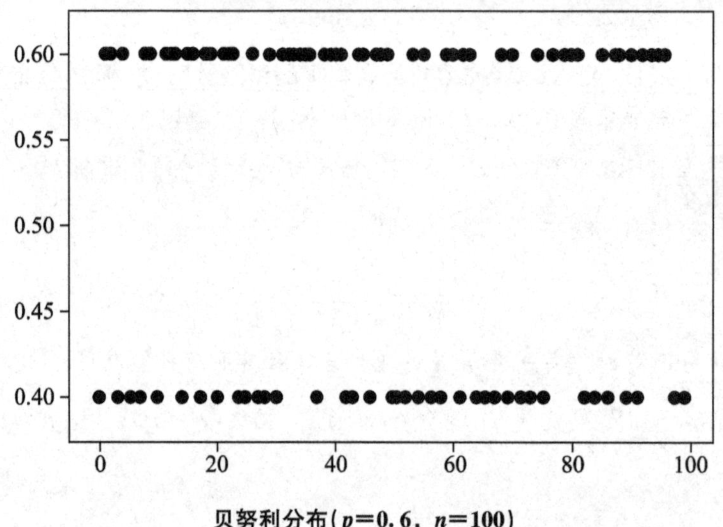

贝努利分布($p=0.6$，$n=100$)

【例 7】 抛一枚质地均匀的硬币试验，只有两种可能结果，即“正面向上”和“反面向上”. 若用“$X=1$”表示“正面向上”，“$X=0$”表示“反面向上”，而出现正面的概率为0.5，则X的分布律为：

X	0	1
P	0.5	0.5

【例 8】 抛一颗质地均匀的骰子试验，试验结果只有两种可能结果，即“出现五点”和“不出现五点”，若用“$X=1$”表示“出现五点”，“$X=0$”表示“不出现五点”，而出现五点的概率为1/6，则X的分布律为：

X	0	1
P	1/6	5/6

2. 二项分布

在n重贝努利试验中，设$P(A)=p(0<p<1)$，事件A发生的次数X是一

个随机变量，它的可能的取值为 0，1，…，n，且：

$$P\{X=k\}=P_n(k)=C_n^k p^k(1-p)^{n-k}, \quad k=0, 1, \cdots n$$

显然 $P\{X=k\}\geqslant 0$，$k=0$，1，…，n，而且由二项式展开定理得：

$$\sum_{k=0}^{n} P\{X=k\}=\sum_{k=0}^{n} C_n^k p^k q^{n-k}=(p+q)^n=1$$

满足分布律的两条性质．

定义 3　若 X 的分布律为：

$$P\{X=k\}=C_n^k p^k(1-p)^{n-k}(k=0, 1, 2, \cdots, n)$$

则称 X 服从参数为 n，p 的二项分布，记为 $X\sim b(n, p)$.

在 n 重贝努利试验中，若 A 出现的概率是 p，用 X 表示事件 A 出现的次数，则 $P_n(k)=P\{X=k\}=C_n^k p^k(1-p)^{n-k}$，$k=0$，1，2，…，$n$. 所以 n 重贝努利试验就是二项分布．实际问题中服从二项分布有：①有放回或总量大的无放回抽样；②打枪、投篮问题(试验 n 次发生 k 次)；③设备使用、设备故障问题等．二项分布题目中不会直接指出，需要自己判断，即每次试验只有两种结果，将该试验独立重复进行 n 次，就是二项分布．

观察下图，对于 $n=100$ 次实验中，有 50 次成功的概率(正面向上的概率)最大.

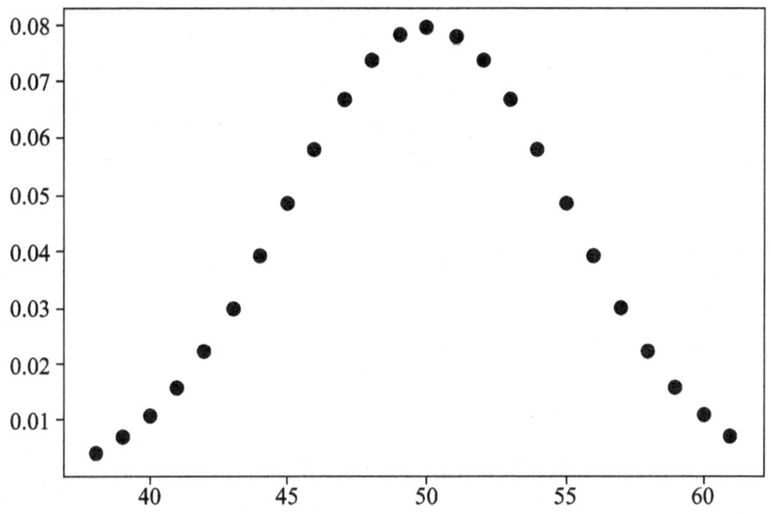

$n=100$，$p=0.5$ 时二项分布概率质量函数

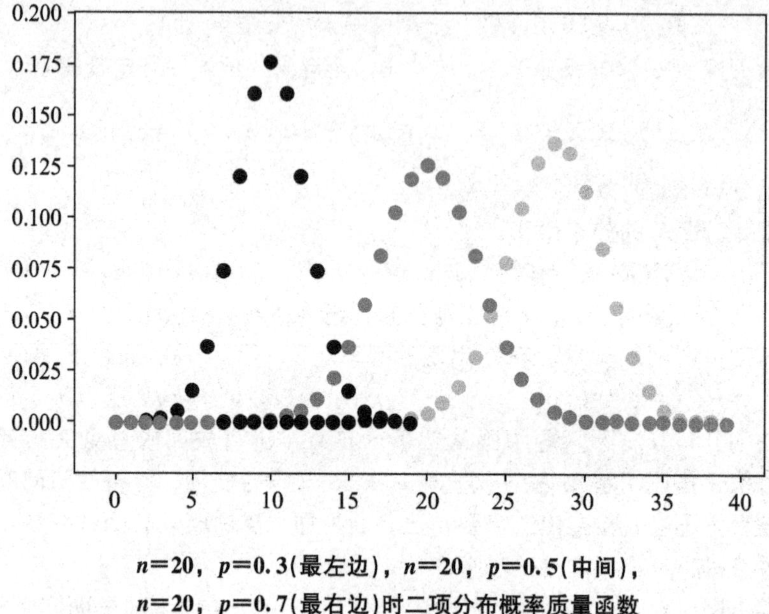

$n=20$，$p=0.3$(最左边)，$n=20$，$p=0.5$(中间)，$n=20$，$p=0.7$(最右边)时二项分布概率质量函数

令 $q=1-p$，当 $p=q$ 时概率密度直方图是对称的；当 $p\neq q$ 时直方图呈偏态：当 $p<q$ 时直方图朝右边倾斜，表示事件发生的密度较低，在 n 次贝努利实验中，总体结果更倾向于更少的事件发生次数．当 $p>q$ 时直方图朝左边倾斜．如果 n 很大(当 $p<q$ 且 $np\geqslant5$，或 $p>q$ 且 $np\geqslant5$)，即使 $p\neq q$，偏态逐渐降低，最终近似等于正态分布，二项分布的极限分布为正态分布，可以用正态分布的概率作为近似值．

【例 9】 产品次品率为 10%，任意有放回抽取 5 件样品，求最多有 2 件次品的概率．

解：用 X 表示抽取的次品的件数，则 $X\sim b(5,\ 0.1)$，求 $P\{X\leqslant2\}$.

$$\begin{aligned}P\{X\leqslant2\}&=P\{X=0\}+P\{X=1\}+P\{X=2\}\\&=C_5^0p^0(1-p)^5+C_5^1p^1(1-p)^4+C_5^2p^2(1-p)^3\\&=0.5905+0.3281+0.0729=0.9914\end{aligned}$$

【例 10】 学校一个机房有 300 台电脑，独立工作，出故障的概率都是 0.01. 一台电脑出故障由一人来处理．问至少配备多少维修人员，才能保证当电脑发生故障时不能及时维修的概率小于 0.01?

解：设 X 为 300 台电脑同时发生故障的台数，$X\sim b(n,\ p)$，$n=300$，$p=0.01$，设需配备 N 个维修人员，所求的是满足 $P\{X>N\}<0.01$ 或 $P\{X\leqslant N\}\geqslant0.99$ $P\{X>$

$N\} = \sum_{k=N+1}^{300} C_{300}^{k}(0.01)^{k}\ (0.99)^{300-k}$

此时直接计算该概率非常麻烦，可以用泊松定理来解决．

在二项分布中，当 n 较大时，直接计算是很麻烦的，下面我们给出一个当 n 很大而 p 很小时的近似计算公式．

定理1（泊松定理）在 n 重贝努利试验中，事件 A 在一次试验中出现的概率为 p_n（与试验总数 n 有关），$\lim\limits_{n\to+\infty} np_n=\lambda$（$\lambda>0$ 为常数），则对任意确定的非负整数 k，有 $\lim\limits_{n\to+\infty} b(k;\ n,\ p_n)=\lim\limits_{n\to+\infty} C_n^k p_n^k(1-p_n)^{n-k}=\dfrac{\lambda^k}{k!}\mathrm{e}^{-\lambda}$.

证明： 设 $\lambda_n=np_n$，则 $p_n=\dfrac{\lambda_n}{n}$，$\lim\limits_{n\to+\infty} np_n=\lim\limits_{n\to+\infty} n\dfrac{\lambda_n}{n}=\lambda$，于是

$$C_n^k p_n^k(1-p_n)^{n-k}=\frac{n(n-1)\cdots(n-k+1)}{k!}\left(\frac{\lambda_n}{n}\right)^k\left(1-\frac{\lambda_n}{n}\right)^{n-k}$$
$$=\frac{\lambda_n^k}{k!}\frac{n(n-1)\cdots(n-k+1)}{n^k}\left(1-\frac{\lambda_n}{n}\right)^n\left(1-\frac{\lambda_n}{n}\right)^{-k}$$

对任意确定的 k，当 $n\to+\infty$ 时，$\dfrac{n(n-1)\cdots(n-k+1)}{n^k}\to1$，$\left(1-\dfrac{\lambda_n}{n}\right)^{-k}\to1$，$\left(1-\dfrac{\lambda_n}{n}\right)^n\to\mathrm{e}^{-\lambda}$，所以，$\lim\limits_{n\to+\infty} b(k;\ n,\ p_n)=\lim\limits_{n\to+\infty} C_n^k p_n^k(1-p_n)^{n-k}=\dfrac{\lambda^k}{k!}\mathrm{e}^{-\lambda}$.

在实际计算中，当 $n\geqslant20$，$p\leqslant0.05$ 时，上式的近似值效果颇佳，而 $n\geqslant100$ 且 $np\leqslant10$ 时，效果更好．

所以，例10的答案近似为：

$P\{X>N\}=\sum\limits_{k=N+1}^{300} C_{300}^k(0.01)^k\ (0.99)^{300-k}\approx\sum\limits_{k=N+1}^{300}\dfrac{3^ke^{-3}}{k!}\approx\sum\limits_{k=N+1}^{\infty}\dfrac{3^ke^{-3}}{k!}=1-\sum\limits_{k=0}^{N}\dfrac{3^ke^{-3}}{k!}>0.01$，$\sum\limits_{k=0}^{N}\dfrac{3^ke^{-3}}{k!}<0.99$，查泊松分布表（附表2）得：$\sum\limits_{k=0}^{8}\dfrac{e^{-3}3^k}{k!}\approx0.9962$，即至少需配备8个维修人员．

【例11】 已知每个人被肺炎传染的概率为0.25，现有一种针对肺炎的预防药，用此药对选出的12个人进行了试验，结果这12个人都没有被感染，试问该药对此病是否有效?

解： 对12个人进行了试验，可看作12重贝努利试验．用 X 表示当药无效时，12个人中被感染的人数，则 $X\sim b(12,\ 0.25)$，二项分布的分布律为：

$$P\{X=k\}=C_{12}^k(0.25)^k(0.75)^{12-k},\ k=0,\ 1,\ 2,\ \cdots,\ 12,$$

而 $P\{X=0\}=C_{12}^0(0.25)^0(0.75)^{12}=0.032$. 这12个人都没有被感染的概率为0.032，概率比较小，说明预防药有效．

【例 12】 为保证机床正常工作，需要配备一些维修工．若机床是否发生故障是相互独立的，且每台机床发生故障的概率都是 0.01(每台机床发生故障可由一个人排除)．若一名维修工负责维修 10 台机床，求机床发生故障而不能及时维修的概率是多少?

解：设 X 表示 10 台机床中同时发生故障的台数，则 $X \sim b(10, 0.01)$，根据泊松定理，X 又可近似地看作服从泊松分布，其中参数 $\lambda = np = 10 \times 0.01 = 0.1$. 10 台机床中只配备一个维修人员，则只要有两台或两台以上机床同时发生故障，就不能得到及时维修．故所求概率为：

$$P\{X \geqslant 2\} = \sum_{k=2}^{10} \frac{0.1^k}{k!} e^{-0.1} \approx 1 - \sum_{k=0}^{1} \frac{0.1^k}{k!} e^{-0.1} = 1 - e^{-0.1} - 0.1e^{-0.1} = 0.0047$$

3. 泊松(Poisson)分布

泊松分布是一种概率统计里常见到的离散概率分布，由法国数学家西莫恩·德尼·泊松(Siméon—Denis Poisson)在 1838 年发现．

在一个十字路口利用秒表和计数器收集闯红灯的人数．第一分钟内有 4 个人闯红灯，第二分钟有 5 个人，持续记录下去，就可以得到一个模型，这便是"泊松分布"的原型．

定义 4 若 X 的可能取值为 0，1，2，…，k，…，且：

$$P\{X=k\} = \frac{\lambda^k}{k!} e^{-\lambda} (\lambda > 0,\ k = 1,\ 2,\ \cdots)$$

则称 X 服从参数为 λ 的泊松分布，记为 $X \sim P(\lambda)$.

因为 $$\sum_{k=0}^{\infty} P\{X=k\} = \sum_{k=0}^{\infty} \frac{\lambda^k}{k!} e^{-\lambda} = e^{-\lambda} \sum_{k=0}^{\infty} \frac{\lambda^k}{k!} = e^{-\lambda} \cdot e^{\lambda} = 1$$

所以正则性成立，非负性显然成立，满足分布律的两条性质．

泊松分布来自"排队现象"，是概率论中重要的概率分布之一．参数 λ 是单位时间(或单位面积)内随机事件的平均发生率．常用于描述单位时间(或空间)内随机事件发生的次数．如汽车站台的候客人数，机器出现的故障数，一块产品上的缺陷数，显微镜下单位分区内的细菌数，某时间段内的电话呼叫，顾客到来，车辆通过等．随机网络和小世界网络的度分布多服从泊松分布．

在实际中，人们常把一次试验中出现概率很小(如小于 0.05)的事件称为稀有事件．泊松分布主要刻画稀有事件出现的概率．如火山爆发、地震、洪水、战争等．泊松分布是试验次数 n 非常大的情况下二项分布的极限，而且当 $\lambda = 20$ 时，泊松分布接近于正态分布．

如果给的数据是计数资料，也就是个数，而不是像身高等可能有小数点，此时因变量服从泊松分布，则可以采用泊松回归，比如观察一段时间后，发病了多少人或是死亡了多少人等．

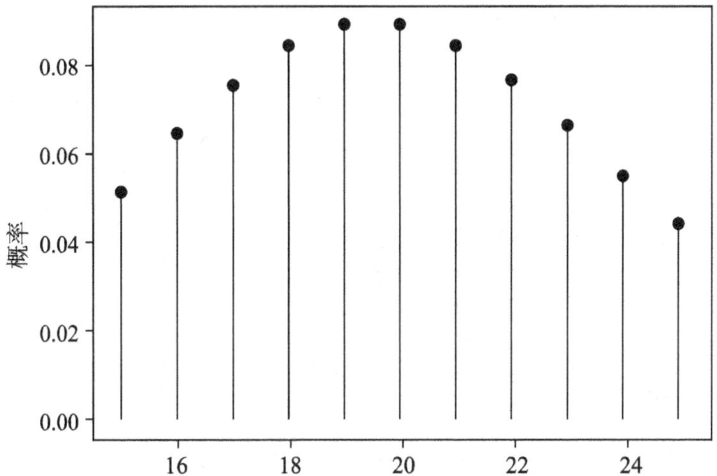

当参数 $\lambda=20$ 时，随机变量 X 取值为 15 到 25 的时候的概率

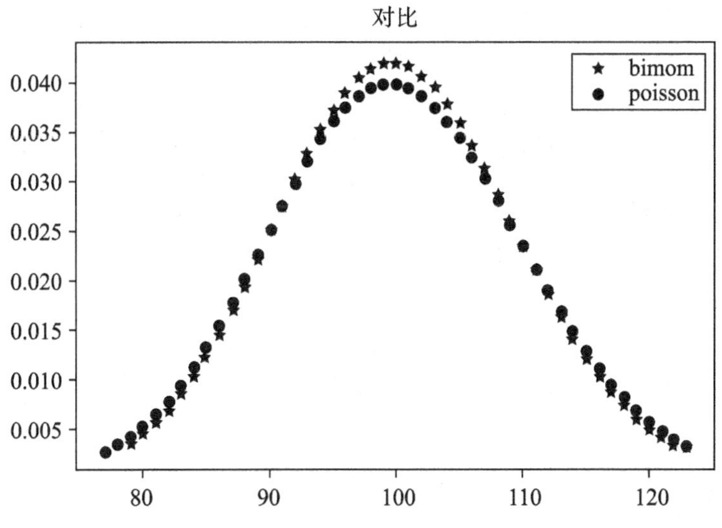

$n=1000$，$p=0.1$ 时泊松分布和二项分布的概率质量函数对比

【例 13】 某商店根据过去的销售记录知道某品牌电脑每月的销售量可以用 $\lambda=10$ 的泊松分布来描述．为了以 95％以上的把握保证不脱销，问商店在月底应存有多少件该种商品？（设只在月底进货）．

解： 设该商店每月该品牌电脑的销售量为 X，则 $X\sim P(10)$，设月底存货为

a 件，则当 $X\leqslant a$ 时就不会脱销，即求 a 使得 $P\{X\leqslant a\}=\sum_{k=0}^{a}\frac{10^k}{k!}e^{-10}\geqslant 0.95$，查泊松分布表可得：$\sum_{k=0}^{15}\frac{10^k}{k!}e^{-10}\approx 0.9513>0.95$，于是这家商店只要在月底保证存货不少于15件就能以95%以上的把握保证下月电脑不会脱销.

4. 超几何分布

定义5 N 个产品中有 M 个不合格品，不放回取出 n 个，记 X 为不合格品数，则 X 服从超几何分布，其分布律为：

$$P\{X=k\}=\frac{C_M^k C_{N-M}^{n-k}}{C_N^n},\ k=0,\ \cdots,\ r,\ 其中\ r=\min(n,\ M)$$

记为 $X\sim h(n,\ N,\ M)$.

由 $\sum_{k=0}^{r}C_M^k C_{N-M}^{n-k}=C_N^n$，可知正则性成立．下面证明该公式．

$(1+x)^a=C_a^0x^0+C_a^1x+\cdots+C_a^ax^a$，$(1+x)^b=C_b^0x^0+C_b^1x+\cdots+C_b^bx^b$

$(1+x)^{a+b}=C_{a+b}^0x^0+C_{a+b}^1x+\cdots+C_{a+b}^{a+b}x^{a+b}$

由于 $(1+x)^{a+b}=(1+x)^a(1+x)^b$，有：

$C_{a+b}^0x^0+C_{a+b}^1x+\cdots+C_{a+b}^{a+b}x^{a+b}=(C_a^0x^0+C_a^1x+\cdots+C_a^ax^a)(C_b^0x^0+C_b^1x+\cdots+C_b^bx^b)$

由于等式两边的 x^k 的系数相等，有 $C_{a+b}^k=C_a^0C_b^k+C_a^1C_b^{k-1}+\cdots+C_a^kC_b^0$.

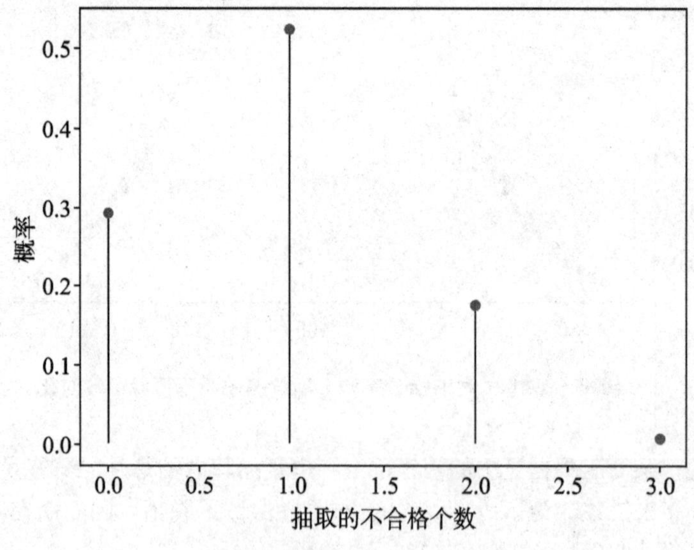

超几何分布 $h(10,\ 3,\ 3)$

当 $N>>n$ 时，不放回抽样可近似看作有放回抽样，则 $X\sim b(n,\ \frac{M}{N})$. 两者主要区别是超几何分布的各次试验不是独立的，而且各次试验中表示成功的概率不相等.

【例 14】 箱子中共有 100 个球，有 10 个白球，90 个黑球，从中任意取出 5 个球，求取出的 5 个球中白球数的分布律.

解：设任意取出的 5 个球中白球数为 X，则 X 的分布律为：

X	0	1	2	3	4	5
p	$\frac{C_{90}^5}{C_{100}^5}=0.583$	$\frac{C_{10}^1C_{90}^4}{C_{100}^5}=0.340$	$\frac{C_{10}^2C_{90}^3}{C_{100}^5}=0.07$	$\frac{C_{10}^3C_{90}^2}{C_{100}^5}=0.007$	$\frac{C_{10}^4C_{90}^1}{C_{100}^5}$	$\frac{C_{10}^5}{C_{100}^5}$

$$P\{X=k\}=\frac{C_{10}^kC_{90}^{5-k}}{C_{100}^5},\ k=0,\ \cdots,\ 5,\ 即\ X\sim h(5100,\ 10)$$

5. 几何分布

假设贝努利试验中事件 A 发生的概率为 $P(A)=p$，X 表示 A 首次出现时的试验次数，则称 X 服从几何分布，分布律为：

$P\{X=k\}=p(1-p)^{k-1}$，$k=1,\ 2,\ \cdots$，记为 $X\sim Ge(p)$.

几何分布的通项是几何级数 $\sum_{k=1}^{\infty}p(1-p)^{k-1}$ 的一般项，故称为几何分布. 由于 $\sum_{k=1}^{\infty}p(1-p)^{k-1}=1$，所以正则性满足，非负性显然成立，分布律两条性质满足.

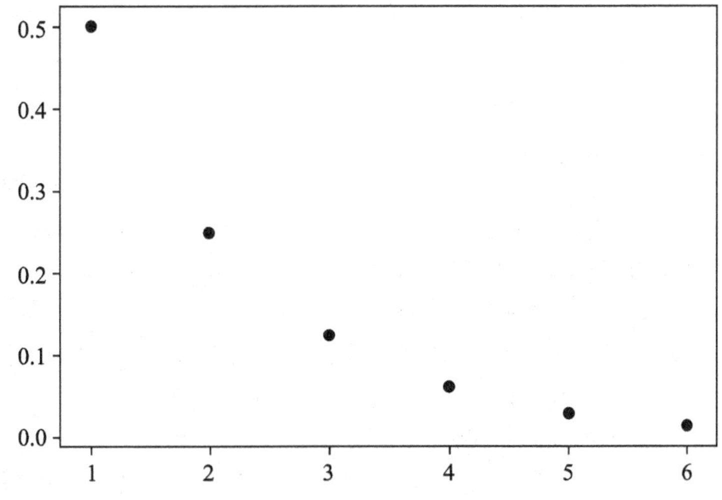

当 $p=0.5$ 时的几何分布概率质量函数

定理 2(无记忆性) 设 $X\sim Ge(p)$，对任意正整数 m，n，有：

$$P\{X>m+n \mid X>m\}=P\{X>n\}$$

证明:$P\{X>n\}=\sum_{k=n+1}^{\infty}(1-p)^{k-1}p=(1-p)^n$，

$$P\{X>m+n \mid X>m\}=\frac{P\{X>m+n\}}{P\{X>m\}}=\frac{(1-p)^{m+n}}{(1-p)^m}=(1-p)^n=P\{X>n\}.$$

在前 m 次试验中事件 A 没有出现的条件下，在接下去的 n 次试验中 A 仍没出现的概率仅与 n 有关，而与前 m 次试验无关．

几何分布也是一种常用的离散型分布，例如：

(1)抛掷一枚均匀的骰子，首次出现 2 点时的投掷次数 $X\sim Ge(1/6)$；

(2)投篮首次命中时投篮的次数 $X\sim Ge(p)$，p 为每次投篮时的命中率；

(3)任课教师每次上课随机抽取 10%的学生签到，某位学生首次被老师要求签到时已经开课次数 $X\sim Ge(0.1)$.

【例 15】 社会上发行某种面值为 2 元的彩票，中奖率为 2.8%. 某人购买一张彩票，若没中奖再继续买一张，直至中奖为止，试求他第 6 次购买中奖的概率．

解：用 X 表示一直到中奖为止购买的彩票数，则 $X\sim Ge(0.028)$，则第 6 次购买中奖的概率为 $P\{X=6\}=0.972^5\times0.028\approx0.024$

6. 负二项分布(巴斯卡分布)

设贝努利试验中事件 A 发生的概率 $P(A)=p$，X 表示 A 第 r 次出现时的试验次数，则称 X 服从负二项分布，分布律为：

$$P\{X=k\}=C_{k-1}^{r-1}p^r(1-p)^{k-r},\ k=r,\ r+1,\ \cdots$$

记为 $X\sim Nb(r,\ p)$.

注：(1)$Nb(1,\ p)=Ge(p)$；

(2)负二项随机变量是独立几何随机变量之和．

设 X_1 表示第一个 A 出现的试验次数，X_2 表示第二个 A 出现的试验次数(从第一个 A 出现之后算起)，……，X_r 表示第 r 个 A 出现的试验次数(从第 $r-1$ 个 A 出现之后算起)，则 X_i 独立同分布，且 $X_i\sim Ge(p)$，$i=1,\ 2,\ \cdots,\ r$，则 $X=X_1+X_2+\cdots+X_r$ 为负二项分布．

如果给的数据是计数资料，也就是个数，而且结果可能具有聚集性，此时因变量服从负二项分布，则可以采用负二项回归．比如调查影响流感的因素，结果是流感的例数，如果被调查的人在同一个家庭里，由于流感具有传染性，那么同一个家里如果一个人得流感，那其他人可能也被传染，因此也得了流感，那这就是具有聚集性，这样的数据尽管结果是个数，但由于具有聚集性，此时用负二项回归进行拟合比较合适．

7. Multinoulli 分布

Multinoulli 分布是指在具有 k 个不同状态的单个离散型随机变量的分布，其中 k 是一个有限值. Multinoulli 分布可由向量 p_1，p_2，…，p_k 参数化，其中 p_i 表示第 i 个状态的概率. 最后的第 k 个状态的概率可以通过前面 $k-1$ 个状态的概率给出. Multinoulli 分布经常用来表示对象分类的分布.

Multinoulli 分布或者范畴分布(categorical distribution)是常用的高维离散分布模型. 在日常生活中，如果我们掷一个不均匀的骰子(每一面出现的概率均不一样)，就可以用 Multinoulli 分布进行建模，Multinoulli 分布在机器学习的多分类问题具有非常广泛的应用.

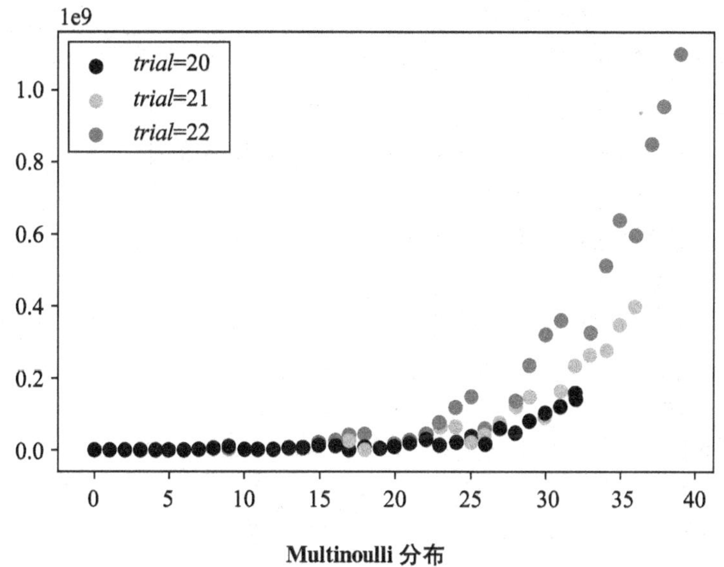

Multinoulli 分布

【例 16】 抛一枚质地不均匀的骰子，则出现 6 种可能的结果，分别为 1，2，3，4，5，6，且每一种结果出现的结果是不同的. 则 X 的分布律为:

Z	1	2	3	4	5	6
P	p_1	p_2	p_3	p_4	p_5	p_6

习题 2.1

一、填空题

1. 设随机变量 X 的分布律为 $P\{X=k\}=c\left(\frac{2}{3}\right)^k$，$k=1, 2, 3$，则 $c=$________.

2. 设随机变量 X 的分布律为 $P\{X=k\}=a\frac{\lambda^k}{k!}$，$k=0, 1, 2, 3, \cdots$，其中 $\lambda\geqslant0$ 为常数，则 $a=$________.

3.(97 年研)设 $X\sim b(2, p)$，$Y\sim b(3, p)$，若 $P\{X\geqslant1\}=\frac{5}{9}$，则 $P\{Y\geqslant1\}=$________.

4. 对一批产品进行检查，直到合格品、不合格品都出现为止．用 X 表示检查产品的个数，则 X 的分布律为________.

5. 铸件上的砂眼的个数服从参数 $\lambda=0.5$ 的泊松分布，则在一个铸件上至少有一个砂眼的概率为________.

6. 同时掷两枚骰子，直到一枚骰子出现 6 点为止，抛掷次数 X 的分布律为________.

二、计算题

1. 一个盒子里装有编号为 1～5 的 5 张卡片，任取 3 张，以 X 表示取出的 3 张卡片中的最大号码，写出随机变量 X 的分布律．

2. 袋子里有 15 只螺丝，其中 2 只为次品，不放回的任取 3 只，用 X 表示取出的次品个数，求 X 的分布律．

3. 独立重复的进行贝努利试验，每次试验成功的概率均为 p，试求以下事件的概率：

(1)直到第 r 次才成功；

(2)第 r 次成功之前恰失败 k 次；

(3)在 n 次中取得 $r(1\leqslant r\leqslant n)$ 次成功；

(4)直到第 n 次才取得 $r(1\leqslant r\leqslant n)$ 次成功．

4. 设 X 为随机变量，且 $P\{X=k\}=\frac{1}{2^k}(k=1, 2, \cdots)$，则：

(1)判断上面的式子是否为 X 的分布律；

(2)若是，则求 X 为偶数的概率和 $P(X\geqslant5)$.

5. 已知在五重贝努利试验中成功的次数 X 满足 $P\{X=1\}=P\{X=2\}$，求概

率 $P\{X=4\}$.

6. 某人在森林里迷路了，他面前有三条小路，只有一条小路可以离开森林．这个人选哪条小路都是随机的．

(1)假设这三条小路路上的景色相同，用 X 表示这个为了离开森林试走的次数，求 X 的分布律；

(2)这个人在走过的路上做了标记，那他每一条小路的尝试不多于一次．以 Y 表示为了离开森林试走的次数，试求 Y 的分布律；

(3)求 X 小于 Y 的概率；

(4)求 Y 小于 X 的概率．

7. 甲、乙二人射击，击中目标的概率各为 0.6，0.7，两人各射击三次．求(1)二人击中目标的次数相等的概率；(2)甲比乙击中次数多的概率．

8. 一张考卷上有 5 道单选题，每题 4 分，求某学生靠猜测至少能得到 16 分的概率．

9. 交警在某十字路口观察违章的车辆的数目，车辆违章的概率为 0.1，当有车辆违章时交警上前将其拦截，用 X 表示交警两次拦截违章车辆之间通过的车辆数，试求(1)X 的分布律；(2)$P\{X\geqslant 5\}$.

10. 设随机变量 X 服从参数为 λ 的泊松分布，且 $P\{X=0\}=\dfrac{1}{2}$，求(1)λ；(2)$P\{X>1\}$.

11. 设铸件上砂眼的个数 X 服从泊松分布．经统计发现在某批铸件上，有一个砂眼的个数与有两个砂眼的个数相同，求任意检验 4 个铸件，每个铸件上都没有砂眼的概率．

12. 在长度为 t 的时间间隔内，某客服中心收到电话的次数 X 服从参数为 $t/2$ 的 Poisson(泊松)分布，而与时间间隔的起点无关(时间以小时计)．求：

(1)某一天从下午 1 时至下午 4 时没有收到紧急呼救的概率；

(2)某一天从下午 1 时至下午 6 时至少收到 1 次紧急呼救的概率．

13. 有一某火车站每天有很多汽车通过，设每辆车在一天内出事故的概率 0.0001，在某天有 1000 辆汽车通过，问出事故的次数不小于 2 的概率是多少(利用泊松定理)?

14. 某人击中目标的概率为 0.4，每次射击是相互独立的，用 X 表示他首次击中目标所需要射击的次数，求 X 的分布律．

15. 设某人投篮的命中率为 0.6，他投入篮筐 12 次便停止射击，以 X 表示相应的投篮次数，求 X 的分布律．

第二节　随机变量的分布函数

一、分布函数概念

用分布律来表示离散型随机变量的分布是非常方便的，但是对于非离散型的随机变量，由于可能的取值是无限不可列个，因此用分布律来表示非离散型变量的概率分布是不合适的．我们研究随机变量的主要目的就是研究随机变量的取值或在某个范围内取值的概率，如 $P\{X=k\}$ 或 $P\{a<X\leqslant b\}$．由于 $\{a<X\leqslant b\}=\{X\leqslant b\}-\{X\leqslant a\}$，$\{X>b\}=\Omega-\{X\leqslant b\}$，$\{X=b\}=\{X\leqslant b\}-\{X<b\}$，所以对于任意实数 x，只要知道事件"$\{X\leqslant x\}$"的概率即可．事件 $\{X\leqslant x\}$ 的概率依赖于 x，是 x 的函数，我们把这个函数叫做随机变量的**分布函数**，定义如下：

定义 1　设 X 是一个随机变量，对于任意实数 x，事件 $\{X\leqslant x\}$ 的概率是 x 的函数，记为 $F(x)=P\{X\leqslant x\}$，称 $F(x)$ 为 X 的概率分布函数，简称分布函数．

在机器学习中分布函数称为累积分布函数(cumulative distribution function)．在 python 的 scipy 包里，分布函数表示为 cdf.

二、分布函数的性质

性质 1　分布函数 $F(x)$ 的基本性质

1. 有界性

(1)对于任意实数 x，$0\leqslant F(x)\leqslant 1$；

(2)$F(-\infty)=\lim\limits_{x\to-\infty}F(x)=0$，$F(+\infty)=\lim\limits_{x\to+\infty}F(x)=1$.

证明：(1)对于任意实数 x，函数 $F(x)$ 的值是事件 $\{X\leqslant x\}$ 发生的概率，而概率总在 0 与 1 之间．

(2)当 $x\to-\infty$ 时，事件 $\{X\leqslant-\infty\}$ 是不可能事件，故 $F(-\infty)=P\{X\leqslant-\infty\}=0$；

当 $x\to+\infty$ 时，事件 $\{X\leqslant+\infty\}$ 是必然事件，故 $F(+\infty)=P\{X\leqslant+\infty\}=1$.

2. 单调非减

$F(x)$ 是单调非减函数，即对于任意 $x_1<x_2$，有 $F(x_1)\leqslant F(x_2)$.

证明　方法 1　对于任意 $x_1<x_2$，事件 $\{X\leqslant x_1\}$ 包含于事件 $\{X\leqslant x_2\}$，由概率的单调性，有 $F(x_1)=P\{X\leqslant x_1\}\leqslant F(x_2)=P\{X\leqslant x_2\}$.

方法 2　因为 $F(x_2)-F(x_1)=P\{X\leqslant x_2\}-P\{X\leqslant x_1\}$，对于任意 $x_1<x_2$，

事件$\{X\leqslant x_2\}$等于事件$\{X\leqslant x_1\}\cup\{x_1<X\leqslant x_2\}$，且两个事件$\{X\leqslant x_1\}\{x_1<X\leqslant x_2\}$互不相容，由有限可加性，有 $P\{X\leqslant x_2\}=P\{X\leqslant x_1\}+P\{x_1<X\leqslant x_2\}$，从而

$F(x_2)-F(x_1)=P\{X\leqslant x_2\}-P\{X\leqslant x_1\}=P\{x_1<X\leqslant x_2\}\geqslant 0$，有 $F(x_1)\leqslant F(x_2)$.

另外还可得到公式如下：

$$P\{x_1<X\leqslant x_2\}=P\{X\leqslant x_2\}-P\{X\leqslant x_1\}=F(x_2)-F(x_1)$$

3. $F(x)$右连续，即 $F(x)=F(x+0)$

证明　设 $x_1>x_2>\cdots>x_n$，且 $x_n\to x_0(n\to\infty)$，可得：

$$F(x_1)-F(x_0)=P\{x_0<X\leqslant x_1\}=P\{\bigcup_{i=1}^{\infty}\{x_{i+1}<X\leqslant x_i\}\}=\sum_{i=1}^{\infty}P\{x_{i+1}<x\leqslant x_i\}=\sum_{i=1}^{\infty}[F(x_i)-F(x_{i+1})]=F(x_1)-\lim_{n\to\infty}F(x_n)=F(x_1)-\lim_{n\to\infty}F(x_n)$$

由此得 $F(x_0)=\lim\limits_{n\to\infty}F(x_n)=F(x_0+0)$，从而右连续成立.

所有的分布函数都满足这三条性质.反过来，如果一个函数同时满足上述三条性质，则该函数一定是某个随机变量的分布函数.也就是说，性质(1)—(3)是判断一个函数是否成为某个随机变量的分布函数的充分必要条件.

注：$F(x)$是在区间$(-\infty, x)$内的“累积概率”，不要与单点概率混淆.

利用分布函数 $F(x)$，可以求出随机变量 X 在某一区间上取值的概率.比如任意给定实数 a，$b(a<b)$，有

$P\{a<X\leqslant b\}=F(b)-F(a)$，$P\{X<b\}=F(b-0)$，$P\{X>b\}=1-F(b)$，

$P\{a<X<b\}=F(b-0)-F(a)$，$P\{a\leqslant X\leqslant b\}=F(b)-F(a-0)$，

$P\{a\leqslant X<b\}=F(b-0)-F(a-0)$，$P\{X=b\}=F(b)-F(b-0)$.

以上公式适用于离散型随机变量求概率.由分布函数 $F(x)$的定义，若已知离散型随机变量 X 的分布律，则它的分布函数：

$$F(x)=P\{X\leqslant x\}=\sum_{x_i\leqslant x}P\{X=x_i\}=\sum_{x_i\leqslant x}p_i$$

对离散型随机变量的分布函数应注意：

(1)$F(x)$是递增的阶梯函数；(2)其间断点均为右连续的；(3)其间断点即为 X 的可能取值点；(4)其间断点的跳跃高度是 X 对应的取值点的概率值.

【例 1】　设随机变量 X 的分布律为：

X	0	1	2
P	$\frac{1}{3}$	$\frac{1}{6}$	$\frac{1}{2}$

求 X 的分布函数.

解：当 $x\leqslant 0$ 时，$F(x)=P\{X\leqslant x\}=0$；

当 $0\leqslant x<1$ 时，$F(x)=\sum\limits_{k\leqslant x}P\{X=k\}=P\{X=0\}=1/3$；

当 $1\leqslant x<2$ 时，$F(x)=\sum\limits_{k\leqslant x}P\{X=k\}=P\{X=0\}+P\{X=1\}=1/3+1/6=1/2$；

当 $x\geqslant 2$ 时，$F(x)=P\{X=0\}+P\{X=1\}+P\{X=2\}=1$；

综上所述，X 的分布函数为

$$F(x)=\begin{cases}0, & x<0\\ 1/3, & 0\leqslant x<1\\ 1/2, & 1\leqslant x<2\\ 1, & x\geqslant 2\end{cases}$$

函数 $F(x)$ 是右连续的阶梯函数，在 $X=0$，1，2 处有右连续的跳跃点，每次跳跃的高度正好是在 X 取该值点的概率．

【例 2】 已知 X 的分布函数如下，求 X 的分布律．

$$F(x)=\begin{cases}0, & x<0\\ 0.4, & 0\leqslant x<1\\ 0.8, & 1\leqslant x<2\\ 1, & 2\leqslant x\end{cases}$$

解：X 的分布律如下：

X	0	1	2
P	0.4	0.4	0.2

【例 3】 设有函数 $F(x)=\sin x$，$0\leqslant x\leqslant \pi$，试说明 $F(x)$ 能否成为某个随机变量的分布函数．

解：注意到函数 $F(x)$ 在 $[\pi/2, \pi]$ 上是单调减少的，不满足性质(2)，故 $F(x)$ 不是分布函数．

习题 2.2

一、选择题

1. 下列可以作为分布函数的选项是(　　)

A. $F(x)=\begin{cases}4e^{4x}, & x\geqslant 0\\ 0, & x<0\end{cases}$　　　B. $F(x)=\begin{cases}0, & x<0\\ 1/3, & 0\leqslant x\leqslant 1\\ 1, & x>1\end{cases}$

C. $F(x)=\begin{cases}0, & x<0\\ (1-x)/2, & 0\leqslant x\leqslant 1\\ 1, & x>1\end{cases}$　　D. $F(x)=\begin{cases}0, & x<0\\ \sin x, & 0\leqslant x\leqslant \pi/2\\ 1, & x>\pi/2\end{cases}$

2.(10 年研)设随机变量的分布函数 $F(x)=\begin{cases}0, & x<0\\ \dfrac{1}{2}, & 0\leqslant x<1\\ 1-e^{-x}, & x\geqslant 1\end{cases}$，则 $P\{X=1\}=$(　　)

A. 0　　B. $\dfrac{1}{2}$　　C. $\dfrac{1}{2}-e^{-1}$　　D. $1-e^{-1}$

3. 下列可以作为分布函数的选项的是(　　)

A. $F(x)=1+\dfrac{1}{x^2}$，$x\neq 0$　　B. $F(x)=\dfrac{1}{\pi}\arctan x+\dfrac{1}{2}$

C. $F(x)=\begin{cases}0, & x\leqslant 0\\ \dfrac{1}{2}(1-e^{-x}), & x>0\end{cases}$　　D. $F(x)=\sin x$，$0\leqslant x\leqslant \pi/2$

4. 设随机变量 X 的分布函数为 $F(x)$，则下列函数中，仍为分布函数的是(　　)

A. $F(2x-1)$　　B. $F(1-x)$　　C. $F(x^2)$　　D. $1-F(x)$

5. 设随机变量 X 的分布函数如下：

$$F(x)=\begin{cases}\dfrac{1}{1+x^2}, & x<\underline{(1)},\\ \underline{(2)}, & x\geqslant\underline{(3)}.\end{cases}$$

则(1)，(2)，(3)项分别为(　　)

A. 0，1，0　　B. 1，0，0　　C. 2，1，2　　D. 1，1，1

二、计算题

1. 设随机变量 X 的分布函数为 $F(x)=\begin{cases}a-b/x, & x>1\\ 0, & x\leqslant 1\end{cases}$，求常数 a，b，$P\{|X-1|<2\}$.

2. 随机变量 X 的分布函数为

$$F(x)=\begin{cases}0, & x<1,\\ \ln x, & 1\leqslant x<e,\\ 1, & x\geqslant e\end{cases}$$

试求 $P(X<2)$，$P(0<X\leqslant 3)$，$P(2<X<2.5)$.

3. 设随机变量 X 的分布函数为 $F(x)=A+B\arctan x$，(1)求 A，B；(2)求 $P\{X\geqslant 1\mid X\geqslant -1\}$.

4. 袋子里有 15 只螺丝，其中 2 只为次品，不放回的任取 3 只，用 X 表示取出的次品个数，求：(1) X 的分布函数；(2) 求 $P\{X\leqslant\frac{1}{2}\}$，$P\{1<X\leqslant\frac{3}{2}\}$，$P\{1\leqslant X\leqslant\frac{3}{2}\}$，$P\{1<X<2\}$.

5. 在区间$[0, a]$上任意取一个点，用以 X 表示这个点的坐标，设这个点落在$[0, a]$中任意小区间内的概率与这小区间长度成正比例，求 X 的分布函数.

6. (97 年研)设随机变量 X 的绝对值不大于 1，$P\{X=-1\}=\frac{1}{8}$，$P(X=1)=\frac{1}{4}$. 在事件$\{-1<X<1\}$出现的条件下，X 在区间$(-1, 1)$内的任一子区间上取值的条件概率与该子区间的长度成正比. 试求 X 的分布函数 $F(x)=P\{X\leqslant x\}$.

第三节　连续型随机变量及其密度函数

一、连续型随机变量

X 的取值连成一片，就是**连续型随机变量**，如零件尺寸、电池寿命、降雨量等.

定义 1　设随机变量 X 的分布函数为 $F(x)$，若有非负可积的函数 $f(x)$，使得

$$F(x)=\int_{-\infty}^{x} f(x)\mathrm{d}x$$

则称 X 为连续型随机变量. $f(x)$为 X 的概率密度函数，简称为密度函数. 在 python 的 scipy 包里，概率密度函数(probability density function)表示为 pdf.

密度函数具有如下性质：

(1)非负性 $f(x)\geqslant 0$.

(2)正则性 $\int_{-\infty}^{+\infty} f(x)\mathrm{d}x=1$.

性质(2)说明，介于密度函数曲线 $y=f(x)$及 X 轴之间的区域面积为 1.

连续型随机变量的密度函数 $f(x)$一定满足这两条性质；反过来，满足如上两条性质的函数，一定可以成为某个连续型随机变量的密度函数.

(3) 对于任意实数 a 和 $b\,(a<b)$，有 $P\{a<X\leqslant b\}=F(b)-F(a)=\int_{a}^{b} f(x)\mathrm{d}x$.

密度 $f(x)$决定了 X 的变化规律，不同的连续型随机变量有不同的密度函数

. 性质(3)将连续型随机变量 X 在区间 $(a, b]$ 上取值的概率转化成了密度函数在区间 $(a, b]$ 上的定积分，从而可以利用微积分知识求解概率计算问题．从图形上看该事件的概率等于密度函数曲线 $y=f(x)$ 与横轴之间从 a 到 b 的曲边梯形的面积，整个曲线下方的面积等于 1.

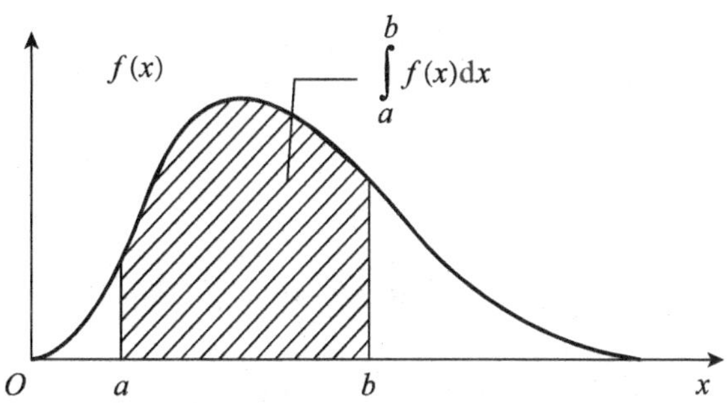

(4)在 $f(x)$ 的连续点处，有 $F'(x)=f(x)$.

(5)$F(x)$ 是连续函数．

(6)$P\{X=a\}=0$(a 为任意实数).

该条说明单点概率为零(注意：由此可以推出概率为零的事件不一定是不可能事件)

证明

因为 $0\leqslant P\{X=a\}\leqslant P\{a-\Delta x<X\leqslant a\}=F(a)-F(a-\Delta x)$，而 $F(x)$ 是连续函数，有 $\lim\limits_{\Delta x\to 0}F(a-\Delta x)=F(a)$，所以 $P\{X=a\}=0$.

因此，对于连续型随机变量 X，有：

$$P\{a<X<b\}=P\{a\leqslant X<b\}=P\{a<X\leqslant b\}=P\{a\leqslant X\leqslant b\}=\int_a^b f(x)\mathrm{d}x$$

注意：$f(x)$ 在可数个点处的函数值不影响其可积性及积分值，故不影响求概率．

离散型随机变量与连续型随机变量对比见下表．

离散型随机变量	连续型随机变量
分布律：$p_i=P\{X=x_i\}$(唯一)	密度函数：$X\sim f(x)$(不唯一)
$F(x)=\sum\limits_{x_i\leqslant x}p(x_i)$	$F(x)=\int_{-\infty}^{x}f(t)\mathrm{d}t$
$F(a)=F(a+0)$ 且 $P\{a<X\leqslant b\}=F(b)-F(a)$	
点点计较	$P\{X=a\}=0$
$F(x)$ 为阶梯函数，即：$F(a)\neq F(a-0)$	$F(x)$ 为连续函数，即：$F(a)=F(a-0)$

【例 1】 设随机变量 X 的密度函数为 $f(x)=\begin{cases}k(4x-2x^2), & 0\leqslant x\leqslant 2\\ 0, & \text{其他}\end{cases}$，(1)求 k；(2)求 $P\{1\leqslant X\leqslant 3\}$，$P\{X\leqslant 1\}$.

解：(1)由正则性 $\int_{-\infty}^{+\infty}f(x)\mathrm{d}x=\int_0^2 k(4x-2x^2)\mathrm{d}x=1$，得到 $k=\dfrac{3}{8}$；

(2) $P\{1\leqslant X\leqslant 3\}=\int_1^3 f(x)\mathrm{d}x=\int_1^2\dfrac{3}{8}(4x-2x^2)\mathrm{d}x=\dfrac{1}{2}$，

$P\{X\leqslant 1\}=\int_0^1\dfrac{3}{8}(4x-2x^2)\mathrm{d}x=\dfrac{1}{2}$.

【例 2】 设随机变量 X 的密度函数为 $f(x)=\begin{cases}3x^2, & 0\leqslant x\leqslant 1\\ 0, & \text{其他}\end{cases}$，(1)求 $P\{|X|\leqslant 0.5\}$；(2)求随机变量 X 的分布函数 $F(x)$.

解：(1)由正则性 $\int_{-\infty}^{+\infty}f(x)\mathrm{d}x=\int_0^{0.5}3x^2\mathrm{d}x=0.125$；

(2)当 $x<0$ 时，$F(x)=P\{X\leqslant x\}=0$；

当 $0\leqslant x<1$ 时，$F(x)=P\{X\leqslant x\}=\int_0^x 3x^2\mathrm{d}x=x^3$；

当 $x\geqslant 1$ 时，$F(x)=P\{X\leqslant x\}=\int_0^1 3x^2\mathrm{d}x=1$

分布函数为 $F(x)=\begin{cases}0, & x<0\\ x^3, & 0\leqslant x<1\\ 1, & x\geqslant 1\end{cases}$

【例 3】 设 $X\sim f(x)=\begin{cases}1+x, & -1\leqslant x<0\\ 1-x, & 0\leqslant x<1\\ 0, & \text{其他}\end{cases}$，求分布函数 $F(x)$.

解：当 $x<-1$ 时，$F(x)=P\{X\leqslant x\}=0$；

当 $-1\leqslant x<0$ 时，$F(x)=P\{X\leqslant x\}=\int_{-1}^x(1+x)\mathrm{d}x=\dfrac{x^2}{2}+x+\dfrac{1}{2}$；

当 $0\leqslant x<1$ 时，$F(x)=P\{X\leqslant x\}=\int_{-1}^0(1+x)\mathrm{d}x+\int_0^x(1-x)\mathrm{d}x=-\dfrac{x^2}{2}+x+\dfrac{1}{2}$；

当 $x\geqslant 1$ 时，$F(x)=P\{X\leqslant x\}=\int_{-1}^0(1+x)dx+\int_0^1(1-x)\mathrm{d}x=1$

$$\text{所以 } F(x)=\begin{cases}0, & x<-1\\ \dfrac{x^2}{2}+x+\dfrac{1}{2}, & -1\leqslant x<0\\ -\dfrac{x^2}{2}+x+\dfrac{1}{2}, & 0\leqslant x<1\\ 1, & x\geqslant 1\end{cases}$$

【例 4】 设 X 与 Y 同分布，X 的密度为 $f(x)=\begin{cases}\dfrac{3}{8}x^2, & 0<x<2\\ 0, & \text{其他}\end{cases}$，已知事件 $A=\{X>a\}$ 和 $B=\{Y>a\}$ 独立，且 $P(A\cup B)=\dfrac{3}{4}$，求常数 a.

解： 因为 X 与 Y 同分布，$P\{X>a\}=P\{Y>a\}$，$P(A)=P(B)$，且 A、B 独立，得

$$P(A\cup B)=P(A)+P(B)-P(AB)=2P(A)-(P(A))^2$$

已知 $P(A\cup B)=\dfrac{3}{4}$，解得 $P(A)=\dfrac{1}{2}$，由此得 $0<a<2$，因此

$\dfrac{1}{2}=P(A)=P\{X>a\}=\displaystyle\int_a^2\dfrac{3}{8}x^2\mathrm{d}x=1-\dfrac{a^3}{8}$，从中解得 $a=\sqrt[3]{4}$.

二、几种常见的连续型分布

1. 均匀分布

均匀分布是最简单的连续型分布．它用来描述一个随机变量在某一区间上取每一个值的可能性均等的分布规律．

定义 2　设随机变量 X 具有密度函数

$$f(x)=\begin{cases}\dfrac{1}{b-a}, & a<x<b,\\ 0, & \text{其他}\end{cases}$$

则称 X 服从 $[a,b]$ 上的均匀分布，记作 $X\sim U(a,b)$.

在区间 $[a,b]$ 上，底边相等的两个矩形的面积总是相同的，因此 X 在这两个小区间上取值的概率是相同的，这就是“均匀”的含义．

均匀分布的分布函数为：

$$F(x)=\begin{cases}0, & x<a\\ \dfrac{x-a}{b-a}, & a\leqslant x<b\\ 1, & x\geqslant b\end{cases}$$

$f(x)$和$F(x)$的图形分别如下图所示：

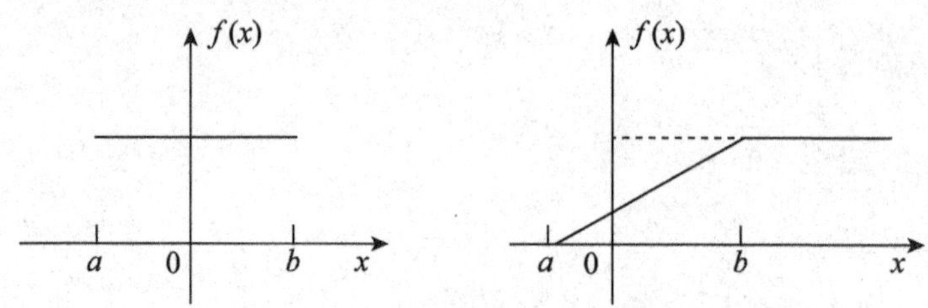

均匀分布的密度函数图像和分布函数图像

$F(X)$的图形连续，尖点处无导数，恰为$f(x)$的间断点．

对于任意$(c, d)\subset[a, b](c<d)$，有$P\{c<X<d\}=F(d)-F(c)=\dfrac{d-c}{b-a}$，这说明服从均匀分布的随机变量X落在$[a, b]$内任何一个子区间中的概率与该区间的长度成正比，而与该区间的位置无关．

【例5】 若$X\sim U(0, 10)$，现对X进行4次独立观测，试求至少有3次观测值大于5的概率．

解： 设随机变量Y是4次独立观测中观测值大于5的次数，则$Y\sim b(4, p)$，其中$p=P\{X>5\}$．由$X\sim U(0, 10)$得$p=P\{X>5\}=\int_5^{10} 1/10dx=0.5$，于是，所求概率为$P\{Y\geqslant 3\}=C_4^3p^3(1-p)+C_4^4p^4=4\times 0.5^4+0.5^4=\dfrac{5}{16}$.

均匀分布在实际中经常用到，比如一个半径为r的汽车轮胎，当司机刹车时，轮胎接触地面的点与地面摩擦会有一定的磨损．轮胎的圆周长为$2\pi r$，则刹车时与地面接触的点的位置X应服从$[0, 2\pi r]$上的均匀分布，即$X\sim U(0, 2\pi r)$，即在$[0, 2\pi r]$上任一等长的小区间上发生磨损的可能性是相同的，这只要看一看报废轮胎的整个圆周上磨损的程度几乎是相同的就可以明白均匀分布的含义了．

在贝叶斯估计中，假若我们在试验前对事件A没有什么了解，从而对其发生的概率θ也没有任何信息．在这种场合，贝叶斯建议采用“同等无知”的原则使用区间$(0, 1)$上的均匀分布$U(0, 1)$作为θ的先验分布，因为它取$(0, 1)$上的每一点的机会均等．贝叶斯的这个建议被后人称为贝叶斯假设．

2. 指数分布(寿命分布)

定义3 设随机变量X的密度函数为：

$$f(x)=\begin{cases}\lambda e^{-\lambda x}, & x\geqslant 0\\ 0, & x<0\end{cases}$$

其中 $\lambda>0$ 为参数，则称 X 服从参数为 λ 的指数分布，记作 $X\sim E(\lambda)$.

指数分布的分布函数为：$F(x)=\begin{cases}1-\mathrm{e}^{-\lambda x}, & x\geqslant 0\\ 0, & x<0\end{cases}$

由 $X\sim E(\lambda)$，$P\{X\leqslant x\}=1-\mathrm{e}^{-\lambda x}$，$P\{X>x\}=\mathrm{e}^{-\lambda x}$

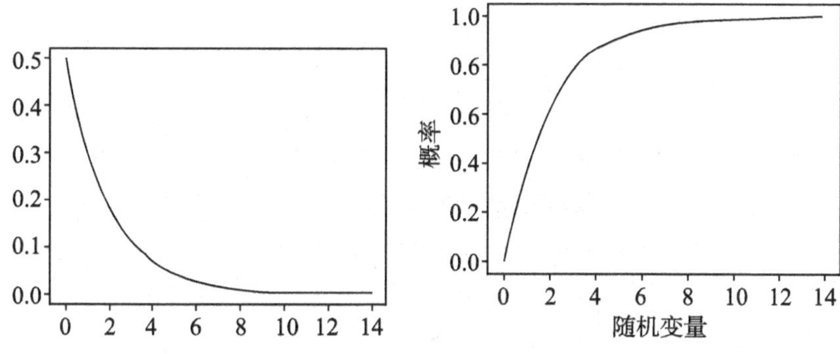

参数为 0.5 的指数分布的密度函数图像(左)和分布函数图像(右)

指数分布(也称为负指数分布)是描述泊松过程中的事件发生的时间间隔的概率分布，即事件以恒定平均速率连续且独立地发生的过程．比如旅客进机场的时间间隔、世界杯比赛中进球之间的时间间隔、超市客户中心接到顾客来电之间的时间间隔、流星雨发生的时间间隔、机器发生故障之间的时间间隔、癌症病人从确诊到死亡的时间间隔等．某种热水器首次发生故障的时间、灯泡的使用寿命(等待用坏的时间)、顾客等待服务的时间、电话的通话时间等也服从指数分布．

在电子元器件的可靠性研究中，指数分布用于描述对发生的缺陷数或系统故障数的测量结果，还用作各种寿命的分布，比如电子元件的寿命、动物的寿命等，又称为寿命分布．

几何分布用来描述独立重复试验中，直到某事件 A 首次发生时进行的试验次数．如果将每次试验视为经历一个单位时间，那么直到 A 首次发生时进行的试验次数可视为直到 A 首次发生时的等待时间．在这个意义上，指数分布可看作离散情形的几何分布在连续情形中的推广，它是几何分布的连续模拟，同样具有无记忆的这一性质．

泊松分布和指数分布都是评估单位时间内 n 次贝努利试验的统计概率性质的一种概率分布，但是它们的度量角度不同．在一段时间内，事件出现的次数问题，就是泊松分布；在一段时间内，两个事件发生之间要等待的时间问题，就是指数分布．

定理 1(指数分布的无记忆性)　如果 $X\sim E(\lambda)$，则对任意的 $s>0$、$t>0$，有 $P\{X>s+t \mid X>s\}=P\{X>t\}$.

证明：由 $X\sim E(\lambda)$ 知 $P\{X>s\}=e^{-\lambda s}$，又因 $\{X>s+t\}\subset\{X>s\}$，于是

$$P\{X>s+t \mid X>s\}=\frac{P\{X>s+t\}}{P\{X>s\}}=\frac{e^{-\lambda(s+t)}}{e^{-\lambda s}}=e^{-\lambda t}=P\{X>t\}$$

【例 6】 设顾客在某银行的窗口等待服务的时间 X(以分计)服从指数分布，其密度函数为

$$f(x)=\begin{cases}\frac{1}{5}e^{-\frac{x}{5}}, & x>0\\ 0, & 其他\end{cases}$$

某顾客在窗口等待服务，若超过 10 分钟他就离开．他一个月要到银行 5 次，用 Y 表示一个月内他未等到服务而离开窗口的次数，写出布律，并求 $P\{Y\geqslant 1\}$.

解：用 Y 表示一个月到银行 5 次未受到服务的次数，则 $Y\sim b(5,\ p)$,

$P\{Y=k\}=C_5^k(p)^k(1-p)^{5-k}$，$k=1,\ 2,\ 3,\ 4,\ 5$，该顾客未受到服务即等待时间超过 10 分钟的概率为

$$p=P\{X>10\}=\int_{10}^{+\infty}f(x)\mathrm{d}x=\frac{1}{5}\int_{10}^{+\infty}e^{-\frac{x}{5}}dx=-e^{-\frac{x}{5}}\Big|_{10}^{+\infty}=e^{-2}\ ,$$

$P\{Y\geqslant 1\}=1-P\{Y=0\}=1-(1-e^{-2})^5=1-0.8677^5=1-0.4833=0.5167$

该例题将指数分布和二项分布结合在一起综合考虑，而例 5 也是将均匀分布与二项分布结合在一起综合考虑，都是一类题目．

3. 正态分布(高斯分布)

正态分布是概率统计中非常重要的一种分布，是高斯(Gauss，1777—1855 年)在研究误差理论时首先用正态分布来刻画误差的分布，所以正态分布又叫高斯分布．它是日常生活中最常见的分布．一方面在自然界中，取值受众多微小独立因素综合影响的随机变量一般都服从正态分布，如测量的误差、质量指数、农作物的收获量、身高体重、用电量、考试成绩、炮弹落点的分布等．因此大量的随机变量都服从正态分布；另一方面，即使随机变量不服从正态分布，但是根据中心极限定理，其独立同分布的随机变量的和的分布近似服从正态分布，所以无论在理论上还是在生产实践中，正态分布有着极其广泛的应用．

正态分布广泛应用于整个机器学习的模型中．例如，权重用正态分布初始化能加快学习速度、隐藏向量用正态分布进行归一化等．一般情况下，我们往往假设数据符合正态分布．比如，当数据符合正态分布时，最大似然和最小二乘法等价.

定义 4 若随机变量 X 的密度函数为：

$$f(x)=\frac{1}{\sqrt{2\pi}\sigma}e^{-\frac{(x-\mu)^2}{2\sigma^2}}\qquad(-\infty<x<+\infty)$$

其中 μ 和 σ 为常数，且 $\sigma>0$，则称随机变量 X 服从参数为 μ 和 σ 的正态分布，记

为 $X \sim N(\mu, \sigma^2)$.

正态分布 $N(\mu, \sigma^2)$的密度函数所表示的曲线称为正态曲线．正态分布的密度函数图像是钟形曲线．

正态分布密度函数的性质如下：

(1)对称性．正态曲线以 $x=\mu$ 为对称轴．

(2)单调性．$x<\mu$，单调递增，$x>\mu$，单调递减．当 $x=\mu$ 时取最大值$\frac{1}{\sqrt{2\pi}\sigma}$(最高点).

(3)凹凸性．曲线在 $x=\mu\pm\sigma$ 处有拐点．在 $\mu-\sigma<x<\mu+\sigma$ 处是凸函数，在 $x>\mu+\sigma$ 或 $x<\mu-\sigma$ 处是凹函数．

(4)渐近线．$\lim\limits_{x\to\infty} f(x)=0$，以 x 轴为水平渐近线，即 x 离 μ 越远，$f(x)$的值越小，且 $x\to\pm\infty$时，$f(x)\to 0$.

密度函数 $f(x)$的图像如下图所示．

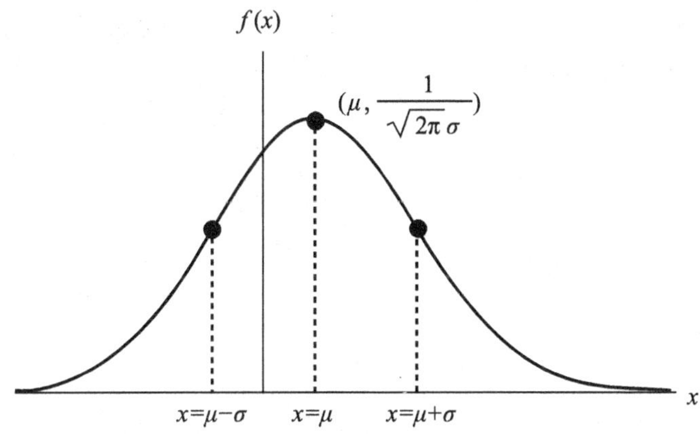

正态分布密度函数图像

相应的分布函数为 $F(x)=\frac{1}{\sqrt{2\pi}\sigma}\int_{-\infty}^{x} e^{-\frac{(t-\mu)^2}{2\sigma^2}}\mathrm{d}t$．图像是一条光滑上升的 S 型曲线．分布函数 $F(x)$的图像如下图所示．

计算 $P\{X\leqslant x\}=F(x)=\frac{1}{\sqrt{2\pi}\sigma}\int_{-\infty}^{x} e^{-\frac{(t-\mu)^2}{2\sigma^2}}\mathrm{d}t$ 时由于原函数不是初等函数，无法积出结果，利用分布函数去直接求概率是不可行的．

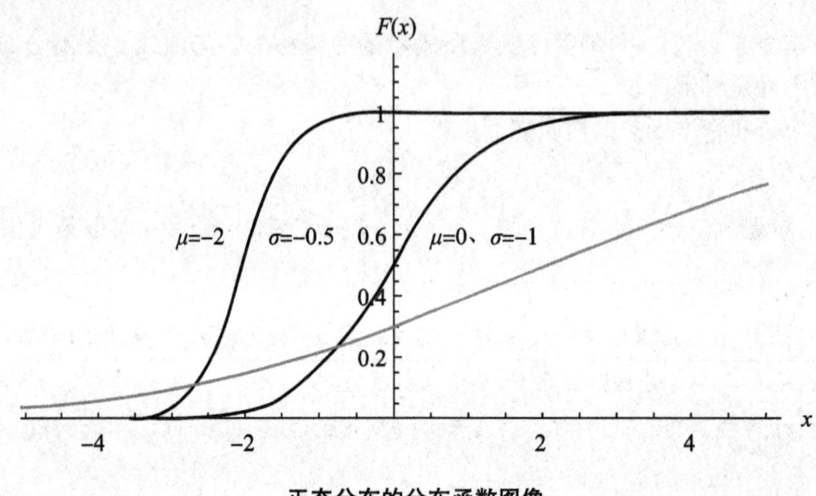

正态分布的分布函数图像

当σ固定，改变μ的值，$y=f(x)$的图形沿x轴左右平移而不改变形状，因而μ又称为位置参数，如下图所示.

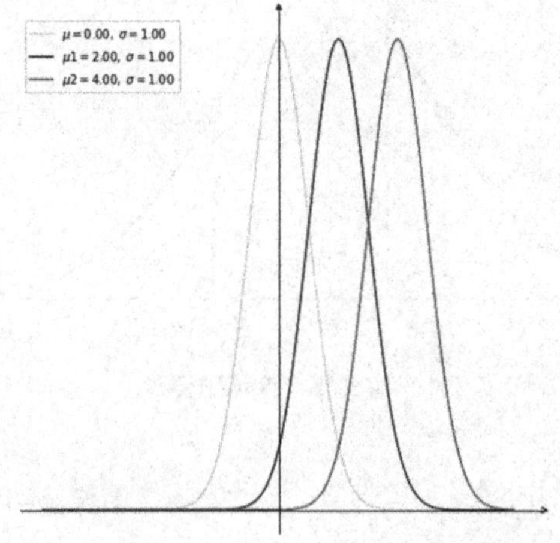

当μ固定，改变σ的值，则$y=f(x)$的图形的形状随着σ的增大而变得平坦，故σ称为形状参数，如下图所示.

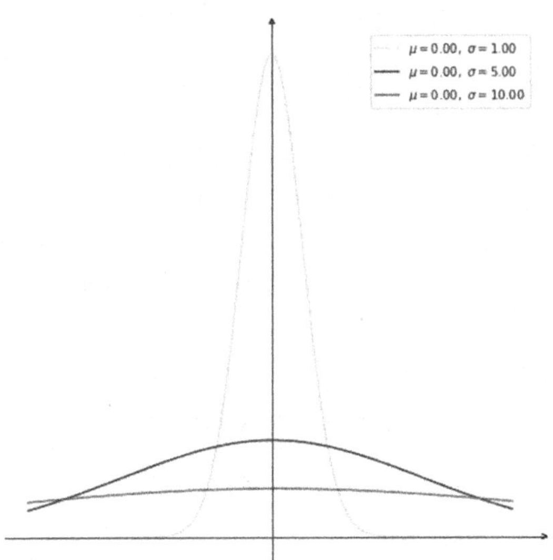

称参数 $\mu=0$，$\sigma=1$ 的正态分布为标准正态分布，记为 $X\sim N(0,\ 1)$，其密度函数记为 $\varphi(x)=\dfrac{1}{\sqrt{2\pi}}e^{-\frac{x^2}{2}}\ (-\infty<x<+\infty)$，相应的分布函数为 $\Phi(x)=\dfrac{1}{\sqrt{2\pi}}\int_{-\infty}^{x}e^{-\frac{t^2}{2}}\mathrm{d}t$.

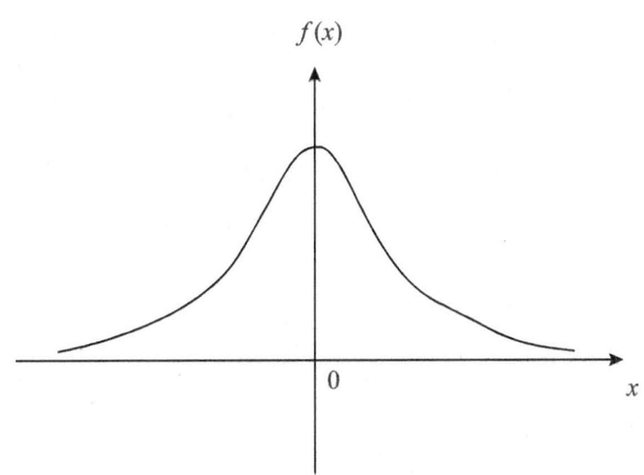

标准正态分布的密度函数图像

标准正态分布的计算：当 $x>0$ 时，$\Phi(x)$的函数值可查表得到；已编制了数值表(附表 1)，但表中只有 $x\geqslant 0$ 的数值．利用图形的对称性和正则性，有 $\Phi(-x)=1-\Phi(x)$，$\Phi(0)=0.5$. 可以查表求出各种概率．

【例 7】 设 $X\sim N(0,1)$，求以下事件的概率(1) $P\{1<X<2\}$；(2) $P\{-1<X\leqslant 2\}$；(3) $P\{X>2\}$；(4) $P\{|X|>1\}$；(5) $P\{X>-2.5\}$；(6) $P\{X<-1.3\}$.

解：(1) $P\{1<X<2\}=\Phi(2)-\Phi(1)=0.9772-0.8413=0.1359$

(2) $P\{-1<X\leqslant 2\}=\Phi(2)-(1-\Phi(1))=0.9772+0.8413-1=0.8185$

(3) $P\{|X|<1\}=P\{-1<X<1\}=\Phi(1)-(1-\Phi(1))=2\times 0.8413-1=0.6826$

(4) $P\{|X|>2\}=2P\{X>2\}=2(1-\Phi(2))=0.0456$

(5) $P\{X>-2.5\}=\Phi(2.5)=0.9938$

(6) $P\{X<-1.3\}=1-\Phi(1.3)=1-0.9032=0.0968$

对于非标准正态分布，可通过线性变换化为标准正态分布来处理.

定理 2(标准化) 设 $X\sim N(\mu,\sigma^2)$，则有 $Y=\dfrac{X-\mu}{\sigma}\sim N(0,1)$.

设 $X\sim N(\mu,\sigma^2)$，则有下列公式：

$$P\{X<x\}=P\left\{\frac{X-\mu}{\sigma}<\frac{x-\mu}{\sigma}\right\}=P\left\{Y<\frac{x-\mu}{\sigma}\right\}=\Phi\left(\frac{x-\mu}{\sigma}\right)$$

$$P\{x_1<X<x_2\}=P\left\{\frac{x_1-\mu}{\sigma}<Y<\frac{x_2-\mu}{\sigma}\right\}=\Phi\left(\frac{x_2-\mu}{\sigma}\right)-\Phi\left(\frac{x_1-\mu}{\sigma}\right)$$

【例 8】 设 $X\sim N(1,4)$，求以下事件的概率：(1) $P\{X<3\}$；(2) $P\{0<X<1.6\}$；(3) $P\{X>2\}$；(4) $P\{|X|>1\}$.

解：(1) $P\{X<3\}=\Phi\left(\dfrac{3-1}{2}\right)=\Phi(1)=0.8413$

(2) $P\{0<X<1.6\}=\Phi\left(\dfrac{1.6-1}{2}\right)-\Phi\left(\dfrac{0-1}{2}\right)=\Phi(0.3)-\Phi(-0.5)$

$=\Phi(0.3)-(1-\Phi(0.5))=0.6179+0.6915-1=0.3085$

(3) $P\{X>2\}=1-\Phi\left(\dfrac{2-1}{2}\right)=1-\Phi(0.5)=1-0.6915=0.3085$

(4) $P\{|X|>1\}=P\{X>1\}+P\{X<-1\}=\left[1-\Phi\left(\dfrac{1-1}{2}\right)\right]+\Phi\left(\dfrac{-1-1}{2}\right)$

$=0.5+(1-\Phi(1))=0.5+1-0.8413=0.6587$

【例 9】 若 $X\sim N(108,3^2)$，求(1) $P\{102<X<117\}$；(2)若 $P\{X<a\}=0.95$，求常数 a.

解：(1) $P\{102<X<117\}=P\left\{\dfrac{102-108}{3}<\dfrac{X-108}{3}<\dfrac{117-108}{3}\right\}$

$=\Phi\left(\dfrac{117-108}{3}\right)-\Phi\left(\dfrac{102-108}{3}\right)=\Phi(3)-\Phi(-2)$

$=\Phi(3)+\Phi(2)-1=0.9987-0.9772-1$

$=0.9759$；

(2) 由 $P\{X<a\}=P\left\{\frac{X-108}{3}<\frac{a-108}{3}\right\}=\Phi\left(\frac{a-108}{3}\right)=0.95$，反查表得：$\Phi(1.645)=0.95$，于是$\frac{a-108}{3}=1.645\Rightarrow a=112.935$.

【例 10】 设 $X\sim N(\mu, \sigma^2)$，求以下事件的概率：(1)$P\{|X-\mu|<\sigma\}$；(2)$P\{|X-\mu|<2\sigma\}$；(3)$P\{|X-\mu|<3\sigma\}$.

解： (1)$P\{|X-\mu|<\sigma\}=P\left\{\left|\frac{X-\mu}{\sigma}\right|<1\right\}=2\Phi(1)-1=0.6826$；

(2)$P\{|X-\mu|<2\sigma\}=2\Phi(2)-1=0.9544$；

(3)$P\{|X-\mu|<3\sigma\}=2\Phi(3)-1=0.9974$.

以上称为"3σ"规则：可见在一次试验中，X 几乎必然落在区间($\mu-3\sigma$，$\mu+3\sigma$)内，因为正态变量 X 有 99.74%的机会落入以 3σ 为半径的区间($\mu-3\sigma$，$\mu+3\sigma$)内，因此可以说，正态变量几乎都在区间($\mu-3\sigma$，$\mu+3\sigma$)内取值．这在统计学中的快速分析中经常会用到．

在机器学习领域中，不同评价指标(即特征向量中的不同特征就是所述的不同评价指标)往往具有不同的量纲和量纲单位，这样的情况会影响到数据分析的结果，为了消除指标之间的量纲影响，需要进行数据标准化处理，以解决数据指标之间的可比性．原始数据经过数据标准化处理后，各指标处于同一数量级，适合进行综合对比评价．

Z－score 标准化方法就是其中的一种标准化方法．为了使数据处理后符合标准正态分布，即期望为 0，标准差为 1，其转化函数为 $Z=\frac{X-\mu}{\sigma}$，其中 μ 为所有样本数据的均值，σ 为所有样本数据的标准差．本方法要求原始数据的分布近似服从正态分布，否则标准化的效果会变得很糟糕．在分类、聚类算法中，需要使用距离来度量相似性的时候、或者使用主成分分析技术进行降维的时候，Z－score 标准化表现更好．

定义 5 设 $X\sim N(0, 1)$，对于给定的 $\alpha(0<\alpha<1)$，如果 Z_α 满足条件 $P\{X\geqslant Z_\alpha\}=\frac{1}{\sqrt{2\pi}}\int_{Z_\alpha}^{+\infty}e^{-\frac{x^2}{2}}dx=\alpha$，则称点 Z_α 为标准正态分布的上 α 分位点．

显然有 $\Phi(Z_\alpha)=1-\alpha$，$Z_{1-\alpha}=-Z_\alpha$.

常见的 Z_α 的值：

α	0.001	0.005	0.01	0.025	0.05	0.10
Z_α	3.090	2.576	2.327	1.960	1.645	1.282

资料：

正态分布发展的时间简史：

1705 年，贝努利的著作推测术问世，提出贝努利大数定律．

1730—1733 年，棣莫佛从二项分布逼近得到正态密度函数，首次提出中心极限定理．

1780 年，拉普拉斯建立中心极限定理的一般形式．

1805 年，勒让德发明最小二乘法．

1809 年，高斯引入正态误差理论，不但补充了最小二乘法，提出了极大似然估计的思想，还解决了误差的分布为正态分布．

1811 年，拉普拉斯利用中心极限定理论证正态分布．

1837 年，正式确定误差服从正态分布．

由于高斯对正态分布的发展做出了巨大的贡献，为了纪念他，德国 10 马克的钞票上印有高斯头像及正态分布的密度曲线，借此表明在高斯的一切科学贡献中，尤以正态分布的确立对人类文明的进程影响最大．正态分布因而有了高斯分布的名称．

4. 伽玛分布

函数 $\Gamma(\alpha)=\int_0^{+\infty}x^{\alpha-1}e^{-x}\mathrm{d}x$ 称为伽玛函数,其中参数 $\alpha>0$．

伽玛函数具有如下性质：

(1)$\Gamma(1)=1$，$\Gamma(1/2)=\sqrt{\pi}$；

(2)$\Gamma(\alpha+1)=\alpha\Gamma(\alpha)$，当 α 为自然数 n 时，有 $\Gamma(n+1)=n\Gamma(n)=n!$．

定义 6 若随机变量 X 具有密度函数

$$f(x)=\begin{cases}\dfrac{\lambda^{\alpha}}{\Gamma(\alpha)}x^{\alpha-1}e^{-\lambda x}, & x\geqslant 0\\ 0, & x<0\end{cases}$$

其中 $\alpha>0$ 为形状参数，$\lambda>0$ 为尺度参数，则称 X 服从伽玛分布，记为 $X\sim Ga(\alpha,\lambda)$.

伽玛分布一个重要应用就是作为共轭分布出现在很多机器学习算法中．

定义 7 若随机变量 X 具有密度函数

$$f(x)=\begin{cases}\dfrac{1}{2^{n/2}\Gamma(n/2)}x^{\frac{n}{2}-1}e^{-\frac{x}{2}}, & x\geqslant 0\\ 0, & x<0\end{cases}$$

则称 X 服从自由度为 n 的 χ^2 分布，记为 $X\sim\chi^2(n)$.

伽玛分布的两个特例：

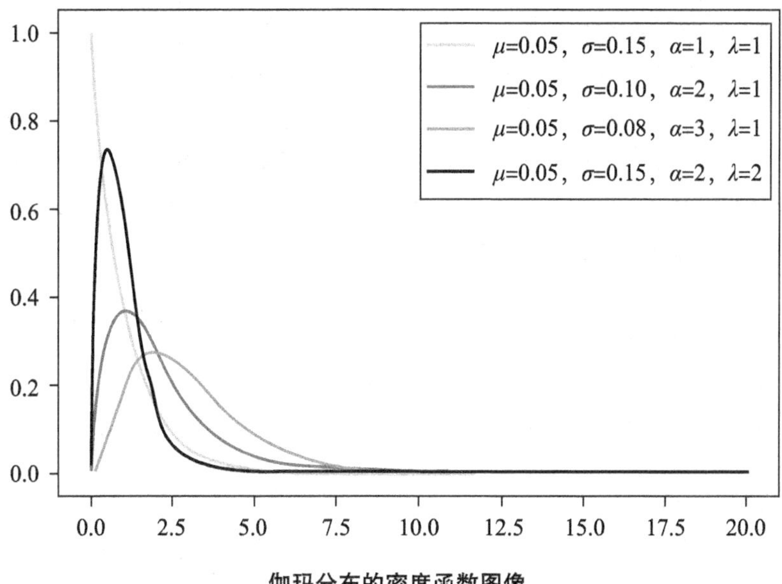

伽玛分布的密度函数图像

(1)$Ga(1, \lambda)=E(\lambda)$；(2)$Ga(\frac{n}{2}, \frac{1}{2})=\chi^2(n)$

【例 11】 X 服从 $Ga(2, 0.5)$，求 $P\{X<4\}$.

解： $P\{X<4\}=\int_0^4 \frac{0.5^2}{\Gamma(2)}x^{2-1}e^{-0.5x}\mathrm{d}x=1-3e^{-2}$.

5. 贝塔分布

函数 $B(a, b)=\int_0^1 x^{a-1}(1-x)^{b-1}\mathrm{d}x$ 称为贝塔函数，其中参数 $a>0$，$b>0$.

贝塔函数具有如下性质：

(1)$B(a, b)=B(b, a)$；(2)$B(a, b)=\frac{\Gamma(a)\Gamma(b)}{\Gamma(a+b)}$.

定义 8　若随机变量 X 具有密度函数

$$f(x)=\begin{cases}\frac{\Gamma(a+b)}{\Gamma(a)\Gamma(b)}x^{a-1}(1-x)^{b-1}, & 0<x<1\\ 0, & \text{其他}\end{cases}$$

其中 $a>0$，$b>0$ 都是形状参数，则称 X 服从贝塔分布，记为 $X\sim Be(a, b)$.

服从贝塔分布的随机变量仅在区间(0，1)取值，所以不合格品率、机器的维修率、市场的占有率、射击的命中率等各种比率选用贝塔分布作为它们的概率分布是恰当的，只要选择合适的 a，b. 空气中含有的气体状态的水分，表示这种水分的一种办法是相对湿度，即含水量与空气的最大含水量(饱和含水量)的比值.

相对湿度的值显然仅能出现于 0 到 1 之间(经常用百分比表示). 而空气出现某个相对湿度显然具有随机性，空气的相对湿度符合贝塔分布.

贝塔分布是定义在[0，1]区间上的连续概率分布，而[0，1]恰好是概率的取值范围(0 到 100%). 这就意味着，贝塔分布适用于描述概率的概率分布——也就是先验，你不知道具体的概率，但对概率的分布有一些猜测. 贝塔分布在贝叶斯估计中经常用来作为先验分布，比如可以作为贝努利分布和二项式分布的共轭先验分布.

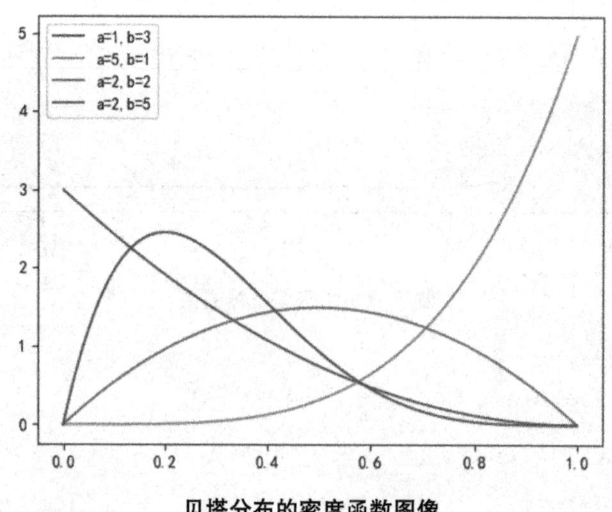

贝塔分布的密度函数图像

【例 12】 某班级概率论与数理统计成绩不及格同学所占的比例 X 服从 Be(1，4)，求 $P\{X>0.2\}$.

解： $P\{X>0.2\}=1-\int_0^{0.2} 4(1-x)^3\mathrm{d}x=\left(\frac{4}{5}\right)^4$.

6. Weibull 分布(威布尔、韦伯)

该分布以瑞典工程师、数学家 Waloddi Weibull(1887—1979)的名字命名的，是可靠性分析及寿命检验的理论基础，一般用来统计可靠性或寿命检验时用，例如，预计在有效寿命阶段有多少次保修索赔？预计将在 8 小时老化期间失效的保险丝占多大百分比？威布尔分析广泛用于研究机械、化工、电气、电子、材料的失效，甚至人体疾病.

定义 9　若随机变量 X 的密度函数为

$$f(x)=\begin{cases}\dfrac{m}{\beta}(x-\alpha)^{m-1}e^{\frac{-(x-\alpha)^m}{\beta}}, & x\geqslant\alpha\\ 0, & x<\alpha\end{cases}$$

其中 m，α，$\beta>0$ 为常数，则称 X 服从参数为 m，α，β 的 Weibull 分布，记作 $X\sim W(m, \alpha, \beta)$.

Weibull 分布的分布函数为

$$F(x)=\int_{\alpha}^{x}\frac{m}{\beta}(t-\alpha)^{m-1}e^{-\frac{(t-\alpha)^m}{\beta}}dt=1-e^{-\frac{(x-\alpha)^m}{\beta}}, x\geqslant\alpha$$

m 为形状参数，α 为位置参数，β 为尺度参数．Weibull 分布概括了许多典型的分布．它的分布函数是扩展的指数分布函数，而且，Weibull 分布与很多分布都有关系．如当 $m=1$，它是指数分布；$m=2$ 时，是瑞利分布．

灯泡的寿命服从指数分布，具有无记忆性；也就是说一个使用了一年的灯泡和一个新灯泡在未来某一个时间点坏掉的概率是一样的．但是这个似乎又不是太合理．威布尔分布对此进行了修改，引进了一个变量 m，当 $m=1$ 它就是指数分布；当 $m<1$，此时威布尔分布就是“越用越耐用”，在商业上的应用的例子，注册越久的会员越不容易流失；当 $m>1$，此时威布尔分布就是“越老越不行”，比如说越老的车越容易报废，越老的零件越不可靠．

7. Laplace 分布

与指数分布联系紧密的概率分布是 Laplace 分布，它允许我们在任意一点处设置概率质量的峰值．若随机变量 X 的密度函数为：

$$f(x)=\frac{1}{2b}e^{\frac{-|x-\mu|}{b}}$$

其中，b，μ 为常数，则称 X 服从参数为 b，μ 的 Laplace 分布，记作 $X\sim L(b, \mu)$.

由于它可以看作是两个不同位置的指数分布背靠背拼接在一起，所以它也叫作双指数分布．与正态分布相比，正态分布是用相对于期望 μ 的差的平方来表示，而拉普拉斯分布的概率密度用相对于期望 μ 的差的绝对值来表示．因此，拉普拉斯分的尾部比正态分布更加平坦，但峰值更尖锐．它表示两个独立的、恒等分布的指数随机变量间的差．当数据分布的波峰比正态分布更尖锐时使用 Laplace 分布．拉普拉斯分布是一种生长型分布函数，常用来处理样本空间奇葩的分布效果．常见的就是图像的边缘服从拉普拉斯分布．Laplace 分布还常用于建立经济模型和生命科学模型．

8. Dirac 分布和经验分布

在一些情况下，我们希望概率分布中的所有质量都集中在一个点上．这可以通过 Dirac delta 函数定义密度函数来实现：

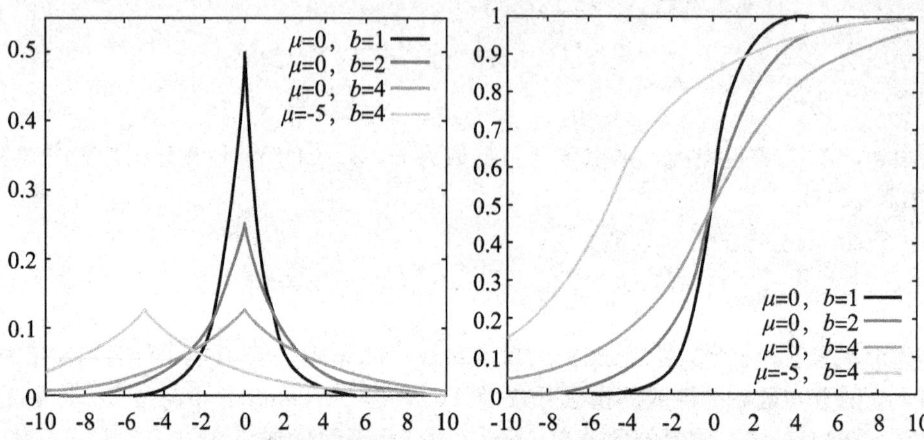

Laplace 密度函数图像和分布函数图像

$$f(x)=\delta(x-\mu)=\begin{cases}0, x\neq\mu \\ \infty, x=\mu\end{cases}, \int_{-\infty}^{+\infty}\delta(x-\mu)dx=1$$

Dirac delta 函数被定义成在除了 0 以外的所有点的值都为 0，但是积分为 1. Dirac delta 函数不像普通函数，对每一个值都有一个实数值的输出，它是一种不同类型的数学对象，被称为广义函数(generalized function)，广义函数是依据积分性质定义的数学对象．

Dirac 函数把其他地方所有的质量都一点点集中到了 0 处．它在 X=0 时值无限大，因为积分为 1.

还有一个更常用的由 Dirac 组成的分布，叫做经验分布(empirical distribution)：

$$f(x)=\frac{1}{m}\sum_{i=1}^{m}\delta(x-x^{(i)})$$

经验分布将密度函数的 $1/m$ 赋给 m 个点中的每一个，这些点是给定的数据集或者采样的集合．只有在定义连续型随机变量的经验分布时，Dirac delta 函数才是必要的．对于离散型随机变量，情况更加简单：经验分布可以被定义成一个 Multinoulli 分布，对于每一个可能的输入，其概率可以简单地设为在训练集上那个输入值的经验频率．

当我们在训练集上训练模型时，我们可以认为从这个训练集上得到的经验分布指明了我们采样来源的分布．关于经验分布另外一种重要的观点是，它是训练数据的似然最大的那个密度函数．

习题 2.3

一、选择题

1.(06 年研)设随机变量 X 服从正态分布 $N(\mu_1, \sigma_1^2)$，Y 服从正态分布 $N(\mu_2, \sigma_2^2)$，且 $P\{|X-\mu_1|<1\}>P\{|Y-\mu_2|<1\}$，则有(　　)

A. $\sigma_1<\sigma_2$　　B. $\sigma_1>\sigma_2$　　C. $\mu_1<\mu_2$　　D. $\mu_1>\mu_2$

2.(95 年研)设随机变量 $X\sim N(\mu, \sigma^2)$，则随着 σ 的增大，概率 $P\{|X-\mu|<\sigma\}$(　　)

A. 单调增大　　B. 单调减小　　C. 保持不变　　D. 增减不定

3.(16 年研)设随机变量 $X\sim N(\mu, \sigma^2)(\sigma>0)$，记 $p=P\{X\leqslant\mu+\sigma^2\}$，则(　　)

A. p 随着 μ 的增加而增加　　B. p 随着 σ 的增加而增加

C. p 随着 μ 的增加而减少　　D. p 随着 σ 的增加而减少

4. 设随机变量 X 的密度函数为 $f(x)$，且为偶函数，分布函数为 $F(x)$，则对于任意实数 a，有 $F(-a)=$(　　)

A. $F(a)$　　B. $\frac{1}{2}-F(a)$　　C. $2F(a)-1$　　D. $1-F(a)$

5. 设 $X\sim N(-3, \sigma^2)$ $f(x)$ 为 X 的密度函数，对于任何正数 $a>0$，有(　　)

A. $f(a)<f(-a)$　　B. $f(a)=f(-a)$

C. $f(a)>f(-a)$　　D. $f(a)+f(-a)=1$

6.(98 年研)设 $F_1(x)$ 和 $F_2(x)$ 都是随机变量的分布函数，则为使 $F(x)=aF_1(x)-bF_2(x)$ 是某随机变量的分布函数，必须满足(　　)

A. $a=\frac{3}{5}$，$b=-\frac{2}{5}$　　B. $a=\frac{2}{3}$，$b=-\frac{2}{3}$

C. $a=-\frac{1}{2}$，$b=\frac{3}{2}$　　D. $a=\frac{1}{2}$，$b=-\frac{3}{2}$

7.(02 年研)设 $F_1(x)$，$F_2(x)$ 为随机变量的分布函数，$f_1(x)$，$f_2(x)$ 是密度函数，则(　　)

A. $f_1(x)+f_2(x)$ 是密度函数

B. $f_1(x)f_2(x)$ 是密度函数

C. 对任何满足 $a+b=1$ 的实数 a，b，$af_1(x)+bf_2(x)$ 是密度函数

D. $F_1(x)F_2(x)$ 是分布函数

二、填空题

1. 设随机变量 Y 服从 $[a, 5]$ 上的均匀分布，$a>0$，且关于未知量 x 的方程 $x^2+Yx+\frac{3}{4}Y+1=0$ 没有实根的概率为 $\frac{1}{4}$，a 的值为________.

2.(02 年研)假设随机变量 X 的密度函数为 $f(x)=\begin{cases}\frac{1}{2}\cos\frac{x}{2}, & 0\leqslant x\leqslant\pi,\\ 0, & \text{其他}.\end{cases}$ 对 X 独立地重复观察 4 次，用 Y 表示观察值大于 $\frac{\pi}{3}$ 的次数，则 Y 的分布律为________.

3. 设 $X\sim N(\mu, \sigma^2)$，$F(x)$ 为分布函数，则 $F(\mu+\sigma)+F(\mu-\sigma)=$________.

4. 设连续型随机变量 X 的密度函数为 $f(x)=\begin{cases}x, & 0\leqslant x<1,\\ 2-x, & 1\leqslant x\leqslant 2,\\ 0, & \text{其他}.\end{cases}$ 则 $P\left\{\frac{1}{2}\leqslant X<\frac{3}{2}\right\}=$________.

5. 设随机变量 X 的密度函数为 $f(x)=\begin{cases}4x^3, & 0<x<1\\ 0, & \text{其他}\end{cases}$，又 a 为 $(0, 1)$ 中的一个实数，且 $P\{X>a\}=P\{X<a\}$，则 $a=$________.

6. 设随机变量 X 的密度函数为 $f(x)=\begin{cases}kx^b, & 0<x<1, (b>0, k>0)\\ 0, & \text{其他}\end{cases}$，且 $P\left\{X>\frac{1}{2}\right\}=0.75$，则 $k=$________，$b=$________.

7.(91 年研)设 $X\sim N(2, \sigma^2)$，$P\{2<X<4\}=0.3$，则 $P\{X<0\}=$________.

8. 设随机变量 $X\sim N(\mu, \sigma^2)$，且 $P\{X\leqslant c\}=P\{X>c\}$，则 $c=$________.

三、计算题

1. 设随机变量 X 的密度函数 $f(x)=\begin{cases}x, & 0\leqslant x<1\\ 2-x, & 1\leqslant x\leqslant 2,\\ 0, & \text{其他}\end{cases}$ 求 X 的分布函数 $F(x)$.

2. 设随机变量 X 的密度函数为 $f(x)=\begin{cases}1-|x|, & |x|<1\\ 0, & \text{其他}\end{cases}$，求：

(1)X 的分布函数 $F(x)$；(2)概率 $P\left\{-2<X<\frac{1}{4}\right\}$.

3. 已知随机变量 X 的密度函数为 $f(x)=Ae^{-|x|}$，求：(1)A 值；(2)$P\{0<X\leqslant 1\}$；(3)分布函数 $F(x)$.

4. 设随机变量 X 的密度函数为 $f(x)=\begin{cases} bx, & 0<x<1, \\ \dfrac{1}{x^2}, & 1\leqslant x<2, \\ 0, & 其他 \end{cases}$ 试确定常数 b，并求其分布函数 $F(x)$.

5. 设系统有 3 个电子元件，电子元件使用寿命 X 的密度函数为：

$$f(x)=\begin{cases} \dfrac{100}{x^2}, & x\geqslant 100, \\ 0, & x<100. \end{cases}$$

求(1)在开始 150 小时内没有电子元件损坏的概率；

(2)在这段时间内有一只电子元件损坏的概率；(3)X 的分布函数 $F(x)$.

6. 设随机变量 $X\sim N(3,\ 2^2)$，现对 X 进行三次独立观测，求至少有两次的观测值大于 3 的概率 .

7.(93 年研)若某设备在任何长为 t 的时间$[0,\ t]$内发生故障的次数 $N(t)$服从 $P(\lambda t)$，证明相继两次故障之间的间隔时间 $T\sim E(\lambda)$.

8. 设 $X\sim N(3,\ 2^2)$，求(1)$P\{2<X\leqslant 5\}$，$P\{-4<X\leqslant 10\}$，$P\{X>3\}$；

(2)确定 c 使 $P\{X\leqslant c\}=P\{X>c\}$.

9. 设某品牌瓶装矿泉水的标准容量是 500 毫升，设每瓶重量 X(以毫升)是随机变量，$X\sim N(500,\ 25)$，求：

(1)随机抽查一瓶，其重量大于 510 毫升的概率；

(2)随机抽查一瓶，其重量与标准重量之差的绝对值在 8 毫升之内的概率；

(3)求常数 C，使每瓶的重量小于 C 的概率为 0.05.

10. 某银行准备招收工作人员 800 人，按面试成绩从高分至低分依次录取 . 设报考该银行的考生共 3000 人，且考试成绩服从正态分布，已知这些考生中成绩在 90 分以上的有 200 人，80 以下的 2075 人，问该银行的录取最低分是多少?

第四节 随机变量函数的分布

在实际问题中，不仅需要研究随机变量，往往还要研究随机变量的函数，即已知随机变量 X 的概率分布，求其函数 $Y=g(X)$的概率分布 . 如动能对速度 $Y=\frac{1}{2}mX^2$，面积对半径 $Y=\pi X^2$ 的概率分布 .

一、离散型随机变量函数的分布

【例 1】 已知 X 的分布律如下，求(1)$Y=2X$；(2)$Z=(X-1)^2$ 的分布律 .

$$X\sim\begin{pmatrix}-1 & 0 & 1 & 2 & 5\\0.1 & 0.2 & 0.3 & 0.1 & 0.3\end{pmatrix}$$

解：

$$Y\sim\begin{pmatrix}-2 & 0 & 2 & 4 & 10\\0.1 & 0.2 & 0.3 & 0.1 & 0.3\end{pmatrix},\ Z\sim\begin{pmatrix}0 & 1 & 4 & 16\\0.3 & 0.3 & 0.1 & 0.3\end{pmatrix}$$

做法： $Y=g(X)$的可能取值为 $y_k=g(x_k)$，$k=1, 2, 3, \cdots$，概率不变 . 如果 y_k 中有一些是相同的，把它们作适当合并项即可 .

小结： 设离散型随机变量 X 的分布律为

$$P\{X=x_k\}=p_k,\ k=1,\ 2,\ \cdots,\ n$$

其函数 $Y=g(X)$的分布律可按如下步骤计算：

(1)计算 Y 全部可能取的值 $g(x_1)$，$g(x_2)$，$\cdots$，$g(x_n)$，有相同的只取其中之一，从小到大排列，记为 y_1，y_2，$\cdots$，y_k；

(2)计算 Y 取 y_1，y_2，$\cdots$，y_k 各个值的概率，如果 y_1 只与 $g(x_1)$相同，则 $P\{Y=y_1\}=p_1$；如果 y_1 与 $g(x_1)$，$g(x_2)$都相同，则 $P\{Y=y_1\}=p_1+p_2$. 对每个 $y_i(i=1, 2, \cdots, k)$都作同样处理，就可确定 Y 取 y_1，y_2，$\cdots$，y_k 各个值的概率 .

二、连续型随机变量函数的分布

1. $g(x)$为严格单调函数

定理 1 设 X 是连续型随机变量，其密度函数为 $f_X(x)$，$y=g(x)$严格单调，其反函数 $h(y)$有连续导函数，则 $Y=g(X)$也是连续型随机变量，其密度函数为

$$f_Y(y)=\begin{cases}f_X(h(y))\,|\,h'(y)\,|, & a<y<b\\0, & \text{其他}\end{cases}$$

其中 $a=\min\{g(-\infty),\ g(+\infty)\}$，$b=\max\{g(-\infty),\ g(+\infty)\}$.

证明 为求 $Y=g(X)$的密度函数，先求其分布函数 .

当 $y=g(x)$为严格单调增函数时，它的反函数 $h(y)$也是严格单调增函数，且 $h'(y)>0$，由于当 x 取值于$(-\infty,\ +\infty)$时，y 取值于$(g(-\infty),\ g(+\infty))$，所以当 $y<a$ 时，$F_Y(y)=P\{Y\leqslant y\}=0$；当 $y>b$ 时，$F_Y(y)=P\{Y\leqslant y\}=1$；

当 $a\leqslant y\leqslant b$ 时，$F_Y(y)=P\{Y\leqslant y\}=P\{g(X)\leqslant y\}=P\{X\leqslant h(y)\}=$

$\int_{-\infty}^{h(y)} f_X(x)dx$

于是，Y 的密度函数为

$$f_Y(y)=\begin{cases} f_X(h(y))\mid h'(y)\mid, & a<y<b \\ 0, & \text{其他} \end{cases}$$

当 $y=g(x)$ 为严格单调减函数时，可以类似证明.

【例 2】 X 服从 $N(0, 1)$，求 $Y=e^X$ 的密度函数.

解：由于 $X\sim N(0, 1)$，X 的密度函数为 $f(x)=\frac{1}{\sqrt{2\pi}}e^{-\frac{x^2}{2}}$，$-\infty<x<+\infty$. $y=e^x>0$ 为单调增函数. 第一步，先求 $y=e^x$ 的反函数，得 $x=lny$，第二步，求反函数的导数的绝对值 $x'=\frac{1}{|y|}$，第三步，将反函数 $x=lny$ 替换 $f(x)=\frac{1}{\sqrt{2\pi}}e^{-\frac{x^2}{2}}$ 中的 x，再乘以 $x'=\frac{1}{|y|}$，故 Y 的密度函数为 $f_Y(y)=\begin{cases} \frac{1}{y\sqrt{2\pi}}\mathrm{e}^{-\frac{(\ln y)^2}{2}}, & y>0 \\ 0, & y\leqslant 0 \end{cases}$.

【例 3】 设随机变量 X 的密度函数为

$$f_X(x)=\begin{cases} \frac{x}{8}, & 0<x<4 \\ 0, & \text{其他} \end{cases}$$

求随机变量 $Y=2X+8$ 的密度函数.

解：第一步，先求 $Y=2X+8$ 的反函数，得 $x=\frac{y-8}{2}$，第二步，求反函数的导数的绝对值 $x'=\frac{1}{2}$，第三步，将反函数 $x=\frac{y-8}{2}$ 替换密度函数中的 x，再乘以 $x'=\frac{1}{2}$，故 Y 的密度函数为：

$$f_Y(y)=\begin{cases} \frac{y-8}{32}, & 8<y<16 \\ 0, & \text{其他} \end{cases}$$

2. $g(x)$ 为一般函数

已知 X 的密度函数为 $f_X(x)$，求 $Y=g(X)$ 的密度函数 $f_Y(y)$.

先求出 Y 的分布函数 $F_Y(y)=P\{Y\leqslant y\}$（与 y 有关），再通过求导得到 $f_Y(y)=F_Y'(y)$.

【例 4】 随机变量 X 服从 $N(0, 1)$，求 $Y=|X|$ 的密度函数.

解：由 $Y=|X|$ 知，当 $y\leqslant 0$ 时，$F_Y(y)=P\{Y\leqslant y\}=0$；当 $y>0$ 时，$F_Y(y)=P\{Y\leqslant y\}=P\{|X|\leqslant y\}=P\{-y\leqslant X\leqslant y\}=\int_{-y}^{y}\frac{1}{\sqrt{2\pi}}\mathrm{e}^{-\frac{x^2}{2}}dx$；

$$f_Y(y)=F_Y{}'(y)$$
$$=\begin{cases}\dfrac{1}{\sqrt{2\pi}}\left(e^{-\frac{y^2}{2}}-e^{-\frac{(-y)^2}{2}}\cdot(-1)\right), & y>0\\ 0, & y\leqslant 0\end{cases}=\begin{cases}\sqrt{\dfrac{2}{\pi}}e^{-\frac{y^2}{2}}, & y>0\\ 0, & y\leqslant 0\end{cases}$$

【例 5】 已知随机变量 X 服从$[0,\pi]$上的均匀分布，求 $Y=\sin X$ 的密度函数.

解： X 的密度函数为 $f_X(x)=\begin{cases}\dfrac{1}{\pi}, & x\in[0,\pi]\\ 0, & \text{其他}\end{cases}$，由 $Y=\sin X$ 确定 Y 的值域为 $Y\in[0,1]$. 当 $y<0$ 时，$F_Y(y)=0$；当 $y\geqslant 1$ 时，$F_Y(y)=1$；当 $0\leqslant y<1$ 时，$F_Y(y)=P\{Y\leqslant y\}=P\{\sin X\leqslant y\}$. $\{\sin X\leqslant y\}$可分解为两个单调区域，即：

$$\{\sin X\leqslant y\}=\{x\mid 0\leqslant x\leqslant \arcsin y\}\cup\{x\mid \pi-\arcsin y\leqslant x\leqslant\pi\},$$

$$F(y)=P\{\sin X\leqslant y\}=\int_0^{\arcsin y}\frac{1}{\pi}dx+\int_{\pi-\arcsin y}^{\pi}\frac{1}{\pi}dx=\frac{2}{\pi}\arcsin y,\quad 0<y<1$$

当 $y\leqslant 0$ 时，$f_Y(y)=F'(y)=0$；当 $y\geqslant 1$ 时，$f_Y(y)=F'(y)=0$；

当 $0<y<1$ 时，$f_Y(y)=F'(y)=\dfrac{2}{\pi\sqrt{1-y^2}}$，$0\leqslant y<1$.

所以 Y 的密度函数为 $f_Y(y)=\begin{cases}\dfrac{2}{\pi\sqrt{1-y^2}}, & 0\leqslant y<1\\ 0, & \text{其他}\end{cases}$.

【例 6】 设 $X\sim N(0,1)$，试求随机变量 $Y=X^2$ 的密度函数.

解： 因为 $y=x^2$ 在$(-\infty,+\infty)$上不是单调函数，所以用定义来求. 当 x 取值于$(-\infty,+\infty)$时，y 取值于$[0,+\infty)$，所以当 $y\leqslant 0$ 时，有 $F_Y(y)=P\{Y\leqslant y\}=0$；当 $y>0$ 时，有 $F_Y(y)=P\{Y\leqslant y\}=P\{X^2\leqslant y\}=P\{-\sqrt{y}\leqslant X\leqslant\sqrt{y}\}=\int_{-\sqrt{y}}^{\sqrt{y}}\dfrac{1}{\sqrt{2\pi}}e^{-\frac{x^2}{2}}dx=2\int_0^{\sqrt{y}}\dfrac{1}{\sqrt{2\pi}}e^{-\frac{x^2}{2}}dx$. 于是，$Y$ 的密度函数为 $f_Y(y)=\begin{cases}\dfrac{1}{\sqrt{2\pi}}y^{-\frac{1}{2}}e^{-\frac{y}{2}}, & y>0\\ 0, & y\leqslant 0\end{cases}$，即 $Y\sim\chi^2(1)$. 即标准正态分布的平方为自由度为 1 的卡方分布.

【例 7】 (1)(对数正态分布)若 $X\sim N(\mu,\sigma^2)$，则 $Y=e^X$ 的密度函数为

$$f_Y(y)=\begin{cases}\dfrac{1}{\sqrt{2\pi}y\sigma}e^{-\frac{(\ln y-\mu)^2}{2\sigma^2}}, & y>0\\ 0, & y\leqslant 0\end{cases}$$

称 Y 服从对数正态分布，记为 $Y\sim LN(\mu,\sigma^2)$.

(2)若 $X\sim LN(\mu,\sigma^2)$，则 $Y=\ln X$ 的密度函数为

$$f_Y(y)=\frac{1}{\sqrt{2\pi}\sigma}e^{-\frac{(y-\mu)^2}{2\sigma^2}},\ y\in R,$$

即 $Y\sim N(\mu,\sigma^2)$.

证明：(1)X 的密度函数为 $f_X(x)=\frac{1}{\sqrt{2\pi}\sigma}e^{-\frac{(x-\mu)^2}{2\sigma^2}}$，又因为 $Y=e^X$ 的可能取值范围为 $(0,+\infty)$，且 $y=g(x)=e^x$ 是区间 $(-\infty,+\infty)$ 的严格递增函数，其反函数 $x=h(y)=\ln y$，$h'(y)=\frac{1}{y}$，所以 Y 的密度函数为

$$f_Y(y)=f_X(e^y)\left|\frac{1}{y}\right|=\frac{1}{\sqrt{2\pi}y\sigma}e^{-\frac{(\ln y-\mu)^2}{2\sigma^2}},\ y>0.$$

(2)X 的密度函数为：

$$f_X(x)=\begin{cases}\frac{1}{\sqrt{2\pi}x\sigma}e^{-\frac{(\ln x-\mu)^2}{2\sigma^2}}, & x>0\\ 0, & x\leqslant 0\end{cases}$$

又因为 $y=\ln x$ 是区间 $(0,+\infty)$ 的严格递增函数，可能取值范围为 $(-\infty,+\infty)$，且其反函数 $x=h(y)=e^y$，$h'(y)=e^y$，所以 Y 的密度函数为：

$$f_Y(y)=f_X(e^y)|e^y|=\frac{1}{\sqrt{2\pi}e^y\sigma}e^{-\frac{(\ln e^y-\mu)^2}{2\sigma^2}}e^y=\frac{1}{\sqrt{2\pi}\sigma}e^{-\frac{(y-\mu)^2}{2\sigma^2}},\ -\infty<y<+\infty.$$

注：若 $X\sim LN(\mu,\sigma^2)$，则有 $P\{x_1\leqslant X\leqslant x_2\}=\Phi\left(\frac{\ln x_2-\mu}{\sigma}\right)-\Phi\left(\frac{\ln x_1-\mu}{\sigma}\right)$.

利用这个结论，可以将对数正态分布的概率计算问题转化为正态分布的概率计算问题.

定理 2　若 $X\sim N(\mu,\sigma^2)$，则当 $a\neq 0$ 时，有 $Y=aX+b\sim N(a\mu+b,a^2\sigma^2)$.

定理 3　设 $X\sim Ga(\alpha,\lambda)$，则当 $k>0$ 时，有 $Y=kX\sim Ga(\alpha,\lambda/k)$.

定理 2 和定理 3 中的函数因为都是单调型的，利用定理 1 可得到结论，在这里不加以证明了，读者可以自行证明.

定理 4　设 $X\sim F_X(x)$，若 $F_X(x)$ 为严格单调增的连续函数，则 $F_X(X)\sim U(0,1)$.

证明：设 $G(y)$ 是随机变量 $Y=F_X(x)$ 的分布函数，由于 $Y=F_X(x)$ 是随机变量 X 的分布函数，所以 $0\leqslant y\leqslant 1$. 当 $y<1$ 时，$G(y)=0$；当 $y\geqslant 1$ 时，$G(y)=1$；当 $0<y<1$ 时，$G(y)=P\{Y\leqslant y\}=P\{F(X)\leqslant y\}=P\{X\leqslant F^{-1}(y)\}=F(F^{-1}(y))=y$. 于是，$Y=F(X)$ 的分布函数为 $G(y)=\begin{cases}0, & y<0\\ y, & 0\leqslant y\leqslant 1\\ 1, & y>1\end{cases}$，则 $Y=F_X(X)\sim U(0,1)$.

习题 2.4

1. 设随机变量 $X \sim U(-1, 2)$，记 $Y=\begin{cases}-1, & X<0, \\ 1, & X \geqslant 0\end{cases}$，求 Y 的分布律.

2. 设圆的直径 $X \sim U(0, 1)$，求圆面积的密度函数.

3. 设随机变量 X 的密度函数 $f_X(x)=\begin{cases}\frac{3}{2}x^2, & -1 \leqslant x \leqslant 1 \\ 0, & \text{其他}\end{cases}$，试求下列随机变量的密度函数：(1)$Y=3X$；(2)$Y=3-X$.

4. 已知 $X \sim N(2, 4)$，求 $Y=2X-1$ 的密度函数.

5. 已知随机变量 X 的密度函数为 $f_X(x)=\begin{cases}\frac{1}{\pi}, & -\frac{\pi}{2} \leqslant x \leqslant \frac{\pi}{2} \\ 0, & \text{其他}\end{cases}$，求 $Y=\cos X$ 的密度函数.

6. (03 年研)设随机变量 X 的密度函数为 $f_X(x)=\begin{cases}\frac{1}{3\sqrt[3]{x^2}}, & x \in [1, 8] \\ 0, & \text{其他}\end{cases}$，$F(x)$是 X 的分布函数，求随机变量 $Y=F(x)$的分布函数.

7. 设随机变量 $X \sim U(0, 1)$，试求 $Y=e^X$ 的分布函数及密度函数.

8. 设随机变量 $X \sim U(0, 1)$，求 $Y=-2\ln X$ 的分布函数及密度函数.

9. (06 年研)设随机变量 X 的密度函数为 $f_X(x)=\begin{cases}\frac{1}{2}, & -1<x<0 \\ \frac{1}{4}, & 0 \leqslant x<2 \\ 0, & \text{其他}\end{cases}$，令 $Y=X^2$，求 Y 的密度函数.

10. 设 $X \sim N(0, 1)$，(1)求 $Y=e^X$ 的密度函数；(2)求 $Y=2X^2+1$ 的密度函数；(3)求 $Y=|X|$ 的密度函数.

总习题二

习题 A

一、选择题

1. 设连续型随机变量的密度函数和分布函数分别为 $f(x)$，$F(x)$，则下列选项中正确的是(　　)

A. $0\leqslant f(x)\leqslant 1$　　B. $P\{X=x\}\leqslant F(x)$

C. $P\{X=x\}=F(x)$　　D. $P\{X=x\}=f(x)$

2. 已知 $X\sim N(\mu,\sigma^2)$，$\mu=3$，$\sigma^2=1$，则 $P\{-1<X<1\}=$(　　)

A. $2\Phi(1)-1$　　B. $\Phi(4)-\Phi(2)$

C. $\Phi(-4)-\Phi(-2)$　　D. $\Phi(2)-\Phi(4)$

3. 设 X 服从$[1,5]$上的均匀分布，则(　　)

A. $P\{a\leqslant X\leqslant b\}=\dfrac{b-a}{4}$　　B. $P\{3<X<6\}=\dfrac{3}{4}$

C. $P\{0<X<4\}=1$　　D. $P\{-1<X\leqslant 3\}=\dfrac{1}{2}$

4. 设 $X\sim N(\mu,4)$，则(　　)

A. $\dfrac{X-\mu}{4}\sim N(0,1)$　　B. $P\{X\leqslant 0\}=\dfrac{1}{2}$

C. $P\{X-\mu>2\}=1-\Phi(1)$　　D. $\mu\geqslant 0$

5. 设随机变量 X 的密度函数为 $f_X(x)$，则 $Y=-2X+3$ 的密度函数为(　　)

A. $-\dfrac{1}{2}f_X\left(-\dfrac{y-3}{2}\right)$　　B. $\dfrac{1}{2}f_X\left(-\dfrac{y-3}{2}\right)$

C. $-\dfrac{1}{2}f_X\left(-\dfrac{y+3}{2}\right)$　　D. $\dfrac{1}{2}f_X\left(-\dfrac{y+3}{2}\right)$

6. 设 $f(x)=\cos x$ 为随机变量 X 的密度函数，则 X 的可能取值充满区间(　　)

A. $\left[0,\dfrac{\pi}{2}\right]$　　B. $\left[\dfrac{2}{\pi},\pi\right]$

C. $[0,\pi]$　　D. $\left[\dfrac{3}{2}\pi,\dfrac{7}{4}\pi\right]$

7. 若 $X\sim N(1,1)$，记其密度函数为 $f(x)$，分布函数为 $F(x)$，则(　　)

A. $P\{X\leqslant 0\}=P\{X\geqslant 0\}$　　B. $F(x)=1-F(-x)$

C. $P\{X\leqslant 1\}=P\{X\geqslant 1\}$　　D. $f(x)=1-f(-x)$

8. 设 $X\sim N(\mu,\ 4^2)$，$Y\sim N(\mu,\ 5^2)$，记 $P_1=P\{X\leqslant\mu-4\}$，$P_2=P\{Y\geqslant\mu+5\}$，则(　　)

A. $P_1=P_2$　　　　B. $P_1<P_2$

C. $P_1>P_2$　　　　D. P_1，P_2 大小无法确定

9. 设随机变量 X 的密度函数 $f(x)$ 是连续的偶函数(即 $f(x)=f(-x)$)，而 $F(x)$ 是 X 的分布函数，则对任意实数 a 有(　　)

A. $F(a)=F(-a)$　　　　B. $F(-a)=1-\int_0^a f(x)dx$

C. $F(-a)=\frac{1}{2}-\int_0^a f(x)dx$　　　　D. $F(-a)=-F(a)$

10. 设 X 服从参数 λ 的指数分布，则下列叙述中错误的是(　　)

A. $F(x)=\begin{cases}1-e^{-\lambda x}, & x>0\\ 0, & x\leqslant 0\end{cases}$

B. 对任意的 $x>0$，有 $P\{X>x\}=e^{-\lambda x}$

C. 对任意的 $s>0$，$t>0$，有 $P\{X>s+t\mid X>s\}=P\{X>t\}$

D. λ 为任意实数

二、填空题

1. 设电子元件使用寿命的密度函数 $f(x)=\frac{100}{x^2}$，$x>100$(单位：小时)，则在开始 150 小时内独立使用的三只电子元件中至少有一个损坏的概率为________.

2. 若 ξ 服从二项分布 $X\sim b(4,\ p)$，且知 $P\{X\geqslant 1\}=\frac{65}{81}$，则 $p=$________.

3. 设随机变量 X 服从泊松分布，且 $P\{X=2\}=P\{X=3\}$，$P\{X\geqslant 2\}=$________.

4. 设离散型随机变量 X 的分布函数是 $F(x)=P\{X\leqslant x\}$，则用 $F(x)$ 表示概率 $P\{\xi=x_0\}=$________.

5. 随机变量 X 的分布律为 $P\{X=k\}=C\lambda^k e^{-\lambda}\cdot\frac{1}{k!}(k=0,\ 2,\ 4\cdots)$，并已知 $\sum_{n=0}^{\infty}\frac{x^{2n}}{(2n)!}=\frac{1}{2}(e^x+e^{-x})$，则 $C=$________.

三、综合题

1. 箱子中有 10 个白球和 3 个黑球，若取出的是黑球则放回一个白球，取出的是白球就不再放回，试求直到取出白球为止取的球数 X 的分布律及分布函数.

2. 设随机变量 X 的分布函数为：

$$F(x)=\begin{cases}0, & x<0\\ \dfrac{x}{4}, & 0\leqslant x<1\\ \dfrac{1}{2}+\dfrac{x-1}{4}, & 1\leqslant x<2,\\ \dfrac{11}{12}, & 2\leqslant x<3\\ 1, & x\geqslant 3\end{cases}$$

求：(1)$P\{X=k\}$，$k=1$，2，3；(2)$P\left\{\dfrac{1}{2}<X\leqslant\dfrac{3}{2}\right\}$.

3. 设随机变量 X 的分布函数为 $F(x)=\begin{cases}1-e^{-2x}, & x\geqslant 0\\ 0, & 其他\end{cases}$，(1)计算 $P\{X\geqslant 2\}$；(2)计算 $P\{-3\leqslant X<4\}$；(3)求 a，使得 $P\{X\geqslant a\}=P\{X<a\}$.

4. 设随机变量 X 服从 $N(10, 2^2)$，(1)计算 $P\{7<X<15\}$；(2)求 d，使 $P\{|X-10|<d\}=0.9$.

5.(95 年研)设随机变量 X 服从参数为 $\lambda=2$ 的指数分布，证明：$Y=1-e^{-2X}$ 服从 $U(0, 1)$.

6. 设随机变量 X 的密度函数为 $f(x)=\begin{cases}\dfrac{2x}{\pi^2}, & 0<x<\pi\\ 0, & 其他\end{cases}$，求 $Y=\sin X$ 的密度函数.

习题 B

一、选择题

1.(04 年研)设随机变量 X 服从正态分布 $N(0, 1)$，对给定的 $\alpha(0<\alpha<1)$，数 u_α 满足 $P\{X>u_\alpha\}=\alpha$，若 $P\{|X|<x\}=\alpha$，则 x 等于(　　)

A. $u_{\frac{\alpha}{2}}$　　B. $u_{1-\frac{\alpha}{2}}$

C. $u_{\frac{1-\alpha}{2}}$　　D. $u_{1-\alpha}$

2.(06 年研)设随机变量 X 服从正态分布 $N(u_1, \theta_1^2)$，随机变量 Y 服从正态分布 $N(u_2, \theta_2^2)$，且 $P\{|X-u_1|<13)>P\{|Y-u_2|<13)$，则必有(　　)

A. $\theta_1<\theta_2$　　B. $\theta_1>\theta_2$

C. $u_1<u_2$　　D. $u_1>u_2$

3.(13 年研)设 X_1，X_2，X_3 是随机变量，且 $X_1\sim N(0, 1)$，$X_2\sim N(0, 2^2)$，$X_3\sim N(5, 3^2)$，$p_i=P\{-2\leqslant X_i\leqslant 2\}(i=1, 2, 3)$，则(　　)

A. $p_1>p_2>p_3$　　B. $p_2>p_1>p_3$　　C. $p_3>p_1>p_2$　　D. $p_1>p_3>p_2$

4. (99 年研)设随机变量 X 服从指数分布，则随机变量 $Y=\min\{X,2\}$ 的分布函数(　　)

A. 是连续函数　　B. 至少有两个间断点

C. 是阶梯函数　　D. 恰好有一个间断点

5. (11 年研)设 $F_1(x)$，$F_2(x)$ 为两个分布函数，其相应的密度函数 $f_1(x)$，$f_2(x)$ 是连续函数，则必为密度函数的是(　　)

A. $f_1(x)f_2(x)$　　B. $2f_2(x)F_1(x)$

C. $f_1(x)F_2(x)$　　D. $f_1(x)F_2(x)+f_2(x)F_1(x)$

二、填空题

1. (13 年研)设随机变量 Y 服从参数为 1 的指数分布，a 为常数且大于零，则 $P\{Y\leqslant a+1 \mid Y>a\}=$________.

2. (02 年研)设随机变量 X 服从正态分布 $N(\mu,\sigma^2)(\sigma>0)$，且二次方程 $y^2+4y+X=0$ 无实根的概率为 $\frac{1}{2}$，则 $\mu=$________.

3. (18 年研)设随机变量 X 的密度函数 $f(x)$ 满足 $f(1+x)=f(1-x)$，且 $\int_0^2 f(x)\mathrm{d}x=0.6$，则 $P\{X<0\}=$________.

4. (10 年研)设 $f_1(x)$ 为标准正态分布的密度函数，$f_2(x)$ 为 $[-1,3]$ 上的均匀分布的密度函数，若 $f(x)=\begin{cases}af_1(x), & x\leqslant 0\\ bf_2(x), & x>0\end{cases}(a>0,b>0)$ 为密度函数，则 a，b 应满足________.

5. (89 年研)设随机变量 X 的分布函数为

$$F(x)=\begin{cases}0, & \text{若 } x<0\\ A\sin x, & \text{若 } 0\leqslant x\leqslant \pi/2\\ 1, & \text{若 } x>\pi/2\end{cases}$$

则 $A=$________，$P\{|X|<\frac{\pi}{6}\}=$________.

6. (00 年研)设随机变量 X 的密度函数为

$$f(x)=\begin{cases}1/3, & \text{若 } x\in[0,1]\\ 2/9, & \text{若 } x\in[3,6]\\ 0, & \text{其他}\end{cases}$$

若存在数 k 使得 $P\{X\geqslant k\}=\frac{2}{3}$，则 k 的取值范围是________.

7. (88 年研)设随机变量 X 服从 $\mu=10$，$\sigma=0.02$ 的正态分布，则 X 落在区间 $(9.95,10.05)$ 内的概率为________.

8.(89 年研)设随机变量 ξ 在区间(1, 6)上服从均匀分布，则方程 $x^2+\xi x+1=0$ 有实根的概率是__________.

9.(91 年研)设随机变量 X 的分布函数为

$$F(x)=P(X\leqslant x)=\begin{cases}0, & 若\ x<-1\\ 0.4, & 若\ -1\leqslant x<1\\ 0.8, & 若\ 1\leqslant x<3\\ 1, & 若\ x\geqslant 3\end{cases}$$

则 X 的分布律为__________.

10. (94 年研)设随机变量 X 的密度函数为

$$f(x)=\begin{cases}2x, & 0<x<1\\ 0, & 其他\end{cases}$$

以 Y 表示对 X 的三次独立重复观察中事件$\{X\leqslant 1/2\}$出现的次数，则 $P\{Y=2\}=$__________.

三、计算题

1.(88 年研)设随机变量 X 的密度函数为 $f_X(x)=\dfrac{1}{\pi(1+x^2)}$，求随机变量 $Y=1-\sqrt[3]{X}$ 的密度函数 $f_Y(y)$.

2.(95 年研)设随机变量 X 的密度函数为 $f_X(x)=\begin{cases}e^{-x}, & x\geqslant 0\\ 0, & x<0\end{cases}$，求随机变量 $Y=e^X$ 的密度函数 $f_Y(y)$.

3.(88 年研)设随机变量 X 在区间(1, 2)上服从均匀分布，求随机变量 $Y=e^{2X}$ 的密度函数.

4.(89 年研)某仪器装有三只独立工作的同型号电子元件，其寿命(单位：小时)都服从同一指数分布，密度函数为 $f(x)=\begin{cases}\dfrac{1}{600}e^{-\frac{x}{600}}, & 若\ x>0\\ 0, & 若\ x\leqslant 0\end{cases}$，求在仪器使用的最初 200 小时内，至少有一只电子元件损坏的概率.

5.(91 年研)在电源电压不超过 200V、在 200～240V 和超过 240V 三种情形下，某种电子元件损坏的概率分别为 0.1、0.001 和 0.2，设电源电压 $X\sim N(220, 25^2)$，试求：

(1)该电子元件损坏的概率；(2)该电子元件损坏时，电源电压在 200～240V 的概率.

6.(15 年研)设随机变量 X 的密度函数为 $f(x)=\begin{cases}2^{-x}\ln 2, & x>0\\ 0, & x\leqslant 0\end{cases}$，对 X 进行独立重复的观测，直到 2 个大于 3 的观测值出现的停止．记 Y 为观测次数，求 Y

的分布律．

7.(13年研)设随机变量 X 的密度函数为 $f(x)=\begin{cases}\dfrac{1}{9}x^2, & 0<x<3\\ 0, & 其他\end{cases}$，令随机变量

$$Y=\begin{cases}2, & X\leqslant 1\\ X, & 1<X<2.\\ 1, & X\geqslant 2\end{cases}$$

(1)求 Y 的分布函数；(2)求概率 $P\{X\leqslant Y\}$.

第二章　知识结构思维导图

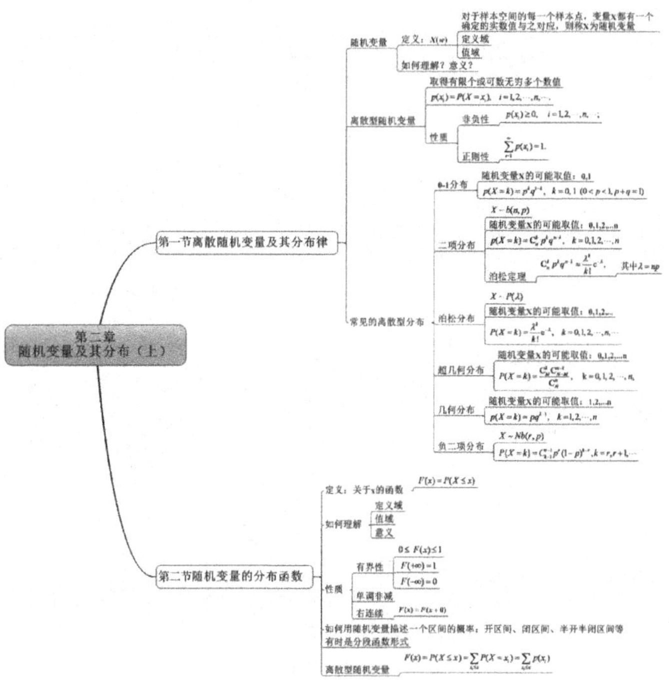

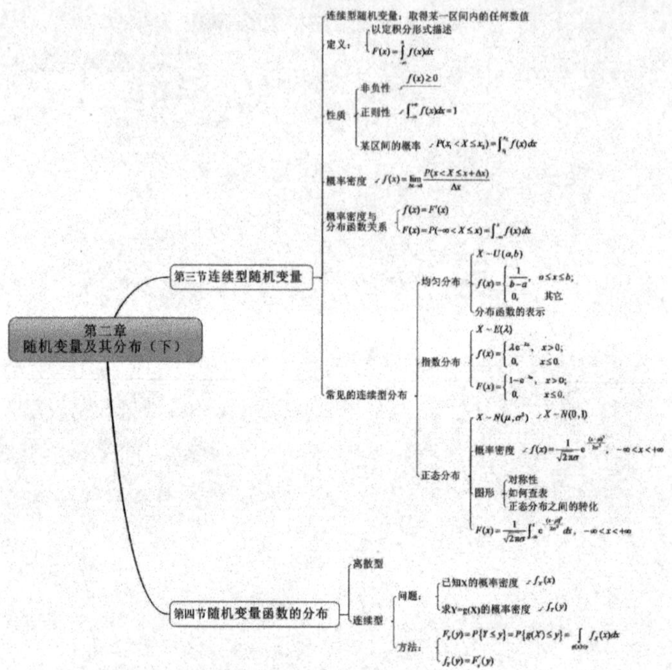
第二章
随机变量及其分布（下）
第三节连续型随机变量
连续型随机变量：取得某一区间内的任何数值
定义：
以定积分形式描述
$F(x)=\int_{-\infty}^{x} f(x)dx$
性质
非负性 $f(x)\geq 0$
正则性 $\int_{-\infty}^{+\infty} f(x)dx=1$
某区间的概率 $P(x_1<X\leq x_2)=\int_{x_1}^{x_2} f(x)dx$
概率密度 $f(x)=\lim_{\Delta x\to 0}\frac{P(x<X\leq x+\Delta x)}{\Delta x}$
概率密度与分布函数关系
$f(x)=F'(x)$
$F(x)=P(-\infty<X\leq x)=\int_{-\infty}^{x} f(x)dx$
常见的连续型分布
均匀分布
$X\sim U(a,b)$
$f(x)=\begin{cases}\frac{1}{b-a}, & a\leq x\leq b;\\ 0, & 其它\end{cases}$
分布函数的表示
指数分布
$X\sim E(\lambda)$
$f(x)=\begin{cases}\lambda e^{-\lambda x}, & x>0;\\ 0, & x\leq 0.\end{cases}$
$F(x)=\begin{cases}1-e^{-\lambda x}, & x>0;\\ 0, & x\leq 0.\end{cases}$
正态分布
$X\sim N(\mu,\sigma^2)$ $X\sim N(0,1)$
概率密度 $f(x)=\frac{1}{\sqrt{2\pi}\sigma}e^{-\frac{(x-\mu)^2}{2\sigma^2}}$，$-\infty<x<+\infty$
图形
对称性
如何查表
正态分布之间的转化
$F(x)=\frac{1}{\sqrt{2\pi}\sigma}\int_{-\infty}^{x} e^{-\frac{(t-\mu)^2}{2\sigma^2}}dt$，$-\infty<x<+\infty$
第四节随机变量函数的分布
离散型
连续型
问题：
已知X的概率密度 $f_X(x)$
求Y=g(X)的概率密度 $f_Y(y)$
方法：
$F_Y(y)=P\{Y\leq y\}=P\{g(X)\leq y\}=\int_{g(x)\leq y} f_X(x)dx$
$f_Y(y)=F_Y'(y)$

第三章　多维随机变量及其分布

第一节　多维随机变量及其联合分布

有些随机现象仅仅用一个随机变量来描述可能还不够，需要用多个随机变量来描述．比如研究儿童的生长发育情况，仅仅研究身高或体重是不够的，我们需要把这两个因素作为一个整体来考虑，即除了研究他们各自的统计规律之外还要研究他们之间的关系．再如炮弹的着落点的位置必须用两个坐标 X 和 Y 来描述．又如气候情况与气温、风力、降水量等多个随机变量有关，为了准确提供气候情况，我们就完全有必要将描述天气情况的多个随机变量作为一个整体来研究．这就是多维随机变量．

定义 1　若 X，Y 是两个定义在同一个样本空间上的随机变量，则称(X, Y)是二维随机变量．

可以将二维随机变量推广到 n 维随机变量．

定义 2　称 n 个随机变量的整体 $X=(X_1, X_2, \cdots, X_n)$为 n 维随机变量或随机向量，记作$(X_1, X_2, \cdots, X_n)$，称为 n 维随机变量．

在这一章我们主要研究二维随机变量的概率分布、边缘分布及二维随机变量的独立性等．这部分内容的讨论也可类推到 $n(n>2)$维随机变量的情形．学习过程中要注意和一维随机变量进行比较．

一、二维随机变量的联合分布函数

定义 3　设(X, Y)是二维随机变量，对于任意实数 x、y，称二元函数

$$F(x, y)=P\{X\leqslant x, Y\leqslant y\}$$

为二维随机变量(X, Y)的分布函数或随机变量 X 和 Y 的联合分布函数，它表示随机事件$\{X\leqslant x\}$与$\{Y\leqslant y\}$同时发生的概率．$F(x, y)$为(X, Y)落在点(x, y)的左下区域的概率，如下图所示．

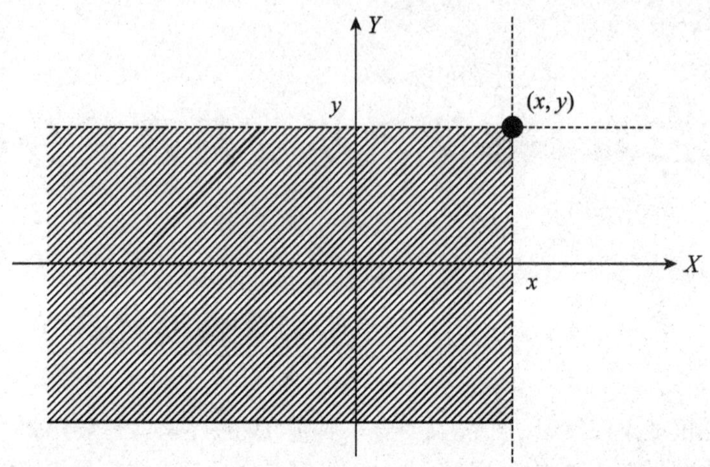

定义 4 设$(X_1, X_2, \cdots, X_n)$是n维随机变量，对于任意实数$(x_1, x_2, \cdots, x_n)$，称n元函数

$$F(x_1, x_2, \cdots, x_n)=P\{X_1\leqslant x_1, X_2\leqslant x_2, \cdots, X_n\leqslant x_n\}$$

为n维随机变量$(X_1, X_2, \cdots, X_n)$的联合分布函数．

根据概率的定义和二维随机变量的定义，可得二维随机变量的联合分布函数$F(x, y)$具有以下基本性质：

(1)有界性．

$$0\leqslant F(x, y)\leqslant 1；F(-\infty, -\infty)=0；F(+\infty, +\infty)=1；$$

对于任意固定的y，$F(-\infty, y)=\lim\limits_{x\to-\infty}F(x, y)=0$；

对于任意固定的x，$F(x, -\infty)=\lim\limits_{y\to-\infty}F(x, y)=0$.

(2)右连续．$F(x, y)$关于变量x和y均右连续．

(3)单调非减．

对于任意固定的y，$F(x, y)$是变量x的单调非减函数；

对于任意固定的x，$F(x, y)$是变量y的单调非减函数．

(4)非负性．对于任意$x_1<x_2$，$y_1<y_2$，恒有：

$$F(x_2, y_2)-F(x_2, y_1)-F(x_1, y_2)+F(x_1, y_1)\geqslant 0$$

即$\{(x, y)\mid x_1<x\leqslant x_2, y_1<y\leqslant y_2\}$

二维随机变量(X, Y)落在矩形区域$D=\{(x, y)\mid x_1<X\leqslant x_2, y_1<Y\leqslant y_2\}$内的概率为：

$$P\{x_1<X\leqslant x_2, y_1<Y\leqslant y_2\}=F(x_2, y_2)-F(x_1, y_2)-F(x_2, y_1)+F(x_1, y_1)$$

【例 1】 设二维随机变量(X, Y)的分布函数为：

$$F(x, y)=A\left(B+\arctan\frac{x}{2}\right)\left(C+\arctan\frac{y}{3}\right),\ -\infty<x<+\infty,\ -\infty<y<+\infty$$

(1)试确定常数A，B，C；(2)求事件$\{2<X<+\infty, 0<Y\leqslant 3\}$的概率．

解：由联合分布函数的有界性，得：

$$F(+\infty, +\infty)=A\left(B+\frac{\pi}{2}\right)\left(C+\frac{\pi}{2}\right)=1$$

$$F(-\infty, y)=A\left(B-\frac{\pi}{2}\right)\left(C+\arctan\frac{y}{3}\right)=0$$

$F(x, -\infty)=A\left(B+\arctan\frac{x}{2}\right)\left(C-\frac{\pi}{2}\right)=0$，从而得到$A=\frac{1}{\pi^2}$，$B=\frac{\pi}{2}$，$C=\frac{\pi}{2}$.

$$\begin{aligned}P\{2<X<+\infty, 0<Y\leqslant 3\}&=F(+\infty, 3)-F(+\infty, 0)-F(2, 3)+F(2, 0)\\&=\frac{3}{4}-\frac{1}{2}-\frac{9}{16}+\frac{3}{8}=\frac{1}{16}.\end{aligned}$$

【例 2】 设二维随机变量(X, Y)具有联合分布函数$F(x, y)=\begin{cases}(1-e^{-2x})(1-e^{-y}), & x>0, y>0\\ 0, & \text{其他}\end{cases}$，求$P\{0\leqslant X\leqslant 1, 0\leqslant Y\leqslant 2\}$.

解：$P\{0\leqslant X\leqslant 1, 0\leqslant Y\leqslant 2\}=F(1, 2)-F(0, 2)-F(1, 0)+F(0, 0)=(1-e^{-2})^2$.

二、二维离散型随机变量及其分布

定义 5　如果二维随机变量(X, Y)可能的取值为有限对或无限可列对，则称(X, Y)为二维离散型随机变量．

显然，(X, Y)为二维离散型随机变量，当且仅当X和Y均为离散型随机变量．

定义 6　设二维离散型随机变量(X, Y)所有可能的取值为(x_i, y_j)，i，$j=1, 2, \cdots$，对应的概率为$P\{X=x_i, Y=y_j\}=p_{ij}$，i，$j=1, 2, \cdots$，则将其称为二维随机变量(X, Y)的联合概率分布律，简称联合分布律．

联合分布律具有如下性质：

(1)非负性．$p_{ij}\geqslant 0$，i，$j=1, 2, \cdots$.

(2)正则性．$\sum\limits_{i=1}^{+\infty}\sum\limits_{j=1}^{+\infty}p_{ij}=1$．

联合分布律也可以用表格形式表示，如下表：

Y \ X	y_1	y_2	…	y_j	…
x_1	p_{11}	p_{12}	…	p_{1j}	…
x_2	p_{21}	p_{22}	…	p_{2j}	…
⋮	⋮	⋮	…	⋮	⋮
x_i	p_{i1}	p_{i2}	…	p_{ij}	…
⋮	⋮	⋮	…	⋮	…

离散型随机变量(X，Y)的联合分布函数为

$$F(x,y)=P\{X\leqslant x,Y\leqslant y\}=\sum_{x_i\leqslant x}\sum_{y_j\leqslant y}p_{ij}$$

【例 3】 把一枚质地均匀硬币抛掷三次，设 X 为三次抛掷中正面出现的次数，而 Y 为正面出现次数与反面出现次数之差的绝对值，求(X，Y)的联合分布律.

解：(X，Y)可取值(0，3)，(1，1)，(2，1)，(3，3)

$$P(X=0,\ Y=3\}=(\frac{1}{2})^3=\frac{1}{8},\ P(X=1,\ Y=1\}=C_3^1(\frac{1}{2})^3=\frac{3}{8},$$

$$P(X=2,\ Y=1\}=C_3^2(\frac{1}{2})^3=\frac{3}{8},\ P(X=3,\ Y=3\}=(\frac{1}{2})^3=\frac{1}{8}$$

故(X，Y)的联合分布律为：

Y \ X	1	3
0	0	1/8
1	3/8	0
2	3/8	0
3	0	0

【例 4】 袋中有三个球，分别标着数字 1，2，2，从袋中任取一球，不放回，再取一球，设第一次取的球上标的数字为 X，第二次取的球上标的数字 Y，(1)求(X，Y)的联合分布律；(2)求(X，Y)的联合分布函数.

解：(1)$P\{X=1,\ Y=1\}=0$，$P\{X=1,\ Y=2\}=\frac{1}{3}\cdot 1=\frac{1}{3}$，

$$P\{X=2,\ Y=1\}=\frac{2}{3}\cdot\frac{1}{2}=\frac{1}{3},\ P\{X=2,\ Y=2\}=\frac{2}{3}\cdot\frac{1}{2}=\frac{1}{3}$$

X \ Y	1	2
1	0	1/3
2	1/3	1/3

(2)当 $x<1$，$y<1$ 时，$F(x, y)=P\{X\leqslant x, Y\leqslant y\}=0$；

当 $1\leqslant x<2$，$1\leqslant y<2$ 时，$F(x, y)=P\{X\leqslant x, Y\leqslant y\}=P\{X=1, Y=1\}=0$；

当 $1\leqslant x<2$，$y\geqslant 2$ 时，$F(x, y)=P\{X\leqslant x, Y\leqslant y\}=P\{X=1, Y=1\}+P\{X=1, Y=2\}=1/3$；

当 $x\geqslant 2$，$1\leqslant y<2$ 时，$F(x, y)=P\{X\leqslant x, Y\leqslant y\}=P\{X=1, Y=1\}+P\{X=2, Y=1\}=1/3$；

当 $x\geqslant 2$，$y\geqslant 2$ 时，

$F(x, y)=P\{X\leqslant x, Y\leqslant y\}=P\{X=1, Y=1\}+P\{X=2, Y=1\}+P\{X=1, Y=2\}+P\{X=2, Y=2\}=1$

联合分布函数为 $F(x, y)=\begin{cases} 0, & x<1, y<1 \\ 0, & 1\leqslant x<2, 1\leqslant y<2 \\ \dfrac{1}{3}, & 1\leqslant x<2, y\geqslant 2 \\ \dfrac{1}{3}, & x\geqslant 2, 1\leqslant y<2 \\ 1, & x\geqslant 2, y\geqslant 2 \end{cases}$

监督学习模型可以分为生成模型和判别模型．生成模型包括朴素贝叶斯、隐马尔可夫模型等．生成模型的目标是求联合概率分布 $P(X, Y)$，由条件概率公式可以求 $P(Y|X)$．之所以称为生成模型是因为模型不但可以预测结果输出 $\arg\max_Y(P(Y|X))$，还可以通过联合分布来生成新的样本数据集．

【例 5】 有训练样本数据(x, y)：(0, 0)，(1, 0)，(2, 0)，(1, 1)，(2, 0)，(1, 1)，生成模型的目标是得到二维随机变量(x, y)的联合分布律 $P(x, y)$，试求出该联合分布律．

解：

X \ Y	0	1
0	1/6	0
1	1/6	1/3
2	1/3	0

三、二维连续型随机变量及其分布

定义 7 设二维随机变量(X, Y)的分布函数为$F(x, y)$，如果存在非负可积的二元函数$f(x, y)$，使得对任意实数x、y，有：

$$F(x,y)=P\{X\leqslant x,Y\leqslant y\}=\int_{-\infty}^{x}\int_{-\infty}^{y}f(u,v)\mathrm{d}u\mathrm{d}v$$

则称(X, Y)为二维连续型随机变量，称二元函数$f(x, y)$为二维随机变量(X, Y)的联合密度函数.

联合密度函数$f(x, y)$具有以下性质：

(1)非负性. $f(x, y)\geqslant 0$；

(2)正则性. $\int_{-\infty}^{+\infty}\int_{-\infty}^{+\infty}f(x,y)dxdy=1.$

这两条性质是一个二元函数$f(x, y)$可以成为某个二维连续型随机变量的联合密度函数的充要条件.

(3)若$f(x, y)$在点(x, y)处连续，则有$\frac{\partial^2 F(x, y)}{\partial x\partial y}=f(x, y)$；

(4)设D是xoy平面上任一区域，则点(x, y)落在D内的概率为：

$$P\{(X,Y)\in D\}=\iint_D f(x,y)d\sigma$$

在几何上，$P\{(X, Y)\in D\}$的值等于以D为底，曲面$Z=f(x, y)$为顶的曲顶柱体的体积.

【例 6】 设二维随变量(X, Y)的联合密度函数为：

$$f(x, y)=\begin{cases}ke^{-2x-3y}, & x>0, y>0\\ 0, & \text{其他}\end{cases}$$

求(1)常数k；(2)(X, Y)的联合分布函数$F(x, y)$；(3)$P\{X<1\}$；(4)$P\{X<Y\}$

解：(1) $\int_0^{+\infty}\int_0^{+\infty}ke^{-2x-3y}dxdy=\frac{k}{3}\int_0^{+\infty}e^{-2x}dx=\frac{k}{6}=1$,所以$k=6$；

(2) $x>0,y>0$时,$F(x,y)=\int_0^x\int_0^y 6e^{-2u-3v}dudv=6\left(\int_0^x e^{-2u}du\right)\left(\int_0^y e^{-3v}dv\right)=(1-e^{-2x})(1-e^{-3y})$，

所以$F(x, y)=\begin{cases}(1-e^{-3x})(1-e^{-4y}), & x>0, y>0\\ 0, & \text{其他}\end{cases}$；

(3) $P\{X<1\}=\int_0^1\int_0^{+\infty}6e^{-2x-3y}dxdy=2\int_0^1 e^{-2u}du=1-e^{-2}$；

(4) $P\{X<Y\}=\int_0^{+\infty}\int_x^{+\infty}6e^{-2x-3y}dxdy=\int_0^{+\infty}e^{-5x}dx=2/5$.

【例 7】 设二维随机变量(X, Y)的联合密度函数为：

$$f(x, y)=\begin{cases}4xy, & 0\leqslant x\leqslant 1, 0\leqslant y\leqslant 1\\ 0, & 其他\end{cases}$$

D为xoy平面内由x轴、y轴和不等式$x+y<1$所确定的区域，求$P\{(X, Y)\in D\}$.

解: $P\{(X,Y)\in D\}=\iint\limits_D f(x,y)dxdy=\int_0^1 dx\int_0^{1-x}4xydy=\frac{1}{6}$

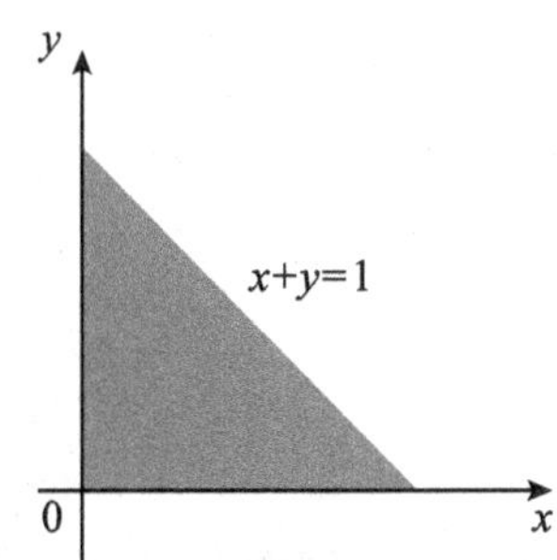

【例 8】 二维随机变量(X, Y)的联合密度函数为：

$$f(x, y)=\begin{cases}cy^2, & 0<x<2y, 0<y<1\\ 0, & 其他\end{cases}$$

试求 X 和 Y 的联合分布函数.

解: $\int_0^2\int_{x/2}^1 cy^2dxdy=c/2=1$,所以 $c=2$.

下面针对 6 种情况讨论联合分布函数.

当 $x<0$ 或 $y<0$ 时，$F(x, y)=P\{X\leqslant x, Y\leqslant y\}=0$;

当 $0\leqslant x<2, 0<y<\frac{x}{2}$ 时，

$$F(x,y)=P\{X\leqslant x,Y\leqslant y\}=\int_0^y\int_0^{2v}cv^2dudv=y^4;$$

当 $0<\frac{x}{2}<y<1$ 时，

$$F(x,y)=P\{X\leqslant x,Y\leqslant y\}=\int_0^x\int_{u/2}^y cv^2dudv=\frac{2}{3}\left(xy^3-\frac{x^4}{32}\right);$$

当 $0<x<2, y>1$ 时，

$$F(x,y)=P\{X\leqslant x,Y\leqslant y\}=\int_0^x\int_{u/2}^1 cv^2dudv=\frac{2}{3}\left(x-\frac{x^4}{32}\right);$$

当 $x>2, 0<y<1$ 时，$F(x,y)=P\{X\leqslant x,Y\leqslant y\}=\int_0^y\int_0^{2v}cv^2\mathrm{d}u\mathrm{d}v=y^4$;

当 $x \geqslant 2, y \geqslant 2$ 时，$F(x,y) = P\{X \leqslant x, Y \leqslant y\} = \int_0^2 \int_{u/2}^1 cv^2 \mathrm{d}u\mathrm{d}v = 1$.

将相同结果进行合并，得到二维随机变量(X，Y)的联合分布函数为：

$$F(x,y)=\begin{cases} 0, & x<0 \text{ 或 } y<0 \\ \dfrac{2}{3}x\left(y^3-\dfrac{x^3}{32}\right), & 0<x\leqslant 2y,\ 0\leqslant y<1 \\ \dfrac{2}{3}x\left(1-\dfrac{x^3}{32}\right), & 0<x\leqslant 2,\ y\geqslant 1 \\ y^4, & x\geqslant 2y,\ 0\leqslant y<1 \\ 1, & x\geqslant 2,\ y\geqslant 1 \end{cases}$$

四、常见的二维分布

1. 多项分布

若每次试验有 r 种结果：A_1，A_2，…，A_r，记 $P(A_i)=p_i$，$i=1, 2, \cdots, r$，记 X_i 为 n 次独立重复试验中 A_i 出现的次数，则 $X=(X_1, X_2, \cdots, X_r)$的联合分布律为：

$$P\{X_1=n_1, X_2=n_2, \cdots, X_r=n_r\}=\frac{n!}{n_1!\ n_2!\ \cdots n_r!}p_1^{n_1}p_2^{n_2}\cdots p_r^{n_r}$$

多项分布是 n 维贝努利分布，也是二项分布的推广.

将多项分布和极大似然估计结合在一起是 softmax 回归 . softmax 回归是 logistic 回归的多分类版本，它也是直接预测样本属于每个类的概率，然后将其判定为概率最大的那个类 . 这种方法假设样本的类别标签值服从多项分布，因此它拟合的是多项分布 . 模型的参数通过最大似然估计得到，由此导出了交叉熵目标函数 . 最大化对数似然函数等价于最小化交叉熵损失函数 . softmax 回归在训练时的目标就是使得模型预测出的概率分布与真实标签的概率分布的交叉熵最小化 .

【例 9】 一批产品 100 件，其中有一等品 50%，二等品 30%，三等品 20%，从中有放回地抽取 5 件，以 X、Y 分别表示取出的 5 件中一等品、二等品的件数，求(X, Y)联合分布律.

解： 这是一个三项分布，若取出的 5 件中有 i 件一等品、j 件二等品，则有 $5-i-j$ 件三等品，所以当 i，$j=0, 1, \cdots, 5$，$i+j\leqslant 5$ 时，有：

$$P\{X=i, Y=j\}=\frac{5!}{i!\ j!\ (5-i-j)!}(0.5)^i(0.3)^j(0.2)^{5-i-j}$$

用表格形式表示如下：

Y / X	0	1	2	3	4	5	行和
0	0.00032	0.0024	0.0072	0.0108	0.0081	0.00243	0.03125
1	0.004	0.024	0.054	0.054	0.02025	0	0.15625
2	0.02	0.09	0.135	0.0675	0	0	0.3125
3	0.05	0.15	0.1125	0	0	0	0.3125
4	0.0625	0.09375	0	0	0	0	0.15625
5	0.03125	0	0	0	0	0	0.03125
列和	0.16807	0.36015	0.3087	0.1323	0.02835	0.00243	1
注：行和就是 X 的分布 $b(5，0.5)$，列和就是 Y 的分布 $b(5，0.3)$.							

2. 多维超几何分布

有 N 个对象，分成 r 类，其中第 i 类有 N_i 个，$N=N_i+N_2+\cdots+N_r$，从中随机取出 n 个，若记 X_i 为取出的 n 个对象中第 i 类对象的个数，$i=1，2，\cdots，r$，则$(X_1，X_2，\cdots，X_r)$服从 r 维超几何分布，其联合分布律为：

$$P\{X_1=n_1，X_2=n_2，\cdots，X_r=n_r\}=\frac{C_{N_1}^{n_1}C_{N_2}^{n_2}\cdots C_{N_r}^{n_r}}{C_N^n},$$

其中 $n_1+n_2+\cdots+n_r=n$. 多维超几何分布是超几何分布的推广．

【例 10】 一批产品共 100 件，其中一等品占 50%，二等品占 30%，三等品占 20%，不放回地抽取 5 件，以 X、Y 分别表示取出的 5 件中一等品、二等品的件数，求$(X，Y)$联合分布律．

解： 这是一个三维超几何分布，若取出的 5 件中有 i 件一等品、j 件二等品，则有 $5-i-j$ 件三等品，所以当 $i=0，1，\cdots，5，j=0，1，\cdots，5，i+j\leqslant5$ 时，有：

$$P\{X=i，Y=j\}=P\{X_1=n_1，X_2=n_2，\cdots，X_r=n_r\}=\frac{C_{50}^{i}C_{30}^{j}C_{20}^{5-i-j}}{C_{100}^{5}}$$

3. 多维均匀分布

设 D 为 R^n 中的一个有界区域，其度量(平面上为面积，空间为体积等)为 S_D，如果多维随机变量$(X_1，X_2，\cdots，X_n)$的联合密度函数为：

$$f(x_1，x_2，\cdots，x_n)=\begin{cases}\dfrac{1}{S_D}，&(x_1，x_2，\cdots，x_n)\in D\\0，&\text{其他}\end{cases}$$

则称$(X_1，X_2，\cdots，X_n)$服从 D 上的多维均匀分布，记为$(X_1，X_2，\cdots，X_n)\sim U(D)$.

若 D 是平面上的有界区域，其面积为 S_D，若二维随机变量(X, Y)具有联合密度函数：

$$f(x, y)=\begin{cases}\dfrac{1}{S_D}, & (x, y)\in D \\ 0, & 其他\end{cases}$$

则称(X, Y)在 D 上服从二维均匀分布．

【例 11】 设随机变量(X, Y)在矩形区域 $D=\{(x, y) \mid a<x<b, c<y<d\}$ 内服从均匀分布，求联合密度函数．

解：根据题意可设(X, Y)的联合密度函数为：

$f(x, y)=\begin{cases}M, & a<x<b, c<y<d \\ 0, & 其他\end{cases}$，由正则性知，$1=\int_{-\infty}^{+\infty}\int_{-\infty}^{+\infty} f(x,y)\mathrm{d}x\mathrm{d}y$

$=M\int_a^b \mathrm{d}x\int_c^d \mathrm{d}y = M(b-a)(d-c)$，于是 $M=\dfrac{1}{(b-a)(d-c)}$，故：

$$f(x,y)=\begin{cases}1/(b-a)(d-c), & a<x<b, c<y<d \\ 0, & 其他\end{cases}.$$

【例 12】 在$[0, \pi]$上均匀地任取两数 X 与 Y，求 $P\{\cos(X+Y)<0\}$.

解：(X, Y)的联合密度函数为：

$$f(x, y)=\begin{cases}\dfrac{1}{\pi^2}, & 0\leqslant x, y\leqslant\pi \\ 0, & 其他\end{cases},$$

所以有 $P\{\cos(X+Y)<0\}=P\left\{\dfrac{\pi}{2}<X+Y<\dfrac{3\pi}{2}\right\}=\dfrac{3}{4}$.

【例 13】 设(X, Y)在圆域$\{(x, y) \mid x^2+y^2\leqslant4\}$上服从均匀分布，求(1)$(X, Y)$的联合密度函数；(2)$P\{0<X<1, 0<Y<1\}$.

解：(1)圆的面积为 $A=4\pi$，故(X, Y)的联合密度函数为：

$$f(x, y)=\begin{cases}\dfrac{1}{4\pi}, & x^2+y^2\leqslant4 \\ 0, & 其他\end{cases}$$

(2)用 G 表示不等式 $0<x<1$，$0<y<1$ 所确定的区域，由分布函数的性质有 $P\{0<X<1, 0<Y<1\}=\iint\limits_G f(x, y)\mathrm{d}x\mathrm{d}y=\dfrac{1}{4}$.

4. 二维正态分布

若二维随机变量(X, Y)的联合密度函数为：

$$f(x, y)=\frac{1}{2\pi\sigma_1\sigma_2\sqrt{1-\rho^2}}$$

$$\exp\left\{-\frac{1}{2(1-\rho^2)}\left[\frac{(x-\mu_1)^2}{\sigma_1^2}-2\rho\frac{x-\mu_1}{\sigma_1}\cdot\frac{y-\mu_2}{\sigma_2}+\frac{(y-\mu_2)^2}{\sigma_2^2}\right]\right\}$$

$(-\infty<x<+\infty,\ -\infty<y<+\infty)$，其中参数 μ_1，μ_2，σ_1，σ_2，ρ 均为常数，且 $\sigma_1>0$，$\sigma_2>0$，$|\rho|<1$，则称(X, Y)服从参数为 μ_1，μ_2，σ_1，σ_2 及 ρ 的二维正态分布，记作$(X, Y)\sim N(\mu_1, \mu_2, \sigma_1^2, \sigma_2^2; \rho)$. 如下图所示，二维正态分布以$(\mu_1, \mu_2)$为中心，在中心附近具有较高的密度，离中心越远，密度越小，这与实际中很多现象相吻合．

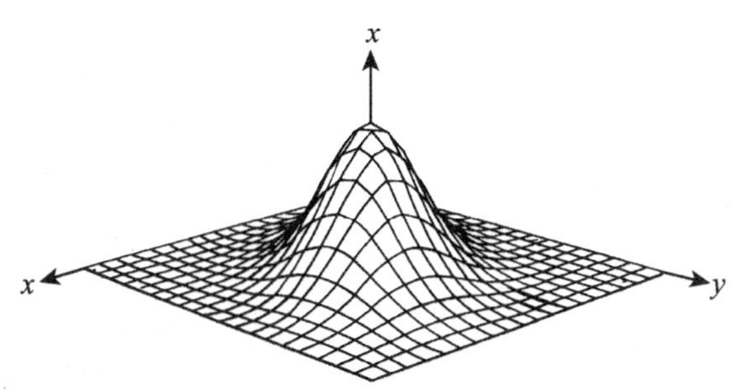

习题 3.1

一、填空题

1. 用(X, Y)的联合分布函数 $F(x, y)$表示概率 $P\{a<X\leqslant b, Y\leqslant c\}=$__________.

2. 设二维随机变量(X, Y)的联合分布函数为：

$$F(x, y)=\begin{cases} A\arctan x\cdot\arctan y, & x>0,\ y>0 \\ 0, & \text{其他} \end{cases}$$，则常数 $A=$__________.

3. 设(X, Y)的分布函数为 $F(x, y)=\begin{cases} 1-3^{-x}-3^{-y}+3^{-x-y}, & x\geqslant 0,\ y\geqslant 0 \\ 0, & \text{其他} \end{cases}$，则$(X, Y)$的联合密度函数 $f(x, y)=$__________.

4. 设二维随机变量(X, Y)的联合密度函数为：

$$f(x, y)=\begin{cases} Axy^2, & 0<x<1,\ 0<y<1 \\ 0, & \text{其他} \end{cases}$$，则常数 $A=$__________.

5. 设(X, Y)在区域 G 上服从均匀分布，G 为 $y=x$ 及 $y=x^2$ 所围成的区域，则(X, Y)的联合密度函数为__________.

6. 设二维随机变量(X, Y)的联合密度函数为

$f(x, y)=\begin{cases}4xy, & 0<x<1, 0<y<1 \\ 0, & \text{其他}\end{cases}$，则 $P\{X=Y\}=$__________.

7. 考虑抛掷一枚硬币和一颗骰子，用 X 表示抛掷硬币出现正面的次数，Y 表示抛掷骰子出现的点数，则(X, Y)所有可能取的值共为__________对.

8. 设二维随机向量(X, Y)的联合密度函数为：

$f(x, y)=\begin{cases}1, & 0\leqslant x\leqslant 1, 0\leqslant y\leqslant 1 \\ 0, & \text{其他}\end{cases}$，则概率 $P\{X<0.5, Y<0.6\}=$__________.

二、计算题

1. 设二维随机变量(X, Y)的分布函数为 $F(x, y)=\begin{cases}1-2^{-x}-2^{-y}+2^{-x-y}, & x\geqslant 0, y\geqslant 0, \\ 0, & \text{其他}\end{cases}$，求 $P\{1<X\leqslant 2, 3<Y\leqslant 5\}$.

2. 证明：二元函数 $F(x, y)=\begin{cases}1, & x+y>0 \\ 0, & x+y\leqslant 0\end{cases}$不是一个分布函数.

3. 5 件产品里面有 3 个一等品，2 个二等品. 现从中任取 4 个产品，用 X 表示取到的一等品的个数，用 Y 表示取到的二等品的个数，求(X, Y)的联合分布律.

4. 箱子中有 6 个产品，一等品、二等品、三等品的个数均为 2 个，在其中任取 2 个产品，用 X 表示取得的一等品的个数，以 Y 表示取得的二等品的个数，试写出 X 和 Y 的联合分布律，并求事件$\{X+Y\leqslant 1\}$的概率.

5. 从 1，2，3，4 中任取一个记为 X，在从 1 到 X 中任取一个记为 Y，求二维随机变量(X, Y)的联合分布律.

6. 将 3 个球随机地放入编号为 1，2，3 的三个杯子中，设 X 为放入 1 号杯子的球的个数，Y 为放入 2 号杯子的球的个数，求(X, Y)的联合分布律.

7. 设随机变量 X_i，$i=1, 2$ 的分布律如下，且满足 $P\{X_1X_2=0\}=1$，试求 $P\{X_1=X_2\}$.

X_i	-1	0	1
P	0.25	0.5	0.25

8. 在坐标平面内任意取一点，坐标记为(X, Y)，(X, Y)的联合密度函数为：

$$f(x, y)=\frac{1}{\pi(1+x^2+y^2)^2}, \quad -\infty<x, y<+\infty,$$

求取得的点与原点的距离不超过 a 的概率.

9. 设二维随机变量的联合密度函数为：

$$f(x, y)=\begin{cases}4xy, & 0<x<1,\ 0<y<1 \\ 0, & \text{其他}\end{cases}$$

试求：(1)$P\{0<X<0.5, 0.25<Y<1\}$；(2)$P\{X<Y\}$.

10. 设随机变量(X, Y)的联合密度函数为：

$$f(x, y)=\begin{cases}k(6-x-y), & 0<x<2,\ 2<y<4 \\ 0, & \text{其他}\end{cases}$$

试求：(1)常数 k；(2)$P\{X<1, Y<3\}$；(3)$P\{x<1.5\}$；(4)$P\{X+Y\leqslant 4\}$.

11. 设随机变量 Y 服从参数为 $\lambda=1$ 的指数分布，定义随机变量 X_k 如下：

$$X_k=\begin{cases}0, & Y\leqslant k \\ 1, & Y>k\end{cases} \qquad k=1, 2$$

求 X_1 和 X_2 的联合分布律.

第二节　边缘分布和独立性

一、边缘分布函数

二维随机变量(X, Y)作为一个整体，具有分布函数 $F(x, y)$. 分量 X 和 Y 也都是随机变量，有其各自的分布函数，其分布称为**边缘分布函数**.

定义 1　已知二维随机变量(X, Y)的联合分布函数为 $F(x, y)$，称：

$$F_X(x)=P\{X\leqslant x\}=P\{X\leqslant x, Y<+\infty\}=F(x, +\infty)$$

为随机变量 X 的边缘分布函数，称：

$$F_Y(y)=P\{Y\leqslant y\}=P\{X\leqslant +\infty, Y<y\}=F(+\infty, y)$$

为随机变量 Y 的边缘分布函数.

【例 1】　如果二维随机变量(X, Y)的联合分布函数为：

$$F(x, y)=\begin{cases}1-e^{-\lambda_1 x}-e^{-\lambda_2 y}+e^{-\lambda_1 x-\lambda_2 y-\lambda_{12} xy}, & x>0,\ y>0 \\ 0, & \text{其他}\end{cases}$$

试求 X 和 Y 各自的边缘分布函数.

解：因为

$$\lim_{y\to+\infty}\{1-e^{-\lambda_1 x}-e^{-\lambda_2 y}+e^{-\lambda_1 x-\lambda_2 y-\lambda_{12} xy}\}=1-e^{-\lambda_1 x},$$

$$\lim_{x\to+\infty}\{1-e^{-\lambda_1 x}-e^{-\lambda_2 y}+e^{-\lambda_1 x-\lambda_2 y-\lambda_{12} xy}\}=1-e^{-\lambda_2 y},$$

所以 X 和 Y 的边缘分布函数为

$$F_X(x)=F(x,\ +\infty)=\lim_{y\to\infty}F(x,\ y)=\begin{cases}1-e^{-\lambda_1 x}, & x>0\\ 0, & 其他\end{cases}.$$

$$F_Y(y)=F(+\infty,\ y))=\lim_{x\to\infty}F(x,\ y)=\begin{cases}1-e^{-\lambda_2 y}, & y>0\\ 0, & 其他\end{cases}.$$

可见，这两个边缘分布都是指数分布.

【例 2】 如果二维随机变量(X, Y)的联合密度函数为

$$f(x,\ y)=\begin{cases}2y^2, & 0<x<2y,\ 0<y<1\\ 0, & 其他\end{cases}$$

试求 X 和 Y 的边缘分布函数.

解： 由上一节的例 8 知，二维随机变量(X, Y)的联合分布函数为

$$F(x,\ y)=\begin{cases}0, & x<0 或 y<0\\ \frac{2}{3}x\left(y^3-\frac{x^3}{32}\right), & 0<x\leqslant 2y,\ 0\leqslant y<1\\ \frac{2}{3}x\left(1-\frac{x^3}{32}\right), & 0<x\leqslant 2,\ y\geqslant 1\\ y^4,\ x\geqslant 2y, & 0\leqslant y<1\\ 1, & x\geqslant 2,\ y\geqslant 1\end{cases}$$

所以 X 和 Y 的边缘分布函数为：

$$F_X(x)=F(x,\ +\infty)=\begin{cases}0, & x<0\\ \frac{2}{3}x\left(1-\frac{x^3}{32}\right), & 0<x\leqslant 2\\ 1, & x\geqslant 2\end{cases}$$

$$F_Y(y)=F(+\infty,\ y)=\begin{cases}0, & x<0\\ y^4, & 0<y\leqslant 1\\ 1, & x\geqslant 1\end{cases}$$

下面分别讨论二维离散型随机变量和二维连续型随机变量的边缘分布.

二、二维离散型随机变量(X, Y)的边缘分布律

定义 2 设(X, Y)是二维离散型随机变量，设其联合分布律为

$$P\{X=x_i,\ Y=y_j\}=p_{ij},\ i,\ j=1,\ 2,\ \cdots$$

则 X 的边缘分布律为：

$$p_{i\cdot}=P\{X=x_i\}=\sum_{j=1}^{+\infty}P\{X=x_i,Y=y_j\}=\sum_{j=1}^{+\infty}p_{ij},i=1,\cdots$$

X 的边缘分布函数为：

$$F_X(x) = F(x, +\infty) = \sum_{x_i \leqslant x} \sum_j p_{ij}$$

Y 的边缘分布律为：

$$p_{\cdot j} = P\{Y = y_j\} = \sum_{i=1}^{+\infty} P\{X = x_i, Y = y_j\} = \sum_{i=1}^{+\infty} p_{ij}, j = 1, \cdots$$

Y 的边缘分布函数为：

$$F_Y(y) = F(+\infty, y) = \sum_i \sum_{y_j \leqslant y} p_{ij}$$

X 的边缘分布可写成表格形式：

X	x_1	x_2	…	x_i	…
p	$p_{1\cdot}$	$p_{2\cdot}$	…	$p_{i\cdot}$	…

且满足 $\sum_i p_i = 1$

Y	y_1	y_2	…	y_j	…
p	$p_{\cdot 1}$	$p_{\cdot 2}$	…	$p_{\cdot j}$	…

满足 $\sum_j p_{\cdot j} = 1$

边缘分布中，我们得到只关于一个变量的概率分布，而不再考虑另一变量的影响，实际上进行了降维操作．在实际应用中，例如人工神经网络的神经元互相关联，在计算它们各自的参数的时候，就会使用边缘分布计算得到某一特定神经元(变量)的值．

【例 3】 设(X, Y)的联合分布律由下表给出，求 X 和 Y 的边缘分布律．

X \ Y	0	1	2
0	0.15	0.3	0.35
1	0.05	0.12	0.03

解： $P\{X=0\}=P\{X=0, Y=0\}+P\{X=0, Y=1\}+P\{X=0, Y=2\}$

$=0.15+0.30+0.35=0.80$

同理可求得：$P\{X=1\}=0.05+0.12+0.03=0.20$，$P\{Y=0\}=0.20$，$P\{Y=1\}=0.42$，$P\{Y=2\}=0.38$，将 X 和 Y 的边缘分布放入(X, Y)的联合分布律中，见下表：

Y \ X	0	1	2	$p_{i\cdot}$
0	0.15	0.3	0.35	0.8
1	0.05	0.12	0.03	0.2
$p_{\cdot j}$	0.2	0.42	0.38	

通过该例，可以很明显地看出，边缘分布 $p_{i\cdot}$ 和 $p_{\cdot j}$ 分别是联合分布律表中第 i 行和第 j 列各元素之和．

三、二维连续型随机变量(X，Y)的边缘分布

设(X，Y)是二维连续型随机变量，联合密度函数为 $f(x, y)$，则 X 的边缘分布函数为：

$$F_X(x)=F(x,+\infty)=\int_{-\infty}^{x}\left[\int_{-\infty}^{+\infty}f(x,y)\mathrm{d}y\right]\mathrm{d}x$$

其密度函数为：

$$f_X(x)=F_X{}'(x)=F'(x,+\infty)=\int_{-\infty}^{+\infty}f(x,y)\mathrm{d}y$$

同理，Y 的边缘分布函数为：

$$F_Y(y)=F(+\infty,y)=\int_{-\infty}^{y}\left[\int_{-\infty}^{+\infty}f(x,y)dx\right]\mathrm{d}y$$

其密度函数为：

$$f_Y(y)=F_Y{}'(y)=\int_{-\infty}^{+\infty}f(x,y)\mathrm{d}x$$

通常分别称 $f_X(x)$和 $f_Y(y)$为二维随机变量(X，Y)关于 X 和 Y 的边缘密度函数．

【例 4】 设二维随机变量(X，Y)的联合密度函数为 $f(x, y)=\begin{cases}Ae^{-y}, & 0<x<y\\ 0, & \text{其他}\end{cases}$，求(1)：常数 A；(2)随机变量 X，Y 的边缘密度函数；(3)概率 $P\{X+Y\leqslant 1\}$.

解：(1) $\int_{-\infty}^{+\infty}\int_{-\infty}^{+\infty}f(x,y)\mathrm{d}x\mathrm{d}y=A\int_{0}^{+\infty}\mathrm{d}x\int_{x}^{+\infty}e^{-y}\mathrm{d}y=A$，得 $A=1$．

(2) $x>0, f_X(x)=\int_{x}^{+\infty}e^{-y}\mathrm{d}y=e^{-x}, f_X(x)=\begin{cases}e^{-x}, & x>0\\ 0, & x\leqslant 0\end{cases}$，$f_Y(y)=\begin{cases}ye^{-y}, & y>0\\ 0, & y\leqslant 0\end{cases}$.

(3) $P(X+Y\leqslant 1)=\iint\limits_{x+y\leqslant 1}f(x,y)dxdy=\int_{0}^{\frac{1}{2}}\mathrm{d}x\int_{x}^{1-x}e^{-y}\mathrm{d}y=1+e^{-1}-2e^{-\frac{1}{2}}$.

【例 5】 设二维随机变量(X, Y)的联合密度函数为$f(x, y)=\begin{cases}cx^2y, & x^2\leqslant y\leqslant 1\\ 0, & 其他\end{cases}$，

(1)试确定常数c；(2)求边缘密度函数.

解：(1) $\int_{-\infty}^{+\infty}\int_{-\infty}^{+\infty}f(x,y)\mathrm{d}x\mathrm{d}y=\iint\limits_{D}f(x,y)\mathrm{d}x\mathrm{d}y=\int_{-1}^{1}\mathrm{d}x\int_{x^2}^{1}cx^2y\mathrm{d}y=\frac{4}{21}c=1$，

得$c=\frac{21}{4}$.

(2) $f_X(x)=\int_{-\infty}^{+\infty}f(x,y)\mathrm{d}y=\begin{cases}\int_{x^2}^{1}\frac{21}{4}x^2y\mathrm{d}y\\ 0,\end{cases}=\begin{cases}\frac{21}{8}x^2(1-x^4), & -1\leqslant x\leqslant 1\\ 0, & 其他\end{cases}$，

$f_Y(y)=\int_{-\infty}^{+\infty}f(x, y)\mathrm{d}x=\begin{cases}\int_{-\sqrt{y}}^{\sqrt{y}}\frac{21}{4}x^2y\mathrm{d}x\\ 0,\end{cases}=\begin{cases}\frac{7}{2}y^{\frac{5}{2}}, & 0\leqslant y\leqslant 1\\ 0, & 其他\end{cases}$.

【例 6】 求二维正态随机变量$(X, Y)\sim N(\mu_1, \mu_2, \sigma_1^2, \sigma_2^2; \rho)$的边缘密度函数.

解：记X和Y的边缘密度函数分别为$f_X(x)$和$f_Y(y)$，由于：

$$\frac{(x-\mu_1)^2}{\sigma_1^2}-2\rho\frac{x-\mu_1}{\sigma_1}\cdot\frac{y-\mu_2}{\sigma_2}+\frac{(y-\mu_2)^2}{\sigma_2^2}$$
$$=\left(\frac{y-\mu_2}{\sigma_2}-\rho\frac{x-\mu_1}{\sigma_1}\right)^2+(1-\rho^2)\left(\frac{x-\mu_1}{\sigma_1}\right)^2$$

所以：

$$f_X(x)=\int_{-\infty}^{+\infty}f(x,y)\mathrm{d}y$$
$$=\int_{-\infty}^{+\infty}\frac{1}{2\pi\sigma_1\sigma_2\sqrt{1-\rho^2}}e^{-\frac{(x-\mu_1)^2}{2\sigma_1^2}}\cdot e^{-\frac{1}{2(1-\rho^2)}(\frac{y-\mu_2}{\sigma_2}-\rho\frac{x-\mu_1}{\sigma_1})^2}dy$$

令$t=\frac{1}{\sqrt{1-\rho^2}}(\frac{y-\mu_2}{\sigma_2}-\rho\frac{x-\mu_1}{\sigma_1})$，则：

$$f_X(x)=\frac{1}{\sqrt{2\pi}\sigma_1}e^{-\frac{(x-\mu_1)^2}{2\sigma_1^2}}\int_{-\infty}^{+\infty}e^{-\frac{t^2}{2}}dt=\frac{1}{\sqrt{2\pi}\sigma_1}e^{-\frac{(x-\mu_1)^2}{2\sigma_1^2}}\quad(-\infty<x<+\infty)$$

可见$X\sim N(\mu_1,\sigma_1^2)$；同理可得：$f_Y(y)=\frac{1}{\sqrt{2\pi}\sigma_2}e^{\frac{-(y-\mu_2)^2}{2\sigma_2^2}}\quad(-\infty<y<+\infty)$，

即$Y\sim N(\mu_2, \sigma_2^2)$.

比较联合密度函数$f(x, y)$和边缘密度函数$f_X(x)$，$f_Y(y)$，我们注意到当且仅当$\rho=0$时，对一切(x, y)有$f(x, y)=f_X(x)\cdot f_Y(y)$.

注意：

(1)由高维联合分布可以获得低维的边缘分布，反之不一定.

由二维联合分布可以唯一确定其每个分量的边缘分布；已知 X 与 Y 的边缘分布，并不能唯一确定其联合分布，还必须知道参数 ρ 的值．

①二维正态分布的边缘分布是一维正态分布．

②二维均匀分布的边缘分布不一定是一维均匀分布．矩形区域上的二维均匀分布的边缘分布是一维均匀分布．

(2)不同的联合分布可以有相同边缘分布．譬如两个二维正态分布 $N(0，0，1，1；1/2)$ 和 $N(0，0，1，1；1/3)$，它们的联合分布不同，但其边缘分布都是标准正态分布．引起这一现象的原因是二维联合分布不仅含有每个分量的概率分布，而且还含有两个变量 X 与 Y 之间相互关系的信息，而后者正是人们研究多维随机变量的原因．联合分布中的参数 ρ 的值，反映了两个变量 X 与 Y 之间相关关系的密切程度．

(3)多项分布的边缘分布仍为低维的多项分布或二项分布．

从以上几个例题可知，联合密度决定边缘密度，但反过来知道边缘密度并不能唯一确定联合密度．

四、随机变量的独立性

在前面我们已经知道，随机事件的独立性在概率计算中起着很大的作用．我们用随机事件 $\{X\leqslant x\}$ 与 $\{Y\leqslant y\}$ 的独立性来定义 X 与 Y 的独立性．

定义 3　(1)设 n 维随机变量 $(X_1，X_2，\cdots，X_n)$ 的联合分布函数为 $F(x_1，x_2，\cdots，x_n)$，且 $F_{X_i}(x_i)$ 为 X_i 的边缘分布函数．如果对任意 n 个实数 $x_1，x_2，\cdots，x_n$，有：

$$F(x_1,x_2,\cdots,x_n)=\prod_{i=1}^{n}F_{X_i}(x_i),$$

则称 $X_1，X_2，\cdots，X_n$ 相互独立．否则称 $X_1，X_2，\cdots，X_n$ 不互相独立．

(2)设 n 维离散随机变量 $(X_1，X_2，\cdots，X_n)$ 的联合分布律为 $P\{X_1=x_1，X_2=x_2，\cdots，X_n=x_n\}$，且 $P\{X_i=x_i\}\quad(i=1，2，\cdots，n)$ 为 X_i 的边缘分布律．如果对其任意 n 个取值 $x_1，x_2，\cdots，x_n$，有

$$P(X_1=x_1,X_2=x_2,\cdots,X_n=x_n)=\prod_{i=1}^{n}P(X_i=x_i),$$

则称 $X_1,X_2,\cdots,X_n$ 相互独立．否则称 $X_1,X_2,\cdots,X_n$ 不相互独立．

(3)设 n 维连续型随机变量 $(X_1，X_2，\cdots，X_n)$ 的联合密度函数为 $f(x_1，x_2，\cdots，x_n)$，且 $f_{X_i}(x_i)$ 为 X_i 的边缘密度函数．如果对任意 n 个实数 $x_1，x_2，\cdots，x_n$，有：

$$f(x_1,x_2,\cdots,x_n)=\prod_{i=1}^{n}f_{X_i}(x_i)$$

则称 X_1，X_2，…，X_n 相互独立．

定义 4　设 X、Y 是两个随机变量，如果对于任意的实数 x 和 y 有：

$$P\{X\leqslant x, Y\leqslant y\}=P\{X\leqslant x\}\cdot P\{Y\leqslant y\}$$

即 $F(x, y)=F_X(x)\cdot F_Y(y)$，则称随机变量 X 与 Y 是相互独立的．

对于二维离散型随机变量(X，Y)，则 X 与 Y 相互独立的充要条件是：

$P\{X=x_i, Y=y_j\}=P\{X=x_i\}\cdot P\{Y=y_j\}$，$i$，$j=1, 2, \cdots.$，即 $p_{ij}=p_{i\cdot}\cdot p_{\cdot j}$，$i$，$j=1, 2, \cdots$.

对于二维连续型随机变量(X，Y)，则 X 与 Y 相互独立的充要条件是：对一切的 x 和 y 有：

$$f(x, y)=f_X(x).f_Y(y)$$

这里 $f(x, y)$为(X，Y)的联合密度函数，$f_X(x)$和 $f_Y(y)$分别为关于 X 和 Y 的边缘密度函数．

前面已讨论过联合密度与边缘密度的关系：联合密度决定边缘密度，反过来，知道边缘密度一般来说并不能唯一确定联合密度．而当随机变量 X 和 Y 相互独立时，边缘密度函数 $f_X(x)$和 $f_Y(y)$的乘积就是联合密度函数 $f(x, y)$，即当 X 与 Y 相互独立时，可由边缘密度函数确定联合密度函数．

【例 7】　二维随机变量(X，Y)的联合分布律为：

Y / X	1	2	3
0	1/4	1/6	1/12
1	α	1/6	β

那么当α，β取什么值时，X 与 Y 才能相互独立？

解：先计算 X 和 Y 的边缘分布：

$$P\{X=0\}=\frac{1}{4}+\frac{1}{6}+\frac{1}{12}=\frac{1}{2},\ P\{X=1\}=\alpha+\beta+\frac{1}{6},$$

$$P\{Y=1\}=\frac{1}{4}+\alpha,\ P\{Y=2\}=\frac{1}{3},\ P\{Y=3\}=\frac{1}{12}+\beta$$

若 X 与 Y 相互独立，则对于所有的 i、j，都有 $p_{ij}=p_{i\cdot}\cdot p_{\cdot j}$. 因此：

$$P\{X=0, Y=1\}=P\{X=0\}\cdot P\{Y=1\}=\frac{1}{2}\cdot\left(\frac{1}{4}+\alpha\right)=\frac{1}{4} \tag{1}$$

$$P\{X=0, Y=3\}=P\{X=0\}\cdot P\{Y=3\}=\frac{1}{2}\cdot\left(\frac{1}{12}+\beta\right)=\frac{1}{12} \tag{2}$$

由(1)、(2)两式可解出：$\alpha=\frac{1}{4}$，$\beta=\frac{1}{12}$.

【例 8】 设二维随机变量(X, Y)的联合密度函数为：

$$f(x, y)=\begin{cases} x^2+\frac{1}{3}xy, & 0\leqslant x\leqslant 1,\ 0\leqslant y\leqslant 2 \\ 0, & \text{其他} \end{cases},$$

求 X 和 Y 的边缘密度函数，并判断 X 与 Y 是否相互独立?

解: $f_X(x)=\int_{-\infty}^{+\infty} f(x,y)dy$

$$=\begin{cases} \int_0^2 \left(x^2+\frac{1}{3}xy\right)dy, & 0\leqslant x\leqslant 1 \\ 0, & \text{其他} \end{cases}=\begin{cases} 2x^2+\frac{2}{3}x, & 0\leqslant x\leqslant 1 \\ 0, & \text{其他} \end{cases}$$

$f_Y(y)=\int_{-\infty}^{+\infty} f(x,y)dx$

$$=\begin{cases} \int_0^1 \left(x^2+\frac{1}{3}xy\right)dx, & 0\leqslant y\leqslant 2 \\ 0, & \text{其他} \end{cases}=\begin{cases} \frac{y}{6}+\frac{1}{3}, & 0\leqslant y\leqslant 2 \\ 0, & \text{其他} \end{cases}$$

由于 $f(x, y)\neq f_X(x)f_Y(y)$，所以 X 和 Y 不独立

【例 9】 设随机变量 X 与 Y 相互独立，且都服从参数 $\lambda=1$ 的指数分布，求 X 与 Y 的联合密度函数，并计算 $P\{(X, Y)\in D\}$，其中 $D=\{(x, y)\mid 0\leqslant y\leqslant x,\ 0\leqslant x\leqslant 1\}$.

解: 已知 X 的密度函数为 $f_X(x)=\begin{cases} e^{-x}, & x\geqslant 0 \\ 0, & x<0 \end{cases}$，Y 的密度函数为 $f_Y(y)=\begin{cases} e^{-y}, & y\geqslant 0 \\ 0, & y<0 \end{cases}$，因为 X 与 Y 相互独立，所以 X 与 Y 的联合密度为：

$$f(x, y)=f_X(x)\cdot f_Y(y)=\begin{cases} e^{-(x+y)}, & x\geqslant 0,\ y\geqslant 0 \\ 0, & \text{其他} \end{cases}$$

于是：$P\{(X, Y)\in D\}=\iint\limits_D f(x, y)dxdy=\int_0^1 dx\int_0^x e^{-(x+y)}\,dy=\frac{1}{2}+\frac{1}{2e^2}-\frac{1}{e}$.

习题 3.2

一、选择题

1. 设随机变量(X, Y)的分布函数为 $F(x, y)$，其边缘分布函数 $F_X(x)$是(　　).

A. $\lim\limits_{y\to-\infty} F(x, y)$　　B. $\lim\limits_{y\to+\infty} F(x, y)$

C. $F(x, 0)$　　D. $F(0, x)$

2. 设二维随机变量(X, Y)的联合密度函数为$f(x, y)=\begin{cases}1/\pi, & x^2+y^2\leqslant 1\\ 0, & 其他\end{cases}$，则 X，Y 满足(　　).

A. 独立同分布　　　　B. 独立不同分布

C. 不独立同分布　　　　D. 不独立也不同分布

3. ξ，η相互独立且在[0，1]上服从均匀分布，则使方程$x^2+2\xi x+\eta=0$有实根的概率为(　　).

A. 1/3　　　　B. 1/2

C. 0.4930　　　　D. 4/9

4. (97 年研)设两个随机变量 X 与 Y 相互独立同分布：$P\{X=-1\}=P\{Y=-1\}=\frac{1}{2}$，$P\{X=1\}=P\{Y=1\}=\frac{1}{2}$，则下列各式中成立的是(　　).

A. $P\{X=Y\}=\frac{1}{2}$　　　　B. $P\{X=Y\}=1$

C. $P\{X+Y=0\}=\frac{1}{4}$　　　　D. $P\{XY=1\}=\frac{1}{4}$

5. 同时掷两颗质地均匀的骰子，分别以X，Y表示第 1 颗和第 2 颗骰子出现的点数，则(　　).

A. $P\{X=i, Y=j\}=\frac{1}{36}$，$i$，$j=1, 2, \cdots 6$

B. $P\{X=Y\}=\frac{1}{36}$

C. $P\{X\neq Y\}=\frac{1}{2}$

D. $P\{X\leqslant Y\}=\frac{1}{2}$

6. (90 年研)设随机变量X与Y相互独立同分布，X的分布律为：

X	-1	1
P	1/2	1/2

则下列各式正确的是(　　).

A. X=Y　　　　B. $P\{X=Y\}=0$

C. $P\{X=Y\}=1/2$　　　　D. $P\{X=Y\}=1$

7. 设二维随机变量(X, Y)的联合分布律为下表．则当(　　)时，X和Y相互独立．

Y \ X	1	2	3
1	1/6	1/9	1/18
2	1/3	α	β

A. $\alpha=\frac{2}{9}$，$\beta=\frac{1}{9}$　　B. $\alpha=\frac{1}{9}$，$\beta=\frac{2}{9}$

C. $\alpha=\frac{1}{3}$，$\beta=\frac{2}{3}$　　D. $\alpha=\frac{2}{3}$，$\beta=\frac{1}{3}$

8.(05年研)设二维随机变量(X, Y)的概率分布为下表，已知随机事件$\{X=0\}$与$\{X+Y=1\}$互相独立，则(　　).

Y \ X	0	1
0	0.4	a
1	b	0.1

A. $a=0.2$，$b=0.3$　　B. $a=0.4$，$b=0.1$

C. $a=0.3$，$b=0.2$　　D. $a=0.5$，$b=0$

9. 下列函数可以作为二维分布函数的是(　　).

A. $F(x,y)=\begin{cases}1, x+y>0.8\\0,\text{其他}\end{cases}$

B. $F(x,y)=\begin{cases}\int_0^y\int_0^x e^{-s-t}dsdt, x>0,\ y>0\\0, \qquad\qquad \text{其他}\end{cases}$

C. $F(x,y)=\int_{-\infty}^y\int_{-\infty}^x e^{-s-t}dsdt$

D. $F(x,y)=\begin{cases}e^{-x-y}, x>0,\ y>0\\0, \qquad \text{其他}\end{cases}$

10. 若(X, Y)服从二维均匀分布，则(　　).

A. 随机变量X，Y都服从一维均匀分布

B. 随机变量X，Y不一定服从一维均匀分布

C. 随机变量X，Y一定都服从一维均匀分布

D. 随机变量$X+Y$服从一维均匀分布

二、填空题

1. 已知X，Y独立，且分布律分别为$P\{X=1\}=P\{X=0\}=\frac{1}{2}$，$P\{Y=1\}=$

$\frac{3}{4}$，$P\{Y=0\}=\frac{1}{4}$，则 $P\{X=Y\}=$_________.

2. 设平面区域 D 由曲线 $y=\frac{1}{x}$ 及直线 $x=0$，$y=1$，$y=e^2$ 围成，二维随机变量在区域 D 上服从均匀分布，则(X，Y)关于 Y 的边缘密度函数在 $y=2$ 处的值为_________.

3. 设区域 D：$|x|\leqslant 1$，$|y|\leqslant 1$，二维随机变量 (X, Y) 在 D 上服从均匀分布，则它的联合密度函数 $f(x, y)=$_________，$P\{|X|+|Y|\leqslant 1\}=$_________.

4. 设 (X, Y) 是二维独立的随机变量，且 $X\sim U(0, 4)$，$Y\sim E(5)$，则 $P\{X\geqslant 2, Y\leqslant 1\}=$_________.

5.(05 年研)从 1，2，3，4 中任取一个数，记为 X，再从 1，2，…，X 中任取一个数，记为 Y，则 $P\{Y=2\}=$_________.

三、计算题

1. 设二维随机变量 (X, Y) 的联合分布律如下表所示，求 X 和 Y 的边缘分布律.

X \ Y	0	2	5
1	0.15	0.25	0.35
3	0.05	0.18	0.02

2. 设随机变量 (X, Y) 的联合分布律如下表所示.

求：(1)a 值；

(2)(X, Y) 的联合分布函数 $F(x, y)$；

(3)边缘分布函数 $F_X(x)$ 和 $F_Y(y)$.

X \ Y	−1	0
1	1/4	1/4
2	1/6	a

3.(09 年研)袋中有 1 个红色球，2 个黑色球与 3 个白色球，现有放回地从袋中取两次，每次取一球，以 X，Y 分别表示两次取球所取得的红球、黑球与白球的个数，求(1)二维随机变量 (X, Y) 的联合分布律；(2)X，Y 的边缘分布律.

4. 试验证：以下给出的两个不同的联合密度函数，它们有相同的边缘密度函数.

$$f(x, y)=\begin{cases} x+y, & 0\leqslant x\leqslant 1, 0\leqslant y\leqslant 1 \\ 0, & \text{其他} \end{cases}$$

$$g(x, y)=\begin{cases} (0.5+x)(0.5+y), & 0\leqslant x\leqslant 1, 0\leqslant y\leqslant 1, \\ 0, & \text{其他} \end{cases}$$

5. 设二维随机向量(X, Y)的联合密度函数为

$$f(x, y)=\begin{cases} \dfrac{3}{2}xy^2, & 0\leqslant x\leqslant 2, 0\leqslant y\leqslant 1, \\ 0, & \text{其他} \end{cases},$$

求边缘密度函数 $f_X(x)$，$f_Y(y)$.

6. 设二维随机向量(X, Y)的联合密度函数为

$$f(x, y)=\begin{cases} 4.8y(2-x), & 0\leqslant x\leqslant 1, 0\leqslant y\leqslant x, \\ 0, & \text{其他} \end{cases},$$

求边缘密度函数 $f_X(x)$，$f_Y(y)$.

7. 设二维随机向量(X, Y)的联合密度函数为 $f(x, y)=\begin{cases} c, & x^2\leqslant y\leqslant x \\ 0, & \text{其他} \end{cases}$，(1)确定常数 c 的值；(2)求边缘密度函数 $f_X(x)$，$f_Y(y)$.

8. 设随机变量(X, Y)的联合密度函数为 $f(x, y)=\begin{cases} kxy, & 0\leqslant x\leqslant y\leqslant 1 \\ 0, & \text{其他} \end{cases}$，试求参数 k 的值及 X 和 Y 的边缘密度函数.

9. 设随机变量(X, Y)的联合密度函数为

$$f(x, y)=\begin{cases} 4xy, & 0\leqslant x\leqslant 1, 0\leqslant y\leqslant 1 \\ 0, & \text{其他} \end{cases},$$

试求 X 和 Y 的边缘密度函数.

10. 设随机变量 X 与 Y 相互独立，其联合分布律如下，求联合分布律中的 a，b，c.

X \ Y	0	2	5
1	a	1/9	c
3	1/9	b	1/3

11. 设 X 和 Y 是两个相互独立的随机变量，X 在$(0, 0.2)$上服从均匀分布，Y 的密度函数为：

$$f_Y(y)=\begin{cases} 5e^{-5y}, & y>0 \\ 0, & \text{其他} \end{cases}$$

求：(1)X 与 Y 的联合密度函数；(2)$P\{Y\leqslant X\}$.

12. 假设随机变量 X 和 Y 相互独立，都服从同一分布：

X	0	1	2
P	1/4	1/2	1/4

求概率 $P\{X=Y\}$.

13. 某高楼的供水系统有两个加压泵，它们无故障运行的时间 X 和 Y 是随机变量，其联合分布函数为 $F(x, y)=\begin{cases}1-e^{-0.01x}-e^{-0.01y}+e^{-0.01(x+y)}, & x\geqslant 0,\ y\geqslant 0\\ 0, & \text{其他}\end{cases}$，求(1)$(X, Y)$的联合密度函数；(2)求两个加压泵无故障连续工作 100 小时的概率；(3)证明 X 和 Y 相互独立.

14. 已知靶的半径为 R，某人向靶上投飞镖，飞镖射在靶上的任一点都是等可能的，即其坐标(X, Y)服从均匀分布，(1)求 X，Y 的边缘密度函数；(2)问 X，Y 是否独立.

15. 设二维随机变量(X, Y)的联合密度函数为 $f(x, y)=\dfrac{6}{\pi^2(4+x^2)(9+y^2)}$，$-\infty<x<+\infty$，$-\infty<y<+\infty$，(1)求 X，Y 的边缘密度函数；(2)问 X，Y 是否独立.

16. 设 X 与 Y 为两个相互独立的随机变量，X 在区间(0, 1)上服从均匀分布，Y 的密度函数为 $f_Y(y)=\begin{cases}\dfrac{1}{2}e^{-y/2}, & y>0\\ 0, & y\leqslant 0\end{cases}$，求：(1)$X$ 与 Y 的联合密度函数；(2)设含有 a 的二次方程为 $a^2+2Xa+Y=0$，试求 a 有实根的概率.

17. 设随机变量(X, Y)具有分布函数

$$F(x, y)=\begin{cases}(1-e^{-ax})y, & x\geqslant 0,\ 0\leqslant y\leqslant 1\\ 1-e^{-ax}, & x\geqslant 0,\ y>1\\ 0, & \text{其他}\end{cases}$$，$a>0$，证明：X 与 Y 相互独立.

18. 设 X，Y 是相互独立的随机变量，它们都服从参数为 n，p 的二项分布.证明 $Z=X+Y$ 服从参数为 $2n$，p 的二项分布.

19. 设随机变量 X 和 Y 独立同分布，且 $P\{X=-1\}=P\{Y=-1\}=P\{X=1\}=P\{Y=1\}=\dfrac{1}{2}$，试求 $P\{X=Y\}$.

第三节　二维随机变量的条件分布和条件独立

在实际问题中，我们经常遇到这样的问题：当一个随机变量的取值确定时，求另外一个随机变量的取值规律如何．比如，成年男子的身高和体重分别用 X 和 Y 表示，已知 X 与 Y 的联合分布，成年男子的平均身高为 170cm. 讨论当成年男子身高为 175cm 时，成年男子体重的分布规律．这需要引入条件分布才能计算．下面给出二维随机变量的条件分布．

一、条件分布

1. 离散随机变量的条件分布

(1)条件分布律．对一切使 $P\{Y=y_j\}=p_{.j}=\sum_{i=1}^{+\infty}p_{ij}>0$ 的 y_j，称：

$$p_{i|j}=P\{X=x_i \mid Y=y_j\}=\frac{P\{X=x_i, Y=y_j\}}{P\{Y=y_j\}}=\frac{p_{ij}}{p_{.j}}, \ i=1, 2, \cdots$$

为给定 $Y=y_j$ 条件下 X 的条件分布律．

同理，对一切使 $P\{X=x_i\}=p_{i.}=\sum_{j=1}^{+\infty}p_{ij}>0$ 的 x_i，称：

$$p_{j|i}=P\{X=y_j \mid Y=x_i\}=\frac{P\{X=x_i, Y=y_j\}}{P\{X=x_i\}}=\frac{p_{ij}}{p_{i.}}, \ j=1, 2, \cdots$$

为给定 $X=x_i$ 条件下 Y 的条件分布律．

(2)条件分布函数．给定 $Y=y_j$ 条件下 X 的条件分布函数为：

$$F(x \mid y_j)=\sum_{x_i\leqslant x}P\{X=x_i \mid Y=y_j\}=\sum_{x_i\leqslant x}p_{i|j}$$

给定 $X=x_i$ 条件下 Y 的条件分布函数为：

$$F(y \mid x_i)=\sum_{y_j\leqslant y}P\{Y=y_j \mid X=x_i\}=\sum_{y_j\leqslant y}p_{j|i}$$

【例 1】　已知(X，Y)具有联合分布律：

Y \ X	0	1	2	3	P{Y=j}
0	0.840	0.030	0.020	0.010	0.900
1	0.060	0.010	0.008	0.002	0.080
2	0.010	0.005	0.004	0.001	0.020
$P\{X=i\}$	0.910	0.045	0.032	0.013	1.000

(1)求在 $X=1$ 的条件下，Y 的条件分布律；(2)求在 $Y=0$ 的条件下，X 的条件分布律．

解： 求出边缘分布律，列在上表中．在 X=1 的条件下，Y 的条件分布律为：

$$P\{Y=0|X=1\}=\frac{P\{X=1,\ Y=0\}}{P\{X=1\}}=\frac{0.030}{0.045}=\frac{6}{9}$$

$$P\{Y=1|X=1\}=\frac{P\{X=1,\ Y=1\}}{P\{X=1\}}=\frac{0.010}{0.045}=\frac{2}{9}$$

$$P\{Y=2|X=1\}=\frac{P\{X=1,\ Y=2\}}{P\{X=1\}}=\frac{0.005}{0.045}=\frac{1}{9}$$

或写成

$Y=k$	0	1	2
$P\{Y=k\mid X=1\}$	$\frac{6}{9}$	$\frac{2}{9}$	$\frac{1}{9}$

同样可得在 $Y=0$ 的条件下 X 的条件分布律为

$X=k$	0	1	2	3
$P\{X=k\mid Y=0\}$	$\frac{84}{90}$	$\frac{3}{90}$	$\frac{2}{90}$	$\frac{1}{90}$

【例 2】 一射手进行射击，击中目标的概率为 $p(0<p<1)$，射击直至击中目标两次为止．设以 X 表示首次击中目标所进行的射击次数，以 Y 表示总共进行的射击次数，试求 X 和 Y 的联合分布律及条件分布律．

解： $Y=n$ 表示在第 n 次射击时第二次击中目标，且在前面 $n-1$ 次射击中恰有一次击中目标．已知各次射击是相互独立的，于是不管 $m(m<n)$ 是多少，得 X 和 Y 的联合分布律为：

$P\{X=m,Y=n\}=p^2q^{n-2},n=2,3,\cdots;m=1,2,\cdots,n-1.$

$P\{X=m\}=\sum\limits_{n=m+1}^{\infty}P\{X=m,Y=n\}=\sum\limits_{n=m+1}^{\infty}P\{X=m,Y=n\}=\sum\limits_{n=m+1}^{\infty}p^2q^{n-2}=pq^{m-1},m=1,2,\cdots$

$$P\{Y=n\}=\sum_{m=1}^{n-1}P\{X=m,Y=n\}=\sum_{m=1}^{n-1}p^2q^{n-2}=(n-1)p^2q^{n-2},n=2,3,\cdots$$

于是得到所求的条件分布律为：当 $n=2$，3，…时，

$$P\{Y=n|X=m\}=\frac{p^2q^{n-2}}{(n-1)p^2q^{n-2}}=\frac{1}{(n-1)}，m=1，2，\cdots，n-1$$

当 $m=1$，2，…，$n-1$ 时，

$$P\{X=m|Y=n\}=\frac{p^2q^{n-2}}{p^{qm-1}}=pq^{n-m-1}，n=m+1，m+2，\cdots$$

注：上述边缘分布律和条件分布律也可不使用公式根据题意直接写出．

2. 连续型随机变量的条件分布

对一切使 $f_Y(y)>0$ 的 y，给定 $Y=y$ 条件下 X 的条件密度函数和条件分布函数分别为：

$$f(x\mid y)=\frac{f(x,y)}{f_Y(y)}$$

$$F(x\mid y)=\int_{-\infty}^{x}f(u\mid y)du=\int_{-\infty}^{x}\frac{f(u,y)}{f_Y(y)}du.$$

类似对一切使 $f_X(x)>0$ 的 x，给定 $X=x$ 条件下 Y 的条件密度函数和条件分布函数分别为：

$$f(y\mid x)=\frac{f(x,y)}{f_X(x)}$$

$$F(y\mid x)=\int_{-\infty}^{y}f(v\mid x)dv=\int_{-\infty}^{y}\frac{f(x,v)}{f_X(x)}dv.$$

【例 3】 设二维随机变量(X,Y)在圆域 $x^2+y^2=1$ 上服从均匀分布，求条件密度函数 $f_{X|Y}(x|y)$.

解：随机变量(X,Y)的联合密度函数为 $f(x,y)=\frac{1}{\pi}$，$x^2+y^2\leqslant 1$，且有边缘密度函数

$$f_Y(y)=\int_{-\infty}^{\infty}f(x,y)dx=\frac{1}{\pi}\int_{-\sqrt{1-y^2}}^{\sqrt{1-y^2}}dx=\frac{2}{\pi}\sqrt{1-y^2}，-1\leqslant y\leqslant 1$$

于是当 $-1<y<1$ 时有：

$$f_{X|Y}(x|y)=\frac{\frac{1}{\pi}}{\frac{2}{\pi}\sqrt{1-y^2}}=\frac{1}{2\sqrt{1-y^2}}，-\sqrt{1-y^2}\leqslant x\leqslant\sqrt{1-y^2}$$

【例 4】 设数 X 在区间(0，1)上随机地取值，当观察到 $X=x(0<x<1)$时，数 Y 在区间$(x,1)$上随机地取值，求 Y 的密度函数 $f_Y(y)$.

解： 按题意 X 具有密度函数 $f_X(x)=\begin{cases}1, & 0<x<1\\ 0, & \text{其他}\end{cases}$，对于任意给定的值 $x(0<x<1)$，在 $X=x$ 的条件下 Y 的条件密度函数为 $f_{Y|X}(y|x)=\dfrac{1}{1-x}$，$x<y<1$，$X$ 和 Y 的联合密度函数为：

$$f(x, y)=f_{Y|X}(y|x)f_X(x)=\begin{cases}\dfrac{1}{1-x}, & 0<x<y<1,\\ 0, & \text{其他}\end{cases}$$

于是 Y 的边缘密度函数为：

$$f_Y(y)=\int_{-\infty}^{\infty}f(x,y)dx=\begin{cases}\displaystyle\int_0^y\frac{1}{1-x}dx=-\ln(1-y), & 0<y<1,\\ 0, & \text{其他}\end{cases}$$

3. 连续场合的全概率公式和贝叶斯公式

(1)全概率公式的密度函数形式

$$f_Y(y)=\int_{-\infty}^{+\infty}f_X(x)f(y\mid x)dx,\quad f_X(x)=\int_{-\infty}^{+\infty}f_Y(y)f(x\mid y)dy.$$

(2)贝叶斯公式的密度函数形式

$$f(x\mid y)=\frac{f_X(x)f(y\mid x)}{\displaystyle\int_{-\infty}^{+\infty}f_X(x)f(y\mid x)dx},\quad f(y\mid x)=\frac{f_Y(y)f(x\mid y)}{\displaystyle\int_{-\infty}^{+\infty}f_Y(y)f(x\mid y)dy}$$

二、条件独立

条件有时为不独立的事件之间带来独立，有时也会把本来独立的事件，因为此条件的存在，而失去独立性．事件独立时，交集的概率等于概率的乘积．这是一个非常好的数学性质，然而不幸的是，无条件的独立是十分稀少的，因为大部分情况下，事件之间都是互相影响的．然而，通常这种影响又往往依赖于其他变量而不是直接产生．由此我们引入条件独立．

定义 1　在给定事件 C 的条件下，如果事件 A，B 满足

$$P(A\cap B|C)=P(A|C)P(B|C)$$

则称 A 和 B 在给定条件 C 下条件独立．

【例 5】　设随机试验 E 为从数据集 $S=\{1, 2, 3, 4, 5, 6, 7, 8, 9\}$ 中随机取一个数字，每个数字被等可能的取到，定义事件 A，B，C 如下：$A=\{1, 2, 3, 4\}$，$B=\{2, 3, 5, 7\}$，$C=\{2, 3, 7\}$，易得，$P(A)=4/9$，$P(B)=4/9$，$P(A\cap B)=2/9$，$P(A\mid C)=2/3$，$P(B\mid C)=1$，$P(A\cap B\mid C)=2/3$，显然，$P(A\cap B)\neq P(A)P(B)$，$P(A\cap B\mid C)=P(A\mid C)P(B\mid C)$．$A$，$B$ 在给定条件 C

下条件独立，但是 A，B 并不相互独立．

【例 6】 节点 a 表示一个学生的智商，节点 c 表示学生 SAT 成绩，节点 b 表示学生被推荐．

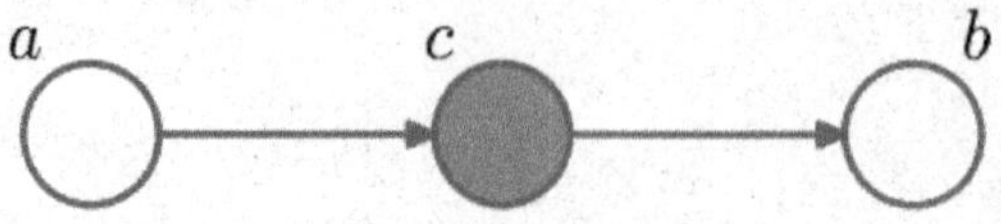

如果没有观察到 c，即不知道成绩，则智商越高，被推荐的可能性越大，事件 a，b 不独立．

如果观察到 c，即知道成绩，则此时智商和被推荐的可能性就无关了，事件 a，b 条件独立．

在一般情况下，独立性和条件独立性互不蕴含．

给定 Z 下，X 与 Y 是条件独立的($X\perp Y|Z$)当且仅当 $P(X, Y|Z)=P(X|Z)P(Y|Z)$.

定义 2 设有三维随机变量(X，Y，Z)，用 $F_{Y\times Z|X}(y\times z \mid x)$表示 $X=x$ 条件下 $Y\times Z$ 的联合分布函数，$F_{Y|X}(y \mid x)$表示 $X=x$ 条件下 Y 的条件分布函数，$F_{Z|X}(\mathrm{z} \mid \mathrm{x})$表示 $X=x$ 条件下 Z 的条件分布函数，如果对所有的 x，y，z，有 $F_{Y\times Z|X}(y\times z \mid x)=F_{Y|X}(y \mid x)F_{Z|X}(z \mid x)$成立，则称在给定条件 X 下，随机变量 Y 和 Z 独立，记为 $Y\perp Z|X$.

对于三维离散型随机变量(X，Y，Z)，有：

$$P(Y=y_j, Z=z_k \mid X=x_i)=P(Y=y_j \mid X=x_i)P(Z=z_k \mid X=x_i)$$

成立，则称 $X=x$ 条件下，Y 与 Z 条件独立．

对于三维连续型随机变量，用 $f_{Y\times Z|X}(y\times z \mid x)$表示 $X=x$ 条件下，$Y\times Z$ 的联合密度函数，$f_{Y|X}(y \mid x)$表示 $X=x$ 条件下，Y 的条件密度函数，$f_{Y|X}(y \mid x)$表示 $X=x$ 条件下，Z 的条件密度函数，如果对所有的 x，y，z，有 $f_{Y\times Z|X}(y\times z \mid x)=f_{Y|X}(y \mid x)f_{Z|X}(z \mid x)$成立，则称在给定条件 X 下，随机变量 Y 和 Z 条件独立，记为 $Y\perp Z|X$.

【例 7】 考虑生活中的一个问题．流感往往会伴随着咽喉疼痛的症状，但是咽喉疼痛不一定表示患有流感，也有可能是天气干燥引起的喉咙发炎．用 X 表示是否有流感，Y 表示是否有咽喉疼痛．X，Y 均服从 0－1 分布，为二值随机变量．用 Z 表示季节．Z 取四个值：春、夏、秋、冬．这样由 X，Y，Z 构成的样本空间有 16 个值．并且假设季节与咽喉疼痛在患有流感的条件下是条件独立的．已知(X，Y)的联合分布律和(X，Z)的联合分布律为：

Y \ X	0	1
0	0.2	0.2
1	0.2	0.4

X \ Z	0	1	2	3
0	0.088	0.1	0.112	0.1
1	0.21	0.072	0.03	0.288

求(X, Y, Z)的联合分布律．

解：由条件独立性，有

$P\{X=x, Y=y, Z=z\}=P\{X=x\}P\{Y=y, Z=z|X=x\}=P\{X=x\}P\{Y=y|X=x\}P\{Z=z|X=x\}$

$P\{X=x, Y=y\}=P\{X=x\}P\{Y=y|X=x\}$

$P\{X=x\}$为先验概率，$P\{Y=y|X=x\}$，$P\{Z=z|X=x\}$为条件概率，其分布律分别为：

X	0	1
P	0.4	0.6

$Y\|X$	0	1
0	0.5	1/3
1	0.5	2/3

$Z\|X$	0	1
0	0.22	0.35
1	0.25	0.12
2	0.28	0.05
3	0.25	0.48

所以联合分布律为

$P\{X=0, Y=0, Z=0\}=P\{X=0\}P\{Y=0|X=0\}P\{Z=0|X=0\}=0.4\times 0.5\times 0.22=0.044$,

$P\{X=0, Y=0, Z=1\}=P\{X=0\}P\{Y=0|X=0\}P\{Z=1|X=0\}=0.4\times 0.5\times 0.25=0.05$,

$P\{X=0, Y=0, Z=2\}=P\{X=0\}P\{Y=0|X=0\}P\{Z=2|X=0\}=0.4\times 0.5\times 0.28=0.056$,

$P\{X=0, Y=0, Z=3\}=P\{X=0\}P\{Y=0|X=0\}P\{Z=3|X=0\}=0.4\times 0.5\times 0.25=0.05$,

$P\{X=0, Y=1, Z=0\}=P\{X=0\}P\{Y=1|X=0\}P\{Z=0|X=0\}=0.4\times 0.5\times 0.22=0.044$,

$P\{X=0, Y=0, Z=1\}=P\{X=0\}P\{Y=0|X=0\}P\{Z=1|X=0\}=0.4\times 0.5\times 0.25=0.05$,

$P\{X=0, Y=0, Z=2\}=P\{X=0\}P\{Y=0|X=0\}P\{Z=2|X=0\}=0.4\times 0.5\times 0.28=0.056$,

$P\{X=0, Y=0, Z=3\}=P\{X=0\}P\{Y=0|X=0\}P\{Z=3|X=0\}=0.4\times 0.5\times 0.25=0.05$,

$P\{X=1, Y=0, Z=0\}=P\{X=0\}P\{Y=0|X=1\}P\{Z=0|X=1\}=0.6\times \frac{1}{3}\times 0.35=0.07$,

$P\{X=1, Y=0, Z=1\}=P\{X=1\}P\{Y=0|X=1\}P\{Z=1|X=1\}=0.6\times \frac{1}{3}\times 0.12=0.024$,

$P\{X=1, Y=0, Z=2\}=P\{X=1\}P\{Y=0|X=1\}P\{Z=2|X=1\}=0.6\times \frac{1}{3}\times 0.05=0.01$,

$P\{X=1, Y=0, Z=3\}=P\{X=1\}P\{Y=0|X=1\}P\{Z=3|X=1\}=0.6\times \frac{1}{3}\times 0.048=0.096$,

$P\{X=1, Y=1, Z=0\}=P\{X=1\}P\{Y=1|X=1\}P\{Z=0|X=1\}=0.6\times \frac{2}{3}\times 0.35=0.14$,

$P\{X=1, Y=1, Z=1\}=P\{X=1\}P\{Y=1|X=1\}P\{Z=1|X=1\}=0.6\times \frac{2}{3}\times 0.12=0.048$,

$P\{X=1, Y=1, Z=2\}=P\{X=1\}P\{Y=1|X=1\}P\{Z=2|X=1\}=0.6\times \frac{2}{3}\times 0.05=0.02$,

$P\{X=1, Y=1, Z=3\}=P\{X=1\}P\{Y=1|X=1\}P\{Z=3|X=1\}=0.6\times \frac{2}{3}\times 0.048=0.192$.

由该例可以看出，条件独立简化了联合分布律的计算．条件独立性假设是贝叶斯网络进行定量推理的理论性基础，有了这个假设，可以减少先验概率的数目，简化计算和推理过程．贝叶斯网络，也称为有向概率图模型，利用图的节点来表示随机变量，有向边表示随机变量之间的依赖关系．

在使用分类器之前，首先做的第一步(也是最重要的一步)往往是特征选择，这个过程的目的就是为了排除特征之间的共线性、选择相对较为独立的特征；对于分类任务来说，只要各类别的条件概率排序正确，无需精准概率值就可以导致正确分类；如果属性间依赖对所有类别影响相同，或依赖关系的影响能相互抵消，则属性条件独立性假设在降低计算复杂度的同时不会对性能产生负面影响．朴素贝叶斯法就是基于贝叶斯公式与特征条件独立假设的分类方法．

【例 8】 下面是一个简单的贝叶斯网络，c 是标签，a，b 是特征．给定标签 c 的条件下特征 a、b 是独立的．未给定标签 c 的条件下特征 a、b 不一定是独立的，试化简乘法公式．

解： 由条件概率公式，有 $P(ab|c)=\dfrac{P(abc)}{P(c)}$，$P(a|c)P(b|c)=\dfrac{P(ac)}{P(c)}\dfrac{P(bc)}{P(c)}$．由在 c 的条件下 a、b 是独立，知 $P(ab|c)=P(a|c)P(b|c)$，所以有$P(abc)=\dfrac{P(ac)P(bc)}{P(c)}$.

又 $P(b|ac)=\dfrac{P(abc)}{P(ac)}=\dfrac{P(ac)P(bc)}{P(ac)P(c)}=\dfrac{P(bc)}{P(c)}=P(b|c)$，由乘法公式，得

$$P(abc)=P(c)P(a|c)P(b|ac)=P(c)P(a|c)P(b|c)$$

乘法公式：$P(AA_1A_2\cdots A_{n-1})=P(A)P(A_1|A)P(A_2|AA_1)\cdots P(A_{n-1}|AA_1A_2\cdots A_{n-2})$

若在标签 A 的条件下，特征 A_1，A_2，…，A_{n-1}独立，则乘法公式改写为：

$$P(AA_1A_2\cdots A_{n-1})=P(A)P(A_1|A)P(A_2|A)\cdots P(A_{n-1}|A)$$

将两个乘法公式对比，可以发现条件独立性假设是降低了计算复杂度．要求在 A 条件下，输入属性的联合分布，当输入属性值很多时，计算量非常大，这就是组合爆炸问题．为了避免贝叶斯公式求解时面临的组合爆炸引入条件独立是必要的．下面看第一章第四节的例 12.

【例 9】 (贝叶斯公式应用之病人分类问题)

一个人有没有感冒的概率是 50%. 现在遇到一个病人，发现有打喷嚏的症状，那么这个人感冒的概率为多少？问题是得其他病的人也可能打喷嚏，会不会误判？

解： 对于误判问题，可以采用“多特征判断”的思路，就像猫和狗，如何单看颜色、大小都不好判断，那就耳朵、尾巴等一起来判断．同理，对于“打喷嚏”不好来判断，那就联合其他症状一起来判断，如果这个人除了打喷嚏外，还有头

疼、发热等症状，那么就通过这些症状联合认定这个人感冒了．

选取前 n 个(例如 $n=3$)概率最高的词，假设为“打喷嚏”，“头疼”，“发热”．然后计算其联合条件概率，即在这 3 个症状同时出现的条件下，感冒的概率．假设这三个症状是在感冒的条件下是相互独立，且事件 $A=$感冒，$B=$打喷嚏，$C=$头疼，$D=$发热，即求 $P(A|BCD)$．由贝叶斯公式，有

$$P(A|BCD)=\frac{P(BCD|A)P(A)}{P(BCD)},\ P(\overline{A}|BCD)=\frac{P(BCD|\overline{A})P(\overline{A})}{P(BCD)}$$

这两个公式相除并且由条件独立得：

$$\frac{P(A|BCD)}{P(\overline{A}|BCD)}=\frac{P(B|A)P(C|A)P(D|A)P(A)}{P(B|\overline{A})P(C|\overline{A})P(D|\overline{A})P(\overline{A})}$$

用统计学方法可以得到右边的概率．比如统计看病的人感冒所占的比例，可以得到 $P(A)$．统计感冒的人中出现打喷嚏的这个症状的比例，可以得到 $P(B|A)$，以此类推，可以求得

$P(B|A)=P(B|\overline{A})=5\%$，$P(C|A)=5\%$，$P(D|A)=5\%$，$P(C|\overline{A})=0.1\%$，$P(D|\overline{A})=0.1\%$

那么上式比值为 2500，即这个人感冒的概率是未感冒的概率的 2500 倍，可以确定是感冒了．

习题 3.3

1. 设二维连续型随机变量(X,Y)的联合密度函数为

$$f(x,y)=\begin{cases}3x, & 0<x<1,\ 0<y<x\\0, & \text{其他}\end{cases},$$

试求条件密度函数 $f(y|x)$．

2. 设二维连续型随机变量(X,Y)的联合密度函数为

$$f(x,y)=\begin{cases}1, & |y|<x,\ 0<x<1\\0, & \text{其他}\end{cases},$$

求条件密度函数 $f(x|y)$．

3. 已知随机变量 Y 的密度函数为 $f_Y(y)=\begin{cases}5y^4, & 0<y<1\\0, & \text{其他}\end{cases}$，在给定 $Y=y$ 条件下，随机变量的条件密度函数为 $f(x|y)=\begin{cases}\dfrac{3x^2}{y^3}, & 0<x<y<1\\0, & \text{其他}\end{cases}$，求概率 $P\{X>0.5\}$．

4. 设二维连续型随机变量(X,Y)的联合密度函数为

$f(x, y)=\begin{cases}\dfrac{21}{4}x^2y, & x^2\leqslant y\leqslant 1 \\ 0, & 其他\end{cases}$，求条件概率 $P\{Y\geqslant 0.75 \mid X=0.5\}$.

5. 设随机变量(X, Y)在 D 上服从均匀分布，其中区域 D 是由 x 轴、y 轴以及直线 $y=2x+1$ 所围成的三角形区域，求条件密度函数 $f(x \mid y)$和 $f(y \mid x)$.

6.(01 年研)设某班车起点站上客人数 X 服从参数为$\lambda(\lambda>0)$的泊松分布，每位乘客在中途下车的概率为 $p(0<p<1)$，且中途下车与否相互独立 .Y 为中途下车的人数，求：

(1)在发车时有 n 个乘客的条件下，中途有 m 人下车的概率；

(2)二维随机变量(X, Y)的联合分布律；

(3)求关于 Y 的边缘分布律 .

7. 设随机变量(X, Y)的分布律为

Y \ X	0	1	2	3	4	5
0	0	0.01	0.03	0.05	0.07	0.09
1	0.01	0.02	0.04	0.05	0.06	0.08
2	0.01	0.03	0.05	0.05	0.05	0.06
3	0.01	0.02	0.04	0.06	0.06	0.05

求 $P\{X=2 \mid Y=2\}$，$P\{Y=3 \mid X=0\}$.

8. 设在一段时间内进入某一商店的顾客人数 X 服从泊松分布 $P(\lambda)$，每个顾客购买某种物品的概率为 p，并且各个顾客是否购买该种物品相互独立，求进入商店的顾客购买这种物品的人数 Y 的分布律 .

第四节　二维随机变量函数的分布

设 $z=g(x, y)$是一个二元函数，(X, Y)是二维随机变量，则 $Z=g(X, Y)$也是一个随机变量，我们称之为二维随机变量的函数 . 下面我们就来讨论二维随机变量函数的分布情况 .

一、二维离散型随机变量函数的分布

显然若(X, Y)是二维离散随机变量，那么二维随机变量函数 $Z=g(X, Y)$

也是离散型随机变量.

【例 1】 设两个独立随机变量 X 与 Y 的分布律为 $P\{X=1\}=0.3$，$P\{X=3\}=0.7$，$P\{Y=2\}=0.6$，求(1)$Z=X+Y$ 的分布律；(2)$W=X-Y$ 的分布律.

解：由独立性可得：

(X, Y)	(1, 2)	(1, 4)	(3, 2)	(3, 4)
$P(X=x, Y=y)$	0.18	0.12	0.42	0.28
$X+Y$	3	5	5	7
$X-Y$	−1	−3	1	−1

所以(1)的分布律与(2)的分布律分别为：

(1)的分布律

Z	3	5	7
P	0.18	0.54	0.28

(2)的分布律

W	−3	1	−1
P	0.12	0.46	0.42

【例 2】 设二维离散型随机变量(X, Y)的联合分布律如下：

X \ Y	0	1	3
−1	1/16	1/8	5/16
2	2/8	2/8	0

求 $Z=X+Y$ 的分布律.

解：由(X, Y)的联合分布律可得：

P	$\frac{1}{16}$	$\frac{1}{8}$	$\frac{5}{16}$	$\frac{2}{8}$	$\frac{2}{8}$	0
(X, Y)	(−1, 0)	(−1, 1)	(−1, 3)	(2, 0)	(2, 1)	(2, 3)
$X+Y$	−1	0	2	2	3	5

从而 $Z=X+Y$ 的分布律为：

$Z_1=X+Y$	-1	0	2	3
P	$\frac{1}{16}$	$\frac{1}{8}$	$\frac{9}{16}$	$\frac{2}{8}$

一般地，如果(X, Y)的联合分布律为$P\{X=x_i, Y=y_i\}=p_{ij}$，$i, j=1, 2, \cdots$，记$z_k(k=1, 2, \cdots)$为$Z=g(X, Y)$的所有可能的取值，则Z的分布律为：

$$P\{Z=z_k\}=P\{g(X,Y)=Z_k\}=\sum_{g(x_i,y_j)=z_k} P\{X=x_i,Y=y_j\},k=1,2,\cdots.$$

二、二维连续型随机变量函数的分布

设(X, Y)是二维连续型随机变量，其联合密度函数为$f(x, y)$，若(X, Y)的函数$Z=g(X, Y)$仍然是连续型随机变量，则可求出$Z=g(X, Y)$的密度函数，其方法是：

方法 1　分布函数法

(1)先求分布函数．

$F_Z(z)=P\{Z\leqslant z\}=P\{g(X,Y)\leqslant z\}=P\{(X,Y)\in D_Z\}=\iint\limits_{D_Z} f(x,y)dxdy$，其中$D_Z=\{(X, Y)\mid g(X, Y)\leqslant z\}$；

(2)根据$f_Z(z)=F_Z{}'(z)$求出密度函数．

方法 2　变量变换法

若变换$\begin{cases}u=g_1(x, y)\\ v=g_2(x, y)\end{cases}$有连续偏导数且存在唯一的反函数$\begin{cases}X=X(u, v)\\ Y=Y(u, v)\end{cases}$，变换的雅可比行列式为

$$J=\frac{\partial(x, y)}{\partial(u, v)}=\begin{vmatrix}\frac{\partial x}{\partial u} & \frac{\partial x}{\partial v}\\ \frac{\partial y}{\partial u} & \frac{\partial y}{\partial v}\end{vmatrix}=\left(\frac{\partial(u, v)}{\partial(x, y)}\right)^{-1}=\begin{vmatrix}\frac{\partial u}{\partial x} & \frac{\partial u}{\partial y}\\ \frac{\partial v}{\partial x} & \frac{\partial v}{\partial y}\end{vmatrix}^{-1}\neq 0$$

则二维连续型随机变量(X, Y)的函数$\begin{cases}U=g_1(X, Y)\\ V=g_2(X, Y)\end{cases}$的联合密度函数为

$$f_{UV}(u, v)=f_{XY}(X(u, v), Y(u, v))\,|J|$$

下面介绍常见的函数的分布．

1. 最大值、最小值分布

设X_1X_2，…，X_n是独立的n个连续型随机变量，密度函数和分布函数分别为$f_{X_i}(x)$和$F_{X_i}(x)$，记$Y=\min(X_1X_2\cdots X_n)$，$Z=\max(X_1X_2\cdots X_n)$，则最小值和最大值的分布函数为：

$F_Y(y)=P\{\min\limits_i(X_i)\leqslant y\}=1-P\{X_1>y，X_2>y，\cdots X_n>y\}=1-P\{X_1>y\}P\{X_2>y\}\cdots P\{X_n>y\}=1-(1-F_{X_1}(y))(1-F_{X_2}(y))\cdots(1-F_{X_n}(y))$

$F_Z(z)=P\{\max\limits_i(X_i)\leqslant z\}=P\{X_1<z，X_2<z，\cdots X_n<z\}=P\{X_1<z\}P\{X_2<z\}\cdots P\{X_n<z\}=F_{X_1}(z)F_{X_2}(z)\cdots F_{X_n}(z)$

设 X_1X_2，…，X_n 是独立同分布的 n 个连续型随机变量，其共同的密度函数和分布函数分别为 $f(x)$和 $F(x)$，则最小值和最大值的分布函数为：

$$F_Y(y)=1-[1-F(y)]^n，F_Z(z)=[F(z)]^n$$

对应的密度函数分别为：

$$f_Y(y)=n[1-F(y)]^{n-1}f(y)，f_Z(z)=n[F(z)]^{n-1}f(z)$$

机器学习中要求数据满足独立同分布这个特点．机器学习就是利用当前获取到的信息(或数据)进行训练学习，用以对未来的数据进行预测、模拟．已知历史数据采用模型去拟合未来的数据．因此要求使用的历史数据具有总体的代表性．为什么要有总体代表性？我们要从已有的数据(经验)中总结出规律来对未知数据做决策，如果获取训练数据是不具有代表性，这就是特例的情况，规律就会总结得不好或是错误，因为这些规律是由个例推算的，不具有推广的效果．通过独立同分布的假设，就可以大大减小训练样本中个例的情形．而且在不少问题中要求样本(数据)采样自同一个分布的原因是希望用训练数据集训练得到的模型可以合理用于测试集，使用同分布假设能够使得这个做法解释得通．

【例 3】 假设电路装有三个同种电器元件，其状况相互独立，且无故障工作时间都服从参数为 θ 的指数分布，当三个元件都无故障时，电路正常工作，否则整个电路不正常工作，试求电路正常工作时间 T 的概率分布．

解： 以 X_i 表示第 i 个元件无故障工作时间，则 X_1，X_2，X_3 独立且分布函数为

$$F_{X_i}(t)=\begin{cases}1-e^{-\frac{t}{\theta}}，& t>0\\0，& t\leqslant 0\end{cases}，i=1，2，3$$

$T=\min\{X_1，X_2，X_3\}$ 的分布函数为 $F_T(t)=1-\prod\limits_{i=1}^{3}(1-F_{X_i}(t))=\begin{cases}1-e^{-\frac{3t}{\theta}}，& t>0\\0，& t\leqslant 0\end{cases}$，所以 T 服从参数为$\dfrac{\theta}{3}$的指数分布．

2. 两个具体的随机变量函数的分布

(1)$Z=X+Y$ 的分布．设$(X，Y)$的联合密度函数为 $f(x，y)$，则 $Z=g(X，Y)$ 的分布函数为

$$F_Z(z)=P\{Z\leqslant z\}=\iint\limits_{x+y\leqslant z}f(x,y)dxdy，$$

由无穷区域上的二重积分的计算方法有：

$$F_Z(z)=P\{Z\leqslant z\}=\int_{-\infty}^{+\infty}\left[\int_{-\infty}^{z-y}f(x,y)dx\right]dy,$$

固定 z 和 y，对积分 $\int_{-\infty}^{z-y}f(x,\ y)dx$ 作变换，令 $x=u-y$，得

$$\int_{-\infty}^{z-y}f(x,y)dx=\int_{-\infty}^{z}f(u-y,y)du,$$

于是

$$F_Z(z)=\int_{-\infty}^{+\infty}\left[\int_{-\infty}^{z}f(u-y,y)du\right]dy=\int_{-\infty}^{z}\left[\int_{-\infty}^{+\infty}f(u-y,y)dy\right]du$$

由密度函数的定义，可得 Z 的密度函数为：

$$f_z(z)=\int_{-\infty}^{+\infty}f(z-y,y)dy$$

由于 X、Y 的对称性，$f_z(z)$ 又可以表示为：

$$f_z(z)=\int_{-\infty}^{+\infty}f(x,z-x)dx$$

特别地，当随机变量 X、Y 互相独立时，且边缘密度函数分别为 $f_X(x)$ 和 $f_Y(y)$，则有：

$$f_z(z)=\int_{-\infty}^{+\infty}f_X(x)f_Y(z-x)dx$$

$$f_z(z)=\int_{-\infty}^{+\infty}f_X(z-y)f_Y(y)dy$$

以上两个公式称为卷积公式．

【例 4】 设 X 和 Y 是两个相互独立的随机变量，它们都服从 $N(0,\ 1)$ 分布，求 $Z=X+Y$ 的密度函数．

解： 已知 X 和 Y 的边缘密度函数为：

$$f_X(x)=\frac{1}{\sqrt{2\pi}}e^{-\frac{x^2}{2}},\ -\infty<x<+\infty,\ f_Y(y)=\frac{1}{\sqrt{2\pi}}e^{-\frac{y^2}{2}},\ -\infty<y<+\infty$$

由卷积公式知

$$f_Z(z)=\frac{1}{2\pi}\int_{-\infty}^{+\infty}e^{-\frac{x^2}{2}}e^{-\frac{(z-x)^2}{2}}dx=\frac{1}{2\pi}e^{-\frac{z^2}{4}}\int_{-\infty}^{+\infty}e^{-(x-\frac{z}{2})^2}dx$$

设 $t=x-\frac{z}{2}$，得 $f_Z(z)=\frac{1}{2\pi}e^{-\frac{z^2}{4}}\int_{-\infty}^{+\infty}e^{-t^2}dt=\frac{1}{2\sqrt{\pi}}e^{-\frac{z^2}{4}}$，即 Z 服从正态分布 $N(0,\ 2)$．

进一步可以证明得以下重要结论：

若随机变量 $X\sim N(\mu_1,\ \sigma_1^2)$，$Y\sim N(\mu_2,\ \sigma_2^2)$，且 X 与 Y 相互独立，则：

$$X+Y\sim N(\mu_1+\mu_2,\ \sigma_1^2+\sigma_2^2)$$

在此基础上，用数学归纳法得到推论：

结论 1 设随机变量 $X_i \sim N(\mu_i, \sigma_i^2)(i=1, 2, \cdots, n)$，且 X_1，X_2，…，X_n 相互独立，则有：

$$\sum_{i=1}^{n} X_i \sim N\left(\sum_{i=1}^{n}\mu_i, \quad \sum_{i=1}^{n}\sigma_i^2\right)$$

还可以得到更一般结论：

结论 2 有限个相互独立且均服从正态分布的随机变量，其任何非零线性组合均服从正态分布，即如果随机变量 $X_i \sim N(\mu_i, \sigma_i^2)(i=1, 2\cdots n)$，且 $X_1, X_2, \cdots, X_n$ 相互独立，常数 $a_1, a_2, \cdots, a_n$ 不全为零，则有 $\sum\limits_{i=1}^{n} a_i X_i \sim N\left(\sum\limits_{i=1}^{n} a_i\mu_i, \sum\limits_{i=1}^{n} a_i^2\sigma_i^2\right)$.

正态分布的这一重要性质在数理统计中经常用到．

(2)$Z=X/Y$ 的分布．设(X, Y)的联合密度函数为 $f(x, y)$，若变换 $\begin{cases} Z=X/Y \\ Y=Y \end{cases}$ 有连续偏导数且存在唯一的反函数 $\begin{cases} X=YZ \\ Y=Y \end{cases}$，变换的雅可比行列式为

$J=\dfrac{\partial(x, y)}{\partial(z, y)}=\begin{vmatrix} \dfrac{\partial x}{\partial z} & \dfrac{\partial x}{\partial y} \\ \dfrac{\partial y}{\partial z} & \dfrac{\partial y}{\partial y} \end{vmatrix}=\begin{vmatrix} y & z \\ 0 & 1 \end{vmatrix}=y$，则$(Z, Y)$的联合密度函数为

$f_{ZY}(z, y)=f_{XY}(yz, y)|y|$，从而 $Z=X/Y$ 的密度函数为：

$$f_Z(z)=\int_{-\infty}^{+\infty} f(zy, y)|y|\,\mathrm{d}y$$

特别当 X 和 Y 相互独立时，有：

$$f_Z(z)=\int_{-\infty}^{+\infty} f_x(zy)f_y(y)|y|\,\mathrm{d}y$$

其中 $f_X(x)$，$f_Y(y)$分别为(X, Y)的关于 X 和 Y 的边缘密度函数．

上面推导商的分布的方法为变量替换法，由于只有一个函数，故增加了一个函数，称为增补变量法．

【例 5】 设 X、Y 分别表示两只不同型号的灯泡的寿命，X、Y 相互独立，它们的密度函数依次为

$$f(x)=\begin{cases} e^{-x}, & x>0 \\ 0, & 其他 \end{cases}, \quad g(y)=\begin{cases} 2e^{-2y}, & y>0 \\ 0, & 其他 \end{cases}$$

求 $Z=X/Y$ 的密度函数．

解：当 $z>0$ 时，Z 的密度函数为 $f_z(z)=\int_0^{+\infty} ye^{-yz}2e^{-2y}dy=\dfrac{2}{(2+z)^2}$；当 $z\leqslant 0$ 时，$f_z(z)=0$，于是 $f_z(z)=\begin{cases} \dfrac{2}{(2+z)^2}, & z>0 \\ 0, & z\leqslant 0 \end{cases}$.

(3)$U=XY$ 的分布

使用增补变量法可求出 $U=XY$ 的密度函数为：

$$f_U(u)=\int_{-\infty}^{\infty}f_{X,Y}(x,\frac{u}{x})\frac{1}{|x|}dx=\int_{-\infty}^{\infty}f_{X,Y}(\frac{u}{y},y)\frac{1}{|y|}dy$$

当 X 与 Y 独立时：

$$f_U(u)=\int_{-\infty}^{\infty}f_X(x)f_Y(\frac{u}{x})\frac{1}{|x|}dx=\int_{-\infty}^{\infty}f_X(\frac{u}{y})f_Y(y)\frac{1}{|y|}dy$$

【例 6】 设二维随机变量(X, Y)在矩形 $G=\{(x, y)\mid 0\leqslant x\leqslant 2, 0\leqslant y\leqslant 1\}$上服从均匀分布，试求边长分别为 X 和 Y 的矩形面积 Z 的密度函数.

解：因为(X, Y)服从矩形 G 上的均匀分布，所以(X, Y)的联合密度函数为

$$f_{x,y}(x, y)=\begin{cases}\frac{1}{2}, & 0\leqslant x\leqslant 2, 0\leqslant y\leqslant 1\\ 0, & 其他\end{cases}$$

又因为边长分别为 X 和 Y 的矩形的面积 $Z=XY$，所以，Z 的密度函数可用积的公式求得：

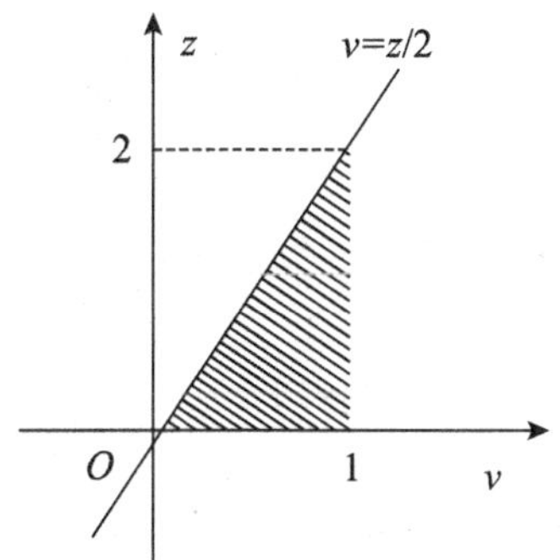

$f_z(z)=\int_{-\infty}^{+\infty}f_{X,Y}(\frac{z}{y},y)\frac{1}{|y|}dy$. 要使被积函数大于 0，则满足 $0\leqslant z/y\leqslant 2$，$0\leqslant y\leqslant 1$，交集为 $z/2\leqslant y\leqslant 1$. 当 $0<z<2$ 时，有：

$$f_z(z)=\begin{cases}\int_{z/2}^{1}\frac{1}{2v}dv, & 0<z<2\\ 0, & 其他\end{cases}=\begin{cases}\int_{z/2}^{1}(\ln 2-\ln z)/2, & 0<z<2\\ 0, & 其他\end{cases}$$

三、分布的可加性

若同一类分布的独立随机变量和分布仍属于此类分布，则称此类分布具有可加性，以下一些常用的分布具有可加性.

(1)二项分布：若 $X\sim b(n, p)$，$Y\sim N(m, p)$，且 X 与 Y 独立，则 $Z=X+Y\sim b(n+m, p)$. 注意这里两个二项分布中的参数 p 要相同.

(2)泊松分布：若 $X \sim P(\lambda_1)$，$Y \sim P(\lambda_2)$，且 X 与 Y 独立，则 $Z=X+Y\sim P(\lambda_1+\lambda_2)$.

(3)正态分布：若 $X\sim N(\mu_1, \sigma_1^2)$，$Y\sim N(\mu_2, \sigma_2^2)$，且 X 与 Y 独立，则

$$Z=X+Y\sim N(\mu_1+\mu_2, \sigma_1^2+\sigma_2^2)$$

(4)伽玛分布：若 $X\sim Ga(\alpha_1, \lambda)$，$Y\sim Ga(\alpha_2, \lambda)$，且 X 与 Y 独立，则 $Z=X+Y\sim Ga(\alpha_1+\alpha_2, \lambda)$. 注意这里两个伽玛分布中的尺度参数 λ 要相同.

(5)χ^2 分布：若 $X\sim\chi^2(n_1)$，$Y\sim\chi^2(n_2)$，且 X 与 Y 独立，则 $Z=X+Y\sim\chi^2(n_1+n_2)$.

四、一些结论

(1)设 X_1，X_2，…，X_n 独立同分布，都服从两点分布 $b(1, p)$，则 $X_1+X_2+\cdots+X_n$ 服从二项分布 $b(n, p)$.

(2)设 X_1，X_2，…，X_n 独立分布，都服从几何分布 Ge(P)，则 $X_1+X_2+\cdots+X_n$ 服从负二项分布 $Nb(n, p)$.

(3)设 X_1，X_2，…，X_n 独立同分布，都服从指数分布 $E(\lambda)$，则 $X_1+X_2+\cdots+X_n$ 服从伽玛分布 $Ga(n, \lambda)$.

五、离散型随机变量与连续型随机变量和的分布

【例 7】 已知随机变量 $X_1\sim N(0, 1)$，$X_2\sim N(0, 1)$，且独立，随机变量 X_3 满足 $P\{X_3=0\}=0.5$，$P\{X_3=1\}=0.5$，求 $Y=X_3X_1+(1-X_3)X_2$ 的分布.

解：$F_Y(y)=P\{Y\leqslant y\}=P\{X_3X_1+(1-X_3)X_2\leqslant y\}=$

$P\{X_3X_1+(1-X_3)X_2\leqslant y, X_3=0\}+P\{X_3X_1+(1-X_3)X_2\leqslant y, X_3=1\}=$

$P\{X_3X_1+(1-X_3)X_2\leqslant y\,|\,X_3=0\}P\{X_3=0\}+P\{X_3X_1+(1-X_3)X_2\leqslant y\,|\,X_3=1\}\}P\{X_3=1\}=\frac{1}{2}P\{X_2\leqslant y\}+\frac{1}{2}P\{X_1\leqslant y\}=\frac{1}{2}\Phi(y)+\frac{1}{2}\Phi(y)=\Phi(y)$，

所以 $Y\sim N(0, 1)$.

习题 3.4

一、选择题

1.(99 年研)设随机变量 X 与 Y 相互独立，且分别服从 $N(0, 1)$和 $N(1, 1)$，则(　　)

A. $P\{X+Y\leqslant 0\}=\frac{1}{2}$　　　　B. $P\{X+Y\leqslant 1\}=\frac{1}{2}$

C. $P\{X+Y\geqslant 0\}=\frac{1}{2}$　　D. $P\{X-Y\leqslant 1\}=\frac{1}{2}$

2. 设 X 与 Y 是相互独立的随机变量，其分布函数分别为 $F_X(x)$，$F_Y(y)$，则 $Z=min(X, Y)$的分布函数为(　　)

A. $F_Z(z)=F_X(x)F_Y(y)$

B. $F_Z(z)=F_Y(y)$

C. $F_Z(z)=1-(1-F_X(x))(1-F_Y(y))$

D. $F_Z(z)=1-(1-F_X(z))(1-F_Y(z))$

3. 若 $X\sim N(\mu_1, \sigma_1^2)$，$Y\sim N(\mu_2, \sigma_2^2)$，且 X 与 Y 相互独立，则(　　)

A. $X+Y\sim N(\mu_1+\mu_2, (\sigma_1+\sigma_2)^2)$　　B. $X-Y\sim N(\mu_1-\mu_2, \sigma_1^2+\sigma_2^2)$

C. $X-2Y\sim N(\mu_1+\mu_2, \sigma_1^2+4\sigma_2^2)$　　D. $2X-Y\sim N(2\mu_1-\mu_2, 2\sigma_1^2+\sigma_2^2)$

4. 已知 $X\sim N(-3, 1)$，$Y\sim N(2, 1)$，X，Y 相互独立，记 $Z=X-2Y+7$，则 $Z\sim$(　　)

A. $N(0, 5)$　　B. $N(0, 12)$　　C. $N(0, 54)$　　D. $N(1, 2)$

5. 设 $X_1=X_2$，…，X_n 相互独立且都服从 $N(\mu, \sigma^2)$，则下式成立的是(　　)

A. $X_1=X_2=\cdots=X_n$　　B. $\frac{1}{n}(X_1+X_2+\cdots+X_n)\sim N\left(\mu, \frac{\sigma^2}{n}\right)$

C. $2X_1+3\sim N(2\mu+3, 4\sigma^2+3)$　　D. $X_1-X_2\sim N(0, \sigma_1^2-\sigma_2^2)$

6. (09 年研) 设随机变量 X 与 Y 相互独立，且 X 服从标准正态分布 $N(0,1)$，Y 的概率分布为 $P\{Y=0\}=P\{Y=1\}=\frac{1}{2}$，记 $F_Z(z)$ 为随机变量 $Z=XY$ 的分布函数，则函数 $F_Z(z)$ 的间断点个数为(　　)

A. 0　　B. 1　　C. 2　　D. 3

7. 设 X 与 Y 相互独立，且都服从区间 (0,1) 上的均匀分布，则下列 4 个随机变量中服从区间或区域上的均匀分布的为(　　)

A. (X, Y)　　B. $X+Y$　　C. X^2　　D. $X-Y$

二、填空题

1. 设 X 与 Y 独立同分布，且 X 的分布律为 $P\{X=0\}=0.5$，$P\{X=1\}=0.5$，则随机变量 $Z=\max\{X, Y\}$的分布律为__________.

2. (06 年研) 设随机变量 X 与 Y 相互独立，且均服从区间[0, 3]上的均匀分布，则 $P\{\max\{X, Y\}\leqslant 1\}=$__________.

3. 若 $X\sim N(\mu_1, \sigma_1^2)$，$Y\sim N(\mu_2, \sigma_2^2)$，相互独立，$k_1X-k_2Y$ 服从分布为__________.

4. 已知 X_1，X_2，…，X_n 独立且服从于相同的分布函数 $F(x)$，若令 $\eta=\max(X_1, X_2, \cdots, X_n)$，则 η 的分布函数 $F_\eta(x)=$__________.

5. 设 X 与 Y 独立，且分别服从参数为 λ_1，λ_2 的泊松分布，则 $Z=X+Y$ 服从的分布为__________.

三、计算题

1.(92 年研)设 X，Y 独立，$X\sim N(\mu,\ \sigma^2)$，Y 在$[-\pi,\ \pi]$服从均匀分布，令 $Z=X+Y$，求 Z 的密度函数.

2. 二维随机变量$(X,\ Y)$的联合密度函数为

$f(x,\ y)=\begin{cases}3x, & 0<x<1,\ 0<y<x\\ 0, & \text{其他}\end{cases}$，求 $Z=X-Y$ 的密度函数.

3.(07 年研)二维随机变量$(X,\ Y)$的联合密度函数为

$f(x,\ y)=\begin{cases}2-x-y, & 0<x<1,\ 0<y<1\\ 0, & \text{其他}\end{cases}$，求：(1)$P\{X>2Y\}$；(2)$Z=X+Y$ 的密度函数.

4. 二维随机变量$(X,\ Y)$的联合密度函数为

$f(x,\ y)=\begin{cases}x+y, & 0<x<1,\ 0<y<1\\ 0, & \text{其他}\end{cases}$，求 $U=X+Y$ 的密度函数 $f(u)$.

5. 设工厂一个月的耗电量是一个随机变量，其密度函数为

$f(t)=\begin{cases}te^{-t}, & t>0\\ 0, & t\leqslant 0\end{cases}$，并设各月的耗电量是相互独立的，求(1)两个月耗电量的密度函数；(2)三个月耗电量的密度函数.

6.(99 年研)假设 $G=\{(x,\ y)\,|\,0\leqslant x\leqslant 2,\ 0\leqslant y\leqslant 1\}$是一矩形，随机变量 X 和 Y 的联合分布是区域 G 上的均匀分布．考虑随机变量 $U=\begin{cases}0, & X\leqslant Y\\ 1, & X>Y\end{cases}$，$V=\begin{cases}0, & X\leqslant 2Y\\ 1, & X>2Y\end{cases}$，求 U 和 V 的联合分布律.

7. 设 X 与 Y 是独立同分布的随机变量，它们都服从均匀分布 $U(0,\ 1)$. 试求(1)$Z=X+Y$ 的分布函数与密度函数；(2)$U=2X-Y$ 的函数.

8. 已知二维随机变量$(X,\ Y)$服从二维正态分布，其联合密度为

$f(x,\ y)=\dfrac{1}{2\pi}e^{-\frac{1}{2}(x^2+y^2)}$，$-\infty<x<+\infty$，$-\infty<y<+\infty$，求随机变量 $Z=\dfrac{1}{3}(X^2+Y^2)$ 的密度函数.

9.(08 年研)设随机变量 X 与 Y 相互独立，X 的分布律为 $P\{X=i\}=\dfrac{1}{3}$ $(i=-1,\ 0,\ 1)$，Y 的密度函数为 $f_Y(y)=\begin{cases}1, & 0\leqslant y\leqslant 1\\ 0, & \text{其他}\end{cases}$，记 $Z=X+Y$，(1)求 $P\left\{Z\leqslant\dfrac{1}{2}\,\middle|\,X=0\right\}$；(2)求 Z 的密度函数.

10. 随机变量 X 与 Y 的联合密度函数为
$f(x,y)=\begin{cases}12e^{-3x-4y}, & x>0,\ y>0\\ 0, & \text{其他}\end{cases}$，分别求下列密度函数：(1)$Z=X+Y$；(2) $M=\max\{X,Y\}$；(3)$N=\min\{X,Y\}$.

11. 已知 $P\{X=k\}=\dfrac{a}{k}$，$P\{Y=-k\}=\dfrac{b}{k^2}$，$(k=1,2,3)$，X 与 Y 独立，确定 a，b 的值，求出(X,Y)的联合分布律以及 $X+Y$ 的分布律.

12.(04 年研)设 A，B 为两个随机事件，且 $P(A)=1/4$，$P(B\mid A)=1/3$，$P(A\mid B)=1/2$，令

$$X=\begin{cases}1, & A\text{ 发生}\\ 0, & A\text{ 不发生}\end{cases},\quad Y=\begin{cases}1, & B\text{ 发生}\\ 0, & B\text{ 不发生}\end{cases},$$

(1)求(X，Y)的联合分布律；(2)求 $Z=X^2+Y^2$ 的联合分布律.

总习题三

习题 A

一、选择题

1. 设(X，Y)的联合密度函数为 $f(x,y)=\begin{cases}6x^2y, & 0\leqslant x\leqslant 1,\ 0\leqslant y\leqslant 1\\ 0, & \text{其他}\end{cases}$，则下列结论中错误的是(　　).

A. $P\{(X,Y)\in G\}=\iint\limits_G f(x,y)dxdy$

B. $P\{(X,Y)\in G\}=\iint\limits_G 6x^2ydxdy$

C. $P\{X\geqslant Y\}=\int_0^1 dx\int_0^x 6x^2ydy$

D. $P\{X\geqslant Y\}=\iint\limits_{x\geqslant y} f(x,y)dxdy$

2.(10 年研)设 $f_1(x)$为标准正态分布的密度函数，$f_2(x)$为$[-1,3]$上均匀分布的密度函数，若 $f(x)=\begin{cases}af_1(x), & x\leqslant 0\\ bf_2(x), & x>0\end{cases}$$(a>0,\ b>0)$的密度函数，则 a，b 应满足(　　)

A. $2a+3b=4$　　B. $3a+2b=4$

C. $a+b=1$　　D. $a+b=2$

3.(08年研)随机变量 X，Y 独立同分布，且 X 的分布函数为 $F(x)$，则 $Z=\max\{X, Y\}$ 分布函数为(　　)

A. $F^2(x)$　　B. $F(x)F(y)$

C. $1-[1-F(x)]^2$　　D. $[1-F(x)][1-F(y)]$

4.(07年研)设随机变量 (X, Y) 服从二维正态分布，且 X 与 Y 独立，$f_X(x)$，$f_Y(y)$ 分别表示 X，Y 的密度函数，则在 $Y=y$ 条件下，X 的条件密度函数 $f_{X|Y}(x|y)$ 为(　　)

A. $f_X(x)$　　B. $f_Y(y)$　　C. $f_X(x)f_Y(y)$　　D. $\dfrac{f_X(x)}{f_Y(y)}$

5.(12年研)设随机变量X与Y独立，且都服从区间(0，1)上的均匀分布，则 $P\{X^2+Y^2\leqslant 1\}=$(　　)

A. 1/4　　B. 1/3　　C. $\pi/8$　　D. $\pi/4$

6.(02年研)设 X_1 和 X_2 是任意两个相互独立的连续型随机变量，它们的密度函数分别为 $f_1(x)$ 和 $f_2(x)$，分布函数分别为 $F_1(x)$ 和 $F_2(x)$，则(　　)

A. $f_1(x)+f_2(x)$ 必为某一随机变量的密度函数

B. $f_1(x)\cdot f_2(x)$ 必为某一随机变量的密度函数

C. $F_1(x)+F_2(x)$ 必为某一随机变量的分布函数

D. $F_1(x)\cdot F_2(x)$ 必为某一随机变量的分布函数.

7.(99年研)随机变量 $X_i\sim\begin{pmatrix}-2 & 0 & 2\\ \frac{1}{4} & \frac{1}{2} & \frac{1}{4}\end{pmatrix}(i=1, 2)$，满足 $P\{X_1X_2=0\}=1$，则 $P\{X_1=X_2\}=$(　)

A. 0　　B. 1/4　　C. 1/2　　D. 1

8.(13年研)设随机变量 X 和 Y 相互独立，X 和 Y 的概率分布如下，则 $P\{X+Y=2\}=$(　　)

X	0	1	2	3	Y	−1	0	1
P	$\frac{1}{2}$	$\frac{1}{4}$	$\frac{1}{8}$	$\frac{1}{8}$	P	$\frac{1}{3}$	$\frac{1}{3}$	$\frac{1}{3}$

A. 1/12　　B. 1/8　　C. 1/6　　D. 1/2

二、填空题

1. 设二维随机变量(X，Y)的联合分布函数为

$$F(x, y)=\begin{cases}A+\dfrac{1}{(1+x+y)^2}-\dfrac{3}{(1+x)^2(1+y)^2}, & x\geqslant 0,\ y\geqslant 0\\ 0, & \text{其他}\end{cases}$$，则 A=______.

2. 若二维随机变量(X，Y)的分布函数为 $F(x, y)$，则随机点落在矩形区域 $\{a<x\leqslant b, c<y\leqslant d\}$ 内的概率为__________.

3. (X, Y)的联合分布律由下表给出，则 α，β 应满足的条件是________；当 $\alpha=$________，$\beta=$________时 X 与 Y 相互独立.

(X, Y)	(1, 1)	(1, 2)	(1, 3)	(2, 1)	(2, 2)	(2, 3)
P	1/6	1/9	1/18	1/3	α	β

4. 设二维随机变量(X, Y)的联合密度函数为

$$f(x, y)=\begin{cases} x^2+\dfrac{xy}{3}, & 0\leqslant x\leqslant 1,\ 0\leqslant y\leqslant 2 \\ 0, & \text{其他} \end{cases}$$，则 $P\{X+Y\geqslant 1\}=$________.

5. (X, Y)的联合分布函数为 $F(x, y)$，则 $F(x+0, y)=$________.

6. (95 年研)设 X 与 Y 两随机变量，且 $P\{X\geqslant 0, Y\geqslant 0\}=\dfrac{3}{7}$，$P\{X\geqslant 0\}=\dfrac{4}{7}$，$P\{Y\geqslant 0\}=\dfrac{4}{7}$，则 $P\{\max(X, Y)\geqslant 0\}=$________.

7. 设二维随机变量(X, Y)的联合分布函数为

$$F(x, y)=\begin{cases} (1-e^{-4x})(1-e^{-2y}), & x>0,\ y>0, \\ 0, & \text{其他} \end{cases}$$则(X, Y)的联合密度函数为______.

8. (03 年研)设二维随机变量(X, Y)的联合密度函数为

$$f(x, y)=\begin{cases} 6x, & 0\leqslant x\leqslant y\leqslant 1 \\ 0, & \text{其他} \end{cases}$$，则 $P\{X+Y\leqslant 1\}=$________.

三、计算题

1. 设二维随机变量(X, Y)的联合分布函数

$$F(x, y)=\begin{cases} \sin x\sin y, & 0\leqslant x\leqslant \dfrac{\pi}{2},\ 0\leqslant y\leqslant \dfrac{\pi}{2} \\ 0, & \text{其他} \end{cases}$$，求二维随机变量(X, Y)在矩形区域$\left\{0<x\leqslant \dfrac{\pi}{4}, \dfrac{\pi}{6}<y\leqslant \dfrac{\pi}{3}\right\}$内的概率.

2. (09 年研)设二维随机变量(X, Y)的联合密度函数为

$$f(x, y)=\begin{cases} e^{-x}, & 0<y<x \\ 0, & \text{其他} \end{cases}$$，(1)求条件密度函数 $f_{Y|X}(y|x)$；(2)求条件概率 $P\{X\leqslant 1|Y\leqslant 1\}$.

3. (09 年研)袋中有一个红球，两个黑球，三个白球，现在放回的从袋中取两次，每次取一个，分别用 X、Y、Z 分别表示两次取球所取得的红、黑与白球的个数，求 $P\{X=1|Z=0\}$.

4. (05 年研)设二维随机变量(X, Y)的联合密度函数为

$f(x, y)=\begin{cases}1, & 0<x<1, 0<y<2x \\ 0, & \text{其他}\end{cases}$，(1)求$(X, Y)$的边缘密度函数 $f_X(x)$，$f_Y(y)$；(2)求 $Z=2X-Y$ 的密度函数 $f_Z(z)$；(3)$P\left\{Y\leqslant\frac{1}{2}\middle| X\leqslant\frac{1}{2}\right\}$.

5.(95年研)已知二维随机变量(X，Y)的联合密度函数为

$f(x, y)=\begin{cases}4xy, & \text{若 } 0\leqslant x\leqslant 1, 0\leqslant y\leqslant 1 \\ 0, & \text{其他}\end{cases}$，求$(X, Y)$的联合分布函数．

6.(90年研)甲、乙两人独立地各进行两次射击，设甲的命中率为0.2，乙的命中率为0.5，以X和Y分别表示甲和乙的命中次数，试求(X，Y)的联合分布律．

习题 B

1.(87年研)设随机变量X，Y相互独立，其密度函数分别为

$$f_X(x)=\begin{cases}1, & 0\leqslant x\leqslant 1 \\ 0, & \text{其他}\end{cases}, \quad f_Y(y)=\begin{cases}e^{-y}, & y>0 \\ 0, & y\leqslant 0\end{cases}$$

求随机变量 $Z=2X+Y$ 的密度函数．

2.(91年研)设二维随机变量(X, Y)的联合密度函数为

$f(x, y)=\begin{cases}2e^{-(x+2y)}, & x>0, y>0 \\ 0, & \text{其他}\end{cases}$，求随机变量 $Z=X+2Y$ 的密度函数．

3.(06年研)随机变量X的密度函数为$f_X(x)=\begin{cases}\frac{1}{2}, & -1<x<0 \\ \frac{1}{4}, & 0\leqslant x<2 \\ 0, & \text{其他}\end{cases}$，令$Y=X^2$，$F(x, y)$为二维随机变量$(X, Y)$的分布函数．求(1)$Y$的密度函数；(2)$F(-\frac{1}{2}, 4)$.

4.(94年研)设随机变量X_1，X_2，X_3，X_4相互独立且同分布，$P\{X_i=0\}=0.6$，$P\{X_i=1\}=0.4$，$i=1$，2，3，4，求行列式$X=\begin{vmatrix}X_1 & X_2 \\ X_3 & X_4\end{vmatrix}$的概率分布．

5.(01年研)设随机变量X和Y的联合分布是正方形$G=\{(x, y)|1\leqslant x\leqslant 3, 1\leqslant y\leqslant 3\}$上的均匀分布，求随机变量$U=|X-Y|$的密度函数$f(u)$.

6.(06年研)设随机变量X在区间(0，1)上服从均匀分布，在$X=x(0<x<1)$的条件下，随机变量Y在区间$(0, x)$上服从均匀分布，求：(1)随机变量X和Y的联合密度函数；(2)Y的密度函数；(3)概率$P\{X+Y>1\}$.

7.(17 年研)设随机变量 X 和 Y 相互独立，且 X 的概率分布为 $P\{X=0\}=P\{X=2\}=\frac{1}{2}$，$Y$ 的密度函数为 $f(y)=\begin{cases}2y, & 0<y<1\\0, & 其他\end{cases}$，(1)求 $P\{Y\leqslant EY\}$；(2)求 $Z=X+Y$ 的密度函数.

8.(11 年研)设 (X, Y) 在 G 上服从均匀分布，G 由 $x-y=0$，$x+y=2$ 与 $y=0$ 围成. 求：(1)X 的边缘密度函数 $f_X(x)$；(2)条件密度函数 $f_{X|Y}(x\mid y)$.

9.(10 年研)设二维随机变量 (X, Y) 的联合密度函数为 $f(x, y)=Ae^{-2x^2+2xy-y^2}$，$-\infty<x<+\infty$，$-\infty<y<+\infty$，求常数 A 及条件密度函数 $f_{Y|X}(y|x)$.

10.(16 年研)设二维随机变量 (X, Y) 在区域 $D=\{(x, y)\mid 0<x<1, x^2<y<\sqrt{x}\}$ 上服从均匀分布，令 $U=\begin{cases}1, & X\leqslant Y\\0, & X>Y\end{cases}$，(1)写出 (X, Y) 的联合密度函数；(2)问 U 与 X 是否相互独立；(3)求 $Z=U+X$ 的分布函数 $F(z)$.

11.(1)证明 X 与 Y 独立，而 X^2 与 Y^2 一定独立；(2)若 X 与 Y 不独立，则 X^2 与 Y^2 一定不相互独立吗?(提示：可以选取联合密度函数为

$$f(x, y)=\begin{cases}\frac{1}{4}(1+xy), & |x|<1, |y|<1\\0, & 其他\end{cases}$$

12. 已知随机变量 X 与 Y 相互独立，都服从 $[0, a]$ 区间上的均匀分布，求 $Z=X/Y$ 的密度函数.

13.(03 年研)设随机变量 X 与 Y 独立，其中 X 的分布律为 $X\sim\begin{pmatrix}1 & 2\\0.3 & 0.7\end{pmatrix}$，而 Y 的密度函数为 $f(y)$，求随机变量 $U=X+Y$ 的密度函数 $g(u)$.

14. 设随机变量 X，Y 相互独立，且 $X\sim N(\mu_1, \sigma_1^2)$，$Y\sim N(\mu_2, \sigma_2^2)$，求 $|X-Y|$ 的密度函数.

15. 设二维随机变数 (X, Y) 的密度函数为 $f(x, y)=\frac{1}{2}\sin(x+y)$，$0\leqslant x\leqslant\frac{\pi}{2}$，$0\leqslant y\leqslant\frac{\pi}{2}$，求 (X, Y) 的联合分布函数.

16. 设二维随机变量 (X, Y) 的联合密度函数 $f(x, y)=\frac{A}{\pi^2(16+x^2)(25+y^2)}$，求常数 A 及 (X, Y) 的联合分布函数.

第三章　知识结构思维导图

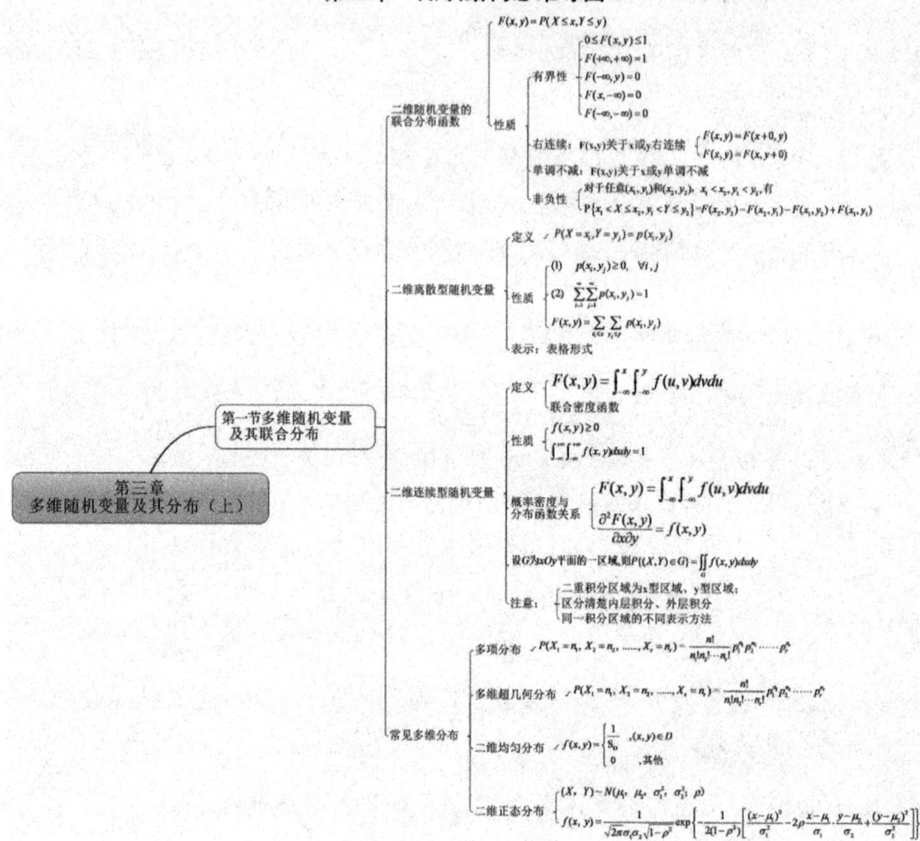

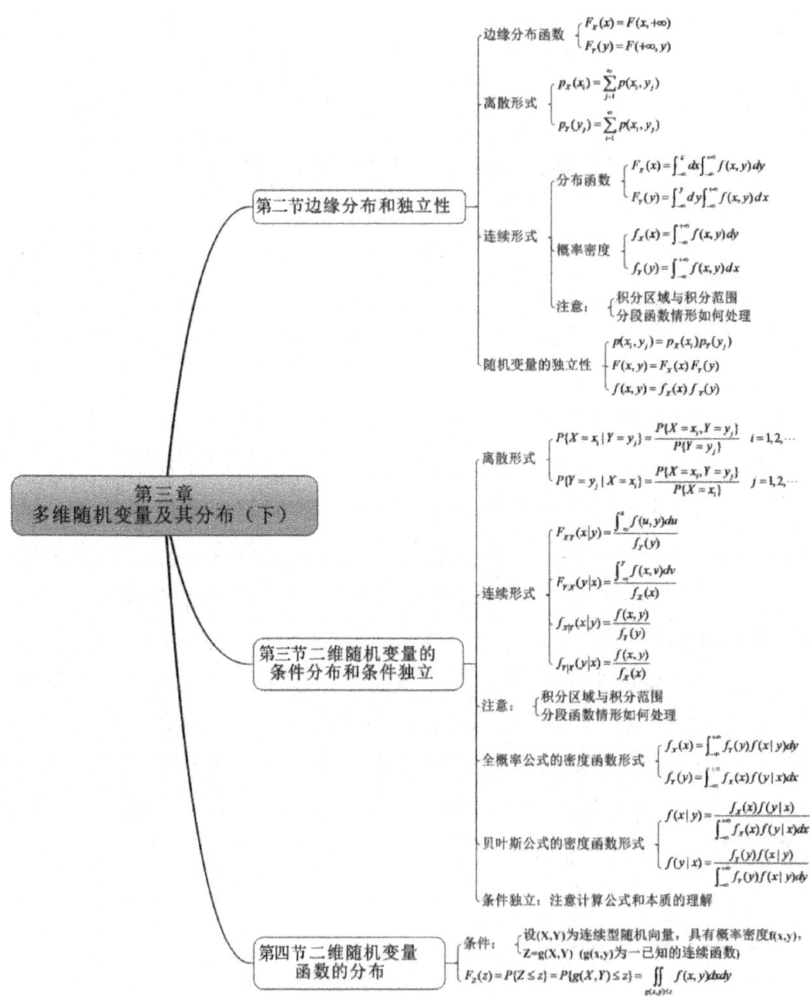

第三章
多维随机变量及其分布（下）
第二节边缘分布和独立性
边缘分布函数
$F_X(x)=F(x,+\infty)$
$F_Y(y)=F(+\infty,y)$
离散形式
$p_X(x_i)=\sum_{j=1}^{\infty}p(x_i,y_j)$
$p_Y(y_j)=\sum_{i=1}^{\infty}p(x_i,y_j)$
连续形式
分布函数
$F_X(x)=\int_{-\infty}^{x}dx\int_{-\infty}^{+\infty}f(x,y)dy$
$F_Y(y)=\int_{-\infty}^{y}dy\int_{-\infty}^{+\infty}f(x,y)dx$
概率密度
$f_X(x)=\int_{-\infty}^{+\infty}f(x,y)dy$
$f_Y(y)=\int_{-\infty}^{+\infty}f(x,y)dx$
注意：
积分区域与积分范围
分段函数情形如何处理
随机变量的独立性
$p(x_i,y_j)=p_X(x_i)p_Y(y_j)$
$F(x,y)=F_X(x)F_Y(y)$
$f(x,y)=f_X(x)f_Y(y)$
第三节二维随机变量的条件分布和条件独立
离散形式
$P\{X=x_i\mid Y=y_j\}=\frac{P\{X=x_i,Y=y_j\}}{P\{Y=y_j\}}$ $i=1,2,\cdots$
$P\{Y=y_j\mid X=x_i\}=\frac{P\{X=x_i,Y=y_j\}}{P\{X=x_i\}}$ $j=1,2,\cdots$
连续形式
$F_{X|Y}(x|y)=\frac{\int_{-\infty}^{x}f(u,y)du}{f_Y(y)}$
$F_{Y|X}(y|x)=\frac{\int_{-\infty}^{y}f(x,v)dv}{f_X(x)}$
$f_{X|Y}(x|y)=\frac{f(x,y)}{f_Y(y)}$
$f_{Y|X}(y|x)=\frac{f(x,y)}{f_X(x)}$
注意：
积分区域与积分范围
分段函数情形如何处理
全概率公式的密度函数形式
$f_X(x)=\int_{-\infty}^{+\infty}f_Y(y)f(x|y)dy$
$f_Y(y)=\int_{-\infty}^{+\infty}f_X(x)f(y|x)dx$
贝叶斯公式的密度函数形式
$f(x|y)=\frac{f_X(x)f(y|x)}{\int_{-\infty}^{+\infty}f_X(x)f(y|x)dx}$
$f(y|x)=\frac{f_Y(y)f(x|y)}{\int_{-\infty}^{+\infty}f_Y(y)f(x|y)dy}$
条件独立：注意计算公式和本质的理解
第四节二维随机变量函数的分布
条件：
设(X,Y)为连续型随机向量，具有概率密度f(x,y)，
Z=g(X,Y) (g(x,y)为一已知的连续函数)
$F_Z(z)=P\{Z\le z\}=P\{g(X,Y)\le z\}=\iint_{g(x,y)\le z}f(x,y)dxdy$

第四章　数字特征

第一节　数学期望

已知随机变量 X 的概率分布，则 X 的分布函数等概率性质也就确定了．但是在实际问题中，概率分布一般是不容易确定的(可能需要数理统计中的非参数假设检验确定具体的分布)，而且也可能并不需要清楚随机变量的全部的概率性质，而只要知道它的某些数字特征(比如期望、方差等，这些通过实际观测的数据利用参数估计估计出来)就可以了．例如，在考察一个班的学生的学习情况时，我们只要知道这个班的平均成绩及其成绩的分散程度就可以对学习情况做出客观的判断了，这就是均值和方差．这些统计数据，虽不能完整地描述它的统计规律，但却能反映出随机变量在某些方面的重要特征．因此，在对随机变量的研究中，确定数字特征是重要的．本章将介绍常用的随机变量的数字特征：数学期望、方差、协方差和相关系数．

一、数学期望的概念

【引例 1】 对甲、乙两个射手的射击水平进行比较，两人在一次射击比赛中射中的环数如下：

甲的环数

环数 X	10	9	8	7	5
次数	2	3	4	2	3

乙的环数

环数 Y	10	9	8	7	6
次数	1	5	2	1	5

试问哪个射手的水平要好一些？

解：计算他们各自的平均环数进行比较．射手甲的平均环数为：

$(10\times2+9\times3+8\times4+7\times2+5\times3)\div14=10\times\frac{2}{14}+9\times\frac{3}{14}+8\times\frac{4}{14}+7\times\frac{2}{14}+5\times\frac{3}{14}=7.714$

射手乙的平均环数为：

$(10\times1+9\times5+8\times2+7\times2+6\times4)\div14=10\times\frac{1}{14}+9\times\frac{5}{14}+8\times\frac{2}{14}+7\times\frac{2}{14}+6\times\frac{4}{14}=7.785$

所以从平均环数来看来看，射手乙好于射手甲．

以射手甲为例，用 X 表示击中的环数，4/14 是表示事件$\{X=8\}$在 14 次射击试验中发生的频率，当在射击试验中射击次数足够多时，频率的稳定值就是事件发生的概率，而频律是不稳定的，随机波动的，概率是固定的，我们用事件$\{X=8\}$发生的概率代替频率，则平均环数的计算可表示为 $\sum_{i=1} x_i p_i$（其中 x_i 表示命中的环数，p_i 表示命中相应环数的概率），将其称之为随机变量 X 的数学期望或均值．

【引例 2】　一个年级有 100 名学生，年龄组成为：17 岁的 2 人，18 岁的 2 人，19 岁的 30 人，20 岁的 56 人，21 岁的 10 人．求该年级学生的平均年龄．

解：$\frac{1}{100}\times(17\times2+18\times2+19\times30+20\times56+21\times10)$

$=17\times\frac{2}{100}+18\times\frac{2}{100}+19\times\frac{30}{100}+20\times\frac{56}{100}+21\times\frac{10}{100}=19.7$

用 X 表示从 100 名学生中任抽一位学生的年龄，则$\frac{2}{100}$，$\frac{2}{100}$，$\frac{30}{100}$，$\frac{56}{100}$，$\frac{10}{100}$是 X 分别取 17、18、19、20、21 的概率．而 19.7 是对随机变量取值的“平均”．下面给出数学期望的定义．

定义 1　设离散型随机变量 X 的分布律为：$P\{X=x_n\}=P_n$，$n=1, 2, \cdots$，如果级数 $\sum_n x_n p_n$ 绝对收敛，则称该级数为 X 的数学期望，记作 $E(X)$，即 $E(X)=\sum_n x_n p_n$. 如果级数$\sum_n x_n p_n$ 不是绝对收敛，即 $\sum_n |x_n| p_n$ 发散，称 X 的数学期望不存在．

显然随机变量 X 的数学期望 $E(X)$完全是由 X 的概率分布确定的，而与 X 的可能取值的排列次序无关，因此当 X 的概率分布确定，且 $\sum_n x_n p_n$ 绝对收敛时，$E(X)$就唯一确定了．

注意：$E(X)$是 X 的各可能值的加权平均，因此 $E(X)$也被称为“均值”.

在机器学习中，偏差描述模型输出结果的期望与样本真实结果的差距．每一次训练迭代出来的新模型，都会拿训练数据进行预测，偏差就反应在预测值与实际值匹配度上，比如准确度为 96%，则说明是低偏差；反之，如果准确度只有 70%，则说明是高偏差．

【例 1】 已知离散型随机变量 X 的分布律为：

X	0	4	4.8	6
P	0.6	0.2	0.1	0.1

解：$E(X)=4\times 0.1+4.8\times 0.2+6\times 0.6=4.96$.

【例 2】 随机变量 X 具有如下的分布律 $P\left\{X=(-1)^k\cdot\dfrac{2^k}{k}\right\}=\dfrac{1}{2^k}$，$k=1, 2, \cdots$，求 $E(X)$.

解：$\sum\limits_{k=1}^{\infty}|x_k|p_k=\sum\limits_{k=1}^{\infty}\dfrac{1}{k}=+\infty$，不绝对收敛，所以数学期望不存在．

定义 2 设连续型随机变量 X 的密度函数为 $f(x)$，如果积分 $\int_{-\infty}^{+\infty}xf(x)dx$ 绝对收敛，则称该积分为 X 的数学期望，记作 $E(X)$，即$E(X)=\int_{-\infty}^{+\infty}xf(x)dx$．

【例 3】 随机变量 X 服从柯西(Cauchy)分布，密度函数为

$$f(x)=\frac{1}{\pi(1+x^2)},\ -\infty<x<+\infty$$

试证 X 的数学期望不存在．

解：因为

$$\int_{-\infty}^{+\infty}|x|f(x)dx=\int_{-\infty}^{+\infty}|x|\cdot\frac{1}{\pi(1+x^2)}dx=2\int_0^{+\infty}\frac{x}{\pi(1+x^2)}dx=\frac{1}{\pi}\ln(1+x^2)\Big|_0^{+\infty}=+\infty$$，即 $\int_{-\infty}^{+\infty}|x|f(x)dx$ 不收敛，所以 $E(X)$ 不存在．

【例 4】 设 X 的密度函数为 $f(x)=\begin{cases}2x, & 0\leqslant x\leqslant 1\\ 0, & 其他\end{cases}$，求 $E(X)$.

解：$E(X)=\int_{-\infty}^{+\infty}xf(x)dx=\int_0^1 x\cdot(2x)dx=\int_0^1 2x^2dx=2\cdot\dfrac{x^3}{3}\Big|_0^1=\dfrac{2}{3}$

二、随机变量函数的期望

定理 1 设 X 为随机变量，$Y=g(X)$是 X 的函数，则：

$$E(g(X))=\begin{cases}\sum_i g(x_i)p(X=x_i),\text{当 } X \text{ 为离散型}\\ \int_{-\infty}^{+\infty} g(x)f(x)dx,\text{当 } X \text{ 为连续型}\end{cases}$$

【例 5】 已知离散型随机变量 X 的分布律为：

X	0	4	4.8	6
P	0.6	0.2	0.1	0.1

求 $g(X)=X^3$ 的期望．

解： $E(X)=64\times0.2+110.592\times0.1+216\times0.1=39.0592$

【例 6】 设 X 的密度函数为 $f(x)=\begin{cases}2x, & 0\leqslant x\leqslant 1\\ 0, & \text{其他}\end{cases}$，求 $g(X)=\sqrt{X}$ 的期望．

解： $E(\sqrt{X})=\int_{-\infty}^{+\infty}\sqrt{x}f(x)dx=\int_0^1\sqrt{x}\cdot 2xdx=2\int_0^1 x^{3/2}dx=2\cdot\left(\frac{2}{5}x^{5/2}\right)\Big|_0^1=\frac{4}{5}$

【例 7】 设随机变量 X 具有密度函数 $f(x)=\begin{cases}1+x, & -1\leqslant x<0\\ 1-x, & 0\leqslant x\leqslant 1\\ 0, & \text{其他}\end{cases}$，求 $E(X)$，$E(X^2)$．

解： 因 $f(x)$ 是分段函数，故求 $E(X)$，$E(X^2)$ 时也要随之分段积分．

$$E(X)=\int_{-\infty}^{+\infty}xf(x)dx=\int_{-1}^{0}x(1+x)dx+\int_0^1 x(1-x)dx=0$$

$$E(X^2)=\int_{-\infty}^{+\infty}x^2f(x)dx=\int_{-1}^{0}x^2(1+x)dx+\int_0^1 x^2(1-x)dx=\frac{1}{6}$$

定理 2 还可以推广到两个或两个以上随机变量的函数的情况．

定理 3 Z 是二维随机变量 (X, Y) 的函数 $Z=g(X, Y)$，其中 g 是二元连续函数，(1)设 (X, Y) 是离散型，其联合分布律为 $P\{X=x_i, Y=y_i\}=p_{ij}$，i，$j=1, 2, 3, \cdots$，则当级数 $\sum_{i=1}^{\infty}\sum_{j=1}^{\infty}g(x_i, y_i)p_{ij}$ 绝对收敛时，有：

$$E(Z)=E[g(X,Y)]=\sum_{i=1}^{\infty}\sum_{j=1}^{\infty}g(x_i, y_i)p_{ij}$$

(2)设 (X, Y) 是二维连续型随机变量，联合密度函数为 $f(x, y)$，则当积分 $\int_{-\infty}^{+\infty}\int_{-\infty}^{+\infty}g(x,y)f(x,y)dxdy$ 绝对收敛时，有：

$$E(Z)=E[g(X,Y)]=\int_{-\infty}^{+\infty}\int_{-\infty}^{+\infty}g(x,y)f(x,y)dxdy$$

【例 8】 设二维随机变量(X, Y)的联合密度函数为：

$$f(x, y)=\begin{cases}x+y, & 0\leqslant x\leqslant 1,\ 0\leqslant y\leqslant 1 \\ 0, & \text{其他}\end{cases},$$

试求 XY 的数学期望．

解: $E(XY)=\int_{-\infty}^{+\infty}\int_{-\infty}^{+\infty} xyf(x,y)dxdy=\int_0^1\int_0^1 xy(x+y)dxdy=\frac{1}{3}$

三、数学期望的性质

在下面的讨论中，假设随机变量的数学期望存在．

(1)设 C 为常数，则有 $E(C)=C$.

(2)设 C 为常数，X 为随机变量，则有 $E(CX)=CE(X)$.

(3)设 X，Y 为任意两个随机变量，则有 $E(X+Y)=E(X)+E(Y)$.

证明: $E(X+Y)=\int_{-\infty}^{\infty}\int_{-\infty}^{\infty}(x+y)f(x,y)dxdy$

$$=\int_{-\infty}^{\infty}x\left\{\int_{-\infty}^{\infty}f(x,y)dy\right\}dx+\int_{-\infty}^{\infty}y\left\{\int_{-\infty}^{\infty}f(x,y)dx\right\}dy$$

$$=\int_{-\infty}^{\infty}xf_X(x)dx+\int_{-\infty}^{\infty}yf_Y(y)dy=E(X)+E(Y)$$

这一性质可以推广到任意有限多个随机变量之和的情形，即

$$E(X_1+X_2+\cdots+X_n)=E(X_1)+E(X_2)+\cdots+E(X_n)$$

一般地，随机变量线性组合的数学期望，等于随机变量数学期望的线性组合，即

$$E(k_1X_1+k_2X_2+\cdots+k_nX_n)=k_1E(X_1)+k_2E(X_2)+\cdots+k_nE(X_n)$$

其中 k_1，k_2，$\cdots k_n$ 为常数．

(4)设 X，Y 为相互独立的随机变量，则有 $E(XY)=E(X)E(Y)$.

证明: 由 X，Y 相互独立，有 $f(x, y)=f_X(x)f_Y(y)$.

$$E(XY)=\int_{-\infty}^{\infty}\int_{-\infty}^{\infty}xyf_X(x)f_Y(y)dxdy=\int_{-\infty}^{\infty}xf_X(x)dx\int_{-\infty}^{\infty}yf_Y(y)dy=E(X)E(Y)$$

这一性质可以推广到任意有限多个相互独立的随机变量之积的情形，即若 X_1，X_2，$\cdots$，X_n 为相互独立的随机变量，则有：

$$E(X_1X_2\cdots X_n)=E(X_1)E(X_2)\cdots E(X_n)$$

四、数学期望性质的应用

【例 9】 将 n 只球($1\sim n$ 号)放入 n 只盒子($1\sim n$ 号)中去，一只盒子装一只球. 若一只球装入与之同号的盒子中，称为一个配对. 记 X 为总的配对数，求 $E(X)$.

解：引入随机变量定义如下：

$$X_i=\begin{cases}1, & \text{第 } i \text{ 个球落入第 } i \text{ 个盒子}\\ 0, & \text{第 } i \text{ 个球未落入第 } i \text{ 个盒子}\end{cases}$$

则总的配对数 $X=\sum_{i=1}^{n}X_i$，而且因为 $P\{X_i=1\}=\frac{1}{n}$，$E(X_i)=\frac{1}{n}$，$i=1,2,\cdots,n$.

所以，$E(X)=\sum_{i=1}^{n}E(X_i)=n\cdot\frac{1}{n}=1$.

【例 10】 抛一颗骰子，若得 6 点则可抛第二次，此时得分为 6+(第二次所抛的点数)，否则得分就是第一次所抛的点数，不能再抛. 求所得分数的分布律，并求得分的数学期望.

解：根据题意，有 1/6 的概率得分超过 6，而且得分为 7 的概率为两个 1/6 的乘积(第一次 6 点，第 2 次 1 点)，其余类似；有 5/6 的概率得分小于 6. 分布律为：

Y	1	2	3	4	5	7	8	9	10	11	12
P	$\frac{1}{6}$	$\frac{1}{6}$	$\frac{1}{6}$	$\frac{1}{6}$	$\frac{1}{6}$	$\frac{1}{36}$	$\frac{1}{36}$	$\frac{1}{36}$	$\frac{1}{36}$	$\frac{1}{36}$	$\frac{1}{36}$

得分的数学期望为：

$$E(X)=\frac{1}{6}(1+2+3+4+5)+\frac{1}{36}(7+8+9+10+11+12)=\frac{49}{12}$$

五、一些常用分布的数学期望

1. 0—1 分布

$X\sim b(1, p)$，则 $E(X)=p$.

证明：

X	0	1
P	$1-p$	p

$$E(X)=0\times(1-p)+1\times p=p$$

2. 二项分布

$X\sim b(n,\ p)$，则 $E(X)=np$.

证明: $$EX=\sum_{k=0}^{n}kC_n^kp^k(1-p)^{n-k}=\sum_{k=0}^{n}k\frac{n!}{k!(n-k)!}p^k(1-p)^{n-k}$$

$$=\sum_{k=1}^{n}\frac{n(n-1)!}{(k-1)!(n-k)!}p^k(1-p)^{n-k}=np\sum_{k=1}^{n}C_{n-1}^{k-1}p^{k-1}(1-p)^{n-k}$$

$$\overset{m=k-1}{=}np\sum_{m=0}^{n-1}C_{n-1}^{m}p^m(1-p)^{n-m-1}=np$$

3. 泊松分布

设 $X\sim P(\lambda)$，则 $E(X)=\lambda$.

证明: $$EX=\sum_{k=0}^{\infty}k\frac{\lambda^k}{k!}e^{-\lambda}=\sum_{k=1}^{\infty}\frac{\lambda\lambda^{k-1}}{(k-1)!}e^{-\lambda}=\lambda$$

4. 几何分布

设 $X\sim Ge(p)$，则 $E(X)=1/p$.

证明: 由无穷级数的知识, $S(x)=\sum_{k=1}^{\infty}kx^{k-1}$, $S_1(x)=\int S(x)dx=\sum_{k=0}^{\infty}x^k=\frac{1}{1-x}$，从而 $S(x)=\left(\frac{1}{1-x}\right)'=\left(\frac{1}{1-x}\right)^2$. 从而 $E(X)=\sum_{k=1}^{\infty}k(1-p)^{k-1}p=p\left(\frac{1}{p^2}\right)=\frac{1}{p}$.

5. 超几何分布

$X\sim H(n,\ N,\ M)$，则 $E(X)=n\frac{M}{N}$.

证明: $P\{X=k\}=\frac{C_M^kC_{N-M}^{n-k}}{C_N^n}$，$k=0,\ 1,\ 2,\ \cdots,\ m$，$m=\min\{M,\ n\}$，$n\leqslant N$，$M\leqslant N$，$n,\ M,\ N\in N^*$. 由 $kC_M^k=MC_{M-1}^{k-1}$，得:

$$E(X)=\sum_{k=0}^{m}\frac{kC_M^kC_{N-M}^{n-k}}{C_N^n}=\frac{1}{C_N^n}\sum_{k=0}^{m}MC_{M-1}^{k-1}C_{N-M}^{n-k}=\frac{M}{C_N^n}C_{N-1}^{n-1}=n\frac{M}{N}$$

$\therefore E(X)=n\frac{M}{N}$和二项分布的期望 $E(X)=np$ 一致.

6. 负二项分布

$X\sim Nb(r,\ p)$，则 $E(X)=r/p$.

证明: 负二项分布是在贝努里试验中，事件 A 第 r 次发生时需要进行的试验次数，是 r 个独立的几何分布的和，所以期望为 $E(X)=r/p$.

7. 均匀分布

$X \sim U(a,\ b)$，则 $E(X)=\frac{a+b}{2}$.

证明： $E(X)=\int_{-\infty}^{+\infty} xf(x)dx=\int_a^b x\frac{1}{b-a}dx=\frac{a+b}{2}$

8. 指数分布

$X \sim E(\lambda)$，则 $E(X)=\frac{1}{\lambda}$.

证明： $E(X)=\int_0^{+\infty} x\lambda e^{-\lambda x}dx=-xe^{-\lambda x}\Big|_0^{+\infty}+\int_0^{+\infty} e^{-\lambda x}dx=\frac{1}{\lambda}$

9. 正态分布

$X \sim N(\mu,\ \sigma^2)$，则 $E(X)=\mu$.

证明：
$$
\begin{aligned}
E(X)&=\int_{-\infty}^{+\infty} x\cdot\frac{1}{\sqrt{2\pi}\sigma}e^{-\frac{(x-\mu)^2}{2\sigma^2}}\mathrm{d}x\\
&=\frac{1}{\sqrt{2\pi}\sigma}\int_{-\infty}^{+\infty}(x-\mu)e^{-\frac{(x-\mu)^2}{2\sigma^2}}dx+\frac{1}{\sqrt{2\pi}\sigma}\int_{-\infty}^{+\infty}\mu e^{-\frac{(x-\mu)^2}{2\sigma^2}}dx\\
&=\frac{1}{\sqrt{2\pi}\sigma}\int_{-\infty}^{+\infty}te^{-\frac{t^2}{2\sigma^2}}dt+\mu\int_{-\infty}^{+\infty}\frac{1}{\sqrt{2\pi}\sigma}e^{-\frac{(x-\mu)^2}{2\sigma^2}}dx=\mu
\end{aligned}
$$

10. 对数正态分布

$X \sim LN(\mu,\ \sigma^2)$，则 $E(X)=e^{\mu+\frac{\sigma^2}{2}}$.

11. 伽马分布

$X \sim Ga(\alpha,\ \lambda)$，则 $E(X)=\frac{\alpha}{\lambda}$.

12. 贝塔分布

$X \sim Be(a,\ b)$，则 $E(X)=\frac{a}{a+b}$.

13. 卡方分布

$X \sim \chi^2(n)$，则 $E(X)=n$.

习题 4.1

一、填空题

1.(90 年研)已知 $X \sim P(2)$，则 $Z=3X-2$ 的数学期望 $E(Z)=$__________.

2. 设 X 的密度函数为 $f(x)=\begin{cases}\frac{1}{9}e^{-\frac{x}{9}}, & x \geqslant 0 \\ 0, & x<0\end{cases}$，则 $E(-\frac{1}{9}X)=$__________.

3. 设 X 是随机变量，$E(X)=5$，若 $Y=\frac{X-2}{3}$，则 $E(Y)=$__________.

4.(87 年研)连续型随机变量 X 的密度函数为 $f(x)=\frac{1}{\sqrt{\pi}}e^{-x^2+2x-1}$，则 $E(X)=$ __________.

5.(02 年研)设随机变量 X 的密度函数为 $f(x)=\begin{cases}\frac{1}{2}\cos\frac{x}{2}, & 0<x<\pi \\ 0, & \text{其他}\end{cases}$，对 X 独立地重复观察 4 次，用 Y 表示观察值大于 $\frac{\pi}{3}$ 的次数．则 Y^2 的数学期望是__________.

6.(92 年研)随机变量 X 服从参数为 1 的指数分布，则 $E(X+e^{-2X})=$__________.

7.(95 年研)设 X 表示 10 次独立重复射击命中目标的次数，每次击中目标的概率为 0.4，则 $EX^2=$__________.

8. 设随机变量 X 服从参数为 λ 的泊松分布，且 $E[(X-1)(X-2)]=1$，则 $\lambda=$__________.

9. 随机变量 X 的取值为 0，1，2，相应的概率为 0.6，0.3，0.1，则 $E(X)=$ __________.

10. 设 X 为随机变量，密度函数为 $f(x)=\frac{1}{2\sqrt{2\pi}}e^{-\frac{(x+1)^2}{8}}$，则 $E(2X^2-1)=$__________.

11.(93 年研)随机变量 X 的密度函数为 $f(x)=\frac{1}{2}e^{-|x|}\ (-\infty<x<+\infty)$，则 $E(X)=$__________.

12.(99 年研)设随机变量 $X_{ij}\ (i, j=1, 2, \cdots, n)$ 独立同分布，$EX_{ij}=2$，

则行列式 $Y=\begin{vmatrix} X_{11} & X_{12} & \cdots & X_{1n} \\ X_{21} & X_{22} & \cdots & X_{2n} \\ \cdots & \cdots & \cdots & \cdots \\ X_{n1} & X_{n2} & \cdots & X_{nn} \end{vmatrix}$ 的数学期望 E(Y)=__________.

13. 设 X_1，X_2，X_3 是随机变量，$X_1 \sim U(0, 6)$，$X_2 \sim N(1, 3)$，$X_3 \sim E(3)$，则 $Y=X_1-2X_2+3X_3$ 的数学期望为__________.

二、计算题

1. 设随机变量 X 的分布律为：

X	1	2	3	4
P	1/8	1/4	1/2	1/8

求 $E(X)$，$E(X^2)$，$E(X+2)^2$.

2. 已知盒子里有 100 个球，其中 90 个黑球，10 个白球，求任意取出的 5 个球中白球数的数学期望.

3. 某单位进行投篮比赛，每人投篮射四次，约定全部不中得 0 分，只投中一次得 20 分，投中两次得 40 分，投中三次得 70 分，四次都中得 100 分. 某人每次投篮成功的概率为 3/5，求他得分的数学期望.

4. 设随机变量 X 的密度函数为 $f(x)=\begin{cases} x, & 0 \leqslant x < 1 \\ 2-x, & 1 \leqslant x \leqslant 2 \\ 0, & \text{其他} \end{cases}$，求 $E(X)$，$E(X^2)$.

5. 设球的直径 R 服从区间$(0, a)$上的均匀分布，求球体积 $V=\pi R^3/6$ 的数学期望.

6. 某净水器厂生产的净水器的寿命 X(单位为年)服从参数为 1/4 的指数分布，厂家规定出售的净水器在一年内损坏可以调换. 如果卖出一台净水器，厂家获利 100 元，而调换一台则损失 200 元，试求厂家出售一台净水器赢利的数学期望.

7. (92 年研)一台设备由三部分构成，在设备运转中各部件需要调整的概率相应为 0.1，0.2 和 0.3. 假设每台部件的状态是相互独立的. 以 X 表示同时需要调整的部件数，求 $E(X)$.

8. (93 年研)随机变量 X 和 Y 同分布，X 的密度函数为 $f(x)=\begin{cases} \frac{3}{8}x^2, & 0<x<2 \\ 0, & \text{其他} \end{cases}$，

(1)已知事件 $A=\{X>a\}$ 和 $B=\{Y>a\}$ 独立，且 $P(A \cup B)=\frac{3}{4}$，求 a. (2)求 $\frac{1}{X^2}$ 数学期望.

9.(97 年研)游客乘电梯从底层到电视塔顶层观光，电梯于整点的第 5，25 和 55min 从底层起行．假设一游客在早 8 点的第 X 分钟到达底层候梯处，且 X 在[0，60]上服从均匀分布．求该游客等候时间的数学期望．

10. 有 5 个相互独立工作的电子装置，它们的寿命 $X_k(k=1, 2, 3, 4, 5)$服从同一指数分布，其密度函数为 $f(x)=\begin{cases}\dfrac{1}{\theta}e^{-x/\theta}, & x>0\\0, & x\leqslant 0\end{cases}$，$\theta>0$，若将这 5 个电子装置串联连接组成整机，求整机寿命(以小时记)N 的数学期望．

11. 设风速 V 在$(0, a)$上服从均匀分布，即具有密度函数 $f(v)=\begin{cases}\dfrac{1}{a}, & 0<v<a\\0, & 其他\end{cases}$，又设飞机机翼受到的正压力 W 是 V 的函数：$W=kV^2$(V 是风速，$k>0$ 是常数)，求 W 的数学期望．

12. 若二维随机变量(X, Y)的联合密度函数为 $f(x, y)=\begin{cases}3x, & 0<y<x<1\\0, & 其他\end{cases}$，求 $E(X)$，$E(Y)$，$E(XY)$.

13. 某超市在中秋节前后出售月饼，每售出一公斤获利润 1.5 元．如到八月十五之后尚有剩余月饼，则每公斤净亏损 0.5 元．设月饼的销售量 X(公斤)是一随机变量，在区间(300500)上服从均匀分布．为使超市售卖月饼获得利润的数学期望最大，问超市应进多少货?

14. 设一袋中装有 m 个颜色不同的球，每次从中任取一个，有放回地摸取 n 次，以 X 表示 n 次摸球所摸得的不同颜色的数目，求 $E(X)$.

15. 一民航送客车载有 20 位旅客自机场开出，旅客有 10 个车站可以下车．如到达一个车站没有旅客下车就不停车，以 X 表示停车的次数，求 $E(X)$(设每位旅客在各个车站下车是等可能的并设各旅客是否下车相互独立).

16. 袋中有 n 张卡片，记有号码 1，2，…，n. 现从中有放回地抽出 k 张卡片，求号码之和 X 的数学期望．

17. 设随机变量 X_1，X_2，…，X_n 相互独立，且都服从区间(0，1)上的均匀分布，记 $Y_1=\min(X_1, X_2, \cdots, X_n)$，$Y_n=\max(X_1, X_2, \cdots, X_n)$，求$E(Y_1)$，$E(Y_n)$.

18. 设 X，Y 相互独立，且密度函数分别为 $f_X(x)=\begin{cases}20x^3(1-x), & 0<x<1\\0, & 其他\end{cases}$，$f_Y(y)=\begin{cases}2y, & 0<y<1\\0, & 其他\end{cases}$，求 $E\left(\dfrac{Y}{X^3}+\dfrac{X}{Y}\right)$.

第二节　方差

上一节我们介绍了随机变量的数学期望，它体现了随机变量取值的平均水平，是随机变量的一个重要的数字特征．但是在一些场合，仅仅知道平均值是不够的．还需要知道随机变量的取值的离散程度，这就是方差．

一、方差的定义

定义 1　设 X 是一个随机变量．若 $E(X-E(X))^2$ 存在，则称 $E(X-E(X))^2$ 为 X 的方差，记为 $D(X)$，也可记为 $Var(X)$，即 $D(X)=E(X-E(X))^2$.

与 X 具有相同量纲的量 $\sqrt{D(X)}$ 称为 X 的均方差或标准差，记为 σ_x，消除了随机变量量纲的影响．

由定义 1，随机变量 X 的方差反映出 X 的取值与其数学期望的偏离程度．若 $D(X)$ 较小，则 X 取值比较集中，否则，X 取值比较分散．因此，方差 $D(X)$ 是刻化 X 取值分散程度的一个量．

在机器学习中方差描述的是训练数据在不同迭代阶段的训练模型中，预测值的变化波动情况(或称之为离散情况)．度量同样大小的训练集变动导致学习性能的变化，描述了数据扰动对统计(机器学习)所造成的影响．从数学角度看，可以理解为先求每个预测值与预测均值差的平方和，再求平均数．通常在机器学习训练中，初始阶段模型复杂度不高，为低方差．随着训练量加大，模型逐步拟合训练数据，复杂度开始变高，此时方差会逐渐变高，出现高方差，即过拟合．当模型出现高方差时，可以通过三个途径解决：增加数据集，剔除一部分特征(dropout)，增加正则化项的系数．

(1)方差的定义公式：

$$D(X)=E(X-E(X))^2=\begin{cases}\sum\limits_i (x_i-E(X))^2 p(x_i) & \text{在离散场合}\\ \int_{-\infty}^{+\infty}(x-E(X))^2 f(x)dx & \text{在连续场合}\end{cases}$$

(2)方差常用下面的公式计算：

$$D(X)=E(X^2)-(E(X))^2;$$

事实上，$D(X)=E\{(X-E(X))^2\}=E\{X^2-2XE(X)+E^2(X)\}$
$=E(X^2)-2E(X)E(X)+E^2(X)=E(X^2)-E^2(X)$

(3)$D(X)\geqslant 0$;

(4)$E(X^2)=D(X)+(E(X))^2$.

【例1】 设随机变量 X 的密度函数 $f(x)=\begin{cases}\frac{2}{\pi}\cos^2 x, & -\frac{\pi}{2}\leqslant x\leqslant\frac{\pi}{2}\\ 0, & \text{其他}\end{cases}$,求 $E(X)$,$D(X)$.

解:$E(X)=\int_{-\pi/2}^{\pi/2} x\frac{2}{\pi}\cos^2 x dx=0$,$D(X)=E(X^2)=\int_{-\pi/2}^{\pi/2} x^2\frac{2}{\pi}\cos^2 x dx=\frac{\pi^2}{12}-\frac{1}{2}$.

【例2】 设随机变量 X 的密度函数为 $f(x)=\begin{cases}\frac{1}{2}x, & 0\leqslant x\leqslant 2\\ 0, & \text{其他}\end{cases}$,求 $D(X)$.

解:$E(X)=\int_0^2 x\frac{1}{2}xdx=\frac{4}{3}$,$E(X^2)=\int_0^2 x^2\frac{1}{2}xdx=2$,

$\therefore D(X)=E(X^2)-E^2(X)=2-\frac{4}{3}=\frac{2}{9}$.

【例3】 某工厂完成某批产品生产的天数 X 是一个随机变量,具有分布律

X	10	11	12	13	14
P	0.2	0.3	0.3	0.1	0.1

所得利润(以元计)为 $Y=1000(12-X)$,求 E(Y),D(Y).

解:$E(Y)=E(1000(12-X))=1000\times[(12-10)\times0.2+(12-11)]\times0.3+(12-12)\times0.3+(12-13)\times0.1+(12-14)\times0.1]=400$

$E(Y^2)=E(1000^2(12-X)^2)=1000^2\times((12-10)^2\times0.2+(12-11)^2\times0.3+(12-13)^2\times0.3+(12-14)^2\times0.1)=1.6\times10^6$

所以 $D(Y)=1.6\times10^6-400^2=1.44\times10^6$.

二、方差的性质

性质1 $D(C)=0$,C 为常数

证明:$D(C)=E(C-E(C))^2=E(C-C)^2=0$

性质2 $D(aX)=a^2D(X)$,a 为常数

证明:$D(aX)=E(aX-E(aX))^2=a^2E(X-E(X))^2=a^2D(X)$

推论1 $D(aX+b)=a^2D(X)$,a,b 为常数.

性质3 若 X 和 Y 独立,则 $D(X+Y)=D(X)+D(Y)$

证明：$D(X+Y)=E[(X+Y)-E(X+Y)]^2=E[(X-E(X))+(Y-E(Y))]^2$

$$=E[X-E(X)]^2+E[Y-E(Y)]^2+2E[X-E(X)][Y-E(Y)]$$

$$=D(X)+D(Y)+2E[X-E(X)][Y-E(Y)]$$

当 X，Y 独立时，$E[X-E(X)][Y-E(Y)]=E(XY)-E(X)E(Y)=0$，所以 $D(X+Y)=D(X)+D(Y)$，结论成立．

可推广到有限多个相互独立的随机变量之和的情形，即若 X_1，X_2，$\cdots X_n$ 相互独立，则有 $D(X_1+X_2+\cdots+X_n)=D(X_1)+D(X_2)+\cdots+D(X_n)$.

推论 2　若 X 和 Y 独立，则 $D(aX+bY)=a^2D(X)+b^2D(Y)$.

性质 4　设随机变量 X 的方差存在，则 $D(X)=0$ 的充要条件为 X 几乎处处等于常数 a，即 $P(X=a)=1$.

性质 5　对任意的常数 C，$DX\leqslant E(X-C)^2$.

三、标准化

对于正态分布，若 $X\sim N(\mu,\sigma^2)$，则 $\frac{X-\mu}{\sigma}\sim N(0,1)$. 实际上，对任意的随机变量X，若其数学期望 $E(X)$，方差 $D(X)$ 均存在，且 $D(X)>0$，令 $X^*=\frac{X-E(X)}{\sqrt{D(X)}}$，则有 $E(X^*)=0$，$D(X^*)=1$，称上述过程为对随机变量 X 的标准化．

四、常用分布的方差

1. 0—1 分布

$X\sim b(1,p)$，则 $D(X)=p(1-p)$.

X	0	1
P_k	$1-p$	p

证明：$E(X^2)=0\times(1-p)+1\times p=p$，$DX=E(X^2)-E(X)^2=p-p^2$

2. 二项分布

$X\sim b(n,p)$，则 $D(X)=np(1-p)$.

证明：$EX^2=\sum\limits_{k=0}^{n}k^2C_n^kp^k(1-p)^{n-k}=\sum\limits_{k=0}^{n}k^2\frac{n!}{k!(n-k)!}p^k(1-p)^{n-k}$

$$=\sum_{k=0}^{n}(k-1+1)\frac{np(n-1)!}{(k-1)!(n-k)!}p^{k-1}(1-p)^{n-k}$$

$$= \sum_{k=2}^{n} \frac{n(n-1)p^2(n-2)!}{(k-2)!(n-k)!} p^{k-2}(1-p)^{n-k}$$

$$+ \sum_{k=1}^{n} \frac{np(n-1)!}{(k-1)!(n-k)!} p^{k-1}(1-p)^{n-k} = n(n-1)p^2 + np$$

从而 $DX = E(X^2) - E(X)^2 = np(1-p)$.

3. 泊松分布

设 $X \sim P(\lambda)$，$D(X) = \lambda$.

证明：$E(X^2) = \sum\limits_{k=0}^{n} k^2 \dfrac{\lambda^k}{k!} e^{-\lambda} = \sum\limits_{k=0}^{\infty} (k-1+1) \dfrac{\lambda\lambda^{k-1}}{(k-1)!} e^{-\lambda}$

$$= \sum_{k=2}^{\infty} \frac{\lambda^2 \lambda^{k-2}}{(k-2)!} e^{-\lambda} + \sum_{k=1}^{\infty} \frac{\lambda\lambda^{k-1}}{(k-1)!} e^{-\lambda} = \lambda^2 + \lambda$$

从而 $DX = E(X^2) - E(X)^2 = \lambda$.

4. 几何分布

设 $X \sim Ge(p)$，$D(X) = (1-p)/p^2$.

证明：由无穷级数的知识，$S(x) = \sum\limits_{k=2}^{\infty} k(k-1)x^{k-2}, S_1(x) = \int S(x)dx = \sum\limits_{k=1}^{\infty} kx^{k-1}$，$S_2(x) = \int S_1(x)dx = \sum\limits_{k=0}^{\infty} x^k = \dfrac{1}{1-x}$,

从而 $S_1(x) = \left(\dfrac{1}{1-x}\right)' = \left(\dfrac{1}{1-x}\right)^2$，$S(x) = \left(\dfrac{1}{(1-x)^2}\right)' = \dfrac{2}{(1-x)^3}$.

又 $\because E(X^2) = \sum\limits_{k=1}^{\infty} k^2 (1-p)^{k-1} p = \sum\limits_{k=2}^{\infty} k(k-1+1)(1-p)^{k-1} p$

$$= p(1-p)^2 \sum_{k=2}^{\infty} k(k-1)(1-p)^{k-2} + p\sum_{k=1}^{\infty} k(1-p)^{k-1}$$

$$= \frac{2(1-p)}{p^2} + \frac{1}{p} = \frac{2-p}{p^2}$$

$\therefore D(X) = \dfrac{2-p}{p^2} - \dfrac{1}{p^2} = \dfrac{1-p}{p^2}$.

5. 超几何分布

$X \sim H(n, N, M)$，$D(X) = n\dfrac{M}{N}\left(1 - \dfrac{M}{N}\right)\dfrac{N-n}{N-1}$.

证明：$P\{X=k\} = \dfrac{C_M^k C_{N-M}^{n-k}}{C_N^n}$，$k=0, 1, 2, \cdots, m$，$m = \min\{M, n\}$，$n \leqslant N$，$M \leqslant N$，$n$，$M$，$N \in N^*$. 由 $kC_M^k = MC_{M-1}^{k-1}$，$(k-1)C_{M-1}^{k-1} = (M-1)C_{M-2}^{k-2}$ 得

$$E(X^2) = \sum_{k=0}^{m} \frac{k^2 C_M^k C_{N-M}^{n-k}}{C_N^n} = \frac{1}{C_N^n} \sum_{k=1}^{m} kMC_{M-1}^{k-1} C_{N-M}^{n-k}$$

$$= \frac{M}{C_N^n}\sum_{k=1}^{m}(k-1+1)C_{M-1}^{k-1}C_{N-M}^{n-k}$$

$$= \frac{M}{C_N^n}\left(\sum_{k=1}^{m}(k-1)C_{M-1}^{k-1}C_{N-M}^{n-k} + \sum_{k=1}^{m}C_{M-1}^{k-1}C_{N-M}^{n-k}\right)$$

$$= \frac{M}{C_N^n}\left(\sum_{k=2}^{m}(M-1)C_{M-2}^{k-2}C_{N-M}^{n-k} + \sum_{k=1}^{m}C_{M-1}^{k-1}C_{N-M}^{n-k}\right)$$

$$= \frac{M}{C_N^n}\left((M-1)C_{N-2}^{n-2} + C_{N-1}^{n-1}\right)$$

$$= \frac{nM}{N} + \frac{n(n-1)M(M-1)}{N(N-1)}$$

$$\therefore D(X) = EX^2 - (EX)^2 = \frac{nM}{N} + \frac{n(n-1)M(M-1)}{N(N-1)} - \left(n\frac{M}{N}\right)^2$$

$$= n\frac{M}{N}\left(1-\frac{M}{N}\right)\frac{N-n}{N-1}$$

6. 负二项分布

$X \sim Nb(r,\ p)$，$D(X)=\dfrac{r(1-p)}{p^2}$.

7. 均匀分布

$X \sim U(a,b)$,则 $D(X) - \dfrac{(b-a)^2}{12}$.

证明:$E(X^2) = \int_{-\infty}^{+\infty} x^2 f(x)dx = \int_a^b x^2 \dfrac{1}{b-a}dx = \dfrac{a^2+b^2+ab}{3}$,$D(X) = \dfrac{(b-a)^2}{12}$

8. 指数分布

$X \sim E(\lambda)$，则 $D(X)=1/\lambda^2$.

证明:$E(X^2) = \int_0^{+\infty} x^2 \lambda e^{-\lambda x}dx = \int_0^{+\infty} x^2 e^{-\lambda x}d(-\lambda x) =-\int_0^{+\infty} x^2 de^{-\lambda x} =$

$-x^2 e^{-\lambda x}\Big|_0^{+\infty} + \int_0^{+\infty} 2xe^{-\lambda x}dx = \dfrac{2}{\lambda^2}$,从而 $D(X) = \dfrac{1}{\lambda^2}$.

9. 正态分布

$X \sim N(\mu,\ \sigma^2)$，则 $D(X)=\sigma^2$.

证明:$D(X) = E(X-E(X))^2 = \int_{-\infty}^{+\infty}(x-\mu)^2 \cdot \dfrac{1}{\sqrt{2\pi}\sigma}e^{-\frac{(x-\mu)^2}{2\sigma^2}}dx$

$$= \frac{\sigma^2}{\sqrt{2\pi}}\int_{-\infty}^{+\infty} t^2 e^{-\frac{t^2}{2}}dt \quad \left(t = \frac{x-\mu}{\sigma}\right)$$

$$= \frac{\sigma^2}{\sqrt{2\pi}}\left[t\left(-e^{-\frac{t^2}{2}}\right)\Big|_{-\infty}^{+\infty} + \int_{-\infty}^{+\infty} e^{-\frac{t^2}{2}}dt\right] = \frac{\sigma^2}{\sqrt{2\pi}} \cdot \sqrt{2\pi} = \sigma^2$$

10. 对数正态分布

X～$LN(\mu, \sigma^2)$，则 $D(X)=e^{2\mu+\sigma^2}e^{\sigma^2-1}$.

11. 伽马分布

X～$Ga(\alpha, \lambda)$，则 $D(X)=\frac{\alpha}{\lambda^2}$.

12. 贝塔分布

X～$Be(a, b)$，则 $D(X)=\frac{ab}{(a+b)^2(a+b+1)}$.

13. 卡方分布

X～$\chi^2(n)$，则 $D(X)=2n$.

习题 4.2

一、选择题

1. 已知 $E(X)=-1$，$D(X)=3$，则 $E(3(X^2-2))=$(　　)

A. 9　　B. 6　　C. 30　　D. 36

2. 设 $X\sim b(n, p)$，则有(　　)

A. $E(2X-1)=2np$　　B. $D(2X+1)=4np(1-p)+1$

C. $E(2X+1)=4np+1$　　D. $D(2X-1)=4np(1-p)$

3. 下列命题错误的是(　　)

A. 若 $X\sim P(\lambda)$，则 $E(X)=D(X)=\lambda$

B. 若 X 服从参数为 λ 的指数分布，则 $E(X)=D(X)=\frac{1}{\lambda}$

C. 若 $X\sim b(1, \theta)$，则 $E(X)=\theta$，$D(X)=\theta(1-\theta)$

D. 若 X 服从区间$[a, b]$上的均匀分布，则 $E(X^2)=\frac{a^2+ab+b^2}{3}$

4. 设 X 服从参数为 λ 的泊松分布，$Y=2X-3$，则(　　)

A. $E(Y)=2\lambda-3$，$D(Y)=2\lambda-3$　　B. $E(Y)=2\lambda$，$D(Y)=2\lambda$

C. $E(Y)=2\lambda-3$，$D(Y)=4\lambda-3$　　D. $E(Y)=2\lambda-3$，$D(Y)=4\lambda$

5. 设随机变量 X，且 $E(X)$存在，则 $E(X)$是(　　)

A. X 的函数　　B. 确定常数　　C. 随机变量　　D. x 的函数

6. 设 X 是一随机变量 $EX=\mu$，$DX=\sigma^2(\sigma>0)$，C 是任意常数，则有(　　)

A. $E(X-C)^2=E(X^2)-C^2$　　B. $E(X-C)^2=E(X-\mu)^2$

C. $E(X-C)^2<E(X-\mu)^2$　　D. $E(X-C)^2\geqslant E(X-\mu)^2$

7. 设随机变量 X 的密度函数为 $f(x)=\frac{1}{\sqrt{2\pi}\sqrt{3}}e^{-\frac{(x-2)^2}{6}}$，则 X 的方差是(　　)

A. $\sqrt{3}$　　B. $\sqrt{6}$　　C. 3　　D. 6

8、随机变量 X 服从$[-3, 3]$上的均匀分布，则 $E(X^2)=$(　　)

A. 3　　B. $\frac{9}{2}$　　C. 9　　D. 18

二、填空题

1. 设随机变量 Y 的密度函数为$\frac{1}{\sqrt{\pi}}e^{-(y-3)^2}$，则 $D(Y)=$__________.

2. 设随机变量 X 服从泊松分布，且 $P\{X=1\}=P\{X=2\}$，则 $D(X)=$__________.

3. 设 X_1，X_2，…，X_n 是相互独立的随机变量，且都服从正态分布 $N(\mu, \sigma^2)$，则 $\overline{X}=\frac{1}{n}\sum_{i=1}^{n}X_i$ 服从的分布是__________.

4. 已知 $X\sim b(n, p)$，且 $E(X)=3$，$D(X)=2$，则 $P\{X\leqslant 8\}=$__________.

5. 设 $X\sim N(1, 2)$，Y 服从参数为 3 的泊松分布，且 X 与 Y 独立，$D(XY)=$__________.

6. 设随机变量 $X_i(i=1, 2, 3, 4)$相互独立，且 $EX_i=i$，$DX_i=5-i$，设 $Y=2X_1-X_2+3X_3-0.5X_4$，则 $E(Y)=$__________，$D(Y)=$__________.

7. 设 X，Y 相互独立，且 $DX=3$，$DY=4$，则 $D(3X-4Y)=$__________.

8. 随机变量 X 的可能取值为 0，1，2，相应的概率为 0.6，0.3，0.1，则 $D(X)=$__________.

9. (93 年研)设随机变量 X 的密度函数为 $f(x)=\frac{1}{2}e^{-|x|}(-\infty<x<+\infty)$，则 $D(X)=$__________.

10. 随机变量 X 服从区间$[0, 2]$上的均匀分布，则$\frac{D(X)}{[E(X)]^2}=$__________.

三、计算题

1. (00 年研)某流水生产线上每个产品不合格的概率为 $p(0<p<1)$，各产品合格与否相互独立．当出现一个不合格品时，停机检修．设开机后第一次停机时已生产了的产品个数为 X，求 $D(X)$.

2. 箱子里有 9 个白球与 3 个红球，如果取得是白球就不再放回．求在取得白球之前，已经取出的红球的个数的方差．

3. 设 X_1，X_2，…，X_n 独立同分布，都服从 $E(1)$，求 $Z=\min(X_1, X_2, \cdots,$

X_n)的方差．

4.(95年研)设随机变量X具有密度函数 $f(x)=\begin{cases}1+x, & -1\leqslant x<0\\ 1-x, & 0\leqslant x\leqslant 1\\ 0, & \text{其他}\end{cases}$，求 $D(X)$.

5. 设活塞的直径(以cm计) $X\sim N(22.40,\ 0.03^2)$，气缸的直径 $Y\sim N(22.50,\ 0.04^2)$，X、Y 相互独立．任取一只活塞，任取一只气缸，求活塞能装入气缸的概率．

6. 设二维随机变量(X,Y)在区域 D：$0<x<1$，$|y|<x$ 内服从均匀分布，求关于X的边缘密度函数及随机变量 $Z=2X+1$ 的方差．

7. 设随机变量 $X\sim N(0,1)$，试求 $E|X|$，$D|X|$，$E(X^3)$与$E(X^4)$.

8、设随机变量X的密度函数为 $f(x)=\begin{cases}ax, & 0<x<2\\ bx+c, & 2\leqslant x<4\\ 0, & \text{其他}\end{cases}$，已知 $P(1<X<3)=\frac{3}{4}$，$E(X)=2$，求：(1)常数 a，b，c 的值；(2)方差 $D(X)$；(3)随机变量 $Y=e^X$ 的期望与方差．

9. 设连续型随机变量X的分布函数为 $F(x)=\begin{cases}0, & x<-1\\ a+b\arcsin x, & -1\leqslant x<1\\ 1, & x\geqslant 1\end{cases}$，试确定常数 a，b，并求 $E(X)$与$D(X)$.

10. 设随机变量 X 服从 $\left(-\frac{1}{2},\frac{1}{2}\right)$ 上的均匀分布，求 $Y=\sin\pi X$ 的数学期望与方差．

11. 已知随机变量 X，Y 相互独立，且其分布律为 $X\sim\begin{pmatrix}-1 & 0 & 1\\ 0.2 & 0.7 & 0.1\end{pmatrix}$，$Y\sim\begin{pmatrix}-1 & 0 & 1\\ 0.1 & 0.7 & 0.2\end{pmatrix}$，试求 $Z=X^2+Y^2$ 的数学期望和方差．

12. 设(X,Y)服从二维正态分布，其联合密度函数为 $f(x,y)=\frac{1}{2\pi}\cdot e^{-\frac{1}{2}(x^2+y^2)}$，$-\infty<x<+\infty$，$-\infty<y<+\infty$，求 $Z=\sqrt{X^2+Y^2}$ 的数学期望与方差．

第三节 协方差及相关系数

对于二维随机变量(X, Y)，我们除了讨论X与Y的数学期望与方差外，还需要讨论描述X与Y之间相互关系的数字特征——协方差与相关系数.

一、定义

定义1 称$E\{[X-E(X)][Y-E(Y)]\}$为随机变量X与Y的协方差. 记为$Cov(X, Y)$，即$Cov(X, Y)=E\{[X-E(X)][Y-E(Y)]\}$.

协方差表示的是两个变量的总体的误差，范围负无穷到正无穷. 反映了两个变量远离均值的过程是同方向变化还是反方向变化，是正相关还是负相关. 协方差数值越大，相关程度越高. 如果两个变量的变化趋势一致，也就是说如果其中一个大于自身的期望值，另外一个也大于自身的期望值，那么两个变量之间的协方差就是正值. 如果两个变量的变化趋势相反，即其中一个大于自身的期望值，另外一个却小于自身的期望值，那么两个变量之间的协方差就是负值.

定义2 $\rho_{XY}=\dfrac{Cov(X, Y)}{\sqrt{D(X)}\sqrt{D(Y)}}$称为随机变量$X$与$Y$的相关系数.

二、协方差的性质

(1)$Cov(X, Y)=Cov(Y, X)$，$Cov(X, X)=D(X)$，$Cov(X, a)=0$(a为常数)；

(2)$Cov(X, Y)=E(XY)-E(X)E(Y)$；

(3)$Cov(aX, bY)=abCov(X, Y)$；

(4)$Cov(X+Y, Z)=Cov(X, Z)+Cov(Y, Z)$；

(5)$D(aX+bY)=a^2D(X)+2abCov(X, Y)+b^2D(Y)$；

一般的，$D\left(\sum\limits_{i=1}^{n}X_i\right)=\sum\limits_{i=1}^{n}D(X_i)+2\sum\limits_{i<j}\sum Cov(X_i, X_j)$

三、相关系数的性质

(1)$|\rho_{XY}|\leqslant 1$；

(2)$|\rho_{XY}|=1$的充要条件是存在常数a，b，使$P\{Y=a+bX\}=1$.

$|\rho_{XY}|$的大小表征着X与Y的线性相关程度．当$|\rho_{XY}|$较大时，则X与Y的线性相关程度较好；当$|\rho_{XY}|$较小时，则X与Y的线性相关程度较差．

当$\rho_{XY}=0$时，称X与Y不相关．

(3)当X与Y相互独立时，X与Y不相关．反之，若X与Y不相关，X与Y却不一定相互独立．

该性质说明，独立性是比不相关更为严格的条件．独立性反映X与Y之间不存在任何关系，而不相关只是就线性关系而言的，即使X与Y不相关，它们之间也还是可能存在函数关系的．相关系数只是X与Y间线性相关程度的一种量度．

关于不相关有如下结论：对于X，Y，下列结论等价：

(1)$E(XY)=E(X)E(Y)$；

(2)$D(X+Y)=D(X)+D(Y)$；

(3)$Cov(X,Y)=0$；

(4)X，Y不相关，即$\rho=0$.

相关系数就是用来度量两个变量间的线性关系．范围-1到1. 将相关系数看成一种剔除了两个变量量纲影响、标准化后的特殊协方差，它消除了两个变量变化幅度的影响，而只是单纯反应变量间变化的相似程度．标准化后的两个数据的相关系数等于其协方差．

在机器学习中，相关分析是特征质量评价中非常重要的一环，合理的选取特征，找到与拟合目标相关性最强的特征，往往能够快速获得效果，达到事半功倍的效果．对于特征和标签皆为连续值的回归问题，要检测二者的相关性，最直接的做法就是求相关系数．

【例 1】 设(X,Y)的联合分布律为：

Y / X	−2	−1	1	2	$P\{Y=i\}$
1	0	1/4	1/4	0	1/2
4	1/4	0	0	14	1/2
$P\{X=i\}$	1/4	14	14	1/4	1

证明：X与Y不相关，但是不独立．

证明：$E(X)=0$，$E(Y)=5/2$，$E(XY)=0$，于是$\rho_{xy}=0$，X，Y不相关．这表示X，Y不存在线性关系．但是，

$$P\{X=-2,\ Y=1\}=0,\ P\{X=-2\}P\{Y=1\}=\frac{1}{4}\times\frac{1}{2}=\frac{1}{8},$$

$P\{X=-2,\ Y=1\}\neq P\{X=-2\}P\{Y=1\}$，

知 X，Y 不是相互独立的．事实上，X 和 Y 具有关系 $Y=X^2$.

【例 2】 设随机变量$(X，Y)$的联合密度函数为 $f(x, y)=\begin{cases}12y^2, & 0\leqslant y\leqslant x\leqslant 1\\ 0, & 其他\end{cases}$，求 ρ_{XY}.

解： $f_x(x)=\int_{-\infty}^{+\infty}f(x,y)dy=\begin{cases}\int_0^x 12y^2dy=4x^3, & 0\leqslant x\leqslant 1\\ 0, & 其他\end{cases}$，

$E(X)=\int_0^1 x\cdot 4x^3dx=\frac{4}{5}, E(X^2)=\int_0^1 x^2\cdot 4x^3dx=\frac{2}{3}$，

$D(X)=E(X^2)-E^2(X)=\frac{2}{3}-(\frac{4}{5})^2=\frac{2}{75}$，

$f_y(y)=\int_{-\infty}^{+\infty}f(x,y)dx=\begin{cases}\int_y^1 12y^2dx=12y^2(1-y), & 0\leqslant y\leqslant 1\\ 0, & 其他\end{cases}$，

$E(Y)=\int_0^1 12y^2(1-y)ydy=\frac{3}{5}$

$E(Y^2)=\int_0^1 12y^2(1-y)y^2dy=12\int_0^1(y^4-y^5)dy=\frac{2}{5}$

$D(Y)=E(Y^2)-E^2(Y)=\frac{2}{5}-(\frac{3}{5})^2=\frac{1}{25}$

$E(XY)=\int_0^1 dx\int_0^x xy\cdot 12y^2dy=\int_0^1 3x^5dx=\frac{1}{2}$

$Cov(XY)=E(XY)-E(X)E(Y)=\frac{1}{2}-\frac{4}{5}\times\frac{3}{5}=\frac{1}{50}$，所以

$$\rho_{XY}=\frac{Cov(XY)}{\sqrt{D(X)}\sqrt{D(Y)}}=\frac{\frac{1}{50}}{\sqrt{\frac{2}{75}}\sqrt{\frac{1}{25}}}=\frac{\sqrt{6}}{4}$$

【例 3】 设二维随机变量$(X，Y)$的联合密度函数为 $f(x, y)=\begin{cases}\frac{1}{\pi}, & x^2+y^2\leqslant 1\\ 0, & 其他\end{cases}$，试验证 X 和 Y 是不相关的，且 X 和 Y 不相互独立．

解： 据题意知，$E(X)=\int_{-\infty}^{\infty}\int_{-\infty}^{\infty}xf(x,y)dxdy=\int_{-1}^{1}\int_{-\sqrt{1-y^2}}^{\sqrt{1-y^2}}x\cdot\frac{1}{\pi}dxdy=0$，

$E(Y)=\int_{-\infty}^{\infty}\int_{-\infty}^{\infty}yf(x,y)dxdy=\int_{-1}^{1}\int_{-\sqrt{1-x^2}}^{\sqrt{1-x^2}}y\cdot\frac{1}{\pi}dydx=0$，

$E(XY)=\int_{-\infty}^{\infty}\int_{-\infty}^{\infty}xyf(x,y)dxdy=\int_{-1}^{1}\int_{-\sqrt{1-y^2}}^{\sqrt{1-y^2}}xy\cdot\frac{1}{\pi}dxdy=0$，

由于 $\rho_{XY}=\dfrac{Cov(X,\ Y)}{\sqrt{D(X)}\sqrt{D(Y)}}=\dfrac{E(XY)-E(X)E(Y)}{\sqrt{D(X)}\sqrt{D(Y)}}=0$，故 X，Y 不相关．

又由于 $f_X(x)=\int_{-\infty}^{\infty}f(x,y)dy=\begin{cases}\int_{-\sqrt{1-x^2}}^{\sqrt{1-x^2}}\dfrac{1}{\pi}dy, & -1\leqslant x\leqslant 1\\ 0, & \text{其他}\end{cases}$

$$=\begin{cases}\dfrac{2}{\pi}\sqrt{1-x^2}, & -1\leqslant x\leqslant 1\\ 0, & \text{其他}\end{cases},$$

$$f_Y(y)=\int_{-\infty}^{+\infty}f(x,\ y)dxdy=\begin{cases}\int_{-\sqrt{1-y^2}}^{\sqrt{1-y^2}}\dfrac{1}{\pi}dx, & -1\leqslant y\leqslant 1\\ 0, & \text{其他}\end{cases}=\begin{cases}\dfrac{2\sqrt{1-y^2}}{\pi}, & -1\leqslant y\leqslant 1\\ 0, & \text{其他}\end{cases},$$

由于 $f(x,\ y)\neq f_X(x)f_Y(y)$，所以 X 和 Y 不相互独立．

习题 4.3

一、选择题

1. 设$(X,\ Y)$服从二维正态分布，则下列条件中不是 X，Y 相互独立的充分必要条件是(　　)

A. X，Y 不相关　　B. $E(XY)=E(X)E(Y)$

C. $Cov(X,\ Y)=0$　　D. $E(X)=E(Y)=0$

2. 设$(X,\ Y)$为二维连续型随机变量，则 X 与 Y 不相关的充分必要条件是(　　)

A. X，Y 独立　　B. $E(X+Y)=E(X)+E(Y)$

C. $E(XY)=E(X)\cdot E(Y)$　　D. $(X,\ Y)\sim N(\mu_1,\ \mu_2,\ \sigma_1^2,\ \sigma_2^2,\ 0)$

3. (12 年研)将长度为 1 米的木棒随机截成两段，则两段的相关系数为(　　)

A. 1　　B. -1　　C. $-1/2$　　D. $1/2$

4. 由 $D(X+Y)=D(X)+D(Y)$ 即可断定(　　)

A. X 与 Y 不相关　　B. $F(x,\ y)=F_X(x)\cdot F_Y(y)$

C. X 与 Y 相互独立　　D. 相关系数 $\rho_{XY}=-1$

5. (95 年研)设随机变量 X 和 Y 独立同分布，记 $U=X-Y$，$V=X+Y$，则 U 与 V 必然(　　)

A. 不独立　　B. 独立

C. 相关系数不为零　　D. 相关系数为零

二、填空题

1. 设随机变量 X 的方差 $D(X)=16$，随机变量 Y 的方差 $D(Y)=25$，又 X 与 Y 的相关系数 $\rho_{XY}=0.5$，则 $D(X+Y)=$________，$D(X-Y)=$________.

2. 设 $X\sim N(\mu,\sigma^2)$，$Y\sim N(\mu,\sigma^2)$，且 X，Y 相互独立，则 $Z_1=\alpha X+\beta Y$ 和 $Z_2=\alpha X-\beta Y$ 的相关系数(其中 α，β 是不为零的常数)是________.

3. 设 $(X,Y)\sim N\left(1,1,4,9,\frac{1}{2}\right)$，则 $Cov(X,Y)=$________.

4. 设 $X\sim N(0,4)$，$Y\sim U(0,4)$，且 X，Y 相互独立，则 $E(XY)=$________，$D(X+Y)=$________，$D(2X-3Y)=$________.

5. 设二维随机变量 (X,Y) 服从 $N(0,0,1,1,0)$，则 $D(2X-3Y)=$________.

三、计算题

1. 已知二维随机变量 (X,Y) 的分布律，试验证 X 与 Y 不相关，但 X 与 Y 不独立.

X \ Y	-1	0	1
-1	0.125	0.125	0.125
0	0.125	0	0.125
1	0.125	0.125	0.125

2. 设随机变量 (X,Y) 具有联合分布律

X \ Y	0	1	2
0	3/28	9/28	3/28
1	3/14	3/14	0
2	1/28	0	0

求 ρ_{XY}，$E(X-Y)$，$E(3X+2Y)$.

3. 设 X 服从参数为 2 的泊松分布，$Y=3X-2$，试求 $E(Y)$，$D(Y)$，$Cov(X,Y)$ 及 ρ_{XY}.

4. 设随机变量 (X,Y) 具有联合密度函数 $f(x,y)=\begin{cases}1, & |y|<x,\ 0<x<1\\ 0, & \text{其他}\end{cases}$，验证 X，Y 不相关，但 X，Y 不是相互独立的.

5. 设二维随机变量 (X,Y) 的联合密度函数为

$$f(x, y)=\begin{cases}24xy, & 0\leqslant x\leqslant 1,\ 0\leqslant y\leqslant 1,\ x+y\leqslant 1\\ 0, & \text{其他}\end{cases},$$

求 ρ_{XY}.

6. 设随机变量具有联合密度函数

$$f(x, y)=\begin{cases}\frac{1}{8}(x+y), & 0\leqslant x\leqslant 2,\ 0\leqslant y\leqslant 2\\ 0, & \text{其他}\end{cases},$$

求 $E(X)$，$E(Y)$，$Cov(X, Y)$，ρ_{XY}，$D(X+Y)$.

7. 设(X, Y)服从二维正态分布，且 $D(X)=\sigma_X^2$，$D(Y)=\sigma_Y^2$，证明：当 $a^2=\frac{\sigma_X^2}{\sigma_Y^2}$时，随机变量 $W=X-aY$ 与 $V=X+aY$ 相互独立.

8. 设随机变量 Z 服从$[-\pi, \pi]$上的均匀分布，又 $X=\sin Z$，　$Y=\cos Z$，试求相关系数 ρ_{XY}.

9. 设二维随机变量(X, Y)在以$(0, 0)$，$(0, 1)$，$(1, 0)$为顶点的三角形区域上服从均匀分布，求 ρ_{XY}.

10. 设(X, Y)的联合密度函数为

$$f(x, y)=\begin{cases}\frac{1}{2}\sin(x+y), & 0\leqslant x\leqslant \frac{\pi}{2},\ 0\leqslant y\leqslant \frac{\pi}{2}\\ 0, & \text{其他}\end{cases},$$

求相关系数 ρ_{XY}.

第四节　矩和协方差矩阵

一、矩

为了更好地描述随机变量分布的特征，除了数学期望和方差这两个数字特征外，有时还要用到随机变量的各阶矩(原点矩与中心矩)，它们在数理统计中有重要的应用.

定义 1　设 X 是随机变量，若 $E(X^k)(k=1, 2, \cdots)$存在，则称它为 X 的 k 阶原点矩，记作 μ_k，即 $\mu_k=E(X^k)$，$k=1, 2, \cdots$.

显然，一阶原点矩就是数学期望，即 $\mu_1=E(X)$.

定义 2　设随机变量 X 的函数$(X-E(X))^k(k=1, 2, \cdots)$的数学期望存在，则称 $E(X-E(X))^k$ 为 X 的 k 阶中心矩，记作 ν_k，即

$$\nu_k = E(X-E(X))^k,\ k=1,\ 2,\ \cdots$$

易知，一阶中心矩恒等于零，即 $\nu_1 \equiv 0$；二阶中心矩就是方差，即 $\nu_2 = D(X)$. 不难证明，原点矩与中心矩之间有如下关系：

$$\nu_2 = \mu_2 - \mu_1^2,\ \nu_3 = \mu_3 - 3\mu_1\mu_2 + 2\mu_1^3$$

三阶中心矩 $E(X-E(X))^3$ 主要用来衡量随机变量的分布的不对称性，四阶中心矩 $E(X-E(X))^4$ 主要用来衡量随机变量的分布在均值附近的陡峭程度（与正态分布比较），表征偏度和峰度．在实际应用中四阶以上的矩很少使用．

定义 3　设 X 和 Y 是随机变量，若 $E(X^kY^l)(k,\ l=1,\ 2,\ \cdots)$存在，则称它为 X 和 Y 的 $k+l$ 阶混合矩．若 $E\{(X-E(X))^k(Y-E(Y))^l\}(k,\ l=1,\ 2,\ \cdots)$存在，则称它为 X 和 Y 的 $k+l$ 阶混合中心矩．

X 的一阶原点矩为数学期望，二阶中心矩为方差，X 和 Y 的二阶混合中心矩为协方差．

二、n 维随机变量的协方差矩阵

1. 二维随机变量 $(X_1,\ X_2)$ 有四个二阶中心矩（设它们都存在），分别记为

$c_{11} = E(X_1 - E(X_1))^2$，$c_{22} = E(X_2 - E(X_2))^2$，

$c_{12} = Cov(X_1,\ X_2) = E((X_1 - E(X_1))(X_2 - E(X_2)))$

$c_{21} = Cov(X_2,\ X_1) = E((X_2 - E(X_2))(X_1 - E(X_1)))$，

则称矩阵 $C = \begin{pmatrix} c_{11} & c_{12} \\ c_{21} & c_{22} \end{pmatrix}$ 为 $(X_1,\ X_2)$ 的协方差矩阵．

2. 设 n 维随机变量 $(X_1,\ X_2,\ \cdots,\ X_n)$ 的二阶混合中心矩

$c_{ij} = Cov(X_i,\ X_j) = E((X_i - E(X_i))(X_j - E(X_j)))$，$i,\ j=1,\ 2,\ \cdots,\ n$

都存在，则称矩阵 $C = \begin{pmatrix} c_{11} & c_{12} & \cdots & c_{1n} \\ c_{21} & c_{22} & \cdots & c_{2n} \\ \vdots & \vdots & & \vdots \\ c_{n1} & c_{n2} & \cdots & c_{nn} \end{pmatrix}$ 为 $(X_1,\ X_2,\ \cdots,\ X_n)$ 的协方差矩阵．

显然 C 是一个对称的非负定矩阵．

主成分分析（Principal Component Analysis，PCA）是最常用的一种降维方法，通过一个投影矩阵将可能存在相关性和冗余的特征转换为一组更低维度的线性不相关的特征，转换后的特征就叫做主成分．在降维的过程中，我们希望损失的信息尽可能少，也就是希望保留的信息尽可能多．PCA 用方差来度量信息量，在某个维度上，数据分布越分散，方差越大，信息越多．因此，PCA 对投影矩阵的第一个要求是使投影后的样本在各维度上方差尽可能大．然而，如果单纯只

选择方差最大的方向，会导致选择的基向量方向差不多，彼此相关性大，表示的信息几乎是重复的. 所以为了使降维后的维度能尽可能地表达信息，第二个要求是不希望投影后的特征之间存在(线性)相关性. 所以 PCA 的优化目标是：(1)降维后在新维度上的同一维度方差最大；(2)不同维度之间相关性为 0. 投影值的协方差矩阵的对角线代表了投影值在各个维度上的方差，其他元素代表各个维度之间的相关性(协方差). 基于优化目标，我们希望协方差矩阵是个对角线上值很大的对角矩阵(对角矩阵意味着非对角元素为 0).

【例 1】 计算 $X_1=(3,\ 4)$，$X_2=(5,\ 6)$，$X_3=(2,\ 2)$，$X_4=(8,\ 4)$的协方差矩阵.

解： 由具体的数据计算协方差矩阵，步骤如下：

(1)数据矩阵 $Y=\begin{pmatrix}3 & 4\\ 5 & 6\\ 2 & 2\\ 8 & 4\end{pmatrix}$.

(2)计算数据矩阵中的每一列数据的均值，公式为：$\overline{Y}_i=\dfrac{y_{1i}+y_{2i}+\cdots+y_{ni}}{n}$，得：$\overline{Y}_1=4.5$，$\overline{Y}_2=4$.

(3)计算协方差矩阵 $C=\begin{pmatrix}c_{11} & c_{12}\\ c_{21} & c_{22}\end{pmatrix}$，其中 $c_{ij}=\dfrac{1}{n-1}\sum\limits_{k=1}^{n}(Y_{ki}-\overline{Y}_i)(Y_{kj}-\overline{Y}_j)$

求得协方差矩阵为 $\sum=\begin{bmatrix}7 & 2\\ 2 & 2.67\end{bmatrix}$.

【例 2】 协方差矩阵 $C=\begin{pmatrix}1 & 0\\ 0 & 7\end{pmatrix}$，$C_1=\begin{pmatrix}8 & 2\\ 2 & 7\end{pmatrix}$，$C_2=\begin{pmatrix}1 & -2\\ -2 & 1\end{pmatrix}$表示的含义是什么?

解： 由协方差矩阵 C 可以看出，随机变量$(X_1,\ X_2)$的方差分别为 1 和 7，说明数据在 X_1 的方向上比较集中，在 X_2 方向上比较分散，两者没有线性相关性.

由协方差矩阵 C_1 可以看出，随机变量$(X_1,\ X_2)$的方差分别为 8 和 7，说明数据在 X_1 和 X_2 方向上都比较分散，两者是正相关的. 由协方差矩阵 C_2 可以看出，随机变量$(X_1,\ X_2)$的方差分别为 1 和 1，说明数据在 X_1 和 X_2 方向上都比较集中，两者是负相关的.

3. *n* 维正态随机变量的联合密度函数

(1)二维正态随机变量$(X_1,\ X_2)$的联合密度函数为

$f(x, y)=$

$$\frac{1}{2\pi\sigma_1\sigma_2\sqrt{1-\rho^2}}\exp\left\{\frac{-1}{2(1-\rho^2)}\left[\frac{(x-\mu_1)^2}{\sigma_1^2}-2\rho\frac{(x-\mu_1)(y-\mu_2)}{\sigma_1\sigma_2}+\frac{(y-\mu_2)^2}{\sigma_2^2}\right]\right\}$$

因为 $c_{11}=D(X)=\sigma_1^2$，$c_{12}=c_{21}=Cov(X_1, X_2)=\rho\sigma_1\sigma_2$，$c_{22}=D(X_2)=\sigma_2^2$

所以 (X_1, X_2) 的协方差矩阵 $C=\begin{pmatrix} c_{11} & c_{12} \\ c_{21} & c_{22} \end{pmatrix}=\begin{pmatrix} \sigma_1^2 & \rho\sigma_1\sigma_2 \\ \rho\sigma_1\sigma_2 & \sigma_2^2 \end{pmatrix}$.

记 $X=\begin{pmatrix} X_1 \\ X_2 \end{pmatrix}$，$\mu=\begin{pmatrix} \mu_1 \\ \mu_2 \end{pmatrix}$，则 (X_1, X_2) 的联合密度函数可写成

$$f(x, y)=\frac{1}{(2\pi)^{2/2}|C|^{1/2}}\exp\left\{-\frac{1}{2}(X-\mu)'C^{-1}(X-\mu)\right\}$$

(2) n 维正态随机变量 $(X_1, X_2, \cdots, X_n)$ 的联合密度函数.

记 $X=\begin{pmatrix} X_1 \\ X_2 \\ \vdots \\ X_n \end{pmatrix}$，$\mu=\begin{pmatrix} \mu_1 \\ \mu_2 \\ \vdots \\ \mu_n \end{pmatrix}$，$n$ 维正态随机变量 $(X_1, X_2, \cdots, X_n)$ 的联合密度函数定义为：

$$f(x_1, x_2, \cdots, x_n)=\frac{1}{(2\pi)^{n/2}|C|^{1/2}}\exp\left\{-\frac{1}{2}(X-\mu)'C^{-1}(X-\mu)\right\}$$

其中 C 是 $(X_1, X_2, \cdots, X_n)$ 的协方差矩阵. 其中 $X=(X_1, X_2, \cdots, X_n)^T$，

$$\mu=\begin{pmatrix} \mu_1 \\ \mu_2 \\ \vdots \\ \mu_n \end{pmatrix}=\begin{pmatrix} E(X_1) \\ E(X_2) \\ \vdots \\ E(X_n) \end{pmatrix}, \quad C=\begin{pmatrix} c_{11} & c_{12} & \cdots & c_{1n} \\ c_{21} & c_{22} & \cdots & c_{2n} \\ \cdots & \cdots & \cdots & \cdots \\ c_{n1} & c_{n2} & \cdots & c_{nn} \end{pmatrix}.$$

4. n 维正态随机变量的性质

(1) n 维正态随机变量 $(X_1, X_2, \cdots, X_n)$ 的每一个分量 X_i $(i=1, 2, \cdots, n)$ 都是正态分布；反之，若 $X_1, X_2, \cdots, X_n$ 都是正态分布，且相互独立，则 $(X_1, X_2, \cdots, X_n)$ 是 n 维正态变量.

(2) n 维随机变量 $(X_1, X_2, \cdots, X_n)$ 服从正态分布的充要条件是 $(X_1, X_2, \cdots, X_n)$ 的任意的线性组合 $k_1X_1+k_2X_2+\cdots+k_nX_n$ 服从一维正态分布(其中 $k_1, k_2, \cdots, k_n$ 不全为零).

(3)若 $(X_1, X_2, \cdots, X_n)$ 服从 n 维正态分布，设 $Y_1, Y_2, \cdots, Y_k$ 是 X_j $(j=1, 2, \cdots, n)$ 的线性函数，则 $(Y_1, Y_2, \cdots, Y_k)$ 也服从多维正态分布.

(4)设 $(X_1, X_2, \cdots, X_n)$ 服从 n 维正态分布，则“相互独立”与“$X_1, X_2, \cdots, X_n$ 两两不相关”是等价的.

(5)多维正态分布的边缘分布及条件分布均是正态分布．

习题 4.4

1. 设随机变量 X 的密度函数为 $f(x)=\begin{cases}0.5x, & 0<x<2 \\ 0, & \text{其他}\end{cases}$，求随机变量 X 的 1 至 4 阶原点矩和中心矩．

2. 设随机变量 X 服从拉普拉斯分布，其密度函数为 $f(x)=\dfrac{1}{2\lambda}e^{-\frac{|x|}{\lambda}}$，$-\infty<x<\infty$，其中 $\lambda>0$ 为常数，求 X 的 k 阶中心矩．

3. 已知二维随机变量(X, Y)的协方差矩阵为$\begin{pmatrix}1 & 1 \\ 1 & 4\end{pmatrix}$，求 $Z_1=X-2Y$ 和 $Z_2=2X-Y$的相关系数．

第五节 信息论基础

信息论是应用数学的一个分支．主要研究的是对一个信号包含信息的多少进行量化．可以使用信息论的一些思想来描述概率分布或者衡量概率分布之间的相似性．本章只介绍与机器学习有关的信息论的基本概念．

信息论的基本想法是一个不太可能发生的事件居然发生了．如果是必然事件，则包含的信息非常少．比如在一个标准大气压下水在 100 度就沸腾．但是如果是这样的消息“水在 80 度就沸腾”，该消息包含的信息量就很大．再比如 2020 年春节之后山东省要求正月初九 24：00 之后才上班．哪怕若干年后看到这则消息，大家也会想到底发生了什么事情会导致年假这么长．这个消息包含的信息量就非常大．所以怎么衡量消息包含的信息量的多少呢?

首先非常可能发生的事件包含的信息量较少，必然事件包含的信息几乎没有．

大概率事件是预料之中的，即使发生，也没什么信息量．

其次比较不可能发生的事件包含的信息量较高．小概率事件，一旦出现必然使人感到意外，因此产生的信息量非常大；几乎不可能事件一旦出现，将是一条爆炸性的新闻，一鸣惊人．

再就是独立的事件包含的信息应该比单个事件包含的信息量要大．比如掷一枚骰子比掷两枚骰子包含的信息量要少．

一、自信息(self－information)

为了满足上面三条性质，我们定义一个事件发生的自信息量，它可以用来衡量该事件包含的信息量的多少．从信息论的角度看，当我们听到一件小概率事件发生时会感到震惊，其本质是受到了巨大信息量的冲击．

定义 1　一个事件$\{X=x\}$发生的自信息量为 $I(x)=-\log p(x)$.

自信息 $I(x)$="$\{X=x\}$发生前所具有的不确定性"="$\{X=x\}$发生后所提供的信息量"="不确定性减少的量"="事件$\{X=x\}$发生前的不确定性"－"事件$\{X=x\}$发生后的不确定性".

设 $P\{X=x\}=p(x)$，自信息 $I(x)$满足如下性质：

(1)事件的概率越小，发生这个事件所带来的自信息量越大，自信息 $I(x)$是概率 $p(x)$的单调递减函数．

(2)不可能事件的自信息量是无穷，而必然事件的自信息量是 0. 即当 $p(x)=1$ 时，$I(x)=0$；当 $p(x)=0$ 时，$I(x)=\infty$.

(3)两个独立事件并集的信息量应等于它们各自的信息量之和．

自信息的单位：

对数以 2 为底(log)，单位为比特(bit)；对数以 e 为底(ln)，单位为奈特(nat)；

对数以 10 为底(lg)，单位为哈特(Hart).

【例 1】　设一个信源发出二进制码元 0 和 1，如发出 0 的概率为 $P(0)=1/4$，发出 1 的概率为 $P(1)=3/4$，则 0 和 1 的自信息量分别为：$I(0)=-\log(1/4)$，$I(1)=-\log(3/4)$.

【例 2】　英文字母中，$P(e)=0.1031$，$P(c)=0.0218$，$P(x)=0.0013$，则：

$$I(e)=-\log(0.1031),\ I(c)=-\log(0.0218),\ I(x)=-\log(0.0013)$$

概率、不确定度与自信息量的关系为概率越小，不确定度大，自信息量大．

在机器学习中一般使用 log 表示自然对数，即对数以 e 为底，单位为奈特．一奈特是以 $1/e$ 为概率观测到一个事件时获得的信息量．

当 x 是连续的，也可以继续使用关于信息的定义．但是有些性质可能就不再具有了，比如一个事件的信息量是 0，但是不能保证它一定发生．

二、信息熵(Entropy)

自信息只处理单个输出．为了衡量整个概率分布中包含的信息量，下面引入信息熵．信息论之父克劳德·香农给出的信息熵的三个性质：

单调性，发生概率越高的事件，其携带的信息量越低；

非负性，信息熵可以看作为一种广度量，非负性是一种合理的必然；

累加性，即多个随机事件同时发生存在的总不确定性的量度可以表示为各事件不确定性的量度的和，这也是广度量的一种体现．

香农从数学上严格证明了满足上述三个条件的随机变量不确定性度量函数具有唯一形式．一个随机变量 X，可能有多种取值，每个取值结果对应一个事件，则这个变量的信息熵是所有取值结果(事件)信息量的加权(概率)平均．

定义 2　$X\sim\begin{bmatrix}x_1,x_2,\cdots,x_n\\ p(x_1),p(x_2),\cdots,p(x_n)\end{bmatrix}$,则把 $H(X)=-\sum_{i=1}^{n}p(x_i)\log p(x_i)$ 称为 X 的熵．

$$H(X)=-\sum_{i=1}^{n}p(x_i)\log p(x_i)=\sum_{i=1}^{n}p(x_i)\log\frac{1}{p(x_i)}=E\left(\log\frac{1}{p(x_i)}\right)$$

由上式看出，熵反映不确定性；X 每个取值结果(事件)发生概率越接近，不确定性越大，熵越大；熵也是随机变量 X 的平均信息量，是 X 每个取值结果(事件)自信息量的期望．另外规定：$0\cdot\log 0=0$.

【例 3】　设事件 X 取值$=\{x_1,\ x_2,\ x_3\}$时，每个取值发生的概率分别为 $p(x_1)=1/2$，$p(x_2)=1/4$，$p(x_3)=1/4$，求 X 的信息熵．

解：信息熵为

$$H(X)=\frac{1}{2}\log 2+\frac{1}{4}\log 4+\frac{1}{4}\log 4=\frac{3}{2}\log 2$$

【例 4】　设 X 发出信号 0 和 1，发 0 的概率为 p，发 1 的概率为 q，$p+q=1$，则 X 服从 0−1 分布，求 X 的信息熵．

解：$H(X)=H(p)=-p\log p-q\log q=-p\log p-(1-p)\log(1-p)$

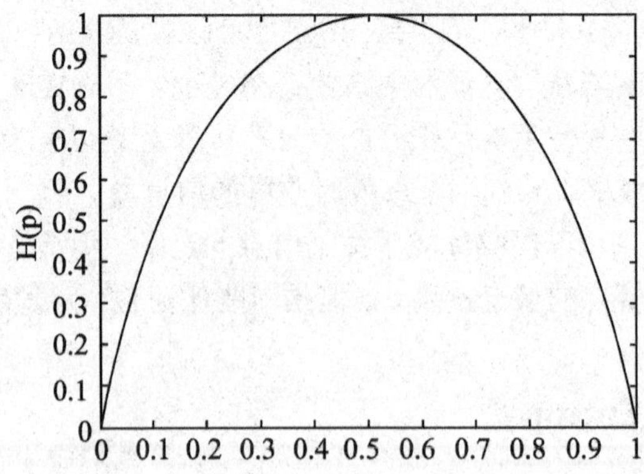

当 $p=0$ 或 $p=1$ 时，$H(p)=0$，随机变量完全没有不确定性．当 $p=0.5$ 时，$H(p)=0.1$，熵取值最大，随机变量不确定性最大．

下面考虑单个连续消息的随机变量信源．连续随机变量可以看作是离散随机变量的极限，故可采用离散随机变量来逼近．1948 年，香农定义连续型随机变量的熵如下：

定义 3　设 X 的密度函数为 $f(x)$，则 $H_C(U)=-\int_R p(u)\log p(u)du$，其中 R 表示全体实数，也称微分熵．

一个分布的信息熵是指服从这个分布的事件所产生的期望信息总量．对于接近确定性的分布具有较低的熵，因为其输出几乎可以确定；那些接近于均匀分布的概率分布具有较高的熵．

【例 5】　求均匀分布的信息熵．

解：设 $X\sim U(a,b)$，有 $H_C(U)=-\int_a^b \frac{1}{b-a}\log\frac{1}{b-a}du=\log(b-a)$．

显然，$b-a<1$ 时，$H_C(U)<0$，这说明它不具备非负性．但是连续随机变量输出的信息量由于有一个无限大量的存在，所以 $H_C(U)>0$.

【例 6】　求正态分布的信息熵．

解：已知 $f(x)=\frac{1}{\sqrt{2\pi\sigma^2}}\exp(-\frac{(x-\mu)^2}{2\sigma^2})$，

$$H_C(U)=-\int_{-\infty}^{\infty} f(x)\log f(x)dx=\int_{-\infty}^{\infty} f(x)\log[\frac{1}{\sqrt{2\pi\sigma^2}}\exp(-\frac{(x-\mu)^2}{2\sigma^2})]dx$$

$$=-\int_{-\infty}^{\infty} f(x)(-\log\sqrt{2\pi\sigma^2})dx+\int_{-\infty}^{\infty} f(x)\left[\frac{(x-\mu)^2}{2\sigma^2}\right]dx\cdot\log e=\log\sqrt{2\pi\sigma^2}+\frac{1}{2}\log e=\frac{1}{2}\log 2\pi e\sigma^2$$

由上面的结果知，正态分布的信息熵与数学期望无关，只与方差有关．

信息熵表示按照真实分布 p 来衡量识别一个样本的所需要的编码长度的期望(即平均编码长度).

三、条件熵(conditional entropy)

定义 4　X 在给定事件$\{Y=y_j\}$情况下的条件熵为

$$H(X\mid y_j)=-\sum_{i=1}^{n}p(x_i\mid y_j)\log p(x_i\mid y_j)$$

随机变量 X 与随机变量 Y 的条件熵定义为：

$$H(X \mid Y)=\sum_{j=1}^{m} p(y_j) H(X \mid y_j)=-\sum_{i=1}^{n} \sum_{j=1}^{m} p(x_i, y_j) \log p(x_i \mid y_j)$$

【例 7】 二进制通信系统使用符号 0 和 1，由于存在干扰，传输时会产生误码．用 X 表示信源发出的符号，Y 表示接收到的符号．假设 $P\{X=0\}=P\{X=1\}=0.5$，$P\{Y=0|X=0\}=0.75$，$P\{Y=1|X=0\}=0.25$，$P\{Y=0|X=1\}=0.5$，$P\{Y=1|X=1\}=0.5$.

(1)已知发出符号 0，求收到符号后得到的信息量 $H(Y|X=0)$.

(2)已知发出的符号 X，求收到符号后得到的信息量 $H(Y \mid X)$.

解：(1)
$$\begin{aligned}H(Y|X=0)&=-P\{Y=0|X=0\}\log P\{Y=0|X=0\}-\\&\quad P\{Y=1|X=0\}\log P\{Y=1|X=0\}\\&=-0.75\log 0.75-0.25\log 0.25=0.82\end{aligned}$$

(2)先求 X 和 Y 的联合分布律

$P\{X=0, Y=0\}=P\{X=0\}P\{Y=0|X=0\}=0.375$，

$P\{X=0, Y=1\}=P\{X=0\}P\{Y=1|X=0\}=0.125$，

$P\{X=1, Y=0\}=P\{X=1\}P\{Y=0|X=1\}=0.25$，

$P\{X=1, Y=1\}=P\{X=1\}P\{Y=1|X=1\}=0.25$

所以，

$$\begin{aligned}&H(Y|X)=-P\{X=0, Y=0\}\log P\{Y=0|X=0\}-\\&P\{X=0, Y=1\}\log P\{Y=1|X=0\}-\\&P\{X=1, Y=0\}\log p\{Y=0|X=1\}-\\&P\{X=1, Y=1\}\log P\{Y=1|X=1\}\\&=-0.375\log 0.75-0.125\log 0.25-0.25\log 0.5-0.25\log 0.5\end{aligned}$$

四、联合熵(joint entropy)

定义 5 随机变量 X 与 Y 的联合熵定义为

$$H(X,Y)=-\sum_{i=1}^{n} \sum_{j=1}^{m} p(x_i, y_j) \log p(x_i, y_j),$$

$H(X, Y)$表示 X 和 Y 同时发生时的不确定度．

五、相对熵(KL(kullback－Leibler)散度)

相对熵又称 KL 散度，如果对于同一个随机变量 X，有两个单独的概率分布 $p(x)$和 $q(x)$，我们可以使用 KL 散度来衡量这两个分布的差异．

如果用 P 来描述目标问题，而不是用 Q 来描述目标问题，可以得到信息增量．在机器学习中，P 往往用来表示样本的真实分布，比如[1，0，0]表示当前样本属于第一类．Q 用来表示模型所预测的分布，比如[0.7，0.2，0.1]．

直观的理解就是如果用 P 来描述样本，那么就非常完美．而用 Q 来描述样本，虽然可以大致描述，但是不是那么的完美，信息量不足，需要额外的一些"信息增量"才能达到和 P 一样完美的描述．如果 Q 通过反复训练，也能完美的描述样本，那么就不再需要额外的"信息增量"，Q 等价于 P．

定义 6 相对熵为 $D_{KL}(p|q)=\sum\limits_{i=1}^{n}p(x_i)\log\dfrac{p(x_i)}{q(x_i)}$．

KL 散度越小，$p(x)$和 $q(x)$分布越接近．

相对熵之所以称为散度而不是距离，是因为距离是对称的，而散度可以是不对称的．

相对熵主要有两个性质：

(1)不对称性

尽管相对熵从直观上是个度量或距离函数，但它并不是一个真正的度量或者距离，因为它不具有对称性．

(2)非负性

相对熵的值是非负值．相对熵可以衡量两个随机分布之间的距离，当两个随机分布相同时，它们的相对熵为零，当两个随机分布的差别增大时，它们的相对熵也会增大．所以在机器学习中用相对熵评估标签和预测值之间的差异；相对熵可以用于比较文本的相似度，先统计出词的频率，然后计算相对熵．另外，在多指标系统评估中，指标权重分配是一个重点和难点，通过相对熵可以处理．

六、交叉熵

考虑一种情况，对于一个样本集，存在两个概率分布总体分布 $p(x)$和样本分布 $q(x)$，其中 $p(x)$为真实分布，$q(x)$为非真实分布，则基于真实分布 $p(x)$的信息熵为 $H(X)=-\sum\limits_{i=1}^{n}p(x)\log p(x)$，用非真实分布 $q(x)$作为样本集，因为样本来自总体 $p(x)$，则 $q(x)$ 的信息熵为 $H(X)=-\sum\limits_{i=1}^{n}p(x)\log q(x)$，这就是 $p(x)$ 和 $q(x)$ 的交叉熵．

定义 7 $p(x)$和 $q(x)$的交叉熵为 $H(p,\ q)=-\sum\limits_{i=1}^{n}p(x_i)\log q(x_i)$．

交叉熵与相对熵的关系为

$$D_{KL}(p|q)=\sum_{i=1}^{n}p(x_i)\log\frac{p(x_i)}{q(x_i)}=\sum_{i=1}^{n}p(x_i)\log p(x_i)-\sum_{i=1}^{n}p(x_i)\log q(x_i)=$$
$$H(p,q)-H(p)$$

相对熵是交叉熵与信息熵的差，$H(p)$不变，只需要优化交叉熵即可实现两个分布相似的目的，故可以直接用交叉熵作为损失函数，评估模型．

交叉熵可在神经网络和机器学习中作为损失函数，p 表示真实标记的分布，q 则为训练后的模型的预测标记分布，交叉熵损失函数可以衡量 p 与 q 的相似性．交叉熵作为损失函数还有一个好处是使用 sigmoid 函数在梯度下降时能避免均方误差损失函数学习速率降低的问题，因为学习速率可以被输出的误差所控制．在特征工程中，可以用来衡量两个随机变量之间的相似度．

【例 8】 真实概率分布 p 为[0.5，0.25，0.25，0]，非真实分布 q 为[0.25，0.25，0.25，0.25]，求相对熵，交叉熵．

解： $H(p)=-\sum_{i=1}^{n}p(x_i)\log p(x_i)=0.5\times\log 2+0.25\times\log 4+0.25\times\log 4=1.5$，

$H(p,q)=0.5\times\log 4+0.25\times\log 4+0.25\times\log 4=2$，

$D_{KL}(p|q)=H(p,q)-H(p)=0.5$．

七、互信息与信息增益

互信息就是一个联合分布中的两个信息的纠缠程度或者相互影响部分的信息量，其衡量的是两个随机变量之间的相关性，即一个随机变量中包含的关于另一个随机变量的信息量．

定义 8 设 X，Y 的联合分布 $P(x,y)$与乘积 $P(x)P(y)$相对熵为

$$I(X,Y)=\sum_{x\in X}\sum_{y\in Y}P(x,y)\log\frac{P(x,y)}{P(x)P(y)}=H(Y)-H(Y|X)，$$

这就是 X，Y 的互信息．

互信息表示在 X 已知的条件下，Y 的信息量减少的多少．决策树中的信息增益就是互信息，把分类的不同结果看成不同随机事件 Y，然后把当前选择的特征看成 X，则信息增益就是当前 Y 的信息熵减去已知 X 情况下的信息熵．

【例 9】 外出旅游需要考虑如下因素：天气、风级，具体情况见下表，试计算天气这一因素的信息增益．

数据	天气	风级	是否外出
1	晴天	强	否
2	晴天	强	否
3	阴天	弱	是
4	雨天	弱	是
5	雨天	弱	是
6	雨天	强	否
7	阴天	强	是
8	晴天	弱	否
9	晴天	弱	是
10	雨天	弱	是
11	晴天	强	是
12	阴天	强	是
13	阴天	弱	是
14	雨天	强	否

解：通过表中的数据知：$P(\text{晴天})=\frac{5}{14}$，$P(\text{外出}\mid\text{晴天})=\frac{2}{5}$，$P(\text{不外出}\mid\text{晴天})=\frac{3}{5}$，$P(\text{阴天})=\frac{4}{14}$，$P(\text{外出}\mid\text{阴天})=1$，$P(\text{不外出}\mid\text{晴天})=0$，$P(\text{雨天})=\frac{5}{14}$，$P(\text{外出}\mid\text{雨天})=\frac{3}{5}$，$P(\text{不外出}\mid\text{雨天})=\frac{2}{5}$，$P(\text{外出})=\frac{9}{14}$

用 Y 表示外出，Y_1，Y_2 分别表示外出和不外出，X 表示天气，X_1，X_2，X_3 分别表示晴天、阴天和雨天，计算信息熵

$$H(Y)=-\frac{9}{14}\log\frac{9}{14}-\frac{5}{14}\log\frac{5}{14}=0.94,$$

$$H(Y\mid X_1)=-P(Y_1\mid X_1)\log P(Y_1\mid X_1)-P(Y_2\mid X_1)\log P(Y_2\mid X_1)=-\frac{2}{5}\log\frac{2}{5}-\frac{3}{5}\log\frac{3}{5}=0.971,$$

$$H(Y\mid X_2)=-P(Y_1\mid X_2)\log P(Y_1\mid X_2)-P(Y_2\mid X_2)\log P(Y_2\mid X_2)=-1\log1-0\log0=0,$$

$$H(Y\mid X_3)=-P(Y_1\mid X_3)\log P(Y_1\mid X_3)-P(Y_2\mid X_3)\log P(Y_2\mid X_3)=-\frac{3}{5}\log\frac{3}{5}-\frac{2}{5}\log\frac{2}{5}=0.971,$$

$$H(Y\mid X)=\sum_{j=1}^{m}P(X_j)H(Y\mid X_j)=\frac{5}{14}\times0.971+\frac{4}{14}\times0+\frac{5}{14}\times0.971=0.694$$

$I(X,Y)=H(Y)-H(Y|X)=0.94-0.694=0.246$，所以天气的信息增益为 0.246.

八、最大熵原理

热力学统计物理中有熵增加原理，在信息论中也有对应的关于信息熵的著名定理——最大信息熵原理．在该部分中使用自然对数函数 lnx.

在很多情况下，对一些随机事件，我们并不了解其概率分布，所掌握的只是与随机事件有关的一个或几个随机变量的概率信息．此时可能会有无穷多组解，该选哪一组解呢？即如何从这些分布中挑选出“最佳的”“最合理”的分布来呢？这个挑选标准就是最大信息熵原理．

按最大信息熵原理，我们从全部的分布中挑选出在某些约束条件下(通常是给定的某些随机变量的平均值)使信息熵达到极大值的分布．这是因为信息熵取得极大值时对应的一组概率分布出现的概率最大．这一原理是由杨乃斯提出的．

【例 10】 某学校对其教师进行教学能力测试，结果分为 5 档，分别为 1，2，3，4，5 分，由最大熵原理求 $P\{X=i\}=p_i$.

解：本题有有一个约束条件：$\sum_{i}^{5} p_i = 1$. 下面利用拉格朗日乘子法求概率．已知 $H(p)=-\sum_{i=1}^{n} p(x_i)\ln p(x_i)$，设 $L=-\sum_{i=1}^{n} p(x_i)\ln p(x_i)+\lambda(\sum_{i}^{5} p_i-1)$，对 L 分别对 p_i 和 λ 求偏导且令其为 0，得 $\frac{\partial L}{\partial p_i}=-\ln p_i-1+\lambda=0, p_i=e^{\lambda-1}$；$\frac{\partial L}{\partial \lambda}=\sum_{i=1}^{5} p_i-1=0$，故 $p_i=\frac{1}{5}$.

结论 1 对于离散随机变量，等概率分布时具有最大值．

【例 11】 假设随机变量 X 有 5 个取值 X_1，X_2，X_3，X_4，X_5，对应的概率值为 p_1，p_2，p_3，p_4，p_5(未知)，从一些先验知识可以得到 $p_1+p_2=0.4$，试求概率 p_1，p_2，p_3，p_4，p_5.

解：本题有有两个约束条件：$\sum_{i}^{5} p_i = 1, p_1+p_2=0.5$. 下面利用拉格朗日乘子法求概率 p_1,p_2,p_3,p_4,p_5. 已知 $H(p)=-\sum_{i=1}^{n} p(x_i)\ln p(x_i)$，设：

$$L=-\sum_{i=1}^{n} p(x_i)\ln p(x_i)+\lambda_1(\sum_{i}^{5} p_i-1)+\lambda_2(p_1+p_2-0.5)$$

对 L 分别对 p_i 和 λ 求偏导且令其为 0：

$$\frac{\partial L}{\partial p_i}=-\ln p_i-1+\lambda_1+\lambda_2=0,\ i=1,\ 2$$

$$\frac{\partial L}{\partial p_i}=-\ln p_i-1+\lambda_1=0,\ i=3,\ 4,\ 5,$$

则 $p_1=p_2=0.25$，$p_3=p_4=p_5=\frac{1}{6}$.

定理 1　随机变量 X 取值范围为区间 I，其密度函数为 $f(x)$，且 $\int_I f(x)dx=1$，$\int_I g_i(x)f(x)dx=\mu_i$，$i=1,2,\cdots,m$，$\mu_i$ 为常数，则 X 的最大熵的密度函数为 $f(x)=e^{\lambda_0+\sum_{i=1}^{m}\lambda_i g_i(x)}$，$\lambda_i$ 为拉格朗日乘因子，$i=0,1,2,\cdots,m$.

证明：有两个约束条件：$\int_I f(x)dx=1$，$\int_I g_i(x)f(x)dx=\mu_i$，$i=1,2,\cdots,m$.

下面利用拉格朗日乘子法求概率．已知 $H(p)=-\sum_{i=1}^{n}p(x_i)\log p(x_i)$，设

$$L=-\int_I f(x)\ln f(x)dx+\lambda_0(\int_I f(x)dx-1)+\sum_{i=1}^{m}\lambda_i(\int_I g_i(x)f(x)dx-\mu_i)$$

函数 L 对 $f(x)$ 求偏导且令其为 0：

$$\frac{\partial L}{\partial f(x)}=-\int_I(\ln f(x)+1)dx+\int_I\lambda_0 dx+\sum_{i=1}^{m}\lambda_i(\int_I g_i(x)dx)$$

$$=\int_I(-\ln f(x)-1)+\lambda_0+\sum_{i=1}^{m}\lambda_i g_i(x))dx=0$$

得：$\ln f(x)=-1+\lambda_0+\sum_{i=1}^{m}\lambda_i g_i(x)$，得 $f(x)=e^{\lambda_0+\sum_{i=1}^{m}\lambda_i g_i(x)}$，$\lambda_i$ 为拉格朗日乘因子，$i=0,\ 1,\ 2,\ \cdots,\ m$.

引理　设 $f(x)$ 是一个凸函数，X 是一个随机变量，则 $E(f(X))\geqslant f(E(x))$.

定理 2　随机变量 X 和 Y 的密度函数为 $f_1(x)$，$f_2(y)$，当下式两端有意义时，有不等式 $\int f_1(x)\ln f_1(x)dx\geqslant\int f_1(x)\ln f_2(x)dx$.

证明：令 $Z=\frac{f_1(Y)}{f_2(Y)}$，则 $E(Z)=E\left(\frac{f_1(Y)}{f_2(Y)}\right)=\int\frac{f_1(y)}{f_2(y)}f_2(y)dy=1$，$\ln(E(Z))=0$，设 $f(x)=x\ln x$，则在区间 $(0,\ +\infty)$ 上 $f(x)$ 为凸函数，由 Jessen 不等式，有：

$$E(X\ln X)\geqslant E(X)\ln(E(X))$$

$$0\leqslant E(Z\ln Z)=\int\frac{f_1(y)}{f_2(y)}\ln\left(\frac{f_1(y)}{f_2(y)}\right)f_2(y)dy=\int f_1(y)\ln f_1(y)-\int f_1(y)\ln f_2(y)dy$$

从而有$\int f_1(y)\ln f_1(y)dy \geqslant \int f_1(y)\ln f_2(y)dy$.

定理 3 随机变量 X 的取值为全体实数，$E(X)=\mu$，$D(X)=\sigma^2$，则 X 最大熵的分布为正态分布 $N(\mu, \sigma^2)$.

证明：记集合

$$S=\{f(x): f(x)\geqslant 0; \int_{-\infty}^{+\infty} f(x)dx=1; \int_{-\infty}^{+\infty} xf(x)dx=\mu;$$
$$\int_{-\infty}^{+\infty}(x-\mu)^2 f(x)dx=\sigma^2\}$$

显然 $f_0(x)=\frac{1}{\sqrt{2\pi}\sigma}e^{-\frac{(x-\mu)^2}{2\sigma^2}}dx\in S$. 对任意 $f_1(x)\in S$，有

$$\begin{aligned}\int_{-\infty}^{+\infty} f_1(x)\ln f_1(x)dx &\geqslant \int_{-\infty}^{+\infty} f_1(x)\ln f_0(x)dx \\ &=\int_{-\infty}^{+\infty} f_1(x)\left(\ln\frac{1}{\sqrt{2\pi}\sigma}-\frac{(x-\mu)^2}{2\sigma^2}\right)dx \\ &=\ln\frac{1}{\sqrt{2\pi}\sigma}-\frac{\sigma^2}{2\sigma^2}=\ln\frac{1}{\sqrt{2\pi}\sigma}-\frac{1}{2}=\int_{-\infty}^{+\infty} f_0(x)\ln f_0(x)dx\end{aligned}$$

结论 2 对于连续随机变量，不同的约束条件，具有极值的连续随机变量的分布不同. 比如已知区间时，均匀分布具有最大熵. 已知均值时，指数分布具有最大熵；已知期望和方差时，正态分布具有最大熵.

最大熵原理指出，当我们需要对一个随机事件的概率分布进行预测时，应当满足全部已知的条件，而对未知的情况不要做任何主观假设. 在这种情况下，概率分布最均匀，预测的风险最小. 因为这时概率分布的信息熵最大，所以人们称这种模型叫“最大熵模型”. 不要把所有的鸡蛋放在一个篮子里，其实就是最大熵原理的一个朴素的说法，因为当我们遇到不确定性时，就要保留各种可能性. 要保留全部的不确定性，将风险降到最小. 最大熵原理可以用于自然语言处理，比如词义消歧、词法分析等.

习题 4.5

1. 已知 $X\sim\begin{bmatrix} a_1 & a_2 & a_3 \\ 0.7 & 0.2 & 0.1\end{bmatrix}$，求信息熵.

2. 掷骰子，设骰子面朝上的点数用随机变量 X 来表示，则 X 可能有以下几种概率分布 $p_0=\left(\frac{1}{6}, \frac{1}{6}, \frac{1}{6}, \frac{1}{6}, \frac{1}{6}, \frac{1}{6}\right)$，$p_1=\left(0, \frac{1}{3}, 0, 0, \frac{1}{3}, \frac{1}{3}\right)$，$p_2=\left(0, 0, \frac{1}{2}, 0, 0, \frac{1}{2}\right)$，$p_3=\left(0, \frac{1}{5}, \frac{1}{5}, \frac{1}{5}, \frac{1}{5}, \frac{1}{5}\right)$，对每种概率分

布，计算其信息熵.

3. 计算下列概率分布的信息熵：

(1)$p_i=\frac{1}{3}$，$i=1, 2, 3$；(2)$p_1=p_2=\frac{1}{4}$，$p_3=\frac{1}{2}$；(3)$p_i=\frac{1}{n}$，$i=1, 2, \cdots, n$.

4. 一个随机变量 X，真实分布 $p(x)=\begin{bmatrix}1 & 2 & 3 & 4\\ \frac{1}{2} & \frac{1}{4} & \frac{1}{8} & \frac{1}{8}\end{bmatrix}$，非真实分布 $q(x)=\begin{bmatrix}1 & 2 & 3 & 4\\ \frac{1}{4} & \frac{1}{4} & \frac{1}{4} & \frac{1}{4}\end{bmatrix}$，求交叉熵.

5. 有一堆苹果，已知这堆苹果的颜色，以及每种颜色对应脆苹果和面苹果的个数，用 X 表示颜色，Y 表示脆苹果或者面苹果. 颜色有三种绿色、黄色和红色，$X=\begin{cases}0, & \text{颜色为绿色}\\ 1, & \text{颜色为黄色}\\ 2, & \text{颜色为红色}\end{cases}$ $Y=\begin{cases}0, & \text{脆苹果}\\ 1, & \text{面苹果}\end{cases}$，数据如下：绿色苹果共 6 个，其中脆苹果 3 个；黄色苹果 6 个，其中脆苹果 4 个；红色苹果 5 个，其中脆苹果 1 个，总共 17 个苹果. 求随机变量 Y，X 的信息增益 $I(Y, X)$.

6. 令 X 和 Y 的联合分布律为：$p(0, 0)=\frac{1}{3}$，$p(0, 1)=\frac{1}{3}$，$p(1, 0)=0$，$p(1, 1)=\frac{1}{3}$，求 $H(X)$，$H(Y)$，$H(X, Y)$，$H(X|Y)$，$H(Y|X)$，$I(X, Y)$，$I(Y, X)$.

总习题四

习题 A

一、选择题

1. 设 X 的分布律为 $P\{X=n\}=P\{X=-n\}=\frac{1}{2n(n+1)}$（$n$ 是正整数），则 $E(X)=($ $)$

A. 0　　B. 1

C. 0.5　　D. 不存在

2. 若随机变量 X 的密度函数为 $f(x)=\frac{1}{\sqrt{\pi}}e^{-x^2+4x-4}$，则 ξ 的数学期望是(　　)

A. 0　　B. 1　　C. 2　　D. 3

3. 随机变量 X 服从几何分布 $P\{X=k\}=p(1-p)^{k-1}(k=1, 2, \cdots)$，则 $E(X)=($　　$)$

A. $p(1-p)$　　B. $\frac{1}{p}$　　C. p　　D. kp

4. 设 $X_i \sim N(0, 1)(i=1, 2)$，$Y=X_1-X_2$，则(　　)

A. $Y\sim N(0, 1)$　　B. $Y\sim N(0, 2)$

C. $E(Y)=0$　　D. $D(Y)=2$

5. (91 年研)对于任意两个随机变量 X 和 Y，若 $E(XY)=E(X)E(Y)$，则有(　　)

A. $D(XY)=D(X)D(Y)$　　B. $D(X+Y)=D(X)+D(Y)$

C. X 和 Y 独立　　D. X 和 Y 不独立

6. 设 $X\sim N(0, \sigma^2)$，λ 是任意实数，则有(　　)

A. $P\{X\leqslant\lambda\}=1-P\{X\leqslant-\lambda\}$　　B. $P\{X\leqslant\lambda\}=P\{X\geqslant\lambda\}$

C. $|\lambda|X\sim N(0, |\lambda|\sigma^2)$　　D. $X+\lambda\sim N(0, \sigma^2+\lambda^2)$

7. 随机变量 X 服从指数分布，参数 $\lambda=($　　$)$时，$E(X^2)=18$

A. 3　　B. 6　　C. $\frac{1}{6}$　　D. $\frac{1}{3}$

8. 具有下面密度函数的随机变量中方差不存在的是(　　)

A. $f_1(x)=5e^{-5x}$，$x>0$　　B. $f_2(x)=\frac{1}{\sqrt{6\pi}}e^{-\frac{x^2}{6}}$

C. $f_3(x)=\frac{1}{2}e^{-|x|}$　　D. $f_4(x)=\frac{1}{\pi(1+x^2)}$

9. 设 X 服从 $n=100$，$p=0.02$ 的二项分布，Y 服从正态分布且 $E(X)=E(Y)$，$D(X)=D(Y)$，则 Y 的密度函数 $f(x)=($　　$)$

A. $\frac{1}{\sqrt{2\pi}}e^{-\frac{x^2}{2}}$　　B. $\frac{1}{\sqrt{2\pi}}e^{-\frac{(x-2)^2}{1.96}}$

C. $\frac{1}{1.4\sqrt{\pi}}e^{-\frac{(x-2)^2}{1.96}}$　　D. $\frac{1}{1.4\sqrt{2\pi}}e^{-\frac{(x-2)^2}{3.92}}$

10. 若存在常数 a，$b(a\neq0)$，使 $P\{Y=aX+b\}=1$，且 $D(X)$ 存在，则 ρ_{XY} 为(　　)

A. 1　　B. -1

C. $\frac{a}{|a|}$　　D. $|\rho_{XY}|<1$

二、填空题

1. 设(X, Y)的联合分布律为

X \ Y	-1	1	2
-1	$\frac{5}{20}$	$\frac{2}{20}$	$\frac{6}{20}$
2	$\frac{3}{20}$	$\frac{3}{20}$	$\frac{1}{20}$

则 $E(X-Y)=$__________.

2. 若二维随机变量$(X, Y)\sim N(a, b; \sigma_1^2, \sigma_2^2; r)$，则 $D(X)D(Y)=$__________，$Cov(X, Y)=$__________.

3. 某人投篮命中率为 $p=0.25$，重复投篮直至投入篮筐为止，设 X 表示投篮次数，则 $E(X)=$__________.

4. 设一次试验 $P(A)=p$，进行 100 次重复独立试验. X 表示 A 发生的次数，当 $p=$__________时，$D(X)$取得最大值，其最大值为__________.

5. (X, Y)的联合密度函数为 $f(x, y)=\begin{cases} x+y, & 0\leqslant x\leqslant 1,\ 0\leqslant y\leqslant 1 \\ 0, & \text{其他} \end{cases}$，则 $D(X)=$__________，$D(Y)=$__________.

三、计算题

1. 设二维随机变量 ξ 与 η 的联合分布律为

ξ \ η	0	1	2	3
0	0	0	$\frac{21}{120}$	$\frac{35}{120}$
1	0	$\frac{14}{120}$	$\frac{42}{120}$	0
2	$\frac{1}{120}$	$\frac{7}{120}$	0	0

求(1)$E[\max(\xi, \eta)]$；(2)$D[\max(\xi, \eta)]$.

2. 设 ξ 与 η 是个随机变量，已知 $E(\xi)=2$，$E(\xi^2)=20$，$E(\eta)=3$，$E(\eta^2)=34$，$\rho_{\xi\eta}=0.5$，求(1)$E(\xi+\eta)$，$E(\xi-\eta)$；(2)$D(\xi+\eta)$，$D(\xi-\eta)$.

3. 设随机变量 ξ 服从区间$[-1, 1]$上的均匀分布，试求$\frac{E(\xi-E(\xi))^3}{(D(\xi))^{3/2}}$及$\frac{E(\xi-E(\xi))^4}{(D(\xi))^{4/2}}$.

4. 随机变量 X，Y，Z，已知 $E(X)=E(Y)=1$，$E(Z)=-1$，$D(X)=D(Y)=D(Z)=1$，$\rho_{XY}=0$，$\rho_{XZ}=\frac{1}{2}$，$\rho_{YZ}=-\frac{1}{2}$，设 $\xi=X+Y+Z$，求 $E(\xi)$，$D(\xi)$.

5. 设随机变量 X 的密度函数为 $f(x)=\begin{cases}\frac{1}{\theta}e^{-\frac{x-a}{\theta}}, & x>a\\ 0, & x\leqslant a\end{cases}$ 其中 a，θ 为常数，且 $\theta>0$，求 $E(X)$，$D(X)$.

6. 设二维随机变量 $(X，Y)$ 的联合密度函数为 $f(x，y)=\begin{cases}4xy, & 0\leqslant x\leqslant 1，0\leqslant y\leqslant 1\\ 0, & 其他\end{cases}$，试求 $E(aX+bY)$ 及 $D(aX+bY)$ 之值.

7. 一个盒子里有 3 个一等品，2 个二等品，3 个三等品，在盒子其中任取 2 个，以 X 表示取到一等品的个数，以 Y 表示取到二等品的个数，求 $E(X)$ 及 $E(Y)$.

8. 设随机变量 X 的分布律为 $P\{X=k\}=\frac{1}{2^k}$，$(k=1, 2, 3, \cdots)$，求 $E\left(\sin\frac{\pi}{2}X\right)$.

9. 设随机变量 $(X，Y)$ 的联合密度函数为 $f(x，y)=6x^2y$，$0<x<1$，$0<y<1$，求 ρ_{XY}.

10. 设随机变量 X，Y 的联合密度函数为

$$f(x，y)=\begin{cases}\frac{1}{4}(1+xy(x^2-y^2)), & -1\leqslant x\leqslant 1，-1\leqslant y\leqslant 1\\ 0, & 其他\end{cases}，$$

求 X，Y 的协方差及相关系数 ρ_{XY}.

11. 随机变量 X 的密度函数为 $f(x)=\begin{cases}\frac{1}{2\sqrt{ax}}e-\sqrt{\frac{x}{a}}, & x>0\\ 0, & 其他\end{cases}$，其中 $a>0$ 是已知常数，求 $E(X)$ 与 $D(X)$.

习题 B

一、选择题

1. (15 年研)设随机变量 X，Y 不相关，且 $E(X)=2$，$E(Y)=1$，$D(X)=3$，则 $E(X(X+Y-2)$ (　　)

A. -3　　B. 3　　C. -5　　D. 5

2. (04 年研)设随机变量 X_1，X_2，$\cdots$，$X_n(n>1)$ 独立同分布，且方差为 $\sigma^2>0$. 令 $Y=\frac{1}{n}\sum_{i=1}^{n}X_i$，则(　　)

A. $Cov(X_1，Y)=\frac{\sigma^2}{n}$　　B. $Cov(X_1，Y)=\sigma^2$

C. $D(X_1+Y)=\frac{n+2}{n}\sigma^2$　　D. $D(X_1-Y)=\frac{n+1}{n}\sigma^2$

3.(08 年研)随机变量 $X\sim N(0,1)$，$Y\sim N(1,4)$且相关系数 $\rho_{XY}=1$，则(　　)

A. $P\{Y=-2X-1\}=1$　　B. $P\{Y=2X-1\}=1$

C. $P\{Y=-2X+1\}=1$　　D. $P\{Y=2X+1\}=1$

4.(01 年研)将一枚硬币重复掷 n 次，以 X 和 Y 分别表示正面向上和反面向上的次数，则 X 和 Y 的相关系数为(　　)

A. -1　　B. 0　　C. $\frac{1}{2}$　　D. 1

5.(16 年研)随机试验 E 有三种两两不相容的结果 A_1，A_2，A_3，且三种结果发生的概率均为$\frac{1}{3}$，将试验 E 独立重复做 2 次，X 表示 2 次试验中结果 A_1 发生的次数，Y 表示 2 次试验 A_2 发生的次数，则 X 与 Y 的相关系数为(　　)

A. -1　　B. 0　　C. $-\frac{1}{2}$　　D. 1

6.(09 年研)设随机变量 X 的分布函数 $F(x)=0.3\Phi(x)+0.7\Phi\left(\frac{x-1}{2}\right)$，其中 $\Phi(x)$为标准正态分布的分布函数，则 $E(X)=$(　　)

A. 0　　B. 0.3　　C. 0.7　　D. 1

二、填空题

1.(17 年研)设随机变量 X 的分布律为 $P\{X=-2\}=\frac{1}{2}$，$P\{X=1\}=a$，$P\{X=3\}=b$，若 $E(X)=0$，则 $D(X)=$__________.

2.(04 年研)设随机变量 X 服从参数为 λ 的指数分布，则 $P\{X>\sqrt{D(X)}\}=$__________.

3.(17 年研)设随机变量 X 的分布函数为 $0.5\Phi(X)+0.5\Phi\left(\frac{X-4}{2}\right)$，其中 $2\Phi(X)$为标准正态分布的分布函数，则 $E(X)=$__________.

4.(13 年研)设随机变量 X 服从标准正态分布 $N(0,1)$，则 $E(Xe^{2X})=$__________.

5.(11 年研)设二维随机变量(X,Y)服从 $N(\mu,\mu;\sigma^2,\sigma^2;0)$，则 $E(XY^2)=$__________.

6.(08 年研)设随机变量 X 服从参数为 1 的泊松分布，则 $P\{X=EX^2\}=$__________.

三、计算题

1.(03年研)已知甲、乙两箱中装有同种产品，其中甲箱中装有3件合格品和3件次品，乙箱中仅装有3件合格品．从甲箱中任取3件产品放入乙箱后，求

(1)乙箱中次品件数的数学期望；(2)从乙箱中任取一件产品是次品的概率．

2.(15年研)设随机变量X的密度函数为$f(x)=\begin{cases}2^{-x}\ln 2, & x>0\\ 0, & x\leqslant 0\end{cases}$，对$X$进行独立重复的观测，直到第2个大于3的观测值出现时停止，记Y为次数，求Y的数学期望．

3.(06年研)设随机变量X的密度函数为$f_X(x)=\begin{cases}\dfrac{1}{2}, & -1<x<0\\ \dfrac{1}{4}, & 0\leqslant x<2\\ 0, & 其他\end{cases}$，令$Y=X^2$，$F(x,y)$为二维随机变量$(X,Y)$的联合分布函数．(1)求$Cov(X,Y)$；(2)$F\left(-\dfrac{1}{2},4\right)$．

4.(12年研)已知随机变量X，Y以及XY的分布律如表1～表3所示：

表1

X	0	1	2
P	1/2	1/3	1/6

表2

Y	0	1	2
P	1/3	1/3	1/3

表3

XY	0	1	2	4
P	7/12	1/3	0	1/12

求(1)$P\{X=2Y\}$；(2)$Cov(X-Y,Y)$与ρ_{XY}．

5.(10年研)箱内有6个球，其中红，白，黑球的个数分别为1，2，3，现在从箱中随机的取出2个球，设X为取出的红球个数，Y为取出的白球个数，(1)求随机变量(X,Y)的联合分布律；(2)求$Cov(X,Y)$.

6.(04年研)设A，B为两个随机事件，且$P(A)=\dfrac{1}{4}$，$P(B|A)=\dfrac{1}{3}$，

$P(A|B)=\frac{1}{2}$，令 $X=\begin{cases}1, & A\text{ 发生},\\0, & A\text{ 不发生}.\end{cases}$ $Y=\begin{cases}1, & B\text{ 发生},\\0, & B\text{ 不发生}.\end{cases}$ 求：(1)二维随机变量 (X, Y) 的联合分布律；(2) X 与 Y 的相关系数 ρ_{XY}；(3) $Z=X^2+Y^2$ 的分布律．

7.(06 年研)设二维随机变量 (X, Y) 的联合分布律为

X \ Y	−1	0	1
−1	a	0	0.2
0	0.1	b	0.2
1	0	0.1	c

其中 a，b，c 为常数，且 X 的数学期望 $E(X)=-0.2$，$P\{X\leqslant 0, Y\leqslant 0\}=0.5$，记 $Z=X+Y$，求：(1) a，b，c 的值；(2) Z 的分布律；(3) $P\{X=Z\}$.

8.(12 年研)设随机变量 X 和 Y 相互独立，且均服从参数为 1 的指数分布，令 $V=\min(X, Y)$，$U=\max(X, Y)$，求：(1)随机变量 V 的密度函数；(2) $E(U+V)$.

9.(94 年研)设 $Z=\frac{1}{3}X+\frac{1}{2}Y$，其中 $X\sim N(1, 3^2)$，$Y\sim N(0, 4^2)$，$\rho_{XY}=-\frac{1}{2}$，求：(1) $E(Z)$，$D(Z)$；(2) ρ_{XZ}；(3) X 与 Z 是否相互独立，为什么？

10.(93 年研)设 $X\sim f(x)=\frac{1}{2}e^{-|x|}$，$-\infty<x<+\infty$，(1)求 $E(X)$，$D(X)$；(2)求 X 与 $|X|$ 的协方差且判定二者是否不相关；(3)判断 X 与 $|X|$ 是否相互独立．

11.(01 年研)设随机变量 X 和 Y 的联合分布在以点(0，1)，(1，0)，(1，1)，为顶点的三角形区域 D 上服从均匀分布，试求随机变量 $U=X+Y$ 的方差．

12.(00 年研)设 A，B 是二个随机事件，随机变量：$X=\begin{cases}1, & \text{若 } A\text{ 出现}\\-1, & \text{若 } A\text{ 不出现}\end{cases}$，$Y=\begin{cases}1, & \text{若 } B\text{ 出现}\\-1, & \text{若 } B\text{ 不出现}\end{cases}$，试证明随机变量 X 和 Y 不相关的充要条件是 A 与 B 相互独立．

13.(00 年研)设二维随机变量 (X, Y) 的密度函数为 $f(x, y)=\frac{1}{2}[f_1(x, y)+f_2(x, y)]$，其中 $f_1(x, y)$ 和 $f_2(x, y)$ 都是二维正态分布的密度函数，且它们对应的二维随机变量的相关系数分别为 $\frac{1}{3}$ 和 $-\frac{1}{3}$，它们的边缘密度函数所对应的随机变量的数学期望都是零，方差都是 1.(1)求随机变量 X 和 Y 的密度函数 $f_1(x)$ 和 $f_2(y)$，及 X 和 Y 的相关系数 ρ.(2)问 X 和 Y 是否独立？

14.(98 年研)设一箱装有 100 件产品，其中一、二、三等品分别为 80、10、

10 件，现从中任取一件，且 $X_i=\begin{cases}1, & \text{抽到 } i \text{ 等品}\\ 0, & \text{其他}\end{cases}$，$i=1$，2，3. 求：(1)二维随机变量 X_1 与 X_2 的联合分布律；(2)X_1 与 X_2 的相关系数 ρ.

15.(97 年研)设 $Y\sim E(1)$ 且 $X_k=\begin{cases}0, & Y\leqslant k\\ 1, & Y>k\end{cases}$ $(k=1, 2)$，求：(1)X_1 与 X_2 的联合分布律；(2)$E(X_1+X_2)$.

第四章　知识结构思维导图

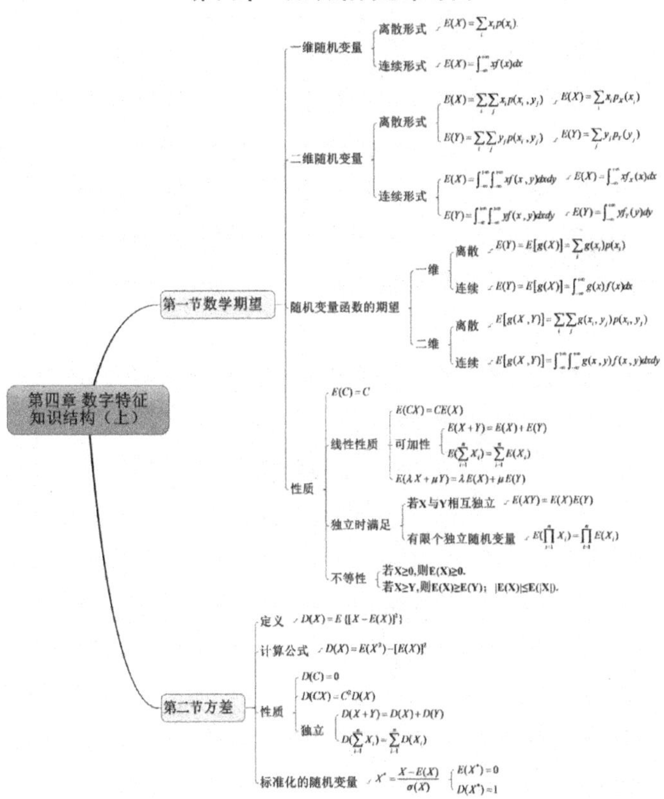

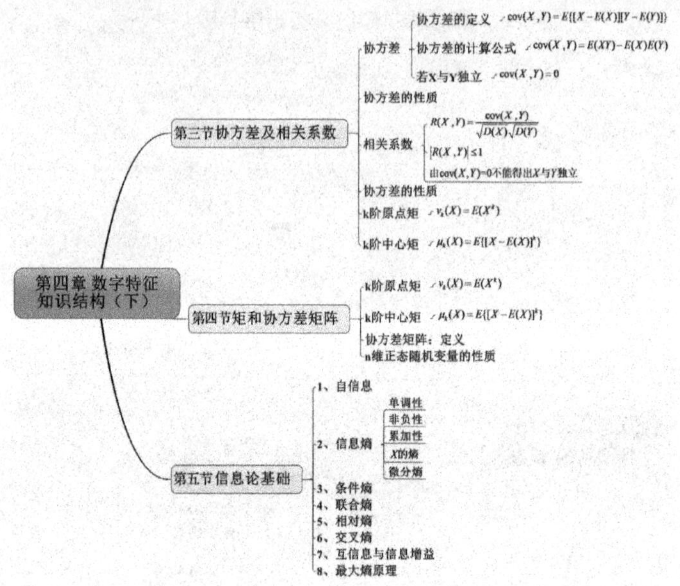
第四章 数字特征
知识结构（下）
第三节协方差及相关系数
协方差
协方差的定义
$\text{cov}(X,Y)=E\{[X-E(X)][Y-E(Y)]\}$
协方差的计算公式
$\text{cov}(X,Y)=E(XY)-E(X)E(Y)$
若X与Y独立
$\text{cov}(X,Y)=0$
协方差的性质
相关系数
$R(X,Y)=\frac{\text{cov}(X,Y)}{\sqrt{D(X)}\sqrt{D(Y)}}$
$|R(X,Y)|\le 1$
由$\text{cov}(X,Y)=0$不能得出X与Y独立
协方差的性质
k阶原点矩
$v_k(X)=E(X^k)$
k阶中心矩
$\mu_k(X)=E\{[X-E(X)]^k\}$
第四节矩和协方差矩阵
k阶原点矩
$v_k(X)=E(X^k)$
k阶中心矩
$\mu_k(X)=E\{[X-E(X)]^k\}$
协方差矩阵：定义
n维正态随机变量的性质
第五节信息论基础
1、自信息
2、信息熵
单调性
非负性
累加性
X的熵
微分熵
3、条件熵
4、联合熵
5、相对熵
6、交叉熵
7、互信息与信息增益
8、最大熵原理

第五章　大数定理与中心极限定理

概率论研究的是随机现象统计规律性．而随机现象的规律性只有在相同的条件下进行大量重复试验时才会呈现出来．例如，大量的掷骰子试验中某个点数出现的频率，产品的废品率等．要从随机现象中去寻求事件内在的必然规律，就要研究大量随机现象的问题．

在生产实践中，大量试验数据、测量数据的算术平均值具有稳定性．这种稳定性就是我们将要讨论的大数定律的客观背景．在这一章中，我们将介绍有关随机变量序列的最基本的两类极限定理——大数定理和中心极限定理．

第一节　集中不等式

一、马尔可夫不等式(Markov)

马尔可夫不等式给出了随机变量的函数大于等于某正数的概率的上界．它以俄国数学家安德雷·马尔可夫命名，马尔可夫不等式可用来证明一个非负的随机变量，其平均值和中位数满足的关系．

定理 1　离散型随机变量 X，若 $E|X|^k$ 存在($k>0$)，则对任意 $\varepsilon>0$，有 $P\{|X|\geqslant\varepsilon\}\leqslant\dfrac{E|X|^k}{\varepsilon^k}$成立．

证明：记 $A=\{e|e\in\Omega,|X(e)|\geqslant\varepsilon|\}$, $P(A)=\sum\limits_{|X(e)|\geqslant\varepsilon}P(e)=P\{|X|\geqslant\varepsilon\}$. 令 $I_A(e)=\begin{cases}1, & e\in A\\ 0, & e\in\Omega-A\end{cases}$, 则有 $I_A(e)\varepsilon^k\leqslant|X(e)|^k$, 从而有 $E(I_A\varepsilon^k)\leqslant E|X|^k$，即得 $\varepsilon^kP(A)\leqslant E|X|^k$, 于是 $P\{|X|\geqslant\varepsilon\}\leqslant\dfrac{E|X|^k}{\varepsilon^k}$.

也可以如此证明：对于离散型随机变量，有

$$P\{|X|\geqslant\varepsilon\}=\sum_{|x_i|\geqslant\varepsilon}p(x_i)\leqslant\sum_{|x_i|\geqslant\varepsilon}\left(\frac{|x_i|}{\varepsilon}\right)^kp(x_i)\leqslant\sum_{-\infty}^{+\infty}\left(\frac{|x_i|}{\varepsilon}\right)^kp(x_i)=$$

$$\frac{1}{\varepsilon^k}\sum_{-\infty}^{+\infty}|x_i|^k p(x_i)=\frac{1}{\varepsilon^k}E|X|^k$$

对于连续型随机变量，有：

$$P\{|X|\geqslant\varepsilon\}=\int_{|x|\geqslant\varepsilon}f(x)dx\leqslant\int_{|x|\geqslant\varepsilon}\left(\frac{|x|}{\varepsilon}\right)^k f(x)dx\leqslant\frac{1}{\varepsilon^k}\int_{-\infty}^{+\infty}|x|^k f(x)dx$$
$$=\frac{1}{\varepsilon^k}E|X|^k$$

推论 1 对随机变量 X，若 $E|X-E(X)|^k$ 存在($k>0$)，则对任意 $\varepsilon>0$，有 $P\{|X-E(X)|\geqslant\varepsilon\}\leqslant\frac{E(|X-E(X)|^k)}{\varepsilon^k}$.

推论 2 对只取非负值的随机变量 X，若 $E(X^k)$存在($k>0$)，则对任意 $\varepsilon>0$，有 $P\{X\geqslant\varepsilon\}\leqslant\frac{E(X)^k}{\varepsilon^k}$.

【例 1】 已知只取非负整数值的随机变量 X 的数学期望为 $E(X)=16$，用马尔可夫不等式给出概率 $P\{X>18\}$的上界.

解：$P\{X>18\}=P\{X\geqslant19\}\leqslant\frac{16}{19}=0.89$.

二、霍夫丁不等式(Hoeffding)

在概率论中，霍夫丁不等式提供了一个上限，它限定了随机变量偏离其期望值的和的概率. 霍夫丁不等式是由 Wassily Hoeffding 在 1963 年提出并证明的.

1. 霍夫丁不等式

引理 1 （霍夫丁引理)如果 X 是均值为 0 的随机变量，并且 $P\{X\in[a,b]\}=1$，那么对于所有的实数 λ 都有 $E(e^{\lambda x})\leqslant e^{\frac{\lambda^2(b-a)^2}{8}}$.

注意：通过假设可以看出，随机变量 X 的数学期望为 0，并且，a 和 b 必定满足 $a\leqslant0$，$b\geqslant0$.

霍夫丁引理的证明使用泰勒定理和 Jensen 不等式.

证明：$e^{\lambda x}$是关于 X 的凸函数，则有 $f(\lambda x_1+(1-\lambda)x_2)\leqslant\lambda f(x_1)+(1-\lambda)f(x_2)$，令 $x_1=a$，$x_2=b$，$\lambda=\frac{x-a}{b-a}$，从而有 $e^{\lambda X}\leqslant\frac{b-X}{b-a}e^{\lambda a}+\frac{X-a}{b-a}e^{\lambda b}$，$a\leqslant X\leqslant b$.

因此，不等式两边求数学期望有：

$$E(e^{\lambda x})\leqslant\frac{b-E(X)}{b-a}e^{\lambda a}+\frac{E(X)-a}{b-a}e^{\lambda b}，a\leqslant X\leqslant b$$

令 $h=\lambda(b-a)$，$p=-\frac{a}{b-a}$，$l(h)=-hp+\ln(1-p+pe^h)$，又因为 $E(X)=$

0，所以

$$e^{l(h)}=\frac{b-E(X)}{b-a}e^{\lambda a}+\frac{E(X)-a}{b-a}e^{\lambda b}$$

把 $l(h)$ 在 $h=0$ 点进行泰勒展开，同时 $l(0)=0$，$l'(0)=0$，$l''(0)\leqslant 1/4$，得到：

$l(h)\leqslant\frac{1}{8}h^2=\frac{1}{8}\lambda^2(b-a)^2$，$E(e^{\lambda x})\leqslant\frac{b-E(X)}{b-a}e^{\lambda a}+\frac{E(X)-a}{b-a}e^{\lambda b}=e^{l(h)}\leqslant e^{\frac{1}{8}\lambda^2(b-a)^2}$.

霍夫丁不等式适用于有界的随机变量 .

定理 2　设有两两独立的一系列随机变量 X_1，X_2，…，X_n，假设所有的 X_i 都是几乎有界的变量，即满足 $P\{X_i\in[a_i, b_i]\}=1$，$1\leqslant i\leqslant n$，$S_n=X_1+X_2+\cdots+X_n$，则对于 $t\geqslant 0$ 有

$$P\{S_n-E(S_n)\geqslant t\}\leqslant\exp\left(-\frac{2t^2}{\sum_{i=1}^{n}(b_i-a_i)^2}\right)$$

证明：对于 s，$t\geqslant 0$，根据马尔可夫不等式的推论 2 和 X_i 的独立性可以推导出：$P\{S_n-E(S_n)\geqslant t\}=P\{e^{s(S_n-E(S_n))}\geqslant e^{st}\}\leqslant e^{-st}E(e^{s(S_n-E(S_n))})=e^{-st}\prod_{i=1}^{n}E(e^{s(X_i-E(X_i))})$，因为 $E(X_i-E(X_i))=0$，使用霍夫丁引理，得

$$P\{S_n-E(S_n)\geqslant t\}\leqslant e^{-st}\prod_{i=1}^{n}E(e^{s(X_i-E(X_i))})\leqslant e^{-st}\prod_{i=1}^{n}e^{\frac{s^2(b_i-a_i)^2}{8}}=e^{-st+\frac{s^2\sum_{i=1}^{n}(b_i-a_i)^2}{8}}\quad(1)$$

为了得到最好的上限，对于上面不等式的右侧，我们需要找到一个函数 S 使得它最小 . 定义：$g(s)=-st+\frac{s^2\sum_{i=1}^{n}(b_i-a_i)^2}{8}$，当 $s=\frac{4t}{\sum_{i=1}^{n}(b_i-a_i)^2}$ 时，$g(s)$ 取得最小值 . 因为对任意 $s,t\geqslant 0$，(1)式都成立，所以

$$P\{S_n-E(S_n)\geqslant t\}\leqslant e^{-st}\prod_{i=1}^{n}E(e^{s(X_i-E(X_i))})\leqslant\exp\left(-\frac{2t^2}{\sum_{i=1}^{n}(b_i-a_i)^2}\right)$$

推论 3　设 X_1，X_2，…，X_n 是取值在 $[a_i, b_i]$ 的独立随机变量，定义这些变量的均值为：$\overline{X}=(X_1+X_2+\cdots+X_n)/n$，则霍夫丁不等式的另一形式为：

$$P\{\overline{X}-E(\overline{X})\geqslant t\}\leqslant\exp\left(-\frac{2n^2t^2}{\sum_{i=1}^{n}(b_i-a_i)^2}\right)$$

推论 4　设 X_1，X_2，…，X_n 是取值在 $[0, 1]$ 的独立随机变量，定义这些变

量的均值为：$\overline{X}=(X_1+X_2+\cdots+X_n)/n$，则霍夫丁不等式的另种一不等式形式为：

$$P\{\overline{X}-E(\overline{X})\geqslant t\}\leqslant e^{-2nt^2}$$

2. 霍夫丁不等式的应用

霍夫丁不等式经常被应用于一些独立分布的贝努利随机变量的重要特例中，这也是为什么这个不等式在计算机科学以及组合数学中如此常见的原因.

在抛硬币试验时，一个硬币 A 面朝上的概率为 p，B 面朝上的概率则为 $1-p$. 我们抛 n 次硬币，那么 A 面朝上次数的期望值为 np. 那么进一步我们可以知道，A 面朝上的次数不超过 k 次的概率能够被下面的表达式完全确定：

$$P\{H(n)\leqslant k\}=\sum_{i=0}^{k}C_n^i p^i(1-p)^{n-i}$$

这里的 $H(n)$ 为抛 n 次硬币其 A 面朝上的次数. 对某 $\varepsilon>0$，当 $k=(p-\varepsilon)n$ 时，上面不等式确定的霍夫丁上界为：

$$P\{H(n)\leqslant(p-\varepsilon)n\}=P\{np-H(n)\geqslant n\varepsilon\}\leqslant e^{-2n\varepsilon^2}$$

当 $k=(p+\varepsilon)n$ 时，上面不等式确定的霍夫丁上界为：

$$P\{H(n)\geqslant(p+\varepsilon)n\}=P\{H(n)-np\geqslant n\varepsilon\}\leqslant e^{-2n\varepsilon^2}$$

根据上面两个式子可以得到：

$$P\{(p-\varepsilon)n\leqslant H(n)\leqslant(p+\varepsilon)n\}\geqslant 1-2e^{-2n\varepsilon^2}$$

三、切比雪夫不等式

定理 3 设随机变量 X 存在数学期望 $E(X)$ 和方差 $D(X)$，则对任意正数 ε，有下列不等式成立：

$$P\{|X-E(X)|\geqslant\varepsilon\}\leqslant\frac{D(X)}{\varepsilon^2},\ P\{|X-E(X)|<\varepsilon\}\geqslant 1-\frac{D(X)}{\varepsilon^2}$$

证明：只对 X 是连续型随机变量情形给予证明.

设 X 的密度函数为 $f(x)$，则有

$$P\{|X-E(X)|\geqslant\varepsilon\}=\int_{|X-E(X)|\geqslant\varepsilon}f(x)dx\leqslant\int_{|X-E(X)|\geqslant\varepsilon}\frac{[X-E(X)]^2}{\varepsilon^2}f(x)dx\leqslant\frac{1}{\varepsilon^2}\int_{-\infty}^{+\infty}[X-E(X)]^2f(x)dx=\frac{D(X)}{\varepsilon^2}$$

也可由马尔可夫不等式的推论证明该结论.

注意：(1)只要知道随机变量 X 的数学期望和方差(不需知道分布律)，利用切比雪夫不等式，就能够对事件 $\{|X-E(X)|\geqslant\varepsilon\}$ 的概率做出估计，这是它的最大优点，今后在理论推导及实际应用中都常用到切比雪夫不等式.

(2)不足之处为要计算 $P\{|X-E(X)|\geq\varepsilon\}$ 的值时，切比雪夫不等式就不适用了，只有知道密度函数或分布函数才能解决．另外，利用本不等式估值时精确性也不够．

(3)当 X 的方差 $D(X)$ 越小时，$P\{|X-E(X)|\geq\varepsilon\}$ 的值也越小，表明 X 与 $E(X)$ 有较大"偏差"的可能性也较小，显示出 $D(X)$ 确是刻画 X 与 $E(X)$ 偏差程度的一个量．

(4)当方差已知时，切比雪夫不等式给出了 X 与它的期望的偏差不小于 ε 的概率的估计式．如取 $\varepsilon=3\sigma$，则有

$$P\{|X-E(X)|\geq 3\sigma\}\leq\frac{\sigma^2}{9\sigma^2}\approx 0.111.$$

故对任给的分布，只要期望和方差 σ^2 存在，则随机变量 X 取值偏离 $E(X)$ 超过 3σ 的概率小于 0.111.

【例 2】 设随机变量 X 存在数学期望 $E(X)$ 和方差 $D(X)$，且 $D(X)>0$，则对任意 $a>0$，有

$$P\{|X-E(X)|\geq a\sqrt{D(X)}\}\leq\frac{D(X)}{(a\sqrt{D(X)})^2}=\frac{1}{a^2}，(a>0)$$

【例 3】 设随机变量 X 的密度函数为 $f(x)=\begin{cases}\dfrac{x^m}{m!}e^{-x}, & x\geq 0\\ 0, & x<0\end{cases}$，其中 m 为正整数，证明 $P\{0<X<2(m+1)\}\geq\dfrac{m}{m+1}$.

证明： $E(X)=\int_0^{+\infty}x\cdot\frac{x^m}{m!}e^{-x}dx=\frac{1}{m!}\int_0^{+\infty}x^{m+2-1}e^{-x}dx=\frac{1}{m!}\Gamma(m+2)=m+1, E(X^2)=\int_{-\infty}^{+\infty}x^2f(x)dx=\int_0^{+\infty}x^2\cdot\frac{x^m}{m!}e^{-x}dx=\frac{1}{m!}\Gamma(m+3)=(m+2)(m+1)$,

$D(X)=E(X^2)-(E(X))^2=(m+2)(m+1)-(m+1)^2=m+1$.

利用切比雪夫不等式，得

$P\{0<X<2(m+1)\}=P\{-(m+1)<X-(m+1)<(m+1)\}=P\{|X-(m+1)|<(m+1)\}=P\{|X-E(X)|<(m+1)\}\geq 1-\frac{D(X)}{(m+1)^2}=1-\frac{m+1}{(m+1)^2}=\frac{m}{m+1}$

【例 4】 已知正常男性成人血液中，每一毫升白细胞数平均是 7300，均方差是 700. 利用切比雪夫不等式估计每毫升白细胞数在 5200～9400 的概率．

解： 设每毫升白细胞数为 X，依题意，$\mu=7300$，$\sigma^2=700^2$，所求概率为

$P\{5200\leq X\leq 9400\}=P\{5200-7300\leq X-7300\leq 9400-7300\}=P\{-2100\leq$

$X-\mu\leqslant 2100\}=P\{|X-\mu|\leqslant 2100\}\geqslant 1-\frac{\sigma^2}{(2100)^2}=1-\left(\frac{700}{2100}\right)^2=\frac{8}{9}$，每毫升白细胞数在 5200～9400 的概率不小于 8/9.

【例 5】 在每次试验中，事件 A 发生的概率为 0.75，利用切比雪夫不等式求事件 A 出现的频率在 0.74～0.76 的概率至少为 0.90?

解： 设 X 为 n 次试验中，事件 A 出现的次数，则 $X\sim b(n, 0.75)$，$\mu=0.75n$，$\sigma^2=0.75\times 0.25n=0.1875n$，所求为满足 $P\{0.74<X/n<0.76\}\geqslant 0.90$ 的最小的 n. 因此有

$P\{0.74n<X<0.76n\}=P\{-0.01n<X-0.75n<0.01n\}=P\{|X-\mu|<0.01n\}$

在切比雪夫不等式中取 $\varepsilon=0.01n$，则

$P\{0.74<X/n<0.76\}=P\{|X-\mu|<0.01n\}\geqslant 1-\frac{\sigma^2}{(0.01n)^2}=1-\frac{0.1875n}{0.0001n^2}=1-\frac{1875}{n}$

依题意，取 n 使 $1-1875/n\geqslant 0.9$，解得 $n\geqslant 1875/(1-0.9)=18750$，即 n 取 18750 时，可以使得在 n 次独立重复试验中，事件 A 出现的频率在 0.74～0.76 的概率至少为 0.90.

习题 5.1

一、填空题

1. 设 ξ_1，ξ_2，…，ξ_n 是 n 个相互独立同分布的随机变量，$E(\xi_i)=\mu$，$D(\xi_i)=8$，$i=1,2,\cdots,n$，对于 $\bar{\xi}=\sum\limits_{i=1}^{n}\frac{\xi_i}{n}$，估计 $P\{|\bar{\xi}-\mu|<4\}\geqslant$________.

2. 设随机变量 X_1，X_2，…，X_9 独立同分布，有 $E(X_i)=1$，$D(X_i)=1(i=1, 2, \cdots, 9)$，令 $X=\sum\limits_{i=1}^{9}X_i$，则对任意给定的 $\varepsilon>0$，由切比雪夫不等式得 $P\{|X-9|<\varepsilon\}\geqslant$________.

3. 随机变量 X 满足 $E(X)=\mu$，$D(X)=\sigma^2$，则 $P\{|X-\mu|\geqslant 4\sigma\}$ 有________.

二、计算题

1. 设随机序列 $\{X_n\}$ 和随机变量 X，如果对某一 $k>0$，有 $\lim\limits_{n\to\infty}E|X_n-X|^k=0$，则对任意 $\varepsilon>0$，有 $\lim\limits_{n\to\infty}P\{|X_n-X|\geqslant\varepsilon\}=0$.

2. 在每次试验中，事件A发生的概率为 0.5，利用切比雪夫不等式估计，在

1000 次独立试验中，事件 A 发生的次数在 450～550 次的概率．

3. 假设某电站供电网有 10000 盏电灯，夜晚每一盏灯开灯的概率都是 0.7，并且每一盏灯开、关时间彼此独立，试用切比雪夫不等式估计夜晚同时开灯的盏数在 6800～7200 的概率．

4. 在每次试验中，事件 A 发生的概率为 0.5，利用切比雪夫不等式估计在 1000 次独立试验中，事件 A 发生的次数在 400～600 的概率．

5. 利用切比雪夫不等式估计随机变量与其数学期望差的绝对值大于三倍均方差的概率．

第二节　大数定律

一、依概率收敛

下面考虑随机变量序列的收敛性．

定义 1　设 X_1，X_2，…，X_n，…是一个随机变量序列，a 为一个常数，若对于任意给定的正数 ε，有 $\lim\limits_{n\to\infty}P\{|X_n-a|<\varepsilon\}=1$，则称序列 X_1，X_2，…，X_n，…依概率收敛于 a，记为 $X_n\xrightarrow{P}a\quad(n\to\infty)$.

定理 1　设 $X_n\xrightarrow{P}a$，$Y_n\xrightarrow{P}b$，函数 $g(x,\ y)$在点$(a,\ b)$连续，则

$$g(X_n,\ Y_n)\xrightarrow{P}g(a,\ b).$$

【例 1】　设随机变量序列$\{X_n\}$依概率收敛于 X，设随机变量序列$\{Y_n\}$依概率收敛于 Y，则有$\{X_n+Y_n\}$依概率收敛于 $X+Y$.

证明：对任意 $\varepsilon>0$，由$\{|(X_n+Y_n)-(X+Y)|\geqslant\varepsilon\}\subset\{|X_n-X|+|Y_n-Y|\geqslant\varepsilon\}\subset\{|X_n-X|\geqslant\frac{\varepsilon}{2}\}+\{|Y_n-Y|\geqslant\frac{\varepsilon}{2}\}$，利用条件，得：

$$P\{|X_n-X|\geqslant\frac{\varepsilon}{2}\}\to 0,\ P\{|Y_n-Y|\geqslant\frac{\varepsilon}{2}\}\to 0,\ (n\to\infty),$$

从而

$0\leqslant P\{|(X_n+Y_n)-(X+Y)|\geqslant\varepsilon\}\leqslant P\{|X_n-X|\geqslant\frac{\varepsilon}{2}\}+P\{|Y_n-Y|\geqslant\frac{\varepsilon}{2}\}\to 0$，$(n\to\infty)$，于是 $\lim\limits_{n\to\infty}P\{|(X_n+Y_n)-(X+Y)|\geqslant\varepsilon\}=0$，即得$\{X_n+Y_n\}$依概率收敛于 $X+Y$.

二、大数定理

1. 切比雪夫大数定律

定理 2 （切比雪夫大数定律）设 X_1，X_2，…，X_n，…是两两不相关的随机变量序列，它们数学期望和方差均存在，且方差有共同的上界，即 $D(X_i)\leqslant M$，$i=1$，2，…，则对任意 $\varepsilon>0$，有

$$\lim_{n\to\infty}P\left\{\left|\frac{1}{n}\sum_{i=1}^{n}X_i-\frac{1}{n}\sum_{i=1}^{n}E(X_i)\right|<\varepsilon\right\}=1$$

定理表明，当 n 很大时，随机变量序列 $\{X_n\}$ 的算术平均值 $\frac{1}{n}\sum_{i=1}^{n}X_i$ 依概率收敛于其数学期望 $\frac{1}{n}\sum_{i=1}^{n}E(X_i)$.

证明： 因为 $E\left(\frac{1}{n}\sum_{k=1}^{n}X_k\right)=\frac{1}{n}\sum_{k=1}^{n}E(X_k),D\left(\frac{1}{n}\sum_{k=1}^{n}X_k\right)=\frac{1}{n^2}\sum_{k=1}^{n}D(X_k)$ ，由切比雪夫不等式，有

$$P\left\{\left|\frac{1}{n}\sum_{k=1}^{n}X_k-\frac{1}{n}\sum_{k=1}^{n}E(X_k)\right|<\varepsilon\right\}\geqslant 1-\frac{\sum_{k=1}^{n}D(X_k)}{n^2\varepsilon^2}.$$

由于方差一致有界，因此 $\sum_{k=1}^{n}D(X_k)\leqslant nM$ ，从而得

$$1-\frac{M}{n\varepsilon^2}\leqslant P\left\{\left|\frac{1}{n}\sum_{k=1}^{n}X_k-\frac{1}{n}\sum_{k=1}^{n}E(X_k)\right|<\varepsilon\right\}\leqslant 1.$$

令 $n\to\infty$，则有

$$\lim_{n\to\infty}P\left\{\left|\frac{1}{n}\sum_{k=1}^{n}X_k-\frac{1}{n}\sum_{k=1}^{n}E(X_k)\right|<\varepsilon\right\}=1.$$

推论 1 设随机变量 X_1，X_2，…，X_n，…相互独立且服从相同的分布，具有数学期望 $E(X_k)=\mu(k=1，2，\cdots)$ 和方差 $D(X_k)=\sigma^2(k=1，2，\cdots)$，则对任意给定的正数 ε，有

$$\lim_{n\to\infty}P\left\{\left|\frac{1}{n}\sum_{k=1}^{n}X_k-\mu\right|<\varepsilon\right\}=1$$

2. 贝努利大数定理

定理 3(贝努利大数定律) 设 n_A 是 n 重贝努利试验中事件 A 发生的次数，p 是事件 A 在每次试验中发生的概率，则对任意的 $\varepsilon>0$，有

$$\lim_{n\to\infty}P\left\{\left|\frac{n_A}{n}-p\right|<\varepsilon\right\}=1 \quad 或 \quad \lim_{n\to\infty}P\left\{\left|\frac{n_A}{n}-p\right|\geqslant\varepsilon\right\}=0.$$

证明： 由于 n_A 是 n 重贝努利试验中事件 A 发生的次数，所以 $n_A \sim b(n, p)$，进而有

$$E(n_A)=np,\ D(n_A)=np(1-p),\ E\left(\frac{n_A}{n}\right)=\frac{E(n_A)}{n}=p,\ D\left(\frac{n_A}{n}\right)=\frac{D(n_A)}{n^2}=\frac{p(1-p)}{n}.$$

根据切比雪夫不等式，对任意给定的 $\varepsilon>0$，有

$$P\left\{\left|\frac{n_A}{n}-E\left(\frac{n_A}{n}\right)\right|<\varepsilon\right\}\geqslant 1-\frac{D\left(\frac{n_A}{n}\right)}{\varepsilon^2},$$

即

$$1-\frac{p(1-p)}{n\varepsilon^2}\leqslant P\left\{\left|\frac{n_A}{n}-p\right|<\varepsilon\right\}\leqslant 1.$$

令 $n\to\infty$，则有 $\lim\limits_{n\to\infty}P\left\{\left|\frac{n_A}{n}-p\right|<\varepsilon\right\}=1.$

由贝努利大数定律可以看出，当试验次数 n 充分大时，事件 A 发生的频率 $\frac{n_A}{n}$ 与其概率 p 能任意接近的可能性很大(概率趋近于 1)，这为实际应用中用频率近似代替概率提供了理论依据

注：(1)贝努利大数定律表明：当重复试验次数 n 充分大时，事件 A 发生的频率 $\frac{n_A}{n}$ 依概率收敛于事件 A 发生的概率 p. 定理以严格的数学形式表达了频率的稳定性．在实际应用中，当试验次数很大时，便可以用事件发生的频率来近似代替事件的概率．

(2)如果事件 A 的概率很小，则由贝努利大数定律知事件 A 发生的频率也是很小的，或者说事件 A 很少发生．即“概率很小的随机事件在个别试验中几乎不会发生”，这一原理称为小概率原理，它的实际应用很广泛．但应注意到，小概率事件与不可能事件是有区别的．在多次试验中，小概率事件也可能发生．

切比雪夫大数定律是 1866 年俄国数学家切比雪夫提出并证明的，它是大数定律的一个相当普遍的结果，而贝努利大数定律可以看成是它的推论．事实上，在贝努利大数定律中，令

$$X_k=\begin{cases}1,\ \text{在第 } k \text{ 次试验中事件 } A \text{ 发生}\\ 0,\ \text{在第 } k \text{ 次试验中事件 } A \text{ 不发生}\end{cases},\ k=1,\ 2,\ \cdots,$$

则 $X_k\sim b(1,\ p)(k=1,\ 2,\ \cdots)$，$\sum\limits_{k=1}^{n}X_k=n_A$，$\frac{1}{n}\sum\limits_{k=1}^{n}X_k=\frac{n_A}{n}$，$\frac{1}{n}\sum\limits_{k=1}^{n}E(X_k)=p$，并且 X_1，X_2，…，X_n，…满足切比雪夫大数定律的条件，于是由切比雪夫大数定律可证明贝努利大数定律．

以上两个大数定律都是以切比雪夫不等式为基础来证明的，所以要求随机变

量的方差存在．但是进一步的研究表明，方差存在这个条件并不是必要的．下面介绍的辛钦大数定律就表明了这一点．

3. 辛钦大数定理

定理 4(辛钦大数定律) 设随机变量 X_1，X_2，…，X_n，…相互独立，服从同一分布，且具有数学期望 $E(X_i)=\mu$，$i=1$，2，…，则对任意 $\varepsilon>0$，有

$$\lim_{n\to\infty}P\left\{\left|\frac{1}{n}\sum_{i=1}^{n}X_i-\mu\right|<\varepsilon\right\}=1$$

注：(1)定理不要求随机变量的方差存在；

(2)贝努利大数定律是辛钦大数定律的特殊情况；

(3)辛钦大数定律为寻找随机变量的期望值提供了一条实际可行的途径．例如，要估计某城市的平均工资，可调查某些有代表性的行业的人员工资，计算其平均工资，则当调查的人数较大时，可用它作为整个城市平均工资的一个估计．此类做法在实际应用中具有重要意义．

使用依概率收敛的概念，贝努利大数定律表明：n 重贝努利试验中事件 A 发生的频率依概率收敛于事件 A 发生的概率，它以严格的数学形式阐述了频率具有稳定性的这一客观规律．辛钦大数定律表明：n 个独立同分布的随机变量的算术平均值依概率收敛于随机变量的数学期望，这为实际问题中算术平均值的应用提供了理论依据．

【例 2】 已知 X_1，X_2，…，X_n，…相互独立且都服从参数为 2 的指数分布，求当 $n\to\infty$ 时，$Y_n=\frac{1}{n}\sum\limits_{k=1}^{n}X_k^2$ 依概率收敛的极限．

解： 显然 $E(X_k)=\frac{1}{2}$，$D(X_k)=\frac{1}{4}$，所以

$$E(X_k^2)=E^2(X_k)+D(X_k)=\frac{1}{4}+\frac{1}{4}=\frac{1}{2}，k=1，2，\cdots，$$

由辛钦大数定律，有

$$Y_n=\frac{1}{n}\sum_{k=1}^{n}X_k^2\xrightarrow{P}E(X_k^2)=\frac{1}{2}.$$

【例 3】 设 X_1，X_2，…，X_n，…是相互独立的随机变量序列，且其分布律为：

$P\{X_n=-\sqrt{n}\}=\frac{1}{2^{n+1}}$，$P\{X_n=\sqrt{n}\}=\frac{1}{2^{n+1}}$，$P\{X_n=0\}=1-\frac{1}{2^n}$，($n=1$，2，…)；

记 $Y_n=\frac{1}{n}\sum\limits_{i=1}^{n}X_i$，($n=1$，2，…)．证明：对任给 $\varepsilon>0$，成立 $\lim\limits_{n\to\infty}P\{|Y_n|<\varepsilon\}=1$.

证明： 由数学期望和方差的性质及条件，有

$$E(X_n)=-\sqrt{n}.\ \frac{1}{2^{n+1}}+\sqrt{n}.\ \frac{1}{2^{n+1}}+0=0,$$

$$E(X_n^2)=(-\sqrt{n})^2.\ \frac{1}{2^{n+1}}+(\sqrt{n})^2.\ \frac{1}{2^{n+1}}+0=\frac{n}{2^n},$$

$$D(X_n)=E(X_n^2)=\frac{n}{2^n}\leqslant 1, E(Y_n)=E\left(\frac{1}{n}\sum_{i=1}^{n}X_i\right)=\frac{1}{n}\sum_{i=1}^{n}E(X_i)=0,$$

$$D(Y_n)=D\left(\frac{1}{n}\sum_{i=1}^{n}(X_i)\right)=\frac{1}{n^2}\sum_{i=1}^{n}DX_i\leqslant\frac{1}{n^2}n=\frac{1}{n},$$

对任意 $\varepsilon>0$，由切比雪夫不等式，得

$$1\geqslant P\{|Y_n|<\varepsilon\}=P\{|Y_n-E(Y_n)|<\varepsilon\}\geqslant 1-\frac{D(Y_n)}{\varepsilon^2},$$

于是成立$\lim\limits_{n\to\infty}P\{|Y_n|<\varepsilon\}=1$.

注意：不同的大数定律应满足的条件是不同的，切比雪夫大数定律中虽然只要求 X_1，X_2，…，X_n，…相互独立而不要求具有相同的分布，但对于方差的要求是一致有界的；贝努利大数定律则要求 X_1，X_2，…，X_n，…不仅独立同分布，而且要求都服从同参数的 0－1 分布；辛钦大数定律并不要求 X_k 的方差存在，但要求 X_1，X_2，…，X_n，…独立同分布．

各大数定律都要求 X_k 的数学期望存在，但是有些分布的数学期望是不存在的，比如满足柯西(Cauchy)分布(密度函数为 $f(x)=\dfrac{1}{\pi(1+x^2)}$的相互独立随机变量序列，由于数学期望不存在，因而不满足大数定律．

习题 5.2

1. 设随机变量序列 X_1，X_2，…，X_n，…独立同分布，且存在有限的数学期望和方差，记 $E(X_i)=\mu$，$D(X_i)=\sigma^2(i=1,2,\cdots)$，$E(X_i^2)=D(X_i)+(E(X_i))^2=\sigma^2+\mu^2$，$\overline{X}=\dfrac{1}{n}\sum\limits_{i=1}^{n}X_i$，$A_2=\dfrac{1}{n}\sum\limits_{i=1}^{n}X_i^2$，$S_n^2=\dfrac{1}{n}\sum\limits_{i=1}^{n}(X_i-\overline{X})^2$，试证：

(1)$\overline{X}\xrightarrow{P}\mu$，$(n\to\infty)$；　　(2)$A_2\xrightarrow{P}\sigma^2+\mu^2$，$(n\to\infty)$；

(3)$\overline{X}^2\xrightarrow{P}\mu^2$，$(n\to\infty)$；　　(4)$S_n^2\xrightarrow{P}\sigma^2$，$(n\to\infty)$.

2. 设随机变量 X_1，X_2，…，X_n，…独立同分布，$E(X_k)=\mu$，$D(X_k)=\sigma^2\neq 0$，$(k=1,2,\cdots)$且有限，记 $Y_n=\dfrac{2}{n(n+1)}\sum\limits_{k=1}^{n}kX_k$，试证 $Y_n\xrightarrow{P}\mu$，$(n\to\infty)$.

第三节　中心极限定理

在实际问题中，许多随机现象是由大量相互独立的随机因素综合影响所形成，其中每一个因素在总的影响中所起的作用是微小的．这类随机变量一般都服从或近似服从正态分布．因此需要讨论大量独立随机变量和的问题．

下面我们来研究独立随机变量之和所特有的规律性问题，当 n 无限增大时，这个和的极限分布是什么呢？在什么条件下极限分布会是正态的呢？

中心极限定理回答了大量独立随机变量和的近似分布问题，其结论表明：当一个量受许多随机因素(主导因素除外)的共同影响而随机取值，则它的分布就近似服从正态分布．

1. 林德伯格—勒维定理(Levy—Lindberg)(独立同分布的中心极限定理)

定理 1　设 X_1，X_2，…，X_n，…是独立同分布的随机变量序列，且

$E(X_i)=\mu, D(X_i)=\sigma^2, i=1,2,\cdots,n,\cdots$，则 $\lim\limits_{n\to\infty}P\left\{\dfrac{\sum\limits_{i=1}^{n}X_i-n\mu}{\sigma\sqrt{n}}\leqslant x\right\}=$

$\int_{-\infty}^{x}\dfrac{1}{\sqrt{2\pi}}e^{-t^2/2}dt$．

注：定理 1 表明，当 n 充分大时，n 个具有期望和方差的独立同分布的随机变量之和近似服从正态分布．虽然在一般情况下，我们很难求出 $X_1+X_2+\cdots+X_n$ 的分布的确切形式，但当 n 很大时，可求出其近似分布．由定理结论有

$$\frac{\sum\limits_{i=1}^{n}X_i-n\mu}{\sigma\sqrt{n}}\overset{\text{近似}}{\sim}N(0,1)\Rightarrow\frac{\frac{1}{n}\sum\limits_{i=1}^{n}X_i-\mu}{\sigma/\sqrt{n}}\overset{\text{近似}}{\sim}N(0,1)\Rightarrow\overline{X}\sim N(\mu,\sigma^2/n),\overline{X}=$$

$\frac{1}{n}\sum\limits_{i=1}^{n}X_i$ 故定理又可表述为：均值为 μ，方差为 $\sigma^2>0$ 的独立同分布的随机变量 X_1，X_2，…，X_n，…的算术平均值 $\overline{X}$，当 n 充分大时近似地服从均值为 μ，方差为 σ^2/n 的正态分布．这一结果是数理统计中大样本统计推断的理论基础．

在实际应用中，只要 n 足够大，便可以近似地把 n 个独立同分布的随机变量之和当作正态随机变量来处理，即 $\sum\limits_{k=1}^{n}X_k\overset{\text{近似}}{\sim}N(n\mu,n\sigma^2)$ 或 $Y_n=\dfrac{\sum\limits_{i=1}^{n}X_i-n\mu}{\sqrt{n}\sigma}\overset{\text{近似}}{\sim}$ $N(0,1)$ 下面的定理是独立同分布的中心极限定理的一种特殊情况．

2. 棣莫佛—拉普拉斯定理

定理 2　(棣莫佛—拉普拉斯定理)设随机变量 Y_n 服从参数 n，$p(0<p<1)$ 的二项分布，则对任意 x，有

$$\lim_{n\to\infty}P\left\{\frac{Y_n-np}{\sqrt{np(1-p)}}\leqslant x\right\}=\int_{-\infty}^{x}\frac{1}{\sqrt{2\pi}}e^{-\frac{t^2}{2}}dt=\Phi(x)$$

棣莫佛—拉普拉斯定理就是林德伯格—勒维定理的一个特殊情况．

证明：设随机变量 X_1，X_2，…，X_n，…相互独立，且都服从 $b(1,\ p)(0<p<1)$，则由二项分布的可加性，知 $Y_n=\sum\limits_{k=1}^{n}X_k$. 由于 $E(X_k)=p$，$D(X_k)=p(1-p)$，$k=1$，2，…，根据独立同分布的中心极限定理可知，对任意实数 x，恒有

$$\lim_{n\to\infty}P\left\{\frac{\sum\limits_{k=1}^{n}X_k-np}{\sqrt{np(1-p)}}\leqslant x\right\}=\frac{1}{\sqrt{2\pi}}\int_{-\infty}^{x}e^{-\frac{t^2}{2}}dt=\Phi(x)$$

亦即

$$\lim_{n\to\infty}P\left\{\frac{Y_n-np}{\sqrt{np(1-p)}}\leqslant x\right\}=\frac{1}{\sqrt{2\pi}}\int_{-\infty}^{x}e^{-\frac{t^2}{2}}dt=\Phi(x).$$

当 n 充分大时，可以利用该定理近似计算二项分布的概率．

3. 李雅普诺夫定理

定理 3　设随机变量 X_1，X_2，…，X_n，…相互独立，它们具有数学期望和方差：$E(X_k)=\mu_k$，　$D(X_k)=\sigma_k^2>0$，$i=1$，2，…，记 $B_n^2=\sum\limits_{k=1}^{n}\sigma_k^2$. 若存在正数 δ，使得当 $n\to\infty$ 时，$\frac{1}{B_n^{2+\delta}}\sum\limits_{k=1}^{n}E\{|X_k-\mu_k|^{2+\delta}\}\to 0$，则随机变量之和 $\sum\limits_{k=1}^{n}X_k$ 的标准化变量

$$Z_n=\frac{\sum\limits_{k=1}^{n}X_k-E\left(\sum\limits_{k=1}^{n}X_k\right)}{\sqrt{D\left(\sum\limits_{k=1}^{n}X_k\right)}}=\frac{\sum\limits_{k=1}^{n}X_k-\sum\limits_{k=1}^{n}\mu_k}{B_n}$$

的分布函数 $F_n(x)$ 对于任意 x，满足

$$\lim_{n\to\infty}F_n(x)=\lim_{n\to\infty}P\left\{\frac{\sum\limits_{k=1}^{n}X_k-\sum\limits_{k=1}^{n}\mu_k}{B_n}\leqslant x\right\}=\int_{-\infty}^{x}\frac{1}{\sqrt{2\pi}}e^{-t^2/2}dt=\Phi(x).$$

注：定理 3 表明，在该定理的条件下，随机变量 $Z_n=\dfrac{\sum\limits_{k=1}^{n}X_k-\sum\limits_{k=1}^{n}\mu_k}{B_n}$ 当 n 很

大时,近似地服从正态分布 $N(0,1)$. 由此,当 n 很大时,$\sum_{k=1}^{n} X_k = B_n Z_n + \sum_{k=1}^{n}\mu_k$ 近似地服从正态分布 $N(\sum_{k=1}^{n}\mu_k, B_n^2)$. 这就是说,无论各个随机变量 $X_k(k=1, 2, \cdots)$ 服从什么分布,只要满足定理的条件,那么它们的和 $\sum_{k=1}^{n} X_k$ 当 n 很大时,就近似地服从正态分布.

【例 1】 某计算机系统有 120 个终端,每个终端有 5%的时间在使用,若各终端使用与否是相互独立的,试求有 10 个以上的终端在使用的概率.

解: 法 1 以 X 表示使用终端的个数,引入随机变量

$$X_i=\begin{cases}1, & \text{第 } i \text{ 个终端在使用} \\ 0, & \text{第 } i \text{ 个终端不使用}\end{cases}, \quad i=1, 2, \cdots, 120,$$

则 $X=X_1+X_2+\cdots+X_{120}$,由于使用与否是独立的,所以 X_1,X_2,…,X_{120} 相互独立,且都服从相同的 0—1 分布,即

$$P\{X_i=1\}=p=0.05,\ P\{X_i=0\}=1-p,\ i=1, 2, \cdots, 120$$

于是,由中心极限定理,所求概率为

$$P\{X>10\}=1-P\{X\leqslant 10\}=1-P\left\{\frac{X-np}{\sqrt{np(1-p)}}\leqslant\frac{10-np}{\sqrt{np(1-p)}}\right\}$$

$$=1-P\left\{\frac{X-np}{\sqrt{np(1-p)}}\leqslant\frac{10-np}{\sqrt{np(1-p)}}\right\}\approx 1-\Phi\left(\frac{10-np}{\sqrt{np(1-p)}}\right)$$

$$=1-\Phi\left(\frac{10-120\times 0.05}{\sqrt{120\times 0.05\times 0.95}}\right)=1-\Phi(1.68)=1-0.9535=0.0465$$

法 2 以 X 表示使用终端的个数,则 $X\sim b(n, p)$,$n=120$,$p=0.05$,$\lambda=np=6$,所求概率为:

$$P\{X>10\}=1-P\{X\leqslant 10\}=1-\sum_{k=0}^{10}C_n^k p^k(1-p)^{n-k}\approx 1-\sum_{k=0}^{10}\frac{e^{-6}6^k}{k!}=0.0426.$$

【例 2】 现有一大批零件,其中合格的零件占 1/6. 现从中任选 6000 个零件,试问在这些零件中,合格的零件所占的比例与 1/6 之误差小于 1%的概率是多少?

解: 设 X 表示合格的零件的个数,则 $X\sim b(n, p)$,$n=6000$,$p=\frac{1}{6}$,所求概率为 $P\left\{\left|\frac{X}{n}-\frac{1}{6}\right|<0.01\right\}=P\{|X-np|<n\times 0.01\}$

$$=P\left\{\left|\frac{X-np}{\sqrt{np(1-p)}}\right|<\frac{n\times 0.01}{\sqrt{np(1-p)}}\right\}$$

$$=P\left\{\left|\frac{X-np}{\sqrt{np(1-p)}}\right|<\frac{6000\times 0.01}{\sqrt{6000\times\frac{1}{6}\times\frac{5}{6}}}\right\}\approx\Phi(2.078)-\Phi(-2.078)=$$

$2\Phi(2.078)-1=2\times0.98-1=0.96$.

习题 5.3

1. 某射击运动员在一次射击中所得的环数 X 具有如下分布律

X	6	7	8	9	10
P	0.05	0.05	0.1	0.3	0.5

求在 100 次独立射击中所得环数不超过 930 的概率.

2. 箱子里有同样大小的木板 100 个，木板的重量为随机变量，期望值是 100g，标准差是 10g，求这些木板的重量超过 10.2kg 的概率.

3. 某机房有 150 台电脑，每台电脑出现故障的概率是 0.02，各台电脑能否正常工作是独立的，求电脑出现故障的台数不少于 2 的概率.

4. 某系统由 30 个电子元件构成，这些电子元件是备用关系. 设第 i 个电子元件的使用寿命服从参数 $\lambda=0.1$ 的指数分布. 令 T 为 30 个三十个元件的使用的总时数，问 T 超过 350h 的概率是多少.

5. 用切比雪夫不等式确定当投掷一枚均匀硬币时，需投多少次，才能使出现正面的频率在 0.4～0.6 的概率不小于 90%，并用德莫弗一拉普拉斯定理计算同一问题，然后进行比较.

6. 某考点有 200 名人参加某种考试. 往年这种考试通过率为 0.8，则这 200 名人中至少有 150 人考试通过的概率.

7. 某保险公司开展人寿保险，每人年初交保费 160 元，若一年内去世，家属可获 2 万元赔金. 已知人一年去世的概率为 0.005，现有 5000 人购买此保险，问保险公司一年内盈利在 20 万～40 万元的概率是多少?

8. 有 1000 人独立进行射击练习，每个人射击击中目标概率为 0.9. 在一次射击中以 95%的概率估计至少有多少人能击中目标.

9. 在银行等待服务的时间服从均值为 100 小时的指数分布. 在银行随机地取 16 人，假设他们等待服务的时间是相互独立的，求这 16 人等待服务的时间的总和大于 1920 小时的概率.

总习题五

习题 A

一、选择题

1. 设 μ_n 是 n 次重复试验中事件 A 出现的次数，p 是事件 A 在每次试验中出现的概率，则对任意的 $\varepsilon>0$ 均有 $\lim\limits_{n\to\infty}P\left\{\left|\dfrac{\mu_n}{n}-p\right|\geqslant\varepsilon\right\}$(　　)

A. $=0$　　B. $=1$　　C. >0　　D. 不存在

2. 设随机变量 X，若 $E(X^2)=1.1$，$D(X)=0.1$，则一定有(　　)

A. $P\{-1<X<1\}\geqslant 0.9$　　B. $P\{0<X<2\}\geqslant 0.9$

C. $P\{\mid X+1\mid\geqslant 1\}\leqslant 0.9$　　D. $P\{\mid X\}\geqslant 1\}\leqslant 0.1$

3. X_1，X_2，…，X_{1000} 是同分布相互独立的随机变量，$X_i\sim b(1,\ p)$，则下列不正确的是(　　)

A. $\dfrac{1}{1000}\sum\limits_{i=1}^{1000}X_i\approx p$

B. $P\left\{a<\sum\limits_{i=1}^{1000}X_i<b\right\}\approx\Phi\left(\dfrac{b-1000p}{\sqrt{1000pq}}\right)-\Phi\left(\dfrac{a-1000p}{\sqrt{1000pq}}\right)$

C. $\sum\limits_{i=1}^{1000}X_i\sim b(1000,p)$

D. $P\left\{a<\sum\limits_{i=1}^{1000}X_i<b\right\}\approx\Phi(b)-\Phi(a)$

4. (02 年研)设随机变量 X_1，X_2，…，X_n 相互独立，$S_n=X_1+X_2+\cdots+X_n$，则根据林德伯格—勒维中心极限定理，当 n 充分大时，S_n 近似服从正态分布，只要 X_1，X_2，…，X_n (　　)

A. 有相同的数学期望　　B. 有相同的方差

C. 服从同一指数分布　　D. 服从同一离散型分布

5. (05 年研)设 X_1，X_2，…，X_n，…为独立同分布的随机变量列，且均服从参数为 $\lambda(\lambda>1)$ 的指数分布，记 $\Phi(x)$ 为标准正态分布函数，则(　　)

A. $\lim\limits_{n\to\infty}P\left\{\dfrac{\sum\limits_{i=1}^{n}X_i-n\lambda}{\lambda\sqrt{n}}\leqslant x\right\}=\Phi(x)$　　B. $\lim\limits_{n\to\infty}P\left\{\dfrac{\sum\limits_{i=1}^{n}X_i-n\lambda}{\sqrt{\lambda n}}\leqslant x\right\}=\Phi(x)$

C. $\lim\limits_{n\to\infty}P\left\{\dfrac{\lambda\sum\limits_{i=1}^{n}X_i-n}{\sqrt{n}}\leqslant x\right\}=\Phi(x)$　　D. $\lim\limits_{n\to\infty}P\left\{\dfrac{\sum\limits_{i=1}^{n}X_i-\lambda}{\sqrt{n\lambda}}\leqslant x\right\}=\Phi(x)$

二、填空题

1. 对于随机变量 X，其 $E(X)=3$，$D(X)=\frac{1}{25}$，则可知 $P\{|X-3|<3\}\geqslant$ ________.

2.(01 年研)设随机变量 X 和 Y 的数学期望都是 2，方差分别为 1 和 4，相关系数为 0.5，则根据切比雪夫不等式有 $P\{|X-Y|\geqslant 6\}\leqslant$ ________.

3. 设随机变量 ξ，$E(\xi)=\mu$，$D(\xi)=\sigma^2$，则 $P\{|\xi-\mu|<2\sigma\}\geqslant$ ________.

4. 设 ξ_1，ξ_2，…，ξ_n 为相互独立的随机变量序列，且 $\xi_i(i=1, 2, \cdots)$服从参数为 λ 的泊松分布，则 $\lim\limits_{n\to\infty}P\left\{\frac{\sum\limits_{i=1}^{n}\xi_i-n\lambda}{\sqrt{n\lambda}}\leqslant x\right\}=$ ________.

5. 设 η_n 表示 n 次独立重复试验中事件 A 出现的次数，p 是事件 A 在每次试验中出现的概率，则 $P\{a<\eta_n\leqslant b\}\approx$ ________.

6. 设随机变量 ξ_n 服从二项分布 $b(n, p)$，其中 $0<p<1$，$n=1, 2, \cdots$，那么，对于任一实数 x，有 $\lim\limits_{n\to+\infty}P\{|\xi_n-np|<x|\}=$ ________.

7. 设 X_1，X_2，…，X_n 为随机变量序列，a 为常数，则$\{X_n\}$依概率收敛于 a 是指 $\forall\varepsilon>0$，$\lim\limits_{n\to+\infty}P\{|X_n-a|<\varepsilon\}=$ ________，或 $\forall\varepsilon>0$，$\lim\limits_{n\to+\infty}P\{|X_n-a|\geqslant\varepsilon\}=$ ________.

8.(01 年研)$D(X)=2$，则根据切比雪夫不等式有估计$P\{|X-E(X)|\geqslant 2\}\leqslant$ ________.

9.(89 年研)设 $E(X)=\mu$，$D(X)=\sigma^2$，则利用切比雪夫不等式可知 $P(|X-\mu|\geqslant 3\sigma)\leqslant$ ________.

10.(99 年研)在天平上重复称量一重为 a 的物品，假设各次称量结果互相独立且都服从正态分布 $N(a, 0.2^2)$. 若以 $\overline{X}_n$ 表示 n 次称量结果的算术平均值，则为使 $P(|\overline{X}_n-a|<0.1)\geqslant 0.95$ 成立，n 的最小值应不小于自然数________.

三、计算题

1. 随机地掷六颗骰子，试利用切比雪夫不等式估计：六颗骰子出现的点数总和不小于 9 且不超过 33 点的概率.

2. 将一枚硬币连掷 100 次，试用棣莫佛—拉普拉斯中心极限定理计算出现正面的次数大于 60 的概率.

3. 设各零件的重量是同分布相互独立的随机变量，其数学期望为 0.5kg，均方差为 0.1kg，问 5000 只零件的总重量超过 2510kg 的概率是多少？

4. 某药厂宣称他生产的安眠药对失眠的治愈率为 0.8，征集 100 名失眠的患者，服用该安眠药的病人，若有多于 75 人得到治愈，就认为厂家的结论是正确.

若实际上该安眠药对失眠的治愈率是0.7，问接受这一断言的概率是多少？

5. 一文具店有三种橡皮出售，由于每天进货时进哪一种橡皮是随机的，因而售出一支橡皮的价格是随机变量，取1元、1.2元、1.5元各个值的概率分别为0.3、0.2、0.5. 某天售出300块橡皮．求(1)求收入至少400元的概率；(2)求一天内卖出价格为1.2元的橡皮多于60只的概率．

习题B

1.(88年研)某保险公司经多年的资料统计表明，在索赔户中被盗索赔户占20%，在随意抽查的100家索赔户中被盗的索赔户数为随机变量X.(1)写出X的分布律；(2)利用棣莫佛—拉普拉斯定理，求被盗的索赔户数不少于14户且不多于30户的概率的近似值．

2.(01年研)一生产线生产的产品成箱包装，每箱的重量是随机的，假设每箱平均重50千克，标准差为5千克，若用载重量为5吨的汽车承运，试利用中心极限定理说明每辆车最多可以装多少箱才能保障不超载的概率大于0.977.

3. 某人购买一箱玻璃杯，开箱检查时如果发现次品数多于10个，则拒绝购买该玻璃杯，设这箱玻璃杯的次品率为10%，问至少应抽取多少个玻璃杯产品及进行检查才能保证拒绝购买该箱玻璃杯的概率达到0.9?

4. 设随机变量ξ_1，ξ_2，…，ξ_n相互独立，且均服从参数为λ的指数分布，为使$P\left\{\left|\frac{1}{n}\sum_{k=1}^{n}\xi_k-\frac{1}{\lambda}\right|<\frac{1}{10\lambda}\right\}\geqslant\frac{95}{100}$,则$n$的最小值应为多少?

第五章　知识结构思维导图

第五章 大数定理与中心极限定理

- 第一节集中不等式
  - 马尔可夫不等式
  - 霍夫丁不等式
  - 切比雪夫不等式
    - $P[|X-E(X)|\geqslant\varepsilon]\leqslant\frac{D(X)}{\varepsilon^2}$
    - $P[|X-E(X)|<\varepsilon]\geqslant 1-\frac{D(X)}{\varepsilon^2}$
- 第二节大数定理
  - 依概率收敛　$\lim\limits_{n\to\infty}P(|X_n-a|<\varepsilon)=1$
  - $\lim\limits_{n\to\infty}P\left(\left|\frac{1}{n}\sum\limits_{i=1}^{n}X_i-\frac{1}{n}\sum\limits_{i=1}^{n}E(X_i)\right|<\varepsilon\right)=1$
  - 概率很小的随机事件在个别试验中是不可能发生的
- 第三节中心极限定理
  - 本质　$\frac{\sum\limits_{k=1}^{n}X_k-E\left(\sum\limits_{k=1}^{n}X_k\right)}{\sqrt{D\left(\sum\limits_{k=1}^{n}X_k\right)}}\sim N(0,1)$
  - 形式　$\lim\limits_{n\to\infty}P\left\{\frac{\sum\limits_{k=1}^{n}X_k-E\left(\sum\limits_{k=1}^{n}X_k\right)}{\sqrt{D\left(\sum\limits_{k=1}^{n}X_k\right)}}\leqslant x\right\}=\int_{-\infty}^{x}\frac{1}{\sqrt{2\pi}}e^{-\frac{t^2}{2}}dt$

第六章　数理统计的基本概念

第一节　总体与样本

19 世纪末 20 世纪初，随着近代数学和概率论的发展，诞生了数理统计这门学科．

随机变量取值的统计规律性由它的分布全面地反映出来，但是在实际问题中，一个随机变量所服从的分布，可能完全不知道，或者即使知道分布的类型，但分布中含有一些未知参数，怎样才能获得随机变量的分布或某类分布中的参数呢？这就是数理统计要解决的问题．

数理统计在实际中应用十分广泛．随着计算机的普及和不断发展，数理统计渗透于工业、农业、国防、经济、管理、医学、地质、气象等各个领域．目前数理统计在行业内的比较突出的应用是对企业相关信息进行处理和分析．

数理统计是一门应用性很强的学科，它研究怎样以有效的方式收集、整理和分析带有随机性的数据，以便对所考察的问题做出推断和预测．

在实际研究中有些试验因为研究对象的数目特别大，对其进行全部观测是不现实的，比如交警在路口对车辆进行酒驾检查，不可能把所有的过往车辆都拦下；还有一些试验是破坏性的，比如对某工厂生产的灯泡进行寿命检测，对牛奶厂生产的牛奶进行质量检测等．所以在数理统计中，不是对所研究的对象全体(称为总体)进行观测，而是抽取其中的部分(称为样本)进行观察获得数据(抽样)，并通过这些数据对总体进行推断．由于推断是基于抽样数据，抽样数据又不能包括研究对象的全部信息，因而由此获得的结论必然包含不确定性．所以要求抽样数据具有代表性．从而数理统计具有“部分推断整体”的特征．因为我们是由一小部分样本观察值推断总体情况，即由部分推断全体．

概率论是数理统计的基础，而数理统计是概率论的重要应用．在数理统计中必然要用到概率论的理论和方法，因为随机抽样的结果带有随机性，不能不把它当作随机现象来处理．

一、总体

一个统计问题总有它明确的研究对象，研究对象的全体称为总体(母体)，总体中每个成员称为个体．例如，某班的全体学生构成一个总体，则每个学生为个体．所有个体的数目称为总体的容量．

然而在统计研究中，人们可能仅仅关心每个个体的一项(或几项)数量指标和该数量指标在总体中的情况，这时，每个个体具有的该数量指标的全体就是总体．由于每个个体的出现是随机的，所以相应的数量指标的出现也带有随机性．从而可以把该数量指标看作一个随机变量，因此随机变量的分布就是该数量指标在总体中的分布．这样，总体就可以用一个随机变量及其分布来描述．在理论上可以把总体与概率分布等同起来，例如研究某批灯泡的寿命时，关心的数量指标是寿命，那么，总体就可以用随机变量 X 表示，或用其分布函数 $F(x)$表示．我们常用随机变量或分布函数表示总体，比如总体 X 或服从分布函数为 $F(x)$的总体.

二、样本

为推断总体分布及各种特征，按一定规则从总体中抽取若干个体进行观察试验，以获得有关总体的信息，这一抽取过程称为“抽样”，所抽取的部分个体称为样本．样本中所包含的个体数目称为样本容量，样本是随机变量．

但是，一旦取定一组样本，得到的是 n 个具体的数值，称为样本的一次观察值，简称样本值．

要了解总体 X 的分布规律，就得从总体中按一定法则抽取一部分个体进行观测或试验，以获得总体的信息．从总体中抽取有限个个体的过程称为抽样，所抽取的部分个体称为样本，样本中所含个体的数目称为样本的容量．例如，为研究某批电视机的质量，通常把使用寿命 X 作为体现质量的数量指标，为了解总体 X 的概率分布，我们从这批电视机中抽样 n 台进行观测，第 i 台电视机的使用寿命记为 $X_i(i=1，\cdots，n)$，则$(X_1，X_2，\cdots，X_n)$就是来自总体 X 的一个容量为 n 的样本．由于样本是从总体中随机抽取的，在抽取之前无法预知它们的数值，因此样本$(X_1，X_2，\cdots，X_n)$是一个 n 维随机向量，在抽取以后，通过观测得到一组数值，用$(x_1，x_2，\cdots，x_n)$表示，称为样本的观测值．

由于抽样的目的是为了对总体进行统计推断，为了使抽取的样本能很好地反映总体的信息，必须考虑使用哪种抽样方法．最常用的是一种称为“简单随机抽样”的抽样方法，它要求抽取的样本满足下面两点：

(1)代表性：X_1，X_2，…，X_n 中每一个与所考察的总体有相同的分布，即样本与总体同分布．

(2)独立性：X_1，X_2，…，X_n 是相互独立的随机变量．

三、样本的联合分布

由简单随机抽样得到的样本称为简单随机样本，可以用与总体独立同分布的 n 个相互独立的随机变量 X_1，X_2，…，X_n 表示．假设总体 X 的分布函数为 $F(x)$，$(X_1, X_2, \cdots, X_n)$为来自总体 X 的样本，那么样本的联合分布函数为

$$F(x_1,x_2,\cdots,x_n)=\prod_{i=1}^{n}F(x_i)$$

如果总体 X 是离散型随机变量，其分布律为 $P\{X=x\}=p(x)$，那么样本$(X_1, X_2, \cdots, X_n)$的联合分布律为

$$P\{X_1=x_1,X_2=x_2\cdots,X_n=x_n\}=\prod_{i=1}^{n}p(x_i)$$

如果总体 X 是连续型随机变量，其密度函数为 $f(x)$，那么样本$(X_1, X_2, \cdots, X_n)$的联合密度函数为

$$f(x_1,x_2,\cdots,x_n)=\prod_{i=1}^{n}f(x_i)$$

【例 1】 设$(X_1, X_2, \cdots, X_n)$是来自正态总体 $N(\mu, \sigma^2)$的一个样本，求样本$(X_1, X_2, \cdots, X_n)$的联合密度函数．

解： 正态总体 $N(\mu, \sigma^2)$的密度函数为 $f(x)=\frac{1}{\sqrt{2\pi}\sigma}e^{-\frac{(x-\mu)^2}{2\sigma^2}}$，样本$(X_1, X_2, \cdots, X_n)$的联合密度函数为

$$f(x_1,x_2,\cdots,x_n)=\prod_{i=1}^{n}\frac{1}{\sqrt{2\pi}\sigma}e^{-\frac{(x_i-\mu)^2}{2\sigma^2}}=(\frac{1}{\sqrt{2\pi}\sigma})^n e^{-\sum\limits_{i=1}^{n}\frac{(x_i-\mu)^2}{2\sigma^2}},x_i\in R,i=1,2,\cdots,n$$

【例 2】 设$(X_1, X_2, \cdots, X_n)$是来自均匀分布总体 $U(a, b)$的一个样本，求样本$(X_1, X_2, \cdots, X_n)$的联合密度函数．

解： 均匀分布总体 $U(a, b)$的密度函数为 $f(x)=\frac{1}{b-a}$，$a<x<b$，样本$(X_1, X_2, \cdots, X_n)$的联合密度函数为

$$f(x_1,x_2,\cdots,x_n)=\prod_{i=1}^{n}\frac{1}{b-a}=\left(\frac{1}{b-a}\right)^n,a<x_i<b,i=1,2,\cdots,n$$

【例 3】 设$(X_1, X_2, \cdots, X_n)$是来自服从二项分布的总体 $b(m, p)$的一个

样本，求样本$(X_1, X_2, \cdots, X_n)$的联合分布律．

解： 二项分布$b(m, p)$的分布律为$P\{X=x\}=C_m^x p^x(1-p)^{m-x}$，$x=0, 1, \cdots, m$，则样本$(X_1, X_2, \cdots, X_n)$的联合分布律为：

$$P\{X_1=x_1, X_2=x_2\cdots, X_n=x_n\}=P\{X_1=x_1\}P\{X_2=x_2\}\cdots P\{X_n=x_n\}=C_m^{x_1}p^{x_1}(1-p)^{m-x_1}C_m^{x_2}p^{x_2}(1-p)^{m-x_2}\cdots C_m^{x_n}p^{x_n}(1-p)^{m-x_n}=\prod_{i=1}^{n}C_m^{x_i}p^{\sum_{i=1}^{n}x_i}(1-p)^{mn-\sum_{i=1}^{n}x_i}$$

$x_i=0, 1, \cdots, m$，$i=1, 2, \cdots, n$

习题 6.1

1. 设$(X_1, X_2, \cdots, X_n)$是取自总体X的简单随机样本，则$(X_1, X_2, \cdots, X_n)$必须满足(1)__________；(2)__________．

2. 某厂生产玻璃板，以每块玻璃上的泡疵点个数为数量指标，已知它服从参数为λ的泊松分布，从产品中抽取一个容量为n的样本$(X_1, X_2, \cdots, X_n)$，则样本的联合分布律为__________，$X_1+X_2+\cdots+X_n$的分布为__________．

3. 已知总体服从$b(m, p)$，抽取容量为n的样本$(X_1, X_2, \cdots, X_n)$，则样本的联合分布律为__________，$X_1+X_2+\cdots+X_n$的分布为__________．

4. 已知总体服从$N(\mu, \sigma^2)$，抽取容量为n的样本$(X_1, X_2, \cdots, X_n)$，则样本的联合密度函数为__________，$X_1+X_2+\cdots+X_n$的分布为__________．

第二节　统计量及其分布

一、统计量和抽样分布

1. 统计量

数理统计的任务就是从总体中抽取样本，进而利用所获得的样本信息对总体的某些概率特征进行推断，为了有效地搜集样本的信息，往往需要考虑各种不含任何未知参数的样本的函数，这种函数就是统计量．

定义 1　设$(X_1, X_2, \cdots, X_n)$是来自总体X的样本，设$g(x_1, x_2\cdots, x_n)$是不含任何未知参数的n元实值函数，样本的函数$T=g(X_1, X_2\cdots, X_n)$是一个随机变量，称为统计量，即为不含未知参数的样本的函数．

【例 1】 设$(X_1,X_2,\cdots,X_n)$是来自正态总体$X\sim N(\mu,\sigma^2)$的样本．其中μ已知,σ^2未知,则$T_1=\sum_{i=1}^{n}X_i^2,T_2=\sum_{i=1}^{n}(X_i-\mu),T_3=X_1+X_n,T_4=\min\{X_1,X_2\cdots X_n\}$都是统计量,而$T_5=\sum_{i=1}^{n}\left(\frac{X_i^2-\mu}{\sigma}\right)^2$不是统计量．

当我们得到样本$(X_1, X_2, \cdots, X_n)$的观测值$(x_1, x_2, \cdots, x_n)$时，也就得到了统计量$T=g(X_1, X_2\cdots, X_n)$的观测值记为$t=g(x_1, x_2\cdots, x_n)$，它是一个具体的数值．

2. 常用的统计量

设$(X_1, X_2, \cdots, X_n)$是来自总体X的样本，下面介绍一些常用的统计量．

(1)样本均值：$\overline{X}=\frac{1}{n}\sum_{i=1}^{n}X_i$

(2)样本方差：$S^2=\frac{1}{n-1}\sum_{i=1}^{n}(X_i-\overline{X})^2$

(3)样本标准差：$S=\sqrt{S^2}=\sqrt{\frac{1}{n-1}\sum_{i=1}^{n}(X_i-\overline{X})^2}$

(4)样本k阶原点矩：$A_k=\frac{1}{n}\sum_{i=1}^{n}X_i^k$

(5)样本k阶中心矩：$B_k=\frac{1}{n}\sum_{i=1}^{n}(X_i-\overline{X})^k$

显然，$A_1=\overline{X}$，为样本均值，而$B_2=\frac{n-1}{n}S^2$为二阶样本中心矩，本书将其记为S_n^2. 当样本$(X_1, X_2, \cdots, X_n)$的观测值为$(X_1, X_2, \cdots, X_n)$时，我们用$\overline{X}$，S^2，a_k，b_k分别表示统计量$\overline{X}$，S^2，A_k，B_k的观察值，如$\overline{X}=\frac{1}{n}\sum_{i=1}^{n}x_i$．

定理 1 设总体X数学期望及方差存在,且$EX=\mu,DX=\sigma^2,(X_1,X_2,\cdots,X_n)$是来自总体$X$的样本,则$E(\overline{X})=\mu,D\overline{X}=\frac{\sigma^2}{n},E(S^2)=\sigma^2$．

证明： 由于X_1，X_2，$\cdots$，X_n相互独立与总体X同分布，故有

$$E(X_i)=E(X)=\mu,\ D(X_i)=D(X)=\sigma^2,\ i=1,\ 2,\ \cdots,\ n,$$

从而

$$E(\overline{X}=E\left(\frac{1}{n}\sum_{i=1}^{n}X_i\right)=\frac{1}{n}\sum_{i=1}^{n}E(X_i)=\frac{1}{n}\sum_{i=1}^{n}\mu=\mu$$

$$D(\overline{X})=D\left(\frac{1}{n}\sum_{i=1}^{n}X_i\right)=\frac{1}{n^2}D\left(\sum_{i=1}^{n}X_i\right)=\frac{1}{n^2}\sum_{i=1}^{n}D(X_i)=\frac{\sigma^2}{n}$$

注意到 $\sum_{i=1}^{n}(X_i-\overline{X})^2=\sum_{i=1}^{n}X_i^2-n\overline{X}^2$，所以

$$ES^2=\frac{1}{n-1}E\left(\sum_{i=1}^{n}(X_i-\overline{X})^2\right)=\frac{1}{n-1}\left(\sum_{i=1}^{n}E(X_i^2)-nE(\overline{X})^2\right)$$

$$=\frac{1}{n-1}\left(\sum_{i=1}^{n}D(X_i)+(E(X_i))^2\right)-n(D(\overline{X})+(E(\overline{X}))^2))$$

$$=\frac{1}{n-1}\left(n\sigma^2+n\mu^2-n\left(\frac{\sigma^2}{n}-\mu^2\right)\right)=\sigma^2$$

【例 2】 设总体 X 服从泊松分布 $P(\lambda)$，$(X_1, X_2, \cdots, X_n)$ 是来自总体 X 的样本，求 $E(\overline{X})$，$D(\overline{X})$，$E(S^2)$.

解： $E(\overline{X})=\lambda$，$D(\overline{X})=\frac{\lambda}{n}$，$E(S^2)=\lambda$.

3. 顺序统计量

定义 2 设 $(X_1, X_2, \cdots, X_n)$ 是来自总体 X 的一个样本，将它们按从小到大排列成

$$X_{(1)}\leqslant X_{(2)}\leqslant\cdots\leqslant X_n$$

则称 X_k 为第 k 个顺序统计量．

可以看出 $X_{(1)}=\min(X_1, X_2, \cdots, X_n)$，$X_{(n)}=\max(X_1, X_2, \cdots, X_n)$，称 $X_{(1)}$ 为最小顺序统计量，$X_{(n)}$ 为最大顺序统计量，称 $R_n=X_n-X_{(1)}$ 为极差．

定理 2 设总体 X 的分布函数为 $F(x)$，密度函数为 $f(x)$，$(X_1, X_2, \cdots, X_n)$ 是来自总体 X 的样本，则 $X_{(k)}$ 密度函数为

$$f_k(x)=\frac{n!}{(k-1)!\ (n-k)!}(F(x))^{k-1}(1-F(x))^{n-k}f(x)$$

【例 3】 设总体 X 的分布函数为 $F(x)$，密度函数为 $f(x)$，$(X_1, X_2, \cdots, X_n)$ 是来自总体 X 的样本，求 $X_{(n)}$ 和 $X_{(1)}$ 的分布函数及密度函数．

解： 设 $X_{(n)}$ 和 $X_{(1)}$ 的分布函数分别为 $F_n(y)$，$F_1(y)$，由于 $X_1, X_2, \cdots, X_n$ 相互独立与总体 X 同分布，则

$F_n(y)=P\{X_n\leqslant y\}=P\{\max(X_1, X_2, \cdots, X_n)\leqslant y\}=P\{X_1\leqslant y, X_2\leqslant y, \cdots, X_n\leqslant y\}=P\{X_1\leqslant y\}\cdots\{X_n\leqslant y\}=[F(y)]^n$，

所以 $X_{(n)}$ 的密度函数为

$$f_n(y)=F_n'(y)=n[F(y)]^{n-1}F(y)=n[F(y)]^{n-1}f(y),$$

又 $F_1(y)=P\{X_{(1)}\leqslant y\}=1-P\{X_{(1)}>y\}=1-P\{min(X_1, X_2, \cdots, X_n)>y\}=$
$1-P\{x_1>y, x_2>y, \cdots, x_n>y\}=1-P\{x_1>y\}P\{x_2>y\}\cdots P\{x_n>y\}=$
$1-(1-F(y))^n$，

所以 $X_{(1)}$ 的密度函数为 $f_1(y)=F_1'(y)=n(1-F(y))^{n-1}F'(y)=$

$n(1-F(y))^{n-1}f(y)$

【例 4】 设总体 X 的密度函数为 $f(x)=3x^2$，$0<x<1$，从总体中抽取容量为 8 的样本，求 $X_{(5)}$ 密度函数.

解： $F(x)=\begin{cases}0, & x<0\\ x^3, & 0<x<1\\ 1, & x\geqslant 1\end{cases}$，所以 $X_{(5)}$ 密度函数为

$f_5(x)=\dfrac{10!}{4!\ 5!}(F(x))^4\ (1-F(x))^5 f(x)=\dfrac{10!}{4!\ 5!}(x^3)^4\ (1-x^3)^5 3x^2=$
$3780x^{14}(1-x^3)^5$，$0<x<1$

二、抽样分布

统计量既然是依赖于样本的，而后者又是随机变量，故统计量也是随机变量，因而就有一定的分布，这个分布叫做统计量的“抽样分布”.

抽样分布就是通常的随机变量函数的分布，只是强调这一分布是由一个统计量所产生的，研究统计量的性质和评价一个统计推断的优良性，完全取决于其抽样分布的性质.

本小节主要介绍 χ^2 分布、t 分布、F 分布及其性质，这些分布在数理统计中有重要的应用.

1. χ^2 分布

定义 3 设随机变量 X_1，X_2，…，X_n 相互独立，且 $X_i\sim N(0,1)(i=1,2,\cdots,n)$，则称随机变量 $\chi^2=X_1^2+X_2^2+\cdots+X_n^2$ 服从自由度为 n 的 χ^2 分布，记为 $\chi^2\sim\chi^2(n)$. 特别的，如果 $X\sim N(0,1)$，则 $X^2\sim\chi^2(1)$.

自由度为 n 的 χ^2 分布的密度函数为

$$f(x)=\begin{cases}\dfrac{1}{2^{\frac{n}{2}}\Gamma\left(\dfrac{n}{2}\right)}x^{\frac{n}{2}-1}e^{-\frac{x}{2}}, & x>0\\ 0, & x\leqslant 0\end{cases}$$

密度函数的图像见下图.

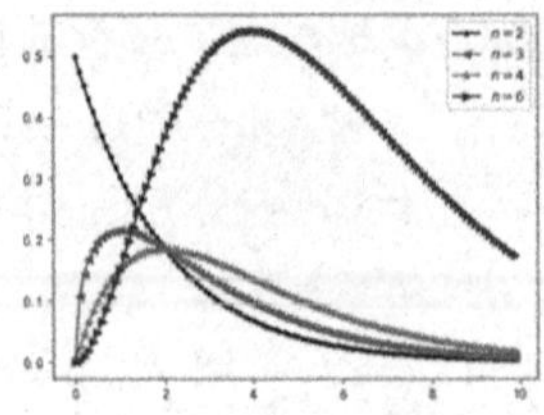

χ^2 分布具有如下性质：

(1) 分布具有可加性．设随机变量 X_1，X_2，…，X_n 相互独立，且 $X_i \sim \chi^2(n_i)(i=1, 2, \cdots, n)$，则 $\sum_{i=1}^{n} X_i \sim \chi^2\left(\sum_{i=1}^{n} n_i\right)$；

(2) 设 $X \sim \chi^2(n)$，则 $E(X)=n$，$D(X)=2n$.

如果 $\chi^2 \sim \chi^2(n)$，在给定自由度 n 及数 $\alpha(0<\alpha<1)$ 的情况下，满足

$$P\{\chi^2 \geqslant \chi_\alpha^2(n)\} = \int_{\chi_\alpha^2(n)}^{+\infty} f(x)dx = \alpha$$

的 $\chi_\alpha^2(n)$ 称为 χ^2 分布的 α 临界值(或 α 上侧分位数)．可以查附录表 4 得分位数 $\chi_\alpha^2(n)$，见下图，显然有 $P\{\chi^2 < \chi_{1-\alpha}^2(n)\}=\alpha$.

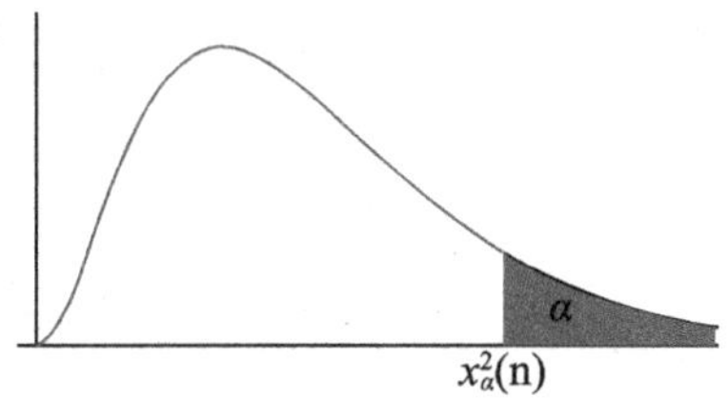

【例 5】 设 $\chi^2 \sim \chi^2(10)$，求 $\chi_{0.05}^2(10)$，$\chi_{0.05}^2(10)$.

解： 查表得 $\chi_{0.05}^2(10)=18.307$，$\chi_{0.95}^2(10)=3.94$.

【例 6】 设 $(X_1, X_2, \cdots, X_8)$ 是来自总体 $X \sim N(0, \sigma^2)$ 的样本，设 $Y = \left(\sum_{i=1}^{4} X_i\right)^2 + \left(\sum_{i=5}^{8} X_i\right)^2$，如果 $kY \sim \chi^2(2)$，求 k.

解： 由于 X_1，X_2，…，X_8 相互独立与 X 同分布，由正态分布的可加性得

$\sum_{i=1}^{4} X_i \sim N(0, 4\sigma^2)$，$\sum_{i=5}^{8} X_i \sim N(0, 4\sigma^2)$，于是 $\frac{1}{2\sigma}\sum_{i=1}^{4} X_i \sim N(0, 1)$，$\frac{1}{2\sigma}\sum_{i=5}^{8} X_i \sim N(0, 1)$，且两者相互独立，所以 $\left(\frac{1}{2\sigma}\sum_{i=1}^{4} X_i\right)^2 + \left(\frac{1}{2\sigma}\sum_{i=5}^{8} X_i\right)^2 \sim \chi^2(2)$，故当 $k=\frac{1}{4\sigma^2}$ 时，$kY \sim \chi^2(2)$.

定理 3 设总体 $X \sim N(\mu, \sigma^2)$，$(X_1, X_2, \cdots, X_n)$ 是来自总体 X 的样本，$\overline{X}$ 是样本均值，则 $\sum_{i=1}^{n}\left(\frac{X_i-\mu}{\sigma}\right)^2 \sim \chi^2(n)$.

2. *t* 分布

定义 4 设随机变量 X 与 Y 相互独立，且 $X \sim N(0, 1)$，$Y \sim \chi^2(n)$，则称

$$t=\frac{X}{\sqrt{Y/n}}$$

服从自由度为 n 的 t 分布，记为 $t \sim t(n)$.

自由度为 n 的 t 分布的密度函数为

$$f(x)=\frac{\Gamma(\frac{n+1}{2})}{\Gamma(\frac{n}{2})\sqrt{n\pi}}(1+\frac{x^2}{n})^{-\frac{n+1}{2}}, \quad -\infty<x<+\infty$$

t 分布是英国统计学家哥色特(W. S. Gosset)于 1908 年以“Student”的笔名发表的研究成果，所以 t 分布又称为学生分布，它常用于样本容量较小时的统计推断，显然 $f(x)$是偶函数，其图像关于 y 轴对称，可以证明$\lim\limits_{n\to\infty}f(x)=\frac{1}{\sqrt{2\pi}}e^{-\frac{x^2}{2}}$，因此只要 n 充分大，t 分布近似于 $N(0, 1)$. 实际上，当 $n>30$ 时，$t(n)$与 $N(0, 1)$就相差很少了. 下图给出了 $n=1$，2 时 $t(n)$的密度函数图像.

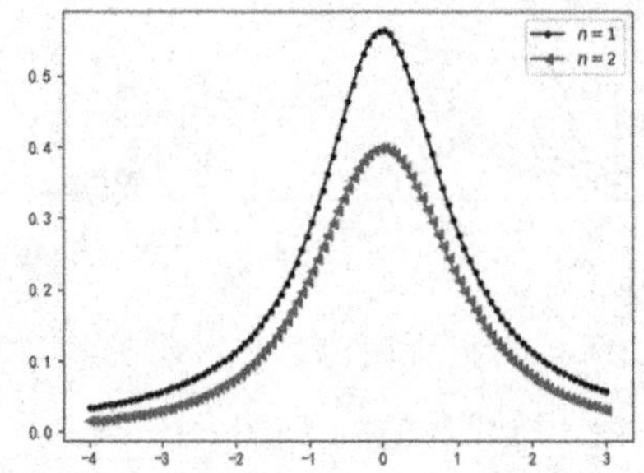

如果 $t \sim t(n)$，在给定自由度 n 及数 $\alpha(0<\alpha<1)$的情况下，满足 $P\{t \geqslant t_\alpha(n)\}=\int_{t_\alpha(n)}^{+\infty}f_t(x)\mathrm{d}x=\alpha$ 的 $t_\alpha(n)$ 称为 t 分布的 α 临界值(或 α 上侧分位数)(见下图). 根据密度函数为偶函数，得到 $t_{1-\alpha}(n)=-t_\alpha(n)$，当 $n>30$ 时，$t_\alpha(n)\approx Z_\alpha$. t 分布的分位数可以查附表 3 表得到数 $t_\alpha(n)$.

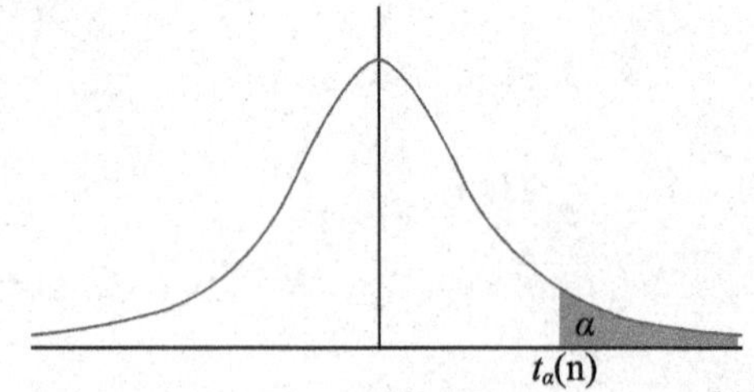

如果 $t \sim t(n)$，$n=1$ 时期望不存在；$n\geqslant 2$ 时，$E(T)=\frac{n}{n-2}$.

【例 7】 设 $t \sim t(10)$，求 $t_{0.05}(10)$，$t_{0.95}(10)$.

解：查表得：$t_{0.05}(10)=1.8125$，$t_{0.95}(10)=-t_{0.05}(10)=-1.8125$.

【例 8】 设 $(X_1,X_2,\cdots,X_8)$ 是来自总体 $X\sim N(0,\sigma^2)$ 的样本，求统计量 $Y=\dfrac{\sum\limits_{i=1}^{4}X_i}{\sqrt{\sum\limits_{i=5}^{8}X_i}}$ 的分布.

解：由于 $X_1,X_2,\cdots,X_8$ 相互独立与 X 同分布，则 $\sum\limits_{i=1}^{4}X_i\sim N(0,4\sigma^2)$，$\dfrac{X_i}{\sigma}\sim N(0,1)(i=5,6,7,8)$，于是 $\dfrac{1}{2\sigma}\sum\limits_{i=1}^{4}X_i\sim N(0,1)$，$\sum\limits_{i=5}^{8}\left(\dfrac{X_i}{\sigma}\right)^2\sim\chi^2(4)$，且 $\dfrac{1}{2\sigma}\sum\limits_{i=1}^{4}X_i$ 与 $\sum\limits_{i=5}^{8}\left(\dfrac{X_i}{\sigma}\right)^2$ 相互独立，所以 $Y=\dfrac{\frac{1}{2\sigma}\sum\limits_{i=1}^{4}X_i}{\sqrt{\sum\limits_{i=5}^{8}\left(\frac{X_i}{\sigma}\right)^2/4}}=\dfrac{\sum\limits_{i=1}^{4}X_i}{\sqrt{\sum\limits_{i=5}^{8}X_i^2}}\sim t(4)$.

3. *F* 分布

定义 5　设随机变量 X 与 Y 相互独立，且 $X\sim\chi^2(n)$，$Y\sim\chi^2(m)$，则称

$$F=\frac{X/n}{Y/m}$$

服从第一自由度为 n，第二自由度为 m 的 F 分布，记为 $F\sim F(n,\ m)$.

$F(n,\ m)$的密度函数为

$$f(x)=\begin{cases}\dfrac{\Gamma(\frac{n+m}{2})}{\Gamma(\frac{n}{2})\Gamma(\frac{m}{2})}n^{\frac{n}{2}}m^{\frac{m}{2}}\dfrac{x^{\frac{n}{2}-1}}{(nx+m)^{\frac{n+m}{2}}}, & x>0\\ 0, & x\leqslant 0\end{cases}$$

密度函数 $f(x)$的图像随自由度 n，m 的不同而有所改变，下图画出了 $f(x)$ 在自由度为(10，40)，(11，3)时密度函数图像.

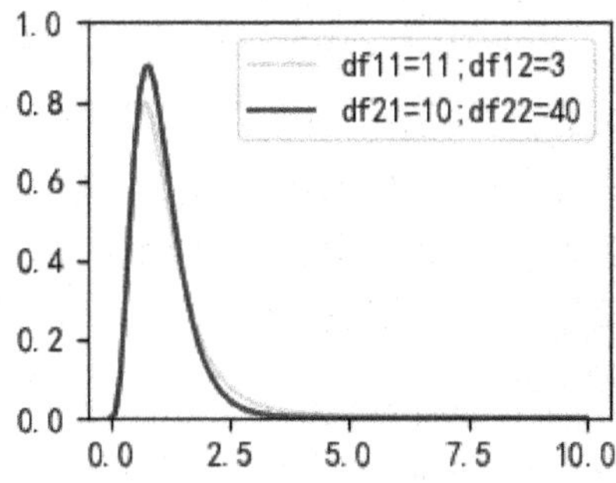

如果 $F\sim F(n,\ m)$，给定自由度 n，m 及数 $\alpha(0<\alpha<1)$的情况下，满足

$$P\{F \geqslant F_\alpha(n, m)\} = \int_{F_\alpha(n,m)}^{+\infty} f(x)dx = \alpha$$

的 $F_\alpha(n, m)$称为 F 分布的 α 临界值(或 α 上侧分位数).

显然有 $P\{F < F_{1-\alpha}(n, m)\} = \alpha$. 可以查附表 5 得分位数 $F_\alpha(n, m)$.

结论:

(1)如果 $F \sim F(n, m)$, 则$\frac{1}{F} \sim F(m, n)$.

(2)对给定 $\alpha(0<\alpha<1)$, $F_\alpha(m, n) = \frac{1}{F_{1-\alpha}(n, m)}$.

证明: $P\{F \geqslant F_\alpha(n, m)\} = \alpha$, $P\left\{\frac{1}{F} \geqslant F_{1-\alpha}(m, n)\right\} = P\left\{F < \frac{1}{F_{1-\alpha}(m, n)}\right\} = 1-\alpha$, 于是 $P\left\{F \geqslant \frac{1}{F_{1-\alpha}(m, n)}\right\} = \alpha$, 所以 $F_\alpha(n, m) = \frac{1}{F_{1-\alpha}(n, m)}$.

利用性质 2, 可以求出 $\alpha = 0.90, 0.95, 0.975, 0.99, 0.995$ 时的分位数值.

【例 9】 设 $F \sim F(9, 10)$, 求 $F_{0.95}(9, 10)$.

解: 查表得: $F_{0.95}(9, 10) = \frac{1}{F_{0.05}(10, 9)} = \frac{1}{3.14} = 0.318$

【例 10】 设$(X_1, X_2, \cdots, X_9)$是来自总体 $X \sim N(0, \sigma^2)$的样本, 求统计量 $Y = \sum_{i=1}^{3} 2X_i^2 / \sum_{i=4}^{9} X_i^2$ 的分布.

解: 由于 $X_1, X_2, \cdots, X_9$ 相互独立, 且都服从正态分布 $N(0, \sigma^2)$, 所以 $\frac{X_i}{\sigma} \sim N(0, 1)(i=1, 2, \cdots, 9)$, 从而 $\chi_1^2 = \sum_{i=1}^{3}\left(\frac{X_i}{\sigma}\right)^2 \sim \chi^2(3)$, $\chi_2^2 = \sum_{i=4}^{9}\left(\frac{X_i}{\sigma}\right)^2 \sim \chi^2(6)$, 且 χ_1^2 与 χ_2^2 相互独立, 所以

$$Y = \sum_{i=1}^{3} 2X_i^2 / \sum_{i=4}^{9} X_i^2 = \frac{\chi_1^2/3}{\chi_2^2/6} \sim F(3,6).$$

在机器学习中按照不同的标签类别将特征划分为不同的总体, 若检验的是不同总体之间均值是否相同(或者是否有显著性差异), 可使用方差分析, 使用的检验统计量服从 F 分布. 方差分析可用于控制一个或多个自变量来检验其与因变量的关系, 进而检测某种实验效果, 就一般的特征选择问题而言, 关心的是特征的相对重要性, 所以可以按每个特征 F 值的大小进行排序, 去除 F 值小的特征. 对于特征和标签皆为连续值的回归问题, 要检测二者的相关性, 也可以使用服从 F 分布的统计作为检验统计量.

三、正态总体导出的抽样分布

我们在利用统计量进行统计推断或对统计推断方法的优良性进行评价时，必须了解统计量的分布．本小节主要讨论正态总体的几个常用统计量的分布，它们在估计理论、假设检验、方差分析等中有重要的作用．

引理 1 设随机变量 X_1，X_2，…，X_n 相互独立且都服从 $N(0，1)$，$C=(c_{ij})_{n\times n}$是 n 阶正交矩阵，即 $CC^T=E$. 如果随机变量 Y_1，Y_2，…，Y_n 满足

$$\begin{pmatrix} Y_1 \\ Y_2 \\ \vdots \\ Y_n \end{pmatrix} = C \begin{pmatrix} X_1 \\ X_2 \\ \vdots \\ X_n \end{pmatrix} = \begin{pmatrix} c_{11}X_1+c_{12}X_2+\cdots+c_{1n}X_{1n} \\ c_{21}X_1+c_{22}X_2+\cdots+c_{2n}X_n \\ \cdots\cdots\cdots \\ c_{n1}X_1+c_{n2}X_2+\cdots+c_{nn}X_n \end{pmatrix}$$

则 Y_1，Y_2，…，Y_n 相互独立且都服从 $N(0，1)$.

定理 4 设总体 $X\sim N(\mu，\sigma^2)$，$(X_1，X_2，\cdots，X_n)$是来自总体 X 的样本，$\overline{X}$ 是样本均值，则

$$\overline{X}\sim N\left(\mu，\frac{\sigma^2}{n}\right)，\quad Z=\frac{\overline{X}-\mu}{\sigma/\sqrt{n}}\sim N(0，1)$$

证明： 因 X_1，X_2，…，X_n 相互独立，且都服从正态分布 $N(\mu，\sigma^2)$，由正态分布的性质知，$\overline{X}$ 服从正态分布．又

$$E(\overline{X}) = \frac{1}{n}\sum_{i=1}^{n}EX_i = \mu，\quad D(\overline{X}) = \frac{1}{n^2}\sum_{i=1}^{n}D(X_i) = \frac{\sigma^2}{n}.$$

所以 $\overline{X}\sim N(\mu，\frac{\sigma^2}{n})$，将 $\overline{X}$ 标准化得，$Z=\frac{\overline{X}-\mu}{\sigma/\sqrt{n}}\sim N(0，1)$.

定理 5 设总体 $X\sim N(\mu，\sigma^2)$，$(X_1，X_2，\cdots，X_n)$是来自总体 X 的样本，$\overline{X}$，S^2 分别是样本均值和样本方差，则 $\overline{X}$ 与 S^2 相互独立，且

$$\frac{(n-1)S^2}{\sigma^2}\sim\chi^2(n-1)$$

证明： 令 $Z_i=\frac{X_i-\mu}{\sigma}(i=1，2，\cdots，n)$，那么，$Z_1$，$Z_2$，…，$Z_n$ 相互独立且都服从 $N(0，1)$，且 $\overline{Z}=\frac{1}{n}\sum_{i=1}^{n}Z_i=\frac{\overline{X}-\mu}{\sigma}$. 适当选取常数 $c_{ij}(i=1，2，\cdots，n-1；j=1，2，\cdots，n)$使得矩阵

$$C=\begin{pmatrix} c_{11} & c_{12} & \cdots & c_{1n} \\ c_{21} & c_{22} & \cdots & c_{2n} \\ \vdots & \vdots & \cdots & \vdots \\ \frac{1}{\sqrt{n}} & \frac{1}{\sqrt{n}} & \cdots & \frac{1}{\sqrt{n}} \end{pmatrix}$$

为正交矩阵，再令

$$\begin{pmatrix} Y_1 \\ Y_2 \\ \vdots \\ Y_n \end{pmatrix}=C\begin{pmatrix} Z_1 \\ Z_2 \\ \vdots \\ Z_n \end{pmatrix}=\begin{pmatrix} c_{11}Z_1+c_{12}Z_2+\cdots+c_{1n}Z_{1n} \\ c_{21}Z_1+c_{22}Z_2+\cdots+c_{2n}Z_n \\ \cdots\cdots\cdots \\ \frac{1}{\sqrt{n}}Z_1+\frac{1}{\sqrt{n}}Z_2+\cdots+\frac{1}{\sqrt{n}}Z_n \end{pmatrix},$$

由引理 1 得，Y_1，Y_2，…，Y_n 相互独立且都服从 $N(0,1)$，容易验证：

$$\sum_{i=1}^{n}Y_i^2=\sum_{i=1}^{n}Z_i^2\ ,Y_n=\frac{1}{\sqrt{n}}\sum_{i=1}^{n}Z_i\ ,$$

所以 $\frac{\overline{X}-\mu}{\sigma}=\overline{Z}=\frac{1}{\sqrt{n}}Y_n$，且

$$\frac{(n-1)S^2}{\sigma^2}=\frac{\sum\limits_{i=1}^{n}(X_i-\overline{X})^2}{\sigma^2}=\sum_{i=1}^{n}(Z_i-\overline{Z})^2=\sum_{i=1}^{n}Z_i^2-n(\overline{Z})^2=\sum_{i=1}^{n-1}Y_i^2\ ,$$

因此 $\frac{\overline{X}-\mu}{\sigma}$ 与 $\frac{(n-1)S^2}{\sigma^2}$ 相互独立，且 $\frac{(n-1)S^2}{\sigma^2}\sim\chi^2(n-1)$.

定理 6 设总体 $X\sim N(\mu,\sigma^2)$，$(X_1, X_2, \cdots, X_n)$ 是来自总体 X 的样本，$\overline{X}$，S^2 分别是样本均值和样本相互独立方差，则

$$\frac{\overline{X}-\mu}{S/\sqrt{n}}\sim t(n-1).$$

证明： 由定理 4 和定理 5 得 $\frac{\overline{X}-\mu}{\sigma/\sqrt{n}}\sim N(0,1)$，$\frac{(n-1)S^2}{\sigma^2}\sim\chi^2(n-1)$，且两者相互独立，由 t 分布的定义得

$$\frac{\overline{X}-\mu}{\sigma/\sqrt{n}}\Big/\sqrt{\frac{(n-1)S^2}{\sigma^2(n-1)}}\sim t(n-1),$$

即 $\frac{\overline{X}-\mu}{S/\sqrt{n}}\sim t(n-1)$.

定理 7 设 $(X_1, X_2, \cdots, X_m)$ 是来自总体 $X\sim N(\mu_1,\sigma_1^2)$ 的样本，$(Y_1, Y_2, \cdots, Y_n)$ 是来自总体 $Y\sim N(\mu_2,\sigma_2^2)$ 的样本，且两样本相互独立，$\overline{X}$，$\overline{Y}$，S_1^2，S_2^2 分别为两个样本的样本均值和样本方差，则有

(1)$Z=\dfrac{\overline{X}-\overline{Y}-(\mu_1-\mu_2)}{\sqrt{\dfrac{\sigma_1^2}{m}+\dfrac{\sigma_2^2}{n}}}\sim N(0,1)$；

(2)当 $\sigma_1^2=\sigma_2^2=\sigma^2$ 时，有 $t=\dfrac{\overline{X}-\overline{Y}-(\mu_1-\mu_2)}{S_w\sqrt{\dfrac{1}{m}+\dfrac{1}{n}}}\sim t(m+n-2)$，其中

$$S_w=\sqrt{\frac{(m-1)S_1^2+(n-1)S_2^2}{m+n-2}};$$

(3)$F=\dfrac{S_1^2/\sigma_1^2}{S_2^2/\sigma_2^2}\sim F(m-1,n-1)$.

证明：(1)由定理 4 得 $\overline{X}\sim N(\mu_1,\dfrac{\sigma_1^2}{m})$，$\overline{Y}\sim N(\mu_2,\dfrac{\sigma_2^2}{n})$. 由于 $\overline{X}$ 与 $\overline{Y}$ 相互独立，故 $\overline{X}-\overline{Y}$ 服从正态分布，不难计算 $E(\overline{X}-\overline{Y})=\mu_1-\mu_2$，$D(\overline{X}-\overline{Y})=\dfrac{\sigma_1^2}{m}+\dfrac{\sigma_2^2}{n}$，于是 $\overline{X}-\overline{Y}\sim N\left(\mu_1-\mu_2,\dfrac{\sigma_1^2}{m}+\dfrac{\sigma_2^2}{n}\right)$. 将 $\overline{X}-\overline{Y}$ 标准化得

$$Z=\frac{\overline{X}-\overline{Y}-(\mu_1-\mu_2)}{\sqrt{\dfrac{\sigma_1^2}{m}+\dfrac{\sigma_2^2}{n}}}\sim N(0,1).$$

(2)由定理 5 得 $\dfrac{(m-1)S_1^2}{\sigma^2}\sim\chi^2(m-1)$，$\dfrac{(n-1)S_2^2}{\sigma^2}\sim\chi^2(n-1)$，且两者相互独立，根据 χ^2 分布的可加性，有 $\dfrac{(m+n-2)S_W^2}{\sigma^2}=\dfrac{(m-1)S_1^2}{\sigma^2}+\dfrac{(n-1)S_2^2}{\sigma^2}\sim\chi^2(m+n-2)$. 又 $Z=\dfrac{\overline{X}-\overline{Y}-(\mu_1-\mu_2)}{\sqrt{\dfrac{\sigma^2}{m}+\dfrac{\sigma^2}{n}}}\sim N(0,1)$，从而有 $t=\dfrac{\overline{X}-\overline{Y}-(\mu_1-\mu_2)}{S_w\sqrt{\dfrac{1}{m}+\dfrac{1}{n}}}\sim t(m+n-2)$.

(3)因为 $\dfrac{(m-1)S_1^2}{\sigma^2}\sim\chi^2(m-1)$，$\dfrac{(n-1)S_2^2}{\sigma^2}\sim\chi^2(n-1)$，且两者相互独立，根据 F 分布的定义得

$$F=\frac{(m-1)S_1^2/(m-1)\sigma_1^2}{(n-1)S_2^2/(n-1)\sigma_2^2}=\frac{S_1^2/\sigma_1^2}{S_2^2/\sigma_2^2}\sim F(m-1,n-1).$$

【例 11】 设总体 $X\sim N(3.4,6^2)$，$(X_1,X_2,\cdots,X_n)$是来总体 X 的一个样本，$\overline{X}$ 为样本均值，

(1)如果 $P\{1.4<\overline{X}<5.4\}\geqslant 0.95$，问样本容量 n 至少应取多大；

(2)如果 $E(\overline{X}-3.4)^2\leqslant 0.56$，问样本容量 n 至少应取多大.

解：(1)因为总体 $X \sim N(3.4,\ 6^2)$，由定理 4 得 $\dfrac{\overline{X}-3.4}{6/\sqrt{n}} \sim N(0,\ 1)$，所以 $P\{1.4<\overline{X}<5.4\}=P\{|\overline{X}-3.4|<2\}=P\left\{\dfrac{|\overline{X}-3.4|}{6/\sqrt{n}}<\dfrac{\sqrt{n}}{3}\right\}=2\Phi(\dfrac{\sqrt{n}}{3})-1$. 依题意得 $\Phi(\dfrac{\sqrt{n}}{3})\geqslant 0.975$，即有 $\dfrac{\sqrt{n}}{3}\geqslant 1.96$，解得 $n\geqslant 34.57$，故样本容量 n 至少应取 35.

(2)$E(\overline{X})=3.4$，$D(\overline{X})=\dfrac{36}{n}$，所以 $E(\overline{X}-3.4)^2=E(\overline{X}-E(\overline{X}))^2=D(\overline{X})=\dfrac{36}{n}$，依题意得 $\dfrac{36}{n}\leqslant 0.56$，既有 $n\geqslant\dfrac{36}{0.56}\approx 64.3$，故样本的容量 n 至少应取 15.

【例 12】 设总体 X 与 Y 相互独立且都服从正态分布 $N(\mu,\ \sigma^2)$，在 X 与 Y 中各抽取容量为 n 的样本，且两样本相互独立，其样本均值分别为 $\overline{X}$ 与 $\overline{Y}$，如果 $P\{|\overline{X}-\overline{Y}|\geqslant\sigma\}\geqslant 0.01$，问样本容量 n 最多是多少．

解：由题意得：$\overline{X}\sim N\left(\mu,\ \dfrac{\sigma^2}{n}\right)$，$\overline{Y}\sim N\left(\mu,\ \dfrac{\sigma^2}{n}\right)$，$\overline{X}$ 与 $\overline{Y}$ 相互独立，所以 $\overline{X}-\overline{Y}\sim N(0,\ \dfrac{2\sigma^2}{n})$，$P\{|\overline{X}-\overline{Y}|\geqslant\sigma\}=1-P\{|\overline{X}-\overline{Y}\leqslant\sigma\}=1-P\left\{\dfrac{|\overline{X}-\overline{Y}|}{\sqrt{2}\sigma/\sqrt{n}}\leqslant\sqrt{\dfrac{n}{2}}\right\}=1-\left(\Phi\left(\sqrt{\dfrac{n}{2}}\right)-\Phi\left(-\sqrt{\dfrac{n}{2}}\right)\right)=2\left(1-\Phi\left(\sqrt{\dfrac{n}{2}}\right)\right)$，又 $2\left(1-\Phi\left(\sqrt{\dfrac{n}{2}}\right)\right)\geqslant 0.01$，即有 $\Phi\left(\sqrt{\dfrac{n}{2}}\right)\leqslant 0.995$，查表得 $\sqrt{\dfrac{n}{2}}\leqslant 2.58$，所以 $n\leqslant 13.3$，n 最多取 13.

【例 13】 设$(X_1,\ X_2,\ \cdots,\ X_9)$是来自总体 $X\sim N(\mu,\ \sigma^2)$的一个样本，且有

$$Y_1=\frac{1}{6}\sum_{i=1}^{6}X_i,Y_2=\frac{1}{3}\sum_{i=7}^{9}X_i,S^2=\frac{1}{2}\sum_{i=7}^{9}(X_i-Y_2)^2,Z=\frac{\sqrt{2}(Y_1-Y_2)}{S},$$

证明统计量 Z 服从自由度为 2 的 t 分布．

证明：由题意得$(X_1,\ X_2,\ \cdots,\ X_6)$，$(X_7,\ X_8,\ X_9)$是来自总体 $X\sim N(\mu,\ \sigma^2)$的两个样本，且两样本相互独立，由定理 4 及定理 5 得到 $Y_1\sim N\left(\mu,\ \dfrac{\sigma^2}{6}\right)$，$Y_2\sim N\left(\mu,\ \dfrac{\sigma^2}{3}\right)$，$\dfrac{2S^2}{\sigma^2}\sim\chi^2(2)$，且 Y_1，Y_2，$\dfrac{2S^2}{\sigma^2}$ 相互独立，于是 $Y_1-Y_2\sim N\left(0,\ \dfrac{\sigma^2}{2}\right)$，即有 $U=\dfrac{Y_1-Y_2}{\sigma/\sqrt{2}}\sim N(0,\ 1)$，易见 Y_1-Y_2 与 S^2 也相互独立，根据 t 分布的定义可得 $Z=\dfrac{U}{\sqrt{2S^2/2\sigma^2}}=\dfrac{\sqrt{2}(Y_1-Y_2)}{S}\sim t(2)$.

习题 6.2

一、选择题

1. X_1，X_2，…，X_n 是来自总体 $N(0, 1)$的样本，$\overline{X}$，S^2 分别为样本均值与样本方差，则(　　)

A. $\overline{X} \sim N(0, 1)$　　B. $n\overline{X} \sim N(0, 1)$

C. $\sum_{i=1}^{n} X_i^2 \sim x^2(n)$　　D. $\dfrac{\overline{X}}{S} \sim t(n-1)$

2. 在总体 $X \sim N(12, 4)$中抽取一容量为 5 的简单随机样本 X_1，X_2，X_3，X_4，X_5，则 $P\{\max(X_1, X_2, X_3, X_4, X_5) > 15\}$为(　　)

A. $1-\Phi(1.5)$　　B. $[1-\Phi(1.5)]^5$

C. $1-[\Phi(1.5)]^5$　　D. $[\Phi(1.5)]^5$

3. 设 X_1，X_2，…，X_n 是来自总体 X 的简单随机样本，则 X_1，X_2，…，X_n 必然满足(　　)

A. 独立但分布不同　　B. 分布相同但不相互独立

C. 独立同分布　　D. 不能确定

4. 下列关于“统计量”的描述中，不正确的是(　　)

A. 统计量为随机变量　　B. 统计量是样本的函数

C. 统计量表达式中不含有参数　　D. 估计量是统计量

5. 设总体均值为 μ，方差为 σ^2，n 为样本容量，下式中错误的是(　　)

A. $E(\overline{X}-\mu)=0$　　B. $D(\overline{X}-\mu)=\dfrac{\sigma^2}{n}$

C. $E\left(\dfrac{S^2}{\sigma^2}\right)=1$　　D. $\dfrac{\overline{X}-\mu}{\sigma/\sqrt{n}} \sim N(0, 1)$

6. 设(X_1, X_2, X_3, X_4)是来自正态总体 $N(0, 2)$的简单随机样本，$\overline{X}$ 是样本均值，S^2 是样本方差，则随机变量 $Y=\dfrac{2\overline{X}}{S}$服从的分布是(　　)

A. $F(1, 4)$　　B. $F(4, 4)$

C. $t(3)$　　D. $t(4)$

7. 设 $X \sim N(0, 1)$，$Y \sim \chi^2(n)$，且 X 与 Y 相互独立，则下列随机变量中服从 $t(n)$分布的为(　　)

A. $\dfrac{X}{Y/n}$　　B. $\dfrac{X/Y}{n}$

C. $\sqrt{\dfrac{X}{Y/n}}$　　D. $\dfrac{X}{\sqrt{Y/n}}$

8. 设$(X_1, X_2, \cdots, X_n)$是来自总体$X\sim N(\mu, \sigma^2)$的样本，$\overline{X}=\frac{1}{n}\sum_{i=1}^{n}X_i$，$S_n^2=\frac{1}{n}\sum_{i=1}^{n}(X_i-\overline{X})^2$，则$Y=\frac{\sqrt{n-1}(\overline{X}-\mu)}{S_n}$服从的分布(　　)

A. $\chi^2(n-1)$　　B. $N(0, 1)$

C. $t(n-1)$　　D. $t(n)$

9. 设总体X服从正态分布$N(0, 9)$，$(X_1, \cdots, X_{15})$是来自X的样本，$\frac{X_1^2+X_2^2+\cdots X_{10}^2}{2(X_{11}^2+X_{12}^2+\cdots X_{15}^2)}$服从的分布为(　　)

A. $F(10, 5)$　　B. $F(5, 10)$

C. $\chi^2(10)$　　D. $\chi^2(15)$

10. 设随机变量X服从自由度为$n(n>1)$的t分布，$Y=X^2$，则Y的分布为(　　)

A. $\chi^2(n)$　　B. $\chi^2(n-1)$

C. $F(n, 1)$　　D. $F(1, n)$

二、填空题

1. 设总体X服从参数为$\theta(\theta>0)$的指数分布，$(X_1, X_2, \cdots, X_n)$是来自X的一个样本，$\overline{X}$、S^2分别为样本均值和样本方差，则$E(\overline{X})=$________，$E(S^2)=$________.

2. 设随机变量$X\sim F(m, n)$，则函数$\frac{1}{X}\sim$________.

3. 设$X_1,\cdots,X_n,X_{n+1},\cdots,X_{n+m}$是分布$N(0,\sigma^2)$的容量为$n+m$的样本，则统计量$Y_2=\frac{m\sum_{i=1}^{n}X_i^2}{n\sum_{i=n+1}^{n+m}X_i^2}$的分布为________.

4. 设$(X_1, X_2, \cdots, X_n)$为来自总体$X\sim N(0, 1)$的样本，则$\sum_{i=1}^{n}X_i^2$服从的分布为________.

5. 设$X\sim N(\mu_1, \sigma_1^2)$，$Y\sim N(\mu_2, \sigma_2^2)$相互独立，样本容量分别为$n_1$，$n_2$，则$D(\overline{X}-\overline{Y})=$________.

6. 设X_1, X_2, X_3, X_4, X_5是来自正态总体$N(0, 1)$的简单随机样本，$X=a(X_1^2+X_2^2)$，则$a=$________时，统计量X服从χ^2分布，其自由度为________.

7. 设X_1, X_2, X_3, X_4, X_5是来自正态总体$N(0, 1)$的简单随机样本，

$X=a\dfrac{X_1+X_2}{\sqrt{X_3^2+X_4^2+X_5^2}}$，则 $a=$__________时，统计量 X 服从 t 分布，其自由度为__________.

8. 设 $n=10$ 时，样本的一组观测值为(4，6，4，3，5，4，5，8，4，7)，则样本均值为__________，样本方差为__________.

9. $(X_1, X_2, \cdots, X_{10})$ 是来自总体 $X\sim N(0, 0.3^2)$ 的一个样本，则 $P\left\{\sum_{i=1}^{10} X_i{}^2 \geqslant 1.44\right\}=$__________.

三、计算题

1. 设 $X_1, \cdots, X_{25}$ 是从均匀分布 U(0，5)抽取的样本，试求样本均值 $\overline{X}$ 的渐进分布.

2. 设 $X_1, \cdots, X_{16}$ 是来自 $N(8, 4)$ 的样本，求 $P\{X_{(16)}>10\}$.

3. 从正态总体 $N(52, 6.3^2)$ 中随机抽取容量为 36 的样本，求样本均值 $\overline{X}$ 落在 50.8 到 53.8 之间的概率.

4. 设 $X_1, X_2, \cdots, X_n, X_{n+1}$ 是来自总体 $N(\mu, \sigma^2)$ 的样本，$\overline{X}_n=\dfrac{1}{n}\sum_{i=1}^{n} X_i$，$S^2=\dfrac{1}{n-1}\sum_{i=1}^{n}(X_i-\overline{X}_n)^2$，试求常数 c 使得 $t_c=c\dfrac{X_{n+1}-\overline{X}_n}{S}$ 服从 t 分布，并指出分布的自由度.

5. 设总体 $X\sim N(0, 1)$，$X_1, X_2, \cdots, X_{2n}$ 为其样本，求 $Y=\dfrac{1}{2}\sum_{i=1}^{2n} X_i^2+\sum_{i=1}^{n} X_{2i-1}X_{2i}$ 的分布.

第三节　经验分布函数与茎叶图

一、经验分布函数

设总体 X 的分布函数为 $F(x)$，$(X_1, X_2, \cdots, X_n)$ 是来自总体 X 的样本，$(x_1, x_2, \cdots, x_n)$ 为样本观察值，现将 $(x_1, x_2, \cdots, x_n)$ 从大到小排列，记为 $x_{(1)}, x_{(2)}, \cdots, x_{(n)}$，则有 $x_{(1)}\leqslant x_{(2)}\leqslant\cdots\leqslant x_{(n)}$，定义函数

$$F_n(x)=\begin{cases}0, & 当\ x<x_{(1)}\\ \vdots & \vdots\\ \dfrac{k}{n}, & 当\ x_{(k)}\leqslant x<x_{(k+1)}\\ \vdots & \vdots\\ 1, & 当\ x\geqslant 1\end{cases}$$

显然，$F_n(x)$是非降右连续函数，且 $F_n(-\infty)=0$，$F_n(+\infty)=1$. 由此可见，$F_n(x)$是一个分布函数，称为经验分布函数．

定理 1(格里汶科定理)设$(X_1, X_2, \cdots, X_n)$是来自分布函数为 $F(x)$的总体的样本，$F_n(x)$是经验分布函数，则有

$$P\left\{\lim_{n\to\infty}\sup_{-\infty<x<\infty}|F_n(x)-F(x)|=0\right\}=1.$$

从定理 1 可以看出，对于大样本，经验分布函数可以作为总体分布函数的很好的近似．

二、茎叶图

1. 茎叶图

茎按从小到大的顺序从上向下列出，共茎的叶一般按从大到小(或从小到大)的顺序同行列出．

2. 茎叶图的特征

(1)用茎叶图表示数据有两个优点：一是统计图上没有原始数据信息的损失，所有数据信息都可以从茎叶图中得到；二是茎叶图中的数据可以随时记录，随时添加，方便记录与表示．

(2)茎叶图只便于表示两位有效数字的数据，而且茎叶图只方便记录两组的数据，两组以上的数据虽然能够记录，但是没有表示两个记录那么直观、清晰．当样本数据较多时，因为每一个数据都要在图中占据一个空间，用茎叶图很不方便．

3. 制作茎叶图的方法

将所有两位数的十位数字作为“茎”，个位数字作为“叶”，茎相同者共用一个茎，茎按从小到大的顺序从上向下列出，共茎的叶一般按从大到小(或从小到大)的顺序同行列出．

茎叶图对于分布在 0～99 的容量较小的数据比较合适，此时，茎叶图比直方图更详尽地表示原始数据的信息．在茎叶图中，茎也可以放两位，后面位数多可

以四舍五入后再制图．

4. 画茎叶图时的注意事项

(1)将每个数据分为茎(高位)和叶(低位)两部分，当数据是两位整数时，茎为十位上的数字，叶为个位上的数字；当数据是由整数部分和小数部分组成时，可以把整数部分作为茎，小数部分作为叶．

(2)将茎上的数字按大小次序排成一列．

(3)为了方便分析数据，通常将各数据的叶按大小次序写在其茎右(左)侧．

(4)用茎叶图比较数据时，一般从数据分布的对称性、中位数，稳定性等方面来比较．

5. 茎叶图中常用的几个量：众数、中位数、平均数

(1)众数：出现次数最多的数叫做众数．

(2)中位数：如果将一组数据按大小顺序依次排列，把处在最中间位置的一个数据或中间两个数据的平均是叫做这组数据的中位数．

例如，2、3、4、5、6、7 的中位数为：(4+5)/2=4.5；而 1、2、3、6、7 的中位数是 3.

(3)平均数与加权平均数：如果有 n 个数 x_1，x_2，…，x_n 那么 $\bar{x}=\dfrac{x_1+x_2+\cdots+x_n}{n}$ 叫做这 n 个数的平均数，即均值．如果在 n 个数中，x_1 出现 f_1 次，x_2 出现 f_2 次，……，x_k 出现 f_k 次(这里 $f_1+f_2+\cdots+f_k=n$)，那么 $\bar{x}=\dfrac{1}{n}(x_1f_1+x_2f_2+\cdots+x_kf_k)$ 叫做这 n 个数的加权平均数，其中 f_1，f_2，…，f_k 叫做权．

【例 1】 下面一组数据是某生产车间 30 名工人某日加工零件的个数，请画出适当的茎叶图表示这组数据，并由图说明一下这个车间此日的生产情况．

134	112	117	126	128	124	122	116	113	107
116	132	127	128	126	121	120	118	108	110
133	130	124	116	117	123	122	120	112	112

解： 茎叶图如下：

茎	叶
1　0	78
1　1	02223666778
1　2	0012234466788
1　3	0234

该生产车间的工人加工零件数大多都在 110～130，且分布较对称、集中，说明日生产情况稳定．

注：一个完整的茎叶图由代表“茎”“叶”的数值和“图示说明”三部分构成，茎叶图直观地反映了数据的集中趋势．

【例 2】 甲、乙两个小组各 10 名学生的英语口语测试成绩如下(单位：分)

甲组：76，90，84，86，81，87，86，82，85，83；

乙组：82，84，85，89，79，80，91，89，79，74.

用茎叶图表示两小组的成绩，并判断哪个小组的成绩更整齐一些．

解：作出茎叶图：

6	7	994
76654321	8	024599
0	9	1

容易看出甲组成绩较集中，即甲组成绩更整齐一些．

注：用茎叶图分析数据直观、清晰，所有信息都可以从这个茎叶图中得到．

总习题六

习题 A

一、选择题

1. 下列叙述中，仅在正态总体之下才成立的是(　　)

A. $\sum\limits_{i=1}^{n}(X_i-\overline{X})^2=\sum\limits_{i=1}^{n}X_i{}^2-n(\overline{X})^2$

B. $\overline{X}$ 与 S^2 相互独立

C. $E(\hat{\theta}-\theta)^2=D(\hat{\theta})+[E(\hat{\theta})-\theta]^2$

D. $E(\sum\limits_{i=1}^{n}(X_i-\mu)^2)=n\sigma^2$

2. 设 $\overline{X_i}$，S_i^2 表示来自总体 $N(\mu_i,\sigma_i^2)$的容量为 n_i 的样本均值和样本方差($i=1,2$)，且两总体相互独立，则下列不正确的是(　　)

A. $\dfrac{\sigma_2^2S_1^2}{\sigma_1^2S_2^2}\sim F(n_1-1,\ n_2-1)$　　B. $\dfrac{(\overline{X}_1-\overline{X}_2)-(\mu_1-\mu_2)}{\sqrt{\dfrac{\sigma_1^2}{n_1}+\dfrac{\sigma_2^2}{n_2}}}\sim N(0,\ 1)$

C. $\dfrac{\overline{X}_1-\mu_1}{S_1/\sqrt{n_1}}\sim t(n_1)$　　D. $\dfrac{(n_2-1)S_2^2}{\sigma_2^2}\sim x^2(n_2-1)$

3. 设总体服从参数为 θ 的指数分布，若 $\overline{X}$ 为样本均值，n 为样本容量，则下式中错误的是(　　)

A. $E(\overline{X})=\theta$　　B. $D(\overline{X})=\dfrac{\theta^2}{n}$

C. $E(\overline{X})^2=\frac{n+1}{n}\theta^2$　　　　D. $(E(\overline{X}))^2=\frac{1}{\theta^2}$

4. 设 X_1，X_2，…，X_n 是来自总体的样本，则 $\frac{1}{n-1}\sum_{i=1}^{n}(X_i-\overline{X})^2$ 是(　　)

A. 样本矩　　B. 二阶原点矩　　C. 二阶中心矩　　D. 统计量

5. 设 X 服从 $t(n)$ 分布，$P\{|X|>\lambda\}=a$，则 $P\{X<-\lambda\}$ 为(　　)

A. $\frac{1}{2}a$　　B. $2a$　　C. $\frac{1}{2}+a$　　D. $1-\frac{1}{2}a$

6. 设 X_1，X_2，…，X_n 是来自 $N(0,1)$ 的样本，则 $\sum_{i=1}^{n}(X_i-\overline{X})^2$ 服从分布为(　　)

A. $\chi^2(n)$　　　　B. $\chi^2(n-1)$

C. $N(0,n^2)$　　　　D. $N(0,\frac{1}{n})$

7. 设 X_1，X_2，…，X_n 是来自正态总体 $N(0,2^2)$ 的简单随机样本，若 $Y=a(X_1+2X_2)^2+b(X_3+X_4+X_5)^2+c(X_6+X_7+X_8+X_9)^2$ 服从 χ^2 分布，则 a，b，c 的值分别为(　　)

A. $\frac{1}{8}$，$\frac{1}{12}$，$\frac{1}{16}$　　　　B. $\frac{1}{20}$，$\frac{1}{12}$，$\frac{1}{16}$

C. $\frac{1}{3}$，$\frac{1}{3}$，$\frac{1}{3}$　　　　D. $\frac{1}{2}$，$\frac{1}{3}$，$\frac{1}{4}$

8. (99 年研)在天平上重复称量一重为 a 的物品，假设各次称量结果相互独立且同服从 $N(a,0.2^2)$ 分布，以 $\overline{X}_n$ 表示 n 次称量结果的算术平均，则为了使 $P\{|\overline{X}_n-a|<0.1\}\geqslant 0.95$，$n$ 值最小应取作(　　)

A. 20　　B. 17　　C. 15　　D. 16

9. 设随机变量 X 和 Y 相互独立且都服从正态分布 $N(0,3^2)$，设 X_1，X_2，…，X_9 和 Y_1，Y_2，…，Y_9 分别是来自两总体的样本，则统计量 $U=\sum_{i=1}^{9}X_i/\sqrt{\sum_{i=1}^{9}Y_i^2}$ 服从分布是(　　)

A. $t(9)$　　B. $t(8)$　　C. $N(0,81)$　　D. $N(0,9)$

10. 给定一组样本观测值 X_1，X_2，…，X_9 且得 $\sum_{i=1}^{9}X_i=45$，$\sum_{i=1}^{9}X_i^2=285$，则样本方差 S^2 的观测值为(　　)

A. 7.5　　B. 60　　C. $\frac{20}{3}$　　D. $\frac{65}{2}$

11. 设总体 $X\sim N(1,2^2)$，X_1，…，X_{100} 是来自总体 X 的样本，$\overline{X}$ 为样本

均值，已知 $Y=a\overline{X}+b\sim N(0, 1)$，则有(　　)

A. $a=-5$，$b=5$　　B. $a=5$，$b=5$

C. $a=\frac{1}{5}$，$b=-\frac{1}{5}$　　D. $a=-\frac{1}{5}$，$b=\frac{1}{5}$

12. 设总体 $X\sim N(\mu, \sigma^2)$，$\overline{X}$ 为该总体的样本均值，则 $P\{\overline{X}<\mu\}=$(　　)

A. $<\frac{1}{4}$　　B. $=\frac{1}{4}$　　C. $>\frac{1}{2}$　　D. $=\frac{1}{2}$

13. 设随机变量$(X_1, X_2, \cdots, X_n)(n>1)$独立同分布，且方差 $\sigma^2>0$. 令随机变量 $Y=\frac{1}{n}\sum_{i=1}^{n}X_i$，则(　　)

A. $Cov(X_i, Y)=\frac{1}{n^2}\sigma^2$　　B. $Cov(X_i, Y)=\frac{1}{n-1}\sigma^2$

C. $Cov(X_i, Y)=\frac{1}{n}\sigma^2$　　D. $Cov(X_i, Y)=\sigma^2$

14. 设 X_1，X_2，X_3，X_4 为来自正态总体 $N(0, 1)$的一个样本，则统计量 $\frac{(X_1+X_2)^2}{(X_3-X_4)^2}$服从的分布为(　　)

A. $t(2)$　　B. $t(4)$　　C. $F(1, 1)$　　D. $F(2, 2)$

15. 设 X_1，X_2，X_3，X_4 为来自正态总体 $N(0, 1)$的一个样本，则统计量 $\frac{X_1-X_2}{\sqrt{X_3^2+X_4^2}}$服从的分布为(　　)

A. $F(1, 2)$　　B. $F(2, 2)$　　C. $t(2)$　　D. $t(3)$

二、填空题

1. 设$(X_1, X_2, \cdots, X_n)$为来自总体 $X\sim N(\mu, \sigma^2)$的样本，则样本均值 $\overline{X}\sim$__________.

2. (98 年研)设 X_1，X_2，X_3，X_4 是来自正态总体 $N(0, 2^2)$的简单随机样本，$X=a(X_1-2X_2)^2+b(3X_3-4X_4)^2$，则 $a=$__________，$b=$__________时，统计量 $X\sim\chi^2(2)$.

3. 设总体 $X\sim\chi^2(k)$，$(X_1, X_2, \cdots, X_n)$是取自该总体的一个样本，则 $\sum_{i=1}^{n}X_i$ 服从 χ^2 分布，且自由度为__________.

4. 设$(X_1, X_2, \cdots, X_n)$是来自总体 X 的一个样本，X 服从参数为 λ 的指数分布，则 $2\lambda\sum_{i=1}^{n}X_i$ 服从__________分布.

5. 设在总体 $N(\mu, \sigma^2)$中抽取一个容量为 16 的样本，这里 μ，σ^2 均为未知，则 $D(S^2)=$__________.

6. 设 X_1，…，X_n，X_{n+1}，…，X_{n+m}是分布 $N(0, \sigma^2)$ 的容量为 $n+m$ 的样本，统计量 $Y_1=\dfrac{\sqrt{m}\sum\limits_{i=1}^{n}X_i}{\sqrt{n}\sqrt{\sum\limits_{i=n+1}^{n+m}X_i^2}}$ 的分布为________.

7. 已知 $X\sim t(n)$，则$\dfrac{1}{X^2}$服从________分布．

8. 已知样本 X_1，X_2，…，X_{16}取自正态分布总体 $N(2, 1)$，$\overline{X}$ 为样本均值，已知 $P\{\overline{X}\geqslant\lambda\}=0.5$，则 $\lambda=$________.

9. 设 X_1，X_2，X_3，X_4 相互独立且服从相同分布 $\chi^2(n)$，则$\dfrac{X_1+X_2+X_3}{3X_4}\sim$________.

10. 设总体 $X\sim N(\mu, 0.36)$，从中抽取容量为 18 的样本 X_1，X_2，…，X_{18}，则 $P\{\sum\limits_{i=1}^{18}(X_i-\overline{X})^2<7.38\}=$________.（$\chi^2_{0.25}(17)=20.5$）

三、计算题

1. 设 $X_i(i=1, 2, 3)$是分别取自正态分布 $N(i, i^2)$的相互独立的样本，试利用 X_1，X_2，X_3 构造统计量使之服从自由度为 3 的 χ^2 分布．

2. 设总体 $X\sim N(12, 4)$，今抽取容量为 5 的样本$(X_1, X_2, X_3, X_4, X_5)$，试问：样本的最小值(最小顺序统计量)小于 10 的概率是多少？

3. 求总体 $N(20, 3)$的容量分别为 10，15 的两个独立随机样本平均值差的绝对值大于 0.3 的概率．

4. 设$(X_1, X_2, \cdots, X_9)$是来自总体 $X\sim N(0, 1)$的样本，S^2 为样本方差，求(1)$P\{S^2<1.275\}$；(2)$P\{\sqrt{X_1^2+X_2^2+\cdots+X_9^2}\geqslant2.04\}$.（$\chi^2_{0.25}(8)=10.2$，$\chi^2_{0.9}(9)=4.16$）

5.（05 年研）设 X_1，X_2，…，$X_n(n>2)$为来自总体 $N(0, 1)$的简单随机样本，$\overline{X}$ 为样本均值，记 $Y_i=X_i-\overline{X}$，$i=1, 2, \cdots n$. 则(1)求 Y_i 的方差 $D(Y_i)$，$i=1, 2, \cdots, n$；(2)求 Y_1 与 Y_n 的协方差 $Cov(Y_1, Y_n)$.

习题 B

一、选择题

1.（13 年研）设随机变量 $X\sim t(n)$，$Y\sim F(1, n)$，给定 $\alpha(0<\alpha<0.5)$，常数 c 满足 $P\{X>c\}=\alpha$，则 $P\{Y>c^2\}=$(　　)

A. α　　B. $1-\alpha$　　C. 2α　　D. $1-2\alpha$

2.（05 年研）设 X_1，X_2，…，$X_n(n\geqslant2)$为来自总体 $N(0, 1)$的简单随机样

本，$\overline{X}$ 为样本均值，S^2 为样本方差，则(　　)

A. $n\overline{X}\sim N(0,\ 1)$　　B. $nS^2\sim\chi^2(n)$

C. $\dfrac{(n-1)\overline{X}}{S}\sim t(n-1)$　　D. $\dfrac{(n-1){X_1}^2}{\sum\limits_{i=2}^{n}{X_i}^2}\sim F(1,n-1)$

3. (17 年研)设 X_1，X_2，…，X_n 来自总体 $N(\mu,\ 1)$的简单随机样本，记 $\overline{X}=\dfrac{1}{n}\sum\limits_{i=1}^{n}X_i$，则下列结论中不正确的是(　　)

A. $\sum\limits_{i=1}^{n}(X_i-\mu)^2$ 服从 χ^2 分布　　B. $2\sum\limits_{i=1}^{n}(X_i-X_1)^2$ 服从 χ^2 分布

C. $\sum\limits_{i=1}^{n}(X_i-\bar{X})^2$ 服从 χ^2 分布　　D. $n(\bar{X}-\mu)^2$ 服从 χ^2 分布

4. (94 年研)设 X_1，X_2，…，X_n 是来自正态总体 $N(\mu,\ \sigma^2)$的简单随机样本，$\overline{X}$ 是样本均值，记 $S_1^2=\dfrac{1}{n-1}\sum\limits_{i=1}^{n}(X_i-\overline{X})^2$，$S_2^2=\dfrac{1}{n}\sum\limits_{i=1}^{n}(X_i-\overline{X})^2$，$S_3^2=\dfrac{1}{n-1}\sum\limits_{i=1}^{n}(X_i-\mu)^2$，$S_4^2=\dfrac{1}{n}\sum\limits_{i=1}^{n}(X_i-\mu)^2$，则服从自由度为 $n-1$ 的 t 分布的随机变量是(　　)

A. $t=\dfrac{\overline{X}-\mu}{S_1/\sqrt{n-1}}$　　B. $t=\dfrac{\overline{X}-\mu}{S_2/\sqrt{n-1}}$

C. $t=\dfrac{\overline{X}-\mu}{S_3/\sqrt{n}}$　　D. $t=\dfrac{\overline{X}-\mu}{S_4/\sqrt{n}}$

5. (02 年研)设随机变量 X 和 Y 都服从标准正态分布，则(　　)

A. $X+Y$ 服从正态分布　　B. X^2+Y^2 服从 χ^2 分布.

C. X^2，Y^2 都服从 χ^2 分布　　D. X^2/Y^2 服从 F 分布

6. (14 年研)设 X_1，X_2，X_3 为来自正态总体 $N(0,\ \sigma^2)$的简单随机样本，则统计量$\dfrac{X_1-X_2}{\sqrt{2}\,|X_3|}$服从的分布为(　　)

A. $F(1,\ 1)$　　B. $F(2,\ 1)$　　C. $t(1)$　　D. $t(2)$

7. (12 年研)设 X_1，X_2，X_3，X_4 为来自总体 $N(1,\ \sigma^2)$的简单随机样本，则统计量$\dfrac{X_1-X_2}{|X_3+X_4-2|}$的分布(　　)

A. $N(0,\ 1)$　　B. $t(1)$　　C. $\chi^2(1)$　　D. $F(1,\ 1)$

二、填空题

1. (97 年研)设随机变量 X 和 Y 相互独立且都服从正态分布 $N(0,\ 3^2)$，而

X_1，X_2，$\cdots X_9$ 和 Y_1，Y_2，$\cdots$，Y_9 分别是来自总体 X 和 Y 的简单随机样本．则统计量 $U=\dfrac{X_1+\cdots+X_9}{\sqrt{Y_1^2+\cdots+Y_9^2}}$ 服从__________分布，参数为__________．

2.（99 年研）设 X_1，X_2，$\cdots X_9$ 是来自正态总体 X 的简单随机样本，$Y_1=\dfrac{1}{6}(X_1+\cdots+X_6)$，$Y_2=\dfrac{1}{3}(X_7+X_8+X_9)$，$S^2=\dfrac{1}{2}\sum\limits_{i=1}^{9}(X_i-Y_2)^2$，$Z=\dfrac{\sqrt{2}(Y_1-Y_2)}{S}$，则统计量 Z 服从自由度为__________的 t 分布．

3.（01 年研）设总体 $X\sim N(0,\ 2^2)$，而 X_1，X_2，$\cdots$，X_{15} 是来自总体 X 的简单随机样本，则随机变量 $Y=\dfrac{X_1^2+\cdots+X_{10}^2}{2(X_{11}^2+\cdots+X_{15}^2)}$ 服从__________分布，参数为__________．

4.（04 年研）设总体 X 服从正态分布 $N(\mu_1,\ \sigma^2)$，总体 Y 服从正态分布 $N(\mu_2,\ \sigma^2)$，X_1，X_2，$\cdots X_{n_1}$ 和 Y_1，Y_2，$\cdots Y_{n_2}$ 分别是来自总体 X 和 Y 的简单随机样本，则 $E\left[\dfrac{\sum\limits_{i=1}^{n_1}(X_i-\overline{X})^2+\sum\limits_{j=1}^{n_2}(Y_j-\overline{Y})^2}{n_1+n_2-2}\right]=$__________．

5.（06 年研）设总体 X 的概率密度为 $f(x)=\dfrac{1}{2}e^{-|x|}$ $(-\infty<x<+\infty)$，x_1，x_2，$\cdots$，x_n 为总体的简单随机样本，其样本方差 S^2，则 $E(S^2)=$__________．

6.（10 年研）设 X_1，X_2，$\cdots X_n$ 为来自整体 $N(\mu,\ \sigma^2)(\sigma>0)$ 的简单随机样本，记统计量 $T=\dfrac{1}{n}\sum\limits_{i=1}^{n}X_i^2$，则 $E(T)=$__________．

三、计算题

1.（01 年研）设 $X\sim N(\mu,\ \sigma^2)$，抽取简单随机样本 X_1，X_2，$\cdots$，$X_{2n}(n\geqslant 2)$，样本均值 $\overline{X}=\dfrac{1}{2n}\sum\limits_{i=1}^{2n}X_i$，$Y=\sum\limits_{i=1}^{n}(X_i+X_{n+i}-2\overline{X})$，求 $E(Y)$．

2.（98 年研）从正态总体 $N(3.4,\ 6^2)$ 中抽取容量为 n 的样本，如果要求其样本均值位于区间(1.4，5.4)内的概率不小于 0.95，问样本容量 n 至少应取多大?

第六章　知识结构思维导图

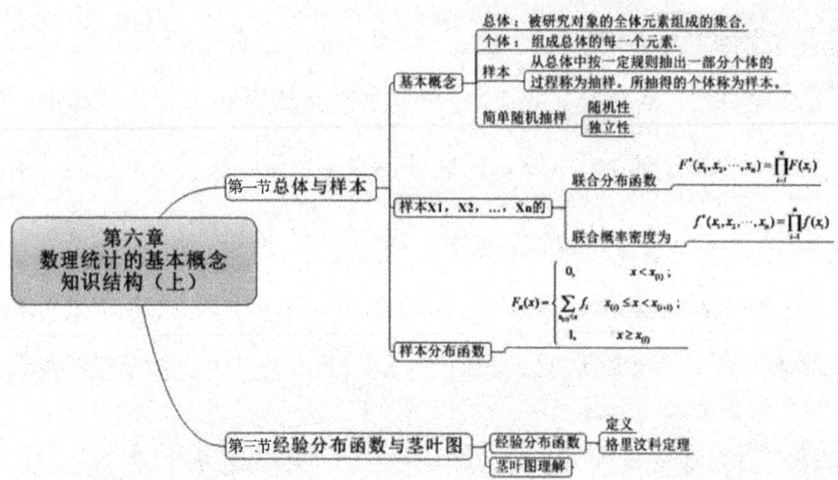

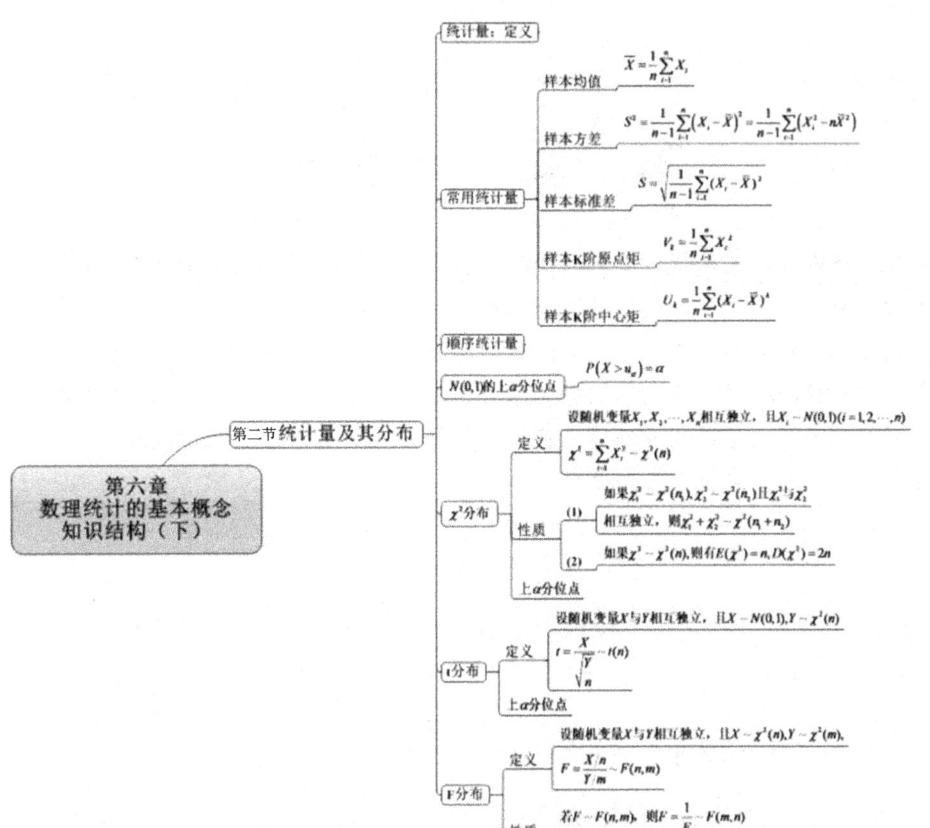
第六章
数理统计的基本概念
知识结构（下）
第二节统计量及其分布
统计量：定义
常用统计量
样本均值
$\overline{X}=\frac{1}{n}\sum_{i=1}^{n}X_i$
样本方差
$S^2=\frac{1}{n-1}\sum_{i=1}^{n}(X_i-\overline{X})^2=\frac{1}{n-1}\sum_{i=1}^{n}(X_i^2-n\overline{X}^2)$
样本标准差
$S=\sqrt{\frac{1}{n-1}\sum_{i=1}^{n}(X_i-\overline{X})^2}$
样本K阶原点矩
$V_k=\frac{1}{n}\sum_{i=1}^{n}X_i^k$
样本K阶中心矩
$U_k=\frac{1}{n}\sum_{i=1}^{n}(X_i-\overline{X})^k$
顺序统计量
$N(0,1)$的上α分位点
$P(X>u_\alpha)=\alpha$
χ^2分布
定义
设随机变量$X_1,X_2,\cdots,X_n$相互独立，且$X_i\sim N(0,1)(i=1,2,\cdots,n)$
$\chi^2=\sum_{i=1}^{n}X_i^2\sim\chi^2(n)$
性质
(1)
如果$\chi_1^2\sim\chi^2(n_1),\chi_2^2\sim\chi^2(n_2)$且$\chi_1^2$与$\chi_2^2$
相互独立，则$\chi_1^2+\chi_2^2\sim\chi^2(n_1+n_2)$
(2)
如果$\chi^2\sim\chi^2(n)$,则有$E(\chi^2)=n,D(\chi^2)=2n$
上α分位点
t分布
定义
设随机变量X与Y相互独立，且$X\sim N(0,1),Y\sim\chi^2(n)$
$t=\frac{X}{\sqrt{\frac{Y}{n}}}\sim t(n)$
上α分位点
F分布
定义
设随机变量X与Y相互独立，且$X\sim\chi^2(n),Y\sim\chi^2(m)$,
$F=\frac{X/n}{Y/m}\sim F(n,m)$
性质
若$F\sim F(n,m)$，则$F=\frac{1}{F}\sim F(m,n)$

第七章　参数估计

统计推断是数理统计的重要内容，它是指在总体的分布完全未知或形式已知而参数未知的情况下，通过抽取样本对总体的分布或性质做出推断，大致可以分为估计问题和假设检验问题两大类．在很多实际问题中，总体的分布函数往往是未知的．有时尽管知道它的类型，但分布中含有未知参数，如何根据样本去估计总体分布中的未知参数或总体的某些数字特征呢？这就是参数估计问题．参数估计有两种形式：点估计和区间估计．

第一节　点估计

一、点估计概念

【例 1】 考察新生儿的体重，已知体重 $X\sim N(\mu,\sigma^2)$，μ 未知，随机抽查 10 个婴儿，得体重数据：10，7，6，6.5，5，5.2，…，应如何估计 μ？

为了解决这个问题，即估计均值 μ，需要构造统计量 $\hat{\theta}=\hat{\theta}(X_1, X_2, \cdots, X_n)$，有了样本观测值，就可求得一个值作为 μ 的估计值，$\hat{\theta}=\hat{\theta}(X_1, X_2, \cdots, X_n)$ 称为参数 μ 的估计量，把样本值代入 $\hat{\theta}=\hat{\theta}(X_1, X_2, \cdots, X_n)$ 中，得到 μ 的一个点估计值.

被估计的参数是一个未知常数，而估计量 $\hat{\theta}=\hat{\theta}(X_1, X_2, \cdots, X_n)$ 是一个随机变量，是样本的函数，当样本取定后，它是个已知的数值，这个数常称为 μ 的估计值．

定义 1　设总体 X 的分布函数为 $F(x;\theta)$，其中 θ 为未知参数，$(X_1, X_2, \cdots, X_n)$ 是来自总体 X 的样本，参数的点估计问题就是要构造一个适当的统计量 $\hat{\theta}=\hat{\theta}(X_1, X_2, \cdots, X_n)$ 来估计未知参数 θ，称 $\hat{\theta}=\hat{\theta}(X_1, X_2, \cdots, X_n)$ 为未知参数 θ 的估计量；若 $(x_1, x_2, \cdots, x_n)$ 是样本的观察值，则称 $\hat{\theta}=\hat{\theta}(x_1, x_2, \cdots, x_n)$ 为未知

参数 θ 的估计值．未知参数的估计量或估计值统称为未知参数的估计．

更一般的，如果总体 X 的分布函数 $F(x;\theta_1,\theta_2,\cdots,\theta_k)$ 中含有 k 个未知参数，则必须构造 k 个统计量 $\hat{\theta}_i=\hat{\theta}_i(X_1,X_2,\cdots X_n)(i=1,2,\cdots k)$ 作为这 k 个未知参数的估计量．

【例 2】 设总体 X 服从参数为 λ 的泊松分布，$\lambda>0$ 为未知参数，现有以下样本值：3，4，1，5，6，3，8，7，2，0，1，5，7，9，8，试求未知参数 λ 的估计值．

解：由于 $\lambda=E(X)$，自然地想到用样本均值 $\overline{X}=\frac{1}{n}\sum_{i=1}^{n}X_i$ 作为 λ 的估计量，利用样本值得

$$\overline{x}=\frac{1}{15}(3+4+1+5+6+3+8+7+2+0+1+5+7+9+8)=4.6$$

这样，我们获得了参数 λ 的估计量 $\hat{\lambda}=\overline{X}$ 与估计值 $\hat{\lambda}=\overline{x}=4.6$.

问题是：

(1)使用什么样的统计量去估计 μ？可以用样本均值，也可以用样本中位数，还可以用别的统计量．比如 $X_{(1)}$ 和 $X_{(n)}$ 都应该可作为 μ 的估计量．对于同一个参数，可以有许多不同的点估计．

(2)如何求得合理的估计量？

(3)怎样决定一个估计量是否比另一个估计量“好”？这就是估计量的评价标准问题．在这些估计中，我们希望挑选一个最“优”的点估计．因此，有必要建立评价估计量优劣的标准．有几个常用的标准：无偏性、有效性和一致性．

求点估计量的方法有矩估计法、极大似然法、最小二乘法、贝叶斯方法等．

二、矩估计

1. 基本思想

设$(X_1,X_2,\cdots,X_n)$是来自总体 X 的样本，如果总体 X 的 j 阶原点矩 $E(X^j)$存在，由辛钦大数定律可知：

$$A_j=\frac{1}{n}\sum_{i=1}^{n}X_i^j\xrightarrow{P}\mu_j=E(X^j)$$

在样本容量 n 较大时，样本的 j 阶原点矩 $A_j=\frac{1}{n}\sum_{i=1}^{n}X_i^j$ 应接近于 $E(X^j)$. 因此，在 $E(X^j)$未知的情况下，我们往往用样本的 j 阶原点矩 $A_j=\frac{1}{n}\sum_{i=1}^{n}X_i^j$ 来作

为总体j阶原点矩$E(X^j)$的估计量，这就是矩估计法的基本思想．简言之，用样本的矩估计总体相应的矩．

2. 矩估计法

设总体X的分布函数为$F(x;\theta_1,\theta_2,\cdots,\theta_k)$，其中$\theta_1,\theta_2,\cdots,\theta_k$是未知参数，且$E(X^k)$存在且是$\theta_1,\theta_2,\cdots,\theta_k$的函数，并记

$$\mu_j=E(X^j)=f_j(\theta_1,\theta_2,\cdots,\theta_k)(j=1,2,\cdots,k),$$

可设

$$\begin{cases}\mu_1=f_1(\theta_1,\theta_2,\cdots,\theta_k)\\ \mu_2=f_2(\theta_1,\theta_2,\cdots,\theta_k)\\ \quad\cdots\cdots\\ \mu_k=f_k(\theta_1,\theta_2,\cdots,\theta_k)\end{cases}$$

将此方程组的解记为

$$\begin{cases}\theta_1=g_1(\mu_1,\mu_2,\cdots,\mu_k)\\ \theta_2=g_2(\mu_1,\mu_2,\cdots,\mu_k)\\ \quad\cdots\cdots\\ \theta_k=g_k(\mu_1,\mu_2,\cdots,\mu_k)\end{cases}$$

用A_l替换$\mu_l(l=1,2,\cdots,k)$，得到

$$\begin{cases}\hat{\theta}_1=\theta_1(A_1,A_2,\cdots,A_k)\\ \hat{\theta}_2=\theta_2(A_1,A_2,\cdots,A_k)\\ \quad\cdots\cdots\\ \hat{\theta}_k=\theta_k(A_1,A_2,\cdots,A_k)\end{cases}$$

并把它们分别作为参数$\theta_1,\theta_2,\cdots,\theta_k$的估计量，称为矩估计量，矩估计量的观测值称为矩估计值．

【例 3】 设总体X的密度函数为$f(x)=\begin{cases}(\alpha+1)x^\alpha, & 0<x<1\\ 0, & 其他\end{cases}$，其中$\alpha>-1$是未知参数．$(X_1,X_2,\cdots,X_n)$是取自X的样本，求参数$\alpha$的矩估计量．

解：$\mu_1=E(X)=\int_0^1 x(\alpha+1)x^\alpha dx=(\alpha+1)\int_0^1 x^{\alpha+1}dx=\dfrac{\alpha+1}{\alpha+2}$，从中解得：$\alpha=\dfrac{2\mu_1-1}{1-\mu_1}$，故$\hat{\alpha}=\dfrac{2\overline{X}-1}{1-\overline{X}}$，即为$\alpha$的矩估计量．

【例 4】 设总体X的均值μ和方差σ^2都存在，且$\sigma^2>0$，又设$(X_1,X_2,\cdots,X_n)$是总体X的一个样本，求μ和σ^2的矩估计量．

解：由方程组$\begin{cases}\mu_1=E(X)=\mu,\\ \mu_2=E(X^2)=\sigma^2+\mu^2\end{cases}$，解得$\mu=\mu_1$，$\sigma^2=\mu_2-\mu_1^2$．因此，$\mu$和

σ^2 的矩估计量分别为

$$\hat{\mu}=A_1=\overline{X},\hat{\sigma}^2=A_2-A_1^2=\frac{1}{n}\sum_{i=1}^{n}X_i^2-\overline{X}^2=\frac{1}{n}\sum_{i=1}^{n}(X_i-\overline{X})^2=S_n^2.$$

此例表明，总体 X 均值和方差的矩估计量分别是样本均值与样本的二阶中心矩，而不依赖总体 X 的分布．

【例 5】 设(X_1，X_2，…，X_n)是取自总体 X 的一个样本，密度函数为 $X\sim f(x)=\begin{cases}\frac{1}{\theta}e^{-(x-\mu)/\theta}, & x\geqslant\mu\\ 0, & \text{其他}\end{cases}$，$\theta>0$，$\theta$ 和 μ 为未知参数，求 θ，μ 的矩估计量.

解：经过计算知，$\begin{cases}\mu_1=E(X)=\mu+\theta,\\ \mu_2=E(X^2)=\theta^2+(\mu+\theta)^2\end{cases}$，则 $\mu+\theta=\mu_1$，$\theta^2=\mu_2-\mu_1^2$

解得 $\hat{\mu}=\overline{X}-\sqrt{\frac{1}{n}\sum_{i=1}^{n}(X_i-\overline{X})^2}=\overline{X}-S_n$，$\hat{\theta}=\sqrt{\frac{1}{n}\sum_{i=1}^{n}(X_i-\overline{X})^2}=S_n$.

【例 6】 设(X_1，X_2，…，X_n)是取自服从泊松分布的总体 X 的一个样本，求 λ 的矩估计量．

解：经过计算知，$\begin{cases}\mu_1=E(X)=\lambda,\\ \mu_2=E(X^2)=\lambda^2+\lambda\end{cases}$，则由第一个式子解得 $\hat{\lambda}_1=\overline{X}$，有第二个式子解得 $\hat{\lambda}_2=S_n$.

例 6 说明矩估计不具有唯一性．

三、极大似然估计法

由于矩估计法只需假设总体矩存在，没有充分利用总体分布提供的信息而且不唯一，为获得更理想的估计，引入极大似然估计法．极大似然估计法是在总体类型已知条件下使用的一种参数估计方法，它首先是由德国数学家高斯在 1821 年提出的，然而，这个方法常归功于英国统计学家费歇(Fisher)，费歇在 1922 年重新发现了这一方法，并首先研究了这种方法的一些性质．

它的一个直观想法是某个随机试验有若干个结果 A，B，C 等，如果在一次试验中，出现结果 A，则认为事件 A 发生的概率是最大的．例如，一只袋子里有黑白两种外形相同的球，这两种球的数量不详，只知道它们占总数的比例：一种球为 10%，另一种球占 90%. 今从中任抽取一只球，取得白球，一种比较合理的想法是认为袋子里白球的数量较多，占总数的 90%，这就是极大似然估计法的基本思想．

设$(X_1, X_2, \cdots, X_n)$是取自总体X的一个样本，$(x_1, x_2, \cdots, x_n)$为样本值. 如果总体X是离散型随机变量，其分布律为$p(x; \theta)$，θ为未知参数. 则样本的联合分布律为

$$P\{X_1 = x_1, X_2 = x_2, \cdots, X_n = x_n\} = \prod_{i=1}^{n} p(x_i; \theta)$$

容易看出，当样本值$x_1, x_2, \cdots, x_n$固定时上式是参数θ的函数，当θ取固定值时，上式是事件$\{X_1=x_1, X_2=x_2, \cdots, X_n=x_n\}$发生的概率，记:

$$L(\theta) = L(\theta; x_1, x_2, \cdots, x_n) = \prod_{i=1}^{n} p(x_i; \theta),$$

并称$L(\theta)$为样本的似然函数. 若样本值$(x_1, x_2, \cdots, x_n)$的函数$\hat{\theta}=\hat{\theta}(x_1, x_2, \cdots, x_n) \in \Theta$满足$L(\hat{\theta})=\max\limits_{\theta\in\Theta}\{L(\theta)\}$，则称$\hat{\theta}=\hat{\theta}(x_1, x_2, \cdots, x_n)$为$\theta$的极大似然估计值，其相应的统计量$\hat{\theta}(X_1, X_2, \cdots, X_n)$称为$\theta$的极大似然估计量.

如果总体X是连续型随机变量，X的密度函数为$f(x; \theta)$，θ为未知参数，$\theta \in \Theta$. 随机点$(X_1, X_2, \cdots, X_n)$落在点$(x_1, x_2, \cdots, x_n)$的边长为$\Delta x_1, \Delta x_2, \cdots, \Delta x_n$的邻域内的概率近似为$\prod\limits_{i=1}^{n} f(x_i; \theta)\Delta x_i$. 我们寻找使$\prod\limits_{i=1}^{n} f(x_i; \theta)\Delta x_i$达到最大的$\hat{\theta}=\hat{\theta}(x_1, x_2, \cdots, x_n)$，但$\prod\limits_{i=1}^{n}\Delta x_i$与它无关，故可取样本的似然函数为:

$$L(\theta) = L(\theta; x_1, x_2, \cdots, x_n) = \prod_{i=1}^{n} f(x_i; \theta)$$

类似地，若样本值$(x_1, x_2, \cdots, x_n)$的函数$\hat{\theta}=\hat{\theta}(x_1, x_2, \cdots, x_n) \in \Theta$满足$L(\hat{\theta})=\max\limits_{\theta\in\Theta}\{L(\theta)\}$，则称$\hat{\theta}=\hat{\theta}(x_1, x_2, \cdots, x_n)$为$\theta$的极大似然估计值，其相应的统计量$\hat{\theta}(X_1, X_2, \cdots, X_n)$称为$\theta$的极大似然估计量.

获得样本的似然函数后，为求出未知参数θ的极大似然估计量，可以利用微积分中求函数极值的方法.

假设$f(x; \theta)$或$p(x; \theta)$关于θ可微，由下面的似然方程:

$$\frac{\mathrm{d}L(\theta)}{\mathrm{d}\theta}=0$$

或对数似然方程$\dfrac{\mathrm{d}\ln L(\theta)}{\mathrm{d}\theta}=0$，可求出极大似然估计$\theta$.

注 1　似然函数$L(\theta_1, \theta_2, \cdots, \theta_l)$是相对未知参数$\theta_1, \theta_2, \cdots, \theta_l$而言的，也就是说将未知参数$\theta_1, \theta_2, \cdots, \theta_l$视为变量，而将样本观察值$(x_1, x_2, \cdots,$

x_n)视为常量.

注 2　如果函数似然 $L(\theta_1, \theta_2, \cdots, \theta_l)$关于 $\theta_1, \theta_2, \cdots, \theta_l$ 的偏导数不存在或似然方程组(或似然方程)无解，这时我们只能根据极大似然估计的定义来直接求解.

极大似然估计的核心思想是：认为当前发生的事件是概率最大的事件.因此可以给定数据集，使得该数据集发生的概率最大来求得模型中的参数.极大似然估计只关注当前的样本，也就是只关注当前发生的事情，不考虑事情的先验情况.由于计算简单，而且不需要关注先验知识，因此在机器学习中的应用非常广，最常见的就是逻辑回归.机器学习中的 EM 算法是一种特殊的求极大似然估计的数值方法.

【例 7】　设总体 X 服从参数为 λ 的泊松分布 $P(\lambda)$，其中 $\lambda>0$ 为未知参数，$(X_1, X_2, \cdots, X_n)$是来自总体 X 的样本，求参数 λ 的极大似然估计量.

解：似然函数为 $L(\lambda)=\prod_{i=1}^{n}\frac{e^{-\lambda}\lambda^{x_i}}{x_i!}$，对数似然函数为

$$\ln L(\lambda)=\sum_{i=1}^{n}x_i\ln\lambda-n\lambda-\sum_{i=1}^{n}\ln(x_i!)$$

令 $\frac{\mathrm{d}\ln L(\lambda)}{\mathrm{d}\lambda}=\frac{\sum_{i=1}^{n}x_i}{\lambda}-n=0$，求得 λ 的极大似然估计量为 $\hat{\lambda}=\frac{1}{n}\sum_{i=1}^{n}X_i=\overline{X}$.

【例 8】　设总体 $X\sim N(\mu, \sigma^2)$，$(X_1, X_2, \cdots, X_n)$是来自总体 X 的样本，求 μ，σ^2 的极大似然估计量.

解：似然函数为 $L(\mu,\sigma^2)=\frac{1}{(2\pi\sigma^2)^{\frac{n}{2}}}\exp\left\{-\frac{1}{2\sigma^2}\sum_{i=1}^{n}(x_i-\mu)^2\right\}$，对数似然函数为 $\ln L(\mu,\sigma^2)=-\frac{n}{2}\ln(2\pi)-\frac{n}{2}\ln\sigma^2-\frac{1}{2\sigma^2}\sum_{i=1}^{n}(x_i-\mu)^2$，分别求关于 μ 和 σ^2 的偏导数，得以下对数似然方程组

$$\begin{cases}\frac{\partial\ln L(\mu,\sigma^2)}{\partial\mu}=\frac{1}{\sigma^2}\sum_{i=1}^{n}(x_i-\mu)=0,\\ \frac{\partial\ln L(\mu,\sigma^2)}{\partial\sigma^2}=-\frac{n}{2\sigma^2}+\frac{1}{2\sigma^4}\sum_{i=1}^{n}(x_i-\mu)^2=0.\end{cases}$$

解上述方程组得 μ 和 σ^2 的极大似然估计量分别为

$$\hat{\mu}=\frac{1}{n}\sum_{i=1}^{n}X_i=\overline{X},\ \hat{\sigma}^2=\frac{1}{n}\sum_{i=1}^{n}(X_i-\overline{X})^2=S_n^2$$

若是期望 μ 已知，则 σ^2 的极大似然估计量为 $\hat{\sigma}^2=\frac{1}{n}\sum_{i=1}^{n}(X_i-\mu)^2$.

极大似然估计具有一个性质：如果$\hat{\theta}$为总体X未知参数θ的极大似然估计，函数$\mu=\mu(\theta)$具有单值反函数$\theta=\theta(\mu)$，则$\hat{\mu}=\mu(\hat{\theta})$为$\mu=\mu(\theta)$的极大似然估计，此性质称为极大似然估计的不变性．利用此性质，我们可获得例7中σ的极大似然估计量为$\hat{\sigma}=\sqrt{\hat{\sigma}^2}=\sqrt{\frac{1}{n}\sum_{i=1}^{n}(X_i-\overline{X})^2}=S_n$．

【例9】 设总体X的分布律为

X	0	1	2
P	θ_1	θ_2	$1-\theta_1-\theta_2$

其中$0<\theta_1<1$，$0<\theta_2<1$为未知参数，$(X_1, X_2, \cdots, X_n)$是来自总体X的样本．如果样本的观察值为$(x_1, x_2, \cdots, x_n)$，求θ_1，θ_2的极大似然估计值．

解： 设观察值$(x_1, x_2, \cdots, x_n)$中0，1出现的次数分别为n_1，n_2，则2出现的次数为$n-n_1-n_2$，其似然函数为

$$\begin{aligned}L(\theta_1,\theta_2)&=P\{X_1=x_1,X_2=x_2,\cdots,X_n=x_n\}=\prod_{i=1}^{n}P\{X_i=x_i\}\\&=\theta_1^{n_1}\theta_2^{n_2}(1-\theta_1-\theta_2)^{n-n_1-n_2}\end{aligned}$$

取对数，得$\ln L(\theta_1, \theta_2)=n_1\ln\theta_1+n_2\ln\theta_2+(n-n_1-n_2)\ln(1-\theta_1-\theta_2)$，

似然方程组为

$$\begin{cases}\dfrac{\partial \ln L(\theta_1, \theta_2)}{\partial \theta_1}=\dfrac{n_1}{\theta_1}-\dfrac{n-n_1-n_2}{1-\theta_1-\theta_2}=0\\\dfrac{\partial \ln L(\theta_1, \theta_2)}{\partial \theta_2}=\dfrac{n_2}{\theta_2}-\dfrac{n-n_1-n_2}{1-\theta_1-\theta_2}=0\end{cases}$$

解得θ_1，θ_2的极大似然估计值为$\hat{\theta}_1=\frac{n_1}{n}$，$\hat{\theta}_2=\frac{n_2}{n}$．我们可以看出它们分别是0，1出现的频率，即事件出现的频率是其概率的极大似然估计．

【例10】 设总体X服从$[0, \theta]$上的均匀分布，$\theta>0$，$(X_1, X_2, \cdots, X_n)$是来自总体X的样本，求θ的极大似然估计量．

解：似然函数为$L(\theta)=\begin{cases}\frac{1}{\theta^n}, & 0<x_i<\theta,\ i=1, 2, \cdots, n\\0, & \text{其他}\end{cases}$，取对数得：

$LnL(\theta)=-n\ln\theta$，而$\frac{\mathrm{d}LnL(\theta)}{\mathrm{d}\theta}=-\frac{n}{\theta}\neq0$，注意到对于$L(\theta)$为$\theta$的单调减函数，

则θ的极大似然估计量为$\hat{\theta}=x_{(n)}$．

习题 7.1

一、选择题

1. 设总体 X 在$(\mu-\rho,\ \mu+\rho)$上服从均匀分布，则参数 μ 的矩估计量为(　　)

A. $\frac{1}{\overline{X}}$　　B. $\frac{1}{n-1}\sum_{i=1}^{n}X_i$

C. $\frac{1}{n-1}\sum_{i=1}^{n}X_i^2$　　D. $\overline{X}$

2. 设总体 $X\sim N(\mu,\ \sigma^2)$，X_1，…，X_n 为抽取样本，则 $\frac{1}{n}\sum_{i=1}^{n}(X_i-\overline{X})^2$ 是(　　)

A. μ 的无偏估计　　B. σ^2 的无偏估计

C. μ 的矩估计　　D. σ^2 的矩估计

3. 设 0，1，0，1，1 为来自总体 $b(1,\ p)$的样本观察值，则 p 的矩估计值为(　　)

A. $\frac{1}{5}$　　B. $\frac{2}{5}$

C. $\frac{3}{5}$　　D. $\frac{4}{5}$

4. (99 年研)设总体 X 的密度函数为 $f(x)=\begin{cases}\frac{6x}{\theta^3}(\theta-x), & 0<x<\theta \\ 0, & \text{其他}\end{cases}$，$(X_1,\ X_2,\ \cdots,\ X_n)$是来自 X 的简单随机样本，则 θ 的矩估计量为(　　)

A. $\overline{X}$　　B. $2\overline{X}$

C. $\max(X_1,\ X_2,\ \cdots,\ X_n)$　　D. $\sum_{i=1}^{n}X_i$

5. 设总体 X 在$(a,\ b)$上服从均匀分布，$(X_1,\ X_2,\ \cdots,\ X_n)$是来自 X 的一个样本，则 a 的极大似然估计为(　　)

A. $\max\{X_1,\ X_2,\ \cdots,\ X_n\}$　　B. $\overline{X}$

C. $\min\{X_1,\ X_2,\ \cdots,\ X_n\}$　　D. X_n-X_1

6. 设总体分布为 $N(\mu,\ \sigma^2)$，μ，σ^2 为未知参数，则 σ^2 的极大似然估计量为(　　)

A. $\frac{1}{n}\sum_{i=1}^{n}(X_i-\overline{X})^2$　　B. $\frac{1}{n-1}\sum_{i=1}^{n}(X_i-\overline{X})^2$

C. $\frac{1}{n}\sum_{i=1}^{n}(X_i-\mu)^2$　　D. $\frac{1}{n-1}\sum_{i=1}^{n}(X_i-\mu)^2$

7. 设总体分布为 $N(\mu, \sigma^2)$，μ 已知，则 σ^2 的极大似然估计量为(　　)

A. S^2　　B. $\frac{n-1}{n}S^2$

C. $\frac{1}{n}\sum_{i=1}^{n}(X_i-\mu)^2$　　D. $\frac{1}{n-1}\sum_{i=1}^{n}(X_i-\mu)^2$

8. 设总体 X 的密度函数是 $f(x, \theta)=\begin{cases}\theta x^{\theta-1}, & 0<x<1 \\ 0, & \text{其他}\end{cases}(\theta>0)$，$x_1, x_2, \cdots, x_n$ 是取自总体的一组样本值，则 θ 的极大似然估计值为(　　)

A. $-\frac{n}{\sum_{i=1}^{n}\ln x_i}$　　B. $\frac{1}{n}\sum_{i=1}^{n}\ln x_i$

C. $-\frac{1}{n}\ln\left(\sum_{i=1}^{n}x_i\right)$　　D. $-\sum_{i=1}^{n}\frac{n}{\ln x_i}$

二、填空题

1. 若一个样本的观察值为 0, 0, 1, 1, 0, 1，则总体均值的矩估计值为__________，总体方差的矩估计值为__________.

2. 设总体 X 服从参数为 N 和 p 的二项分布，$(X_1, X_2, \cdots, X_n)$ 为取自 X 的样本，则参数 N 的矩估计为__________.

3. 设总体 X 服从区间 $[1, \theta]$ 上的均匀分布，$\theta>1$ 未知，$(X_1, X_2, \cdots, X_n)$ 是取自 X 的样本，则 θ 的矩估计为__________.

4. (97 年研) 设总体的密度函数为 $f(x;\theta)=\begin{cases}(\theta+1)x^\theta, & 0<x<1, \\ 0, & \text{其他}\end{cases}$，$(X_1, X_2, \cdots, X_n)$ 为来自该总体的样本，则参数 θ 的矩估计为__________.

5. 矩估计法的基本思想是：以样本均值作为相应总体的期望的__________；以样本二阶中心矩作为相应总体的方差的__________.

6. (02 年研) 设总体 X 的分布律为

X	0	1	2	3
P	p^2	$2p(1-p)$	p^2	$1-2p$

其中 $p\left(0<p<\frac{1}{2}\right)$ 是未知参数，总体 X 的样本值为 3, 1, 0, 2, 3, 3, 1, 2, 3，则 p 的矩估计值为__________.

7. 已知随机变量 X 的密度函数为 $f(x)=\begin{cases}(\theta+1)(x-5)^\theta, & 5<x<6 \\ 0, & \text{其他}\end{cases}(\theta>0)$，

其中 θ 为未知参数，则 θ 的矩估计量为__________.

8. 设总体 X 的分布律见上面的第 6 题，其中 $p(0<p<1/2)$ 是未知参数，利用总体 X 的如下样本值：1，3，0，2，3，3，1，3，则 p 的极大似然估计值为__________.

9. 设总体 X 的密度函数为 $f(x)=\begin{cases}(\theta+1)x^{\theta}, & 0<x<1 \\ 0, & 其他\end{cases}$，设$(X_1, X_2, \cdots, X_n)$是 X 的样本，则 θ 的极大似然估计量为__________.

10. 已知随机变量 X 的密度函数为 $f(x)=\begin{cases}(\theta+1)(x-5)^{\theta}, & 5<x<6 \\ 0, & 其他\end{cases}$ $(\theta>0)$，其中 θ 均为未知参数，则 θ 的极大似然估计量__________.

三、计算题

1. 设总体 X 的分布律为 $P\{X=i\}=\dfrac{1}{l}(i=1, 2, \cdots, l)$，$l$ 为未知参数，$(X_1, X_2, \cdots, X_n)$是来自总体 X 的样本，试求 l 及 $\alpha=P\{X<3\}$ 的矩估计量.

2. 设总体 X 的密度函数为 $f(x)=\begin{cases}\dfrac{2(\alpha-x)}{\alpha^2}, & 0<x<\alpha \\ 0, & 其他\end{cases}$，其中 α 为未知参数，$(X_1, X_2, \cdots, X_n)$是来自总体 X 的样本，试求 α 的矩估计量.

3. 设总体 X 的密度函数为 $f(x)=\begin{cases}\sqrt{\theta}x^{\sqrt{\theta}-1}, & 0\leqslant x\leqslant 1 \\ 0, & 其他\end{cases}$，其中 $\theta>0$，θ 为未知参数.$(X_1, X_2, \cdots, X_n)$为总体 X 的一个样本.求未知参数 θ 的矩估计量.

4. 设总体 X 的分布律为 $P(X=x)=C_m^x p^x(1-p)^{m-x}$，$x=0, 1, 2, \cdots, m$，$0<p<1$，$p$ 为未知参数，$(X_1, X_2, \cdots, X_n)$为总体 X 的一个样本.求未知参数 p 的矩估计量.

5. 设总体 X 的密度函数 $f(x, \theta)=\begin{cases}\dfrac{2}{\theta^2}(\theta-x), & 0<x<\theta \\ 0, & 其他\end{cases}$，$(X_1, X_2, \cdots, X_n)$为其样本，试求参数 θ 的矩估计.

6. 随机变量 $X\sim U(0, \theta)$，今得 X 的样本观测值：0.9，0.8，0.2，0.8，0.4，0.4，0.7，0，求 θ 的矩估计和极大似然估计值.

7. 总体 X 的密度函数为 $f(x;\theta)=\begin{cases}\theta c^{\theta}x^{-(\theta+1)}, & x\geqslant c \\ 0, & x<c\end{cases}$，其中 $c>0$ 为已知常数，未知参数 $\theta>0$，设$(X_1, X_2, \cdots, X_n)$是来自总体 X 的样本，求未知参数 θ 的矩估计量和极大似然估计量.

8. 设总体 X 的密度函数 $f(x,\theta)=\begin{cases}\theta e^{-\theta x}, & x\geqslant 0\\ 0, & 其他\end{cases}$，$(X_1, X_2, \cdots, X_n)$为其样本，试求参数 θ 的极大似然估计.

9. 设总体 X 的分布律为

X	0	1	2
P	θ_1	θ_2	$1-\theta_1-\theta_2$

其中 $0<\theta_1<1$，$0<\theta_2<1$ 为未知参数，$(X_1, X_2, \cdots, X_n)$是来自总体 X 的样本. 如果样本的一个观察值为(1，0，2，0，0，2)，求 θ_1，θ_2 的极大似然估计值.

10. 总体 X 的密度函数为 $f(x;\theta)=\begin{cases}\dfrac{2\theta^2}{x^3}, & x\geqslant\theta,\\ 0, & x<\theta,\end{cases}$ 未知参数 $\theta>0$，设$(X_1, X_2, \cdots, X_n)$是来自总体 X 的样本，(1)求未知参数 θ 的极大似然估计量 $\hat{\theta}$.(2)求未知参数 θ 的矩估计量 $\hat{\theta}$.

11. 已知总体 X 均匀分布于(α, β)之间，试求 α，β 的矩估计和极大似然估计量.

12. 设总体 X 的密度函数是 $f(x;\theta)=\begin{cases}3\lambda x^2 e^{-\lambda x^3}, & x\geqslant\theta\\ 0, & x<\theta\end{cases}$，其中 $\lambda>0$ 是未知参数，$(X_1, X_2, \cdots, X_n)$是一个样本，求参数 λ 的极大似然估计量.

13. 从某证券公司得到的股民一年收益率的数据中随机抽取 10 人的数据，结果如下：

序号	1	2	3	4	5	6	7	8	9	10
收益率	0.01	−0.11	−0.12	−0.09	−0.13	−0.3	0.1	−0.09	−0.1	−0.11

求这批股民的收益率的平均收益率及标准差的矩估计值.

第二节　估计量的评价准则

对同一总体中的同一个未知参数，用不同方法求得的估计量可能会不相同，有时甚至用一种方法也可能得到不同的估计量．比如对于总体为泊松分布的参数λ，它的矩估计可以是样本均值，也可以是二阶中心矩．因此需要有一些标准去评价估计量的优劣，下面介绍三种最常见的评价标准：无偏性、有效性、一致性.

一、无偏性

对于不同的样本值来说，由估计量$\hat{\theta}$得出的估计值一般是不相同的，这些估计只是在参数θ真实值的两旁随机地摆动．要确定估计量$\hat{\theta}$的好坏，要求某一次抽样所得的估计值等于参数θ的真实值是没有意义的，但我们希望$E(\hat{\theta})=\theta$，这是估计量所应该具有的一种良好性质，称为无偏性，它是衡量一个估计量好坏的一个标准．

定义 1　如果未知参数θ的估计量$\hat{\theta}=\hat{\theta}(X_1, X_2, \cdots, X_n)$的数学期望$E(\hat{\theta})$存在，且对任意$\theta\in\Theta$，都有$E(\hat{\theta})=\theta$，则称$\hat{\theta}$是$\theta$的无偏估计量，否则称为有偏估计，$E(\hat{\theta})-\theta$称为偏差．如果$\lim\limits_{n\to\infty}E\hat{\theta}=\theta$，则称$\hat{\theta}$是$\theta$的渐近无偏估计量．

在机器学习中偏差反应了模型输出结果的期望与样本真实结果的偏离程度，描述了算法本身的拟合能力．

【例 1】　设$(X_1, X_2, \cdots, X_n)$是总体X的一个样本，总体X的k阶原点矩记为$\mu_k=E(X^k)$，样本k阶原点矩为$A_k=\frac{1}{n}\sum\limits_{i=1}^{n}X_i^k$，证明：$A_k$是$\mu_k$的无偏估计量.

证明：$(X_1, X_2, \cdots, X_n)$是总体X的一个样本，即$X_1, X_2, \cdots, X_n$与X同分布，因此，$E(X_i^k)=E(X^k)=\mu_k$，$i=1, 2, \cdots, n$，即$E(A_k)=\frac{1}{n}\sum\limits_{i=1}^{n}E(X_i^k)=\mu_k$．

【例 2】　设总体X的均值μ和方差σ^2都存在，证明：样本方差S^2是σ^2的无偏估计量，二阶样本中心矩S_n^2是σ^2的渐近无偏估计量．

证明：因为$E(S^2)=\sigma^2$，因此，样本方差S^2作为σ^2的无偏估计量．因为

$E(S_n^2)=\frac{n-1}{n}\sigma^2$，$S_n^2$ 是 σ^2 的渐近无偏估计量.

二、有效性

同一个参数可以有多个无偏估计量，那么用哪一个为好呢？这就需要从中挑选出比较好的无偏估计，可以以估计量与未知参数 θ 的偏离程度来衡量估计量的好坏，也就是用估计量的方差大小作为评价无偏估计量的好坏的标准，这就是估计量的有效性.

定义 2 设 $\hat{\theta}_1=\hat{\theta}_1(X_1, X_2, \cdots, X_n)$ 和 $\hat{\theta}_2=\hat{\theta}_2(X_1, X_2, \cdots, X_n)$ 都是参数 θ 的无偏估计量，若对任意 $\theta\in\Theta$，都有 $D(\hat{\theta}_1)=D(\hat{\theta}_2)$，则称 $\hat{\theta}_1$ 比 $\hat{\theta}_2$ 有效.

【例 3】 设 $\hat{\theta}_1=\hat{\theta}_1(X_1, X_2, \cdots, X_n)$ 和 $\hat{\theta}_2=\hat{\theta}_2(X_1, X_2, \cdots, X_n)$ 是参数 θ 的两个无偏估计量，并且 $\hat{\theta}_1$ 的方差是 $\hat{\theta}_2$ 的两倍，试求常数 α 和 β 使 $\alpha\hat{\theta}_1+\beta\hat{\theta}_2$ 是 θ 的无偏估计，并且在所有这样的线性估计中是最有效的.

解： 令 $D(\hat{\theta}_2)=\sigma^2$，由题意得 $E(\hat{\theta}_1)=E(\hat{\theta}_2)=\theta$，$D(\hat{\theta}_1)=2\sigma^2$. 要使 $\alpha\hat{\theta}_1+\beta\hat{\theta}_2$ 是 θ 的无偏估计，则只要

$$E(\alpha\hat{\theta}_1+\beta\hat{\theta}_2)=\alpha E(\hat{\theta}_1)+\beta E(\hat{\theta}_2)=\alpha\theta+\beta\theta=\theta,$$

显然有 $\alpha+\beta=1$，又

$$D(\alpha\hat{\theta}_1+\beta\hat{\theta}_2)=(\alpha^2+2\beta^2)\sigma^2=3\left[\left(\beta-\frac{1}{3}\right)^2+\frac{2}{3}\right]\sigma^2,$$

所以当 $\beta=\frac{1}{3}$，$\alpha=\frac{2}{3}$ 时，$\alpha\hat{\theta}_1+\beta\hat{\theta}_2$ 方差最小，所以最有效.

三、一致性

定义 3 设 $\hat{\theta}_n=\hat{\theta}_n(X_1, X_2, \cdots, X_n)$ 是 θ 的一个估计量，如果 $\{\hat{\theta}_n\}$ 依概率收敛于 θ，即对任意给定的正数 ε，有

$$\lim_{n\to\infty}P\left\{\left|\frac{1}{n}\sum_{i=1}^{n}X_i-\mu\right|<\varepsilon\right\}=1$$

则称 $\hat{\theta}$ 是 θ 的**一致估计**，或称为**相合估计**.

一致性是对估计量的一个最基本的要求，事实上，在样本容量增大时，来自总体的信息会变多，自然要求估计量更接近未知参数的真实值.

定理 1 设 $\hat{\theta}_n$ 是 θ 的一个估计量，若 $\lim\limits_{n\to\infty}E(\hat{\theta}_n)=\theta$，$\lim\limits_{n\to\infty}D(\hat{\theta}_n)=0$，则 $\hat{\theta}_n$ 是 θ

一致估计．

【例 4】　设总体 X 的均值 μ 和方差 σ^2 都存在，证明：样本均值 $\overline{X}$ 是 μ 的一致估计量．

证明：由切比雪夫大数定律可知，对任意 $\varepsilon>0$，有

$$\lim_{n\to\infty}P\left\{\left|\frac{1}{n}\sum_{i=1}^{n}X_i-\mu\right|<\varepsilon\right\}=1$$

因此，$\overline{X}=\frac{1}{n}\sum_{i=1}^{n}X_i$ 是 μ 的一致估计量．或者由定理 1，

$$\lim_{n\to\infty}E(\overline{X})=\mu,\quad \lim_{n\to\infty}D(\overline{X})=\lim_{n\to\infty}\frac{\sigma^2}{n}=0$$

则 $\overline{X}$ 是 μ 的一致估计量．

【例 5】　设总体 $X\sim N(\mu,\sigma^2)$，$(X_1,X_2,\cdots,X_n)$是总体的一个样本，证明：S^2 是 σ^2 的一致估计量．

证明：由于$\frac{n-1}{\sigma^2}S^2\sim\chi^2(n-1)$，有 $E(S^2)=\sigma^2$，$D(\frac{n-1}{\sigma^2}S^2)=2(n-1)$，因此，$\lim\limits_{n\to\infty}E(S^2)=\sigma^2$，$\lim\limits_{n\to\infty}D(S^2)=\lim\limits_{n\to\infty}\frac{2}{n-1}\sigma^4=0$，故 S^2 是 σ^2 的一致估计量．

习题 7.2

一、选择题

1. 设总体 X 的数学期望为 μ，方差为 σ^2，(X_1,X_2)是 X 的一个样本，则在下述的 4 个估计量中，(　　)是最有效的

A. $\hat{\mu}_1=\frac{1}{5}X_1+\frac{4}{5}X_2$　　B. $\hat{\mu}_2=\frac{1}{8}X_1+\frac{1}{4}X_2$

C. $\hat{\mu}_3=\frac{1}{2}X_1+\frac{1}{2}X_2$　　D. $\hat{\mu}_4=\frac{1}{2}X_1+\frac{1}{3}X_2$

2. X_1，X_2，X_3 设为来自总体 X 的样本，下列关于 $E(X)$的无偏估计中，最有效的为(　　)

A. $\frac{1}{2}(X_1+X_2)$　　B. $\frac{1}{3}(X_1+X_2+X_3)$

C. $\frac{1}{4}(X_1+X_2+X_3)$　　D. $\frac{2}{3}X_1+\frac{2}{3}X_2-\frac{1}{3}X_3$

3. 设$(X_1,X_2,\cdots,X_n)$为总体 $N(\mu,\sigma^2)$(μ 已知)的一个样本，$\overline{X}$ 为样本均值，则在总体方差 σ^2 的下列估计量中，为无偏估计量的是(　　)

A. $\hat{\sigma}_1^2=\frac{1}{n}\sum_{i=1}^{n}(X_i-\overline{X})^2$　　B. $\hat{\sigma}_2^2=\frac{1}{n-1}\sum_{i=1}^{n-1}(X_i-\overline{X})^2$

C. $\hat{\sigma}_3^2=\frac{1}{n}\sum_{i=1}^{n}(X_i-\mu)^2$　　D. $\hat{\sigma}_4^2=\frac{1}{n-1}\sum_{i=1}^{n}(X_i-\mu)^2$

4. 设 X_1, …, X_n 是来自总体 X 的样本，且 $E(X)=\mu$，则下列是 μ 的无偏估计的是(　　)

A. $\frac{1}{n}\sum_{i=1}^{n-1}X_i$　　B. $\frac{1}{n-1}\sum_{i=1}^{n}X_i$

C. $\frac{1}{n}\sum_{i=2}^{n}X_i$　　D. $\frac{1}{n-1}\sum_{i=1}^{n-1}X_i$

5. 设 X_1, X_2, …, $X_n(n\geqslant 2)$ 是正态分布 $N(\mu, \sigma^2)$ 的一个样本，若统计量 $k\sum_{i=1}^{n-1}(X_{i+1}-X_i)^2$ 为 σ^2 的无偏估计，则 k 的值应该为(　　)

A. $\frac{1}{2n}$　　B. $\frac{1}{2n-1}$　　C. $\frac{1}{2n-2}$　　D. $\frac{1}{n-1}$

6. 下列叙述中正确的是(　　)

A. 若 $\hat{\theta}$ 是 θ 的无偏估计，则 $(\hat{\theta})^2$ 也是 θ^2 的无偏估计

B. $\hat{\theta}_1$, $\hat{\theta}_2$ 都是 θ 的估计，且 $D(\hat{\theta}_1)\leqslant D(\hat{\theta}_2)$，则 $\hat{\theta}_1$ 比 $\hat{\theta}_2$ 更有效

C. 若 $\hat{\theta}_1$, $\hat{\theta}_2$ 都是 θ 的无偏估计，且 $E(\hat{\theta}_1-\theta)^2\leqslant E(\hat{\theta}_2-\theta)^2$，则 $\hat{\theta}_1$ 优于 $\hat{\theta}_2$

D. 由于 $E(\overline{X}-\mu)=0$，故 $\overline{X}=\mu$.

7. 设 n 个随机变量 X_1, X_2, …, X_n 独立同分布，$D(X)=\sigma^2$，则(　　)

A. S 是 σ 的无偏估计量　　B. S^2 不是 σ^2 的极大似然估计量

C. $D\overline{X}=\frac{S^2}{n}$　　D. S^2 与 $\overline{X}$ 独立

8. 设 X_1, X_2, …, X_n 是总体 X 的简单随机样本，则下列不是总体期望 μ 的无偏估计量为(　　)

A. $\frac{1}{n}\sum_{i=1}^{n}X_i$　　B. $0.2X_1+0.5X_2+0.3X_3$

C. X_1+X_2　　D. $X_1-X_2+X_3$

9. 设 X_1, X_2, …, X_n 是来自总体 X 的样本，且 $E(X)=\mu$, $D(X)=\sigma^2$，则 σ^2 的无偏估计是(　　　)

A. $\frac{1}{n}\sum_{i=1}^{n-1}(X_i-\overline{X})^2$　　B. $\frac{1}{n-1}\sum_{i=1}^{n}(X_i-\overline{X})^2$

C. $\frac{1}{n}\sum_{i=1}^{n}(X_i-\overline{X})^2$　　D. $\frac{1}{n-1}\sum_{i=1}^{n-1}(X_i-\overline{X})^2$

二、填空题

1. 对任意分布的总体，样本均值 $\overline{X}$ 是__________的无偏估计量.

2. 设总体 X 的密度函数为 $f(x,\ \theta)=\dfrac{1}{\theta}(0<x<\theta)$，$(X_1,\ X_2,\ \cdots,\ X_n)$ 为总体 X 的一个样本，则 $\hat{\theta}=2\overline{X}$ 是未知参数 θ 的__________估计量．

3. 设总体 $X\sim N(\mu,\ \sigma^2)$，$(X_1,\ X_2,\ \cdots,\ X_n)$ 为总体 X 的一个样本，则常数 $k=$__________，使 $k\sum\limits_{i=1}^{n}|X_i-\overline{X}|$ 为 σ 的无偏估计量．

4. 设 $X_1,\ X_2,\ \cdots,\ X_n$ 是来自 X 的样本，$\mu=E(X)$，则常数 $C_1,\ C_2,\ \cdots,\ C_n$ 满足条件：$\sum\limits_{i=1}^{n}C_i=$__________时，$\hat{\mu}=\sum\limits_{i=1}^{n}C_iX_i$ 是 $\mu=E(X)$ 的无偏估计量．

5. 设总体 X 的数学期望 $\mu=E(X)$ 已知，统计量 $\dfrac{1}{n}\sum\limits_{i=1}^{n}(X_i-\mu)^2$ 是否为总体方差 $\sigma^2=D(X)$ 的无偏估计__________(回答是、否)．

6. 设 $(X_1,\ X_2,\ \cdots,\ X_n)$ 是来自参数为 λ 的泊松分布总体的样本，要使统计量 $k\overline{X}+(1-k)S^2$ 是 λ 的无偏估计量．则常数 $k=$__________．

7. 设总体 $X\sim U(0,\ \theta)$ 的期望为 μ，$(X_1,\ X_2,\ \cdots,\ X_n)$ 为一样本，则统计量 $\dfrac{1}{2}(X_{(1)}+X_{(n)})$ 是否为 μ 的无偏估计量__________(回答是、否)．

三、计算题

1. (00 年研)设总体 X 的密度函数为 $f(x,\ \theta)=\begin{cases}2e^{-2(x-\theta)}, & x\geqslant\theta\\ 0, & x<\theta\end{cases}$，未知参数 $\theta>0$，$(X_1,\ X_2,\ \cdots,\ X_n)$ 为 X 的一个样本．

(1) 求未知参数 θ 的矩估计量 $\hat{\theta}_1$，并讨论其是否为无偏估计量；

(2) 求未知参数 θ 的极大似然估计量 $\hat{\theta}_2$，并讨论其是否为无偏估计量；

(3) 将 $\hat{\theta}_1$，$\hat{\theta}_2$ 修正为 $\hat{\theta}_3$，$\hat{\theta}_4$ 使其为 θ 的无偏估计，并比较 $\hat{\theta}_3$，$\hat{\theta}_4$ 的有效性．

2. 设 $X\sim N(\mu,\ 1)$，$(X_1,\ X_2,\ X_3)$ 为一样本，试证下列 3 个估计量都是 μ 的无偏估计量，并求每一估计量的方差，问哪一个最小？

$$\hat{\mu}_1=\frac{1}{5}X_1+\frac{3}{10}X_2+\frac{1}{2}X_3,\ \hat{\mu}_2=\frac{1}{3}X_1+\frac{1}{4}X_2+\frac{5}{12}X_3,\ \hat{\mu}_3=\frac{1}{3}X_1+\frac{1}{6}X_2+\frac{1}{2}X_3$$

3. 设 $(X_1,\ X_2,\ \cdots,\ X_n)$ 是取自均匀分布 $[0,\ \theta]$ 上的一个样本，试证 $T_n=\max(X_1,\ X_2,\ \cdots,\ X_n)$ 是 θ 的相合估计．

4. 设总体 X 的期望为 $E(X)=\mu$，方差 $D(X)=\sigma^2$ 存在，$(X_1,\ X_2,\ \cdots,\ X_n)$ 是来自总体 X 的样本，常数 c_i，$i=1,\ 2,\ \cdots,\ n$ 满足 $\sum\limits_{i=1}^{n}c_i=1$，证明：

(1) $\sum\limits_{i=1}^{n}c_iX_i$ 是 μ 的无偏估计(称为线性无偏估计)；

(2)在 μ 的线性无偏估计中，以 $\overline{X}$ 最有效．

5．设总体 $X\sim P(\lambda)$，$(X_1, X_2, \cdots, X_n)$是 X 的一个样本，S^2 为样本方差，$0\leqslant\alpha\leqslant 1$，证明：$L=\alpha\overline{X}+(1-\alpha)S^2$ 是参数 λ 的无偏估计量．

第三节　贝叶斯估计

一、统计推断中可用的三种信息

统计推断是根据样本信息对总体分布或总体的特征数进行推断．使用了两种信息：总体信息和样本信息；除了上述两种信息以外，统计推断还应该使用第三种信息：先验信息．

美籍波兰统计学家耐曼(E. L. Lehmann1894－1981)高度概括了在统计推断中可用的三种信息：

1. 总体信息

即总体分布或所属分布族给我们的信息．比如“总体是正态分布”就给我们带来很多信息：密度函数是一条钟形曲线；一切矩都存在；有关正态变量(服从正态分布随机变量)的一些事件的概率可以计算；由正态分布可以导出 t 分布，F 分布等重要分布，还有许多成熟的点估计、区间估计和假设检验方法可供我们选用．只要有总体信息，就要想方设法在统计推断中使用．

2. 样本信息

样本提供给我们的信息．如把抽取样本看做一次试验，则样本信息就是试验中得到的信息，这是任一种统计推断中都需要的信息．

3. 先验信息

即在抽样之前有关统计推断的一些信息．实际中，人们在试验之前对要做的问题在经验上和资料上总是有所了解的，这些信息对统计推断是有益的．一般说来，先验信息来源于经验和历史资料．先验信息在日常生活和工作中是很重要的．比如，在估计某产品的不合格率时，假如工厂保存了过去抽检这种产品质量的资料，这些资料(包括历史数据)对估计该产品的不合格率是有用处的．这些资料所提供的信息就是一种先验信息．又如某工程师根据自己多年积累的经验对正在设计的某种彩电的平均寿命所提供的估计也是一种先验信息．由于这种信息是在“试验之前”就已有的，故称为先验信息．

以前所讨论的点估计只使用前两种信息，没有使用先验信息．假如能把收集到的先验信息也利用起来，那对我们进行统计推断是有好处的．只用前两种信息的统计学称为经典学派，三种信息都用的统计学称为贝叶斯学派．本节介绍贝叶斯统计学中的点估计方法．

【例 1】 某学生通过物理试验来确定当地的重力加速度，测得的数据为(m/s^2)：9.80，9.79，9.78，6.81，6.80，求当地的重力加速度．

解： 用样本均值估计其重力加速度，即 $\overline{X}=8.596$，由经验可知，此结果是不符合事实的．根据物理知识，重力加速度应该在 9.80 附近，即这个信息就是重力加速度的先验信息．

在统计学中，先验信息可以更好的帮助人们解决统计决策问题．贝叶斯将此思想应用于统计决策中，形成了完整的贝叶斯统计方法．

二、先验分布和后验分布

第一章的贝叶斯公式是用事件的概率形式给出的．可在贝叶斯统计学中应用更多的是贝叶斯公式的密度函数形式．下面结合贝叶斯统计学的基本观点来引出其密度函数形式．贝叶斯统计学的基本观点可以用下面三个观点归纳出来．

观点一：随机变量 X 有一个密度函数 $f(x, \theta)$，其中 θ 是一个参数，不同的 θ 对应不同的密度函数，故从贝叶斯观点看，$f(x, \theta)$ 在给定 θ 后是条件密度函数，因此记为 $f(x|\theta)$．这个条件密度能提供我们的有关的 θ 信息就是总体信息．

观点二：当给定 θ 后，从总体 $f(x|\theta)$ 中随机抽取一个样本，该样本中含有 θ 的有关信息．这种信息就是样本信息．

观点三：对参数 θ 已经积累了很多资料，经过分析、整理和加工，可以获得一些有关 θ 的有用信息，这种信息就是先验信息．参数 θ 不是永远固定在一个值上，而是一个事先不能确定的量．从贝叶斯观点来看，未知参数 θ 是一个随机变量．而描述这个随机变量的分布可从先验信息中归纳出来，这个分布称为先验分布，其密度函数用 $\pi(\theta)$ 表示．

1. 先验分布

对未知参数 θ 的先验信息用一个分布形式 $f(x|\theta)$ 来表示，此分布 $f(x|\theta)$ 称为未知参数 θ 的先验分布．比如例 1 中的重力加速度 $X \sim N(9.80, 0.1^2)$．

2. 后验分布

在抽取样本之前，人们对未知参数有了解，即先验分布．抽取样本之后，由于样本中包含未知参数的信息，而这些关于未知参数新的信息可以帮助人们修正抽样之前的先验信息，用 $\pi(\theta \mid X)$ 表示．

从贝叶斯观点看，样本(X_1，X_2，…，X_n)的产生要分两步进行，首先设想

从先验分布 $\pi(\theta)$ 产生一个样本 θ_0；第二步从 $f(x \mid \theta_0)$ 中产生一组样本．这时样本$(X_1, X_2, \cdots, X_n)$的联合条件概率函数为 $f(x \mid \theta_0) = f(x_1,\cdots,x_n \mid \theta_0) = \prod_{i=1}^{n} f(x_i \mid \theta_0)$，这个分布综合了总体信息和样本信息．

由于 θ_0 是设想出来的，按先验分布 $\pi(\theta)$ 产生的，应是未知的．为了综合先验信息，不能只考虑 θ_0，对 θ 的其他值发生的可能性也要加以考虑，故要用 $\pi(\theta)$ 进行综合．这样一来，样本 X 和参数 θ 的联合密度函数为

$$h(X, \theta) = f(X \mid \theta)\pi(\theta)$$

我们的目的是要对未知参数 θ 作统计推断．在没有样本信息时，我们只能依据先验分布对 θ 作出推断．在有了样本观察值 $X=(x_1, \cdots, x_n)$之后，我们应依据 $h(X, \theta)$对 θ 作出推断．此时

$$h(X, \theta) = \pi(\theta \mid X)m(X)$$

$$m(X) = \int_{\Theta} h(X, \theta)d\theta = \int_{\Theta} f(X \mid \theta)\pi(\theta)d\theta$$

$m(X)$是 X 的边缘密度函数．$m(X)$中不含 θ 的任何信息，因此能用来对 θ 作出推断的仅是条件分布 $\pi(\theta \mid X)$，它的计算公式是

$$\pi(\theta \mid X) = \frac{h(X, \theta)}{m(X)} = \frac{f(X \mid \theta)\pi(\theta)}{\int_{\Theta} f(X \mid \theta)\pi(\theta)d\theta}$$

这个条件分布称为 θ 的后验分布，它集中了总体、样本和先验中有关 θ 的一切信息．这就是用密度函数表示的贝叶斯公式，它也是用总体和样本对先验分布 $\pi(\theta)$作调整的结果，它要比 $\pi(\theta)$更接近 θ 的实际情况．

【例 2】 烽火戏诸侯．西周时期有个周幽王，十分宠爱一个叫做褒姒的女子．褒姒不爱笑，幽王为了博她一笑，想尽了一切办法，但褒姒仍然难得一笑．周幽王为讨她的欢心，就点燃了预示犬戎来犯的烽火．诸侯见到烽火，全都赶来救援，但到达之后，却不见敌寇，乱作一团，戏弄了诸侯，褒姒看了哈哈大笑．幽王很高兴，因而又多次点燃烽火．后来诸侯们都不相信了，渐渐不来了．试用贝叶斯公式来分析这个故事中诸侯对周幽王的可信度是如何下降的．

分析：这个故事分两个方面，一是周幽王，二是诸侯们．周幽王有两种行为：一是不说谎即点燃烽火真的因为犬戎来袭，二是说谎即点燃烽火是为了博得美人一笑；诸侯有两种行为：一是认为烽火就是犬戎来袭，二是认为烽火是博得美人一笑的．

首先记事件 A 为“周幽王说谎”，记事件 B 为“周幽王可信”．不妨设诸侯过去对周幽王的印象为 $P(\overline{B})=0.8$，$P(\overline{B})=0.2$，刚开始诸侯们对这个周幽王是很相信的，可信的周幽王说谎的概率和不可信的周幽王说谎的概率分别为$P(A \mid \overline{B})=$

0.1，$P(A\mid\overline{B})=0.5$. 第一次诸侯赶来营救，发现犬戎没有来，即周幽王说了谎，由贝叶斯公式，诸侯认为周幽王的可信程度为：

$$P(B\mid A)=\frac{P(B)P(A\mid B)}{P(B)P(A\mid B)+P(\overline{B})P(A\mid\overline{B})}=\frac{0.8\times0.1}{0.8\times0.1+0.2\times0.5}=0.444$$

当诸侯上了一次当后，对周幽王可信程度由原来的 0.8 调整为 0.444，在这个基础上，再用贝叶斯公式计算一次，即周幽王第二次说谎之后，诸侯认为周幽王的可信程度为：

$$P(B\mid A)=\frac{0.444\times0.1}{0.444\times0.1+0.556\times0.5}=0.138$$

这表明诸侯经过两次上当后，对周幽王的信任程度已经由最初的 0.8 下降到了 0.138，如此低的可信度，诸侯们再看到烽火时就不再赶来了．这个例子对人来说有很大的启发，即“某人的行为会不断修正其他人对他的看法”．其实，贝叶斯定理就是通过证据来修正/调整我们对事物的原本认知的．

【例 3】 为了提高教学质量，某学校校长考虑对每个老师通过培训的方式来改进教学质量，预计需投资 50 万元，但从投资效果来看，学校的教学顾问们提出两种不同的意见：

θ_1：培训后 90%的教师教学质量会提高；

θ_2：培训后 70%的教学质量会提高 70%；

根据以往的经验，两个教学顾问的建议可信度分别为 $\pi(\theta_1)=0.4$，$\pi(\theta_2)=0.6$.

这两个概率是校长的主观判断(也就是先验概率)，为了得到更准确的信息，校长决定进行小范围的试验，结果如下：

A：找了 5 个教师参加培训，教学水平均提高了．

由此可以得到条件分布：$P(A\mid\theta_1)=(0.9)^5=0.590$，$P(A\mid\theta_2)=(0.7)^5=0.168$

$$P(A)=P(B\mid\theta_1)\pi(\theta_1)+P(B\mid\theta_2)\pi(\theta_2)=0.59\times0.4+0.168\times0.6=0.3368$$

其后验概率为：

$$h(\theta_1\mid A)=\frac{P(A\mid\theta_1)\pi(\theta_1)}{P(A)}=\frac{0.59\times0.4}{0.59\times0.4+0.168\times0.6}=0.700,$$

$$h(\theta_2\mid A)=\frac{P(A\mid\theta_2)\pi(\theta_2)}{P(A)}=0.300$$

此时校长对二位教学顾问的看法已经有了改变，为了得到更准确的信息，校长又做了一次小范围试验，结果为

B：找了 10 个教师参加培训，其中 9 名教师的教学水平提高．即 $\pi(\theta_1)=0.7$，$\pi(\theta_2)=0.3$

$$P(B\mid\theta_1)=10\,(0.9)^9(0.1)=0.387,\ P(B\mid\theta_2)=10\,(0.7)^9(0.3)=0.121$$

$$P(B)=P(B\mid\theta_1)\pi(\theta_1)+P(B\mid\theta_2)\pi(\theta_2)=0.387\times0.7+0.121\times0.3=0.307$$

$$h(\theta_1\mid B)=\frac{P(B\mid\theta_1)\pi(\theta_1)}{P(B)}=0.883,\ h(\theta_2\mid B)=\frac{P(B\mid\theta_2)\pi(\theta_2)}{P(B)}=0.118$$

校长看到，经过二次试验 θ_1 的概率已经上升到 0.883，可以对全体教师进行教学培训．由此可见后验分布更能准确描述事情真相．

【例 4】 设 θ 是一批产品的不合格率，已知它不是 0.1 就是 0.2，且其先验分布为 $\pi(0.1)=0.7$，$\pi(0.2)=0.3$，假如从这批产品中随机取 8 个进行检查，发现有 2 个不合格，求 θ 的后验分布．

解： $P(X=2|\theta)=C_8^2\theta^2\,(1-\theta)^6$，又

θ	0.1	0.2
P	0.7	0.3

，得

$$P(\theta=0.1|X=2)=\frac{P(X=2|\theta=0.1)P(\theta=0.1)}{P(X=2|\theta=0.1)P(\theta=0.1)+P(X=2|\theta=0.2)P(\theta=0.2)}$$

$$=\frac{C_8^2\,0.1^2\,0.9^6 0.7}{C_8^2\,0.1^2\,0.9^6 0.7+C_8^2\,0.2^2\,0.8^6 0.3}\approx0.542$$

$$P(\theta=0.2|X=2)=1-P(\theta=0.1|X=2)=0.458$$

所以 θ 的后验分布的分布律为

$\theta\|X=2$	0.1	0.2
P	0.542	0.458

．

假若我们在试验前对事件 A 没有什么了解，从而对其发生的概率 θ 也没有任何信息．在这种场合，贝叶斯本人建议采用“同等无知”的原则使用区间(0，1)上的均匀分布 $U(0,1)$ 作为 θ 的先验分布，因为它取(0，1)上的每一点的机会均等．贝叶斯的这个建议被后人称为贝叶斯假设．由此即可利用贝叶斯公式求出 θ 的后验分布．

【例 5】 设某事件 A 在一次试验中发生的概率为 θ，为估计 θ，对试验进行了 n 次独立观测，其中事件 A 发生了 X 次，显然 $X\mid\theta\sim b(n,\theta)$，即

$$P(X=x\mid\theta)=\binom{n}{x}\theta^x\,(1-\theta)^{n-x},\ x=0,1,\cdots,n,$$

求 θ 的后验分布．

解： 先写出 X 和 θ 的联合分布律

$$h(x,\theta)=C_n^x\theta^x\,(1-\theta)^{n-x},\ x=0,1,\cdots,n,\ 0<\theta<1,$$

然后求 X 的边缘分布律：

$$m(x)=C_n^x\int_0^1\theta^x\,(1-\theta)^{n-x}d\theta=C_n^x\,\frac{\Gamma(x+1)\Gamma(n-x+1)}{\Gamma(n+2)},$$

最后求出 θ 的后验分布

$$\pi(\theta\mid X)=\frac{h(X,\theta)}{m(X)}=\frac{\Gamma(n+2)}{\Gamma(x+1)\Gamma(n-x+1)}\theta^{(x+1)-1}(1-\theta)^{(n-x+1)-1},\ 0<\theta<1$$

最后的结果说明 $\theta \mid x \sim Be(x+1, n-x+1)$，后验期望估计为 $\hat{\theta}_B = E(\theta \mid x) = \frac{x+1}{n+2}$.

某些场合，贝叶斯估计要比极大似然估计更合理一点．比如："抽检 4 个全是合格品"与"抽检 20 个全是合格品"，后者的质量比前者更信得过．使用极大似然估计时这两种情况下不合格品率都为 0，而用贝叶斯估计，这两种情况下不合格品率分别是 1/6 和 1/22. 在这些极端情况下，贝叶斯估计比极大似然估计更符合人们的理念．

由后验分布 $\pi(\theta \mid X)$估计 θ 有三种常用的方法：

(1)使用后验分布的密度函数最大值作为 θ 的点估计的最大后验估计；

(2)使用后验分布的中位数作为 θ 的点估计的后验中位数估计；

(3)使用后验分布的均值作为 θ 的点估计的后验期望估计．

用的最多的是后验期望估计，它一般也简称为贝叶斯估计，记为 $\hat{\theta}_B$.

极大似然估计和贝叶斯估计都属于参数估计．极大似然估计和贝叶斯估计最大区别便在于估计的参数不同，极大似然估计要估计的参数 θ 被当作是固定形式的一个未知变量，然后我们结合真实数据通过最大化似然函数来求解这个固定形式的未知变量．贝叶斯估计则是将参数 θ 视为是有某种已知先验分布的随机变量，所以在贝叶斯估计中除了 $f(X \mid \theta)$外，参数 θ 也符合一定的先验分布 $\pi(\theta)$. 通过贝叶斯规则将参数的先验分布转化成后验分布进行求解．

贝叶斯估计的应用有 LDA(Latent Dirichlet Allocation)主题模型．LDA 主题模型通过共轭分布的特性来求出主题分布和词分布．LDA 是一种文档主题生成模型，也称为一个三层贝叶斯概率模型，包含词、主题和文档三层结构．认为一篇文章的每个词都是通过"以一定概率选择了某个主题，并从这个主题中以一定概率选择某个词语"这样一个过程得到．文档到主题服从多项式分布，主题到词服从多项式分布．LDA 是一种非监督机器学习技术，可以用来识别大规模文档集或语料库中潜藏的主题信息．

【例 6】 设 $X_1, \cdots, X_n$ 是来自正态分布 $N(\mu, \sigma_0^2)$的一个样本，其中 σ_0^2 已知，μ 未知，假设 μ 的先验分布亦为 $N(\theta, \tau^2)$，其中先验均值 θ 和先验方差 τ^2 均已知，试求 μ 的贝叶斯估计．

解：样本 X 的联合密度函数和 μ 的先验分布的密度函数分别为

$$f(X \mid \mu) = (2\pi\sigma_0^2)^{-n/2} \exp\left\{-\frac{1}{2\sigma_0^2} \sum_{i=1}^{n} (x_i - \mu)_i^2\right\}$$

$$\pi(\mu) = (2\pi\tau^2)^{-1/2} \exp\left\{-\frac{1}{2\tau^2} (\mu - \theta)^2\right\}$$

由此可以写出 X 与 μ 的联合密度函数：

$$h(X,\mu)=k_1\cdot\exp\left\{-\frac{1}{2}\left[\frac{n\mu^2-2n\mu\bar{x}+\sum_{i=1}^{n}x_i^2}{\sigma_0^2}+\frac{\mu^2-2\theta\mu+\theta^2}{\tau^2}\right]\right\}$$

其中 $\bar{x}=\frac{1}{n}\sum_{i=1}^{n}x_i, k_1=(2\pi)^{-\frac{n+1}{2}}\tau^{-1}\sigma_0^{-n}$. 若记 $A=\frac{n}{\sigma_0^2}+\frac{1}{\tau^2}, B=\frac{n\bar{x}}{\sigma_0^2}+\frac{\theta}{\tau^2}, C=\frac{\sum_{i=1}^{n}x_i^2}{\sigma_0^2}+\frac{\theta^2}{\tau^2}$，则有

$$h(X,\mu)=k_1\exp\left\{-\frac{1}{2}[A\mu^2-2B\mu+C]\right\}$$
$$=k_1\exp\left\{-\frac{(\mu-B/A)^2}{2/A}-\frac{1}{2}\left(C-\frac{B^2}{A}\right)\right\}$$

注意到 A, B, C 均与 μ 无关，由此容易算得样本的边缘密度函数

$$m(X)=\int_{-\infty}^{+\infty}h(X,\mu)d\mu=k_1\exp\left\{-\frac{1}{2}(C-B^2/A)\right\}(2\pi/A)^{1/2}$$

应用贝叶斯公式即可得到后验分布

$$\pi(\mu\mid X)=\frac{h(X,\ \mu)}{m(X)}=(2\pi/A)^{1/2}\exp\left\{-\frac{1}{2/A}(\mu-B/A)^2\right\}$$

这说明在样本给定后，μ 的后验分布为 $N(B/A,\ 1/A)$，即

$$\mu|X\sim N\left(\frac{n\tau^2}{n\tau^2+\sigma_0^2}\bar{x}+\frac{\sigma_0^2}{n\tau^2+\sigma_0^2}\theta,\ \frac{\sigma_0^2\tau^2}{n\tau^2+\sigma_0^2}\right)$$

后验均值即为其贝叶斯估计：

$$\hat{\mu}=\frac{n\tau^2}{n\tau^2+\sigma_0^2}\bar{x}+\frac{\sigma_0^2}{n\tau^2+\sigma_0^2}\theta$$

它是样本均值 $\bar{x}$ 与先验均值 θ 的加权平均．当总体方差 σ_0^2 较小或样本量 n 较大时，样本均值 $\bar{x}$ 的权重较大；当先验方差 τ^2 较小时，先验均值 θ 的权重较大，这一综合很符合人们的经验，也是可以接受的．

三、先验分布的寻找

关于先验分布的确定有很多途径，此处我们介绍一类最常用的先验分布类——共轭先验分布．

设 θ 是总体参数，$\pi(\theta)$是其先验分布，若对任意的样本观测值得到的后验分布 $\pi(\theta\mid X)$与 $\pi(\theta)$属于同一个分布族，则称该分布族是 θ 的共轭先验分布(族).

例 5 中，(0，1)上的均匀分布就是贝塔分布的一个特例 $Be(1,\ 1)$，其对应

的后验分布则是贝塔分布 $Be(x+1, n-x+1)$. 更一般地，设 θ 的先验分布是 $Be(a, b)$，$a>0$，$b>0$，a，b 均已知，则由贝叶斯公式可以求出后验分布为贝塔分布 $Be(x+a, n-x+b)$，这说明贝塔分布是贝努利试验中成功概率的共轭先验分布.

类似地，由例 6 可以看出，在方差已知时正态总体均值的共轭先验分布是正态分布.

贝叶斯统计学首先要想方设法先去寻求 θ 的先验分布. 先验分布的确定大致可分以下几步：

第一步，选一个适应面较广的分布族作先验分布族，使它在数学处理上方便一些，这里我们选用贝塔分布族

$$\pi(\theta)=\frac{\Gamma(a+b)}{\Gamma(a)\Gamma(b)}\theta^{a-1}(1-\theta)^{b-1},\ 0\leqslant\theta\leqslant1,\ a>0,\ b>0$$

作为 θ 的先验分布族是恰当的，从以下几方面考虑：

(1)参数 θ 是废品率，它仅在(0，1)上取值. 因此，必须用区间(0，1)上的一个分布去拟合先验信息. 贝塔分布正是这样一个分布.

(2)贝塔分布含有两个参数 a 与 b，不同的 a 与 b 就对应不同的先验分布，因此这种分布的适应面较大.

(3)样本 X 的分布为二项分布 $b(n, \theta)$ 时，假如 θ 的先验分布为贝塔分布，则用贝叶斯估计算得的后验分布仍然是贝塔分布，只是其中的参数不同. 这样的先验分布(贝塔分布)称为参数 θ 的共轭先验分布. 选择共轭先验分布在处理数学问题上带来不少方便.

(4)国内外不少人使用贝塔分布获得成功.

第二步，根据先验信息在先验分布族中选一个分布作为先验分布，使它与先验信息符合较好. 利用 θ 的先验信息去确定贝塔分布中的两个参数 a 与 b. 确定 a 与 b 的方法很多. 例如，如果能从先验信息中较为准确地算得 θ 的先验平均和先验方差，则可令其分别等于贝塔分布的期望与方差，最后解出 a 与 b.

如果从先验信息获得 $\bar{\theta}=0.2$，$S_\theta^2=0.01$，则可解得 $a=3$，$b=12$，这意味着 θ 的先验分布是参数 $a=3$，$b=12$ 的贝塔分布.

假如我们能从先验信息中较为准确地把握 θ 的两个分位数，如确定 θ 的 10% 分位数 $\theta_{0.1}$ 和 50% 的中位数 $\theta_{0.5}$，那可以通过如下两个方程来确定 a 与 b：

$$\int_0^{\theta_{0.1}}\pi(\theta)d\theta=0.1,$$

$$\int_0^{\theta_{0.5}}\pi(\theta)d\theta=0.5.$$

常见共轭先验分布

总体分布	参数	共轭先验分布
二项分布	成功概率 p	贝塔分布
泊松分布	均值 λ	Ga 分布
指数分布	均值的倒数 λ	Ga 分布
正态分布	均值 μ	正态分布

以 *PLSA*(*probabilitistic Latent Semantic Analysis*)和 *LDA* 为代表的文本语言模型是当今统计自然语言处理研究的热点问题．这类语言模型一般都是对文本的生成过程提出自己的概率图模型，然后利用观察到的语料数据对模型参数做估计．有了语言模型和相应的模型参数，我们可以有很多重要的应用，比如文本特征降维、文本主题分析等等．在文本语言模型中，通常选取共轭分布作为先验，可以带来计算上的方便性．最典型的就是 *LDA* 中每个文档中词的 *Topic* 分布服从 *Multinomial* 分布，其先验选取共轭分布即 *Dirichlet* 分布；每个 *Topic* 下词的分布服从 *Multinomial* 分布，其先验也同样选取共轭分布即 *Dirichlet* 分布．

习题 7.3

1. 设一页书上的错别字的个数服从泊松分布 $P(\lambda)$，其中 λ 可取 1.0 和 1.5 中的一个，又设 λ 的先验分布为 $\pi(1.0)=0.4$，$\pi(1.5)=0.6$，假如检查一页书发现了 3 个缺陷，求 λ 的后验分布．

2. 设 X_1，…，X_n 是来自几何分布 $Ge(p)$ 的一个样本，其中 p 的先验分布是均匀分布 $U(0, 1)$，求(1) p 的后验分布；(2)若 4 次观测值分别是 1，2，4，6，求 p 的贝叶斯估计．

3. 设 X_1，…，$X_n \sim iid.\ P(\lambda)$，$\pi(\lambda) \sim Ga(\alpha, \mu)$，试确定 $\pi(\lambda|x)$．

4. 设(X_1，…，X_n)是来自总体 X 的一个样本，$f(x|\theta)=\dfrac{2x}{\theta^2}$，$0<x<\theta$，其中 θ 的先验分布是均匀分布 $U(0, 1)$，求 θ 的后验分布．

5. 设(X_1，…，X_n)是来自参数为 λ 的指数分布总体 X 的一个样本，其中 λ 的先验分布是伽玛分布 $Ga(\alpha, \mu)$，求 λ 的后验分布．

6. 设 $X \sim b(m, \theta)$，$\pi(\theta) \sim Be(a, b)$，试确定 $\pi(\theta|x)$．

7. 设 $X \sim N(\theta, 2^2)$，$\theta \sim N(10, 3^2)$．若从正态总体 X 抽得容量为 5 的样本，算得 $\overline{X}=12.1$，求 θ 的后验分布．

第四节　区间估计

一、区间估计的基本概念

参数的点估计，用估计值 $\hat{\theta}=\hat{\theta}(x_1, x_2, \cdots x_n)$ 作为未知参数 θ 的近似值，这种估计的缺点在于，它不能反映估计的可信程度，也无法看出它的精度有多大，而区间估计正好弥补了这个缺陷．例如估计一个新生儿的体重，根据实际样本观测值，利用极大似然估计法估计出均值为 6.5 斤．但是实际上一个新生儿的体重可能大于 6.5，也可能小于 6.5，且可能偏差较大．我们可以给出一个估计区间，使我们有较大把握相信一个尚未出生的新生婴儿的体重在这个区间里．这样的估计更可信，也更有实际价值．因为我们把偏差也考虑进去了．

定义 1　设总体 X 的分布中含有未知参数 θ，$(X_1, X_2, \cdots, X_n)$ 是来自总体 X 的样本，如果对于给定的常数 $\alpha\in(0, 1)$，存在两个统计量 $\hat{\theta}_1=\hat{\theta}_1(X_1, X_2, \cdots, X_n)$ 及 $\hat{\theta}_2=\hat{\theta}_2(X_1, X_2, \cdots, X_n)$，使得 $P\{\hat{\theta}_1<\theta<\hat{\theta}_2\}=1-\alpha$，则称随机区间 $(\hat{\theta}_1, \hat{\theta}_2)$ 为参数 θ 的置信水平为 $1-\alpha$ 的置信区间，$\hat{\theta}_1$ 和 $\hat{\theta}_2$ 分别称为置信下限及置信上限.

从定义可以看出，置信区间 $(\hat{\theta}_1, \hat{\theta}_2)$ 以 $1-\alpha$ 的概率包含参数真值，如果有许多组样本观察值，相应地有许多具体的区间估计值，这些区间中有 $100(1-\alpha)\%$ 的区间包含未知参数的真值，有 $100\alpha\%$ 的区间里面没有包含参数的真值．

我们采用枢轴量法构造置信区间．求置信区间的一般步骤：

(1)构造一个枢轴量即样本的函数 $T=T(X_1, X_2, \cdots, X_n; \theta)$，它必须包含未知参数 θ，分布完全确定且与 θ 无关．

(2)对给定置信水平 $1-\alpha$，根据 T 的分布，分别选取两个常数 c 和 d 使满足 $P\{c<T(X_1, X_2, \cdots, X_n; \theta)<d\}=1-\alpha$.

(3)将不等式 $c<T(X_1, X_2, \cdots, X_n; \theta)<d$ 改写成如下等价形式

$$\hat{\theta}_1(X_1, X_2, \cdots, X_n)<\theta<\hat{\theta}_2(X_1, X_2, \cdots, X_n)$$

有 $P\{\hat{\theta}_1<\theta<\hat{\theta}_2\}=1-\alpha$，则 $(\hat{\theta}_1, \hat{\theta}_2)$ 是未知参数 θ 的置信水平为 $1-\alpha$ 的置信区间．

事实上，满足 $P\{c<T(X_1, X_2, \cdots, X_n; \theta)<d\}=1-\alpha$ 的 c，d 非常多，要使得精度高，则区间长度尽可能的短，所以应该选择这样的 c，d，但是在多

数的场合中要满足最短区间可能不太好求．我们可以选择等尾的方法选择 c，d，即

$$P\{T(X_1, X_2, \cdots, X_n; \theta)>d\}=\alpha/2,\ P\{T(X_1, X_2, \cdots, X_n; \theta)<c\}=\alpha/2$$

下面我们讨论正态总体中参数的区间估计问题．

二、单个正态总体参数的区间估计

设总体 $X\sim N(\mu, \sigma^2)$，$(X_1, X_2, \cdots, X_n)$是来自总体 X 的样本，求 μ 及σ^2 的置信区间．

1. σ^2 已知时，μ 的置信水平为 $1-\alpha$ 的置信区间

寻找合适的枢轴量 T，包含参数 μ，σ^2(因为 σ^2 已知)，分布已知且与 μ 无关．可以利用第六章里面的统计量 $Z=\dfrac{\overline{X}-\mu}{\sigma/\sqrt{n}}\sim N(0, 1)$，$Z$ 是样本$(X_1, X_2, \cdots, X_n)$的函数，它仅含有未知参数 μ 且分布完全确定，对给定的置信水平$1-\alpha$，

$$P\{c<\mu<d\}=1-\alpha,$$

$$P\left\{\frac{d-\mu}{\sigma/\sqrt{n}}<\frac{\overline{X}-\mu}{\sigma/\sqrt{n}}<\frac{c-\mu}{\sigma/\sqrt{n}}\right\}=1-\alpha,$$

而 $P\{|Z|<Z_{\frac{\alpha}{2}}\}=1-\alpha$，所以 μ 的置信水平为 $1-\alpha$ 的置信区间为

$$\left(\overline{X}-Z_{\frac{\alpha}{2}}\frac{\sigma}{\sqrt{n}}, \overline{X}+Z_{\frac{\alpha}{2}}\frac{\sigma}{\sqrt{n}}\right) \tag{1}$$

该置信区间的长度为 $l=2Z_{\frac{\alpha}{2}}\dfrac{\sigma}{\sqrt{n}}$，在样本容量 n 不变的情况下，当 α 减少时，$Z_{\frac{\alpha}{2}}$ 增大，区间的长度增加，则估计的精度降低．因此，在样本容量 n 不变的情况下，要同时提高置信水平和精度是不可能的．而 α 固定时，样本的容量 n 增大，则置信区间的长度减少，即估计的精度提高．故可以采用增加样本容量的方法提高精度．

2. σ^2 未知时，μ 的置信水平为 $1-\alpha$ 的置信区间

由于 σ^2 未知，选用 $t=\dfrac{\overline{X}-\mu}{S/\sqrt{n}}\sim t(n-1)$．因为

$$P\{c<\mu<d\}=1-\alpha$$

$$P\left\{\frac{d-\mu}{S/\sqrt{n}}<\frac{\overline{X}-\mu}{S/\sqrt{n}}<\frac{c-\mu}{S/\sqrt{n}}\right\}=1-\alpha$$

而 $P\{|t|<t_{\frac{\alpha}{2}}(n-1)\}=1-\alpha$，所以 μ 的置信水平为 $1-\alpha$ 的置信区间为

$$\left(\overline{X}-t_{\frac{\alpha}{2}}(n-1)\frac{S}{\sqrt{n}},\ \overline{X}+t_{\frac{\alpha}{2}}(n-1)\frac{S}{\sqrt{n}}\right) \tag{2}$$

3. μ 未知时，σ^2 的置信水平为 $1-\alpha$ 的置信区间

选择枢轴量为 $\chi^2=\frac{(n-1)S^2}{\sigma^2}\sim\chi^2(n-1)$，对给定的置信水平 $1-\alpha$，

$$P\{c<\sigma^2<d\}=1-\alpha$$

$$P\left\{\frac{(n-1)S^2}{d^2}<\frac{(n-1)S^2}{\sigma^2}<\frac{(n-1)S^2}{c^2}\right\}=1-\alpha$$

又 $P\{\chi^2\geqslant\chi^2_{\frac{\alpha}{2}}(n-1)\}=\frac{\alpha}{2}$，$P\{\chi^2\geqslant\chi^2_{1-\frac{\alpha}{2}}(n-1)\}=1-\frac{\alpha}{2}$，则有

$$P\left\{\frac{(n-1)S^2}{\chi^2_{\frac{\alpha}{2}}(n-1)}<\sigma^2<\frac{(n-1)S^2}{\chi^2_{1-\frac{\alpha}{2}}(n-1)}\right\}=1-\alpha$$

所以 σ^2 的置信水平为 $1-\alpha$ 的置信区间为

$$\left(\frac{(n-1)S^2}{\chi^2_{\frac{\alpha}{2}}(n-1)},\ \frac{(n-1)S^2}{\chi^2_{1-\frac{\alpha}{2}}(n-1)}\right) \tag{3}$$

4. μ 已知时，σ^2 的置信水平为 $1-\alpha$ 的置信区间

选择枢轴量为 $\chi^2=\sum\limits_{i=1}^{n}\left(\frac{X_i-\mu}{\sigma}\right)^2\sim\chi^2(n)$，类似可得到 σ^2 的置信水平为 $1-\alpha$ 的置信区间为

$$\left(\frac{\sum\limits_{i=1}^{n}(X_i-\mu)^2}{\chi^2_{\frac{\alpha}{2}}(n)},\frac{\sum\limits_{i=1}^{n}(X_i-\mu)^2}{\chi^2_{1-\frac{\alpha}{2}}(n)}\right) \tag{4}$$

【例 1】 在稳定生产的情况下，某厂生产的灯管使用寿命 $X\sim N(a,\sigma^2)$. 现观察 20 个灯管的使用时数，计算得到 $\overline{X}=1832$，$S=497$. 试求：

(1)a 的 95%的置信区间；(2)σ^2 的 90%的置信区间 .

解：(1)将数据代入(2)式，则 a 的置信水平为 $1-\alpha$ 的置信区间为

$\left(\overline{X}-t_{\frac{\alpha}{2}}(n-1)\frac{S}{\sqrt{n}},\ \overline{X}+t_{\frac{\alpha}{2}}(n-1)\frac{S}{\sqrt{n}}\right)=(1599,\ 2065)$. 其中 $t_{\frac{\alpha}{2}}(n-1)=t_{0.025}(19)=2.0930$，$t_{\frac{\alpha}{2}}(n-1)\frac{S}{\sqrt{n}}=233$.

(2)将数据代入(3)式，则 σ^2 的置信水平为 $1-\alpha$ 的置信区间为

$$\left(\frac{(n-1)S^2}{\chi^2_{\frac{\alpha}{2}}(n-1)},\ \frac{(n-1)S^2}{\chi^2_{1-\frac{\alpha}{2}}(n-1)}\right)=(313933)$$

其中 $\chi^2_{1-\frac{\alpha}{2}}(n-1)=\chi^2_{0.05}(19)=10.117$，$\chi^2_{\frac{\alpha}{2}}(n-1)=\chi^2_{0.05}(19)=30.144$.

【例 2】 设总体 $X\sim N(\mu, 4^2)$，问需要抽取容量 n 为多大的样本才能使 μ 的置信水平为 95%的置信区间的长度不大于 1.

解：σ^2 已知，μ 的置信水平为 $1-\alpha$ 的置信区间为 $\left(\overline{X}-Z_{\frac{\alpha}{2}}\frac{\sigma}{\sqrt{n}}, \overline{X}+Z_{\frac{\alpha}{2}}\frac{\sigma}{\sqrt{n}}\right)$，

区间长度 $L=2Z_{\frac{\alpha}{2}}\frac{\sigma}{\sqrt{n}}$，由题意得 $L=2Z_{\frac{\alpha}{2}}\frac{\sigma}{\sqrt{n}}\leqslant 1$，即有 $n\geqslant 4\left(Z_{\frac{\alpha}{2}}\sigma\right)^2\approx$ 245.86，所以样本容量 n 至少为 246.

三、两个正态总体参数的区间估计

设$(X_1, X_2, \cdots, X_n)$是来自总体 $X\sim N(\mu_1, \sigma_1^2)$的样本，$(Y_1, Y_2, \cdots, Y_m)$是来自总体 $Y\sim N(\mu_2, \sigma_2^2)$的样本，且两样本相互独立，$\overline{X}$，$\overline{Y}$ 分别为两个样本的样本均值，S_1^2，S_2^2 分别为两个样本的样本方差，求 $\mu_1-\mu_2$ 及 σ_1^2/σ_2^2 的置信区间.

1. σ_1^2，σ_2^2 均已知时，$\mu_1-\mu_2$ 的置信水平为 $1-\alpha$ 的置信区间

选择枢轴量为

$$Z=\frac{(\overline{X}-\overline{Y})-(\mu_1-\mu_2)}{\sqrt{\frac{\sigma_1^2}{n}+\frac{\sigma_2^2}{m}}}\sim N(0, 1),$$

$\mu_1-\mu_2$ 的置信水平为 $1-\alpha$ 的置信区间为

$$\left(\overline{X}-\overline{Y}-Z_{\frac{\alpha}{2}}\sqrt{\frac{\sigma_1^2}{n}+\frac{\sigma_2^2}{m}}, \overline{X}-\overline{Y}+Z_{\frac{\alpha}{2}}\sqrt{\frac{\sigma_1^2}{n}+\frac{\sigma_2^2}{m}}\right) \tag{5}$$

2. σ_1^2，σ_2^2 未知时，但是样本容量 m 和 n 都很大时，$\mu_1-\mu_2$ 的置信水平为 $1-\alpha$的置信区间

$$\left(\overline{X}-\overline{Y}-Z_{\frac{\alpha}{2}}\sqrt{\frac{S_1^2}{n}+\frac{S_2^2}{m}}, \overline{X}-\overline{Y}+Z_{\frac{\alpha}{2}}\sqrt{\frac{S_1^2}{n}+\frac{S_2^2}{m}}\right) \tag{6}$$

3. $\sigma_1^2=\sigma_2^2=\sigma^2$ 未知时，$\mu_1-\mu_2$ 的置信水平为 $1-\alpha$ 的置信区间

选择枢轴量为 $t=\dfrac{(\overline{X}-\overline{Y})-(\mu_1-\mu_2)}{S_w\sqrt{\frac{1}{n}+\frac{1}{m}}}\sim t(n+m-2)$，其中

$S_w=\sqrt{\dfrac{(n-1)S_1^2+(m-1)S_2^2}{m+n-2}}$. 则 $\mu_1-\mu_2$ 的置信水平为 $1-\alpha$ 的置信区间为

$$\left(\overline{X}-\overline{Y}-t_{\frac{\alpha}{2}}(n+m-2)S_w\sqrt{\frac{1}{n}+\frac{1}{m}}, \overline{X}-\overline{Y}+t_{\frac{\alpha}{2}}(n+m-2)S_w\sqrt{\frac{1}{n}+\frac{1}{m}}\right) \tag{7}$$

若区间里面包含 0，则可以认为 $\mu_1=\mu_2$.

4. μ_1，μ_2 未知时，方差比 σ_1^2/σ_2^2 的置信水平为 $1-\alpha$ 的置信区间

采用枢轴量为 $F=\dfrac{S_1^2/\sigma_1^2}{S_2^2/\sigma_2^2}\sim F(n-1,\ m-1)$，对给定的置信水平 $1-\alpha$，方差比 σ_1^2/σ_2^2 的置信区间为

$$\left(\frac{S_1^2/S_2^2}{F_{\frac{\alpha}{2}}(n-1,\ m-1)},\ \frac{S_1^2/S_2^2}{F_{1-\frac{\alpha}{2}}(n-1,\ m-1)}\right) \tag{8}$$

若区间里面包含 1，则可以认为 $\sigma_1^2=\sigma_2^2$.

【例 3】 为了考察两个专业同学学习概率论与数理统计的学习情况，每个专业随机的选择 8 名同学进行测试，这 16 名同学的成绩分别是：

专业一：86　87　56　93　84　93　75　79

专业二：80　79　58　91　77　82　74　66

假设成绩都服从正态分布，分别为 $N(\mu_1,\ \sigma^2)$，$N(\mu_2,\ \sigma^2)$，σ^2 未知，求 $\mu_1-\mu_2$ 的置信水平为 95%的置信区间．

解： 本题有两个正态总体，已知 $\sigma_1^2=\sigma_2^2$，但其值未知，求期望差 $\mu_1-\mu_2$ 的置信区间，使用(7)式．由给定的两组样本观测值，有

$n_1=8$，$\overline{X}=81.625$，$S_1^2=145.696$，$n_2=8$，$\overline{Y}=75.875$，$S_2^2=102.125$，

$S_w^2=\dfrac{7\times145.696+7\times102.125}{14}=123.910$，$\overline{X}-\overline{Y}=81.625-75.875=5.75$，

查 t 分布表，得 $t_{\frac{\alpha}{2}}(n_1+n_2-2)=t_{0.025}(14)=2.1448$，从而

$$\Delta=t_{\frac{\alpha}{2}}(n_1+n_2-2)S_w\sqrt{\frac{1}{n_1}+\frac{1}{n_2}}=2.1448\sqrt{123.91\times\left(\frac{1}{8}+\frac{1}{8}\right)}=11.94,$$

故 $\mu_1-\mu_2$ 的置信水平为 95%的置信区间为：

$(\overline{X}-\overline{Y}-\Delta,\ \overline{X}-\overline{Y}+\Delta)=(5.75-11.94,\ 5.75+11.94)=(-6.19,\ 17.69)$

【例 4】 研究两种感冒药的治愈率．设两者都服从正态分布，并且已知治愈率的标准差均近似地为 0.05cm/s，取样本容量为 $n_1=n_2=20$，得治愈率的样本均值分别为 $\overline{X}_1=18$，$\overline{X}_2=24$. 设两样本独立，求两燃烧率总体均值差 $\mu_1-\mu_2$ 的置信水平为 0.99 的置信区间．

解： 将数据代入(8)式，则 $\mu_1-\mu_2$ 的置信水平为 0.99 的置信区间为

$$\left(\overline{X}_1-\overline{X}_2\pm Z_{\frac{\alpha}{2}}\sqrt{\frac{\sigma_1^2}{n_1}+\frac{\sigma_2^2}{n_2}}\right)=\left(18-24+2.58\sqrt{\frac{0.05^2}{20}\times2}\right)=(-6.04,\ -5.96)$$

其中 $\alpha=0.01$，$Z_{\frac{\alpha}{2}}=Z_{0.025}=1.96$，$\sigma_1^2=\sigma_2^2=0.05$.

【例 5】 两位化验员 A，B 独立地对某品牌奶粉中的蛋白质含量用相同的方法各作 10 次测定，其测定值的样本方差依此为 $S_A^2=0.5419$，$S_B^2=0.6065$，设 σ_A^2，σ_B^2 分别为 A，B 所测定值总体的方差，设总体均为正态，求方差比 σ_A^2/σ_B^2 的置信水平为 0.95 的置信区间．

解：方差比 σ_A^2/σ_B^2 的置信水平为 $1-\alpha$ 的置信区间为

$$\left(\frac{S_A^2/S_B^2}{F_{\frac{\alpha}{2}}(n-1,\ m-1)},\ \frac{S_A^2/S_B^2}{F_{1-\frac{\alpha}{2}}(n-1,\ m-1)}\right),$$

其中 $n=m=10$，$\alpha=0.05$，查表得

$$F_{0.025}(9,\ 9)=4.03,\ F_{0.975}(9,\ 9)=\frac{1}{F_{0.025}(9,\ 9)}=\frac{1}{4.03},$$

由此得

$$\frac{S_A^2/S_B^2}{F_{\frac{\alpha}{2}}(n-1,\ n-1)}=\frac{0.5419/0.6065}{4.03}=0.222,$$

$$\frac{S_A^2/S_B^2}{F_{1-\frac{\alpha}{2}}(n-1,\ n-1)}=\frac{0.5419/0.6065}{1/4.03}=3.601$$

所以方差比 σ_A^2/σ_B^2 的置信水平为 0.95 的置信区间为(0.222，3.601)。

四、分类精度的置信区间

机器学习很多时候需要估计某个算法在未知数据上的性能．而置信区间是一种对估计的不确定性进行量化的方法，可以在总体参数(如均值 mean)上添加一个界限或者可能性．置信区间的价值在于能够量化估计的不确定性．提供了一个下限和上限以及一个可能性．作为单独的半径测量，置信区间通常被称为误差范围，并可通过使用误差图来图形化地表示估计的不确定性．

例如，置信区间可以用来呈现分类模型的性能：给定样本，范围 x 到 y 覆盖真实模型精度的可能性为 95%．或者在 95%的置信水平下，模型精度是 $x\pm y$.

置信区间也能在回归预测模型中用于呈现误差，例如：范围 x 到 y 覆盖模型真实误差的可能性有 95%．或者在 95%的置信水平下，模型误差是 $x\pm y$.

分类问题是指给定一些输入数据，预测它们的标签或者类别结果变量．通常用分类准确率(accuracy)或分类误差(Error，与准确率相反)来描述分类预测模型的性能．例如，如果一个模型在 75%的情况中对类别结果做出了正确预测，则模型的分类准确率为 75%．该准确率可以用模型从未见过的数据集计算，例如验证集或测试集．

分类准确率或分类误差是一个比例，描述了模型所做的正确或错误预测的比例．每个预测都是一个二元决策，可能正确也可能错误．在技术上，这种方法被称为贝努利审判(Bernoulli trial)．贝努利审判中的比例服从二项分布．对于大样本量(例如超过 30)，可以用正态分布近似．

我们可以使用比例(即分类准确度或误差)的总体分布假设计算置信区间．

对于二项分布，当样本容量 n 比较大时，有 $\dfrac{\overline{X}-p}{\sqrt{p(1-p)/n}}\sim N(0,\ 1)$，置信

区间为 $\overline{X}\pm Z_{\frac{a}{2}}\sqrt{p(1-p)/n}$，置信区间半径为 $Z_{\frac{a}{2}}\sqrt{p(1-p)/n}$，其中 p 为分类准确率．这就是二项分布比例的置信区间．

【例 6】 考虑一个有 50 个样本的验证集上误差为 20％的模型(error＝0.2)，求置信水平为 95％的置信区间的半径．

解： 置信区间的半径为 $Z_{0.025}\sqrt{0.8\times 0.2/50}=0.111$，可以得到结论：该模型的分类误差为 20％±11％，模型的真实分类误差可能在 9％到 31％之间．

【例 7】 一个模型从 100 个实例的数据集中做出 88 个正确的预测，求置信水平为 95％的置信区间．

解： $\overline{X}\pm Z_{\frac{a}{2}}\sqrt{p(1-p)/n}=0.88\pm Z_{0.025}\sqrt{0.88\times 0.12/100}$，故置信区间为 $[0.88\pm 0.0637]=[0.816, 0.944]$.

习题 7.4

一、选择题

1. 设 θ 是总体 X 中的参数，称 $(\underline{\theta}, \overline{\theta})$ 为 θ 的置信水平 $1-a$ 的置信区间，即(　　)

A. $(\underline{\theta}, \overline{\theta})$ 以概率 $1-a$ 包含 θ

B. θ 以概率 $1-a$ 落入 $(\underline{\theta}, \overline{\theta})$

C. θ 以概率 a 落在 $(\underline{\theta}, \overline{\theta})$ 之外

D. 以 $(\underline{\theta}, \overline{\theta})$ 估计 θ 的范围，不正确的概率是 $1-a$

2. 设 θ 为总体 X 的未知参数，θ_1，θ_2 是统计量，(θ_1, θ_2) 为 θ 的置信水平为 $1-a(0<a<1)$ 的置信区间，则下式中不能恒成立的是(　　)

A. $P\{\theta_1<\theta<\theta_2\}=1-a$　　B. $P\{\theta>\theta_2\}+P\{\theta<\theta_1\}=a$

C. $P\{\theta<\theta_2\}\geqslant 1-a$　　D. $P\{\theta>\theta_2\}+P\{\theta<\theta_1\}=\frac{a}{2}$

3. 设 $X\sim N(\mu, \sigma^2)$ 且 σ^2 未知，若样本容量为 n，且分位数均指定为“上侧分位数”时，则 μ 的 95％的置信区间为(　　)

A. $\left(\overline{X}\pm\frac{\sigma}{\sqrt{n}}Z_{0.025}\right)$　　B. $\left(\overline{X}\pm\frac{S}{\sqrt{n}}t_{0.05}(n-1)\right)$

C. $\left(\overline{X}\pm\frac{S}{\sqrt{n}}Z_{0.025}(n)\right)$　　D. $\left(\overline{X}\pm\frac{S}{\sqrt{n}}t_{0.025}(n-1)\right)$

4. 设 $X\sim N(\mu,\sigma^2)$，μ，σ^2 均未知，当样本容量为 n 时，σ^2 的 95%的置信区间为(　　)

A. $\left(\dfrac{(n-1)S^2}{\chi^2_{0.975}(n-1)},\ \dfrac{(n-1)S^2}{\chi^2_{0.025}(n-1)}\right)$　　B. $\left(\dfrac{(n-1)S^2}{\chi^2_{0.025}(n-1)},\ \dfrac{(n-1)S^2}{\chi^2_{0.975}(n-1)}\right)$

C. $\left(\dfrac{(n-1)S^2}{\chi^2_{0.025}(n)},\ \dfrac{(n-1)S^2}{\chi^2_{0.975}(n)}\right)$　　D. $\left(\overline{X}\pm\dfrac{S}{\sqrt{n}}t_{0.025}(n-1)\right)$

5. X_1，X_2，…，X_n 和 Y_1，Y_2，…，Y_n 分别是总体 $N(\mu_1,\sigma_1^2)$ 与 $N(\mu_2,\sigma_2^2)$ 的样本，且相互独立，其中 σ_1^2，σ_2^2 已知，则 $\mu_1-\mu_2$ 的 $1-a$ 置信区间为(　　)

A. $\left(\overline{X}-\overline{Y}\pm t_{\frac{a}{2}}(n_1+n_2-2)\sqrt{\dfrac{S_1^2}{n_1}+\dfrac{S_2^2}{n_2}}\right)$

B. $\left(\overline{X}-\overline{Y}\pm Z_{\frac{a}{2}}\sqrt{\dfrac{\sigma_1^2}{n_1}+\dfrac{\sigma_2^2}{n_2}}\right)$

C. $\left(\overline{Y}-\overline{X})\pm t_{\frac{a}{2}}(n_1+n_2-2)\sqrt{\dfrac{S_1^2}{n_1}+\dfrac{S_2^2}{n_2}}\right)$

D. $\left(\overline{Y}-\overline{X}\pm Z_{\frac{a}{2}}\sqrt{\dfrac{\sigma_1^2}{n_1}+\dfrac{\sigma_2^2}{n_2}}\right)$

二、填空题

1. 设 X_1，X_2，…，X_{10}是来自正态总体 X 的简单随机样本，其样本方差为 11，则__________正态方差的置信水平为 0.95 的置信区间为__________.

2. 设某种保险丝融化时间 $X\sim N(\mu,\sigma^2)$(单位：s)，取 $n=16$ 的样本，得样本均值和样本方差分别为 $\overline{X}=15$，$S^2=0.36$，则 μ 的置信水平为 95%的单侧置信区间上限为__________.

3. 设总体 $X\sim N(\mu,\sigma^2)$，若 σ^2 已知，总体均值 μ 的置信水平为 $1-\alpha$ 的置信区间为 $\left(\overline{X}-\lambda\dfrac{\sigma}{\sqrt{n}},\ \overline{X}+\lambda\dfrac{\sigma}{\sqrt{n}}\right)$，则 $\lambda=$__________.

三、计算题

1. 从一批产品中抽取 9 件，测得其重量为(单位：kg)：

6.0　5.7　5.8　6.5　7.0　6.3　5.6　6.1　5.0

设该产品的重量 X 服从方差为 1 的正态分布．求其期望 μ 的置信水平为 0.95 的置信区间．

2. 已知某地职工的工资的标准差为 400，从中抽取 16 名职工了解其工资情况，得平均工资为 4002 元，求该地区职工平均工资 μ 的置信水平为 0.95 的置信区间(假设职工工资服从正态分布).

3. 某一批产品的长度 $N(\mu,0.05)$，从该产品里随机抽出 9 个，测量其长度如下(单位：cm)：

14.6，15.1，14.9，14.8，15.2，15.1，14.8，15.0，14.7

若该产品长度的方差不变，求平均长度 μ 的置信水平为 0.95 的置信区间．

4. 已知某种小麦的株高服从正态分布 $N(\mu, \sigma^2)$，该小麦中随机抽取 9 株，计算其株高(单位是 cm)分别为 60，57，58，65，70，63，56，61，50，求小麦的平均株高的置信水平为 0.95 的置信区间．

5. 从一批晶体管中随机取 9 个，测得数据经计算知 $\overline{X}=16.1$，$S=2.1$. 设晶体管的寿命服从正态分布，求这批晶体管方差的置信水平为 0.95 的置信区间．

6. 已知某厂一车间生产铜丝的折断力服从正态分布，生产一直比较稳定．今从产品中随机抽出 10 根检查折断力，测得数据如下(单位：kg)：

280，278，276，284，276，285，276，278，290，282

求该车间的铜丝的折断力的方差的置信水平为 0.95 的置信区间．

7. 卷烟一厂向化验室送去 A，B 两种烟草，化验尼古丁的含量是否相同，从 A，B 中各随机抽取重量相同的五支进行检验，测得尼古丁的含量(单位：毫克)为：A：24、27、26、21、24　B：27、28、23、31、26

据经验知，尼古丁含量服从正态分布，且 A 种的方差 5，B 种的方差为 8. 求两种烟草的尼古丁含量差的置信水平为 0.95 的置信区间．

8. 在针织品的漂白工艺过程中，要考察温度对针织品断裂强力(主要质量指标)的影响．为了比较 70°与 80°的影响有无差别，在这两个温度下，分别重复做了八次试验，得到数据如下(单位：kg)：

70°时的强力：20.5，18.5，19.8，20.9，21.5，19.5，21.6，21.2

80°时的强力：19.7，20.3，20.0，18.8，19.0，20.1，20.2，19.1

求两种温度下的强力差的置信区间，假设强力分别服从 $N(\mu_1, \sigma^2)$ 和 $N(\mu_2, \sigma^2)$，置信水平为 0.95.

9. 有两台车床生产同一种型号的滚珠，根据已往经验可以认为，这两台车床生产的滚珠的直径均服从正态分布．现从这两台车床的产品中分别抽出 8 个和 9 个，测得滚珠的直径如下(单位：mm)：

甲车床　15.0，14.5，15.2，15.5，14.8，15.1，15.2，14.8

乙车床　15.2，15.0，14.8，15.2，15.0，14.8，15.1，14.8

求两台车床生产的滚珠方差比的置信区间，置信水平为 0.95.

10. 从某系甲班中抽取 8 个学生，从乙班中抽取 7 个学生，根据它们的英语考试成绩，可算得 $\overline{X}=70$，$S_1^2=112$；$\overline{Y}=68$，$S_2^2=36$，设两班的英语成绩服从正态分布，且方差相等，求甲，乙两班英语平均成绩差 $\mu_1-\mu_2$ 的置信区间(取置信水平为 0.95).

总习题七

习题 A

一、选择题

1. 设$(X_1, X_2, \cdots, X_n)$是来自总体 X 的样本，则$\frac{1}{n}\sum_{i=1}^{n}X_i^k$ 是 $E(X^k)$ 的(　　).

A. 一致估计和无偏估计

B. 一致估计但未必是无偏估计

C. 无偏估计但未必是一致估计

D. 未必是无偏估计，也未必是一致估计

2. 设$(X_1, X_2, \cdots, X_n)$是来自总体 X 的样本，则$\frac{1}{n}\sum_{i=1}^{n}(X_i-\overline{X})^k$ 是 $E(X-EX)^k$ 的(　　).

A. 一致估计和无偏估计

B. 一致估计但未必是无偏估计

C. 无偏估计但未必是一致估计

D. 未必是无偏估计，也未必是一致估计

3. 设$(X_1, X_2, \cdots, X_n)$是正态总体 $X\sim N(\mu, \sigma^2)$的样本，置信水平为 95%，则μ的置信区间为(　　).

A. $(\overline{X}, \overline{X}+0.396)$　　　　B. $(\overline{X}-0.196, \overline{X}+0.196)$

C. $(\overline{X}-0.392, \overline{X}+0.392)$　　　　D. $(\overline{X}-0.784, \overline{X}+0.784)$

4. 设$(X_1, X_2, \cdots, X_n)$是来自正态总体 $N(\mu, \sigma^2)$的样本，记 $Y_n=\sum_{i=1}^{n}a_iX_i$，$\left(a_i\geqslant 0, i=1, 2, \cdots, n, \sum_{i=1}^{n}a_i=1\right)$，$\overline{X}$ 为样本均值，则以下结论错误的是(　　).

A. Y_n 是μ 的无偏估计量

B. Y_n 是μ 的一致估计量

C. $\overline{X}$ 是 Y_n 中最有效的估计量

D. 不存在比 $\overline{X}$ 更有效的μ 的无偏估计量

5. 矩估计必然是(　　)

A. 无偏估计　　　　B. 总体矩的函数

C. 样本矩的函数　　　　D. 极大似然估计

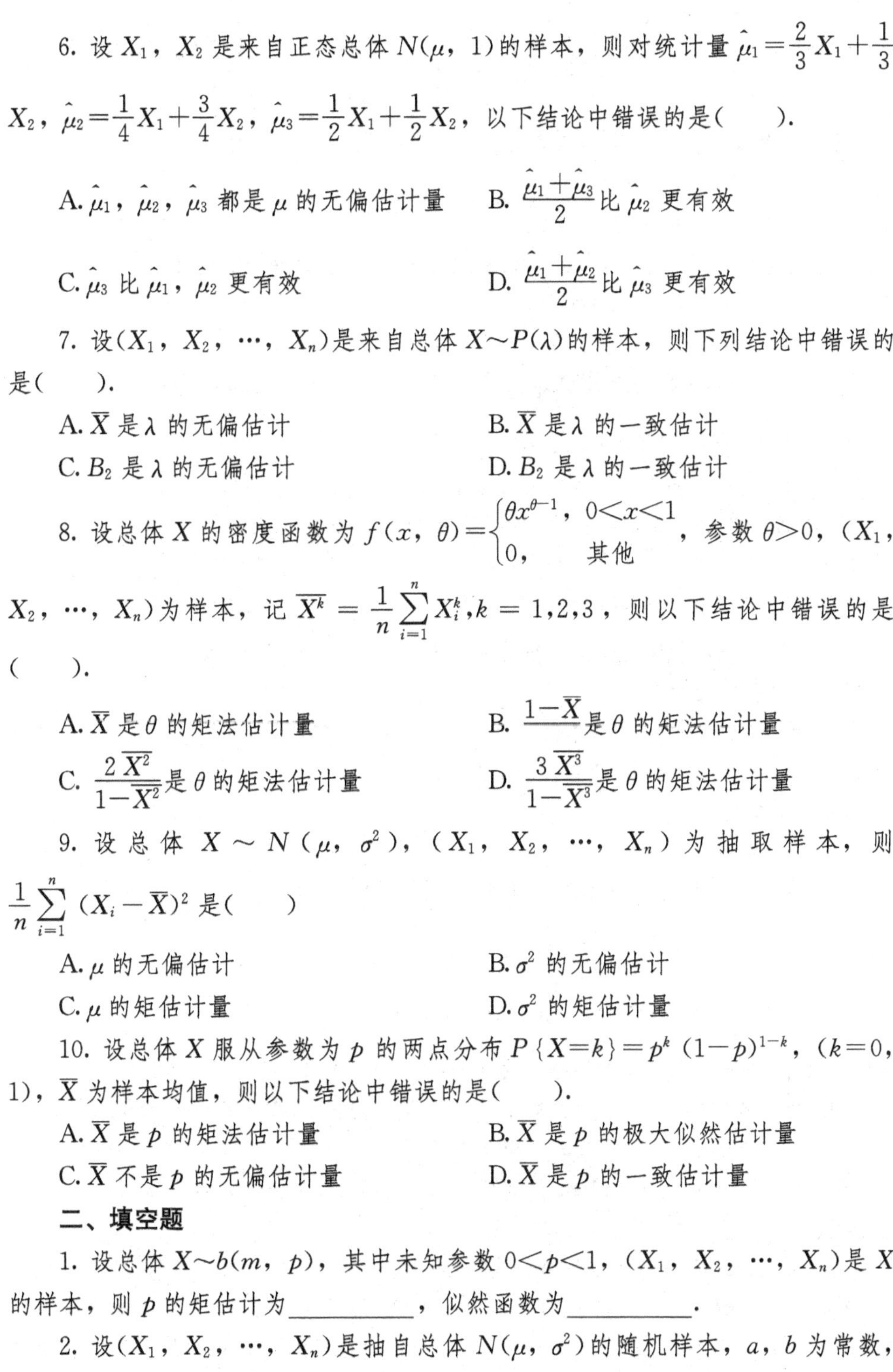

6. 设 X_1，X_2 是来自正态总体 $N(\mu, 1)$ 的样本，则对统计量 $\hat{\mu}_1=\frac{2}{3}X_1+\frac{1}{3}X_2$，$\hat{\mu}_2=\frac{1}{4}X_1+\frac{3}{4}X_2$，$\hat{\mu}_3=\frac{1}{2}X_1+\frac{1}{2}X_2$，以下结论中错误的是(　　).

A. $\hat{\mu}_1$，$\hat{\mu}_2$，$\hat{\mu}_3$ 都是 μ 的无偏估计量　　B. $\frac{\hat{\mu}_1+\hat{\mu}_3}{2}$ 比 $\hat{\mu}_2$ 更有效

C. $\hat{\mu}_3$ 比 $\hat{\mu}_1$，$\hat{\mu}_2$ 更有效　　D. $\frac{\hat{\mu}_1+\hat{\mu}_2}{2}$ 比 $\hat{\mu}_3$ 更有效

7. 设 $(X_1, X_2, \cdots, X_n)$ 是来自总体 $X\sim P(\lambda)$ 的样本，则下列结论中错误的是(　　).

A. $\overline{X}$ 是 λ 的无偏估计　　B. $\overline{X}$ 是 λ 的一致估计

C. B_2 是 λ 的无偏估计　　D. B_2 是 λ 的一致估计

8. 设总体 X 的密度函数为 $f(x, \theta)=\begin{cases}\theta x^{\theta-1}, & 0<x<1\\ 0, & \text{其他}\end{cases}$，参数 $\theta>0$，$(X_1, X_2, \cdots, X_n)$ 为样本，记 $\overline{X^k}=\frac{1}{n}\sum_{i=1}^{n}X_i^k, k=1,2,3$，则以下结论中错误的是(　　).

A. $\overline{X}$ 是 θ 的矩法估计量　　B. $\frac{1-\overline{X}}{\overline{X}}$ 是 θ 的矩法估计量

C. $\frac{2\overline{X^2}}{1-\overline{X^2}}$ 是 θ 的矩法估计量　　D. $\frac{3\overline{X^3}}{1-\overline{X^3}}$ 是 θ 的矩法估计量

9. 设总体 $X\sim N(\mu, \sigma^2)$，$(X_1, X_2, \cdots, X_n)$ 为抽取样本，则 $\frac{1}{n}\sum_{i=1}^{n}(X_i-\overline{X})^2$ 是(　　)

A. μ 的无偏估计　　B. σ^2 的无偏估计

C. μ 的矩估计量　　D. σ^2 的矩估计量

10. 设总体 X 服从参数为 p 的两点分布 $P\{X=k\}=p^k(1-p)^{1-k}$，$(k=0, 1)$，$\overline{X}$ 为样本均值，则以下结论中错误的是(　　).

A. $\overline{X}$ 是 p 的矩法估计量　　B. $\overline{X}$ 是 p 的极大似然估计量

C. $\overline{X}$ 不是 p 的无偏估计量　　D. $\overline{X}$ 是 p 的一致估计量

二、填空题

1. 设总体 $X\sim b(m, p)$，其中未知参数 $0<p<1$，$(X_1, X_2, \cdots, X_n)$ 是 X 的样本，则 p 的矩估计为________，似然函数为________.

2. 设 $(X_1, X_2, \cdots, X_n)$ 是抽自总体 $N(\mu, \sigma^2)$ 的随机样本，a，b 为常数，

且 $0<a<b$，则随机区间 $\left(\sum_{i=1}^{n}\frac{(X_i-\mu)^2}{b},\sum_{i=1}^{n}\frac{(X_i-\mu)^2}{a}\right)$ 的长度的数学期望为__________.

3. 设$(Y_1, Y_2, \cdots, Y_n)$是来自总体Y的样本，Y的密度函数为

$f(x, \theta)=\begin{cases}\theta x^{\theta-1}, & 0<x<1 \\ 0, & x\notin(0, 1)\end{cases}$，则参数$\theta$的矩法估计为$\hat{\theta}=$__________.

4. 设总体X服从区间$[a, 8]$上的均匀分布，则a的矩估计量为__________.

5. 设样本$x_1=0.5$，$x_2=0.5$，$x_3=0.2$来自总体$X\sim f(x, \theta)=\theta x^{\theta-1}$，用极大似然法估计参数$\theta$时，似然函数为$L(\theta)=$__________.

6. 总体X服从正态分布$N(\mu, \sigma^2)$，$(X_1, X_2, \cdots, X_n)(n>1)$为$X$的样本，已知$\hat{\sigma}^2=C\sum_{i=1}^{n-1}(X_{i+1}-X_i)^2$是$\sigma^2$的一个无偏估计，则$C=$__________.

7. (96年研)已知$(X_1, X_2, \cdots, X_n)$是来自正态总体$X\sim N(\mu, 0.9^2)$容量为9的简单随机样本，样本均值$\overline{X}=5$，则未知参数μ的置信水平为0.95的置信区间是__________.

8. 对任意分布的总体，样本均值$\overline{X}$是__________的无偏估计量.

9. 如果$\hat{\theta}_1$与$\hat{\theta}_2$都是总体未知参数θ的估计量，称$\hat{\theta}_1$比$\hat{\theta}_2$有效，则$\hat{\theta}_1$与$\hat{\theta}_2$的期望与方差一定满足__________.

10. 设总体X的一个样本如下：1.70，1.75，1.70，1.65，1.75，则该样本的数学期望$E(X)$和方差$D(X)$的矩估计值分别__________.

三、计算题

1. 设总体X服的密度函数为$f(x)=\begin{cases}\dfrac{1}{\beta^{\alpha+1}\Gamma(\alpha+1)}x^{\alpha}e^{-\frac{x}{\beta}}, & x<0 \\ 0, & x\geqslant 0\end{cases}$，求$\alpha$，$\beta$的估计量.

2. 设总体X的密度函数为$f(x, \theta)=\frac{1}{2\theta}e^{-\frac{|x|}{\theta}}(-\infty<x<+\infty, \theta>0)$，$(X_1, X_2, \cdots, X_n)$为$X$的样本，求参数$\theta$的矩估计量.

3. 设总体$X\sim N(a, \sigma^2)$，若a已知，求方差σ^2的极大似然估计量.

4. 总体X服从几何分布，分布律为$P\{X=x\}=(1-p)^{x-1}p$，$x=1, 2, \cdots$，其中p为未知参数，且$0<p<1$，$(X_1, X_2, \cdots, X_n)$为X的一个样本，求p的极大似然估计量.

5. 从A，B两个地区分别随机抽取成年女子100名，测得A地区女子的平均身高及标准差分别为$\overline{X}=1.71$，$S_1=0.035$，测得B地区女子平均身高及标准差$\overline{Y}=1.65$，$S_2=0.038$，试求两个地区女子身高的总体均值差在置信水平为

0.95 的置信区间.

6. 在总体 $X\sim N(\mu_1, \sigma_1^2)$，$Y\sim N(\mu_2, \sigma_2^2)$ 中分别抽取容量 $n_1=13$，$n_2=16$ 的两个独立样本，测得样本方差分别为 $S_1^2=4.38$，$S_2^2=2.15$，求两个总体的方差比的 90% 的置信区间.

习题 B

一、填空题

1.（14 年研）设总体 X 的密度函数为 $f(x;\theta)=\begin{cases}\dfrac{2x}{3\theta^2}, & \theta<x<2\theta\\ 0, & \text{其他}\end{cases}$，其中 θ 是未知参数，$(X_1, X_2, \cdots, X_n)$ 为来自总体 X 的样本，若 $c\sum\limits_{i=1}^{n}x_i^2$ 是 θ^2 的无偏估计，则 $c=$__________.

2.（03 年研）已知一批零件的长度 X（单位：cm）服从正态分布 $N(\mu, 1)$，从中随机地抽取 16 个零件，得到长度的平均值为 40cm，则 μ 的置信水平为 0.95 的置信区间是__________.

3.（16 年研）设 $(X_1, X_2, \cdots, X_n)$ 为来自总体 $X\sim N(\mu, \sigma^2)$ 的简单随机样本，样本均值 $\overline{X}=9.5$，参数 μ 的置信水平为 0.95 的双侧置信区间的置信上限为 10.8，则 μ 的置信水平为 0.95 的双侧置信区间为__________.

二、计算题

1.（13 年研）设总体 X 的密度函数为 $f(x;\theta)=\begin{cases}\dfrac{\theta^2}{x^3}e^{-\frac{\theta}{x}}, & x>0\\ 0, & \text{其他}\end{cases}$，其中 θ 为未知参数且大于零，$(X_1, X_2, \cdots, X_n)$ 为来自总体 X 的样本.（1）求 θ 的矩估计量；（2）求 θ 的极大似然估计量.

2.（07 年研）设总体 X 的密度函数为 $f(x,\theta)=\begin{cases}\dfrac{1}{2\theta}, & 0<x<\theta\\ \dfrac{1}{2(1-\theta)}, & \theta<x<1\\ 0, & \text{其他}\end{cases}$.$(X_1, X_2, \cdots, X_n)$ 是来自总体 X 的简单随机样本，$\overline{X}$ 是样本均值.（1）求参数 θ 的矩估计量 $\hat{\theta}$；（2）判断 $4\overline{X}^2$ 是否为 θ^2 的无偏估计量，并说明理由.

3.（06 年研）设总体 X 的密度函数为 $f(x,\theta)=\begin{cases}\theta, & 0<x<1\\ 1-\theta, & 1\leqslant x\leqslant 2\\ 0, & \text{其他}\end{cases}$，其中参数 θ

是未知参数($0<\theta<1$).(X_1, X_2, …, X_n)为来自总体的简单随机样本，记 N 为样本值 x_1, x_2, …, x_n 中小于1的个数.(1)求 θ 的矩估计；(2)求 θ 的极大似然估量.

4.(04年研)设随机变量 X 的分布函数为

$$F(x;\alpha,\beta)=\begin{cases}1-\left(\dfrac{\alpha}{x}\right)^{\beta}, & x>\alpha\\ 0, & x\leqslant\alpha\end{cases}$$

其中参数 $\alpha>0$，$\beta>1$. 设(X_1, X_2, …, X_n)为来自总体 X 的简单随机样本.

(1)当 $\alpha=1$ 时，求未知参数 β 的矩估计量；

(2)当 $\alpha=1$ 时，求未知参数 β 的极大似然估计量；

(3)当 $\beta=2$ 时，求未知参数 α 的极大似然估计量.

5.(03年研)设总体 X 的密度函数为 $f(x)=\begin{cases}2e^{-2(x-\theta)}, & x>\theta\\ 0, & x\leqslant\theta\end{cases}$，其中 $\theta>0$ 是未知参数. 从总体 X 中抽取简单随机样本(X_1, X_2, …, X_n)，记 $\hat{\theta}=\min(X_1, X_2, \cdots, X_n)$.

(1)求总体 X 的分布函数 $F(x)$；(2)求统计量 $\hat{\theta}$ 的分布函数 $F_{\hat{\theta}}(x)$；

(3)如果用 $\hat{\theta}$ 作为 θ 的估计量，讨论它是否具有无偏性.

6.(05年研)设 X_1, X_2, …, X_n($n>2$)为来自总体 $N(0, \sigma^2)$ 的简单随机样本，其样本均值为 $\overline{X}$，记 $Y_i=X_i-\overline{X}$，$i=1, 2, \cdots, n$，求(1)求 Y_i 的方差 $D(Y_i)$, $i=1, 2, \cdots, n$；(2)求 Y_1 与 Y_n 的协方差 $Cov(Y_1, Y_n)$；(3)若 $c(Y_1+Y_n)^2$ 是 σ^2 的无偏估计量，求常数 c.

7.(15年研)设总体 X 的密度函数为 $f(x, \theta)=\begin{cases}\dfrac{1}{1-\theta}, & \theta\leqslant x\leqslant 1\\ 0, & \text{其他}\end{cases}$，其中 θ 为未知参数，(X_1, X_2, …, X_n)为来自该总体的简单随机样本.(1)求 θ 的矩估计量；(2)求 θ 的极大似然估计量.

8.(16年研)设总体 X 的密度函数为 $f(x, \theta)=\begin{cases}\dfrac{3x^2}{\theta^3}, & 0<x<\theta\\ 0, & \text{其他}\end{cases}$，其中 $\theta\in(0, +\infty)$为未知参数，X_1, X_2, X_3 为总体 X 的简单随机抽样，令 $T=\max(X_1, X_2, X_3)$，(1)求 T 的密度函数；(2)确定 a，使得 aT 为 θ 的无偏估计.

9.(17年研)某工程师为了解一台天平的精度，用该天平对一物体的质量做了 n 次测量，该物体的质量 μ 是已知的，设 n 次测量结果 X_1, X_2, …, X_n 相互

独立且均服从正态分布$N(\mu, \sigma^2)$．该工程师记录的是n次测量的绝对误差$Z_i=|X_i-\mu|$，$(i=1, 2, \cdots, n)$，利用Z_1，Z_2，…，Z_n估计参数σ．(1)求Z_i的密度函数；(2)利用一阶矩求σ的矩估计量；(3)求参数σ极大似然估计量．

10．(08年研)设X_1，X_2，…，X_n是总体为$N(\mu, \sigma^2)$的简单随机样本．记$\overline{X}=\frac{1}{n}\sum_{i=1}^{n}X_i, S^2=\frac{1}{n-1}\sum_{i=1}^{n}(X_i-\overline{X})^2, T=\overline{X}^2-\frac{1}{n}S^2$．(1)证明$T$是$\mu^2$的无偏估计量；(2)当$\mu=0$，$\sigma=1$时，求$DT$.

第七章 知识结构思维导图

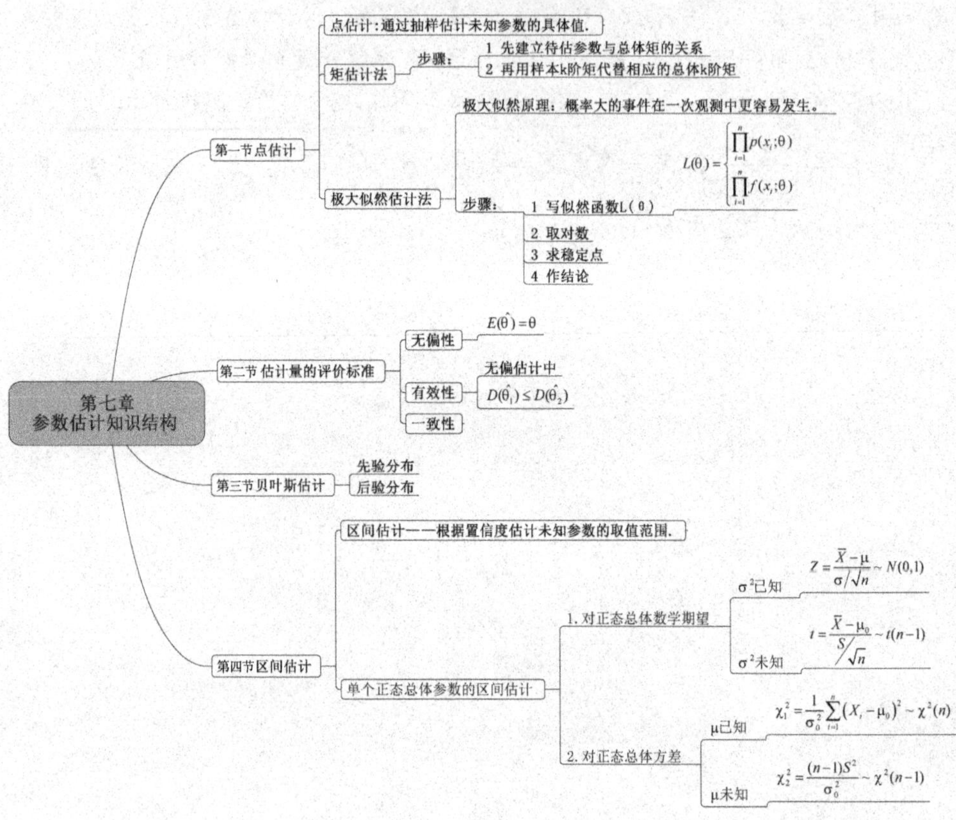

第八章　假设检验

在本章中，我们将讨论另一类重要的统计推断问题，这就是假设检验．假设检验是根据样本的信息检验关于总体的某个假设是否正确．

假设检验分为参数假设检验(总体分布已知，检验关于未知参数的某个假设)和非参数假设检验(总体分布未知时的假设检验问题)．当总体的分布函数的一些参数未知时，需要对总体分布函数的未知参数提出某种“假设”，然后通过已经获得的一个样本对提出的“假设”做出成立还是不成立的判断，这就是参数型假设检验．当总体的分布函数的类型未知时，需要对总体分布函数的类型提出某种“假设”，然后通过已经获得的一个样本对提出的“假设”做出成立还是不成立的判断，这就是非参数假设检验．

第一节　假设检验的基本思想

一、检验的依据：实际推断原理

实际推断原理：小概率事件在一次试验中几乎不可能会发生．实际推断原理是进行假设检验的依据．

二、假设检验的基本概念

为了介绍假设检验的基本思想，先来看一个例子：

【例 1】 某糖厂生产的白糖规定每袋的标准重量为 500 克，这些白糖由一条生产线自动包装，在正常的情况下，由经验知道生产的白糖重量(单位：克)服从正态分布 $X \sim N(500, 2^2)$．质量管理中规定每隔一定时间要抽测 5 袋白糖．若某次抽测的 5 袋白糖的重量为 502，506，498，501，503(克)，假定方差不变，问生产线是否运转正常(即这段时间生产的白糖的平均重量为 500 克)？

回答是与否的问题，这不是参数估计问题，而是假设检验的问题．由题意知，白糖重量 $X\sim N(\mu,\ 2^2)$，记 $\mu_0=500$，则要回答的问题是生产线运转是否正常，即这段时间生产的白糖的平均重量为 500 克，也就是 $\mu=\mu_0$ 是否成立．

1. 原假设与备择假设

在上面的例子中，我们可以把涉及到的情况用统计假设的形式表示出来．一个统计假设表示生产线运转正常．另一个统计假设表示生产线运转不正常．第一个假设称为原假设(或零假设)，记为 H_0：$\mu=500$；第二个假设称为备择假设，记为 H_1：$\mu\neq500$. 至于在两个假设中，采用哪一个作为原假设，哪一个作为备择假设，要看具体的研究目的和要求而定．但是出于假设检验保护原假设的原因，我们要慎重提出原假设．

在假设检验中，常将不应轻易加以否定的假设作为原假设，用 H_0 表示．当 H_0 被拒绝时而接受的假设称为备择假设，用 H_1 表示，它们常常成对出现．

选择原假设的原则：

(1)把有把握、不能轻易被否定的命题作为原假设；

(2)根据历史资料所提供的陈述作为原假设；

(3)仅判断一个陈述是否成立，将该陈述作为原假设；

(4)使后果更严重的作为备择假设；

(5)当我们的目的是希望取得对某一陈述强有力的支持，将其作为备择假设；

(6)如果仅判断总体是否服从某一理论分布，则服从该理论分布作为原假设；

(7)把样本观测值支持的结论作为备择假设．

假设检验问题的一般提法是：根据样本观测值$(X_1,\ X_2,\ \cdots,\ X_n)$对原假设 H_0 做出判断，若拒绝原假设 H_0，那就意味着接受备择假设，否则就接受原假设.

在例 1 中，我们把问题归结成对如下假设做检验：H_0：$\mu=500$，H_1：$\mu\neq500$. 那么，如何来解决对 H_0 的检验问题呢?

2. 选择检验统计量，给出拒绝域形式

由样本对原假设进行判断总是通过一个统计量完成的，该统计量称为检验统计量．使原假设被拒绝的样本观测值所在区域称为拒绝域，一般用 W 表示．

样本均值 $\overline{X}$ 是 μ 的无偏估计，如果原假设 H_0 成立，即 $\mu=500$，那么 $\overline{X}$ 通常应很接近 500，即 $|\overline{X}-500|$ 通常应很小；否则，就认为原假设 H_0 不成立．

$$W=\{(X_1,\ \cdots,\ X_n):\ |\overline{X}-500|\geqslant c\}$$

3. 两类错误

检验方法所做出的决策是不是一定都正确呢？因为我们做出判断的依据仅仅是一个样本，作判断的方法是由部分来推断全体，因此，客观上有时就会发生判断错误．事实上可能会发生两种类型的错误．

当原假设正确时，样本观测值落入了拒绝域，从而拒绝原假设．这类错误称为第一类错误，犯第一类错误的概率记为 α，称为弃真概率．

当原假设不正确时，样本观测值落入了接受域，从而接受原假设．这类错误称为第二类错误，犯第二类错误的概率记为 β，称为取伪概率．

在厂家出售产品给消费者时，通常要经过产品质量检验，生产厂家总是假定产品是合格的，但检验时厂家总要承担把合格产品误检为不合格产品的风险，生产者承担这些风险的概率就是 α，所以 α 也称为生产者风险．而在消费者一方却担心买到的是不合格产品，这是消费者承担的某些风险，其概率就是 β，因此第二类错误 β 也称为消费者风险．

自然，人们希望犯这两类错误的概率愈小愈好．但对于一定的样本容量 n，不可能同时做到犯这两类错误的概率都很小．通常的假设检验将第一类错误，限制在 α 以内，即显著性水平，而不考虑第二类错误 β，并称这样的检验为显著性检验．

假设检验中各种可能结果的概率

	接受 H_0	拒绝 H_0，接受 H_1
原假设为真	$1-\alpha$（正确决策）	α（弃真）
原假设为假	β（取伪）	$1-\beta$（正确决策）

为了更好的研究两类错误的关系，我们引入势函数的概念．

4. 势函数

我们用势函数表示犯第一类错误的概率和犯第二类错误的概率，定义如下：

定义 1　设检验问题 H_0：$\theta\in\Theta_0$　vs　H_1：$\theta\in\Theta_1$ 的拒绝域为 W，则样本观测值落在拒绝域内的概率称为该检验的势函数，记为

$$g(\theta)=P_\theta(x\in W),\quad \theta\in\Theta=\Theta_0\cup\Theta_1$$

势函数是定义在参数空间上的一个函数．犯两类错误的概率都可以用势函数表示，即：

$$g(\theta)=\begin{cases}\alpha(\theta), & \theta\in\Theta_0\\ 1-\beta(\theta), & \theta\in\Theta_1\end{cases}$$

$\alpha(\theta)$ 越小，$\beta(\theta)$ 越大．不可能使两类错误同时减少．

英国统计学家 *Neyman* 和 *Pearson* 提出水平为 α 的显著性检验的概念．

定义 2　对检验问题 H_0：$\theta\in\Theta_0$　vs　H_1：$\theta\in\Theta_1$，如果一个检验满足对任意的 $\theta\in\Theta_0$，都有 $g(\theta)\leqslant\alpha$，称该检验是显著性水平为 α 的显著性检验，简称水平为 α 的检验．

下面考虑例 1. 由总体 X 服从正态分布 $X\sim N(500,\ 2^2)$，

$$P\{|\overline{X}-500|\geqslant c\}=P\left\{\left|\frac{\overline{X}-500}{\sigma/\sqrt{n}}\right|\geqslant\frac{c}{\sigma/\sqrt{n}}\right\}=1-P\left\{\left|\frac{\overline{X}-500}{\sigma/\sqrt{n}}\right|\leqslant\frac{c}{\sigma/\sqrt{n}}\right\}=\alpha,$$

令 $Z=\dfrac{\overline{X}-500}{\sigma/\sqrt{n}}$，$1-P\left\{|Z|\leqslant\dfrac{c}{\sigma/\sqrt{n}}\right\}=\alpha$，$P\left\{|Z|\leqslant\dfrac{c}{\sigma/\sqrt{n}}\right\}=1-\alpha$，$\dfrac{c}{\sigma/\sqrt{n}}=Z_{\alpha/2}$，故 $c=Z_{\alpha/2}\dfrac{\sigma}{\sqrt{n}}$，取 $\alpha=0.05$，将数据代入得：$c=Z_{\alpha/2}\times\dfrac{2}{\sqrt{5}}=1.96\times\dfrac{2}{\sqrt{5}}=1.753$，$\overline{X}=502$，$\overline{X}-500=2>c=1.753$，落入拒绝域，拒绝原假设，认为生产不正常．

为了方便记忆，将拒绝域改成：$W=\{|Z|\geqslant Z_{\alpha/2}\}$，则 $Z=\dfrac{\overline{X}-500}{2/\sqrt{5}}=2.236$，$Z_{\alpha/2}=1.96$，落入拒绝域，拒绝原假设，认为生产不正常．

三、检验的 p 值(尾概率)

定义 3 在一个假设检验问题中，利用观测值能够做出拒绝原假设的最小显著性水平称为检验的 p 值．

续例 1：记 $Z_0=\dfrac{\overline{X}-500}{\sigma/\sqrt{n}}=2.236$，则

$$p=P\{|Z|>Z_0\}=2(1-\Phi(Z_0))=2(1-\Phi(2.236))=0.025$$

因为 $\alpha=0.05>p=0.025$，所以拒绝原假设．

引进检验的 p 值的概念有明显的好处：

首先，它比较客观，避免了事先确定显著水平；

其次，由检验的 p 值与人们心目中的显著性水平 α 进行比较可以很容易

做出检验的结论：如果 $\alpha\geqslant p$，则在显著性水平 α 下拒绝 H_0；如果 $\alpha<p$，则在显著性水平 α 下接受 H_0. p 值在应用中非常方便，如今的统计软件中对检验问题一般都会给出检验的 p 值．

四、假设检验的基本步骤

上面叙述的检验过程具有一般意义，可应用于各种假设检验问题，从中可以概括出一般情况下的检验方法．将假设检验的基本步骤概括如下：

1. 提出统计假设：原假设 H_0 和备选假设 H_1

原假设与备择假设在假设检验问题中是两个对立的假设：H_0 成立则 H_1 不成立，反之亦然．例如，对总体均值 μ 可以提出三个假设检验：

(1) H_0：$\mu=\mu_0$，对 H_1：$\mu\neq\mu_0$（双侧检验）

(2)H_0：$\mu \geq \mu_0$，对 H_1：$\mu < \mu_0$(左侧检验)

(3)H_0：$\mu \leq \mu_0$，对 H_1：$\mu > \mu_0$(右侧检验)

2. 选取检验统计量

检验统计量必须与统计假设有关，而且在原假设成立时，统计量的分布或渐近分布是已知的．在例 1 中统计量 $Z=\dfrac{\overline{X}-\mu}{\sigma/\sqrt{n}}$ 当原假设 H_0：$\mu=500$ 成立时，它的分布是已知的，服从 $N(0, 1)$．

3. 规定显著水平 α

选取一个很小的正数 $\alpha(0<\alpha<1)$，如 0.01，0.05．检验时，就是要解决“当原假设 H_0 成立时，做出不接受原假设 H_0 的这一决定的概率不大于这个显著水平 α”的问题．

4. 确定拒绝域

在显著水平 α 下，根据统计量的分布将样本空间划分成两个不相交的区域：其中一个是接受原假设的样本值全体组成的，称为接受域；反之为拒绝域．

5. 计算统计量的值

根据样本观测值 X_1，X_2，…，X_n，计算检验统计量的观测值．

6. 做出判断

若检验统计的观测值落在接受域，则接受 H_0；反之，若检验统计量的观测值落在拒绝域，则拒绝原假设 H_0 而接受备选假设 H_1．

第二节　正态总体下的参数假设检验

一、单个正态总体参数的假设检验

设总体 $X \sim N(\mu, \sigma^2)$，X_1，X_2，…，X_n 是 X 的容量为 n 的一个样本，其样本均值和样本方差分别为 $\overline{X}$，S^2，总体参数的假设检验包括总体均值的假设检验和总体方差的假设检验．

1. 对总体均值的检验

(1)总体的方差 σ^2 已知，对总体均值的检验(Z 检验)

检验统计量为 $Z=\dfrac{\overline{X}-\mu}{\sigma/\sqrt{n}}$，当原假设成立时，$Z=\dfrac{\overline{X}-\mu_0}{\sigma/\sqrt{n}} \sim N(0, 1)$

1) H_0：$\mu=\mu_0$ 对 H_1：$\mu\neq\mu_0$(双侧检验)

由例 1 可知，拒绝域为

$$W=\{|Z|\geqslant Z_{\alpha/2}\} \tag{1}$$

若使用 p 值法，记 $Z_0=\dfrac{\overline{X}-\mu_0}{\sigma/\sqrt{n}}$，则 $p=P\{|Z|>Z_0\}=2(1-\Phi(Z_0))$.

2) H_0：$\mu\geqslant\mu_0$ 对 H_1：$\mu<\mu_0$(左侧检验)

随着样本均值增加，总体均值 μ 也增加，因此，拒绝域可以设为

$$W=\{(X_1,\ \cdots,\ X_n):\ \overline{X}\leqslant c\}$$

该检验的势函数 $g(\mu)=P_\mu\{\overline{X}\leqslant c\}=P_\mu\left\{\dfrac{\overline{X}-\mu}{\sigma/\sqrt{n}}\leqslant\dfrac{c-\mu}{\sigma/\sqrt{n}}\right\}=\Phi\left(\dfrac{c-\mu}{\sigma/\sqrt{n}}\right)$，是 μ 的减函数. 只要 $g(\mu_0)=\Phi\left(\dfrac{c-\mu_0}{\sigma/\sqrt{n}}\right)=\alpha$ 成立即可，故 $c=Z_{1-\alpha}\dfrac{\sigma}{\sqrt{n}}+\mu_0$. 所以拒绝域为 $W=\{\overline{X}\leqslant Z_{1-\alpha}\dfrac{\sigma}{\sqrt{n}}+\mu_0\}$，或者为 $W=\{Z\leqslant Z_{1-\alpha}\}$. 因此左侧检验的拒绝域为

$$W=\{Z\leqslant Z_{1-\alpha}=-Z_\alpha\} \tag{2}$$

若使用 p 值法，记 $Z_0=\dfrac{\overline{X}-\mu_0}{\sigma/\sqrt{n}}$，则 $p=P\{Z<Z_0\}=\Phi(Z_0)$.

3) H_0：$\mu\leqslant\mu_0$ 对 H_1：$\mu>\mu_0$(右侧检验)

随着样本均值增加，总体均值 μ 会变小，因此，拒绝域可以设为

$$W=\{(X_1,\ \cdots,\ X_n):\ \overline{X}\geqslant c\}$$

该检验的势函数 $g(\mu)=P_\mu\{\overline{X}\geqslant c\}=P_\mu\left\{\dfrac{\overline{X}-\mu}{\sigma/\sqrt{n}}\geqslant\dfrac{c-\mu}{\sigma/\sqrt{n}}\right\}=1-\Phi\left(\dfrac{c-\mu}{\sigma/\sqrt{n}}\right)$，是 μ 的增函数. 只要 $g(\mu_0)=1-\Phi\left(\dfrac{c-\mu_0}{\sigma/\sqrt{n}}\right)=\alpha$ 成立即可，故 $c=Z_\alpha\dfrac{\sigma}{\sqrt{n}}+\mu_0$. 所以拒绝域为 $W=\left\{\overline{X}\leqslant Z_\alpha\dfrac{\sigma}{\sqrt{n}}+\mu_0\right\}$，或者为 $W=\{Z\geqslant Z_\alpha\}$. 因此右侧检验的拒绝域为

$$W=\{Z\geqslant Z_\alpha\} \tag{3}$$

若使用 p 值法，记 $Z_0=\dfrac{\overline{X}-\mu_0}{\sigma/\sqrt{n}}$，则 $p=P\{Z>Z_0\}=1-\Phi(Z_0)$.

【例 1】 某厂生产的钢材的强度 X 服从 $X\sim N(\mu,\ \sigma^2)$，其中 $\sigma=20(\mathrm{kg/cm^2})$，现从这批钢索中抽取容量为 16 的样本，测得强度的均值 $\bar{x}$ 较以往正常生产的 μ 大 30($\mathrm{kg/cm^2}$)，已知方差不变，问能否认为这批钢索质量有显著提高？($\alpha=0.05$)

解： 假设 H_0：$\mu\leqslant\mu_0$，H_1：$\mu>\mu_0$，选择检验统计量 $Z=\dfrac{\overline{X}-\mu_0}{\sigma/\sqrt{n}}\sim N(0,\ 1)$，

拒绝域为 $W=\{Z\geqslant Z_\alpha\}$，$Z=\dfrac{\overline{X}-\mu_0}{\sigma/\sqrt{n}}=6>Z_{0.05}=2.33$，因此在显著性水平 $\alpha=0.05$ 下拒绝 H_0，即认为这批钢索质量有显著提高.

(2)当总体方差未知时，对总体均值的检验(t 检验)

检验统计量为 $t=\dfrac{\overline{X}-\mu}{S/\sqrt{n}}$，当原假设成立时，$t=\dfrac{\overline{X}-\mu_0}{S/\sqrt{n}}\sim t(n-1)$

1)H_0：$\mu=\mu_0$，对 H_1：$\mu\neq\mu_0$(双侧检验)，拒绝域为：$W=\{|t|\geqslant t_{\frac{\alpha}{2}}(n-1)\}$ (4)

2)H_0：$\mu\geqslant\mu_0$，对 H_1：$\mu<\mu_0$(左侧检验)，拒绝域为 $W=\{t\leqslant -t_\alpha(n-1)\}$ (5)

3)H_0：$\mu\leqslant\mu_0$，对 H_1：$\mu>\mu_0$(右侧检验)，拒绝域为 $W=\{t\geqslant t_\alpha(n-1)\}$ (6)

【例 2】 甲制药厂进行安眠药的生产，设失眠的成人服用该安眠药后提高的睡眠时间 X 服从正态分布，其中期望为 1.9，现有乙厂亦生产安眠药，其产品的样本数据是 $\overline{X}=3.5$，$S=0.6$，$n=16$. 试问乙厂生产的安眠药能提高的平均睡眠时间是否与甲厂的有显著不同？($\alpha=0.05$).

解：提出假设：H_0：$\mu=1.9$，H_1：$\mu\neq1.9$. 因为总体的方差未知，选择检验统计量 $t=\dfrac{\overline{X}-\mu}{S/\sqrt{n}}$，$t=10.6667$，$t_{0.025}(15)=2.131$，所以 $|t|>2.131$，拒绝 H_0. 认为乙厂所生产的安眠药能提高的平均睡眠时间与甲厂有显著不同.

【例 3】 (单个学习器的泛化误差检验)(t 检验)

利用同一个算法通过多次重复留出法或交叉验证法等进行多次训练/测试，得到 k 个测试错误率，则可以算出测试误差率的均值和方差. 考虑到这 k 个测试错误率可以看作泛化错误率的独立采样，可以使用 t 检验检验假定的泛化错误率 0.75 和得到的平均测试错误率是否相同.

1	2	3	4	5	6	7	8	9	10
0.7164	0.8883	0.8410	0.6825	0.7599	0.8479	0.7012	0.4959	0.9279	0.7455

解：提出假设：H_0：$\mu=0.75$ H_1：$\mu\neq0.75$. 因为总体的方差未知，选择检验统计量 $t=\dfrac{\overline{X}-\mu}{S/\sqrt{n}}$，$t=0.2663$，$t_{0.025}(9)=2.2622$，所以 $|t|>2.2622$，拒绝 H_0. 认为假定的泛化错误率和得到的平均测试错误率是否相同.

2. 对总体方差的假设检验

(1)总体均值未知时，对总体方差的假设检验.(χ^2 检验)

检验统计量为 $\chi^2=\dfrac{(n-1)S^2}{\sigma^2}$，当原假设成立时，$\chi^2=\dfrac{(n-1)S^2}{\sigma_0^2}\sim\chi^2(n-1)$

1) H_0: $\sigma^2=\sigma_0^2$ 对 H_1: $\sigma^2\neq\sigma_0^2$(双侧检验)

双侧检验拒绝域为: $W=\{\chi^2\geqslant\chi_{\alpha/2}^2(n-1)\}\cup\{\chi^2\leqslant\chi_{1-\alpha/2}^2(n-1)\}$ (7)

2) H_0: $\sigma^2\geqslant\sigma_0^2$ 对 H_1: $\sigma^2<\sigma_0^2$(左侧检验), 拒绝域为 $W=\{\chi^2\leqslant\chi_{1-\alpha}^2(n-1)\}$ (8)

3) H_0: $\sigma^2\leqslant\sigma_0^2$ 对 H_1: $\sigma^2>\sigma_0^2$(右侧检验), 拒绝域为 $W=\{\chi^2\geqslant\chi_{\alpha}^2(n-1)\}$ (9)

(2)总体均值已知时, 对总体方差的假设检验(χ^2 检验)

检验统计量为 $\chi^2=\sum_{i=1}^{n}\frac{(X_i-\mu)^2}{\sigma^2}$,当原假设成立时,$\chi^2=\sum_{i=1}^{n}\frac{(X_i-\mu)^2}{\sigma_0^2}\sim\chi^2(n)$

1) H_0: $\sigma^2=\sigma_0^2$ 对 H_1: $\sigma^2\neq\sigma_0^2$(双侧检验)

拒绝域为 $W=\{\chi^2\geqslant\chi_{\alpha/2}^2(n)\}\cup\{\chi^2\leqslant\chi_{1-\alpha/2}^2(n)\}$ (10)

2) H_0: $\sigma^2\geqslant\sigma_0^2$ 对 H_1: $\sigma^2<\sigma_0^2$(左侧检验), 拒绝域为 $W=\{\chi^2\leqslant\chi_{1-\alpha}^2(n)\}$ (11)

3) H_0: $\sigma^2\leqslant\sigma_0^2$ 对 H_1: $\sigma^2>\sigma_0^2$(右侧检验), 拒绝域为 $W=\{\chi^2\geqslant\chi_{\alpha}^2(n)\}$ (12)

【例 4】 某厂家生产的一种显像管, 其寿命服从正态分布 $N(\mu, \sigma^2)$, 今从一批产品中抽取 9 只显像管, 测得指标数据: 100, 110, 101, 105, 95, 98, 80, 114, 100,

(1)总体均值为 100 时, 检验 $\sigma^2=8^2$(取 $\alpha=0.05$)

(2)总体均值未知时, 检验 $\sigma^2=8^2$(取 $\alpha=0.05$)

解: 提出假设 H_0: $\sigma^2=64$, H_1: $\sigma^2\neq64$, $\overline{X}=100.33$, $S^2=93.75$

(1)已知 $\mu=100$,$\chi^2=\sum_{i=1}^{n}\frac{(X_i-\mu)^2}{\sigma_0^2}\sim\chi^2(n)$,临界值 $\chi_{0.975}^2(9)=2.7$,

$\chi_{0.025}^2(9)=19.022$,而检验统计量的值 $\chi^2=\sum_{i=1}^{n}\frac{(X_i-\mu)^2}{\sigma_0^2}=\sum_{i=1}^{9}\frac{(X_i-100)^2}{64}=11.73438$, 由于 $\chi_{0.975}^2(9)<\chi^2<\chi_{0.025}^2(9)$, 故接受 H_0.

(2) μ 未知时, 临界值 $\chi_{0.975}^2(8)=2.18$, $\chi_{0.025}^2(8)=17.534$, 检验统计量的值 $\chi^2=\frac{(n-1)S^2}{\sigma_0^2}=11.71875$, 由于 $\chi_{0.975}^2(8)<\chi^2<\chi_{0.025}^2(8)$, 故接受 H_0.

二、两个正态总体的假设检验

1. 两个正态总体的均值差的检验

设 X_1, X_2, …, X_{n_1} 和 Y_1, Y_2, …, Y_{n_2} 分别是来自总体 $X\sim N(\mu_1, \sigma_1^2)$ 和总体 $Y\sim N(\mu_2, \sigma_2^2)$ 的容量为 n_1, n_2 的样本, 其样本均值和样本方差分别为 $\overline{X}=\frac{1}{n_1}\sum_{i=1}^{n_1}X_i$,$S_1^2=\frac{1}{n_1-1}\sum_{i=1}^{n_1}(X_i-\overline{X})$,$\overline{Y}=\frac{1}{n_2}\sum_{i=1}^{n_2}Y_i$,$S_2^2=\frac{1}{n_2-1}\sum_{i=1}^{n_2}(Y_i-\overline{Y})^2$. 并

且假定两个样本相互独立．

(1)两个总体的方差 σ_1^2 和 σ_2^2 已知时，对总体均值差 $\mu_1-\mu_2$ 的检验(Z 检验)

检验统计量为 $Z=\dfrac{\overline{X}-\overline{Y}-(\mu_1-\mu_2)}{\sqrt{\sigma_1^2/n_1+\sigma_2^2/n_2}}$，当 H_0 成立时，$\dfrac{\overline{X}-\overline{Y}}{\sqrt{\sigma_1^2/n_1+\sigma_2^2/n_2}}\sim N(0,\ 1)$

1)H_0：$\mu_1=\mu_2$，对 H_1：$\mu_1\neq\mu_2$(双侧检验)，拒绝域为 $W=\{|Z|\geqslant Z_{\alpha/2}\}$.

2)H_0：$\mu_1\geqslant\mu_2$，对 H_1：$\mu_1<\mu_2$(左侧检验)，拒绝域为 $W=\{Z\leqslant -Z_\alpha\}$

3)H_0：$\mu_1\leqslant\mu_2$，对 H_1：$\mu_1>\mu_2$(右侧检验)，拒绝域为 $W=\{Z\geqslant Z_\alpha\}$.

【例 5】 从两个厂家所生产的铜丝中各取 50 束作强度试验，得 $\overline{X}=1000$，$\overline{Y}=1010$，已知 $\sigma_1=80$，$\sigma_2=90$，请问两厂生产的铜丝的抗拉强度是否有显著差别($\alpha=0.005$)?

解： 提出假设为：H_0：$\mu_1=\mu_2$，H_1：$\mu_1\neq\mu_2$，选取检验统计量

$Z=\dfrac{\overline{X}-\overline{Y}}{\sqrt{\sigma_1^2/n_1+\sigma_2^2/n_2}}$，拒绝域 $W=\{|Z|\geqslant Z_{\alpha/2}\}$，由于 $\overline{X}=1000$，$\overline{Y}=1010$，计算检验统计量的值 $Z=\dfrac{\overline{X}-\overline{Y}}{\sqrt{\sigma_1^2/n_1+\sigma_2^2/n_2}}=\dfrac{1000-1010}{\sqrt{6400/50+8100/50}}=-0.5872$，由于 $|Z|<Z_{\alpha/2}=1.96$，故接受 H_0，认为两厂钢丝的抗拉强度没有显著差别．

(2)当两个总体的方差未知但是相等时，即 $\sigma_1^2=\sigma_2^2=\sigma^2$，对总体均值差 $\mu_1-\mu_2$ 的检验(t 检验)

检验统计量为$\dfrac{\overline{X}-\overline{Y}-(\mu_1-\mu_2)}{\sqrt{(\frac{1}{n_1}+\frac{1}{n_2})\frac{(n_1-1)S_1^2+(n_2-1)S_2^2}{n_1+n_2-2}}}$，当原假设 H_0：$\mu_1=\mu_2$ 成立时，

$$t=\frac{\overline{X}-\overline{Y}}{\sqrt{(\frac{1}{n_1}+\frac{1}{n_2})\frac{(n_1-1)S_1^2+(n_2-1)S_2^2}{n_1+n_2-2}}}\sim t(n_1+n_2-2)$$

1)H_0：$\mu_1=\mu_2$，H_1：$\mu_1\neq\mu_2$(双侧检验)，拒绝域为

$$W=\{|t|\geqslant t_{\alpha/2}(n_1+n_2-2)\} \tag{13}$$

2)H_0：$\mu_1\geqslant\mu_2$，H_1：$\mu_1<\mu_2$(左侧检验)，拒绝域为

$$W=\{t\leqslant -t_\alpha(n_1+n_2-2)\} \tag{14}$$

3)H_0：$\mu_1\leqslant\mu_2$，对 H_1：$\mu_1>\mu_2$　(右侧检验)，拒绝域为

$$W=\{t\geqslant t_\alpha(n_1+n_2-2)\} \tag{15}$$

【例 6】 某酒厂生产两种白酒，分别独立地从中抽取样本容量为 10 的酒测量其酒精含量，测得样本均值和样本方差分别为 $\overline{X}=28$，$\overline{Y}=26$，$S_1^2=35.8$，$S_2^2=32.3$，假定酒精含量都服从正态分布且具有方差相同，在显著性水平 $\alpha=0.05$ 下，判断两种酒的酒精含量有无显著差异?

解：提出假设为：H_0：$\mu_1=\mu_2$，H_1：$\mu_1\neq\mu_2$，选取检验统计量

$$t=\frac{\overline{X}-\overline{Y}}{\sqrt{(\frac{1}{n_1}+\frac{1}{n_2})\frac{(n_1-1)S_1^2+(n_2-1)S_2^2}{n_1+n_2-2}}}\sim t(n_1+n_2-2)，拒绝域为$$

$W=\{|t|\geqslant t_{\alpha/2}(n_1+n_2-2)\}$，计算得 $t=\dfrac{\overline{X}-\overline{Y}}{\sqrt{(\frac{1}{n_1}+\frac{1}{n_2})\frac{(n_1-1)S_1^2+(n_2-1)S_2^2}{n_1+n_2-2}}}=$ 0.7664，$t_{0.025}(18)=2.101$，所以 $|t|<2.131$，因此拒绝 H_0，认为这两种白酒的酒精含量有显著差异．

(3)两个总体的方差 σ_1^2 和 σ_2^2 未知，但是样本容量比较大时，对总体均值差 $\mu_1-\mu_2$ 的检验(Z 检验)

检验统计量为 $Z=\dfrac{\overline{X}-\overline{Y}-(\mu_1-\mu_2)}{\sqrt{S_1^2/n_1+S_2^2/n_2}}$，当 H_0 成立时，$\dfrac{\overline{X}-\overline{Y}}{\sqrt{S_1^2/n_1+S_2^2/n_2}}\sim N(0,1)$

①H_0：$\mu_1=\mu_2$ 对 H_1：$\mu_1\neq\mu_2$(双侧检验)，拒绝域为 $W=\{|Z|\geqslant Z_{\alpha/2}\}$.

②H_0：$\mu_1\geqslant\mu_2$ 对 H_1：$\mu_1<\mu_2$(左侧检验)，拒绝域为 $W=\{Z\leqslant -Z_\alpha\}$.

③H_0：$\mu_1\leqslant\mu_2$ 对 H_1：$\mu_1>\mu_2$(右侧检验)，拒绝域为 $W=\{Z\geqslant Z_\alpha\}$.

(4)基于配对数据的 t 检验

有时为了比较两种产品，两种仪器或两种试验方法等的差异，我们常常在相同的条件下作对比试验，得到一批成对(配对)的观测值，然后对观测数据进行分析，做出推断，这种方法常称为配对分析法．配对设计有三种情况：

①配对两个受试对象，做 A，B 处理；

②同一受试对象或同一样本的两个部分，做 A，B 处理；

③同一受试对象处理的前后比较，如对高血压患者治疗前后进行对比．

【例 7】 某药厂新开发了治疗高血压的降压药，征集了 10 名高血压志愿者，对其服用该降压药前后的血压进行跟踪调研．先记录下这 10 个人为服用该降压药前的血压，一个月后测量这 10 名志愿者服降压药后的血压．数据如下表．通过服药前后得到的数据进行对比分析，推断该降压药是否具有明显的降压效果．

志愿者编号	1	2	3	4	5
服药前血压	148	165	160	171	154
服药后血压	104	96	103	103	90
志愿者编号	6	7	8	9	10
服药前血压	156	142	149	151	160
服药后血压	108	119	92	102	100

解： 用 X 及 Y 分别表示服用降压药前后的血压，有 $X\sim N(\mu_1, \sigma_1^2)$，$Y\sim N(\mu_2, \sigma_2^2)$，且 X 与 Y 独立．提出假设：H_0：$\mu_1-\mu_2=0$，H_1：$\mu_1-\mu_2\neq 0$. 令 $Z=X-Y$，则 $Z\sim N(\mu_1-\mu_2, \sigma_1^2+\sigma_2^2)$，令 $\mu=\mu_1-\mu_2$，$\sigma^2=\sigma_1^2+\sigma_2^2$，此时 $Z\sim N(\mu, \sigma^2)$，此时假设转化为：H_0：$\mu=0$，H_1：$\mu\neq 0$.

将服药前后的血压数据对应相减得 Z 的样本值为：44，69，57，68，64，48，23，57，49，60，计算 Z 的样本均值 $\overline{Z}=\frac{1}{10}\sum_{i=1}^{10}Z_i=53.9$，$S^2=\sum_{i=1}^{10}(Z_i-\overline{Z})^2/9=188.544$，$t=(\overline{Z}-0)/\sqrt{S_z^2/n}=53.9\times\sqrt{10}/\sqrt{188.544}\approx 12.413$. 对给定的临界值 $t_{0.025}(9)=2.2622$，由于 $t=12.413>2.2622$，因而否定 H_0，即认为这种轮胎的耐磨性有显著差异．

独立样本 t 检验中的两个样本来自两个的独立的总体，而配对样本 t 检验中的样本实际上来自同一个总体，是前后不同的观测，或者用两种方法取分析，如同一组喝减肥茶的人群，比较他们喝茶前与喝茶后的差异．

【例 8】 为了评估朴素贝叶斯(NB)、决策树(DT)两种学习算法的性能，在多个数据集上对两种算法进行比较，其准确率见下表(显著性水平 $\alpha=0.05$).

数据集	1	2	3	4	5
朴素贝叶斯	0.6809	0.7017	0.7012	0.6913	0.6333
决策树	0.7524	0.8964	0.6803	0.9102	0.7758
数据集	6	7	8	9	10
朴素贝叶斯	0.6415	0.7216	0.7214	0.6578	0.7865
决策树	0.8154	0.6224	0.7585	0.9380	0.7524

解： 提出假设：H_0：两种学习算法的性能不存在显著差异，H_1：两种学习算法的性能存在显著差异，即假设为：H_0：$\mu_1=\mu_2$，H_1：$\mu_1\neq\mu_2$，选取统计量

$$t=\frac{\overline{X}-\overline{Y}}{\sqrt{\left(\frac{1}{n_1}+\frac{1}{n_2}\right)\frac{(n_1-1)S_1^2+(n_2-1)S_2^2}{n_1+n_2-2}}}\sim t(n_1+n_2-2),$$

拒绝域为 $W=\{|t|\geqslant t_{\alpha/2}(n_1+n_2-2)\}$，

计算得 $$t=\frac{\overline{X}-\overline{Y}}{\sqrt{\left(\frac{1}{n_1}+\frac{1}{n_2}\right)\frac{(n_1-1)S_1^2+(n_2-1)S_2^2}{n_1+n_2-2}}}=-2.752$$

$t_{0.025}(18)=2.101$，所以 $|t|<2.752$，因此拒绝 H_0，认为两种学习算法的性能存在显著差异．

2. 两个正态总体方差比的假设检验

(1)两个总体均值 μ_1，μ_2 未知时，对总体方差比 $\frac{\sigma_1^2}{\sigma_2^2}$ 的假设检验(F 检验)

检验统计量为 $F=\frac{S_1^2/\sigma_1^2}{S_2^2/\sigma_2^2}$，当原假设成立时，$F=\frac{S_1^2}{S_2^2}\sim F(n_1-1,\ n_2-1)$

1) H_0：$\sigma_1^2=\sigma_2^2$，H_1：$\sigma_1^2\neq\sigma_2^2$(双侧检验)

拒绝域为 $W=\{F\geqslant F_{\alpha/2}(n_1-1,\ n_2-1)\}\cup\{F\leqslant F_{1-\alpha/2}(n_1-1,\ n_2-1)\}$ (16)

2) H_0：$\sigma_1^2\geqslant\sigma_2^2$，$H_1$：$\sigma_1^2<\sigma_2^2$(左侧检验)

拒绝域为 $W=\{F\leqslant F_{1-\alpha}(n_1-1,\ n_2-1)\}$ (17)

3) H_0：$\sigma_1^2\leqslant\sigma_2^2$，$H_1$：$\sigma_1^2>\sigma_2^2$(右侧检验)

拒绝域为 $W=\{F\geqslant F_{\alpha}(n_1-1,\ n_2-1)\}$ (18)

(2)总体均值 μ_1，μ_2 已知时，对总体方差比 $\frac{\sigma_1^2}{\sigma_2^2}$ 的假设检验(F 检验)

检验统计量为 $\dfrac{\sum\limits_{i=1}^{n_1}\dfrac{(X_i-\mu_1)^2}{n_1\sigma_1^2}}{\sum\limits_{i=1}^{n_2}\dfrac{(Y_i-\mu_2)^2}{n_2\sigma_2^2}}$，当 H_0 成立时，$F=\dfrac{\sum\limits_{i=1}^{n_1}(X_i-\mu_1)^2/n_1}{\sum\limits_{i=1}^{n_2}(Y_i-\mu_2)^2/n_2}\sim F(n_1,n_2)$

1) H_0：$\sigma_1^2=\sigma_2^2$，H_1：$\sigma_1^2\neq\sigma_2^2$(双侧检验)

拒绝域为 $W=\{F\leqslant F_{\alpha/2}(n_1,\ n_2)\}\cup\{F\leqslant F_{1-\alpha/2}(n_1,\ n_2)\}$.

2) H_0：$\sigma_1^2\geqslant\sigma_2^2$，$H_1$：$\sigma_1^2<\sigma_2^2$(左侧检验)，拒绝域为 $W=\{F\leqslant F_{1-\alpha}(n_1,\ n_2)\}$

3) H_0：$\sigma_1^2\leqslant\sigma_2^2$，$H_1$：$\sigma_1^2>\sigma_2^2$(右侧检验)，拒绝域为 $W=\{F\leqslant F_{\alpha}(n_1,\ n_2)\}$

【例 9】 某酒厂生产两种白酒，分别独立地从中抽取样本容量为 10 的酒测量其酒精含量，测得样本均值和样本方差分别为 $\overline{X}=28$，$\overline{Y}=26$，$S_1^2=35.8$，$S_2^2=32.3$，假定酒精含量都服从正态分布且具有方差相同，在显著性水平 $\alpha=0.05$ 下，判断两种酒的酒精含量的方差是否相等?

解：考虑检验假设 H_0：$\sigma_1^2=\sigma_2^2$，H_1：$\sigma_1^2\neq\sigma_2^2$，由于两个正态总体的均值都未知，选取检验统计量 $F=\frac{S_1^2}{S_2^2}\sim F(n_1-1,\ n_2-1)$. 两个临界值为：

$F_{0.025}(9,\ 9)=4.03$，$F_{0.975}(9,\ 9)=\frac{1}{4.03}=0.248$，拒绝域为 $W=\{F>4.03\}\cup\{F<0.248\}$. 计算统计量的值 $F=\frac{S_1^2}{S_2^2}=11.0836$，$F$ 的值落入拒绝域，故拒绝 H_0，认为两种酒的酒精含量的方差不相等.

三、大样本下非正态总体下的参数型假设检验

1. 指数分布总体参数的假设检验

设$(X_1, X_2, \cdots, X_n)$是来自服从指数分布的总体的样本，则关于θ检验提出如下问题：

(1)H_0：$\theta=\theta_0$ 对 H_1：$\theta\neq\theta_0$.

因为$\chi^2=\dfrac{2n\overline{X}}{\theta_0}\sim\chi^2(2n)$，则拒绝域为

$$W=\{\chi^2\leqslant\chi^2_{1-\frac{\alpha}{2}}(2n)\}\cup\{\chi^2\geqslant\chi^2_{\frac{\alpha}{2}}(2n)\}.$$

(2)H_0：$\theta\leqslant\theta_0$ 对 H_1：$\theta>\theta_0$，则拒绝域为$W=\{\chi^2\geqslant\chi^2_{\alpha}(2n)\}$.

(3)H_0：$\theta\geqslant\theta_0$ 对 H_1：$\theta<\theta_0$，则拒绝域为$W=\{\chi^2\leqslant\chi^2_{1-\alpha}(2n)\}$.

【例 10】 设某灯管的平均寿命(服从指数分布)不小于 800 小时，现取 10 个灯管进行观测，观测到 10 个时间：395，4000，1580，1153，5005，900，2350，1000，912，1004，则这 10 个灯管的寿命是否符合要求?

解：提出假设为 H_0：$\theta\geqslant 800$ 对 H_1：$\theta<800$，统计量为 $\chi^2=\dfrac{2n\overline{X}}{\theta_0}\sim\chi^2(2n)$，拒绝域为 $W=\{\chi^2\leqslant\chi^2_{1-\alpha}(2n)\}$，经计算得：$\chi^2=\dfrac{20\overline{X}}{\theta_0}=\dfrac{20\times1829.9}{800}=45.7475$，因为 $\chi^2\geqslant\chi^2_{0.05}(20)=31.4104$，接受原假设，认为这 10 个灯管的寿命符合要求.

2. 大样本下假设检验

设总体 X 的均值为μ，方差为σ^2，$(X_1, X_2, \cdots, X_n)$为总体 X 的一个样本. 由中心极限定理可知，只要样本容量足够大时，$\dfrac{\overline{X}-\mu}{\sigma/\sqrt{n}}$的渐进分布就是标准正态分布. 如果方差未知，可以用样本方差近似代替.

常见的分布比如二项分布、泊松分布、几何分布等，方差是期望的函数，即$\sigma^2=g(\mu)$，此时检验统计量为$Z=\dfrac{\overline{X}-\mu}{\sqrt{g(\mu)}/\sqrt{n}}\sim N(0, 1)$，针对三种假设，分别有：

1)H_0：$\mu=\mu_0$，H_1：$\mu\neq\mu_0$(双侧检验)，拒绝域为$W=\{|Z|\geqslant Z_{\alpha/2}\}$.

2)H_0：$\mu\geqslant\mu_0$，H_1：$\mu<\mu_0$(左侧检验)，拒绝域为$W=\{Z\leqslant -Z_\alpha\}$

3)H_0：$\mu\leqslant\mu_0$，H_1：$\mu>\mu_0$(右侧检验)，拒绝域为$W=\{Z\geqslant Z_\alpha\}$.

【例 11】 某企业的酸奶饮料产品非常畅销. 据以往调查指导，购买该产品的顾客有 70%是 18 岁以下的未成年人. 该厂负责人想知道这个比例如今是否有改变? 于是请一家咨询公司进行市场调查，该咨询公司随机抽选了 400 名购买者进

行调查，结果有 235 名为 18 岁以下的人购买该酸奶饮料．那么负责人在显著性水平 $\alpha=0.05$ 下做出的"70%的顾客是 18 岁以下的人"这个假设是否正确．

解：提出假设：H_0：$p=p_0=0.7$，H_1：$p\neq p_0$，总体 X 服从 0—1 分布，检验统计量为 $Z=\dfrac{\overline{X}-p_0}{\sqrt{p_0(1-p_0)/n}}$，在 H_0 成立时近似服从 $N(0, 1)$．拒绝域为 $W=\{|Z|\geqslant Z_{\alpha/2}\}$，经计算知，$\overline{X}=235/300=0.783$，统计量的值为 $Z=\dfrac{0.783-0.7}{\sqrt{0.7(1-0.7)/300}}=3.137>Z_{0.025}=1.96$．故拒绝 H_0，即认为比例发生了变化．

习题 8.2

一、选择题

1. 在假设检验中，用 α 和 β 分别表示犯第一类错误和第二类错误的概率，则当样本容量一定时，下列说法正确的(　　)

A. α 减小，β 也减小　　B. α 增大，β 也增大

C. α 与 β 不能同时减小　　D. A 和 B 同时成立

2. 在假设检验问题中，一旦检验法选择正确，计算无误，则(　　).

A. 不可能做出错误判断

B. 增加样本容量就不会做出错误判断

C. 仍有可能做出错误判断

D. 计算精确些就可避免做出错误判断

3. 在假设检验中，Z 检验和 t 检验都是关于总体均值的假设检验，当总体方差未知时，可选用(　　).

A. t 检验法　　B. Z 检验法

C. t 检验法或 Z 检验法　　D. F 检验法

4. 在一个确定的假设检验问题中，与判断结果有关的因素为(　　).

A. 样本值及样本容量　　B. 显著性水平

C. 检验的统计量　　D. A 和 B 同时成立

5. 检验的显著性水平是(　　).

A. 第一类错误概率　　B. 第一类错误概率的上界

C. 第二类错误概率　　D. 第二类错误概率的上界

6. 在假设检验中，如果原假设 H_0 的拒绝域是 W，那么样本观测值 x_1，…，x_n 只可能有下列四种情况，其中拒绝 H_0 且不犯错误的是(　　).

A. H_0 成立，$(X_1, \cdots, X_n)\in W$　　B. H_0 成立，$(X_1, \cdots, X_n)\notin W$

C. H_0 不成立，$(X_1, \cdots, X_n) \in W$　　D. H_0 不成立，$(X_1, \cdots, X_n) \notin W$

7. 假设检验中，显著水平 α 表示（　　）

A. H_0 为假，但接受 H_0 的概率　　B. H_0 为真，但拒绝 H_0 的概率

C. H_0 为假，但拒绝 H_0 的的概率　　D. 可信度

8. 假设检验时，若增大样本容量，则犯两类错误的概率（　　）

A. 都增大　　B. 都减少

C. 都不变　　D. 一个增大一个减少

二、填空题

1. 在假设检验中，记 H_0 为原假设，H_1 为备选假设，则称__________为犯第一类错误，__________为犯第二类错误，检验的显著性水平 α 为犯第________类错误的概率的上界．

2. 设 $X_1, \cdots, X_n$ 是来自正态分布 $N(\mu, \sigma^2)$ 的样本，且 σ^2 已知，$\overline{X}$ 是样本均值，则检验假设 H_0：$\mu=\mu_0$；H_1：$\mu \neq \mu_0$ 所用的统计量是__________，当 H_0 成立时，该统计量服从__________分布．显著性水平为 α 的检验的拒绝域是__________．

3. 设 $(X_1, X_2, \cdots, X_n)$ 是来自正态分布 $N(\mu, \sigma^2)$ 的样本，其中参数 μ 未知，S^2 是样本方差．则检验假设 H_0：$\sigma^2 \geqslant \sigma_0^2$，$H_1$：$\sigma^2 < \sigma_0^2$ 所用的统计量是__________，当 H_0 成立时，该统计量服从__________分布．显著性水平为 α 的检验的拒绝域是__________．

4. 设 $X_1, \cdots, X_n$ 是来自正态总体的样本，其中参数 μ 和 σ^2 未知，则检验假设 H_0：$\mu=\mu_0$ 时的 t 检验法中所使用的统计量 $t=$__________．

5. 设 $X_1, \cdots, X_n$ 和 $Y_1, \cdots, Y_m$ 分别是取自正态总体 $N(\mu_1, \sigma_1^2)$ 和 $N(\mu_2, \sigma_2^2)$ 的样本，两总体相互独立．要检验假设 H_0：$\sigma_1^2=\sigma_2^2$，应使用__________检验法，检验的统计量为__________．

6. 设样本 $X_1, X_2, \cdots, X_n$ 来自 $N(\mu, \sigma^2)$ 且 σ^2 已知，则对检验 H_0：$\mu=35$，采用的统计量是__________．

7. 某纺织厂生产维尼纶，在稳定生产情况下，纤度服从 $N(\mu, 0.048^2)$ 分布，现抽测 5 根，我们可以用__________检验法检验这批纤度的方差有无显著性变化．

8. 对正态总体的数学期望 μ 进行假设检验，如果在显著性水平 0.05 下，接受假设 H_0：$\mu=\mu_0$，那么在显著性水平 0.01 下，________H_0.（接受还是拒绝）

9. 设总体 $X \sim N(\mu, \sigma^2)$，样本 $X_1, X_2, \cdots X_n$，σ^2 未知，则 H_0：$\mu=\mu_0$，H_1：$\mu<\mu_0$ 的拒绝域为__________，其中显著性水平为 α.

10. 设 $X_1, X_2, \cdots X_n$ 是来自正态总体 $N(\mu, \sigma^2)$ 的简单随机样本，其中 μ，σ^2 未知，记 $\overline{X}=\dfrac{1}{n}\sum\limits_{i=1}^{n} X_i$，则针对原假设 H_0：$\mu=0$ 进行的 t 检验使用统计量为______．

三、计算题

1. 由经验知某种电动车的电瓶的重量 $N(20, 0.05)$，采用新的技术后，抽测了 8 个电瓶，测得重量如下：19.8，20.3，20.4，19.9，20.2，19.6，20.5，20.1，已知方差不变，问采用新的技术后电瓶的平均重量是否仍为 20 斤($\alpha=0.05$)？

2. 某厂宣称其生产的电子元件的使用寿命不得低于 1000 小时，为了检验这个结论是否正确，从该厂生产的电子元件中随机抽取 25 件，测得其寿命平均值为 950 小时．已知该种元件寿命服从正态分布，其标准差为 100 小时，试在显著性水平 0.05 下确定这批产品是否合格．

3. 为了检测某种减肥药对体重有无影响，寻找 10 名志愿者服用减肥药，并测量志愿者在服药前后的体重，得体重差值的数据如下：6，8，4，6，−3，7，2，6，−2，−1，假定服药前后人的体重差值服从正态分布．问在显著性水平 $\alpha=0.05$ 下能否认为该药物能够改变人的体重？

4. 从某种零件中抽取 5 件，测得其长度为(mm)：3.25，3.27，3.24，3.26，3.24，假设长度服从正态分布，在 $\alpha=0.01$ 下能否接受假设，这批零件的长度为 3.25？

5. 假设购买的某品牌的钙片中钙含量服从正态分布．按照规定，钙的平均含量约为 21 毫克．现从一瓶钙片里面随机抽取 16 片，计算得 $\bar{x}=23$，$S=3.9$．问这瓶钙片的钙的含量是否合格($\alpha=0.05$)？

6. 某电池的寿命在正常情况下服从 $N(\mu, \sigma^2)$，寿命的标准差小于 0.05 就可以认为电池是合格的，现生产 9 台，寿命分别为：73.2，78.6，75.4，75.7，74.1，76.3，72.8，74.5，76.6. 则此这批电池是否合格？($\alpha=0.01$)

7. 已知某产品的重量从正态分布，从一批产品中抽取 10 根测试其重量，测得数据如下(单位：kg)：

280，278，276，284，276，285，276，278，290，282

则是否可相信该产品的重量的方差为 25？($\alpha=0.05$)

8. 检验某品牌牛奶的蛋白质含量，从中抽取 10 包进行检测，结果为 $\bar{x}=0.452\%$，$S=0.035\%$，设总体服从正态分布 $N(\mu, \sigma^2)$，试在水平 5% 检验假设：(1) H_0：$\mu\geqslant 0.5\%$，H_1：$\mu<0.5\%$；(2) H_0：$\sigma\geqslant 0.04\%$，H_1：$\sigma<0.04\%$.

9. 某工厂购买了一台新机器，为了测试新机器和旧机器的性能，分别生产 10 个产品进行产品的寿命检测，采用旧机器生产的产品的寿命的样本均值为 2460小时，样本标准差为 56 小时：采用新机器生产的产品的寿命的样本均值为 2550小时，样本标准差为 48 小时．设灯泡的寿命服从正态分布，是否可以认为采用新机器后产品的平均寿命有显著提高？(取显著水平 $\alpha=0.01$)

10. 为了检验两个品牌香烟中的尼古丁含量，各抽取五支进行检验，测得尼古丁的含量(单位：毫克)为：

A：24，27，26，21，24　B：27，28，23，31，26

假设尼古丁含量服从正态分布，且品牌 A 的方差为 5，品牌 B 的方差为 8. 问两个品牌的尼古丁含量是否有差异？($\alpha=0.05$).

11. 考察温度对盐的溶解度的影响．为了比较 15 摄氏度与 20 摄氏度的影响有无差别，在这两个温度下，分别重复做了八次试验，得到数据如下：(单位：kg)

15 摄氏度时的溶解度：20.5，18.5，19.8，20.9，21.5，19.5，21.6，21.2

20 摄氏度时的溶解度：19.7，20.3，20.0，18.8，19.0，20.1，20.2，19.1

问两种温度下的溶解度是否有差异？$\alpha=0.05$ 且假设溶解度分别服从 $N(\mu_1, \sigma^2)$ 和 $N(\mu_2, \sigma^2)$.

12. 某工厂比较用两种设备生产的灯泡的寿命是否有差异，已知两种灯泡的寿命均服从正态分布，且方差相等．从第一种设备生产的灯泡中抽取了 10 个，平均寿命为 $\overline{X}_1=27.66$，标准差 $S_1=12$，从第二种设备生产的灯泡中抽取了 8 个，平均寿命为 $\overline{X}_2=17.6$，标准差 $S_2=10.5$. 则哪种设备生产的灯泡的寿命更小？($\alpha=0.05$)

13. 有甲乙两个车间生产同种型号的螺丝，从这两个车间生产的滚珠中分别抽出 8 个和 9 个，测得螺丝的直径如下(单位：mm)：

甲机器：15.0，14.5，15.2，15.5，14.8，15.1，15.2，14.8

乙机器：15.2，15.0，14.8，15.2，15.0，15.0，14.8，15.1，14.8

假设螺丝的直径均服从正态分布．问：车间乙生产的螺丝的直径的方差是否与甲的方差相等？($\alpha=0.05$)

14. 为了比较两种水稻的亩产量，选取块面积、管理等条件均相同，只有土质不同的土地，再将该土地分成两部分，分别种植该水稻．测得亩产量如下：

土地甲：49，52.2，55，60.2，63.4，76.6，86.5，48.7

土地乙：49.3，49，51.4，57，61.1，68.8，79.3，50.1

试问这两种水稻的亩产量有无显著差异？($\alpha=0.05$)

15. 用某中药试验其在改变心脑血管方面所起的作用，测得数据：

用药前	2.0	5.0	4.0	5.0	6.0
用药后	3.0	6.0	4.5	5.5	8.0

试用配对比较的 t 检验说明该中药对心脑血管的作用($\alpha=0.05$).

16. 有两个小区，分别从两个小区中抽取 100 个和 150 个家庭，考察的是在目前住房中居住了多长时间的信息如下：$\overline{X}=41$，$S_1^2=900$，$\overline{Y}=49$，$S_2^2=1050$. 是否能说明第一个小区在目前住房中居住的时间平均来说比第二小区家庭短？(设 $\alpha=0.05$)

17. 为了了解高校毕业学生的年收入情况，选择甲乙两个高校的毕业生进行调查．根据以往的资料，甲、乙两个高校的毕业生年收入的标准差分别为 $\sigma_1=5365$，$\sigma_2=4740$ 元．现从两个高校的毕业生中分别选 100 名，调查结果为：高校甲的毕业生人均年收入 $\overline{X}_1=30090$ 元，高校乙的毕业生人均年收入为 $\overline{X}_2=28650$ 元．当 $\alpha=0.05$ 时，甲、乙个高校的毕业生的人均年收入水平是否有显著性的差别.

18. 为比较甲乙两种小麦植株的高度(单位：cm)，分别抽得甲、乙小麦各 100 穗，在相同条件下进行高度测定，算得甲乙小麦样本均值和样本方差分别为 $\overline{X}=28$，$S_1^2=35.8$，$\overline{Y}=26$，$S_2^2=32.3$. 问这两种小麦的株高有无显著差异($\alpha=0.05$)?

19. 某厂电视的不合格率不得超过 10 %，否则不能出厂．现从中随机抽取 100 件产品进行检查，发现有不合格品 14 件，问这批产品是否可以出厂($\alpha=0.05$)?

20. 某电视台宣称其某个电视剧的收视率为 14.7 %，为了验证这个结论，随机选取 400 人，其中有 57 人在收看该电视节目．在给定显著性水平 $\alpha=0.05$ 下，调查结果是否支持这个结论?

第三节　非参数假设检验

一、拟合优度检验

在上一节我们讨论了正态总体下的未知参数的假设检验问题，还有指数分布总体下的参数假设检验问题．在这些假设检验中总体分布的类型是已知的．但是在实际问题中总体分布的类型一般是未知的，此时就需要根据样本提供的信息对总体分布进行假设检验．这就是非参数假设检验．

关于总体分布的假设检验的方法有许多，χ^2 拟合优度检验便是一种非常经典的方法．由于所用的统计量是由皮尔逊首先提出的，故 χ^2 拟合优度检验也称为皮尔逊拟合优度检验．

对于总体分布类型的假设检验问题，提出假设：

$$H_0: F(x)=F_0(x), \quad H_1: F(x) \neq F_0(x)$$

其中 $F(x)$为总体 X 的分布函数(未知)，$F_0(x)$为一个已知的分布函数(其中可能含几个未知参数)．

【例 1】 从 1500 年到 1931 年的 432 年间，每年爆发战争的次数可以看作一个随机变量，据统计，这 432 年间共爆发了 299 次战争，具体数据见下表：

战争次数 X	0	1	2	3	4
发生 X 次战争的年数	223	142	48	15	4

每年爆发战争的次数，可以用泊松分布来近似描述，即我们可以假设每年爆发战争次数分布 X 近似泊松分布．那如何检验 X 是否服从泊松分布呢?

首先提出假设：H_0：$X \sim P(\lambda)$，H_1：X 不服从 $P(\lambda)$，此时 $F_0(x)$为泊松分布的分布函数(含一个未知参数)．

然后根据样本的经验分布和假设的泊松分布之间的吻合程度来决定是否接受原假设．这种检验通常称作拟合优度检验，它是一种非参数检验．由于参数 λ 未知，我们需要先通过极大似然估计对参数 λ 进行估计，得到 $\hat{\lambda}=\overline{X}$.

检验的步骤如下：

(1)将总体 X 的取值范围分成 r 个互不重迭的小区间，记作 A_1，A_2，…，A_r；

(2)把落入第 i 个小区间 A_i 的样本值的个数记作 n_i，称为实测频数．所有实测频数之和 $n_1+n_2+\cdots+n_r$ 等于样本容量 n；

(3)根据所假设的理论分布，算出总体 X 的值落入每个小区间 A_i 的概率 p_i，于是 np_i 就是落入 A_i 的样本值的理论频数．

可以用实测频数 n_i 与理论频数 np_i 之间的差异衡量经验分布与理论分布之间的差异的大小．皮尔逊引进如下统计量表示经验分布与理论分布之间的差异

$$\chi^2=\sum_{i=1}^{r}\frac{(n_i-np_i)^2}{np_i}$$

皮尔逊(*Pearson*)和费歇(*Fisher*)证明，在原假设成立且为大样本的条件下，皮尔逊统计量近似服从卡方分布，即 $\chi^2=\sum\limits_{i=1}^{r}\frac{(n_i-np_i)^2}{np_i}\sim\chi^2(r-k-1)$,其中 k 为 $F_0(x)$ 中未知参数的个数．拒绝域为 $W=\{\chi^2 \geqslant \chi_\alpha^2(r-k-1)\}$.

皮尔逊定理是在 n 无限增大时推导出来的，因而在使用时要注意 n 要足够大，以及 np_i 不太小这两个条件．根据计算经验，要求 n 不小于 50，以及 np_i 都不小于 5，否则应适当合并区间，使 np_i 满足这个要求．

下面继续例 1，检验每年爆发战争次数分布是否服从泊松分布．

$\hat{\lambda}=\overline{X}=0.69$，利用参数为 0.69 的泊松分布，计算事件 $X=i$ 的概率 p_i.

由 $\hat{p}_i=P\{X=i\}=e^{-0.69}0.69^i/i!$，计算得到数据如下表：

战争次数	0	1	2	3	4	合计
发生 X 次战争的年数 n_i	223	142	48	15	4	432
$\hat{p}_i$	0.5016	0.3461	0.11194	0.02746	0.0047	
$n\hat{p}_i$	216.7	149.5	51.6	12.0	2.16	14.16
$(n_i-n\hat{p}_i)^2/n\hat{p}_i$	0.183	0.376	0.251	1.623		2.43

将 $n\hat{p}_i<5$ 的组予以合并，即将发生 3 次及 4 次战争的组归并为一组．因 H_0 所假设的理论分布中有一个未知参数，故自由度为 4－1－1＝2. 拒绝域为

$W=\{\chi^2\geqslant\chi_\alpha^2(r-k-1)\}$，$\chi_{0.05}^2(2)=5.991$，$\chi^2=\sum\limits_{i=1}^{r}\dfrac{(n_i-np_i)^2}{np_i}=2.43<5.991$，故接受原假设，认为发生战争的次数服从泊松分布．

【例 2】 某高校对 100 名新生的身高(厘米)做了检查，把测得的 100 个数据按由大到小的顺序排列，相同的数合并得下表：

身高表

身高	153	156	157	159	160	161	162	163	164
人数	1	3	2	1	4	6	7	6	10
身高	165	166	167	168	169	170	171	172	173
人数	8	7	5	7	5	6	3	4	7
身高	174	176	178	180	181				
人数	3	2	1	1	1				

在显著性水平 $\alpha=0.05$ 下是否可以认为学生身高 X 服从正态分布？

解： 提出假设 H_0：$X\sim N(\mu,\sigma^2)$，H_1：X 不服从$N(\mu,\sigma^2)$，此时 $F_0(x)$为正态分布的分布函数(含两个未知参数).

先求μ，σ^2 的极大似然估计值：

$$\hat{\mu}=\frac{\sum\limits_{i=1}^{n}X_i}{n}=166.33,\hat{\sigma}^2=S_n^2=\frac{\sum\limits_{i=1}^{n}(X_i-\overline{X})^2}{n}=28.06,$$

按照分组要求，每个小区间的理论频数 $n\hat{p}_i$ 不应小于 5，因此我们将数据分成 7 组，使得每组的实际频数不小于 5，各计算结果如下表所示．

分组	n_i	$\hat{p}_i$	$n\hat{p}_i$	$n_i-n\hat{p}_i$	$(n_i-n\hat{p}_i)^2/n\hat{p}_i$
(−∞，158.5]	6	0.0694	6.94	−0.94	0.1273
(158.5161.5]	11	0.1120	11.20	−0.20	0.0036
(161.5164.5]	23	0.1837	18.37	4.63	1.1670
(164.5167.5]	20	0.2220	22.20	−2.20	0.2180
(167.5170.5]	18	0.1972	19.72	−1.72	0.1500
(170.5173.5]	14	0.1270	12.70	1.30	0.1331
(173.5，+∞)	8	0.0887	8.87	−0.87	0.0853
合计	100	1.0000	100		1.8843

表中第 3 列 $\hat{p}_i$ 的计算如下：

$$\hat{p}_i=P\{x_{i-1}<X<x_i\}=\hat{F}(x_i)-\hat{F}(x_{i-1})，i=0，1，2，\cdots，7$$

例如，$\hat{p}_3=P\{161.5<X<164.5\}=P\left\{\frac{161.5-166.33}{\sqrt{28.06}}<X<\frac{164.5-166.33}{\sqrt{28.06}}\right\}=$ $\Phi(-0.345)-\Phi(-0.911)=0.1837$

计算得 $\chi^2=\sum_{i=1}^{r}\frac{(n_i-np_i)^2}{np_i}=1.8843$，拒绝域为 $W=\{\chi^2\geqslant\chi_\alpha^2(r-k-1)\}$，给定显著性水平 $\alpha=0.05$，查 χ^2 分布表，得临界值 $\chi_\alpha^2(r-k-1)=\chi_{0.05}^2(4)=9.488$. 由于 $1.8843<9.488$，故接受 H_0，即认为学生身高服从正态分布．

二、独立性检验

独立性检验是 χ^2 检验的一个重要应用．χ^2 独立性检验可以用于检验两个或两个以上因素之间是否具有独立性．因为独立性检验一般都采用表格的形式来给出观测结果，故独立性检验也称为列联表分析．当检验对象只有两个因素而且每个因素只有两项分类时，列联表就称为 2×2 列联表或四格表；若一个因素有 R 类，另一个因素有 C 类，这种表称之为 $R\times C$ 表．

总体中的个体可以按照两个属性 A 与 B 分成两类，A 有 r 个类 A_1，A_2，…，A_r，B 有 s 个类 B_1，B_2，…，B_s，从总体中抽取大小为 n 个的样本，其中 $n_{i.}=\sum_{j=1}^{s}n_{ij}$，$n_{.j}=\sum_{i=1}^{r}n_{ij}$，$n=\sum_{i=1}^{r}\sum_{j=1}^{s}n_{ij}$．

提出假设为：H_0：A，B 独立，H_1：A，B 不独立．A，B 独立即 $p_{ij}=p_{i.}p_{.j}$，利用极大似然估计法，得到$\hat{p}_{i.}=\frac{n_{i.}}{n}$，$\hat{p}_{.j}=\frac{n_{.j}}{n}$.

独立性检验的检验统计量为

$$\chi^2=\sum_{i=1}^{r}\sum_{j=1}^{s}\frac{(n_{ij}-np_{ij})^2}{np_{ij}}=\sum_{i=1}^{r}\sum_{j=1}^{s}\frac{(n_{ij}-np_{i.}p_{.j})^2}{np_{i.}p_{.j}}=\sum_{i=1}^{r}\sum_{j=1}^{s}\frac{\left(n_{ij}-\frac{n_{i.}n_{.j}}{n}\right)^2}{\frac{n_{i.}n_{.j}}{n}}$$

称为皮尔逊 χ^2 统计量，如果 H_0 成立，则 χ^2 渐进服从自由度为$(r-1)(s-1)$的 χ^2 分布．拒绝域为$W=\{\chi^2\geqslant\chi_\alpha^2((r-1)(s-1))\}$．

B \ A	B_1，	B_2，	…	B_s	合计
A_1	n_{11}	n_{12}	…	n_{1s}	$n_{1.}$
A_2	n_{21}	n_{22}	…	n_{2s}	$n_{2.}$
⋮	⋮	⋮		⋮	⋮
A_r	n_{r1}	n_{r2}	…	n_{rs}	$n_{r.}$
合计	$n_{.1}$	$n_{.2}$	…	$n_{.s}$	n

机器学习进行卡方检验是为了测试被检验的特征与类别是否独立，原假设是特征与类别独立，若拒绝原假设，则特征与类别相关．特征选择的目的是为了去除和结果无关的特征．如何判断无关特征？对于分类问题，一般假设与标签独立的特征为无关特征，卡方检验就是进行独立性检验．如果检验结果是某个特征与标签独立，就可以去除该特征．卡方检验的计算公式：$\chi^2=\frac{(A-T)^2}{T}$，其中 A 是实际值，T 为理论值．χ^2 用于衡量实际值与理论值之间的差异程度，包含了两个信息：1)实际值与理论值偏差的绝对大小(由于平方的存在，差异是被放大的)．2)差异程度与理论值的相对大小．

【例 3】 为了调查饮酒是否对酒精肝有影响，对 28 位酒精肝患者及 38 位非酒精肝患者调查了其中的饮酒人数．结果如下表，问饮酒是否对酒精肝有影响？

	患酒精肝	不患酒精肝	总计
饮酒	15	20	35
不饮酒	13	18	31
总计	28	38	66

解： 原假设 H_0：喝酒和酒精肝无关，H_1：喝酒和酒精肝有关，当原假设成立时，$\hat{p}_{ij}=\hat{p}_{i.}\hat{p}_{.j}=\frac{n_{i.}n_{.j}}{n}$，$\hat{p}_{11}=\frac{n_{1.}n_{.1}}{n}=\frac{35\times28}{66}=14.85$，$\hat{p}_{12}=\frac{n_{1.}n_{.2}}{n}=\frac{35\times38}{66}=20.15$，$\hat{p}_{21}=\frac{n_{2.}n_{.1}}{n}=\frac{31\times28}{66}=13.15$，$\hat{p}_{22}=\frac{n_{2.}n_{.2}}{n}=\frac{31\times38}{66}=17.85$，

$$\chi^2=\frac{(15-14.85)^2}{14.85}+\frac{(20-20.15)^2}{20.15}+\frac{(13-13.15)^2}{13.15}+\frac{(18-17.85)^2}{17.85}=0.006$$

拒绝域为 $W=\{\chi^2\geqslant\chi^2_{0.05}(1)\}$，查表得 $\chi^2_{0.05}(1)=3.84$，$\chi^2=0.006<\chi^2_{0.05}(1)=3.84$，故接受原假设，认为饮酒对患酒精肝无影响．

注意：针对本例题中的数据来说，饮酒对酒精肝无影响，但是实际上根据医学研究，饮酒对酒精肝还是有影响的．

【例 4】 设有甲乙两个学校，欲测验两个学校高等数学教学水平，各学校随机抽取 500 名学生，进行统一试题的高等数学测验，其结果是：甲学校及格学生为 475 人，不及格为 25 人；乙学校及格学生 460 人，不及格为 40 人，问甲乙两个学校的高等数学测验成绩的差异是否显著?

解：(1)提出假设：H_0：甲乙两个学校的高等数学测验成绩无显著差异；H_1：甲乙两个学校的高等数学测验成绩有显著差异．

(2)列出表格，计算 χ^2 值：

甲乙两个学校的高等数学测验成绩

	及格人数	不及格人数	合计
甲校	475	25	500
乙校	460	40	500
合计	935	65	1000

$$\hat{p}_{11}=\frac{n_{1.}n_{.1}}{n}=\frac{500\times935}{1000}=467.5，\hat{p}_{12}=\frac{n_{1.}n_{.2}}{n}=\frac{500\times65}{1000}=32.5$$

$$\hat{p}_{21}=\frac{n_{2.}n_{.1}}{n}=\frac{500\times935}{1000}=467.5，\hat{p}_{22}=\frac{n_{2.}n_{.2}}{n}=\frac{500\times65}{1000}=32.5$$

$$\chi^2=\frac{(475-467.5)^2}{467.5}+\frac{(25-32.5)^2}{32.5}+\frac{(460-467.5)^2}{467.5}+\frac{(40-32.5)^2}{32.5}=3.7022$$

拒绝域为 $W=\{\chi^2\geqslant\chi^2_{0.05}(1)\}$，查表得：$\chi^2_{0.05}(1)=3.84$，$\chi^2=3.7022<\chi^2_{0.05}(1)=3.84$，故接受原假设，甲乙两个学校的高等数学测验成绩无显著差异．

三、秩和检验

秩和检验方法最早是由 *Wilcoxon* 提出．这种方法主要用于比较两个独立样本的差异．

秩和检验的基本思想：两组观察值共有 $m+n$ 例，设例数较少的组有 n 例，按观察值大小顺序分别编秩为 1，2，…，$m+n$. 如果原假设成立，观察的结果有较大的可能出现分布在中间的结果．如果极端的结果出现，则可能原假设不成立，拒绝原假设．

1. 适用范围

两总体分布未知，不服从正态分布，且是独立的．从这两个总体中抽取两个样本，要检验两样本之间的差异是否显著．

秩和检验法是建立在秩统计量的基础上的非参数假设检验方法，下面我们给出秩的定义．

定义：将样本观测值按照从小到大排序，标出数据的顺序，这个顺序就是数据的秩．

假设数据为：90，80，68，88，78，88，按照从小到大排序：68，78，80，88，88，90，则其秩分别为：1，2，3，4.5，4.5，6.

2. 秩统计量

秩统计量指样本数据的排序等级．假设从总体中抽取容量 n_1 和 n_2 的样本，可以将数据排序，得到一系列的秩，选取样本容量较小的一个样本的秩和作为秩和统计量，用 T 表示．秩和 T 的分布是一个间断而对称的分布，当两个样本容量都大于 10 时，秩和 T 近似服从正态分布，其期望和方差分别为 $\mu=\frac{n_1(n_1+n_2+1)}{2}$，$\sigma^2=\frac{n_1n_2(n_1+n_2+1)}{12}$，则 $X\dot{\sim}N\left(\frac{n_1(n_1+n_2+1)}{2},\ \frac{n_1n_2(n_1+n_2+1)}{12}\right)$.

3. 检验方法

两个样本的容量均小于 10. 先将两个样本数据混合并由小到大进行排列，标出秩；把样本容量较小的一组的各数据的秩相加，即秩和，用 T 表示；然后把 T 值与秩和检验表中显著性水平 α 下的临界值相比较，拒绝域为 $W=\{\{T\leqslant T_1\}\cup\{T\geqslant T_2\}\}$，若落入拒绝域，则表明两样本差异显著．

【例 5】 在某校大一的学生中随机抽取 6 名男生和 8 名女生的概率考试成绩如下表所示．问该年级男女生的概率成绩是否存在显著差异？

概率考试成绩表

男	90	80	68	89	78	88		
女	69	52	87	80	47	71	76	82

解：(1)提出假设：H_0：男女生的概率成绩不存在显著差异，H_1：男女生的概率成绩存在显著差异．因为男生数据少，则男生所有数据的秩为：3，7，8.5，12，13，14，秩和为 $T=3+7+8.5+12+13+14=57.5$，根据 $n_1=6$，$n_2=8$，$\alpha=0.05$，查秩和检验表，T 的上、下限分别为 $T_1=32$，$T_2=58$，有 $P\{T_1<T<T_2\}$，接受原假设，男女生的概率成绩不存在显著差异．

(2)两个样本的容量均大于 10. 当两个样本容量都大于 10 时，秩和 T 的分布接近于正态分布，因此可以用 Z 检验，统计量为：

$$Z=\frac{T-\frac{n_1(n_1+n_2+1)}{2}}{\sqrt{\frac{n_1\times n_2(n_1+n_2+1)}{12}}}\sim N(0,\ 1)$$

其中 T 为较小的样本的秩和，此时为 Z 检验.

【例 6】 某校教师讲课比赛后随机抽出两组老师的比赛成绩，见下表，问两组教师讲课的成绩是否有显著差异($\alpha=0.05$)?

讲课成绩表

一组	74	68	86	90	75	78	81	72	64	76	79	77		
二组	80	77	69	86	76	91	66	73	65	78	81	82	92	93

解：提出假设：H_0：两组成绩不存在显著差异，H_1：两组成绩存在显著差异．将两组数据排序，由于第一组数据较少，求第一组秩的和：

第一组数据的秩分别为：

8　4　21.5　23　9　14.5　18.5　6　1　10.5　16　12.5

$n_1=12$，$n_2=14$，$T=1+4+6+8+9+10.5+12.5+14.5+16+18.5+21.5+23=144.5$，有：

$$Z=\frac{T-\frac{n_1(n_1+n_2+1)}{2}}{\sqrt{\frac{n_1\times n_2(n_1+n_2+1)}{12}}}=\frac{144.5-\frac{12(12+14+1)}{2}}{\sqrt{\frac{12\times 14\times(12+14+1)}{12}}}=\frac{144.5-162}{19.44}=-0.90$$

因为 $|Z|=0.9<z_{0.025}=1.96$，则应接受原假设，即两组教师讲课的成绩不存在显著差异.

【例 7】 为了评估朴素贝叶斯(NB)、决策树(DT)两种学习算法的性能，在多个数据集上对两种算法进行比较．其准确率见下表：

数据集	1	2	3	4	5
朴素贝叶斯	0.6809	0.7017	0.7012	0.6913	0.6333
决策树	0.7524	0.8964	0.6803	0.9102	0.7758
数据集	6	7	8	9	10
朴素贝叶斯	0.6415	0.7216	0.7214	0.6578	0.7865
决策树	0.8154	0.6224	0.7585	0.9380	0.7524

解：提出假设：H_0：两种学习算法的性能不存在显著差异，H_1：两种学习算法的性能存在显著差异．将两组数据排序，求出第一组秩的和．第一组数据的

秩和为：$T=2+3+4+6+7+8+9+10+11+16=76$，根据 $n_1=10$，$n_2=10$，$\alpha=0.05$，查秩和检验表，T 的上、下限分别为 $T_1=83$，$T_2=127$，有 $P\{T<T_1\}$，拒绝原假设，两种学习算法的性能存在显著差异.

习题 8.3

1. 在某地区随机抽取 200 株柳树测量其胸径，如下表所示，检验该地区的柳树胸径是否服从正态分布？($\alpha=0.05$)

胸径分组	10—14	14—18	18—22	22—26	26—30	30—34	34—38	38—42	总和
组中值 x_i	12	16	20	24	28	32	36	40	
株数 f_i	3	14	22	52	59	31	15	4	200

2. 为了获得平均工资，某调查机构对某单位职工进行抽样调查，获得日人均收入的资料如下：

日人均收入	<40	[40, 60)	[60, 80)	[80, 100]	≥100
人数	5	16	40	27	12

计算 100 人的日人均收入 $\overline{X}=72.3$，样本方差 $S^2=20^2$. 问该单位职工的日人均收入是否服从正态分布 $N(72.3, 20^2)$($\alpha=0.05$)?

3. 每次检查牛奶的蛋白质的含量是否符合国家标准时，都抽取 10 包牛奶检查. 统计 100 次的检查结果，得到每 10 包牛奶中不合格的牛奶数量 X 的分布如下：

次品数 x_i	0	1	2	3	4	5	≥6
频数 f_i	32	45	17	4	1	1	0

在显著性水平 0.05 下是否可以认为每 10 包牛奶中不合格的牛奶数量 X 服从二项分布？

4. 为了考察一颗骰子是否均匀，将该骰子投掷了 120 次，得到下列结果：

点数	1	2	3	4	5	6
出现次数	23	26	21	20	15	15

则这个骰子是否均匀？($\alpha=0.05$)

5. 某急救中心在一小时内接到急救电话次数记录数据如下表所示：

呼吸次数	0	1	2	3	4	5	6	≥7
频数	8	16	17	10	6	2	1	0

这个分布能看作为泊松分布吗？($\alpha=0.05$)

6. 从一块地抽取 50 穗小麦，测量其植株高度，数据如下(单位：cm)：

15.0　15.8　15.2　15.1　15.9　14.7　14.8　15.5　15.6　15.3

15.1　15.3　15.0　15.6　15.7　14.8　14.5　14.2　14.9　14.9

15.2　15.0　15.3　15.6　15.1　14.9　14.2　14.6　15.8　15.2

15.9　15.2　15.0　14.9　14.8　14.5　15.1　15.5　15.5　15.1

15.1　15.0　15.3　14.7　14.5　15.5　15.0　14.7　14.6　14.2

是否可认为这批小麦的植株高度服从正态分布？($\alpha=0.05$)

7. 观察某种放射性金属放射的粒子数，共观察 100 次，结果如下：

i	0	1	2	3	4	5	6	7	8	9	10	11	≥12
n_i	1	5	16	17	26	11	9	9	2	1	2	1	0

其中 n_i 为观察到 i 个粒子的次数．次数 X 从理论上应服从泊松分布，则根据实验的结果，X 是否可认为服从泊松分布($\alpha=0.05$).

8. 某公司年终对其员工进行考核，分优、良、中、差四等，共抽取 100 人，评定结果为：优 19 人、良 39 人、中 35 人、差 7 人．试检验其分布的形式是否属于正态分布($\alpha=0.05$)？

9. 对两组人分别使用针灸药和运动减肥两种方法进行减肥治疗，一年后得到减肥结果如下：

针灸减肥：56，62，42，72，76

运动减肥：68，50，84，78，46，92

假设两组人的原始体重相同，则两种减肥方式有无显著差异($\alpha=0.05$)？

10. 对某班学生进行 100 米跑步测试，男生与女生跑步的时间如下，试检验男女生之间 100 米跑步速度有否显著差异($\alpha=0.05$)？

男生：19，32，21，34，19，25，25，31，31，27，22，26，26，29

女生：25，30，28，34，23，25，27，35，30，29，29，33，35，37，24，34，32

11. 某种商品有两种包装，今分别随机抽取若干个进行销售量测试，其结果如下：

甲(小时)：1610，1650，1680，1700，1750，1720，1800

乙(小时)：1580，1600，1640，1640，1700

试用秩和检验法检验两种包装的产品的销售量是否有显著差异？($\alpha=0.05$)

总习题八

一、选择题

1. 设 X_1，X_2，…，X_n 为来自正态总体 $N(\mu, \sigma^2)$ 的样本，σ^2 已知，在显著性水平 $\alpha=0.05$ 下接受 H_0：$\mu=\mu_0$. 若将 α 改为 0.01 时，下面结论中正确的是(　　).

A. 必拒绝 H_0　　　　B. 必接受 H_0

C. 犯第一类错误的概率变大　　　　D. 犯第二错误的概率变小

2. 在统计假设的显著性检验中，实际上是(　　).

A. 只控制第一类错误，即控制“拒真”错误

B. 在控制第一类错误的前提下，尽量减小此第二类错误(即受伪)的概率

C. 同时控制第一类错误和第二类错误

D. 只控制第二类错误，即控制“受伪”错误

3. 设对统计假设 H_0 构造了显著性检验方法，则下列结论错误的是(　　).

A. 对不同的样本观测值，所做的统计推理结果可能不同

B. 对不同的样本观测值，拒绝域不同

C. 拒绝域的确定与样本观测值无关

D. 对一样本观测值，可能因显著性水平的不同，而使推断结果不同

4. 在统计假设的显著性检验中，下列说法错误的是(　　).

A. 拒绝域和接收域的确定与显著性水平 α 有关

B. 拒绝域和接收域的确定与所构造的随机变量的分布有关

C. 拒绝域和接收域随样本观测的不同而改变

D. 拒绝域和接收域是互不相交的

5. 对于总体分布的假设检验问题：H_0：$F(x)=F_0(x)$，H_1：$F(x)\neq F_0(x)$，下列结论中错误的是(　　).

A. χ^2—拟合检验法只适用于 $F_0(x)$ 为正态分布函数的情形

B. 若 $F_0(x)$ 中含有未知参数，则要先对未知参数作极大似然估计

C. χ^2—拟合检验法应取形如 $\{x \mid \chi^2 \geqslant \chi^2_\alpha\}$ 的拒绝域

D. χ^2—拟合检验法的理论依据是所构造的统计量渐近于 χ^2—分布

6. 设总体 $X\sim N(\mu, \sigma^2)$，μ，σ^2 未知，对检验问题 H_0：$\sigma^2=\sigma_0^2$，H_1：$\sigma^2>\sigma_0^2$，取 $\alpha=0.05$ 进行 χ^2 检验，X_1，X_2，…，X_9 为样本，记 $\overline{X}=\frac{1}{9}\sum_{i=1}^{9}X_i, S^2=$

$\frac{1}{8}\sum_{i=1}^{9}(X_i-\overline{X})^2$. 下列对拒绝域 G 的取法正确的是(　　)

A. $G=\{(x_1, x_2, \cdots x_9) \mid S^2\leqslant\frac{\sigma_0^2}{8}\chi_{0.05}^2(8)\}$

B. $G=\{(x_1, x_2, \cdots x_9) \mid S^2\leqslant\frac{\sigma_0^2}{8}\chi_{0.975}^2(8)\}$ 或 $S^2\geqslant\frac{\sigma_0^2}{8}\chi_{0.025}^2(8)\}$

C. $G=\{(x_1, x_2, \cdots x_9) \mid S^2\geqslant\frac{\sigma_0^2}{8}\chi_{0.05}^2(8)\}$

D. $G=\{(x_1, x_2, \cdots x_9) \mid S^2\geqslant\frac{\sigma_0^2}{9}\chi_{0.05}^2(9)\}$

7. 在假设检验中，H_0 表示原假设，H_1 表示备择假设，则称为犯第二类错误的是(　　)

A. H_1 不真，接受 H_1　　B. H_0 不真，接受 H_1

C. H_0 不真，接受 H_0　　D. H_0 为真，接受 H_1

8. 设 $X_1, X_2, \cdots, X_n$ 为来自正态总体 $N(\mu, \sigma^2)$ 的样本，μ 和 σ^2 为未知参数，且 $\overline{X}=\frac{1}{n}\sum_{i=1}^{n}X_i, Q^2=\sum_{i=1}^{n}(X_i-\overline{X})^2$，则检验假设 H_0：$\mu=0$ 时，应选取的统计量为(　　)

A. $\sqrt{n(n-1)}\frac{\overline{X}}{Q}$　　B. $\sqrt{n}\frac{\overline{X}}{Q}$

C. $\sqrt{n-1}\frac{\overline{X}}{Q}$　　D. $\sqrt{n}\frac{\overline{X}}{Q^2}$

9. 在统计假设的显著性检验中，下列结论错误的是(　　)

A. 显著性检验的基本思想是“小概率原则”，即小概率事件在一次试验中是几乎不可能发生

B. 显著性水平 α 是该检验犯第一类错误的概率，即“拒真”概率

C. 记显著性水平为 α，则 $1-\alpha$ 是该检验犯第二类错误的概率，即“受伪”概率

D. 若样本值落在“拒绝域”内则拒绝原假设

10. 设总体分布为 $N(\mu, \sigma^2)$，若 μ 已知，则要检验 H_0：$\sigma^2\geqslant100$，采用的统计量为(　　)

A. $\frac{\overline{X}-\mu}{S/\sqrt{n}}$　　B. $\frac{(n-1)S^2}{\sigma^2}$

C. $\frac{\sum_{i=1}^{n}(X_i-\mu)^2}{100}$　　D. $\frac{\sum_{i=1}^{n}(X_i-\overline{X})^2}{100}$

二、填空题

1. 设两正态总体 $N(\mu_1, \sigma_1^2)$ 和 $N(\mu_2, \sigma_2^2)$ 有两组相互独立样本，容量分别为 n_1，n_2，均值分别为 $\overline{X}_1$，$\overline{X}_2$，且 σ_1^2 和 σ_2^2 为已知，要对 $\mu_1-\mu_2$ 作假设检验，统计假设为 H_0：$\mu_1-\mu_2=0$，H_1：$\mu_1-\mu_2<0$，则使用的检验统计量为__________. 给定显著水平 α，则检验的拒绝域为__________.

2. 设样本 $(X_1, X_2, \cdots, X_n)$ 抽自总体 $X\sim N(\mu, \sigma^2)$，μ，σ^2 均未知. 要对 μ 作假设检验，统计假设为 H_0：$\mu=\mu_0$，（μ_0 已知），H_1：$\mu>\mu_0$，则要用检验统计量为__________，给定显著水平 α，则检验的拒绝域为__________.

3. 对正态总体方差 σ^2 未知情形，检验假设 H_0：$\mu=21$，H_1：$\mu>21$，抽取了一个容量 $n=17$ 的样本，计算得 $\overline{X}=23$，$S^2=(3.98)^2$，利用__________分布对 H_0 作检验，检验水平 $\alpha=0.05$，检验结果为 H_0 __________.

4. 设两正态总体 $X\sim N(\mu_1, \sigma_1^2)$ 和 $Y\sim N(\mu_2, \sigma_2^2)$ 有两组相互独立的样本 $(X_1, \cdots, X_n)$ 及 $(Y_1, \cdots, Y_n)$，均值为 $\overline{X}$ 及 $\overline{Y}$，样本方差为 S_1^2，S_2^2. μ_1 及 μ_2 未知，要对 σ_1^2/σ_2^2 作假设检验，统计假设为 H_0：$\sigma_1^2=\sigma_2^2$，H_1：$\sigma_1^2\neq\sigma_2^2$，则要用检验统计量为__________. 给定显著水平 α，则检验的拒绝域为__________.

5. 设样本 $X_1, X_2, \cdots, X_n$ 来自总体 $X\sim N(\mu, \sigma^2)$，μ 已知，要对 σ^2 作假设检验，统计假设为 H_0：$\sigma^2=\sigma_0^2$，H_1：$\sigma^2<\sigma_0^2$，则使用的检验统计量为______，给定显著水平 α，则检验的拒绝域为__________.

三、计算题

1. 某阀门厂的零件钻孔的孔径方差显著地不超过 0.2，则认为是合格的，由容量 $n=46$ 的样本求得 $S^2=0.3$，在显著性水平 0.05 下，可以认为这批产品是合格的吗？假定孔径服从正态分布.

2. 假设某厂生产的锂电池的寿命服从正态分布，从一批锂电池随机抽取 20 进行寿命测试，算得样本均值为 1700 小时，样本标准差为 490 小时. 在显著性水平 $\alpha=0.05$ 下能否断言这批锂电池的平均寿命小于 2000 小时？

3. 某厂使用 A，B 两种不同的设备生产香皂，比较哪个设备更适合使用. 取设备 A 生产的样品 220 块，测得平均厚度和厚度的方差为 2.46 和 0.57^2，设备 B 生产的香皂 205 块，样本均值为 2.55，样本方差为 0.48^2，设这两总体都服从正态分布且方差相同，问 $\alpha=0.05$ 下能否认为用设备 B 的产品平均厚度比用设备 A 的要大.

4. 某公司从甲乙两个生产商购买了牛奶，由于怀疑是否在牛奶中掺水，分别从甲，乙两个生产商提供的牛奶中抽取 10 批和 8 批进行冰点测量，测得样本均方差 $S_1=0.1179$，$S_2=0.0728$，设两个生产商生产的牛奶的冰点都服从正态分布，试问甲乙两个牛奶生产商提供的牛奶的均方差有无显著差异($\alpha=0.05$)？

5. 质检部门对某厂生产的产品进行质量检查，如果次品率 $p\leqslant 0.05$，则这批产品可以通过检查，否则不能通过检查，现从这批产品中抽查400件产品，发现有32件是次品，问(1)在显著性水平$\alpha=0.02$下，这批产品能否通过检查?(2)在其他条件不变时，若抽查100件产品，发现有8件是次品，该批产品能否通过检查?

6. 有甲乙两个人对某一产品进行直播，现统计到每小时两人卖出的产品的数量如下表所示：

甲	7	8	10	25	26	27	30	35
乙	3	28	29	42	72	84	101	

试用秩和检验法检验这两人销售的能力有无显著差异($\alpha=0.05$).

第八章　知识结构思维导图

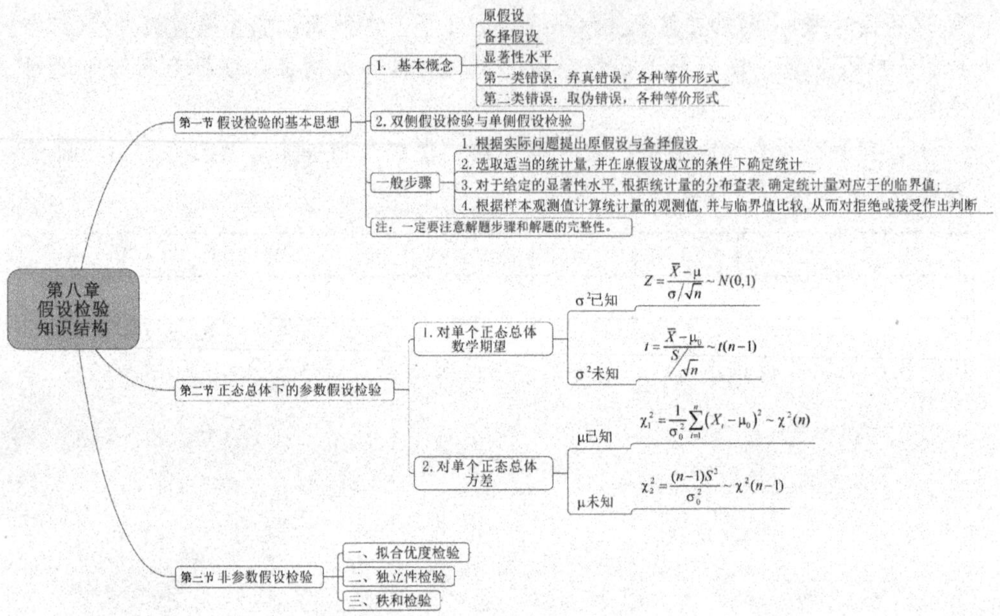

第九章　方差分析

在第八章假设检验中，我们研究了单个正态总体的均值的 t 检验和两个正态总体均值差的 t 检验．但是如果需要检验多个正态总体的均值是否相等的问题，则需要进行多次 t 检验．此时上一章介绍的方法就不适用了，太烦琐．这种问题需要用方差分析的方法来解决．

方差分析是 20 世纪 20 年代发展起来的一种统计方法．方差分析主要用来检验两个以上正态总体的均值是否相等，但是在判断均值之间是否有差异时，需要使用方差，所以称为方差分析．比如方差分析对于比较不同品种的水稻的亩产量差异，不同生产工艺产品质量的差异等是否显著时，是非常有用的．方差分析分为单因素方差分析、双因素方差分析和多因素方差分析．本章只介绍单因素和双因素方差分析．

第一节　单因素方差分析

一、问题的提出

【例 1】 对某种作物取四种不同的施肥方案，进行亩产量试验，每种方案用于一块试验地，亩产量如下表所示，问施肥方案的不同，对亩产量有无显著影响?

试验地	亩产量				
试验号 1	67	98	60	79	90
试验号 2	67	96	69	64	70
试验号 3	45	91	50	81	79
试验号 4	52	66	35	70	88

比较四块试验地的亩产量是否相同，其实就是比较四块地的均值是否相同．下面介绍几个方差分析常用的术语：因素、水平、指标．

把试验中考察的结果称为指标；把对试验结果发生影响和起作用的需要考察的可控制的条件称为因素．为考察某因素对指标的影响，把其他因素固定，把该因素控制在几个不同水平上进行试验．仅仅研究该因素对于试验结果的影响和作用的方差分析，就称为单因素方差分析(*one*－*way ANOVA*)．因素在试验中所处的每一状态或等级称为水平．

在本例中，指标就是亩产量，因素是施肥方案，四种施肥方案称为因素的四个水平．方差分析要检验的问题就是四个水平对亩产量的影响．如果四种施肥方案下亩产量相同，则可以从经济成本等方面进行选择即可．如果不相同，找出亩产量最高的那种施肥方案，进行施肥，以便提高亩产量．为了讨论方差分析的问题，先做一些基本的假设．比如正态性假设、独立性假设以及方差齐性．满足这三个假设，就可以进行方差分析．

在机器学习中按照不同的标签类别将特征划分为不同的总体，想要检验的是不同总体之间均值是否相同(或者是否有显著性差异)，此时可以使用 F 检验进行单因素方差分析．方差分析的基本思想是将不同类别之间的差异与随机误差作比较，如果二者之比大于某一临界值，则可拒绝原假设，即不同类别间样本均值不全相等，这也意味着样本特征对于类别有一定的区分度．

二、建立统计模型

一般地，指标亩产量受因素施肥方案 A 的影响，它可以取 r 个不同的水平：A_1，A_2，…，A_r. 在因素 A 的各个水平 A_i 下进行 n_i 次试验，结果分别为 x_{i1}，x_{i2}，…，x_{in_i}，每一个水平下的指标看成一个总体，记作 X_i，一共有 r 个水平，这样就有 r 个总体．在进行方差分析前先进行如下假设：

(1)正态性假设，即每个总体服从正态分布：$X_i \sim N(\mu_i, \sigma_i^2)$，$i=1, 2, \cdots, r$；

(2)方差齐性，即各个总体的方差都是相等的，记为 $\sigma_1^2=\sigma_2^2=\cdots=\sigma_r^2=\sigma^2$；

(3)独立性假设，从每一个总体 X 中抽取的样本是相互独立的，即 X_{ij}($i=1, 2, \cdots, r$，$j=1, 2, \cdots, n_i$)独立．

要检验的假设为

$$H_0: \mu_1=\mu_2=\cdots=\mu_r, \quad H_1: \text{诸 } \mu_i \text{ 不全相等} \tag{1}$$

由此可见，方差分析是通过比较和检验在因素的不同水平下均值之间是否存在显著的差异来测定因素的不同水平对因变量的影响和作用的差异．

若原假设成立，则因素的不同水平对指标的影响无显著差异．若原假设不成立，则因素的不同水平对指标的影响有显著差异，我们可以通过参数估计的方法给出每个水平的均值的点估计和区间估计，从而给出哪个水平对指标的影响更大.

为了更好的讨论原假设问题，现在给出方差分析的统计模型：设第 i 个总体 A_i 下的样本均值为 μ_i，而实际样本观测值 X_{ij} 与 μ_i 不可能完全相同，中间会有随机误差 ε_{ij}，且 ε_{ij} 服从正态分布，则有

$$\begin{cases} X_{ij}=\mu_i+\varepsilon_{ij} \\ \varepsilon_{ij}\sim N(0,\ \sigma^2),\ i=1,\ 2,\ \cdots,\ r,\ j=n_1,\ n_2,\ \cdots,\ n_i \\ \varepsilon_{ij}\text{独立} \end{cases} \tag{2}$$

令总的均值为 $\mu=\frac{1}{n}\sum_{i=1}^{r}n_i\mu_i$，且 $n_1+n_2+\cdots+n_r=n$，n 为总的试验次数.

$\alpha_i=\mu_i-\mu$ 称为第 i 个水平的效应，则 $\sum_{i=1}^{r}n_i\alpha_i=\sum_{i=1}^{r}n_i\mu_i-n\mu=0$. 此时假设 H_0：$\mu_1=\mu_2=\cdots=\mu_r$，H_1：诸 μ_i 不全相等，$i=1,\ 2,\ \cdots,\ r$ 变成

$$H_0:\ \alpha_1=\alpha_2=\cdots=\alpha_r=0,\ H_1:\text{诸}\ \alpha_i\ \text{不全为}\ 0,\ i=1,\ 2,\ \cdots,\ r \tag{3}$$

(2)式变为

$$\begin{cases} X_{ij}=\alpha_i+\mu+\varepsilon_{ij} \\ \varepsilon_{ij}\sim N(0,\sigma^2) \\ \sum_{i=1}^{r}n_i\alpha_i=0 \end{cases} \text{独立},i=1,2,\cdots,r,j=n_1,n_2,\cdots,n_i \tag{4}$$

下面进行平方和分解.

三、平方和分解

先定义总的离差平方和为各样本观察值与总的均值的偏平方和，记作 $S_T=\sum_{i=1}^{r}\sum_{j=1}^{n_i}(X_{ij}-\overline{X})^2$，给出如下记号：$\overline{X}_{i\cdot}=\frac{1}{n_i}\sum_{j=1}^{n_i}X_{ij}$（第 i 个水平下的样本均值），$T_i=\sum_{j=1}^{n_i}X_{ij}=n_i\overline{X}_{i\cdot}$，$\overline{X}=\frac{1}{n}\sum_{i=1}^{r}\sum_{j=1}^{n_i}X_{ij}$ 表示所有样本的总均值，$T=\sum_{i=1}^{r}\sum_{j=1}^{n_i}X_{ij}=n\overline{X}$，$\bar{\varepsilon}_{i\cdot}=\frac{1}{n_i}\sum_{j=1}^{n_i}\varepsilon_{ij}$（第 i 个水平下的误差），$\bar{\varepsilon}=\frac{1}{n}\sum_{i=1}^{r}\sum_{j=1}^{n_i}\varepsilon_{ij}$ 表示所有样本的总误差. 如下表所示：

水平	1	2	…	n_i	n_i	$\sum_{j=1}^{n_i} x_{ij}=T_i$	$(T_i)^2/n_i$	$\sum_{j=1}^{n_i} X_{ij}^2$
A_1	X_{11}	X_{12}	…	X_{1n_1}	n_1	T_1	$(T_1)^2/n_1$	$\sum_{j=1}^{n_1} X_{1j}^2$
A_2	X_{21}	X_{22}	…	X_{2n_2}	n_2	T_2	$(T_2)^2/n_2$	$\sum_{j=1}^{n_2} X_{2j}^2$
…								
A_r	X_{r1}	X_{r2}	…	X_{m_r}	n_r	T_r	$(T_r)^2/n_r$	$\sum_{j=1}^{n_r} X_{rj}^2$
求和					n	T	$\sum_{i=1}^{r}(T_i)^2/n_i$	$\sum_{i=1}^{r}\sum_{j=1}^{n_i} X_{ij}^2$

将总的离差平方和分解：

$$S_T=\sum_{i=1}^{r}\sum_{j=1}^{n_r}(X_{ij}-\overline{X})^2=\sum_{i=1}^{r}\sum_{j=1}^{n_i}[(X_{ij}-\overline{X}_{i.})+(\overline{X}_{i.}-\overline{X})]^2$$
$$=\sum_{i=1}^{r}\sum_{j=1}^{n_i}(X_{ij}-\overline{X}_{i.})^2+\sum_{i=1}^{r}\sum_{j=1}^{n_i}(\overline{X}_{i.}-\overline{X})^2$$
$$+2\sum_{i=1}^{r}\sum_{j=1}^{n_i}(X_{ij}-\overline{X}_{i.})(\overline{X}_{i.}-\overline{X})$$
$$=\sum_{i=1}^{r}\sum_{j=1}^{n_i}(X_{ij}-\overline{X}_{i.})^2+\sum_{i=1}^{r}\sum_{j=1}^{n_i}(\overline{X}_{i.}-\overline{X})^2=S_E+S_A$$

其中 $\sum_{i=1}^{r}\sum_{j=1}^{n_i}(X_{ij}-\overline{X}_{i.})(\overline{X}_{i.}-\overline{X})=\sum_{i=1}^{r}(\overline{X}_{i.}-\overline{X})\left(\sum_{j=1}^{n_i}(X_{ij}-\overline{X}_{i.})\right)=0$

$S_E=\sum_{i=1}^{r}\sum_{j=1}^{n_i}(X_{ij}-\overline{X}_{i.})^2$ 表示同一组内，由于随机误差影响所产生的离差平方和，称为组内离差平方和，简称组内平方和．$S_A=\sum_{i=1}^{r}\sum_{j=1}^{n_i}(\overline{X}_{i.}-\overline{X})^2$ 表示不同的组之间，由于因素的不同水平影响所产生的离差平方和，称为组间离差平方和，简称为组间平方和．

平方和分解：$S_T=S_E+S_A$．下面研究组内平方和和组间平方和的分布．

四、离差平方和的分布

由 $X_{ij}\sim N(\mu_i,\ \sigma^2)$，得$\dfrac{S_T}{\sigma^2}=\sum\limits_{i=1}^{r}\sum\limits_{j=1}^{n_i}(X_{ij}-\overline{X})^2\sim\chi^2(n-1)$.

下面考虑组间平方和，$S_A=\sum\limits_{i=1}^{r}\sum\limits_{j=1}^{n_i}(\overline{X}_{i.}-\overline{X})^2=\sum\limits_{i=1}^{r}n_i(\overline{X}_{i.}-\overline{X})^2$. 因为 $X_{i.}\sim N(\mu_i,\ \dfrac{\sigma^2}{n_i})$，$\overline{X}=\dfrac{1}{n}\sum\limits_{i=1}^{r}\sum\limits_{j=1}^{n_i}X_{ij}=\dfrac{1}{n}\sum\limits_{i=1}^{r}\overline{X}_{i.}$，当(1)中原假设成立，即 $\mu_1=\mu_2=\cdots=\mu_r$ 时，有 $\sum\limits_{i=1}^{r}(\overline{X}_{i.}-\overline{X})^2/\dfrac{\sigma^2}{n_i}\sim\chi^2(r-1)$，$\dfrac{S_A}{\sigma^2}\sim\chi^2(r-1)$. 而

$$
\begin{aligned}
E(S_A)&=E\sum_{i=1}^{r}n_i(\overline{X}_{i.}-\overline{X})^2=E\sum_{i=1}^{r}n_i(\overline{X}_i^2-2\overline{X}\overline{X}_{i.}+\overline{X}^2)\\
&=E(\sum_{i=1}^{r}n_i\overline{X}_{i.}^2-2n\overline{X}^2+n\overline{X}^2)\\
&=\sum_{i=1}^{r}n_iE\overline{X}_{i.}^2-nE\overline{X}^2=\sum_{i=1}^{r}n_i[D(\overline{X}_{i.})+E^2(\overline{X}_{i.})]-n[D(\overline{X})+E^2(\overline{X})]\\
&=\sum_{i=1}^{r}n_i\left[\frac{\sigma^2}{n_i}+(\mu+\alpha_i)^2\right]-n\left(\frac{\sigma^2}{n}+\mu^2\right)\\
&=(r-1)\sigma^2+n\mu^2+2\mu\sum_{i=1}^{r}n_i\alpha_i+\sum_{i=1}^{r}n_i\alpha_i^2-n\mu^2\\
&=(r-1)\sigma^2+\sum_{i=1}^{r}n_i\alpha_i^2
\end{aligned}
$$

再考虑组内平方和

$$
\begin{aligned}
E(S_E)&=E\sum_{i=1}^{r}\sum_{j=1}^{n_i}(X_{ij}-\overline{X}_{i.})^2=E(\sum_{i=1}^{r}\sum_{j=1}^{n_j}\overline{X}_{ij}^2-2\sum_{i=1}^{r}\sum_{j=1}^{n_i}X_{ij}\overline{X}_{i.}+\sum_{i=1}^{r}\sum_{j=1}^{n_i}\overline{X}_{i.}^2)\\
&=E(\sum_{i=1}^{r}\sum_{j=1}^{n_i}X_{ij}^2-\sum_{i=1}^{r}n_i\overline{X}_{i.}^2)=\sum_{i=1}^{r}\sum_{j=1}^{n_i}E(X_{ij}^2)-\sum_{i=1}^{r}n_iE(\overline{X}_{i.}{}^2)\\
&=\sum_{i=1}^{r}\sum_{j=1}^{n_i}[D(X_{ij})+E^2(X_{ij})]-\sum_{i=1}^{r}n_i[D(\overline{X}_{i.})+E^2(\overline{X}_{i.})]\\
&=\sum_{i=1}^{r}\sum_{j=1}^{n_i}[\sigma^2+(\mu+\alpha_i)^2]-\sum_{i=1}^{r}n_i\left[\frac{\sigma^2}{n_i}+(\mu+\alpha_i)^2\right]=(n-r)\sigma^2
\end{aligned}
$$

定理 1　对于模型(4)，当原假设 $\alpha_1=\alpha_2=\cdots=\alpha_r=0$ 成立时有

(1)$\dfrac{S_A}{\sigma^2}\sim\chi^2(r-1)$；(2)$\dfrac{S_E}{\sigma^2}\sim\chi^2(n-r)$；(3)$S_E$，$S_A$ 独立

定理 2　当原假设 $\alpha_1=\alpha_2=\cdots=\alpha_r=0$ 成立时有

$$F=\frac{S_A}{(r-1)\sigma^2}/\frac{S_E}{(n-r)\sigma^2}=\frac{S_A}{(r-1)}/\frac{S_E}{(n-r)}\sim F(r-1,\ n-r)$$

五、假设检验

检验统计量为 $F=\frac{S_A}{(r-1)}/\frac{S_E}{(n-r)}\sim F(r-1,\ n-r)$，当原假设成立时，$E(S_A)=(r-1)\sigma^2$，原假设不成立时，$E(S_A)=(r-1)\sigma^2+\sum_{i=1}^{r}n_i\alpha_i^2$，所以拒绝域为 $W=\{F\geqslant F_\alpha(r-1,\ n-r)\}$，接受原假设，认为不同水平的均值间的差异不显著．拒绝原假设，认为不同水平的均值间的差异显著．

方差分析表

方差来源	离差平方和	自由度	均方差	检验统计量 F 的值
组间	S_A	$r-1$	$\overline{S}_A=S_A/r-1$	$F=\overline{S}_A/\overline{S}_E$
组内	S_E	$n-r$	$\overline{S}_E=S_E/n-r$	
总和	S_T	$n-1$		

计算公式：

$$S_T=\sum_{i=1}^{r}\sum_{j=1}^{n_i}X_{ij}^2-n\overline{X}^2=\sum_{i=1}^{r}\sum_{j=1}^{n_i}X_{ij}^2-\frac{T^2}{n},S_A=\sum_{i=1}^{r}\frac{T_i^2}{n_i}-\frac{T^2}{n},S_E=S_T-S_A$$

对例 1 进行求解，取 $\alpha=0.01$. 原假设为：H_0：$\mu_1=\mu_2=\mu_3=\mu_4$，这是一个单因素方差分析问题，由数据可算得：

地块	n_i	$\sum_{j=1}^{n_i}x_{ij}=T_i$	$(T_i)^2/n_i$	$\sum_{j=1}^{n_i}x_{ij}^2$
A_1	5	394	31047.2	32034
A_2	5	366	26791.2	27462
A_3	5	346	23943.2	25608
A_4	5	311	19344.2	20929
求和	20	1417	101125.8	106033

$\overline{X}=70.85,n_1=n_2=n_3=n_4=5,n=\sum_{i=1}^{4}n_i=20,S_T=\sum_{i=1}^{r}\sum_{j=1}^{n_i}X_{ij}^2-\frac{T^2}{n}=5638.55,S_A=\sum_{i=1}^{r}\frac{T_i^2}{n_i}-\frac{T^2}{n}=731,S_E=S_T-S_A=4907.2$，列出方差分析表：

方差来源	平方和	自由度	均方和	F 值
组间	731	3	243.67	
组内	4907.2	16	306.722	0.794
总和	5638.55	19		

由于 $F=0.794<F_{0.01}(3, 16)=5.29$，故接受 H_0，即认为不同的施用肥方案，对该农作物的亩产量无显著影响．

六、参数估计

当拒绝原假设时，因素的不同水平对指标的影响有显著性差异，那么到底哪个对指标的影响更大些呢？下面利用前面所学的极大似然估计和区间估计给出各个参数的估计．

1. 点估计

下面使用极大似然方法求出总的均值 μ、各主效应 α_i 和误差方差 σ^2 的估计．

因为 $X_{ij}\sim N(\alpha_i+\mu, \sigma^2)$，$i=1, 2, \cdots, r$，$j=n_1, n_2, \cdots, n_r$，写出似然函数：

$$L(\alpha_i, \mu, \sigma^2)=\left(\frac{1}{\sqrt{2\pi}\sigma}\right)^n e^{-\sum\limits_{i=1}^{r}\sum\limits_{j=1}^{n_i}\frac{(X_{ij}-\alpha_i-\mu)^2}{2\sigma^2}}$$

取对数：$\ln L(\alpha_i, \mu, \sigma^2)=nln\dfrac{1}{\sqrt{2\pi}}-\dfrac{n}{2}ln\sigma^2-\sum\limits_{i=1}^{r}\sum\limits_{j=1}^{n_i}\dfrac{(X_{ij}-\alpha_i-\mu)^2}{2\sigma^2}$

$$\frac{\partial LnL(\alpha_i, \mu, \sigma^2)}{\partial \mu}=-\frac{2}{2\sigma^2}\sum_{i=1}^{r}\sum_{j=1}^{n_i}(X_{ij}-\alpha_i-\mu)=0, \hat{\mu}=\overline{X}$$

$$\frac{\partial lnL(\alpha_i, \mu, \sigma^2)}{\partial \alpha_i}=-\frac{2}{2\sigma^2}\sum_{j=1}^{n_i}(X_{ij}-\alpha_i-\mu)(-1)=0, \hat{\alpha}_i=\overline{X}_{i.}-\overline{X}, \hat{\mu}_i=\overline{X}_{i.}$$

$$\frac{\partial lnL(\alpha_i, \mu, \sigma^2)}{\partial \sigma^2}=-\frac{n}{2\sigma^2}+\sum_{i=1}^{r}\sum_{j=1}^{n_i}\frac{(X_{ij}-\alpha_i+\mu)^2}{2\sigma^4}=0, \hat{\sigma}^2=\sum_{i=1}^{r}\sum_{j=1}^{n_i}(X_{ij}-\overline{X}_{i.})^2=S_E$$

因为$\dfrac{S_E}{\sigma^2}\sim\chi^2(n-r)$，$S_E$ 不是 σ^2 的无偏估计，可修偏为 $\hat{\sigma}^2=\dfrac{S_E}{n-r}$.

2. 区间估计

(1)μ_i 的区间估计

由于 $X_{i.}\sim N(\mu_i, \dfrac{\sigma^2}{n_i})$，有 $\dfrac{\overline{X}_{i.}-\mu_i}{\sqrt{\sigma^2/n_i}}\sim N(0, 1)$，而 $\dfrac{S_E}{\sigma^2}\sim\chi^2(n-r)$，则有

$\dfrac{\overline{X}_{i.}-\mu_i}{\sqrt{\sigma^2/n_i}}\Big/\sqrt{\dfrac{S_E}{(n-r)\sigma^2}}=\dfrac{\sqrt{n_i}(\overline{X}_{i.}-\mu_i)}{\hat{\sigma}}\sim t(n-r)$，$\hat{\sigma}^2=\dfrac{S_E}{n-r}$，所以 μ_i 的区间估计为

$(\overline{X}_{i.}\pm t_{\frac{\alpha}{2}}(n-r)\hat{\sigma}/\sqrt{n_i})$.

(2)σ^2 的区间估计

由$\frac{S_E}{\sigma^2}\sim\chi^2(n-r)$，则 σ^2 的区间估计为$\left(\frac{S_E}{\chi^2_{\frac{\alpha}{2}}(n-r)},\ \frac{S_E}{\chi^2_{1-\frac{\alpha}{2}}(n-r)}\right)$.

接续例 1，求例 1 中的参数 μ_1 至 μ_4 的点估计和区间估计.

μ_1 至 μ_4 的极大似然估计分别为：

$$\hat{\mu}_1=\overline{X}_{1.}=78.8,\ \hat{\mu}_2=\overline{X}_{2.}=73.2,\ \hat{\mu}_3=\overline{X}_{3.}=69.2,\ \hat{\mu}_4=\overline{X}_{4.}=62.2$$

由上面估计可以看出第一个水平是最优的.

μ_1 至 μ_4 的区间估计分别为：

$\overline{X}_{1.}\pm t_{\frac{\alpha}{2}}(n-r)\hat{\sigma}/\sqrt{n_1}=\frac{394}{5}\pm t_{0.025}(16)\sqrt{\frac{4637.2}{16}}/\sqrt{5}$，即为(62.6602, 94.9398)；

$\overline{X}_{2.}\pm t_{\frac{\alpha}{2}}(n-r)\hat{\sigma}/\sqrt{n_2}=\frac{366}{5}\pm t_{0.025}(16)\sqrt{\frac{4637.2}{16}}/\sqrt{5}$，即为(57.0602, 89.3398)；

$\overline{X}_{3.}\pm t_{\frac{\alpha}{2}}(n-r)\hat{\sigma}/\sqrt{n_3}=\frac{346}{5}\pm t_{0.025}(16)\sqrt{\frac{4637.2}{16}}/\sqrt{5}$，即为(53.0602, 85.3398)；

$\overline{X}_{4.}\pm t_{\frac{\alpha}{2}}(n-r)\hat{\sigma}/\sqrt{n_4}=\frac{311}{5}\pm t_{0.025}(16)\sqrt{\frac{4637.2}{16}}/\sqrt{5}$，即为(46.0602, 78.3398).

习题 9.1

1. 有四个品种的小麦，看它们在亩产量(单位为%)方面有无明显的不同，试验结果如下.

品种	A_1	A_2	A_3	A_4
亩产量	87.4　85.0　80.2	56.2　62.4	55.0　48.2	75.2　72.3　81.3

则四个品种的小麦在亩产量方面是否存在显著差异？($\alpha=0.01$)

2. 企业为了提高生产的效率，实行三班倒的制度. 随机抽取 12 人，等分成三组，A 组做早班，B 组做晚班，C 组做夜班，分别记录他们完成同一种工作的完工时间，数据如下：

组别	完工时间			
A 早班	5.2	5.6	5.8	5.4
B 晚班	5.4	4.9	6.1	6.6
C 夜班	6.1	5.8	5.9	7.2

试利用方差分析的方法，在显著性水平 $\alpha=0.05$ 下分析不同的班次对工作效率是否有显著性影响？

3. 现从三个专业中随机地抽取一些学生进行概率论与数理统计期中测试，记录他们的成绩见下表：

专业	成绩													
甲	73	89	82	43	80	73	65	62	47	95	60	77		
乙	88	78	48	91	54	85	74	77	50	78	65	76	96	80
丙	68	80	55	93	72	71	87	42	61	68	53	79	15	

假定三个班级的学生考试成绩分别服从 $N(a_1, \sigma^2)$、$N(a_2, \sigma^2)$、$N(a_3, \sigma^2)$，试问三个班级的考试平均成绩有无显著差异($\alpha=0.05$)？

4. 将一块地划分为三小块，分别种植甲、乙、丙三种种子的高粱．假设这三种种子的亩产量都服从正态分布，且具有方差齐性．现将这三种种子在相同的条件下各进行 15 次产量测试，测量它们的亩产量，并经计算得到三组样本的均值分别为：$\overline{X}_1=1671$，$\overline{X}_2=1696$，$\overline{X}_3=1761$；三组样本的方差分别为：$S_1^2=756.58$，$S_2^2=643.84$，$S_3^2=740.26$. 假设这三组样本相互独立．问：这三种种子的亩产量有无显著差异($\alpha=0.05$)？

5. 有四家工厂生产五号电池，为了评比其质量，在每个厂家生产的电池中随机抽取若干灯泡测得其寿命(单位：小时)数据如表所示：

电池	使用寿命							
甲	1600	1610	1650	1680	1700	1720	1800	
乙	1580	1640	1640	1700	1750			
丙	1460	1550	1600	1640	1660	1740	1620	1820
丁	1510	1520	1530	1570	1600	1680		

要求根据上述试验结果，在显著性水平 $\alpha=0.05$ 下，检验电池的平均寿命是否显有著差异．

6. 有三台机器生产同一型号的螺丝，测量三台机器所生产的螺丝的直径(单位：毫米)，得结果如下表所示．试分析不同机器生产的螺丝的直径有无显著差异(α=0.05)?

机器	螺丝直径				
1	0.236	0.238	0.248	0.245	0.243
2	0.257	0.253	0.255	0.254	0.261
3	0.258	0.264	0.259	0.267	0.262

7. 为了了解学生的身体素质情况，某校对四个班级的学生进行五次体能测试，以百分为满分，各班级的平均分数如下表，问在5%的显著水平下，各班级的身体素质是否有显著差异?

班别	平均分数				
A	68	75	69	65	74
B	60	64	65	68	63
C	67	63	66	68	69
D	69	68	72	67	65

第二节　双因素方差分析

在实际应用中，试验指标往往受多个因素的影响．不仅这些因素会影响试验结果，而且这些因素的不同水平的搭配也会影响试验结果．例如：某些合金，当单独加入元素 A 或元素 B 时，性能变化不大，但当同时加入元素 A 和 B 时，合金性能的变化就特别显著．数理统计中把多因素不同水平搭配对试验指标的影响称为交互作用．交互作用在多因素的方差分析中，当成一个新因素来处理．在本节中我们只研究两个因素的方差分析．

方差分析可用于控制一个或多个自变量来检验其与因变量的关系，进而检测某种实验效果，就一般的特征选择问题而言，和卡方检验一样，我们依然比较关心的是特征的相对重要性，所以可以按每个特征 F 值的大小进行排序，去除 F 值小的特征．

双因素方差分析（*Two*－*way ANOVA*）有两种类型：一个是无交互作用的双因素方差分析，它假定因素 A 和因素 B 的效应之间是相互独立的，不存在相互关系；另一个是有交互作用的双因素方差分析，它假定因素 A 和因素 B 的结合会产生出一种新的效应．例如，若假定不同地区的消费者对某种品牌有与其他地区消费者不同的特殊偏爱，这就是两个因素结合后产生的新效应，属于有交互作用的背景；否则，就是无交互作用．

假设某个试验中有两个可控因素在变化，因素 A 有 r 个水平，记作 A_1，A_2，…，A_r；因素 B 有 s 个水平，记作 B_1，B_2，…，B_s；而 A 与 B 的不同水平组合 A_iB_j（$i=1$，2，…，r，$j=1$，2，…，s）共有 rs 个，每个水平组合称为一个处理，每个处理只作一次试验，得 rs 个观测值 x_{ij}，（$i=1$，2，…，r；$j=1$，2，…，s），$n=rs$，得双因素无重复实验表．X_i 称为因素 A 第 i 个水平的总体，$X_{.j}$ 称为因素 B 第 j 个水平的总体．

一、无交互作用的双因素方差分析

1. 建立模型

类似于单因素方差分析，有 3 个假设：正态性，独立性，方差齐性．为了更好的讨论原假设问题，现在给出方差分析的统计模型：设 A 的第 i 个水平 A_i 与 B 的第 j 个水平下的样本均值为 μ_{ij}，而实际样本观测值 X_{ij} 与 μ_{ij} 不可能完全相同，中间会有随机误差 ε_{ij}，且 ε_{ij} 服从正态分布，则有

$$\begin{cases} x_{ij}=\mu_{ij}+\varepsilon_{ij} \\ \varepsilon_{ij}\sim N(0,\ \sigma^2),\ i=1,\ 2,\ \cdots,\ r,\ j=1,\ 2,\ \cdots,\ s \\ \varepsilon_{ij}\text{独立} \end{cases} \tag{1}$$

令总的均值为 $\mu=\dfrac{1}{n}\sum_{i=1}^{r}\sum_{j=1}^{s}\mu_{ij}$，且 $rs=n$，n 为总的试验次数．$\mu_{i\cdot}=\dfrac{1}{s}\sum_{j=1}^{s}\mu_{ij}$ 称为 A 的第 i 个水平的均值．$\mu_{.j}=\dfrac{1}{r}\sum_{i=1}^{r}\mu_{ij}$ 称为 B 的第 j 个水平的均值．

$\alpha_i=\mu_{i.}-\mu$（$i=1$，2，…，r）称为 A 的第 i 个水平的效应，则 $\sum_{i=1}^{r}\alpha_i=0$．

$\beta_j=\mu_{.j}-\mu$（$j=1$，2，…，s）称为 B 的第 j 个水平的效应，则 $\sum_{j=1}^{s}\beta_j=0$．

此时提出两个假设，分别为：

$$H_{01}:\ \alpha_1=\alpha_2=\cdots=\alpha_r=0,\quad H_{11}:\ \text{诸}\ \alpha_i\ \text{不全为}\ 0 \tag{2}$$

$$H_{02}:\ \beta_1=\beta_2=\cdots=\beta_s=0,\quad H_{12}:\ \text{诸}\ \beta_j\ \text{不全为}\ 0 \tag{3}$$

假设(2)用来检验 A 的诸水平之间对指标有无显著性差异，

假设(3)用来检验 B 的诸水平之间对指标有无显著性差异．

模型(1)变为模型(4)：

$$\begin{cases} X_{ij}=\alpha_i+\beta_j+\mu+\varepsilon_{ij} \\ \varepsilon_{ij}\sim N(0,\sigma^2),\text{独立} \\ \sum_{i=1}^{r}\alpha_i=0,\sum_{j=1}^{s}\beta_j=0 \end{cases},i=1,2,\cdots,r,j=1,2,\cdots,s,k=1,2,\cdots,t \tag{4}$$

下面进行平方和分解．

2. 平方和分解

先定义总的离差平方和为各样本观察值与总的均值的偏平方和，记作 $S_T=\sum_{i=1}^{r}\sum_{j=1}^{s}(X_{ij}-\overline{X})^2$，给出如下记号：$\overline{X}_{i.}=\frac{1}{s}\sum_{j=1}^{s}X_{ij}$（$A$ 的第 i 个水平下的样本均值），$T_{i.}=\sum_{j=1}^{s}X_{ij}=s\overline{X}_{i.}$，$\overline{X}_{.j}=\frac{1}{r}\sum_{i=1}^{r}X_{ij}$（$B$ 的第 j 个水平下的样本均值），$T_{.j}=\sum_{j=1}^{s}X_{ij}=r\overline{X}_{.j}$，$\overline{X}=\frac{1}{n}\sum_{i=1}^{r}\sum_{j=1}^{s}X_{ij}$ 表示所有样本的总均值，$T=\sum_{i=1}^{r}\sum_{j=1}^{s}X_{ij}=n\overline{X}$，$\bar{\varepsilon}_{i.}=\frac{1}{n_i}\sum_{j=1}^{s}\varepsilon_{ij}$（第 i 个水平下的误差），$\bar{\varepsilon}=\frac{1}{n}\sum_{i=1}^{r}\sum_{j=1}^{s}\varepsilon_{ij}$ 表示所有样本的总误差．

水平	B_1	B_2	…	B_s	$T_{i.}$	$(T_{i.})^2/s$	$\sum_{j=1}^{s}X_{ij}^2$
A_1	X_{11}	X_{12}	…	X_{1s}	$T_{1.}$	$(T_{1.})^2/s$	$\sum_{j=1}^{s}X_{1j}^2$
A_2	X_{21}	X_{22}	…	X_{2s}	$T_{2.}$	$(T_{2.})^2/s$	$\sum_{j=1}^{s}X_{2j}^2$
…							
A_r	X_{r1}	X_{r2}	…	X_{rs}	$T_{r.}$	$(T_{r.})^2/s$	$\sum_{j=1}^{s}X_{rj}^2$
$T_{.j}$	$T_{.1}$	$T_{.2}$	…	$T_{.s}$	T	$\sum_{i=1}^{r}(T_i)^2/s$	$\sum_{i=1}^{r}\sum_{j=1}^{s}X_{ij}^2$
$(T_{.j})^2/r$	$(T_{.1})^2/r$	$(T_{.2})^2/r$	…	$(T_{.s})^2/r$			

将总的离差平方和分解：

$$\begin{aligned}S_T &= \sum_{i=1}^{r}\sum_{j=1}^{s}(X_{ij}-\overline{X})^2\\ &= \sum_{i=1}^{r}\sum_{j=1}^{s}[(X_{ij}-\overline{X}_{i.}-\overline{X}_{.j}+\overline{X})+(\overline{X}_{i.}-\overline{X})+(\overline{X}_{.j}-\overline{X})]^2\\ &=\sum_{i=1}^{r}\sum_{j=1}^{s}(X_{ij}-\overline{X}_{i.}-\overline{X}_{.j}+\overline{X})^2+\sum_{i=1}^{r}\sum_{j=1}^{s}(\overline{X}_{i.}-\overline{X})^2+\\ &\quad\sum_{i=1}^{r}\sum_{j=1}^{s}(\overline{X}_{.j}-\overline{X})\\ &=S_E+S_A+S_B\end{aligned}$$

其中 $S_A = s\sum_{i=1}^{r}(\overline{X}_{i.}-\overline{X})^2$ 称为因素 A 的离差平方和，反映因素 A 对试验指标的影响．$S_B = r\sum_{j=1}^{s}(\overline{X}_{.j}-\overline{X})^2$ 称为因素 B 的离差平方和，反映因素 B 对试验指标的影响．$S_E=\sum_{i=1}^{r}\sum_{j=1}^{s}(X_{ij}-\overline{X}_{i.}-\overline{X}_{.j}+\overline{X})^2$ 称为误差平方和，反映试验误差对试验指标的影响．平方和分解：$S_T = S_E + S_A + S_B$．

3. 假设检验

若原假设 H_{01}，H_{02}都成立，有如下定理：

定理 1　对于模型(4)，有

(1)当原假设 H_{01}成立时，有$\frac{S_A}{\sigma^2}\sim\chi^2(r-1)$；

(2)当原假设 H_{02}成立时，有$\frac{S_B}{\sigma^2}\sim\chi^2(s-1)$；

(3)$\frac{S_E}{\sigma^2}\sim\chi^2(r-1)(s-1)$；(4)$S_E$，$S_A$，$S_B$ 独立．

定理 2　当原假设 H_{01}，H_{02}都成立时有：

$$F_A=\frac{S_A}{(r-1)\sigma^2}\Big/\frac{S_E}{(r-1)(s-1)\sigma^2}=\frac{S_A}{(r-1)}\Big/\frac{S_E}{(r-1)(s-1)}\sim F(r-1,\ (r-1)(s-1))$$

$$F_B=\frac{S_B}{(s-1)\sigma^2}\Big/\frac{S_E}{(r-1)(s-1)\sigma^2}=\frac{S_B}{(s-1)}\Big/\frac{S_E}{(r-1)(s-1)}\sim F(s-1,\ (r-1)(s-1))$$

对于原假设 H_{01}，检验统计量为 F_A，拒绝域为 $W=\{F_A\geqslant F_\alpha(r-1,\ (r-1)(s-1))\}$，接受原假设，认为 A 的不同水平的均值间的差异不显著．拒绝原假设，认为 A 的不同水平的均值间的差异显著；对于原假设 H_{02}，检验统计量为 F_B，拒绝域为 $W=\{F_B\geqslant F_\alpha(s-1,\ (r-1)(s-1))\}$，接受原假设，认为 B 的不同水平的均值间的差异不显著．拒绝原假设，认为 B 的不同水平的均值间的差异显著.

方差分析表

方差来源	离差平方和	自由度	均方差	检验统计量 F 值
A	S_A	$r-1$	$\bar{S}_A=S_A/r-1$	$F_A=\bar{S}_A/\bar{S}_E$
B	S_B	$s-1$	$\bar{S}_B=S_B/s-1$	$F_B=\bar{S}_B/\bar{S}_E$
组内	S_E	$(r-1)(s-1)$	$\bar{S}_E=S_E/(r-1)(s-1)$	
总和	S_T	$n-1$		

计算公式：$S_T=\sum_{i=1}^{r}\sum_{j=1}^{s}X_{ij}^2-\frac{T^2}{n},S_A=\frac{\sum_{i=1}^{r}T_{i.}^2}{s}-\frac{T^2}{n},S_B=\frac{\sum_{j=1}^{s}T_{.j}^2}{r}-\frac{T^2}{n}$，

$$S_E=S_T-S_A-S_B$$

【例 1】 某养猪厂考虑了四个品种的猪，三种不同的饲料配方，每种组合各做一次试验，测得猪的重量(原始数据/10)如下：

重量	配方 B_1	配方 B_2	配方 B_3
A_1	31	33	35
A_2	34	36	37
A_3	35	37	39
A_4	39	38	42

试检验品种和饲料配方对猪的重量有无显著影响($\alpha=0.05$)？

解： 这是无交互作用的双因素方差分析，有两个因素：品种，饲料配方．经计算得，$S_T=98.667$，$S_A=69.333$，$S_B=25.167$，$S_E=4.167$. 列出方差分析表如下：

方差来源	平方和	自由度 f	均方和	F 值
A	69.333	3	23.111	33.301
B	25.167	2	12.583	18.131
E	4.167	6	0.694	
总和	98.667	11		

由于 $F_{0.01}(2,6)=10.92$，$F_{0.01}(3,6)=9.78$，$F_A=33.35>9.78=F_{0.01}(3,6)$，$F_B=1816>10.92=F_{0.01}(2,6)$，所以两个因素对猪的重量的影响都是显著的.

二、有交互作用的双因素方差分析

如果要检验交互作用的效应，则两因素 A，B 的不同水平的搭配必须作重复试验．可以把交互作用当成一个新因素来处理，即把每种搭配 A_iB_j 看作一个总体 X_{ij}，从总体中抽取的样本记为 X_{ijk}，$i=1，2，\cdots，r$；$j=1，2，\cdots，s$；$k=1，2，\cdots，t$.

水平	B_1	B_2	…	B_s
A_1	X_{111}，X_{112}，…，X_{11t}	X_{121}，X_{122}，…，X_{12t}	…	X_{1s1}，X_{1s2}，…，X_{1st}
A_2	X_{211}，X_{212}，…，X_{21t}	X_{221}，X_{222}，…，X_{22t}	…	X_{2s1}，X_{2s2}，…，X_{2st}
…	…	…	…	…
A_r	X_{r11}，X_{r12}，…，X_{r1t}	X_{r21}，X_{r22}，…，X_{r2t}	…	X_{rs1}，X_{rs2}，…，X_{rst}

1. 建立模型

有 3 个假设：正态性，独立性，方差齐性必须满足．设第 i 个总体 A_i 和第 j 个总体 B_j 下的样本均值为 μ_{ij}，而实际样本观测值 x_{ijk} 与 μ_{ij} 不可能完全相同，中间会有随机误差 ε_{ij}，且 ε_{ij} 服从正态分布，则有

$$\begin{cases} x_{ijk}=\mu_{ij}+\varepsilon_{ij} \\ \varepsilon_{ij}\sim N(0,\ \sigma^2),\ i=1,2,\cdots,r;\ j=1,2,\cdots,s,\ k=1,2,\cdots,t \\ \varepsilon_{ij}\ \text{独立} \end{cases} \tag{5}$$

令 $rst=n$，n 为总的试验次数．总的均值为 $\mu=\frac{1}{rs}\sum_{i=1}^{r}\sum_{j=1}^{s}\mu_{ij}$，$\mu_{i\cdot}=\frac{1}{s}\sum_{j=1}^{s}\mu_{ij}$ 称为 A 的第 i 个水平的均值．$\mu_{\cdot j}=\frac{1}{r}\sum_{i=1}^{r}\mu_{ij}$ 称为 B 的第 j 个水平的均值．

$\alpha_i=\mu_{i\cdot}-\mu$，$i=1，2，\cdots，r$，称为 A 的第 i 个水平的效应，则 $\sum_{i=1}^{r}\alpha_i=0$；

$\beta_j=\mu_{\cdot j}-\mu$，$j=1，2，\cdots，s$，称为 B 的第 j 个水平的效应，则 $\sum_{j=1}^{s}\beta_j=0$；

$\mu_{ij}=\mu+\alpha_i+\beta_i+(\mu_{ij}-\mu_{i\cdot}-\mu_{\cdot j}+\mu)$，记 $\gamma_{ij}=\mu_{ij}-\mu_{i\cdot}-\mu_{\cdot j}+\mu$，称为 A_i 和 B_j 交互效应，由 A_i 和 B_j 搭配起来引起的效应，且 $\sum_{j=1}^{s}\gamma_{ij}=0,\sum_{i=1}^{r}\gamma_{ij}=0$．

此时提出三个假设，分别为：

H_{01}：$\alpha_1=\alpha_2=\cdots=\alpha_r=0$，$H_{11}$：诸 α_i 不全为 0　(6)

H_{02}：$\beta_1=\beta_2=\cdots=\beta_s=0$，$H_{12}$：诸 β_j 不全为 0　(7)

H_{03}：$\gamma_{11}=\gamma_{12}=\cdots=\gamma_{rs}=0$，$H_{13}$：诸 γ_{ij} 不全为 0 (8)

假设(6)用来检验 A 的诸水平之间对指标有无显著性差异，

假设(7)用来检验 B 的诸水平之间对指标有无显著性差异，

假设(8)用来检验 A 和 B 的交互作用对指标有无显著性差异．

模型(5)变为

$$\begin{cases} X_{ij}=\alpha_i+\beta_j+\gamma_{ij}+\mu+\varepsilon_{ijk} \\ \varepsilon_{ijk}\sim N(0,\sigma^2),\text{且独立} \\ \sum\limits_{i=1}^{r}\alpha_i=0,\sum\limits_{j=1}^{s}\beta_j=0,\sum\limits_{j=1}^{s}\gamma_{ij}=0,\sum\limits_{i=1}^{r}\gamma_{ij}=0 \end{cases}$$

其中 $i=1, 2, \cdots, r$，$j=1, 2, \cdots, s$，$k=1, 2, \cdots, t$. 下面进行平方和分解．

2. 平方和分解

先定义总的离差平方和为各样本观察值与总的均值的偏平方和，记作

$$S_T=\sum_{i=1}^{r}\sum_{j=1}^{s}\sum_{k=1}^{t}(X_{ijk}-\overline{X})^2.$$

给出如下记号：

$$\overline{X}_{i\cdot\cdot}=\frac{1}{st}\sum_{j=1}^{s}\sum_{k=1}^{t}X_{ijk},\overline{X}_{\cdot j\cdot}=\frac{1}{rt}\sum_{i=1}^{r}\sum_{k=1}^{t}X_{ijk},\overline{X}_{ij\cdot}=\frac{1}{t}\sum_{k=1}^{t}X_{ijk},$$

$\overline{X}=\frac{1}{n}\sum\limits_{i=1}^{r}\sum\limits_{j=1}^{s}\sum\limits_{k=1}^{t}X_{ijk}$ 表示所有样本的总均值，$T_{i\cdot\cdot}=\sum\limits_{j=1}^{s}\sum\limits_{k=1}^{t}X_{ijk}=st\overline{X}_{i\cdot\cdot}$，

$T_{\cdot j\cdot}=\sum\limits_{i=1}^{r}\sum\limits_{k=1}^{t}X_{ijk}=rt\overline{X}_{\cdot j\cdot}$，$T_{ij\cdot}=\sum\limits_{k=1}^{t}X_{ijk}=rs\overline{X}_{ij\cdot}$，$T=\sum\limits_{i=1}^{r}\sum\limits_{j=1}^{s}\sum\limits_{k=1}^{t}X_{ijk}=nt\overline{X}$．将总的离差平方和分解，有

$$\begin{aligned} S_T&=\sum_{i=1}^{r}\sum_{j=1}^{s}\sum_{k=1}^{t}(X_{ijk}-\overline{X})^2 \\ &=\sum_{i=1}^{r}\sum_{j=1}^{s}\sum_{k=1}^{t}(X_{ijk}-\overline{X}_{ij\cdot}+\overline{X}_{i\cdot\cdot}-\overline{X}+\overline{X}_{\cdot j\cdot}-\overline{X}+\overline{X}_{ij\cdot}-\overline{X}_{i\cdot\cdot}-\overline{X}_{\cdot j\cdot}+\overline{X})^2 \\ &=\sum_{i=1}^{r}\sum_{j=1}^{s}\sum_{k=1}^{t}(X_{ijk}-\overline{X}_{ij\cdot})^2+st\sum_{i=1}^{r}(\overline{X}_{i\cdot\cdot}-\overline{X})^2+rt\sum_{j=1}^{s}(\overline{X}_{\cdot j\cdot}-\overline{X})^2+ \\ &\quad t\sum_{i=1}^{r}\sum_{j=1}^{s}(\overline{X}_{ij\cdot}-\overline{X}_{i\cdot\cdot}-\overline{X}_{\cdot j\cdot}+\overline{X})^2=S_E+S_A+S_B+S_{A\times B} \end{aligned}$$

其中 $S_A=st\sum\limits_{i=1}^{r}(\overline{X}_{i\cdot\cdot}-\overline{X})^2$ 称为因素 A 的离差平方和，反映因素 A 对试验指标的影响．$S_B=rt\sum\limits_{j=1}^{s}(\overline{X}_{\cdot j\cdot}-\overline{X})^2$ 称为因素 B 的离差平方和，反映因素 B 对试验指标的影响．$S_{A\times B}=t\sum\limits_{i=1}^{r}\sum\limits_{j=1}^{s}(\overline{X}_{ij\cdot}-\overline{X}_{i\cdot\cdot}-\overline{X}_{\cdot j\cdot}+\overline{X})^2$ 称为因素 A 和 B 的交互作

用的离差平方和，反映因素 A 和 B 的交互作用对试验指标的影响．$S_E=\sum_{i=1}^{r}\sum_{j=1}^{s}\sum_{k=1}^{t}(X_{ijk}-\overline{X}_{ij.})^2$ 称为误差平方和，反映试验误差对试验指标的影响．平方和分解：$S_T=S_E+S_A+S_B+S_{A\times B}$．

3. 假设检验

若原假设 H_{01}，H_{02}，H_{03}都成立，有如下定理：

定理 3　对于模型(5)，有

(1)当原假设 H_{01}成立时，有$\dfrac{S_A}{\sigma^2}\sim\chi^2(r-1)$；

(2)当原假设 H_{02}成立时，有$\dfrac{S_B}{\sigma^2}\sim\chi^2(s-1)$；

(3)当原假设 H_{03}成立时，有$\dfrac{S_{A\times B}}{\sigma^2}\sim\chi^2(s-1)(r-1)$；

(4)$\dfrac{S_E}{\sigma^2}\sim\chi^2(rs(t-1))$；(5)$S_E$，$S_A$，$S_B$，$S_{A\times B}$独立．

定理 4　当原假设 H_{01}，H_{02}，H_{03}都成立时有：

$$F_A=\frac{S_A}{(r-1)\sigma^2}/\frac{S_E}{rs(t-1)\sigma^2}=\frac{S_A}{(r-1)}/\frac{S_E}{rs(t-1)}\sim F(r-1,\ rs(t-1))$$

$$F_B=\frac{S_B}{(s-1)\sigma^2}/\frac{S_E}{rs(t-1)\sigma^2}=\frac{S_B}{(s-1)}/\frac{S_E}{rs(t-1)}\sim F(s-1,\ rs(t-1))$$

$$F_{A\times B}=\frac{S_{A\times B}}{(r-1)(s-1)\sigma^2}/\frac{S_E}{rs(t-1)\sigma^2}=\frac{S_{A\times B}}{(r-1)(s-1)}/\frac{S_E}{rs(t-1)}\sim F((r-1)(s-1),\ rs(t-1))$$

对于原假设 H_{01}，检验统计量为 F_A，拒绝域为 $W=\{F_A\geqslant F_\alpha(r-1,\ rs(t-1))\}$，接受原假设，认为 A 的不同水平的均值间的差异不显著．拒绝原假设，认为 A 的不同水平的均值间的差异显著；对于原假设 H_{02}，检验统计量为 F_B，拒绝域为 $W=\{F_B\geqslant F_\alpha(s-1,\ rs(t-1))\}$，接受原假设，认为 B 的不同水平的均值间的差异不显著．拒绝原假设，认为 B 的不同水平的均值间的差异显著；对于原假设 H_{03}，检验统计量为 $F_{A\times B}$，拒绝域为 $W=\{F_{A\times B}\geqslant F_\alpha((r-1)(s-1),\ rs(t-1))\}$，接受原假设，认为 A 和 B 的交互作用对指标的影响不显著．拒绝原假设，认为 A 和 B 的交互作用对指标的影响显著．

方差分析表

方差来源	离差平方和	自由度	均方差	检验统计量 F 值
A	S_A	$r-1$	$\overline{S}_A=S_A/(r-1)$	$F_A=\overline{S}_A/\overline{S}_E$
B	S_B	$s-1$	$\overline{S}_B=S_B/(s-1)$	$F_B=\overline{S}_B/\overline{S}_E$
交互作用	$S_{A\times B}$	$(r-1)(s-1)$	$\overline{S}_{A\times B}=S_{A\times B}/(r-1)(s-1)$	$F_{A\times B}=\overline{S}_{A\times B}/\overline{S}_E$
组内	S_E	$rs(t-1)$	$\overline{S}_E=S_E/rs(t-1)$	
总和	S_T	$n-1$		

计算公式：$S_T=\sum\limits_{i=1}^{r}\sum\limits_{j=1}^{s}\sum\limits_{k=1}^{t}X_{ijk}^2-\dfrac{T^2}{n},S_A=\dfrac{\sum\limits_{i=1}^{r}T_{i..}^2}{s}-\dfrac{T^2}{n},S_B=\dfrac{\sum\limits_{j=1}^{s}T_{.j.}^2}{r}-\dfrac{T^2}{n}$,

$S_{A\times B}=\dfrac{1}{t}\sum\limits_{i=1}^{r}\sum\limits_{j=1}^{s}T_{ij.}^2-\dfrac{T^2}{n}-S_A-S_B,S_E=S_T-S_A-S_B-S_{A\times B}$

【例 2】 在某商品的销售过程中，考虑三种包装，四种超市做试验，试验结果见下表：

包装	超市 B_1	超市 B_2	超市 B_3	超市 B_4
A_1	14，10	11，11	13，9	10，12
A_2	9，7	10，8	7，11	6，10
A	5，11	13，14	12，13	14，10

在显著性水平 $\alpha=0.05$ 下检验不同包装，不同超市以及它们的交互作用对销量有无显著影响.

解：经计算得 $S_T=147.8333$，$S_A=44.333$，$S_B=11.5000$，$S_{A\times B}=27.0000$，$S_E=65.0000$，列出方差分析表.

方差来源	平方和	自由度 f	均方和	F 值
A	44.3333	2	22.1667	4.09
B	11.5000	3	3.8333	0.7077
$A\times B$	27.0000	6	4.5000	0.8308
误差	65.0000	12	5.4167	
总和	147.8333	23		

查表得 $F_{0.05}(2,\ 12)=3.89$，$F_{0.05}(3,\ 12)=3.49$，$F_{0.05}(6,\ 12)=3.00$，有 $F_A>F_{0.05}(2,\ 12)$，$F_B<F_{0.05}(3,\ 12)$，$F_{A\times B}<F_{0.05}(6,\ 12)$，所以只有因素

A(浓度)影响是显著，即浓度不同对产品的收率有显著影响，而温度及浓度与温度的交互作用的影响都不显著.

习题 9.2

1. 考虑钢的冲击值，影响该指标的因素有 2 个，一个是含铜量 A，另一个是温度 B，因素 A 取 3 个水平，B 取 3 个水平，重复数为 3，测得结果是：因素 A 间的平方和为 57.65，因素 B 间的平方和为 18431.75，交互作用 $A\times B$ 对应的平方和为 9714.61，总平方各为 30494.46，试检验各因素效应及交互作用效应(对 A 及 $A\times B$ 用 $\alpha=0.05$，对 B 用 $\alpha=0.01$).

2. 考察三个品牌的空调在 4 个卖场的销售量：

空调	销售量								
	甲			乙			丙		
1	15	15	17	17	19	16	16	18	21
2	17	17	17	15	15	15	19	22	22
3	15	17	16	18	17	16	18	18	18
4	18	20	22	15	16	17	17	17	17

试在显著性水平 $\alpha=0.05$ 下检验：(1)卖场的销售量之间有无显著性差异?(2)空调品牌的销售量的差异是否显著?(3)卖场与品牌的交互作用是否显著?

3. 下面记录了某地四年内四个村的大豆平均亩产量，试检验(1)各村之间的大豆的亩产量的差异是否显著?(2)逐年产量的增长是否显著?(给定 $\alpha=0.05$)

年份	村的编号及产量			
	1	2	3	4
2010	146	200	148	151
2011	258	303	282	290
2012	415	461	431	413
2013	454	452	453	415

4. 在橡胶生产过程中，配料方案有三种，硫化时间有五种，测得橡胶的抗断强度如下：

配料方案	硫化时间 B_1	硫化时间 B_2	硫化时间 B_3	硫化时间 B_4	硫化时间 B_5
A_1	152	158	149	143	126
A_2	146	163	150	151	137
A_3	125	144	138	130	121

经计算得 $S_A=878.8$，$S_B=1140$，$S_E=163.6$，$S_T=2182.4$，在显著水平 $\alpha=0.01$ 下分别检验各种配料方案与各种硫化时间对橡胶抗断强度是否有显著影响.

5. 为了研究某金属管的抗腐蚀性，将两种不同金属管埋在不同土壤里，过一段时间测量其被腐蚀掉的部分列表如下：

因素 A	涂铅的金属管 B_1	裸露的金属管 B_2
细砂土 A_1	0.18	1.70
砾砂土 A_2	0.08	0.21
淤泥 A_3	0.61	1.21
粘土 A_4	0.44	0.89
沼泽地 A_5	0.77	0.86
碱土 A_6	1.27	2.64

试问：(1)不同土质对金属管腐蚀的差异是否显著？(2)不同种类的金属管的腐蚀差异是否显著($\alpha=0.05$)？

6. 为考察某化工产品的产量，考虑三种浓度 A_1，A_2，A_3 及两种温度 B_1，B_2 是否对其产量产生影响．对每种浓度法与每种温度的组合作一次试验，测得产量如下表，则利用方差分析检验不同的浓度和不同的温度对产量有无显著性影响(取 $\alpha=0.05$).

融温	A_1	A_2	A_3
B_1	171.2	159.0	170.4
B_2	160.6	160.6	167.0

总习题九

习题 A

一、选择题

1. 对线性模型(I)：$X_{ij}=\mu_i+\varepsilon_{ij}$，$E(\varepsilon_{ij})=0$，$D(\varepsilon_{ij})=\sigma_i^2$，$\varepsilon_{ij}$ 相互独立，$i=1,2,\cdots,r$，$j=1,2,\cdots,t$，单因素方差分析是(　　)

A. 在模型(I)中，对假设 H_0：$\mu_1=\mu_2=\cdots=\mu_r$ 作检验

B. 在模型(I)中，对假设 H_0：$\sigma_1^2=\sigma_2^2=\cdots=\sigma_r^2$ 作检验

C. 在模型(I)中，假定 $\varepsilon_{ij}\sim N(0,\sigma^2)$，$\sigma^2$ 未知，对假设 H_0：$\mu_1=\mu_2=\cdots=\mu_r$ 作检验

D. 在模型(I)中，假定 $\varepsilon_{ij}\sim N(0,\sigma_i^2)$，$\mu_1=\mu_2=\cdots=\mu_r=\mu$，$\mu$ 为未知，对假设 H_0：$\sigma_1^2=\sigma_2^2=\cdots=\sigma_r^2$ 作检验

2. 设对因素 A 取定 r 个水平进行试验，每一水平观测 t 次，记 S_A 为因素的偏差平方和，S_E 为误差平方和，α 为显著性水平，$F_\alpha(n,m)$ 为分位点：$P\{F(n,m)\geqslant F_\alpha(n,m)\}=1-\alpha$，则对因素 A 方差分析的拒绝域 G 为(　　).

A. $G=\left\{(x_{ij})_{r\times t}\left|\dfrac{S_A}{S_e}\geqslant\dfrac{r}{n-r}F_{1-\alpha}(r,n-r)\right.\right\}$

B. $G=\left\{(x_{ij})_{r\times t}\left|\dfrac{S_A}{S_e}\geqslant\dfrac{r-1}{n-t}F_{1-\alpha}(r-1,n-t)\right.\right\}$

C. $G=\left\{(x_{ij})_{r\times t}\left|\dfrac{S_A}{S_e}\geqslant\dfrac{r-1}{n-r}F_{1-\alpha}(r-1,n-r)\right.\right\}$

D. $G=\left\{(x_{ij})_{r\times t}\left|\dfrac{S_A}{S_e}\geqslant\dfrac{t-1}{n-t}F_{1-\alpha}(t-1,n-t)\right.\right\}$

3. 在双因素 A 和 B 的方差分析模型：$y_{ij}=\mu+\alpha_i+\beta_i+\varepsilon_{ij}$，$(i=1,2,\cdots,r$，$j=1,2,\cdots,s)$，$\sum\limits_{i=1}^{r}\alpha_i=0,\sum\limits_{j=1}^{s}\beta_j=0$，诸 ε_{ij} 独立，且服从 $N(0,\sigma^2)$ 的检验假设：H_{01}：$\alpha_1=\alpha_2=,\cdots=\alpha_r=0$，和 H_{02}：$\beta_1=\beta_2=,\cdots=\beta_s=0$ 这两个作检验时，下列结论中错误的是(　　)

A. 若拒绝域 H_{01}，则认为因素 A 的不同水平对结果有显著影响

B. 若拒绝域 H_{02}，则认为因素 B 的不同水平对结果有显著影响

C. 若不拒绝 H_{01} 和 H_{02}，则认为因素 A 与 B 的不同水平的组合对结果无显著影响

D. 若不拒绝 H_{01} 或 H_{02}，则认为因素 A 与 B 的不同水平组合对结果无显著影响

4. 设因素 A 取 r 个不同水平，因素 B 取 s 个不同水平进行试验，则在双因素无交互作用的方差分析模型中，对观测数据 y_{ij}，$i=1, 2, \cdots, r$；$j=1, 2, \cdots, s$ 的偏差平方和的分解式 S_T＝因素 A 的偏差平方和(S_A)＋因素 B 的偏差平方和(S_B)＋误差平方和(S_E)，以下结论正确的是(　　)

A. $F_A=\dfrac{S_A}{S_E}\dfrac{(r-1)(s-1)}{r-1}\sim F[r-1, (r-1)(s-1)]$

B. $F_B=\dfrac{S_A}{S_E}\dfrac{(r-1)(s-1)}{s-1}\sim F(s-1, (r-1)(s-1))$

C. $F_T=\dfrac{S_T}{S_A}\dfrac{(r-1)}{rs-1}\sim F(rs-1, r-1)$

D. $F_T=\dfrac{S_T}{S_B}\dfrac{(s-1)}{rs-1}\sim F(rs-1, s-1)$

5. 方差分析用的是 F 检验，记样本为 X，统计量的分布函数为 $F(X)$，对给定的显著性水平 α，记 F_α 为分位点：$P\{F(X)\geqslant F_\alpha\}=1-\alpha$，则方差分析的拒绝域应(　　)

A. 取为 $\{x\,|\,F(x)\geqslant F_{1-\alpha}\}$

B. 取为 $\{x\,|\,F(x)\leqslant F_\alpha\}$

C. 取为 $\{x\,|\,F(x)\geqslant F_{1-\frac{\alpha}{2}}$ 或 $F(x)\leqslant F_{\frac{\alpha}{2}}\}$

D. 视具体情况，选 A、B、C 的一种

6. 对因素 A 取 r 个不同水平，因素 B 取 s 个不同水平，A 与 B 的每种水平组合重复 t 次试验后，对结果进行双因素有重复试验的方差分析，则以下关于各偏差平方和自由度的结论错误的是(　　)

A. A 因素的偏差平方和 S_A 的自由度为 $r-1$

B. B 因素的偏差平方和 S_B 的自由度为 $s-1$

C. 交互作用的偏差平方和 $S_{A\times B}$ 的自由度为 $(r-1)(s-1)$

D. 误差平方和 S_E 的自由度为 $(r-1)(s-1)(t-1)$

7. 设对单因素 A 取 5 个水平进行试验，每一水平观测 4 次，记 S_A 为因素 A 的偏差平方和，S_E 为误差的平方和，α 为显著性水平，F_α 为分位点：$P\{F\geqslant F_\alpha\}=1-\alpha$，则对因素 A 方差分析的拒绝域 G 为(　　)

A. $G=\left\{(x_{ij})_{5\times4}\left|\dfrac{S_A}{S_E}\geqslant\dfrac{4}{15}F_{1-\alpha}(4, 15)\right.\right\}$

B. $G=\left\{(x_{ij})_{5\times4}\left|\left\{\dfrac{S_A}{S_E}\geqslant\dfrac{4}{15}F_{1-\frac{\alpha}{2}}(4, 15)\right\}\cup\left\{\dfrac{S_A}{S_E}\leqslant\dfrac{4}{15}F_{\frac{\alpha}{2}}(4, 15)\right\}\right.\right\}$

C. $G=\left\{(x_{ij})_{5\times4}\left|\dfrac{S_A}{S_E}\leqslant\dfrac{4}{15}F_\alpha(4, 15)\right.\right\}$

D. $G=\left\{(x_{ij})_{5\times4}\left|\left\{\dfrac{S_A}{S_E}\geqslant\dfrac{4}{15}F_{1-\alpha}(4, 15)\right\}\cup\left\{\dfrac{S_A}{S_E}\leqslant\dfrac{1}{F_{1-\frac{\alpha}{2}}(15, 4)}\right\}\right.\right\}$

8. 下列关于方差分析的说法不正确的是(　　)

A. 方差分析是一种检验若干个正态分布的均值和方差是否相等的一种统计方法

B. 方差分析是一种检验若干个独立正态总体均值是否相等的一种统计方法

C. 方差分析实际上是一种 F 检验

D. 方差分析基于偏差平方和的分解和比较

9. 对某因素进行方差分析，由所得试验数据算得下表：

方差来源	平方和	自由度	F 值
组间 组内	$S_A=4623.7$ $S_E=4837.25$	4 15	
总和	$S_T=9460.95$	19	

采用 F 检验法检验，且知在 $\alpha=0.05$ 时 F 的临界值 $F_{0.05}(4,15)=3.06$，则可以认为因素的不同水平对试验结果(　　)

A. 没有影响　　B. 有显著影响

C. 没有显著影响　　D. 不能作出是否有显著影响的判断

10. 设对因素 A 在 r 个不同水平上进行试验，每个水平上观测 t 次，则对单因素方差分析总偏差平方和 S_T 的分解：S_T＝误差平方和(S_E)＋因素偏差平方和(S_A)，以下结论正确的是(　　)

A. $F=\frac{S_A}{S_E}\cdot\frac{rt-r}{r-1}\sim F(r-1,\ rt-r)$　　B. $F=\frac{S_A}{S_E}\cdot\frac{rt-t}{t-1}\sim F(t-1,\ rt-t)$

C. $F=\frac{S_A}{S_E}\cdot\frac{rt-1}{t-1}\sim F(t-1,\ rt-1)$　　D. $F=\frac{S_A}{S_E}\cdot\frac{rt-1}{r-1}\sim F(r-1,\ rt-1)$

11. 设某结果可能受因素 A 及 B 的影响，现对 A 取 4 个不同的水平，B 取 3 个不同的水平配对做试验，按双因素方差分析模型的计算结果：$S_A=5.29$，$S_B=2.22$，$S_T=7.77$. 已知 $F_{0.05}(3,6)=4.8$，$F_{0.05}(2,6)=5.1$，则在显著性水平 $\alpha=0.05$ 时，检验的结果是(　　)

A. 只有 A 因素的不同水平对结果有显著影响

B. 只有 B 因素的不同水平对结果有显著影响

C. A 的不同水平及 B 的不同水平都对结果有显著影响

D. A.B 因素不同水平组合对结果没有显著影响

二、填空题

1. 进行方差分析时，将离差平方和 $S_T=\sum_{i=1}^{r}\sum_{j=1}^{n_i}(X_{ij}-\overline{X})^2$ 写成样本组间平

方和 S_A 与样本组内部平方和 S_E 之和，其中 S_A=__________，S_E=__________.

2. 进行方差分析时，将 $S_T=S_A+S_E$，则 $\frac{S_A}{\sigma^2}\sim$__________.

3. 进行方差分析时，如果所有 X_{ij}^2 都服从 $N(\mu, \sigma^2)$，则

$\frac{S_T}{\sigma^2}=\frac{1}{\sigma^2}\sum_{i=1}^{r}\sum_{j=1}^{n_i}(X_{ij}-\overline{X})^2\sim$__________.

4. 进行方差分析时，选取统计量 $F=\frac{S_A/(r-1)}{S_E/(n-r)}=\frac{(n-r)\sum_{i=1}^{r}n_i(\overline{X}_{i\cdot}-\overline{X})^2}{(r-1)\sum_{i=1}^{r}\sum_{j=1}^{n_i}(X_{ij}-\overline{X})^2}$，则 $F\sim$__________.

5. 进行方差分析时，将 S_T 表示为 $S_T=S_A+S_E$，则 $\frac{S_E}{\sigma^2}\sim$__________.

6. 进行方差分析的前提之一是鉴定对于表示 r 个水平的 r 个总体的方差__________.

三、计算题

1. 考察某地区水稻的亩产量，现有三个品种 A_1、A_2、A_3 和两种肥料 B_1，B_2 搭配进行一次试验，得产量如下表，问种子与肥料的不同搭配组合对产量有无显著影响？(α=0.05).

产量	A_1	A_2	A_3
肥料 B_1	10	12	13
肥料 B_2	9	11	12

2. 考虑收缩率对合成纤维的弹性的影响，测量结果如下(每个数据已减去70)，

A_1	A_2	A_3	A_4
0.9	0.2	0.8	0.4
1.1	0.9	0.7	0.1
0.8	1.0	0.7	0.3
0.9	0.6	0.4	0.2
0.4	0.3	0.0	0.0

这几个收缩率对弹性的影响有无显著差异($\alpha=0.05$)，并估计纤维弹性的总体方差.

3. 考虑热处理温度和时间对金属材料的强度的影响，选择四个热处理温度和三个时间做试验，得到强度如下表，试检验(1)温度对强度的影响是否显著？(2)时间对强度的影响是否显著？($\alpha=0.05$)

温度	强度 1	强度 2	强度 3
甲	106	116	445
乙	42	68	115
丙	70	111	133
丁	42	63	87

4. 在单因素方差分析模型中

(1)写出：总平方和 S_T，误差(组内)平方和 S_E，组间平方和 S_A 的各自表达式.(2)证明：$S_T=S_E+S_A$.

习题 B

1. 就单因素方差分析模型，对变换 $y_{ij}=\frac{1}{b}(x_{ij}-a)$，$b\neq 0$，$i=1, 2, \cdots, n_j$；$j=1, 2, \cdots, s$，试证：$F$ 值不变(F 是 F 检验法的检验统计量).

2. 在单因素方差分析模型 $\begin{cases} x_{ij}=\mu+\delta_i+\varepsilon_{ij} \\ \sum\limits_{i=1}^{r} n_i\delta_i=0 \\ \text{诸 } \varepsilon_{ij} \text{ 相互独立,同分布且 } \varepsilon_{ij}\sim N(0,\sigma^2) \end{cases}$，推导出 $\frac{S_E}{\sigma^2}$ 所服从的分布.

3. 一般在方差分析中，对测定值 x_i 施行一次变换，$u_i=a(x_i-c)$，a，c 为常数，试证明对 u_i 作计算其方差分析的结果不变.

第九章　知识结构思维导图

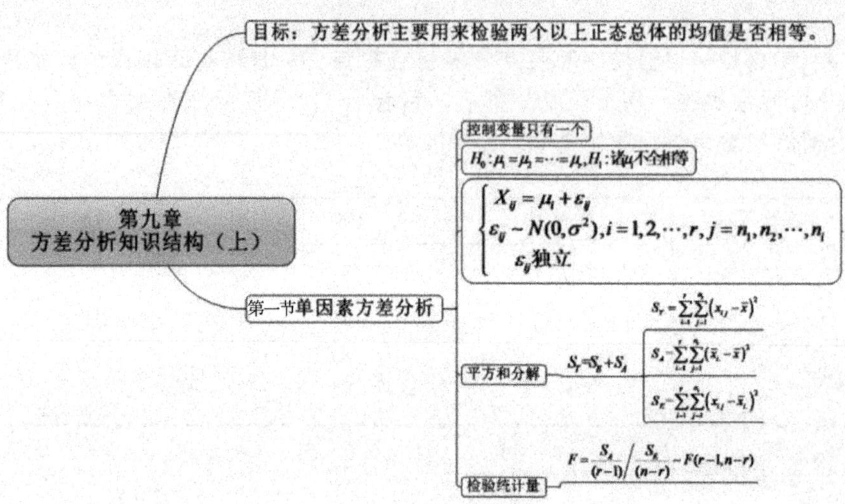

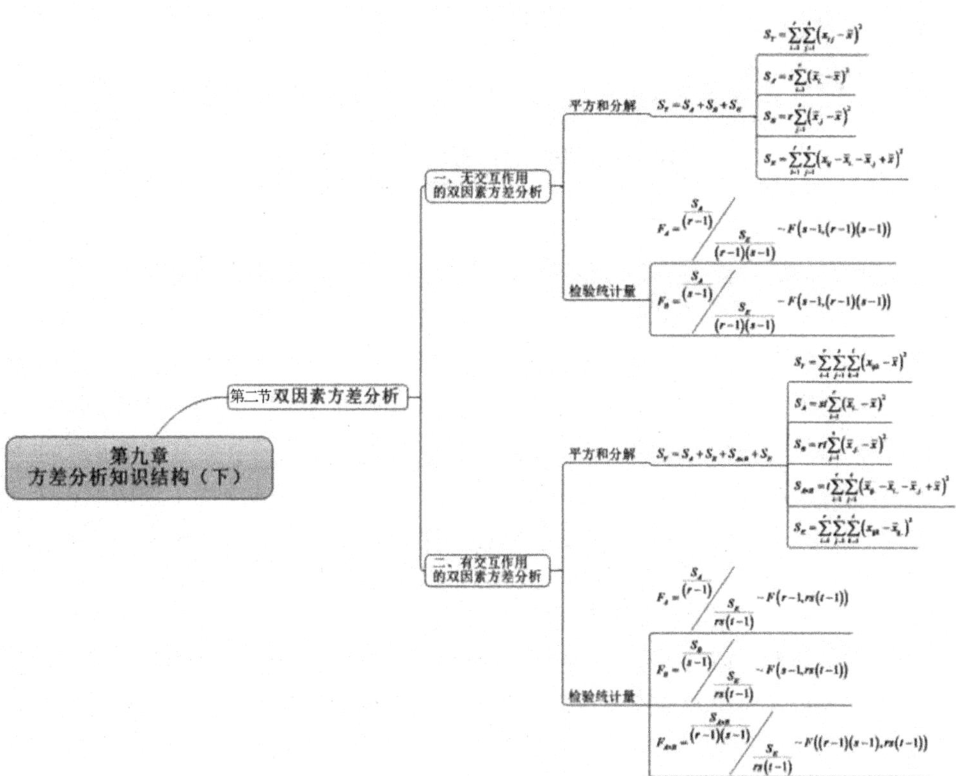

第九章
方差分析知识结构（下）
第二节双因素方差分析
一、无交互作用的双因素方差分析
平方和分解
$S_T=S_A+S_B+S_E$
$S_T=\sum_{i=1}^{r}\sum_{j=1}^{s}(x_{ij}-\bar{x})^2$
$S_A=s\sum_{i=1}^{r}(\bar{x}_{i\cdot}-\bar{x})^2$
$S_B=r\sum_{j=1}^{s}(\bar{x}_{\cdot j}-\bar{x})^2$
$S_E=\sum_{i=1}^{r}\sum_{j=1}^{s}(x_{ij}-\bar{x}_{i\cdot}-\bar{x}_{\cdot j}+\bar{x})^2$
检验统计量
$F_A=\dfrac{S_A/(r-1)}{S_E/((r-1)(s-1))}\sim F(s-1,(r-1)(s-1))$
$F_B=\dfrac{S_A/(s-1)}{S_E/((r-1)(s-1))}\sim F(s-1,(r-1)(s-1))$
二、有交互作用的双因素方差分析
平方和分解
$S_T=S_A+S_B+S_{A\times B}+S_E$
$S_T=\sum_{i=1}^{r}\sum_{j=1}^{s}\sum_{k=1}^{t}(x_{ijk}-\bar{x})^2$
$S_A=st\sum_{i=1}^{r}(\bar{x}_{i\cdot}-\bar{x})^2$
$S_B=rt\sum_{j=1}^{s}(\bar{x}_{\cdot j}-\bar{x})^2$
$S_{A\times B}=t\sum_{i=1}^{r}\sum_{j=1}^{s}(\bar{x}_{ij}-\bar{x}_{i\cdot}-\bar{x}_{\cdot j}+\bar{x})^2$
$S_E=\sum_{i=1}^{r}\sum_{j=1}^{s}\sum_{k=1}^{t}(x_{ijk}-\bar{x}_{ij})^2$
检验统计量
$F_A=\dfrac{S_A/(r-1)}{S_E/(rs(t-1))}\sim F(r-1,rs(t-1))$
$F_B=\dfrac{S_B/(s-1)}{S_E/(rs(t-1))}\sim F(s-1,rs(t-1))$
$F_{A\times B}=\dfrac{S_{A\times B}/((r-1)(s-1))}{S_E/(rs(t-1))}\sim F((r-1)(s-1),rs(t-1))$

第十章　回归分析

变量之间的数量关系有两种不同类型的关系，一种是确定性关系，另一种是相关关系．当一个变量取一定的值时，另一个变量有确定的值与之对应，这种关系称为确定的函数关系．如圆的面积公式为 $S=\pi r^2$，圆的半径和面积之间的关系为确定性关系，即函数关系．函数关系是两个非随机变量之间的一种确定关系，是因果关系．当一个变量取一定的值时，与之对应的另一个变量的值虽然不确定，但是它按照某种规律在一定范围内变化，这种关系称为不确定性的相关关系．比如一个人的身高与体重的关系．他们是相关关系，不是函数关系．相关关系中的两个变量至少有一个是随机变量．如果变量中只有一个是随机变量(因变量)，而其余变量为非随机变量(自变量)，这就是回归分析处理的范围；如果变量均为随机变量，而且变量之间的地位相等，这就是相关分析处理的范围．相关分析研究的是现象之间是否相关、相关的方向和密切程度，一般不区别自变量或因变量．

"回归"(*regression*)一词最早是由英国生物统计学家高尔顿(*Galton*)在研究身高的遗传问题中提出的．他通过观察发现：身高很高(矮)双亲的儿子们一般高(低)于平均值但不像他们的双亲那么高(矮)，即儿子们的高度将趋向于"回归"到平均值而不是更趋极端，这就是"回归"一词的最初含义．现在，人们将"回归"理解为研究变量间统计依赖关系的方法，成为统计中最常用的概念之一．

回归分析是处理两上或两个以上变量之间相关关系的一种数学方法．回归分析从数据出发，提供建立变量之间相关关系的表达式——经验公式，给出检验规则，并运用经验公式达到预测与控制目的．即先利用散点图大体估计回归曲线的类型，再建立模型，进行检验，最后进行预测和估计．

回归分析按照涉及的自变量的多少，分为一元回归和多元回归分析；按照因变量的多少，可分为简单回归分析和多重回归分析；按照自变量和因变量之间的关系类型，可分为线性回归分析和非线性回归分析．在大数据分析中，回归分析是一种预测性的建模技术，它研究的是因变量(目标)和自变量(预测器)之间的关系．这种技术通常用于预测分析，时间序列模型以及发现变量之间的因果关系．例如，司机的鲁莽驾驶与道路交通事故数量之间的关系，最好的研究方法就是回归分析．

在机器学习中，回归是监督学习任务的一种，其任务是通过训练数据集 D 学习到一个模型 T，使模型 T 能尽量拟合训练数据集 D，并对于新的输入 x，应用模型 T 能够得到预测的结果 y. 回归与分类是监督学习的两种形式，回归的预测值是连续的实数，分类任务的预测值是离散的类别数据. 常见的回归分析有线性回归、逻辑回归、多项式回归、逐步回归、岭回归等.

第一节　一元线性回归分析

一、一元线性回归的数学模型

变量间的相关关系不能用完全确切的函数形式表示，但在平均意义下有一定的定量关系表达式，寻找这种定量关系表达式就是回归分析的主要任务. 设随机变量 y 与非随机变量 x 之间有相关关系，则称 x 为自变量(预报变量)，y 为因变量(响应变量)，在知道 x 取值后，y 有一个分布 $f(y \mid x)$，我们关心的是 y 的均值 $E(y \mid x)$. 设随机变量 y 可以表示为

$$y=f(x)+\varepsilon \tag{1}$$

其中 $\varepsilon \sim \mathrm{N}(0, \sigma^2)$，称(1)为 y 关于 x 的回归方程.

若 $f(x)=\beta_0+\beta_1 x$，有

$$y=\beta_0+\beta_1 x+\varepsilon \tag{2}$$

称(2)为一元线性回归的数学模型，β_0，β_1 为回归系数. 式中的 ε 为随机变量，为随机误差且 $\varepsilon \sim N(0, \sigma^2)$.

一元线性回归的任务是依据(x, y)的 n 组观测数据(x_i, y_i)，$i=1, 2, \cdots, n$ 对回归系数 β_0，β_1 进行估计，给出回归模型，对模型进行检测，并在此基础上进行预测与控制等.

由于 β_0，β_1 均未知，需要我们利用收集的数据(x_i, y_i)，$i=1, 2, \cdots, n$ 进行估计. 在收集数据时，要求观察独立地进行，即假定 y_1，y_2，$\cdots$，y_n 相互独立. 进行回归分析前，需要进行三项假设：独立性，正态性假设，方差齐性. 在这三项假设基础上，将观测数据代入(2)式，可得

$$\begin{cases} y_i=\beta_0+\beta_1 x_i+\varepsilon_i, \ i=1, 2, \cdots, n \\ \varepsilon_i \sim N(0, \sigma_i^2)\text{(正态性假设)，且独立} \\ \sigma_1^2=\sigma_2^2=\cdots\sigma_n^2\text{(方差齐性假设)} \end{cases} \tag{3}$$

设 $\hat{\beta}_0$，$\hat{\beta}_1$ 分别是模型(3)中回归系数 β_0，β_1 的估计值，$\hat{y}=\hat{\beta}_0+\hat{\beta}_1 x$ 称为 y 关于 x

的经验回归方程，简称为回归方程，其图形称为回归直线．$\hat{y}_i=\hat{\beta}_0+\hat{\beta}_1 x_i$ 称为对应于 x_i 的回归值，且 $y_i \sim N(\beta_0+\beta_1 x_i,\ \sigma^2)$，$i=1,\ 2,\ \cdots,\ n$.

二、回归系数的最小二乘估计

线性回归是回归学习的一种策略，为了确定模型，需要确定参数，如何确定参数呢？首先需要定义一种衡量标准，用于衡量模型的预测值与准确值之间的差距，也就是定义损失函数，这里采用均方误差，需要最小化均方误差，该方法为最小二乘法．下面利用最小二乘法求回归系数．

因为 $\varepsilon_i = y_i - \hat{y}_i, i=1,2,\cdots,n$，求 β_0,β_1 使误差平方和 $Q(\beta_0,\beta_1)=\sum_{i=1}^{n}\varepsilon_i^2$ 最小．

已知 $Q(\beta_0,\beta_1)=\sum_{i=1}^{n}\varepsilon_i^2=\sum_{i=1}^{n}(y_i-\beta_0-\beta_1 x_i)^2$，由微积分的极值原理可知 β_0，β_1 应满足方程组

$$\begin{cases}\dfrac{\partial Q}{\partial \beta_0}=-2\sum\limits_{i=1}^{n}(y_i-\beta_0-\beta_1 x_i)=0\\[2ex] \dfrac{\partial Q}{\partial \beta_1}=-2\sum\limits_{i=1}^{n}(y_i-\beta_0-\beta_1 x_i)x_i=0\end{cases}, \tag{4}$$

记 $\bar{x}=\dfrac{1}{n}\sum_{i=1}^{n}x_i^2$，$\bar{y}=\dfrac{1}{n}\sum_{i=1}^{n}y_i^2$，方程(4)化简为

$$\begin{cases}n\hat{\beta}_0+n\bar{x}\hat{\beta}_1=n\bar{y}\\ n\bar{x}\hat{\beta}_0+\sum x_i^2\hat{\beta}_1=\sum x_i y_i\end{cases} \tag{5}$$

称方程组(5)为正规方程．记

$$l_{xy}=\sum_{i=1}^{n}(x_i-\bar{x})(y_i-\bar{y})=\sum_{i=1}^{n}x_i y_i-n\bar{x}\cdot\bar{y}=\sum_{i=1}^{n}(x_i-\bar{x})y_i,$$

$$l_{xx}=\sum_{i=1}^{n}(x_i-\bar{x})^2=\sum_{i=1}^{n}x_i^2-n\bar{x}^2=\sum_{i=1}^{n}x_i^2-\frac{1}{n}\left(\sum_{i=1}^{n}x_i\right)^2,$$

$$l_{yy}=\sum_{i=1}^{n}(y_i-\bar{y})^2=\sum_{i=1}^{n}y_i^2-n\bar{y}^2=\sum_{i=1}^{n}y_i^2-\frac{1}{n}\left(\sum_{i=1}^{n}y_i\right)^2,$$

则解正规方程得

$$\hat{\beta}_1=l_{xy}/l_{xx},\ \hat{\beta}_0=\bar{y}-\hat{\beta}_1\bar{x} \tag{6}$$

从而得经验回归方程为 $\hat{y}=\hat{\beta}_0+\hat{\beta}_1 x=\bar{y}+\hat{\beta}_1(x-\bar{x})$.

定理 1　在模型(3)中，

(1)$\hat{\beta}_0$，$\hat{\beta}_1$ 分别是 β_0，β_1 的无偏估计；

(2)$\hat{\beta}_0 \sim N\left(\beta_0,\ \left(\frac{1}{n}+\frac{\bar{x}^2}{l_{xx}}\right)\sigma^2\right)$，$\hat{\beta}_1 \sim N\left(\beta_1,\ \frac{\sigma^2}{l_{xx}}\right)$，$\mathrm{Cov}(\hat{\beta}_0,\ \hat{\beta}_1)=-\frac{\bar{x}}{l_{xx}}\sigma^2$，

$\hat{y}_0=\hat{\beta}_0+\hat{\beta}_1 x_0 \sim N\left(\beta_0+\beta_1 x_0,\ \left[\frac{1}{n}+\frac{(x_0-\bar{x})^2}{l_{xx}}\right]\sigma^2\right)$.

证明：(1)由 $E(y_i)=\beta_0+\beta_1 x_i$，$D(y_i)=\sigma^2$，$E(\bar{y})=\beta_0+\beta_1\bar{x}$，得

$$E(\hat{\beta}_1)=E(\frac{l_{xy}}{l_{xx}})=E(\frac{\sum_{i=1}^{n}(x_i-\bar{x})y_i}{l_{xx}})=\frac{\sum_{i=1}^{n}(x_i-\bar{x})E(y_i)}{l_{xx}}$$

$$=\frac{\sum_{i=1}^{n}(x_i-\bar{x})(\beta_0+\beta_1 x_i)}{l_{xx}}=\beta_1$$

$$\mathrm{Cov}(\bar{y},\hat{\beta}_1)=\mathrm{Cov}\left(\bar{y},\frac{\sum_{i=1}^{n}(x_i-\bar{x})y_i}{l_{xx}}\right)=\frac{\sum_{i=1}^{n}(x_i-\bar{x})\mathrm{Cov}(\bar{y},y_i)}{l_{xx}}=0$$

$$E(\hat{\beta}_0)=E(\bar{y}-\hat{\beta}_1\bar{x})=\beta_0+\beta_1\bar{x}-\beta_1\bar{x}=\beta_0$$

$$(2)\ \hat{\beta}_1=\frac{l_{xy}}{l_{xx}}=\frac{\sum_{i=1}^{n}(x_i-\bar{x})y_i}{l_{xx}}=\frac{(x_1-\bar{x})y_1}{l_{xx}}+\frac{(x_2-\bar{x})y_2}{l_{xx}}+\cdots+\frac{(x_n-\bar{x})y_n}{l_{xx}}$$

为 $y_1,y_2,\cdots,y_n$ 的线性组合,又 $y_1,y_2,\cdots,y_n$ 独立且均服从正态分布,所以 $\hat{\beta}_1$ 也服从正态分布.

$\hat{\beta}_0=\bar{y}-\hat{\beta}_1\bar{x}=\bar{y}-\frac{\sum_{i=1}^{n}(x_i-\bar{x})y_i}{l_{xx}}$ 同样也是 y_1，y_2，…，y_n 的线性组合，又 y_1，y_2，…，y_n 独立且均服从正态分布，所以 $\hat{\beta}_0$ 也服从正态分布.

$\hat{y}_0=\hat{\beta}_0+\hat{\beta}_1 x_0=\bar{y}-\hat{\beta}_1\bar{x}+\hat{\beta}_1 x_0=\bar{y}+\hat{\beta}_1(x_0-\bar{x})$ 也是 y_1，y_2，…，y_n 的线性组合，所以 $\hat{y}_0$ 也服从正态分布.

$$D(\hat{\beta}_1)=D(\frac{l_{xy}}{l_{xx}})=D(\frac{\sum_{i=1}^{n}(x_i-\bar{x})y_i}{l_{xx}})=\frac{\sum_{i=1}^{n}(x_i-\bar{x})^2 D(y_i)}{l_{xx}^2}$$

$$=\frac{\sum_{i=1}^{n}(x_i-\bar{x})^2\sigma^2}{l_{xx}^2}=\frac{\sigma^2}{l_{xx}}$$

$$D(\hat{\beta}_0)=D(\bar{y}-\hat{\beta}_1\bar{x})=\frac{\sigma^2}{n}+\frac{\sigma^2}{l_{xx}}\bar{x}^2,\mathrm{Cov}(\hat{\beta}_0,\hat{\beta}_1)=\mathrm{Cov}(\bar{y}-\hat{\beta}_1\bar{x},\hat{\beta}_1)=-\frac{\bar{x}}{l_{xx}}\sigma^2,$$

$E(\hat{y}_0)=E(\hat{\beta}_0+\hat{\beta}_1x_0)=\beta_0+\beta_1x_0$，$D(\hat{y}_0)=D(\hat{\beta}_0+\hat{\beta}_1x_0)=\left[\frac{1}{n}+\frac{(x_0-\bar{x})^2}{l_{xx}}\right]\sigma^2$，

所以有 $\hat{\beta}_0\sim N\left(\beta_0,\left(\frac{1}{n}+\frac{\bar{x}^2}{l_{xx}}\right)\sigma^2\right)$，$\hat{\beta}_1\sim N\left(\beta_1,\frac{\sigma^2}{l_{xx}}\right)$，故

$$\hat{y}_0=\hat{\beta}_0+\hat{\beta}_1x_0\sim N\left(\beta_0+\beta_1x_0,\left[\frac{1}{n}+\frac{(x_0-\bar{x})^2}{l_{xx}}\right]\sigma^2\right).$$

由定理 1 可以得出如下结论：

1)$\hat{\beta}_0$，$\hat{\beta}_1$ 分别是 β_0，β_1 的无偏估计；

2)$\hat{y}_0$ 是 $E(y_0)=\beta_0+\beta_1x_0$ 的无偏估计；

3)除 $\bar{x}=0$ 外，$\hat{\beta}_0$ 和 $\hat{\beta}_1$ 相关；

4)要提高 $\hat{\beta}_0$，$\hat{\beta}_1$ 的估计精度，就得要求样本容量 n 越大越好，要求 x 取值越分散越好，即 l_{xx} 变大．

三、回归问题的统计检验

现在已经建立一元线性回归模型，但是 y 和 x 是否真的具有密切线性关系呢？因为只要有数据，总可以由(5)式求出回归系数，得到一元线性回归方程．所以我们还得去检验模型是否真的正确，所求得的回归方程有没有实际意义，即检验 y 与 x 间是否真的存在线性关系．如果 y 与 x 存在线性关系，则系数 $\beta_1\neq0$，所以给出检验的假设 H_0：$\beta_1=0$，H_1：$\beta_1\neq0$，如果接受原假设，则 y 与 x 无显著线性关系．拒绝原假设，则认为回归效果显著．

1. 平方和分解

记总的离差平方和为 $S_T=l_{yy}^2=\sum\limits_{i=1}^{n}(y_i-\bar{y})^2$，将其分解：

$$\begin{aligned}S_T&=\sum_{i=1}^{n}(y_i-\bar{y})^2=\sum_{i=1}^{n}(y_i-\hat{y}_i+\hat{y}_i-\bar{y})^2\\&=\sum_{i=1}^{n}(y_i-\hat{y}_i)^2+\sum_{i=1}^{n}(\hat{y}_i-\bar{y})^2+2\sum_{i=1}^{n}(y_i-\hat{y}_i)(\hat{y}_i-\bar{y})\\&=\sum_{i=1}^{n}(y_i-\hat{y}_i)^2+\sum_{i=1}^{n}(\hat{y}_i-\bar{y})^2=S_E+S_R\end{aligned}$$

其中

$$\sum_{i=1}^{n}(y_i-\hat{y}_i)(\hat{y}_i-\bar{y})=\sum_{i=1}^{n}(y_i-\bar{y}-\hat{\beta}_1(x_i-\bar{x}))(\hat{\beta}_0+\hat{\beta}_1x_i-\bar{y})$$
$$=\sum_{i=1}^{n}(y_i-\bar{y}-\hat{\beta}_1(x_i-\bar{x}))(\bar{y}-\hat{\beta}_1\bar{x}+\hat{\beta}_1x_i-\bar{y})$$
$$=\sum_{i=1}^{n}(y_i-\bar{y}-\hat{\beta}_1(x_i-\bar{x}))\hat{\beta}_1(x_i-\bar{x})$$
$$=\hat{\beta}_1\sum_{i=1}^{n}(y_i-\bar{y})(x_i-\bar{x})-\hat{\beta}_1^2\sum_{i=1}^{n}(x_i-\bar{x})^2=0$$

回归平方和 S_R 为

$$S_R=\sum_{i=1}^{n}(\hat{y}_i-\bar{y})^2=\sum_{i=1}^{n}(\hat{\beta}_0+\hat{\beta}_1x_i-\bar{y})^2=\sum_{i=1}^{n}(\bar{y}-\hat{\beta}_1\bar{x}+\hat{\beta}_1x_i-\bar{y})^2$$
$$=\sum_{i=1}^{n}\hat{\beta}_1^2(x_i-\bar{x})^2=\hat{\beta}_1^2l_{xx}\ ,$$

$E(S_R)=E(\hat{\beta}_1^2)l_{xx}=(\dfrac{\sigma^2}{l_{xx}}+\beta_1^2)l_{xx}=\sigma^2+\beta_1^2l_{xx}$，且

$$\hat{\beta}_1\sim N\left(\beta_1,\frac{\sigma^2}{l_{xx}}\right),\frac{\hat{\beta}_1-\beta_1}{\sqrt{\frac{\sigma^2}{l_{xx}}}}\sim N(0,1),\left(\frac{\hat{\beta}_1-\beta_1}{\sqrt{\frac{\sigma^2}{l_{xx}}}}\right)^2\sim\chi^2(1)$$

当原假设 H_0：$\beta_1=0$ 成立时，$\left(\dfrac{\hat{\beta}_1}{\sqrt{\frac{\sigma^2}{l_{xx}^2}}}\right)^2=\dfrac{\hat{\beta}^2l_{xx}}{\sigma^2}=\dfrac{S_R}{\sigma^2}\sim\chi^2(1)$，总的离差平方和的分布为 $\dfrac{S_T}{\sigma^2}=\dfrac{\sum_{i=1}^{n}(y_i-\bar{y})^2}{\sigma^2}\sim\chi^2(n-1)$，误差平方和 $S_E=\sum_{i=1}^{n}(y_i-\hat{y}_i)$ 的期望为：

$$E(S_E)=E(\sum_{i=1}^{n}(y_i-\bar{y})^2)-E(\hat{\beta}_1^2l_{xx})=\sum_{i=1}^{n}E(y_i-\bar{y})^2-(\frac{\sigma^2}{l_{xx}}+\beta_1^2)l_{xx}$$
$$=\sum_{i=1}^{n}(D(y_i-\bar{y})+(E(y_i-\bar{y}))^2)-(\frac{\sigma^2}{l_{xx}}+\beta_1^2)l_{xx}$$
$$=n(1-\frac{1}{n})\sigma^2+\sum_{i=1}^{n}(\beta_0+\beta_1x_i-\beta_0+\beta_1\bar{x})^2-\sigma^2-\beta_1^2l_{xx}$$
$$=(n-1)\sigma^2+\beta_1^2\sum_{i=1}^{n}(x_i-\bar{x})^2-\sigma^2-\beta_1^2l_{xx}=(n-2)\sigma^2$$

2. 模型检验

定理 2　对模型(3)，有如下结论：

(1)当原假设 H_0：$\beta_1=0$ 成立时，$\dfrac{S_R}{\sigma^2}\sim\chi^2(1)$，$E(S_R)=\sigma^2$；

(2)S_R 与 S_E 独立；

(3)$\frac{S_E}{\sigma^2} \sim \chi^2(n-2)$ 且 $\hat{\sigma}^2 = \frac{S_E}{n-2}$ 是 σ^2 的无偏估计．

定理 3 (1)F 检验．当原假设 H_0：$\beta_1=0$ 成立时，$F=\frac{S_R}{S_E/n-2} \sim F(1, n-2)$.

当原假设不成立时，$E(S_R)=\sigma^2+\beta_1{}^2 l_{xx}>\sigma^2$，所以拒绝域为 $W=\{F \geqslant F_\alpha(1, n-2)\}$，拒绝原假设，回归效果显著．

(2) t 检验．检验统计量为 $t=\frac{\hat{\beta}_1}{\hat{\sigma}/\sqrt{l_{xx}}} \sim t(n-2)$，拒绝域为 $W=\{|t|>t_{\alpha/2}(n-2)\}$.

(3)相关系数检验．衡量回归效果的另一统计量是相关系数检验，假设为 H_0：$r=0$，H_1：$r \neq 0$. 检验统计量为 $r=\frac{l_{xy}}{\sqrt{l_{xx} l_{yy}}}$，$r^2=\frac{l_{xy}^2}{l_{xx} l_{yy}}=\frac{S_R}{S_T}$，拒绝域为：$W=\{|r|>r_{\alpha/2}(n-2)\}$，显然，$|r|$ 越大回归方程越显著．又 $r^2=\frac{F}{F+(n-2)}$，所以 $r_\alpha(n-2)=\sqrt{\frac{F_\alpha(1, n-2)}{F_\alpha(1, n-2)+n-2}}$.

三个检验的关系：注意到 $t^2=F$，因此，t 检验与 F 检验是一致的，使用 r 统计量的检验效果和使用 F 统计量是一致的．

【例 1】 某建材实验室在做陶粒混凝土强度试验中，考察每立方米混凝土的水泥用量 x(kg)对 28 天后的混凝土抗压强度 y(kg/cm²)的影响，测得如下数据：

x_i	150	160	170	180	190	200
y_i	56.9	58.3	61.6	64.6	68.1	71.3
x_i	210	220	230	240	250	260
y_i	74.1	77.4	80.2	82.6	86.4	89.7

(1)求 y 对 x 的线性回归方程；

(2)试用 F 检验法检验线性回归效果的显著性($\alpha=0.05$).

解： 为找出两个变量间存在的回归函数的形式，可以画一张图：把每一对数 (x_i, y_i) 看成直角坐标系中的一个点，在图上画出 n 个点，称这张图为散点图．

从散点图我们发现 12 个点基本在一条直线附近，这说明两个变量之间有一个线性相关关系，求回归系数．根据数据求得：$\bar{x}=205$，$l_{xx}=14300$，$\bar{y}=72.6$，$l_{yy}=1323.82$，$l_{xy}=4347$.

(1) $\hat{\beta}_1=\frac{l_{xy}}{l_{xx}}=0.3040$，$\hat{\beta}_0=\bar{y}-\hat{\beta}_1\bar{x}=10.28$，所以回归方程为 $\hat{y}=$

$10.28+0.3040x$.

(2) $S_R=\hat{\beta}_1{}^2 l_{xx}=1321.5488$，$S_E=l_{yy}-S_R=2.2712$，$F=\dfrac{S_R}{S_E/(n-2)}=5818.7249$，查表得 $F_\alpha(1, n-2)=4.96$ 因为 $F>F_\alpha(1, n-2)$，所以可以认为 y 与 x 的线性相关关系显著．

四、估计和预测

1. 估计问题

当 $x=x_0$ 时，求均值 $E(y_0)=\beta_0+\beta_1 x_0$ 的点估计与区间估计是估计问题．

(1)β_1 的区间估计

因为 $\hat{\beta}_1\sim N\left(\beta_1, \dfrac{\sigma^2}{l_{xx}}\right)$，$\dfrac{\hat{\beta}_1-\beta_1}{\sqrt{\dfrac{\sigma^2}{l_{xx}}}}\sim N(0, 1)$，而$\dfrac{S_E}{\sigma^2}\sim\chi^2(n-2)$，且 S_R 与 S_E 独立，从而 $\hat{\beta}_1$ 与 S_E 独立，构造 t 统计量：

$$\frac{\hat{\beta}_1-\beta_1}{\sqrt{\dfrac{\sigma^2}{l_{xx}}}}\Big/\sqrt{\frac{S_E}{\sigma^2(n-2)}}=\frac{\hat{\beta}_1-\beta_1}{\sqrt{\dfrac{S_E}{(n-2)}}\Big/\sqrt{l_{xx}}}=\frac{\hat{\beta}_1-\beta_1}{\hat{\sigma}/\sqrt{l_{xx}}}\sim t(n-2),\ \hat{\sigma}=\sqrt{\frac{S_E}{n-2}}$$

β_1 的区间估计为 $\hat{\beta}_1\pm t_{\frac{\alpha}{2}}(n-2)\hat{\sigma}/\sqrt{l_{xx}}$.

(2)β_0 的区间估计

因为 $\hat{\beta}_0\sim N\left(\beta_0, \left(\dfrac{1}{n}+\dfrac{\overline{x}^2}{l_{xx}}\right)\sigma^2\right)$，所以$\dfrac{\hat{\beta}_0-\beta_0}{\sqrt{\left(\dfrac{1}{n}+\dfrac{\overline{x}^2}{l_{xx}}\right)\sigma^2}}\sim N(0, 1)$，而 $\dfrac{S_E}{\sigma^2}\sim\chi^2(n-2)$，$\hat{\beta}_0$ 与 S_E 独立，构造 t 统计量：

$$\frac{\hat{\beta}_0-\beta_0}{\sqrt{\left(\dfrac{1}{n}+\dfrac{\overline{x}^2}{l_{xx}}\right)\sigma^2}}\Big/\sqrt{\frac{S_E}{\sigma^2(n-2)}}=\frac{\hat{\beta}_0-\beta_0}{\hat{\sigma}\sqrt{\left(\dfrac{1}{n}+\dfrac{\overline{x}^2}{l_{xx}}\right)}}\sim t(n-2)$$

β_0 的区间估计为 $\hat{\beta}_0\pm t_{\frac{\alpha}{2}}(n-2)\hat{\sigma}\sqrt{\left(\dfrac{1}{n}+\dfrac{\overline{x}^2}{l_{xx}}\right)}$.

(3)σ^2 的区间估计

由$\dfrac{S_E}{\sigma^2}\sim\chi^2(n-2)$，$\sigma^2$ 的区间估计为$\left(\dfrac{S_E}{\chi^2_{\frac{\alpha}{2}}(n-2)}, \dfrac{S_E}{\chi^2_{1-\frac{\alpha}{2}}(n-2)}\right)$.

(4)$E(y_0)=\beta_0+\beta_1 x_0$ 的区间估计

由

$$\hat{y}_0=\hat{\beta}_0+\hat{\beta}_1 x_0 \sim N\left(\beta_0+\beta_1 x_0,\left[\frac{1}{n}+\frac{(x_0-\overline{x})^2}{l_{xx}}\right]\sigma^2\right),$$

有

$$\frac{(\hat{y}_0-Ey_0)}{\sqrt{\frac{1}{n}+\frac{(x_0-\overline{x})^2}{l_{xx}}}\sigma}\Bigg/\sqrt{\frac{S_E}{\sigma^2(n-2)}}=\frac{\hat{y}_0-Ey_0}{\hat{\sigma}\sqrt{\frac{1}{n}+\frac{(x_0-\overline{x})^2}{l_{xx}}}}\sim t(n-2)，于是\ E(y_0)$$

的区间估计是$(\hat{y}_0-\delta_0,\ \hat{y}_0+\delta_0)$，其中 $\delta_0=t_{\frac{\alpha}{2}}(n-2)\hat{\sigma}\sqrt{\frac{1}{n}+\frac{(x_0-\overline{x})^2}{l_{xx}}}$

2. 预测问题

所谓预测问题，就是当 $x=x_0$ 时，$y=y_0$ 应取何值．即用 $\hat{y}_0=\hat{\beta}_0+\hat{\beta}_1 x_0$ 来预测 y 的真实值 $y=y_0$．由于 y 是随机变量，给出 y_0 的区间估计更为合理．

已知 $\hat{y}_0=\hat{\beta}_0+\hat{\beta}_1 x_0 \sim N\left(\beta_0+\beta_1 x_0,\left[\frac{1}{n}+\frac{(x_0-\overline{x})^2}{l_{xx}}\right]\sigma^2\right)$，

$y_0=\beta_0+\beta_1 x_0+\varepsilon_0 \sim N(\beta_0+\beta_1 x_0,\ \sigma^2)$，又 $\hat{y}_0$ 是根据历史资料得到的，而 y_0 是需要预测的，两者独立，从而

$$\frac{\hat{y}_0-y_0}{\sqrt{1+\frac{1}{n}+\frac{(x_0-\overline{x})^2}{l_{xx}}}\sigma}\Bigg/\sqrt{\frac{S_E}{\sigma^2(n-2)}}=\frac{\hat{y}_0-y_0}{\hat{\sigma}\sqrt{1+\frac{1}{n}+\frac{(x_0-\overline{x})^2}{l_{xx}}}\sigma}\sim t(n-2)$$

y_0 的区间估计为$(\hat{y}_0-\delta,\ \hat{y}_0+\delta)$，其中

$$\delta=\delta(x_0)=t_{\alpha/2}(n-2)\hat{\sigma}\sqrt{1+\frac{1}{n}+\frac{(x_0-\overline{x})^2}{l_{xx}}}$$

另外预测 y_0 值时，其精度实际上与 x_0 有关，x_0 越靠近 $\overline{x}$，y_0 的预报区间长度越短，预报精度也就越高．当 x_0 无限接近于 $\overline{x}$，且样本容量 n 足够大，趋于无穷时，y_0 的区间估计为$(\hat{y}_0-\delta_1,\ \hat{y}_0+\delta_1)$，其中 $\delta_1=Z_{\alpha/2}\hat{\sigma}$. 这是 y_0 的近似区间估计．

【例 2】 已知例 1 的数据，求 $x_0=225$(kg)时 y_0 的 0.95 置信区间．

解： $\hat{y}_0=\hat{a}+\hat{b}x_0=10.28+0.3040\times 225=78.68$，$\hat{\sigma}=\sqrt{\frac{S_E}{n-2}}=0.4766$，

$t_{\frac{\alpha}{2}}(n-2)=t_{0.025}(10)=2.2281$，$\sqrt{1+\frac{1}{n}+\frac{(x_0-\overline{x})^2}{l_{xx}}}=1.0542$，

$\delta(x_0)=\sqrt{\frac{S_E}{n-2}}\,t_{\frac{\alpha}{2}}(n-2)\sqrt{1+\frac{1}{n}+\frac{(x_0-\overline{x})^2}{l_{xx}}}=1.12$，故所求的预测区间为$(77.56,\ 79.80)$.

习题 10.1

1. 由实验测得变量(x, y)的 5 对数据如下表，求 y 关于 x 的回归方程，并预测 $x=1$ 时 y 的平均值．

x_i	0	2	3	5	6
y_i	4	2.7	2.5	1.3	1

2. 在某个地区抽取 9 家企业，考察其投入广告的费用和销售额的关系如下表，建立广告的费用 x 和销售量 y 之间的线性回归方程，并估计当 $x=10$ 时，销售量的数值．

企业编号	1	2	3	4	5	6	7	8	9
广告费用 x	4.1	6.3	5.4	7.6	3.2	8.5	9.7	6.8	2.1
销售额 y	80	72	71	58	86	50	42	63	91

3. 考察企业产量和生产费用的关系，产量 x 对生产费用 y 的影响，测得如下数据：

产量 x	100	110	120	130	140	150	160	170	180	190
生产费用 y	45	51	54	61	66	70	74	78	85	89

(1)求变量 y 关于 x 的线性回归方程；

(2)σ^2 的无偏估计；

(3)检验回归方程的回归效果是否显著(取 $\alpha=0.05$)．

4. 为了观察年龄和血压的关系，抽取不同年龄的 8 个人，分别测量其血压数据如下：

年龄 x	13	19	23	26	33	38	42	44
血压 y	92	96	100	104	105	107	109	115

求 y 对 x 的线性回归方程．

5. 用为了考察 SiO_2 含量对吸收值 y 的影响，其数据如下：

SiO_2 含量 x	0.00	0.02	0.04	0.06	0.08	0.10	0.12
吸收值 y	0.032	0.135	0.187	0.268	0.359	0.435	0.511

求 y 与 x 的线性回归方程，若 SiO_2 含量 $x=0.09$，预测吸收值 y 的大小．

6. 钢的碳含量($x\%$)与钢的硬度的关系有关，抽取若干数据整理如下：

$$\sum_{i=1}^{7} x_i = 3.8, \sum_{i=1}^{7} y_i = 145.4, \sum_{i=1}^{7} x_i^2 = 2.595, \sum_{i=1}^{7} y_i^2 = 3104.2, \sum_{i=1}^{7} x_i y_i = 85.61$$

(1)求 y 对 x 的回归直线；(2)检验回归方程的显著性，取显著水平 $\alpha=0.05$.

7. 设 n 组观测值(x_i，y_i)，$i=1$，2，…，n 之间有关系式：

$y_i=\beta_0+\beta_1(x_i-\overline{x})+\varepsilon_i$，$\varepsilon_i\sim N(0,\sigma^2)$，且独立，$i=1$，2，…，$n$(其中 $\overline{x}=\dfrac{1}{n}\sum\limits_{i=1}^{n} x_i$)，

(1)求系数 β_0，β_1 的最小二乘估计量 $\hat{\beta}_0$，$\hat{\beta}_1$；

(2)证明 $\sum\limits_{i=1}^{n}(y_i-\overline{y})^2=\sum\limits_{i=1}^{n}(y_i-\hat{y}_i)^2+\sum\limits_{i=1}^{n}(\hat{y}_i-\overline{y})^2$；

(3)求 $\hat{\beta}_0$，$\hat{\beta}_1$ 的分布．

8. 企业生产口罩的产量 x_i(个)与单位成本 y_i(元)的统计数据得：

$$\sum_{i=1}^{6} x_i = 360, \sum_{i=1}^{6} y_i = 55, \sum_{i=1}^{6} x_i^2 = 25000, \sum_{i=1}^{6} y_i^2 = 565, \sum_{i=1}^{6} x_i y_i = 2860$$

(1)求单位成本与产量的相关系数；

(2)求单位成本关于产量的回归方程；

(3)求线性回归的残差平方和 S_E 及估计的标准差 $\hat{\sigma}$；

(4)在显著性水平 $\alpha=0.05$ 下检验单位成本与产量是否有线性相关关系．

9. 给定自变量 x，对应的服从正态分布的随机变量为 y，对(x，y)进行了 10 次独立对观测，得到数据如下表：

x_i	−2.0	0.6	1.4	1.3	0.1	−1.6	−1.7	0.7	−1.8	−1.1
y_i	−6.1	−0.5	7.2	6.9	−0.2	−2.1	−3.9	3.8	−7.5	−2.1

(1)求 y 对 x 的线性回归方程；

(2)检验线性模型是否显著($\alpha=0.05$)；

(3)当 $x_0=0.5$ 时，求相应的 y_0 的置信区间($\alpha=0.05$)；

(4)求 β_0、β_1 的 0.95 置信区间．

第二节　非线性回归

设随机变量 y 与非随机变量 x 之间有相关关系，第一节研究的是两者之间有线性关系即线性回归．但是 y 与 x 之间并不总是有线性关系，而是其他非线性关系，比如指数关系，倒数关系等．本节研究非线性回归．具体的做法是先画出数据的散点图，选择合适的曲线形式．非线性回归问题，大多数可以通过适当的变量代换，转化为线性回归模型来求解．

由试验数据拟合曲线回归方程，可以按照如下步骤进行：

(1)根据变量之间的关系，选择适当的曲线类型．

确定曲线类型是曲线回归分析的关键．可以采用散点图方法和直线化法辅助选择．

散点图：现在大多数统计软件可以画出散点图，也可以手工将试验数据绘出散点图，然后按照散点趋势画出反映它们变化规律的曲线，并与已知的各种曲线方程相比较，找出与之最为相似的曲线图形，作为选定的曲线类型．如果觉得不太能确定是哪种曲线，可以选取几种，最后求出相关系数，通过比较相关系数的大小，来判断哪种曲线效果会更好．相关系数越大，说明拟合程度越好．

直线化法：在散点图的基础上选出一种曲线类型，对该曲线方程进行适当的变换，使其变成直线，再将原始数据也进行相同的转换，把转换后的数据绘出新的散点图．若此散点图具有直线趋势，即表明选取的曲线类型是恰当的．

(2)对选定的曲线类型，在线性化后按最小二乘法原理求出线性回归方程，并作显著性检验．若进行转换后仍无法找出显著的线性回归方程，可考虑采用多项式曲线或者分段函数．

(3)将线性回归方程转换成相应的曲线方程，并对有关统计参数作出推断．

如果曲线方程无法进行线性转换，可采用最小二乘法进行数据拟合．所有曲线方程均可采用最小二乘法直接拟合，可能比线性化方法获得更好的拟合度．

下面我们介绍几种常用的曲线函数，分别给出线性化的方法．

一、指数曲线

指数函数方程形式：$y=\beta_0 e^{\beta_1 x}$，参数 β_1 一般用来描述增长或衰减的速度，当 $\beta_0>0$，$\beta_1>0$ 时，y 随 x 的增大而增大(增长)，曲线凹向上；当 $\beta_0>0$，$\beta_1<0$

时，y 随 x 的增大而减小(衰减)，曲线也是凹向上.

线性化方法：两边取对数 $\ln y=\ln\beta_0+\beta_1 x$，做变量代换 $y^*=\ln y$，$\beta_0^*=\ln\beta_0$，$x^*=x$，可得 $y^*=\beta_0^*+\beta_1 x^*$，此时把指数函数变成线性函数.

二、对数函数曲线

对数函数方程形式：$y=\beta_0+\beta_1\ln x$，$x>0$，对数函数表示自变量的较大变化可引起因变量的较小变化.$\beta_1>0$ 时，y 随 x 的增大而增大，曲线凸向上；$\beta_1<0$ 时，y 随 x 的增大而减小，曲线凹向上.

线性化方法：做变量代换 $y^*=y$，$x^*=\ln x$，可得：$y^*=\beta_0+\beta_1 x^*$，此时把对数函数变成线性函数.

三、幂函数曲线

若 x 与 y 都接近于等比变化，可拟合幂函数曲线. 幂函数方程形式：$y=\beta_0 x^{\beta_1}$.

当 $\beta_0>0$，$\beta_1>1$ 时，y 随 x 的增大而增大(增长)，曲线凹向上；

当 $\beta_0>0$，$0<\beta_1<1$ 时，y 随 x 的增大而增大(增长)，但变化缓慢，曲线凸向上；

当 $\beta_0>0$，$\beta_1<0$ 时，y 随 x 的增大而减小，曲线凹向上，且以 x，y 轴为渐近线.

线性化方法：两边取对数 $\ln y=\ln\beta_0+\beta_1\ln x$，做变量代换 $y^*=\ln y$，$\beta_0^*=\ln\beta_0$，$x^*=\ln x$，可得：$y^*=\beta_0^*+\beta_1 x^*$，此时把幂函数变成线性函数.

【例 1】 试由下列数据

x	0.2	0.4	0.8	2.0	6.0	20	35
y	0.038	0.080	0.174	0.448	1.43	5.13	9.17

求回归曲线 $y=ax^b$.

解：将 $y=ax^b$ 两边取对数得 $\ln y=\ln a+b\ln x$，记 $z=\ln y$，$t=\ln x$，$A=\ln a$，可得 $z=A+bt$，由已知数据得：

$$\bar{z}=-0.25478,\bar{t}=0.390065,$$

$$\sum z_i = -1.783492, \sum t_i = 2.730458$$

$$\sum {z_i}^2 = 5.400247, \sum t_i^2 = 5.429265,$$

$$\sum t_i z_i = 3.950120, (\sum t_i)^2 = 7.455401$$

$$(\sum z_i)^2 = 3.318084, (\sum z_i)(\sum t_i) = -4.869750$$

$$l_{tt} = \sum {t_i}^2 - \frac{1}{7}(\sum t_i)^2 = 4.393211,$$

$$l_{tz} = \sum t_i z_i - \frac{1}{7}(\sum t_i)(\sum z_i) = 4.645804$$

故 $\hat{b} = l_{tz}/l_{tt} = 1.06452$，$\hat{A} = \bar{z} - \hat{b}\bar{t} = -0.671108$，转换到原来函数关系有：$\hat{y} = 0.21379x^{1.06452}$.

四、双曲函数曲线

若 y 随 x 变化而增加，开始变化很快，后面变化趋势变缓并趋于稳定，可拟合为双曲线函数．双曲线函数方程形式：$y=\frac{x}{\beta_0+\beta_1 x}$，$y=\frac{\beta_0+\beta_1 x}{x}$，$y=\frac{1}{\beta_0+\beta_1 x}$.

(1)$y=\frac{x}{\beta_0+\beta_1 x}$. 通过原点．当 $\beta_0>0$，$\beta_1>0$ 时，y 随 x 的增大而增大，但是斜率变小，曲线凸向上，以 $y=\frac{1}{\beta_1}$ 为渐近线；

当 $\beta_0>0$，$\beta_1<0$ 时，y 随 x 的增大而增加，斜率变大，曲线凹向上，且以 $x=-\frac{\beta_0}{\beta_1}$ 为渐近线．

线性化方法：做变量代换 $y^*=\frac{x}{y}$，$x^*=x$，可得：$y^*=\beta_0+\beta_1 x^*$，此时把该函数变成线性函数．

(2)$y=\frac{\beta_0+\beta_1 x}{x}$. 线性化方法：做变量代换 $y^*=xy$，$x^*=x$，可得：$y^*=\beta_0+\beta_1 x^*$，此时把该函数变成线性函数．

(3)$y=\frac{1}{\beta_0+\beta_1 x}$. 线性化方法：做变量代换 $y^*=\frac{1}{y}$，$x^*=x$，可得：$y^*=\beta_0+\beta_1 x^*$，此时把该函数变成线性函数．

【例 2】 水稻的施肥量和亩产量的数据如下表：

x_i	2	3	4	5	7	8	10
y_i	106.42	108.20	109.58	109.50	110.00	109.93	110.49
x_i	11	14	15	16	18	19	
y_i	110.59	110.60	110.90	110.76	111.00	111.20	

分别按(1) $y=a+b\sqrt{x}$；(2) $y=a+b\ln x$；(3) $y=a+\frac{b}{x}$，建立 y 对 x 的回归方程，并用相关系数 $r=\sqrt{1-\frac{S_E}{S_R}}$ 指出其中哪一种相关最大．

解： (1)令 $v=\sqrt{x}$，$y=a+bv$，根据最小二乘法得到：$\hat{\beta}_1=\frac{l_{vy}}{l_{yy}}=1.1947$，$\hat{\beta}_0=\bar{y}-\hat{\beta}_1\bar{v}=106.3013$，线性回归方程为：$\hat{y}=106.3013+1.1947v$，从而得到回归方程为：$\hat{y}=106.3013+1.1947\sqrt{x}$，$r_1=\sqrt{\frac{S_R}{S_T}}=0.8861$.

(2)令 $v=\ln x$，$y=a+bv$，$\hat{\beta}_1=\frac{l_{vy}}{l_{yy}}=1.714$，$\hat{\beta}_0=\bar{y}-\hat{\beta}_1\bar{v}=106.3147$，所以样本线性回归方程为：$\hat{y}=106.3147+1.714\ln x$，$r_2=0.9367$.

(3)令 $v=\frac{1}{x}$，$y=a+bv$，$\hat{\beta}_1=\frac{l_{vy}}{l_{yy}}=-9.833$，$\hat{\beta}_0=\bar{y}-\hat{\beta}_1\bar{v}=111.4875$，所以样本线性回归方程为：$\hat{y}=111.4875-\frac{9.833}{x}$，$r_3=0.987$，综上，$r_1<r_2<r_3$，所以第三种模型所表示的 x 与 y 的相关性最大．

五、S 型曲线

S 型曲线主要描述动、植物的自然生长过程，又称生长曲线．生长过程的基本特点是开始增长较慢，而在以后的某一范围内迅速增长，达到一定的限度后增长又缓慢下来，曲线呈拉长的 S 型曲线．非常有名的 S 型曲线是 Logistic 生长曲线．比如新产品的销售曲线就近似于 S 型曲线．

Logistic 曲线方程形式：$y=\frac{1}{\beta_0+\beta_1 e^{-x}}$，($\beta_0$，$\beta_1$ 均>0)．曲线在 $x=\frac{\ln\beta_0}{\beta_1}$处有一个拐点，拐点左侧，曲线凹向上，斜率逐渐变大，拐点右侧，曲线凸向上，斜率逐渐变小．

将方程两边取倒数，$\frac{1}{y}=\beta_0+\beta_1 e^{-x}$，做变量代换，$y^*=\frac{1}{y}$，$x^*=e^{-x}$，可得：$y^*=\beta_0+\beta_1 x^*$，此时把幂函数变成线性函数．

六、多项式曲线

生产函数曲线的服从通常都是多项式函数．多项式函数方程形式：$y=\beta_0+\beta_1 x+\beta_2 x^2+\cdots+\beta_k x^k$.

线性化方法：做变量代换 $x_1=x$，$x_2=x^2$，…，$x_k=x^k$，则 $y=\beta_0+\beta_1 x_1+\beta_2 x_2+\cdots+\beta_k x_k$，此时把多项式函数变成线性函数．也可以利用最小二乘法直接求回归系数．

【例 3】 有一段曲线，横坐标 x_i 和纵坐标 y_i 的 11 组数据如下表，求这段曲线的回归方程 $y=a+bx+cx^2_i$

x	0	2	4	6	8	10	12	14	16	18	20
y	0.6	2.0	4.4	7.5	11.8	17.1	23.3	31.2	39.6	49.7	61.7

解：按最小二乘法确定回归方程的系数 a，b，c，$(n=11)$，总的离差平方和为

$$Q=\sum_{i=1}^{n}(y_i-\hat{y}_i)^2=\sum(y_i-a-bx_i-cx_i^2)^2 \quad (1)$$

在(1)中分别对 a，b，c 求偏导，并令之为 0 得：

$$\begin{cases}\sum(y_i-a-bx_i-cx_i^2)=0\\ \sum(y_i-a-bx_i-cx_i^2)x_i=0\\ \sum(y_i-a-bx_i-cx_i^2)x_i^2=0\end{cases},$$

$$\begin{cases}na+(\sum x_i)b+(\sum x_i^2)c=\sum y_i\\ (\sum x_i)a+(\sum x_i^2)b+(\sum x_i^3)c=\sum x_i y_i\\ (\sum x_i^2)a+(\sum x_i^3)b+(\sum x_i^4)c=\sum x_i^2 y_i\end{cases} \quad (2)$$

解出 a，b，c 的值可求出回归方程．为简化计算，令 $X_i'=x_i-10$，$Y_i'=y_i-20$，

得：$\sum X_i'=0, \sum Y_i'=28.9, \sum X_i'^2=440, \sum X_i'^3=0$，

$$\sum X_i'^4=31328, \sum X_i'Y_i'=1321.6, \sum X_i'^2 Y_i'=3082.4$$

代入(2)式有

$$\begin{cases}11a'+0+440c'=28.9\\440b'+0=1321.6\\440a'+0+31328c'=3082.4\end{cases}\tag{3}$$

解此方程得 $a'=-2.986$，$b'=3.004$，$c'=0.140$，则 y 关于 x 的回归方程为

$$\hat{Y}=-2.986+3.004X+0.140X^2\text{，以}\begin{cases}X'=x-10\\Y'=y-20\end{cases}\text{代回即得}$$

$$y=0.974+0.204x+0.140x^2$$

这就是要求的多项式函数方程.

习题 10.2

某疫苗的需求量 y(单位：件)与价格 x(单位：元)的统计资料如下所示：

y	543	580	618	695	724	812	887	991	1186	1904
x	45	51	54	61	66	70	74	78	85	89

求需求函数的回归方程.

总习题十

习题 A

一、选择题

1. 在线性模型 $y=\beta_0+\beta_1x+\varepsilon$ 的相关性检验中，如果原假设 H_0：$\beta_1=0$ 被否定，则表明两个变量之间(　　).

A. 不存在任何相关关系

B. 不存在显著的线性相关关系

C. 不存在一条曲线 $\hat{y}=f(x)$ 能近似描述其关系

D. 存在显著的线性相关关系

2. 下面不属于在回归分析中常用的对线性相关显著性检验的三种检验的是(　　).

A. 相关系数检验法　　B. t 检验法

C. F 检验法　　D. χ^2 检验法

3. 对一元线性回归模型：$y_i=\beta_0+\beta_1x+\varepsilon_i$，$\varepsilon_i$ 相互独立，$\varepsilon_i\sim N(0,\sigma^2)$，$i=1,2,\cdots,n$，检验假设 H_0：$\beta_1=0$，经作分解 $S_T=S_R+S_E$，可用 F 检验或 t 检

验．记 $G_1=\{\frac{(n-2)S_R}{S_E}\geqslant F_\alpha(1,\ n-2)\}$，$G_2=\{\left|\frac{\sqrt{n-2}\hat{\beta}_1}{\sqrt{l_{xx}}S_E}\right|\geqslant t_{\alpha/2}(n-2)\}$．现对 H_0 在显著性水平 α 下进行检验，则(　　)．

A. 应取 G_1 作为拒绝域　　B. 应取 G_2 作为拒绝域

C. G_1 或 G_2 都可以作为拒绝域　　D. G_1 或 G_2 都不能作为拒绝域

二、填空题

1. X 和 Y 的样本相关系数为 $r=\frac{l_{xy}}{\sqrt{l_{xx}l_{yy}}}$，其中 $l_{xy}=$________；$l_{xx}=$________；$l_{yy}=$________；若 $|r|$ 接近于 1 就表示 X 与 Y 之间________．

2. 设样本 $(x_1,\ y_1)$，$(x_2,\ y_2)$，…，$(x_n,\ y_n)$ 是 $(X,\ Y)$ 的一个样本，样本平均值记为 $(\bar{x},\ \bar{y})$，Y 对 X 的回归方程为 $\hat{y}=\beta_0+\beta_1x$，则可用样本表示出 β_0，β_1 的估计为 $\hat{\beta}_0=$________，$\hat{\beta}_1=$________．

3. 测得 x，y 的观测值为

x	−2	−1	0	1	2
y	1	0	2	3	4

则 y 对 x 的回归方程是________，且可用统计量 $T=\frac{(n-2)r}{\sqrt{1-r^2}}\sim t(n-2)$ 检验得 y 对 x 的线性关系是________，其中 r 是 x，y 的样本值的相关系数，$\alpha=0.05$.

三、计算题

1. 假设自变量 x 是一可控制变量，因变量 y 是一个服从正态分布的随机变量．现在不同的 x 值下分别对 y 进行观测，得如下数据：

x	0.25	0.37	0.44	0.55	0.60	0.62	0.68	0.70	0.73
y	2.57	2.31	2.12	1.92	1.75	1.71	1.60	1.51	1.50
x	0.75	0.82	0.84	0.87	0.88	0.90	0.95	1.00	
y	1.41	1.33	1.31	1.25	1.20	1.19	1.15	1.00	

假设 x 与 y 有线性关系，求 y 对 x 的线性回归方程，并求 σ^2 的无偏估计．

2. 设线性模型 $\begin{cases} y_1=\beta_0+\beta_1(x_1-\bar{x})+\varepsilon_1 \\ \cdots\cdots \\ y_n=\beta_0+\beta_1(x_n-\bar{x})+\varepsilon_n \end{cases}$，求 β_0，β_1 的最小二乘估计．

3. 考察某种钢管的抗腐蚀能力，将其埋在地下，得到腐蚀深度 y 与腐蚀时间 x 对应的一组数据如表，(1)求 y 与 x 的回归直线，(2)对给定 $\alpha=0.01$，检验 y 与 x 的线性相关关系的显著性.

$x(s)$	5	10	15	20	30	40	50	60	70	90	120
$y(\mu m)$	6	10	10	13	16	17	19	23	25	29	46

4. 设(x_1, y_1)，(x_2, y_2)，…，(x_n, y_n)，为随机变量(X, Y)的样本. 试简化统计量 $t=\dfrac{\hat{b}\sqrt{l_{xx}}}{\hat{\sigma}^*}$ 为$\dfrac{r\sqrt{n-2}}{\sqrt{1-r^2}}$，其中 $\hat{b}=\dfrac{l_{xy}}{l_{xx}}$，$\hat{\sigma}^*=\sqrt{\dfrac{1}{n-2}(l_{yy}-\hat{b}^2 l_{xx})}$，又 $l_{xy}=\sum\limits_{i=1}^{n}(x_i-\overline{x})^2$，$l_{yy}=\sum\limits_{i=1}^{n}(y_i-\overline{y})^2$，$l_{xy}=\sum\limits_{i=1}^{n}(x_i-\overline{x})(y_i-\overline{y})$，$\overline{x}=\dfrac{1}{n}\sum\limits_{i=1}^{n}x_i$，$\overline{y}=\dfrac{1}{n}\sum\limits_{i=1}^{n}y_i$，$r$ 为相关系数.

5. 考察温度对硝酸盐溶解度的影响，得观察结果如下：

温度 x_i	0	4	10	15	21	29	36	51	68
重量 y_i	66.7	71.0	76.3	80.6	85.7	92.9	99.4	113.6	125.1

从经验和理论知 y_i 与 x_i 之间有关系式：$y_i=a+bx_i+\varepsilon_i$，$i=1$，…，9 且 ε_i 独立同分布于$N(0, \sigma^2)$. 试用最小二乘法估计 a，b 与 σ^2.

习题 B

1. 假定下表数据满足模型 $y_i=\beta_1+\beta_2 x_i+\varepsilon_i$，

y_i	−6.1	−0.5	7.2	6.9	−0.2	−2.1	−3.9	3.8
x_i	−2.0	−0.6	1.4	1.3	0	−1.6	−1.7	0.7

试求(a)$X'X$，(b)$X'Y$，(c)$\hat{\beta}'=(\hat{\beta}_1, \hat{\beta}_2)$，并求 y 对 x 的线性回归方程.

2. 对一段定长铜线，测得温度与电阻的数据如下：

温度 t	18	35	61	82	100
电阻 m	16.89	17.80	19.61	21.42	22.10

试求电阻温度系数(设温度与电阻的关系式为 $m=R_0(1+\alpha t)$，其中 R_0 为 0℃ 时的电阻 α 为电阻的温度系数)，并求 m 关于 t 的线性回归方程．

3. 在大学城附近的小吃店，其营业额与学生的数量有关，具体关系数据见下表(x 代表人数(百元)，y 表营业额(千元))．

x	1	2	3	4	5	6	7	8	9
y	3	5	7	10	11	14	15	17	20

求 y 对 x 的线性回归方程．

4. 下表数据是温度 x 对钢的硬度 y 的效应的试验结果，y 为随机变量且服从正态分布，求 y 对 x 的线性回归方程．

x	300	400	500	600	700	800
y(%)	40	50	55	60	67	70

5. 已知由(y，x)的四个点所构成的样本：(3，1)，(−0.7，2)，(−1.7，3)，(−1.8，4)，求 y 对 x 的回归直线方程，并对 σ 作出估计．

6. 设两随机变量 x，y 有线性相关关系，且知 y 对 x 的回归方程为 $y=a_1+b_1x$，x 对 y 的回归方程为 $x=a_2+b_2y$，r 是 x 与 y 的相关系数，试证明 $r^2=b_1b_2$．

7. 证明线性回归函数中

(1)回归系数 β_1 的置信水平为 $1-\alpha$ 的置信区间为 $\hat{\beta}_1 \pm t_{\frac{\alpha}{2}}(n-2)\dfrac{\hat{\sigma}}{\sqrt{l_{xx}}}$；

(2)回归系数 β_0 的置信水平为 $1-\alpha$ 的置信区间为 $\hat{\beta}_0 \pm t_{\frac{\alpha}{2}}(n-2)\hat{\sigma}\sqrt{\dfrac{1}{n}+\dfrac{\overline{x}^2}{l_{xx}}}$．

8. 试由下列数据

x	3.82	3.36	2.91	2.49	1.92	1.49	1.05	0.67
y	0.002	0.005	0.01	0.02	0.05	0.1	0.2	0.5

求回归曲线方程 $y=ab^x$．

9. 某种合金含有两种主要成分，这两种成分含量和 x 与合金的硬度 y 之间有一定关系．试用二次多项式确定 x 与 y 之间的关系表达式．

试验号	金属成分和 x	膨胀系数 y
1	37.0	3.40
2	37.0	3.00
3	38.0	3.00
4	38.5	3.27
5	39.0	2.10
6	39.5	1.83
7	40.0	1.53
8	40.5	1.70
9	41.0	1.80
10	41.5	1.90
11	42.0	2.35
12	42.5	2.54
13	43.0	3.90

第十章　知识结构思维导图

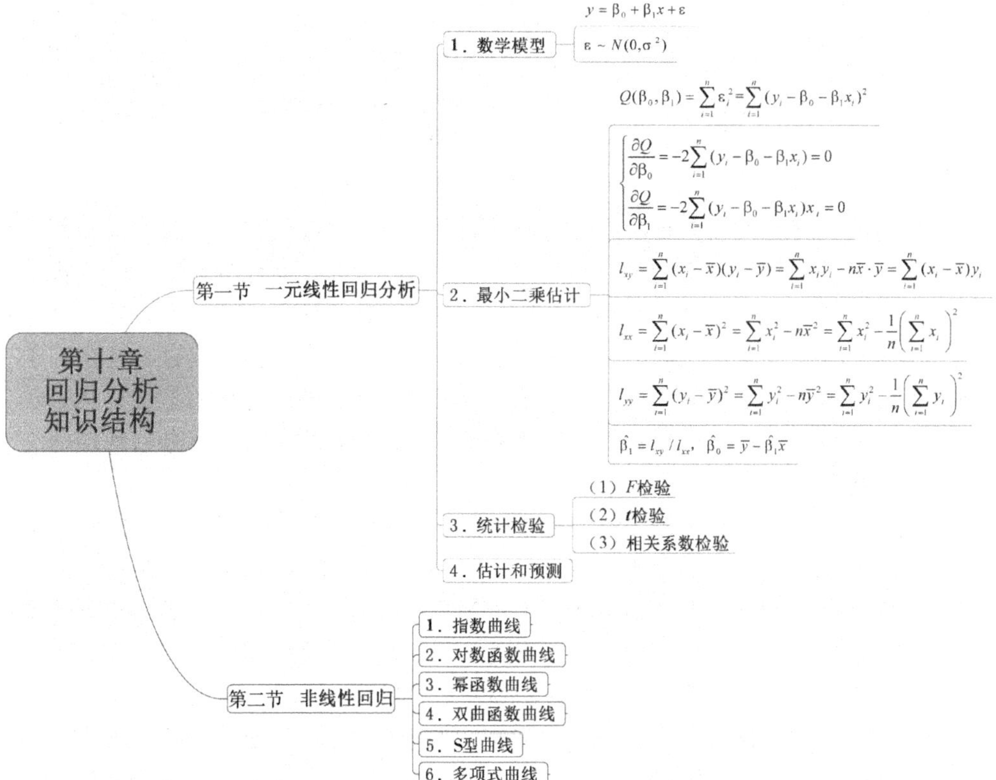

第十一章　聚类分析

聚类分析是研究多个样品或指标的分类问题的一种多元统计分析方法．聚类分析起源于分类学，在古老的分类学中，人们主要依靠经验和专业知识，它很少利用数学，带有一定的主观性和任意性．随着生产技术和科学的发展，对分类的准确性和精确度要求越来越高，单凭经验和专业知识已经不能满足这个要求，于是数学被逐渐引入分类学中，形成了数值分类学．随着数理统计中多元分析方法的发展，多元分析的技术自然被引用到分类学中，于是聚类分析逐渐从数值分类学中分离出来，形成一个新的分支．

在实际问题中，存在着大量的多个样品、指标的分类问题．例如，根据经济发展水平对我国各省、市、自治区进行分类，可以选择人均 GDP、人均能源消费、农村人口比重、人口预期寿命、新生婴儿死亡率、识字率等指标，根据这些指标值来把所有不同的地区划分为若干类．再如，对上市公司的经营业绩进行分类；根据经济信息和市场行情，客观地对不同商品、不同用户及时地进行分类．机器学习有大量的算法是以分类为目的的，比如 k—近邻算法、决策树等．

聚类的目的也是把数据分类，但是事先是不知道如何去分的，完全是算法自己来判断各条数据之间的相似性，相似的就放在一起．在聚类的结论出来之前，完全不知道每一类有什么特点，根据聚类的结果通过经验来分析，看看聚成的这一类有什么特点．

和多元分析的其他方法相比，聚类分析的方法是很粗糙的，理论上也不够完善．但是作为一种实用性很强的数学工具，聚类分析可以解决许多实际问题，因此受到人们的重视．将它与判别分析、主成分分析、回归分析等方法结合使用时，往往能得到很好的效果．

第一节　聚类分析的一般问题

聚类分析就是对样品或指标(变量)进行分类，目的在于使同一类中的对象的同质性最大化、类与类之间的异质性最大化．

聚类分析的一般提法如下：

设有 n 个样品，每个样品有 p 个指标，第 i 个样品的第 j 个指标的观测结果记为 x_{ij}，则 $n\times p$ 个观测结果构成如下矩阵：

$$X=\begin{bmatrix} x_{11} & x_{12} & \cdots & x_{1p} \\ x_{21} & x_{22} & \cdots & x_{2p} \\ \cdots & \cdots & \cdots & \cdots \\ x_{n1} & x_{n2} & \cdots & x_{np} \end{bmatrix}=\begin{bmatrix} X'_{(1)} \\ X'_{(2)} \\ \vdots \\ X'_{(n)} \end{bmatrix}=(X_1, X_2, \cdots, X_p)$$

其中，$X_{(1)}$，$X_{(2)}$，…，$X_{(n)}$ 表示 p 维向量空间 R^p 中的 n 个样品，第 i 个样品用向量 $X_{(i)}=(x_{i1}, x_{i2}, \cdots, x_{ip})'$，$i=1, 2, \cdots n$ 表示；X_1，X_2，…，X_p 表示 n 维向量空间 R^n 中的 p 个指标，第 j 个指标用向量 $X_j=(x_{1j}, x_{2j}, \cdots, x_{nj})'$，$j=1, 2, \cdots, p$ 表示．

聚类分析根据分类对象的不同分为两种：一种是把 n 个样品分成若干个“类”，称为样品聚类(Q 型聚类)，另一种是把 p 个指标分成若干个“类”，称为指标聚类(R 型聚类)或者变量聚类．

一、相似性度量

根据大量的观测数据，形成大型的数据矩阵 X，再由 X 进行聚类分析给出相对简单的类结构．这个过程必然要求进行“相似性”或“相关性”的度量，度量这种“相似性”或“相关性”的数量尺度就是聚类统计量．针对样品进行聚类时，通常用“距离”进行相似性度量；而对指标聚类时，通常用“相似系数”来度量．为了消除数据量纲的影响，在计算距离或相似系数前一般需要进行数据变换．我们下面研究数据变换．

1. 数据变换

根据变量取值的不同，变量可分为两大类：定量变量和定性变量．在实际应用中遇到较多的是定量数据的聚类分析问题．定量数据一般都有不同的量纲，不同的数量级单位，不同的取值范围．不进行数据变换的话，可能会导致其他数据的变化的不敏感问题．为了使它们能够放在一起进行比较，在聚类分析之前通常需要进行一些数据变换，这也是数据预处理的一部分．例如 x_1 观测值 3，2，1，0，−1；x_2 取值 30，20，10，0，−10. 则 x_1 的均值 1，样本标准差 1.581；将 x_1 观测值减去平均值 1，除以 1.581，得到 1.26502，0.63251，0.00000，−0.63251，−1.26502；这就是对 3，2，1，0，−1 的标准化．x_2 标准化后也得到 1.26502，0.63251，0.00000，−0.63251，−1.26502. 标准化后的数与单位无关．常用的变换方法有以下几种．

(1)中心化变换．称变换 $x_{ij}^*=-\bar{x}_j(i=1, 2, \cdots, n; j=1, 2, \cdots, p)$，

$\overline{x}_j = \sum_{i=1}^{n} x_{ij}$ 为中心化变换．变换后的数据均值为 0，协方差阵保持不变．

$\sum^* = \sum = (\sigma_{ij})_{n\times p}$，其中

$$\sigma_{ij} = \frac{1}{n-1}\sum_{k=1}^{n}(x_{ki}-\overline{x}_i)(x_{kj}-\overline{x}_j) = \frac{1}{n-1}\sum_{k=1}^{n} x_{ki}^* x_{kj}^*$$

中心化变换是一种方便地计算样本协方差阵的变换．

【例 1】 已知 $X=\begin{bmatrix}5 & 7\\ 7 & 1\\ 3 & 2\\ 6 & 5\\ 6 & 6\end{bmatrix}$，对 X 进行中心化变换．

解： $\overline{x}_1 = 5.4, \overline{x}_2 = 4.2, X_1^* = \begin{bmatrix}-0.4 & 2.8\\ 1.6 & -3.2\\ -2.4 & -2.2\\ 0.6 & 0.8\\ 0.6 & 1.8\end{bmatrix}, \sum^* = \sum = \begin{bmatrix}2.3 & 0.15\\ 0.15 & 6.7\end{bmatrix}$

(2)标准化变换(归一化)．称变换 $x_{ij}^* = \dfrac{x_{ij}-\overline{x}_j}{S_{jj}}$ $(i=1, 2, \cdots, n; j=1, 2, \cdots, p)$为标准化变换，其中 S_{jj} 表示第 j 个变量(指标)的标准差．变换后的数据每个样本均值为 0，标准差为 1，而且标准化变换后的数据与量纲无关．

【例 2】 数据为例 1 中的 X，对 X 进行标准化变换．

解： $\overline{x}_1=5.4$，$\overline{x}_2=4.2$，X_1^* 见例 1，标准化变换结果为：

$$X_2^* = \begin{bmatrix}-0.263 & 1.081\\ 1.053 & -1.236\\ -1.579 & -0.849\\ 0.395 & 0.309\\ 0.395 & 0.695\end{bmatrix}$$

(3)极差标准化变换．称变换 $x_{ij}^* = \dfrac{x_{ij}-\overline{x}_j}{R_j}$ $(i=1, 2, \cdots, n; j=1, 2, \cdots, p)$为极差标准化变换，其中 R_j 表示第 j 个变量的所有观测值的极差．变换后的数据，每个变量的样本均值为 0，极差为 1，无量纲，且 $|x_{ij}^*|<1$，在以后的分析计算中可减少误差的产生．

【例 3】 数据为例 1 中的 X，对 X 进行极差标准化．

解： $\overline{x}_1=5.4$，$\overline{x}_2=4.2$，X_1^* 见例 1，极差标准化结果为

$$X_3^* = \begin{bmatrix} -0.1 & 0.467 \\ 0.4 & -0.267 \\ 0.6 & -0.367 \\ 0.15 & 0.133 \\ 0.15 & 0.3 \end{bmatrix}$$

(4)极差正规化变换．称变换 $x_{ij}^* = \frac{x_{ij} - \min\limits_{1\leqslant k\leqslant n} \bar{x}_j}{R_j}$ $(i=1, 2, \cdots, n; j=1, 2, \cdots, p)$为极差正规化变换．变换后，$0\leqslant x_{ij}^* \leqslant 1$，极差为 1，也是无量纲的．

(5)极大值标准化．称变换 $x_{ij} = \frac{x_{ij}}{\max\limits_i x_{ij}}$ $(i=1, 2, \cdots, n; j=1, 2, \cdots, p)$为极大值标准化．变换后，$x_{ij}^*$ 最大值为 1 其余均小于 1.

(6)总和标准化．称变换 $x_{ij} = \frac{x_{ij}}{\sum\limits_i x_{ij}} (i=1,2,\cdots,n; j=1,2,\cdots,p)$ 为总和标准化．

(7)非线性归一化．经常用在数据分化比较大的场景，有些数值很大，有些很小．通过一些数学函数，将原始值进行映射．非线性的归一化函数包含 log，exp，arctan，sigmoid 等．用非线性归一化的函数取决于输入数据范围以及期望的输出范围．比如 log()函数在[0，1]区间上有很强的区分度，arctan()可以接收任意实数并转化区间$(-\pi/2, \pi/2)$，sigmoid 接收任意实数并映射到(0，1)．需要根据数据分布的情况，决定非线性函数的曲线．称变换 $x_{ij}^* = lnx_{ij}(x_{ij}>0, i=1, 2, \cdots, n; j=1, 2, \cdots, p)$为对数变换．它可将具有指数特征的数据结构变换为线性数据结构．

2. 样品间的距离

常用距离来描述样品间相似性．设 x_{ij} 表示第 $i(i=1, 2, \cdots, n)$个样品第 $j(j=1, 2, \cdots, p)$个指标的观测值，用 d_{ij} 表示样品 $X_{(i)}$ 和 $X_{(j)}$ 之间的距离，d_{ij} 应满足以下条件：

(1)$d_{ij}\geqslant 0(i, j=1, 2, \cdots, n)$；$d_{ij}=0 \Leftrightarrow X_{(i)}=X_{(j)}$；(非负性)

(2)$d_{ij}=d_{ji}(i, j=1, 2, \cdots, n)$；(对称性)

(3)$d_{ij}\leqslant d_{ik}+d_{jk}(i, j, k=1, 2, \cdots, n)$(三角不等式)

关于距离的度量方法，常用的有：欧几里得距离，余弦值，相关度(*correlation*)，曼哈顿距离(*Manhattan distance*)等．

常用的距离有以下几种：

(1)明氏(*Minkowski*)距离．$d_{ij}(q) = \left[\sum\limits_{k=1}^{p} |x_{ik} - x_{jk}|^q\right]^{1/q} (i,j=1,2,\cdots,n)$．

明氏距离不是一种距离，而是一组距离的定义．根据参数的不同，明氏距离可以表示一类的距离．

①当 $q=1$ 时，为绝对值距离．$d_{ij}(1)=\sum_{k=1}^{p}|x_{ik}-x_{jk}|\quad(i,\ j=1,\ 2,\ \cdots,\ n)$.

绝对值距离又称为曼哈顿距离，其意义为 L_1－距离或城市区块距离，也就是在欧几里得空间的固定直角坐标系上两点所形成的线段对轴产生的投影的距离总和．例如在平面上，坐标为 $(x_1,\ y_1)$ 的点 P_1 与坐标为 $(x_2,\ y_2)$ 的点 P_2 的曼哈顿距离为 $|x_1-x_2|+|y_1-y_2|$.

通俗来讲，想象你在曼哈顿要从一个十字路口开车到另外一个十字路口，驾驶距离是两点间的直线距离吗？显然不是，除非你能穿越大楼．而实际驾驶距离就是这个"曼哈顿距离"，此即曼哈顿距离名称的来源，同时，曼哈顿距离也称为城市街区距离(*City Block distance*).

【例 4】 计算 $X_1=(1,\ 0)$，$X_2=(5,\ 6)$ 的曼哈顿距离．

解： $X_1=(1,\ 0)$，$X_2=(5,\ 6)$ 的曼哈顿距离为 $d_{12}(1)=\sum_{k=1}^{2}|x_{ik}-x_{jk}|=10$.

②当 $q=2$ 时，为欧氏距离．$d_{ij}(2)=\left[\sum_{k=1}^{p}|x_{ik}-x_{jk}|^2\right]^{1/2}(i,j=1,2,\cdots,n)$

③当 $q=\infty$ 时，为切比雪夫距离．$d_{ij}(\infty)=\max\limits_{1\leqslant k\leqslant p}|x_{ik}-x_{jk}|(i,\ j=1,\ 2,\ \cdots,\ n)$

在国际象棋中，国王走一步能够移动到相邻的 8 个方格中的任意一个．那么国王从格子 $(x_1,\ y_1)$ 走到格子 $(x_2,\ y_2)$ 最少需要多少步？你会发现最少步数总是 $\max(|x_1-x_2|,\ |y_1-y_2|)$ 步．有一种类似的距离度量方法为切比雪夫距离．

两个 n 维向量 $A(x_{11},\ x_{12},\ \cdots,\ x_{1n})'$ 与 $B(x_{21},\ x_{22},\ \cdots,\ x_{2n})'$ 间的切比雪夫距离为

$$d_{12}(\infty)=\max(|x_{1i}-x_{2i}|)$$

这个公式的另一种等价形式是 $d=\lim\limits_{n\to\infty}\left(\sum_{i=1}^{n}|x_{1i}-x_{2i}|^k\right)^{1/k}$．因此切比雪夫距离也称为 L_∞ 度量．

以数学的观点来看，切比雪夫距离是由一致范数(或称为上确界范数)所衍生的度量，也是超凸度量的一种．

【例 5】 计算 $X_1=(1,\ 0)$，$X_2=(5,\ 6)$ 的切比雪夫距离．

解： $X_1=(1,0),X_2=(5,6)$ 的切比雪夫距离为 $d_{12}(\infty)=\sum_{k=1}^{2}|x_{ik}-x_{jk}|=6$.

明氏距离与人们习惯的距离概念相一致，而且具有平移不变性，其中欧式距

离是聚类分析中使用最广泛的距离．但明氏距离的计算受到各指标量纲的影响，也没有考虑指标之间的相关性．

(2)马氏距离

样品 $X_{(i)}$ 和 $X_{(j)}$ 的马氏距离为 $d_{ij}(M)=(X_{(i)}-X_{(j)})'V^{-1}(X_{(i)}-X_{(j)})$，其中 V^{-1} 是样本协方差矩阵的逆矩阵．

马氏距离克服了变量之间相关性及量纲的影响，且对可逆变换和平移均有不变性，但夸大了变化微小的指标的作用．

【例 6】 计算 $X_1=(3, 4)$，$X_2=(5, 6)$，$X_3=(2, 2)$，$X_4=(8, 4)$ 两两间的马氏距离，用距离矩阵表示．

解：协方差矩阵为 $\sum=\begin{bmatrix}7 & 2\\2 & 2.67\end{bmatrix}$，协方差矩阵的逆矩阵为

$\sum^{-1}=\begin{bmatrix}0.182 & -0.136\\-0.136 & 0.477\end{bmatrix}$，马氏距离矩阵为 $D=\begin{bmatrix}0 & 1.243 & 2.132 & 2.449\\1.243 & 0 & 2.276 & 2.276\\2.132 & 2.276 & 0 & 2.276\\2.449 & 2.276 & 2.276 & 0\end{bmatrix}$.

(3)兰氏距离．

样品 $X_{(i)}$ 和 $X_{(j)}$ 的兰氏距离为 $d_{ij}(L)=\dfrac{1}{p}\sum_{k=1}^{p}\dfrac{|x_{ik}-x_{jk}|}{x_{ik}+x_{jk}}(i,j=1,2,\cdots,n)$，兰氏距离适用于观测值都为非负的情况，计算结果是无量纲的，由于它对大的奇异值不敏感，适合高度偏斜的数据．但是兰氏距离也没有考虑变量间的相关性．

明氏距离和兰氏距离都假定变量之间相互独立，即在正交的空间中讨论距离．但实际问题中，变量之间往往存在着一定的相关性，为此可采用马氏距离．

(4)变量间的相似系数．

①匹配系数．

以上几种距离都是适用于定量变量的样品间距离的度量．对定性变量的样品之间的距离定义如下：

设两个样品的 p 个指标都是定性变量，若第 i 个样品和第 j 个样品的第 $k(k=1, 2, \cdots, p)$ 个指标的取值相同，称这两个样品在该指标上配对，取值不同则不配对．记配对的指标数为 m_1，不配对的指标数为 m_2，则称 $d_{ij}=\dfrac{m_2}{m_1+m_2}$ 为第 i 个样品和第 j 个样品之间的距离，也称匹配系数．当样品的变量为定性变量时，通常采用匹配系数作为聚类统计量．显然匹配系数越大，说明两样品越不相似．

【例 7】 某高校举办一个培训班，从学员的资料中得到这样 6 个变量：性别取值为男和女；外语语种取值为英、日和俄；专业取值为信计、云计算和统计；职业

取值为教师和非教师；居住处取值为校内和校外；学历取值为本科和本科以下．

现有两名学员：x_1＝(男，英，统计，非教师，校外，本科)，x_2＝(女，英，信计，教师，校外，本科以下)，这两名学员的第二个变量都取值“英”，称为配合的，第一个变量一个取值为“男”，另一个取值为“女”，称为不配合的．则 x_1 与 x_2 之间的之间的距离为 $d_{12}=\frac{m_2}{m_1+m_2}=\frac{2}{3}$．说明两个人不相似．

在对变量进行分类时，通常采用相似系数来表示变量之间的亲疏程度．对于定量变量，通常采用的相似系数有夹角余弦和相关系数．

②夹角余弦．

几何中夹角余弦可用来衡量两个向量方向的差异，机器学习中借用这一概念来衡量样本向量之间的差异．变量 X_i 的 n 次观测值(x_{1i}，x_{2i}，…，x_{ni})可以看成 n 维空间的向量，则 X_i 和 X_j 的夹角 α_{ij} 的余弦称为两向量的相似系数，记为

$$C_{ij}=\cos\alpha_{ij}=\frac{\sum_{l=1}^{n}x_{li}x_{lj}}{\sqrt{\sum_{l=1}^{n}x_{li}^2}\sqrt{\sum_{l=1}^{n}x_{lj}^2}}(i,j=1,2,\cdots,p)$$

夹角余弦取值范围为[－1，1]．夹角余弦越大表示两个向量的夹角越小，夹角余弦越小表示两向量的夹角越大．当两个向量的方向重合时夹角余弦取最大值1，当两个向量的方向完全相反夹角余弦取最小值－1．当 X_i 和 X_j 平行时，夹角为0，说明这两个向量完全相似；当 X_i 和 X_j 正交时，夹角为 $\pi/2$，说明这两个向量不相关．

③相关系数．

相关系数就是对数据作标准化处理后的夹角余弦．变量 X_i 和 X_j 的相关系数常用 r_{ij} 表示，即

$$C_{ij}=r_{ij}=\frac{\sum_{l=1}^{n}(x_{li}-\overline{x}_i)(x_{lj}-\overline{x}_j)}{\sqrt{\sum_{l=1}^{n}(x_{li}-\overline{x}_i)^2}\sqrt{\sum_{l=1}^{n}(x_{lj}-\overline{x}_j)^2}}(i,j=1,2,\cdots,p)$$

变量之间常借助相似系数来定义距离，例如可令 $d_{ij}^2=1-c_{ij}^2$．

二、类及其特征

由于客观事物的千差万别，在不同的问题中类的含义也不尽相同，关于类的严格的定义至今还没有统一．下面给出类的几个定义，不同的定义适用于不同的场合．

用 G 表示类，设 G 中有 k 个元素，这些元素用 i，j 等表示．

用 x_1，x_2，…，x_m 表示类 G 中的元素，m 为 G 中的样品数(或指标数)，可以从不同的角度来刻画 G 的特征．常用的特征有：

均值 $\bar{x}_G$(称为类 G 的重心)：$\bar{x}_G=\frac{1}{m}\sum_{i=1}^{m}x_i$；

样本离差阵：$S_G=\sum_{i=1}^{m}(x_i-\bar{x}_G)(x_i-\bar{x}_G)'$；

样本协差阵：$V_G=\frac{1}{m-1}S_G$；

G 的直径：$D_G=\max_{i,j\in G}d_{ij}$ 或 $D_G=\sum_{i=1}^{m}(x_i-\bar{x}_G)'(x_i-\bar{x}_G)=tr(S_G)$．

第二节　系统聚类法

一、系统聚类法的基本思想

系统聚类法也称谱系聚类法，是聚类分析中使用最广泛的一种方法．其基本思想是，将每个指标看成 p 维空间中的坐标轴，将样品看成 p 维空间中的点．初始将 n 个样品看成 n 个类，每一类包含一个样品；然后将距离最近的两类合并成新类，并计算新类与其他类之间的距离，再按最小距离准则并类；这样每次减少一类，直到所有的样品都合并成一类为止．这个并类过程可以用谱系聚类图形象地表达出来．

系统聚类法的一般步骤如下：

(1)数据变换．目的是为了便于比较和计算或改变数据结构．

(2)计算 n 个样品两两间的距离，得到样品间的距离矩阵 $D_{(0)}$．

(3)将 n 个样品看成 n 个类，此时类间距离就是样品间的距离，将距离最近的两类合并成一类．

(4)计算新类与其他各类之间的距离，并将距离最近的两个类合并成一个新的类．

(5)重复步骤(4)，直到类的总数减少为 1.

(6)画出谱系聚类图，按照一定的分类标准给出分类结果．

二、系统聚类的方法

系统聚类法的聚类原则决定于样品间的距离或相似系数及类间距离的定义，由不同的定义产生不同的系统聚类法．用 d_{ij} 表示样品 $X_{(i)}$ 和 $X_{(j)}$ 之间的距离，当样品间的亲疏关系用相似系数 C_{ij} 表示时，令 $d_{ij}=1-|C_{ij}|$（或 $d_{ij}^2=1-C_{ij}^2$）；用 D_{pq} 表示类 G_p 和 G_q 之间的距离．常见的系统聚类法主要有八种：

1. 最短距离法

最短距离法是将类与类之间的距离定义为两类中距离最近的样品之间的距离，即 $D_{pq}=\min\limits_{i\in G_p,j\in G_q} d_{ij}$．

聚类步骤如下：

(1)计算样品间的距离，得到距离矩阵 $D_{(0)}$，此时 $D_{pq}=d_{pq}$；

(2)找出 $D_{(0)}$ 的非对角线上的最小元素，设为 D_{pq}，将 G_p 和 G_q 合并成一个新类 G_r，即 $G_r=\{G_p, G_q\}$；

(3)计算 G_r 与其他各类 $G_k(k\neq p, q)$之间的距离 D_{rk}，递推公式为：

$$D_{rk}=\min_{i\in G_r,j\in G_k} d_{ij}=\min\{\min_{i\in G_p,j\in G_k} d_{ij}, \min_{i\in G_q,j\in G_k} d_{ij}\}=\min\{D_{pk}, D_{qk}\}$$

所得到的矩阵记为 $D_{(1)}$；

(4)对 $D_{(1)}$ 重复步骤(2)和(3)，得到 $D_{(2)}$；再对 $D_{(2)}$ 重复重复步骤(2)和(3)，得到 $D_{(3)}$；如此进行下去，直到所有的样品都归为一类．

【例 1】 五个样本：$X_{(1)}=1$、$X_{(2)}=2$、$X_{(3)}=3.5$、$X_{(4)}=7$ 和 $X_{(5)}=9$，试用最短距离法对五个样本进行分类．

解：(1)五个样本的距离矩阵 $D(0)$.

	$G_1=\{1\}$	$G_2=\{2\}$	$G_3=\{3.5\}$	$G_4=\{7\}$	$G_5=\{9\}$
$G_1=\{1\}$	0	1	2.5	6	8
$G_2=\{2\}$	1	0	1.5	5	7
$G_3=\{3.5\}$	2.5	1.5	0	3.5	5.5
$G_4=\{7\}$	6	5	3.5	0	2
$G_5=\{9\}$	8	7	5.5	2	0

(2)最小距离为 $D_{12}=d_{12}=1$，新类 $G_6=G_1\cup G_2=\{1, 2\}$，计算 G_6 与其他类的距离，得距离矩阵 $D(1)$.

	G_6	G_3	G_4	G_5
G_6	0	4	5	7
G_3	1.5	0	3.5	5.5
G_4	5	3.5	0	2
G_5	7	5.5	2	0

(3)$D(1)$中非主对角线最小距离是$D_{36}=1.5$，则将对应的两类G_3和G_6合并成新类$G_7=G_3\cup G_6=\{1,\ 2,\ 3.5\}$，再计算$G_7$与其他类的距离，得距离矩阵$D(2)$.

	G_7	G_4	G_5
G_7	0	3.5	5.5
G_4	3.5	0	2
G_5	5.5	2	0

(4)$D(2)$中非主对角线最小距离是$D_{35}=2$，则将相应的两类G_4和G_5合并成一类，合并成新类$G_8=G_4\cup G_5=\{7,\ 9\}$，再计算$G_8$与$G_7$的距离，得距离矩阵$D(3)$.

	G_7	G_8
G_7	0	3.5
G_8	3.5	0

$$G_7=G_7\cup G_8=\{1,\ 2,\ 3.5,\ 7,\ 9\}$$

画出聚类谱系图：

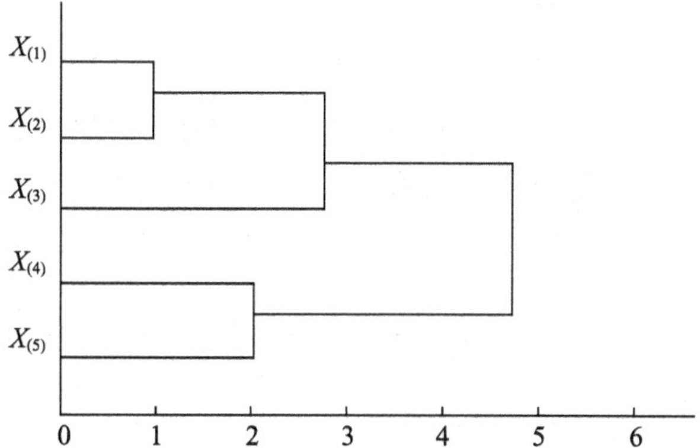

2. 最长距离法

最长距离法是将类与类之间的距离定义为两类中距离最远的样品之间的距离，即 $D_{pq}=\max\limits_{i\in G_p,j\in G_q} d_{ij}$，并类步骤和最小距离法相同，只是计算新类与其他各类之间距离的递推公式不一样．当某步中将类 G_p 和 G_q 合并成一个新类 G_r 后，G_r 与其他各类 $G_k(k\neq p, q)$的类间距离的递推公式为：

$$D_{rk}=\max_{i\in G_r,j\in G_k} d_{ij}=\max\{\max_{i\in G_p,j\in G_k} d_{ij}, \max_{i\in G_q,j\in G_k} d_{ij}\}=\max\{D_{pk}, D_{qk}\}$$

【例 2】 五个样本：$X_{(1)}=1$、$X_{(2)}=2$、$X_{(3)}=3.5$、$X_{(4)}=7$ 和 $X_{(5)}=9$，试用最长距离法对五个样本进行分类．

解：(1)五个样本的距离矩阵 $D(0)$.

	$G_1=\{1\}$	$G_2=\{2\}$	$G_3=\{3.5\}$	$G_4=\{7\}$	$G_5=\{9\}$
$G_1=\{1\}$	0	1	2.5	6	8
$G_2=\{2\}$	1	0	1.5	5	7
$G_3=\{3.5\}$	2.5	1.5	0	3.5	5.5
$G_4=\{7\}$	6	5	3.5	0	2
$G_5=\{9\}$	8	7	5.5	2	0

(2)$D(0)$中非主对角线最小距离是 $D_{12}=d_{12}=1$，新类 $G_6=G_1\cup G_2=\{1, 2\}$，计算类 G_6 与其他类的距离，得距离矩阵 $D(1)$.

	G_6	G_3	G_4	G_5
G_6	0	2.5	6	8
G_3	2.5	0	3.5	5.5
G_4	6	3.5	0	2
G_5	8	5.5	2	0

(3)$D(1)$中非主对角线最小距离是 $D_{45}=2$，则将 G_4 和 G_5 合并成一类，合并成新类 $G_7=G_4\cup G_5=\{7, 9\}$，计算类 G_7 与其他类的距离，得距离矩阵 $D(2)$.

	G_6	G_3	G_7
G_6	0	2.5	8
G_3	2.5	0	5.5
G_7	8	5.5	0

(4)$D(2)$ 中非主对角线最小元素是 $D_{36}=2.5$，则将 G_3 和 G_6 合并成新类 $G_8=G_3\bigcup G_6=\{1,2,3.5\}$，计算类 G_8 与 G_7 其他类的距离，得距离矩阵 $D(3)$.

	G_7	G_8
G_7	0	8
G_8	8	0

$$G_7=G_7\bigcup G_8=\{1,2,3.5,7,9\}$$

谱系聚类图为：

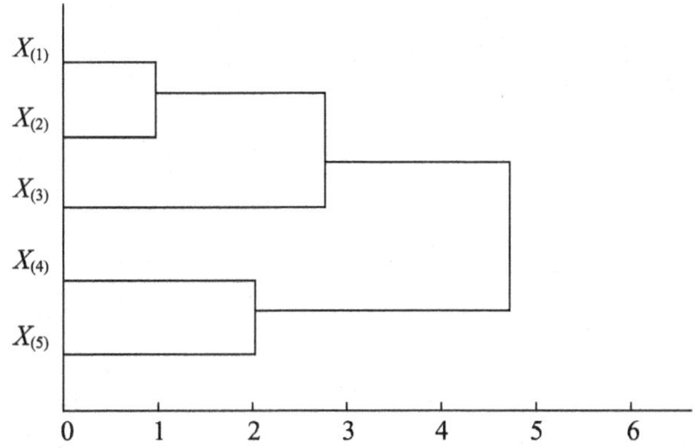

3. 中间距离法

中间距离法采用的类间距离的大小介于两类之间的最大距离与最小距离之间. 当某步中将类 G_p 和 G_q 合并成一个新类 G_r 后，按中间距离法计算 G_r 与其他各类 $G_k(k\neq p,q)$ 的类间距离的递推公式为：

$$D_{rk}^2=\frac{1}{2}(D_{pk}^2+D_{qk}^2)+\beta D_{pq}^2 \quad (-\frac{1}{4}\leqslant\beta\leqslant 0)$$

常取 $\beta=-\frac{1}{4}$，此时由初等几何知，D_{rk} 就是以 D_{pk}，D_{qk} 和 D_{pq} 为边的三角形的边 D_{pq} 上的中线，见下图.

$$D_{rk}^2=\frac{1}{2}(D_{pk}^2+D_{qk}^2)\frac{1}{4}D_{pq}^2$$

由于递推公式中出现的量都是距离的平方，为计算方便，可将初始距离矩阵 $D_{(0)}$ 中的元素改为 d_{ij}^2，而将随后计算得到的距离矩阵的元素改为 D_{pq}^2 的形式，相应的矩阵也记为 $D_{(0)}^2$，$D_{(1)}^2$，$D_{(2)}^2$，….

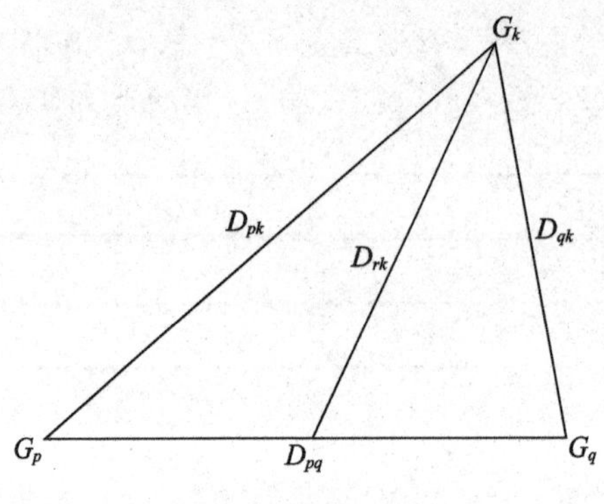

中间距离法计算类间

【例 3】 五个样本：$X_{(1)}=1$、$X_{(2)}=2$、$X_{(3)}=3.5$、$X_{(4)}=7$ 和 $X_{(5)}=9$，试用中间距离法对五个样本进行分类．

解：(1)(用 d_{ij}^2 代替 d_{ij}，用 $D^2(0)$ 代替 $D(0)$)得到五个样本的距离矩阵 $D^2(0)$.

	$G_1=\{1\}$	$G_2=\{2\}$	$G_3=\{3.5\}$	$G_4=\{7\}$	$G_5=\{9\}$
$G_1=\{1\}$	0	1	6.25	36	64
$G_2=\{2\}$	1	0	2.25	25	49
$G_3=\{3.5\}$	6.25	2.25	0	12.25	30.25
$G_4=\{7\}$	36	25	12.25	0	4
$G_5=\{9\}$	64	49	30.25	4	0

(2)最小距离是 $D_{12}^2=d_{12}^2=1$，新类 $G_6=G_1\cup G_2=\{1,2\}$，计算类 G_6 与其他类的距离，得距离矩阵 $D^2(1)$.

	G_6	G_3	G_4	G_5
G_6	0	4	30.25	56.25
G_3	4	0	12.25	30.25
G_4	30.25	12.25	0	4
G_5	56.25	30.25	4	0

(3)$D^2(1)$中非主对角线最小距离是 $D_{36}^2=4$，则将 G_3 和 G_6 合并成新类 $G_7=G_3\cup G_6=\{1,2,3.5\}$，计算类 G_7 与其他类的距离，得有距离矩阵 $D^2(2)$.

	G_7	G_4	G_5
G_7	0	20.25	42.25
G_4	20.25	0	4
G_5	42.25	4	0

(4)$D^2(2)$中非主对角线最小距离是$D_{45}^2=4$，则将相应的两类G_4和G_5合并成新类$G_8=G_4\cup G_5=\{7,9\}$，计算类G_8与G_7的距离，得距离矩阵$D^2(3)$.

	G_7	G_8
G_7	0	30.25
G_8	30.25	0

$G_9=G_7\cup G_8=\{1, 2, 3.5, 7, 9\}$

谱系聚类图为

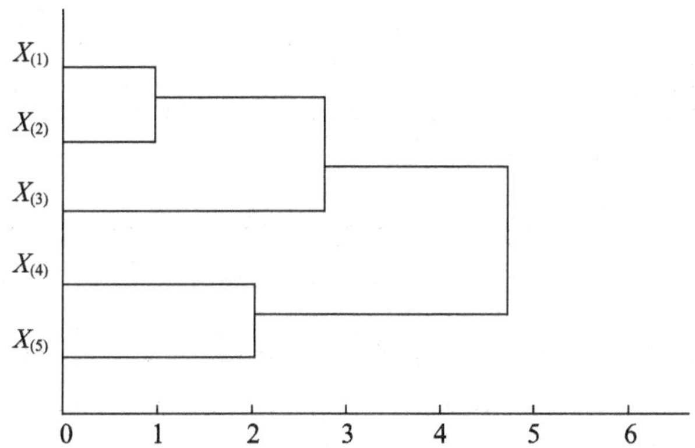

4. 重心法

以上三种方法在定义类间距离时，都没有考虑每一类中所包含的样品数．如果将两类间的距离定义为两类重心间的距离，就是重心法．每一类的重心就是该类中所有样品的均值．

设类G_p和G_q中包含的样品数分别为n_p和n_q，重心分别为$\bar{x}_p$和$\bar{x}_q$，这G_p与G_q之间的距离为$d_{pq}=d_{\bar{x}_p\bar{x}_q}$，设某一步将类$G_p$和$G_q$合并成一个新类$G_r$，其中样品数为$n_r=n_p+n_q$，$G_r$的重心$\bar{x}_r=\frac{1}{n_r}(n_p\bar{x}_p+n_q\bar{x}_q)$，任意一类$G_k$的重心为$\bar{x}_k$，$G_r$与$G_k$的距离为

$$D_{rk}^2=d_{\bar{x}_r\bar{x}_k}^2=(\bar{x}_k-\bar{x}_r)'(\bar{x}_k-\bar{x}_r)$$
$$=\left[\bar{x}_k-\frac{1}{n_r}(n_p\bar{x}_p+n_q\bar{x}_{qr})\right]'\left[\bar{x}_k-\frac{1}{n_r}(n_p\bar{x}_p+n_q\bar{x}_{qr})\right]$$
$$=\frac{n_p}{n_r}D_{kp}^2+\frac{n_q}{n_r}D_{kq}^2-\frac{n_p}{n_r}\times\frac{n_q}{n_r}D_{pq}^2$$

递推公式为：$D_{rk}^2=\frac{n_p}{n_r}D_{kp}^2+\frac{n_q}{n_r}D_{kq}^2-\frac{n_p}{n_r}\times\frac{n_q}{n_r}D_{pq}^2$，当 $n_p=n_q$ 时，即为中间距离法公式．

如果样品间的初始距离采用的不是欧氏距离而是其他距离，将会得到不同的递推公式．重心法每合并一次类，都要重新计算新类的重心，然后才能计算新类和其他各类之间的距离，因此计算量比前三种方法大一些．

【例 4】 五个样本：$X_{(1)}=1$、$X_{(2)}=2$、$X_{(3)}=3.5$、$X_{(4)}=7$ 和 $X_{(5)}=9$，试用重心法对五个样本进行分类．

解：(1)(用 d_{ij}^2 代替 d_{ij}，用 $D^2(0)$ 代替 $D(0)$)得到五个样本的距离矩阵$D^2(0)$.

	$G_1=\{1\}$	$G_2=\{2\}$	$G_3=\{3.5\}$	$G_4=\{7\}$	$G_5=\{9\}$
$G_1=\{1\}$	0	1	6.25	36	64
$G_2=\{2\}$	1	0	2.25	25	49
$G_3=\{3.5\}$	6.25	2.25	0	12.25	30.25
$G_4=\{7\}$	36	25	12.25	0	4
$G_5=\{9\}$	64	49	30.25	4	0

(2)距离矩阵 $D^2(0)$中的最小距离是 $D_{12}^2=d_{12}^2=1$，新类 $G_6=G_1\cup G_2=\{1,2\}$，计算新类 G_6 与其他类的距离，此时 $n_p=n_1=1$、$n_q=n_2=1$、$n_r=n_6=n_p+n_q=n_1+n_1=1+1=2$、$n_k=n_3=1$，按公式计算，有

$$D_{63}^2=\frac{n_1}{n_6}D_{31}^2+\frac{n_2}{n_6}D_{32}^2-\frac{n_1}{n_6}\times\frac{n_2}{n_6}D_{12}^2,$$

$$D_{63}^2=\frac{1}{2}\times6.25+\frac{1}{2}\times2.25-\frac{1}{2}\times\frac{1}{2}\times1=4,$$

$$D_{64}^2=\frac{1}{2}\times36+\frac{1}{2}\times25-\frac{1}{2}\times\frac{1}{2}\times1=30.25,$$

$$D_{65}^2=\frac{1}{2}\times64+\frac{1}{2}\times49-\frac{1}{2}\times\frac{1}{2}\times1=56.25$$

得距离矩阵 $D^2(1)$.

	G_6	G_3	G_4	G_5
G_6	0	4	30.25	56.25
G_3	4	0	12.25	30.25
G_4	30.25	12.25	0	4
G_5	56.25	30.25	4	0

(3)$D^2(1)$中非主对角线最小距离是$D_{36}^2=D_{45}^2=4$，则将相应的两类G_3和G_6合并成新类$G_7=G_3\cup G_6=\{1，2，3.5\}(n_k=n_7=3)$，将相应的两类$G_4$和$G_5$合并成新类$G_8=G_4\cup G_5=\{7，9\}(n_r=n_8=2)$，再按公式计算$G_7$与$G_8$的距离

$$D_{87}^2=\frac{n_4}{n_8}D_{47}^2+\frac{n_5}{n_8}D_{57}^2-\frac{n_4}{n_8}\times\frac{n_5}{n_8}D_{45}^2=\frac{1}{2}D_{47}^2+\frac{1}{2}D_{57}^2-\frac{1}{2}\times\frac{1}{2}\times 4$$

$$=\frac{1}{2}\left(\frac{n_3}{n_7}D_{43}^2+\frac{n_6}{n_7}D_{46}^2-\frac{n_3}{n_7}\frac{n_6}{n_7}D_{36}^2\right)+\frac{1}{2}\left(\frac{n_3}{n_7}D_{53}^2+\frac{n_6}{n_7}D_{56}^2-\frac{n_3}{n_7}\frac{n_6}{n_7}D_{36}^2\right)-1$$

$$=\frac{1}{2}\left(\frac{1}{3}\times 12.25+\frac{2}{3}\times 30.25-\frac{1}{3}\times\frac{1}{3}\times 4\right)+\frac{1}{2}$$

$$\left(\frac{1}{3}\times 30.25+\frac{2}{3}\times 56.25-\frac{1}{3}\times\frac{1}{3}\times 4\right)-1=34.02782\approx 34.03$$

得到距离矩阵$D^2(2)$.

	G_7	G_8
G_7	0	34.03
G_8	34.03	0

$$G_7=G_7\cup G_8=\{1，2，3.5，7，9\}$$

谱系聚类图为

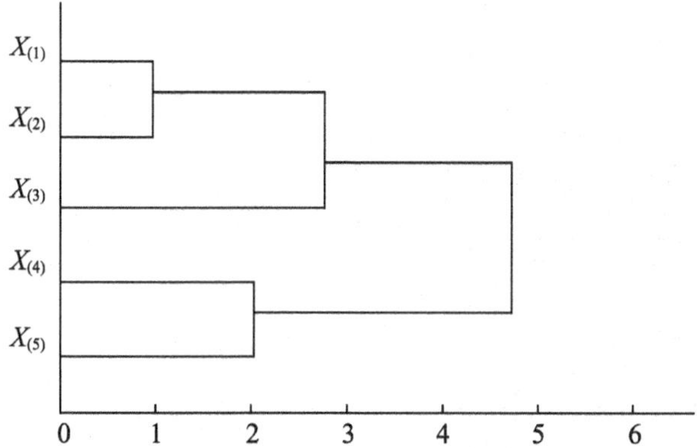

5. 类平均法

重心虽然对类有较好的代表性，但仍未充分利用各个样品的信息．为此有学者提出类平均法．此方法将两类之间的距离的平方定义为这两类中各个样品两两之间距离平方的平均值，即 $D_{pq}^2=\frac{1}{n_p n_q}\sum\limits_{i\in G_p, j\in G_q} d_{ij}^2$. $G_r=G_p\cup G_q$ 与任意一类 G_k 的距离为

$$
\begin{aligned}
D_{kr}^2 &= \frac{1}{n_k n_r}\sum_{x_{(i)}\in G_k}\sum_{x_{(j)}\in G_r} d_{ij}^2=\frac{1}{n_k n_r}\Big(\sum_{x_{(i)}\in G_k}\sum_{x_{(j)}\in G_p} d_{ij}^2+\sum_{x_{(i)}\in G_k}\sum_{x_{(j)}\in G_q} d_{ij}^2\Big)\\
&= \frac{1}{n_k n_r}\left(\frac{n_k n_p}{n_k n_p}\times\sum_{x_{(i)}\in G_k}\sum_{x_{(j)}\in G_p} d_{ij}^2+\frac{n_k n_q}{n_k n_q}\times\sum_{x_{(i)}\in G_k}\sum_{x_{(j)}\in G_q} d_{ij}^2\right)\\
&= \frac{1}{n_k n_r}(n_k n_p D_{kp}^2+n_k n_q D_{kq}^2)=\frac{n_p}{n_r}D_{kp}^2+\frac{n_q}{n_r}D_{kq}^2
\end{aligned}
$$

递推公式为：$D_{rk}^2=\frac{n_p}{n_r}D_{pk}^2+\frac{n_q}{n_r}D_{qk}^2(k\neq p,\ q)$. 类平均法是一种使用比较广泛、聚类效果较好的方法．

【例 5】 五个样本：$X_{(1)}=1$、$X_{(2)}=2$、$X_{(3)}=3.5$、$X_{(4)}=7$ 和 $X_{(5)}=9$，试用类平均法对五个样本进行分类．

解：(1)(用 d_{ij}^2 代替 d_{ij}，用 $D^2(0)$ 代替 $D(0)$)得到五个样本的距离矩阵 $D^2(0)$.

	$G_1=\{1\}$	$G_2=\{2\}$	$G_3=\{3.5\}$	$G_4=\{7\}$	$G_5=\{9\}$
$G_1=\{1\}$	0	1	6.25	36	64
$G_2=\{2\}$	1	0	2.25	25	49
$G_3=\{3.5\}$	6.25	2.25	0	12.25	30.25
$G_4=\{7\}$	36	25	12.25	0	4
$G_5=\{9\}$	64	49	30.25	4	0

(2)距离矩阵 $D^2(0)$ 中的最小距离是 $D_{12}^2=d_{12}^2=1$，新类 $G_6=G_1\cup G_2=\{1,\ 2\}$，新类 G_6 与其他类的距离，此时 $n_p=n_1=1$，$n_q=n_2=1$，$n_r=n_6=n_p+n_q=n_1+n_1=1+1=2$，$n_k=n_3=1$，按公式计算，有

$D_{63}^2=\frac{n_1}{n_6}D_{31}^2+\frac{n_2}{n_6}D_{32}^2\frac{1}{2}\times 6.25+\frac{1}{2}\times 2.25=4.25$,

$D_{64}^2=\frac{1}{2}\times 36+\frac{1}{2}\times 25=30.5$，$D_{65}^2=\frac{1}{2}\times 64+\frac{1}{2}\times 49=56.5$

得距离矩阵 $D^2(1)$.

	G_6	G_3	G_4	G_5
G_6	0	4.25	30.5	56.5
G_3	4.25	0	12.25	30.25
G_4	30.5	12.25	0	4
G_5	56.5	30.25	4	0

(3)$D^2(1)$中非主对角线最小距离是$D_{45}^2=4$，则将相应的两类G_4和G_5合并成新类$G_7=G_4\bigcup G_5=\{7, 9\}(n_4=n_5=1)$，计算得到距离矩阵$D^2(2)$.

	G_6	G_3	G_7
G_6	0	4.25	43.5
G_3	4.25	0	21.25
G_7	43.5	21.25	0

(4)$D^2(2)$中非主对角线最小距离是$D_{36}^2=4.25$，则将相应的两类G_3和G_6合并成新类$G_8=G_3\bigcup G_6=\{1, 2, 3.5\}$，计算得到距离矩阵$D^2(3)$.

	G_8	G_7
G_8	0	36.08
G_7	36.08	0

$$G_9=G_7\bigcup G_8=\{1, 2, 3.5, 7, 9\}$$

谱系聚类图为

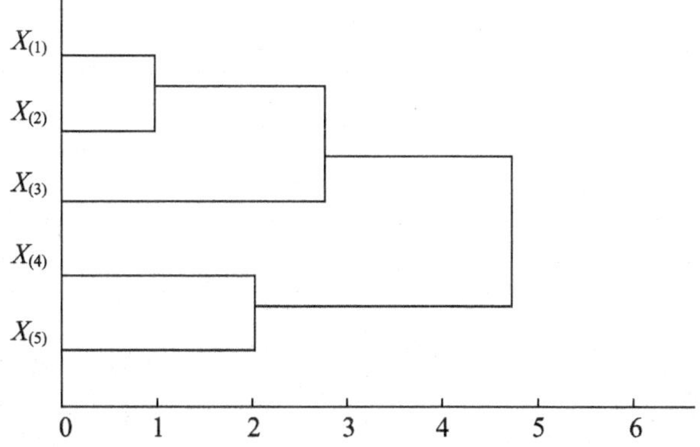

6. 可变类平均法

在类平均法的递推公式中，没有反映 D_{pq} 的影响．可变类平均法是将类平均法与中间距离法进行组合，得到如下的递推公式：

$$D_{rk}^2=(1-\beta)\left[\frac{n_p}{n_r}D_{pk}^2+\frac{n_q}{n_r}D_{qk}^2\right]+\beta D_{pq}^2 \quad (\beta<1)$$

其中 β 是可变参数，称为聚集强度系数．随着 β 的取值不同，就有不同的聚类结果(当 $\beta=0$ 时就是类平均法).

可变类平均法的分类效果与 β 的取值有很大的关系，当 β 接近 1 时，分类效果一般不好．在实际中，β 常取负值，一般选取 $\beta=-\dfrac{1}{4}$. 但 β 究竟取何值最恰当，没有适用的规则，这限制了可变平均法的应用．

【例 6】 五个样本：$X_{(1)}=1$、$X_{(2)}=2$、$X_{(3)}=3.5$、$X_{(4)}=7$ 和 $X_{(5)}=9$，试用可变类平均法对五个样本进行分类．

解：(1)(用 d_{ij}^2 代替 d_{ij}，用 $D^2(0)$ 代替 $D(0)$)得到五个样本的距离矩阵 $D^2(0)$
．

	$G_1=\{1\}$	$G_2=\{2\}$	$G_3=\{3.5\}$	$G_4=\{7\}$	$G_5=\{9\}$
$G_1=\{1\}$	0	1	6.25	36	64
$G_2=\{2\}$	1	0	2.25	25	49
$G_3=\{3.5\}$	6.25	2.25	0	12.25	30.25
$G_4=\{7\}$	36	25	12.25	0	4
$G_5=\{9\}$	64	49	30.25	4	0

(2)距离矩阵 $D^2(0)$ 中非主对角线最小距离 $D_{12}^2=d_{12}^2=1$，新类 $G_6=G_1\cup G_2=\{1，2\}$，计算新类 G_6 与(其他)类 G_3 的距离，得距离矩阵 $D^2(1)$.

	G_6	G_3	G_4	G_5
G_6	0	5.0625	37.875	70.375
G_3	5.0625	0	12.25	30.25
G_4	37.875	12.25	0	4
G_5	70.375	30.25	4	0

(3)$D^2(1)$ 中非主对角线最小距离是 $D_{45}^2=4$，则将相应的两类 G_4 和 G_5 合并成新类 $G_7=G_4\cup G_5=\{7，9\}(n_4=n_5=1)$，计算得到距离矩阵 $D^2(2)$.

	G_6	G_3	G_7
G_6	0	5.0625	66.656
G_3	5.0625	0	25.5625
G_7	66.656	25.5625	0

(4)$D^2(2)$中非主对角线最小距离是$D_{36}^2=5.0625$，则将相应的两类G_3和G_6合并成新类$G_8=G_3\cup G_6=\{1，2，3.5\}$，计算得距离矩阵$D^2(3)$.

	G_8	G_7
G_8	0	64.9
G_7	64.9	0

$$G_9=G_7\cup G_8=\{1，2，3.5，7，9\}$$

谱系聚类图为

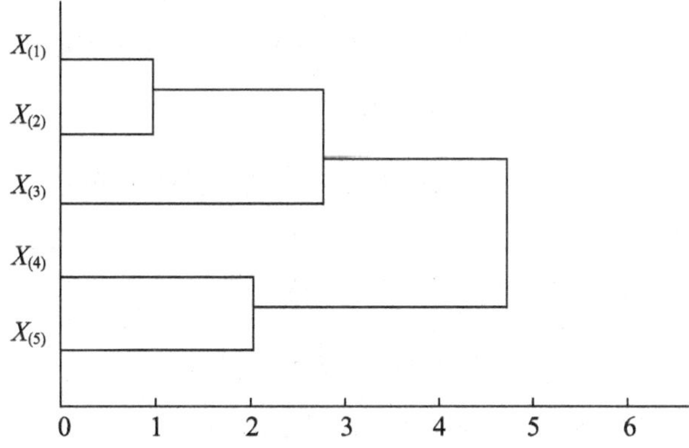

7. 可变法

某一步将类G_p和G_q合并成一个新类G_r后，可变法将G_r与其他各类$G_k(k\neq p，q)$的类间距离的递推公式定义为：

$$D_{rk}^2=\frac{1-\beta}{2}(D_{pk}^2+D_{qk}^2)+\beta D_{pq}^2 \quad (\beta<1)$$

显然，可变法是可变类平均法取$n_p=n_q$时的特例，其分类效果也与β的选取密切相关.

8. 离差平方和法

离差平方和法又称 Ward 法，是 Ward(1936)首先提出的．它基于方差分析的思想，如果分类合理，则同类样品之间离差平方和应当较小，而不同类之间的离差平方和应当较大.

假定已将 n 个样品分为 k 类，记为 G_1，G_2，…，G_k，n_t 表示 G_t 类的样品个数，$\bar{x}_t$ 表示 G_t 的重心，x_{ti} 表示 G_t 中第 $i(i=1, 2, \cdots, n_t)$ 个样品，则 G_t 中样品的离差平方和为 $S_t=\sum_{i=1}^{n_t}(x_{ti}-\bar{x}_t)'(x_{ti}-\bar{x}_t)$，$k$ 个类的总离差平方和为

$$S=\sum_{t=1}^{k}S_t=\sum_{t=1}^{k}\sum_{i=1}^{n_t}(x_{ti}-\bar{x}_t)'(x_{ti}-\bar{x}_t)$$

当 k 固定时，要选择使 S 达到极小的分类.

离差平方和法的基本思想是，先将 n 个样品各自视为一类，此时 $S=0$；然后每次将其中某两类合并为一类，每减少一类离差平方和就会增加；每次选择使 S 增加最小的两类合并，直至所有的样品归为一类.

将把某两类合并后增加的离差平方和看成类间的平方距离，即

$D_{pq}^2=W_r-(W_p+W_q)$，其中 $G_r=\{G_p, G_q\}$，W_r，W_p，W_q 分别为 G_r，G_p，G_q 中样品的离差平方和. 当样品间的距离采用欧式距离时，G_p 和 G_q 的类间距离定义为 $D_{pq}^2=\frac{n_pn_q}{n_r}d_{pq}^2$，其中 d_{pq}^2 表示 G_p 的重心 $\bar{x}_p$ 和 G_q 的重心 $\bar{x}_q$ 之间的距离. 当 G_p 和 G_q 合并为 G_r 后，G_r 和其他类 G_k 之间的距离的递推公式如下：

$$D_{rk}^2=\frac{n_p+n_k}{n_r+n_k}D_{pk}^2+\frac{n_q+n_k}{n_r+n_k}D_{qk}^2-\frac{n_k}{n_r+n_k}D_{pq}^2$$

在实际应用中，离差平方和法应用比较广泛，分类效果较好，但它要求样品间的距离必须采用欧式距离.

兰斯(Lance)和威廉姆斯(Williams)在点之间采用欧氏距离时，得到八种系统聚类分析法的一个统一公式：

$$D_{kr}^2=\alpha_pD_{kp}^2+\alpha_qD_{kq}^2-\beta D_{pq}^2+\gamma|D_{kp}^2-D_{kq}^2|$$

各种方法的比较目前仍是值得研究的课题，在实际应用中，采用两种方法：一种办法是根据分类问题本身专业知识结合实际需要来选择分类方法，确定分类个数；另一种方法是多用几种分类方法，把结果中的共性取出来，将有争议的样本(或变量)用判别分析法去归类.

【例 7】 五个样本：$X_{(1)}=1$、$X_{(2)}=2$、$X_{(3)}=3.5$、$X_{(4)}=7$ 和 $X_{(5)}=9$，试用离差平方和法对五个样本进行分类.

解：(1)(用 d_{ij}^2 代替 d_{ij}，用 $D^2(0)$ 代替 $D(0)$)得到五个样本的距离矩阵 $D^2(0)$

若 G_1 和 G_2 合为一类，则重心为 $\frac{1+2}{2}=1.5$. 此时离差平方和为

$$S_{12}=(1-1.5)^2+(2-1.5)^2=0.5.$$

若 G_1 和 G_3 合为一类，则重心为 $\frac{1+3.5}{2}=2.25$. 此时离差平方和为

$$S_{13}=(1-2.2.5)^2+(3.5-2.25)^2=3.125.$$

	$G_1=\{1\}$	$G_2=\{2\}$	$G_3=\{3.5\}$	$G_4=\{7\}$	$G_5=\{9\}$
$G_1=\{1\}$	0	0.5	3.125	18	32
$G_2=\{2\}$	0.5	0	1.125	12.5	24.5
$G_3=\{3.5\}$	3.125	1.125	0	6.125	15.125
$G_4=\{7\}$	18	12.5	6.125	0	2
$G_5=\{9\}$	32	24.5	15.125	2	0

(2)最小离差平方和为 0.5，新类 $G_6=G_1\cup G_2=\{1, 2\}$，计算新类 $G_6=G_1\cup G_2=\{1, 2\}$与其他类的离差平方和，距离矩阵 $D^2(1)$.

	G_6	G_3	G_4	G_5
G_6	0	2.667	20.167	37.5
G_3	2.667	0	6.125	15.125
G_4	20.167	6.125	0	2
G_5	37.5	15.125	2	0

(3)$D^2(1)$中非主对角线最小元素是 2，则将相应的两类 G_4 和 G_5 合并成新类 $G_7=G_4\cup G_5=\{7, 9\}$，计算得到距离矩阵 $D^2(2)$.

	G_6	G_7	G_3
G_6	0	42.25	2.667
G_7	42.25	0	13.5
G_3	2.667	13.5	0

(4)$D^2(2)$中非主对角线最小元素是 2.667，则将相应的两类 G_6 和 G_3 合并成新类 $G_8=G_6\cup G_3$，得到距离矩阵 $D^2(3)$

	G_7	G_8
G_7	0	40.833
G_8	40.833	0

$$G_9=G_7\cup G_8=\{1, 2, 3.5, 7, 9\}$$

谱系聚类图为

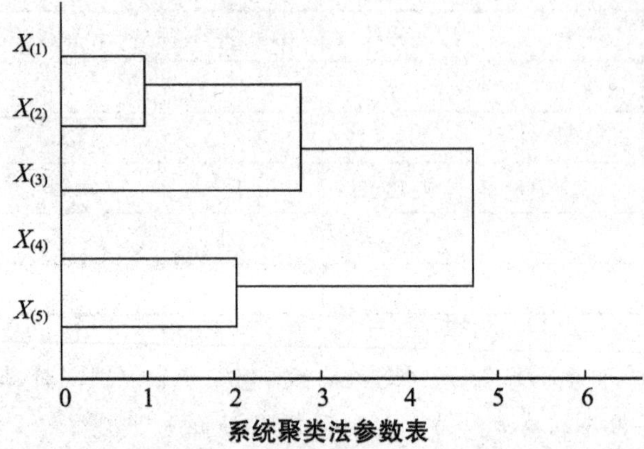

系统聚类法参数表

方法	α_p	α_q	β	γ
最短距离法	1/2	1/2	0	−1/2
最长距离法	1/2	1/2	0	1/2
中间距离法	1/2	1/2	−1/4	0
重心法	n_p/n_r	n_q/n_r	$-\alpha_p\alpha_q$	0
类平均法	n_p/n_r	n_q/n_r	0	0
可变类平均法	$(1-\beta)n_p/n_r$	$(1-\beta)n_q/n_r$	$\beta(<1)$	0
可变法	$(1-\beta)/2$	$(1-\beta)/2$	$\beta(<1)$	0
离差平方和法	$(n_p+n_k)/(n_r+n_k)$	$(n_q+n_k)/(n_r+n_k)$	$-n_k/(n_k+n_r)$	0

三、分类数的确定

聚类分析的目的是要对研究对象进行分类，因此如何选择分类数成为各种聚类方法中的主要问题之一．从谱系聚类图中我们可以看成存在很多类，但问题是如何确定最佳的分类数．由于对类的结构和内容很难给出一个统一的定义，所以分类数的确定是聚类分析中尚未完全解决的一个问题．在应用中人们主要根据研究目的，从实际的角度出发选择合适的分类数．杰米尔曼(*Demirmen*)曾提出根据谱系聚类图来分类的准则：

准则 1：任何类都必须在邻近各类中是突出的，各类重心之间的距离必须大；

准则 2：各类所包含的元素都不应过多；

准则 3：分类的数目应该符合使用的目的；

准则 4：若采用几种不同的聚类方法处理，则在各自的聚类图上应发现相同的类．

此外，确定分类数的方法还有：

(1)根据适当的阈值确定分类数．在按照某种系统聚类方法得到聚类谱系图后，给定临界值(阈值)T，将所有样品分为两类：类间距离?? T 的各类中所包含的样品归为一类，其他的样品归为一类．

(2)根据散点图直观地确定分类数．这种方法适用于观测指标很少的情况．当只有两个观测指标时，可根据二维坐标系中的散点图来直观地确定类的个数；当有三个观测指标时，可以绘制三维散点图并通过旋转三维坐标轴由样本点的分布情况来确定分类数．当观测指标较多时，可以先对指标进行主成分分析，提取出两三个综合变量后再绘制散点图，从而确定分类数．

(3)根据统计量确定分类数．在有些统计软件中提供一些统计量可以近似地检验分类数如何确定更合适．这些统计量有：R^2 统计量、半偏 R^2 统计量、伪 F 统计量和伪 t^2 统计量等．

应该指出，对于如何确定分类数至今还没有一个合适的标准，就是说对于任何观测数据都没有唯一正确的分类方法．

习题 11.1

1. 设有六个样品，每个只测量一个指标，分别是 1，2，5，7，9，10，试用最短距离法将它们分类．

2. 设有六个样品，每个只测量一个指标，分别是 1，2，5，7，9，10，试用重心法将它们聚类．

3. 设有 5 个样品 $X_{(1)}$，$X_{(2)}$，$X_{(3)}$，$X_{(4)}$，$X_{(5)}$，每个样品有 2 个观测指标 X_1，X_2．数据矩阵如下：

$$\begin{matrix} & X_1 & X_2 \\ X_{(1)} & \multirow{5}{*}{} \\ \end{matrix}$$

$$\begin{array}{c} \\ X_{(1)} \\ X_{(2)} \\ X_{(3)} \\ X_{(4)} \\ X_{(5)} \end{array}
\begin{array}{c} \begin{array}{cc} X_1 & X_2 \end{array} \\ \begin{bmatrix} 1 & 1 \\ 1 & 2 \\ 6 & 3 \\ 8 & 2 \\ 8 & 0 \end{bmatrix} \end{array}$$

用最短距离法对 5 个样品聚类．

4. 对第 3 题用最长距离法对 5 个样品进行聚类．

5. 用中间距离法对第 3 题中的样品进行聚类．

6. 为研究辽宁、浙江、河南、甘肃、青海五省份 1991 年城镇居民生活消费的分布规律，需要用调查资料对这五个省分类，变量名称及原始数据如下表所示：

1991 年辽宁等 5 省城镇居民月均消费数据(单位：元/人)

变量 省份	X_1	X_2	X_3	X_4	X_5	X_6	X_7	X_8
辽宁	7.90	39.77	8.49	12.94	19.27	11.05	2.04	13.29
浙江	7.68	50.37	11.35	13.30	19.25	14.59	2.75	14.87
河南	9.42	27.93	8.20	8.14	16.17	9.42	1.55	9.76
甘肃	9.16	27.98	9.01	9.32	15.99	9.10	1.82	11.35
青海	10.06	28.64	10.52	10.05	16.18	8.39	1.96	10.81

其中，X_1：人均粮食支出，X_2：人均副食支出，X_3：人均烟、酒、茶支出，X_4：人均其他副食支出，X_5：人均衣着支出，X_6：人均日用品支出，X_7：人均燃料支出，X_8：人均非商品支出，试分别用最短距离、最长距离、类平均法将它们分类.

第三节　*k*—均值聚类算法

系统聚类法需要计算出不同样品或变量的距离，还要在聚类的每一步都要计算“类间距离”，相应的计算量自然比较大；特别是当样本的容量很大时，需要占据非常大的计算机内存空间，这给应用带来一定的困难．而 k—均值聚类法是一种快速聚类法，采用该方法得到的结果比较简单易懂，对计算机的性能要求不高，因此应用也比较广泛．

k—均值算法是 1967 年由 MacQueen 首次提出的一种经典算法，经常用于数据挖掘和模式识别中，是一种无监督式的学习算法，其使用目的是对几何进行等价类的划分，即对一组具有相同数据结构的记录按某种分类准则进行分类，以获取若干个同类记录集．k—均值聚类是近年来数据挖掘学科的一个研究热点和重点，这主要是因为它广泛应用于地球科学、信息技术、决策科学、医学、行为学和商业智能等领域．迄今为止，很多聚类任务都选择该算法．k—均值算法是应用最为广泛的聚类算法．该算法以类中各样本的加权均值(成为质心)代表该类，只用于数字属性数据的聚类，算法有很清晰的几何和统计意义，但抗干扰性较差．通常以各种样本与其质心欧几里德距离总和作为目标函数，也可将目标函数修改为各类中任意两点间欧几里德距离总和，这样既考虑了类的分散度也考虑了类的紧致度．

k一均值法和系统聚类法一样，都是以距离的远近亲疏为标准进行聚类的，但是两者的不同之处也是明显的：系统聚类对不同的类数产生一系列的聚类结果，而k一均值法只能产生指定类数的聚类结果．

一、k－均值算法简介

给定n个对象的数据集D和要生成的类的数目k，划分算法将对象组织划分为k个类($k \leqslant n$)，这些类的形成旨在优化一个目标准则．例如，基于距离的差异性函数，使根据数据集的属性，在同一个类中的对象是“相似的”，而不同类中的对象是“相异的”．划分聚类算法需要预先指定类数目或类中心，通过反复迭代运算，逐步降低目标函数的误差值，当目标函数收敛时，得到最终聚类结果．这类方法分为基于质心的划分方法和基于中心的划分方法，而基于质心的划分方法是研究最多的算法，其中k一均值算法是最具代表和知名的．

k一中心聚类算法计算的是某点到其他所有点的距离，找出距离小的点，通过距离之和最短的计算方式可以减少某些孤立数据对聚类过程的影响，从而使最终效果更接近真实划分，但是由于上述过程的计算量会相对于k一均值法，大约增加$O(n)$的计算量，因此一般情况下k一中心算法更加适合小规模数据运算．

k一均值算法基本思想：

(1)随机的选k个点作为聚类中心；

(2)划分剩余的点；

(3)迭代过程需要一个收敛准则，此次采用平均误差准则；

(4)求质心(作为中心)；

(5)不断求质心，直到不再发生变化时，就得到最终的聚类结果．

k一均值算法是一种广泛应用的聚类算法，计算速度快，资源消耗少，但是k一均值算法与初始选择有关系，初始聚类中心选择的随机性决定了算法的有效性和聚类的精度，初始选择不一样，结果也不一样．其缺陷是会陷于局部最优．

二、k－均值算法实现步骤

k一均值聚类算法的处理流程如下：首先，随机选择k个对象，每个对象代表一个类的初始均值或中心；对剩余的每个对象，根据其与各类中心的距离，将它指派到最近(或最相似)的类，然后计算每个类的新均值，得到更新后的类中心；不断重复，直到准则函数收敛．通常，采用平方误差准则，即对于每个类中的每个对象，求对象到其中心距离的平方和，这个准则试图生成的 k 个结果类尽可能地紧凑和独立．

k—均值聚类算法的具体步骤：

输入：包含 n 个对象的数据集及类的数目

输出：k 个类的集合，使平方误差准则最小．

具体步骤如下：

(1)为每个聚类确定一个初始聚类中心，这样就有 k 个初始聚类中心．初始化 k 个聚类中心 $\{w_1, w_2, \cdots, w_k\}$，其中 $w_i=x_j$，$i\in\{1, 2, \cdots, k\}$，$j\in\{1, 2, \cdots, n\}$，使每一个聚类 C_i 与类中心 w_i 中相对应．

(2)将数据集中的数据按照最小距离原则分配到最邻近聚类．对每一个输入向量 x_j，$j\in\{1, 2, \cdots, n\}$，执行：

①将 x_j 分配给最近的类中心 w_i^* 所属的聚类 C_i^*，即 $|x_j-w_i^*|\leqslant|x_j-w_i|$，$i\in\{1, 2, \cdots, k\}$；

②使用每个聚类中的样本均值作为新的聚类中心．对每一个聚类 C_i，$i\in\{1, 2, \cdots, k\}$，将类中心更新为当前的 C_i 中所有样本的中心点，即 $w_i=\sum\limits_{C_i}x_j/|C_i|$；

③计算准则函数 E.

(3)重复步骤 2 直到 E 不再明显地改变或者聚类的成员不再变化．聚类结束，得到 k 个聚类．

另外，样品的最终聚类在某种程度上依赖于最初的划分，或种子点的选择．

为了检验聚类的稳定性，可用一个新的初始分类重新检验整个聚类算法．如最终分类与原来一样，则不必再行计算；否则，须另行考虑聚类算法．

选择聚类中心有下列方法：

(1)经验选择．如果对研究对象比较了解，根据以往的经验定下 k 个样品作为聚类中心．

(2)将 n 个样品人为地(或随机地)分成 k 类，以每类的重心作为聚类中心．

(3)最小最大原则．设要将 n 个样品分成 k 类，先选择所有样品中距离最远的两个样品 x_{j1}，x_{j2} 为前两个聚类中心，即选择 x_{j1}，x_{j2}，使 $d(x_{j1}, x_{j2})=d_{j_1j_2}=\max\{d_{ij}\}$.

【例 1】 数据对象集合 S 见下表，作为一个聚类分析的二维样本，要求分类的数量为 $k=2$.

点O	x	y
1	0	2
2	0	0
3	1.5	0
4	5	0
5	5	2

解：(1)选择 $O_1(0, 2)$，$O_2(0, 0)$ 为初始聚类中心，即 $M_1=O_1$，$M_2=O_2$.

(2)对剩余的每个对象，根据其与各个类中心的距离，将它分给最近的类.

对于 O_3：

$$d(M_1, O_3)=\sqrt{(0-1.5)^2+(2-0)^2}=2.5$$

$$d(M_2, O_3)=\sqrt{(0-1.5)^2+(0-0)^2}=1.5$$

显然 $d(M_2, O_3)\leqslant d(M_1, O_3)$，故将 O_3 分配给 C_2.

对于 O_4：

$$d(M_1, O_4)=\sqrt{(0-5)^2+(2-0)^2}=\sqrt{29}$$

$$d(M_2, O_4)=\sqrt{(0-5)^2+(0-0)^2}=5$$

因为 $d(M_2, O_4)\leqslant d(M_1, O_4)$，所以将 O_4 分配给 C_2.

对于 O_5：

$$d(M_1, O_5)=\sqrt{(0-5)^2+(2-2)^2}=5$$

$$d(M_2, O_5)=\sqrt{(0-5)^2+(0-2)^2}=\sqrt{29}$$

因为 $d(M_1, O_5)\leqslant d(M_2, O_5)$，所以将 O_5 分配给 C_1.

更新，得到新类 $C_1=\{O_1, O_5\}$ 和 $C_2=\{O_2, O_3, O_4\}$.

计算平方误差准则，单个方差分别为：$E_1=[(0-0)^2+(2-2)^2]+[(0-5)^2+(2-2)^2]=25$，$E_2=27.25$，总体平均方差是 $E=E_1+E_2=25+27.25=52.25$.

(3)计算新的聚类的中心.

$$M_1=((0+5)/2, (2+2)/2)=(2.5, 2)$$

$$M_2=((0+1.5+5)/3, (0+0+0)/3)=(2.17, 0)$$

重复(2)和(3)，得到 O_1 分配给 C_1；O_2 分配给 C_2，O_3 分配给 C_2，O_4 分配给 C_2，O_5 分配给 C_1. 更新，得到新类 $C_1=\{O_1, O_5\}$ 和 $C_2=\{O_2, O_3, O_4\}$. 聚类中心为 $M_1=(2.5, 2)$，$M_2=(2.17, 0)$.

单个方差分别为 $E_1=[(0-2.5)^2+(2-2)^2]+[(2.5-5)^2+(2-2)^2]=$

12.5，$E_2=13.15$，总体平均误差是：$E=E_1+E_2=12.5+13.15=25.65$.

由上可以看出，第一次迭代后，总体平均误差值 52.25～25.65，显著减小．由于在两次迭代中，类中心不变，所以停止迭代过程，算法停止．

【例 2】 假定我们对 A、B、C、D 四个样品分别测量两个变量如下表．

样品	变量	
	X_1	X_2
A	5	3
B	-1	1
C	1	-2
D	-3	-2

试将以上的样品聚成两类．

解： 第一步：按要求取 $k=2$，为了实施均值法聚类，我们将这些样品随意分成两类，比如(A、B)和(C、D)，然后计算这两个聚类的中心坐标．中心坐标是通过原始数据计算得来的，比如(A、B)类的，$\overline{X}_1=\dfrac{5+(-1)}{2}=2$.

聚类	中心坐标	
	$\overline{X}_1$	$\overline{X}_2$
(A、B)	2	2
(C、D)	-1	-2

第二步：计算某个样品到各类中心的欧氏平方距离，然后将该样品分配给最近的一类．对于样品有变动的类，重新计算它们的中心坐标，为下一步聚类做准备．先计算 A 到两个类的平方距离：

$$d^2(A,(AB))=(5-2)^2+(3-2)^2=10$$
$$d^2(A,(CD))=(5+1)^2+(3+2)^2=61$$

由于 A 到(A、B)的距离小于到(C、D)的距离，因此 A 不用重新分配．计算 B 到两类的平方距离：

$$d^2(B,(AB))=(-1-2)^2+(1-2)^2=10$$
$$d^2(B,(CD))=(-1+1)^2+(1+2)^2=9$$

由于 B 到(A、B)的距离大于到(C、D)的距离，因此 B 要分配给(C、D)类，得到新的聚类是(A)和(B、C、D)．更新中心坐标如下表所示．

聚类	中心坐标	
	$\overline{X}_1$	$\overline{X}_2$
(A)	5	3
(B、C、D)	−1	−1

第三步：再次检查每个样品，以决定是否需要重新分类．计算各样品到各中心的距离平方，得结果见下表．

聚类	样品到中心的距离平方			
	A	B	C	D
(A)	0	40	41	89
(B、C、D)	52	4	5	5

到现在为止，每个样品都已经分配给距离中心最近的类，因此聚类过程到此结束．最终得到 $k=2$ 的聚类结果是 A 独自成一类，B、C、D 聚成一类．

三、*k*－均值算法的优缺点

1. 主要优点

(1)是解决聚类问题的一种经典算法，简单、快速．

(2)对处理大数据集，该算法是相对可伸缩和高效率的．因为它的复杂度是 $O(nkt)$，其中，n 是所有对象的数目，k 是类的数目，t 是迭代的次数．通常 $k \ll n$，$t \ll n$.

(3)当结果类是密集的，而类与类之间区别明显时，它的效果较好．

2. 主要缺点

(1)在类的平均值被定义的情况下才能使用，这对于处理符号属性的数据不适用．

(2)必须事先给出 k(要生成的类的数目)，而且对初值敏感，对于不同的初始值，可能会导致不同结果．

(3)它对于"躁声"和孤立点数据是敏感的，少量的该类数据能够对平均值产生极大的影响．

针对 k—均值算法对于不同的初始值，可能会导致不同结果．解决方法：

(1)多设置一些不同的初值，对比最后的运算结果一直到结果趋于稳定结束，比较耗时和浪费资源．

(2)很多时候，事先并不知道给定的数据集应该分成多少个类别才最合适．这也是 k－均值算法的一个不足．有的算法是通过类的自动合并和分裂，得到较为合理的类型数目 k，例如 $ISODATA$ 算法．

$ISODATA$ 的聚类的类别数目随着聚类的进行，是变化着的，因为在聚类的过程中，对类别数有一个“合并”和“分裂”的操作．合并是当聚类结果某一类中样本数太少，或两个类间的距离太近时，将这两个类别合并成一个类别；分裂是当聚类结果中某一类的类内方差太大，将该类进行分裂，分裂成两个类别．ISODATA 分类的过程和 k－Means 一样，用的也是迭代的思想：先随意给定初始的类别中心，然后做聚类，通过迭代，不断调整这些类别中心，直到得到最好的聚类中心为止．

习题 11.2

1. 设有五个样品，每个只测量了一个指标，分别是 1，2，6，8，11，试用 k－均值法将它们分类．

2. 使用 k－均值聚类的方法将下列数据聚类($k=2$)，初始聚类中心选 P_1 和 P_2.

	X	Y
P_1	0	0
P_2	1	2
P_3	3	1
P_4	8	8
P_5	9	10
P_6	10	7

总习题十一

一、填空题

1. Q 型聚类法是按照进行________聚类，R 型聚类法是按照________进行聚类．

2. 在聚类分析中，为了使不同量纲、不同取值范围的数据能够放在一起进行比较，通常需要对原始数据进行变换处理，常用的变换方法有以下几种：______、______、______．

3. 常用的相似系数有______、______、______．

4. 常用的系统聚类方法主要有八种：______、______、______、______、______、______、______、______．

5. 使用离差平方和法聚类时，计算样品间距离必须采用______．

二、计算题

1. 下面是 5 个样品两两间的距离阵，使用最长距离法做系统聚类．

$$
\begin{array}{cc}
 & \begin{array}{ccccc} G_1 & G_2 & G_3 & G_4 & G_5 \end{array} \\
D_{(0)}=\begin{array}{c} G_1 \\ G_2 \\ G_3 \\ G_4 \\ G_5 \end{array} & \begin{bmatrix} 0 & 4 & 6 & 1 & 6 \\ 4 & 0 & 9 & 7 & 3 \\ 6 & 9 & 0 & 10 & 5 \\ 1 & 7 & 10 & 0 & 8 \\ 6 & 3 & 5 & 8 & 0 \end{bmatrix}
\end{array}
$$

2. 检测某类产品的重量，抽了六个样品，每个样品只测了一个指标，分别为 1，2，3，6，9，11，试用重心法进行聚类分析．

3. 检测某类产品的重量，抽了六个样品，每个样品只测了一个指标，分别为 1，2，3，6，9，11，试用最短距离法进行聚类分析．

4. 将 8 个点聚成 3 类，使用 k—均值聚类的方法将下列数据聚类($k=2$)，初始聚类中心选 P_1 和 P_2.

	X	Y
P_1	2	10
P_2	2	5
P_3	8	4
P_4	5	8
P_5	7	5
P_6	6	4
P_7	1	2
P_8	4	9

第十一章　知识结构思维导图

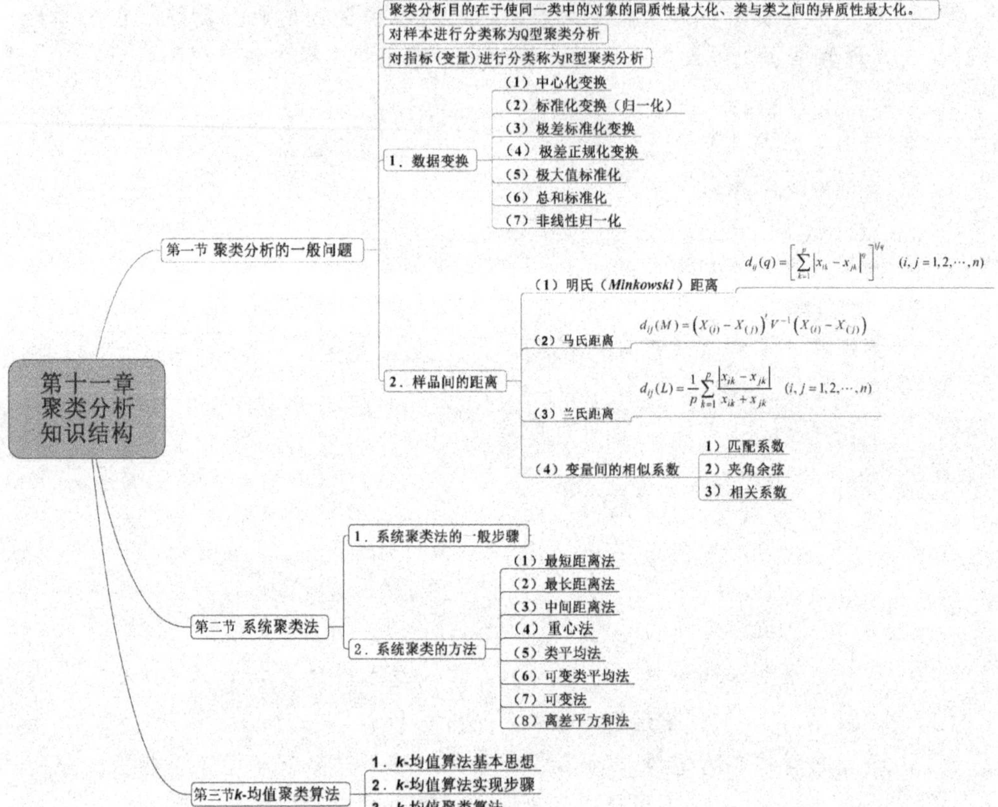

附　录

附录一

附表 1　标准正态分布表

$$\Phi(x) = \frac{1}{\sqrt{2\pi}}\int_{-\infty}^{x} e^{-\frac{t^2}{2}}dt = P\{X \leq x\}$$

x	0.00	0.01	0.02	0.03	0.04	0.05	0.06	0.07	0.08	0.09
0.0	0.5000	0.5040	0.5080	0.5120	0.5160	0.5199	0.5239	0.5279	0.5319	0.5359
0.1	0.5398	0.5438	0.5478	0.5517	0.5557	0.5596	0.5636	0.5675	0.5714	0.5753
0.2	0.5793	0.5832	0.5871	0.5910	0.5948	0.5987	0.6026	0.6064	0.6103	0.6141
0.3	0.6179	0.6217	0.6255	0.6293	0.6331	0.6368	0.6404	0.6443	0.6480	0.6517
0.4	0.6554	0.6591	0.6628	0.6664	0.6700	0.6736	0.6772	0.6808	0.6844	0.6879
0.5	0.6915	0.6950	0.6985	0.7019	0.7054	0.7088	0.7123	0.7157	0.7190	0.7224
0.6	0.7257	0.7291	0.7324	0.7357	0.7389	0.7422	0.7454	0.7486	0.7517	0.7549
0.7	0.7580	0.7611	0.7642	0.7673	0.7703	0.7734	0.7764	0.7794	0.7823	0.7852
0.8	0.7881	0.7910	0.7939	0.7967	0.7995	0.8023	0.8051	0.8078	0.8106	0.8133
0.9	0.8159	0.8186	0.8212	0.8238	0.8264	0.8289	0.8355	0.8340	0.8365	0.8389
1.0	0.8413	0.8438	0.8461	0.8485	0.8508	0.8531	0.8554	0.8577	0.8599	0.8621
1.1	0.8643	0.8665	0.8686	0.8708	0.8729	0.8749	0.8770	0.8790	0.8810	0.8830

续表

x	0.00	0.01	0.02	0.03	0.04	0.05	0.06	0.07	0.08	0.09
1.2	0.8849	0.8869	0.8888	0.8907	0.8925	0.8944	0.8962	0.8980	0.8997	0.9015
1.3	0.9032	0.9049	0.9066	0.9082	0.9099	0.9115	0.9131	0.9147	0.9162	0.9177
1.4	0.9192	0.9207	0.9222	0.9236	0.9251	0.9265	0.9279	0.9292	0.9306	0.9319
1.5	0.9332	0.9345	0.9357	0.9370	0.9382	0.9394	0.9406	0.9418	0.9430	0.9441
1.6	0.9452	0.9463	0.9474	0.9484	0.9495	0.9505	0.9515	0.9525	0.9535	0.9535
1.7	0.9554	0.9564	0.9573	0.9582	0.9591	0.9599	0.9608	0.9616	0.9625	0.9633
1.8	0.9641	0.9648	0.9656	0.9664	0.9672	0.9678	0.9686	0.9693	0.9700	0.9706
1.9	0.9713	0.9719	0.9726	0.9732	0.9738	0.9744	0.9750	0.9756	0.9762	0.9767
2.0	0.9772	0.9778	0.9783	0.9788	0.9793	0.9798	0.9803	0.9808	0.9812	0.9817
2.1	0.9821	0.9826	0.9830	0.9834	0.9838	0.9842	0.9846	0.9850	0.9854	0.9857
2.2	0.9861	0.9864	0.9868	0.9871	0.9874	0.9878	0.9881	0.9884	0.9887	0.9890
2.3	0.9893	0.9896	0.9898	0.9901	0.9904	0.9906	0.9909	0.9911	0.9913	0.9916
2.4	0.9918	0.9920	0.9922	0.9925	0.9927	0.9929	0.9931	0.9932	0.9934	0.9936
2.5	0.9938	0.9940	0.9941	0.9943	0.9945	0.9946	0.9948	0.9949	0.9951	0.9952
2.6	0.9953	0.9955	0.9956	0.9957	0.9959	0.9960	0.9961	0.9962	0.9963	0.9964
2.7	0.9965	0.9966	0.9967	0.9968	0.9969	0.9970	0.9971	0.9972	0.9973	0.9974
2.8	0.9974	0.9975	0.9976	0.9977	0.9977	0.9978	0.9979	0.9979	0.9980	0.9981
2.9	0.9981	0.9982	0.9982	0.9983	0.9984	0.9984	0.9985	0.9985	0.9986	0.9986
3.0	0.9987	0.9990	0.9993	0.9995	0.9997	0.9998	0.9998	0.9999	0.9999	1.0000

附表 2　泊松分布表

$$F(x) = P\{X \leq x\} = \sum_{i=0}^{x} \frac{\lambda^i}{i!} e^{-\lambda}$$

	0.1	0.2	0.3	0.4	0.5	0.6	0.7	0.8	0.9	1.0	1.5	2.0	2.5	3.0
0	0.9048	0.8187	0.7408	0.6703	0.6065	0.5488	0.4966	0.4493	0.4066	0.3679	0.2231	0.1353	0.0821	0.0498
1	0.9953	0.9825	0.9631	0.9384	0.9098	0.8781	0.8442	0.8088	0.7725	0.7358	0.5578	0.4060	0.2873	0.1991
2	0.9998	0.9989	0.9964	0.9921	0.9856	0.9769	0.9659	0.9526	0.9371	0.9197	0.8088	0.6767	0.5438	0.4232
3	1.0000	0.9999	0.9997	0.9992	0.9982	0.9966	0.9942	0.9909	0.9865	0.9810	0.9344	0.8571	0.7576	0.6472
4		1.0000	1.0000	0.9999	0.9998	0.9996	0.9992	0.9986	0.9977	0.9963	0.9814	0.9473	0.8912	0.8153
5				1.0000	1.0000	1.0000	0.9999	0.9998	0.9997	0.9994	0.9955	0.9834	0.9580	0.9161
6							1.0000	1.0000	1.0000	0.9999	0.9991	0.9955	0.9858	0.9665
7										1.0000	0.9998	0.9989	0.9958	0.9881
8											1.0000	0.9998	0.9989	0.9962
9												1.0000	0.9997	0.9989
10													0.9999	0.9997
11													1.0000	0.9999
12														1.0000
	3.5	4.0	4.5	5.0	5.5	6.0	6.5	7.0	7.5	8.0	8.5	9.0	9.5	10.0
0	0.0302	0.0183	0.0111	0.0067	0.0041	0.0025	0.0015	0.0009	0.0006	0.0003	0.0002	0.0001	0.0001	0.0000
1	0.1359	0.0916	0.0611	0.0404	0.0266	0.0174	0.0113	0.0073	0.0047	0.0030	0.0019	0.0012	0.0008	0.0005
2	0.3208	0.2381	0.1736	0.1247	0.0884	0.0620	0.0430	0.0296	0.0203	0.0138	0.0093	0.0062	0.0042	0.0028
3	0.5366	0.4335	0.3423	0.2650	0.2017	0.1512	0.1118	0.0818	0.0591	0.0424	0.0301	0.0212	0.0149	0.0103

续表

	3.5	4.0	4.5	5.0	5.5	6.0	6.5	7.0	7.5	8.0	8.5	9.0	9.5	10.0
4	0.7254	0.6288	0.5321	0.4405	0.3575	0.2851	0.2237	0.1730	0.1321	0.0996	0.0744	0.0550	0.0403	0.0293
5	0.8576	0.7851	0.7029	0.6160	0.5289	0.4457	0.3690	0.3007	0.2414	0.1912	0.1496	0.1157	0.0885	0.0671
6	0.9347	0.8893	0.8311	0.7622	0.6860	0.6063	0.5265	0.4497	0.3782	0.3134	0.2562	0.2068	0.1649	0.1301
7	0.9733	0.9489	0.9134	0.8666	0.8095	0.7440	0.6728	0.5987	0.5246	0.4530	0.3856	0.3239	0.2687	0.2202
8	0.9901	0.9786	0.9597	0.9319	0.8944	0.8472	0.7916	0.7291	0.6620	0.5925	0.5231	0.4557	0.3918	0.3328
9	0.9967	0.9919	0.9829	0.9682	0.9462	0.9161	0.8774	0.8305	0.7764	0.7166	0.6530	0.5874	0.5218	0.4579
10	0.9990	0.9972	0.9933	0.9863	0.9747	0.9574	0.9332	0.9015	0.8622	0.8159	0.7634	0.7060	0.6453	0.5830
11	0.9997	0.9991	0.9976	0.9945	0.9890	0.9799	0.9661	0.9467	0.9208	0.8881	0.8487	0.8030	0.7520	0.6968
12	0.9999	0.9997	0.9992	0.9980	0.9955	0.9912	0.9840	0.9730	0.9573	0.9362	0.9091	0.8758	0.8364	0.7916
13	1.0000	0.9999	0.9997	0.9993	0.9983	0.9964	0.9929	0.9872	0.9784	0.9658	0.9486	0.9261	0.8981	0.8645
14		1.0000	0.9999	0.9998	0.9994	0.9986	0.9970	0.9943	0.9897	0.9827	0.9726	0.9585	0.9400	0.9165
15			1.0000	0.9999	0.9998	0.9995	0.9988	0.9976	0.9954	0.9918	0.9862	0.9780	0.9665	0.9513
16				1.0000	0.9999	0.9998	0.9996	0.9990	0.9980	0.9963	0.9934	0.9889	0.9823	0.9730
17					1.0000	0.9999	0.9998	0.9996	0.9992	0.9984	0.9970	0.9947	0.9911	0.9857
18						1.0000	0.9999	0.9999	0.9997	0.9993	0.9987	0.9976	0.9957	0.9928
19							1.0000	1.0000	0.9999	0.9997	0.9995	0.9989	0.9980	0.9965
20									1.0000	0.9999	0.9998	0.9996	0.9991	0.9984
21										1.0000	0.9999	0.9998	0.9996	0.9993
22											1.0000	0.9999	0.9999	0.9997
23												1.0000	0.9999	0.9999

附表 3　t 分布分位数表

$$P\{t(n) > t_{\alpha}(n)\} = \alpha$$

n \ α	0. 25	0. 1	0. 05	0. 025	0. 01	0. 005
1	1. 0000	3. 0777	6. 3138	12. 7062	31. 8205	63. 6567
2	0. 8165	1. 8856	2. 9200	4. 3027	6. 9646	9. 9248
3	0. 7649	1. 6377	2. 3534	3. 1824	4. 5407	5. 8409
4	0. 7407	1. 5332	2. 1318	2. 7764	3. 7469	4. 6041
5	0. 7267	1. 4759	2. 0150	2. 5706	3. 3649	4. 0321
6	0. 7176	1. 4398	1. 9432	2. 4469	3. 1427	3. 7074
7	0. 7111	1. 4149	1. 8946	2. 3646	2. 9980	3. 4995
8	0. 7064	1. 3968	1. 8595	2. 3060	2. 8965	3. 3554
9	0. 7027	1. 3830	1. 8331	2. 2622	2. 8214	3. 2498
10	0. 6998	1. 3722	1. 8125	2. 2281	2. 7638	3. 1693
11	0. 6974	1. 3634	1. 7959	2. 2010	2. 7181	3. 1058
12	0. 6955	1. 3562	1. 7823	2. 1788	2. 6810	3. 0545
13	0. 6938	1. 3502	1. 7709	2. 1604	2. 6503	3. 0123
14	0. 6924	1. 3450	1. 7613	2. 1448	2. 6245	2. 9768
15	0. 6912	1. 3406	1. 7531	2. 1314	2. 6025	2. 9467
16	0. 6901	1. 3368	1. 7459	2. 1199	2. 5835	2. 9208
17	0. 6892	1. 3334	1. 7396	2. 1098	2. 5669	2. 8982
18	0. 6884	1. 3304	1. 7341	2. 1009	2. 5524	2. 8784
19	0. 6876	1. 3277	1. 7291	2. 0930	2. 5395	2. 8609

续表

n \ α	0.25	0.1	0.05	0.025	0.01	0.005
20	0.6870	1.3253	1.7247	2.0860	2.5280	2.8453
21	0.6864	1.3232	1.7207	2.0796	2.5176	2.8314
22	0.6858	1.3212	1.7171	2.0739	2.5083	2.8188
23	0.6853	1.3195	1.7139	2.0687	2.4999	2.8073
24	0.6848	1.3178	1.7109	2.0639	2.4922	2.7969
25	0.6844	1.3163	1.7081	2.0595	2.4851	2.7874
26	0.6840	1.3150	1.7056	2.0555	2.4786	2.7787
27	0.6837	1.3137	1.7033	2.0518	2.4727	2.7707
28	0.6834	1.3125	1.7011	2.0484	2.4671	2.7633
29	0.6830	1.3114	1.6991	2.0452	2.4620	2.7564
30	0.6828	1.3104	1.6973	2.0423	2.4573	2.7500
31	0.6825	1.3095	1.6955	2.0395	2.4528	2.7440
32	0.6822	1.3086	1.6939	2.0369	2.4487	2.7385
33	0.6820	1.3077	1.6924	2.0345	2.4448	2.7333
34	0.6818	1.3070	1.6909	2.0322	2.4411	2.7284
35	0.6816	1.3062	1.6896	2.0301	2.4377	2.7238
36	0.6814	1.3055	1.6883	2.0281	2.4345	2.7195
37	0.6812	1.3049	1.6871	2.0262	2.4314	2.7154
38	0.6810	1.3042	1.6860	2.0244	2.4286	2.7116
39	0.6808	1.3036	1.6849	2.0227	2.4258	2.7079
40	0.6807	1.3031	1.6839	2.0211	2.4233	2.7045

附表4 χ^2 分布分位数表

$$P\{\chi^2(n) > \chi^2_\alpha(n)\} = \alpha$$

n \ α	0. 995	0. 99	0. 975	0. 95	0. 9	0. 75	0. 005	0. 01	0. 025	0. 05	0. 1	0. 25
1	—	—	0. 001	0. 004	0. 016	0. 102	7. 879	6. 635	5. 024	3. 841	2. 706	1. 323
2	0. 010	0. 020	0. 051	0. 103	0. 211	0. 575	10. 597	9. 210	7. 378	5. 991	4. 605	2. 773
3	0. 072	0. 115	0. 216	0. 352	0. 584	1. 213	12. 838	11. 345	9. 348	7. 815	6. 251	4. 108
4	0. 207	0. 297	0. 484	0. 711	1. 064	1. 923	14. 860	13. 277	11. 143	9. 488	7. 779	5. 385
5	0. 412	0. 554	0. 831	1. 145	1. 610	2. 675	16. 750	15. 086	12. 833	11. 071	9. 236	6. 626
6	0. 676	0. 872	1. 237	1. 635	2. 204	3. 455	18. 548	16. 812	14. 449	12. 592	10. 645	7. 841
7	0. 989	1. 239	1. 690	2. 167	2. 833	4. 255	20. 278	18. 475	16. 013	14. 067	12. 017	9. 037
8	1. 344	1. 646	2. 180	2. 733	3. 490	5. 071	21. 955	20. 090	17. 535	15. 507	13. 362	10. 219
9	1. 735	2. 088	2. 700	3. 325	4. 168	5. 899	23. 589	21. 666	19. 023	16. 919	14. 684	11. 389
10	2. 156	2. 558	3. 247	3. 940	4. 865	6. 737	25. 188	23. 209	20. 483	18. 307	15. 987	12. 549
11	2. 603	3. 053	3. 816	4. 575	5. 578	7. 584	26. 757	24. 725	21. 920	19. 675	17. 275	13. 701
12	3. 074	3. 571	4. 404	5. 226	6. 304	8. 438	28. 299	26. 217	23. 337	21. 026	18. 549	14. 845
13	3. 565	4. 107	5. 009	5. 892	7. 042	9. 299	29. 819	27. 688	24. 736	22. 362	19. 812	15. 984
14	4. 075	4. 660	5. 629	6. 571	7. 790	10. 165	31. 319	29. 141	26. 119	23. 685	21. 064	17. 117
15	4. 601	5. 229	6. 262	7. 261	8. 547	11. 037	32. 801	30. 578	27. 488	24. 996	22. 307	18. 245
16	5. 142	5. 812	6. 908	7. 962	9. 312	11. 912	34. 267	32. 000	28. 845	26. 296	23. 542	19. 369
17	5. 697	6. 408	7. 564	8. 672	10. 085	12. 792	35. 718	33. 409	30. 191	27. 587	24. 769	20. 489
18	6. 265	7. 015	8. 231	9. 390	10. 865	13. 675	37. 156	34. 805	31. 526	28. 869	25. 989	21. 605
19	6. 844	7. 633	8. 907	10. 117	11. 651	14. 562	38. 582	36. 191	32. 852	30. 144	27. 204	22. 718

续表

n \ α	0.995	0.99	0.975	0.95	0.9	0.75	0.005	0.01	0.025	0.05	0.1	0.25
20	7.434	8.260	9.591	10.851	12.443	15.452	39.997	37.566	34.170	31.410	28.412	23.828
21	8.034	8.897	10.283	11.591	13.240	16.344	41.401	38.932	35.479	32.671	29.615	24.935
22	8.643	9.542	10.982	12.338	14.041	17.240	42.796	40.289	36.781	33.924	30.813	26.039
23	9.260	10.196	11.689	13.091	14.848	18.137	44.181	41.638	38.076	35.172	32.007	27.141
24	9.886	10.856	12.401	13.848	15.659	19.037	45.559	42.980	39.364	36.415	33.196	28.241
25	10.520	11.524	13.120	14.611	16.473	19.939	46.928	44.314	40.646	37.652	34.382	29.339
26	11.160	12.198	13.844	15.379	17.292	20.843	48.290	45.642	41.923	38.885	35.563	30.435
27	11.808	12.879	14.573	16.151	18.114	21.749	49.645	46.963	43.194	40.113	36.741	31.528
28	12.461	13.565	15.308	16.928	18.939	22.657	50.993	48.278	44.461	41.337	37.916	32.620
29	13.121	14.256	16.047	17.708	19.768	23.567	52.336	49.588	45.722	42.557	39.087	33.711
30	13.787	14.953	16.791	18.493	20.599	24.478	53.672	50.892	46.979	43.773	40.256	34.800
31	14.458	15.655	17.539	19.281	21.434	25.390	55.003	52.191	48.232	44.985	41.422	35.887
32	15.134	16.362	18.291	20.072	22.271	26.304	56.328	53.486	49.480	46.194	42.585	36.973
33	15.815	17.074	19.047	20.867	23.110	27.219	57.648	54.776	50.725	47.400	43.745	38.058
34	16.501	17.789	19.806	21.664	23.952	28.136	58.964	56.061	51.966	48.602	44.903	39.141
35	17.192	18.509	20.569	22.465	24.797	29.054	60.275	57.342	53.203	49.802	46.059	40.223
36	17.887	19.233	21.336	23.269	25.643	29.973	61.581	58.619	54.437	50.998	47.212	41.304
37	18.586	19.960	22.106	24.075	26.492	30.893	62.883	59.892	55.668	52.192	48.363	42.383
38	19.289	20.691	22.878	24.884	27.343	31.815	64.181	61.162	56.896	53.384	49.513	43.462
39	19.996	21.426	23.654	25.695	28.196	32.737	65.476	62.428	58.120	54.572	50.660	44.539
40	20.707	22.164	24.433	26.509	29.051	33.660	66.766	63.691	59.342	55.758	51.805	45.616

附表 5　F 分布分位数表 $F_{\alpha}(m, n)$　$\alpha = 0.1$

$P\{F > F_{\alpha}(m, n)\} = \alpha$

n \ m	1	2	3	4	5	6	7	8	9	10	11	12	13	14	15	16	17	18	19	20
1	39.86	49.50	53.59	55.83	57.24	58.20	58.91	59.44	59.86	60.19	60.47	60.71	60.90	61.07	61.22	61.35	61.46	61.57	61.66	61.74
2	8.53	9.00	9.16	9.24	9.29	9.33	9.35	9.37	9.38	9.39	9.40	9.41	9.41	9.42	9.42	9.43	9.43	9.44	9.44	9.44
3	5.54	5.46	5.39	5.34	5.31	5.28	5.27	5.25	5.24	5.23	5.22	5.22	5.21	5.20	5.20	5.20	5.19	5.19	5.19	5.18
4	4.54	4.32	4.19	4.11	4.05	4.01	3.98	3.95	3.94	3.92	3.91	3.90	3.89	3.88	3.87	3.86	3.86	3.85	3.85	3.84
5	4.06	3.78	3.62	3.52	3.45	3.40	3.37	3.34	3.32	3.30	3.28	3.27	3.26	3.25	3.24	3.23	3.22	3.22	3.21	3.21
6	3.78	3.46	3.29	3.18	3.11	3.05	3.01	2.98	2.96	2.94	2.92	2.90	2.89	2.88	2.87	2.86	2.85	2.85	2.84	2.84
7	3.59	3.26	3.07	2.96	2.88	2.83	2.78	2.75	2.72	2.70	2.68	2.67	2.65	2.64	2.63	2.62	2.61	2.61	2.60	2.59
8	3.46	3.11	2.92	2.81	2.73	2.67	2.62	2.59	2.56	2.54	2.52	2.50	2.49	2.48	2.46	2.45	2.45	2.44	2.43	2.42
9	3.36	3.01	2.81	2.69	2.61	2.55	2.51	2.47	2.44	2.42	2.40	2.38	2.36	2.35	2.34	2.33	2.32	2.31	2.30	2.30
10	3.29	2.92	2.73	2.61	2.52	2.46	2.41	2.38	2.35	2.32	2.30	2.28	2.27	2.26	2.24	2.23	2.22	2.22	2.21	2.20
11	3.23	2.86	2.66	2.54	2.45	2.39	2.34	2.30	2.27	2.25	2.23	2.21	2.19	2.18	2.17	2.16	2.15	2.14	2.13	2.12
12	3.18	2.81	2.61	2.48	2.39	2.33	2.28	2.24	2.21	2.19	2.17	2.15	2.13	2.12	2.10	2.09	2.08	2.08	2.07	2.06
13	3.14	2.76	2.56	2.43	2.35	2.28	2.23	2.20	2.16	2.14	2.12	2.10	2.08	2.07	2.05	2.04	2.03	2.02	2.01	2.01
14	3.10	2.73	2.52	2.39	2.31	2.24	2.19	2.15	2.12	2.10	2.07	2.05	2.04	2.02	2.01	2.00	1.99	1.98	1.97	1.96
15	3.07	2.70	2.49	2.36	2.27	2.21	2.16	2.12	2.09	2.06	2.04	2.02	2.00	1.99	1.97	1.96	1.95	1.94	1.93	1.92
16	3.05	2.67	2.46	2.33	2.24	2.18	2.13	2.09	2.06	2.03	2.01	1.99	1.97	1.95	1.94	1.93	1.92	1.91	1.90	1.89
17	3.03	2.64	2.44	2.31	2.22	2.15	2.10	2.06	2.03	2.00	1.98	1.96	1.94	1.93	1.91	1.90	1.89	1.88	1.87	1.86
18	3.01	2.62	2.42	2.29	2.20	2.13	2.08	2.04	2.00	1.98	1.95	1.93	1.92	1.90	1.89	1.87	1.86	1.85	1.84	1.84
19	2.99	2.61	2.40	2.27	2.18	2.11	2.06	2.02	1.98	1.96	1.93	1.91	1.89	1.88	1.86	1.85	1.84	1.83	1.82	1.81
20	2.97	2.59	2.38	2.25	2.16	2.09	2.04	2.00	1.96	1.94	1.91	1.89	1.87	1.86	1.84	1.83	1.82	1.81	1.80	1.79

F分布分位数表 $\alpha=0.95$

n \ m	1	2	3	4	5	6	7	8	9	10	11	12	13	14	15	16	17	18	19	20
1	161.5	199.5	215.7	224.6	230.2	234.0	236.8	238.9	240.5	241.9	243.0	243.9	244.7	245.4	246.0	246.5	246.9	247.3	247.7	248.1
2	18.51	19.00	19.16	19.25	19.30	19.33	19.35	19.37	19.38	19.40	19.40	19.41	19.42	19.42	19.43	19.43	19.44	19.44	19.44	19.45
3	10.13	9.55	9.28	9.12	9.01	8.94	8.89	8.85	8.81	8.79	8.76	8.74	8.73	8.71	8.70	8.69	8.68	8.67	8.67	8.66
4	7.71	6.94	6.59	6.39	6.26	6.16	6.09	6.04	6.00	5.96	5.94	5.91	5.89	5.87	5.86	5.84	5.83	5.82	5.81	5.80
5	6.61	5.79	5.41	5.19	5.05	4.95	4.88	4.82	4.77	4.74	4.70	4.68	4.66	4.64	4.62	4.60	4.59	4.58	4.57	4.56
6	5.99	5.14	4.76	4.53	4.39	4.28	4.21	4.15	4.10	4.06	4.03	4.00	3.98	3.96	3.94	3.92	3.91	3.90	3.88	3.87
7	5.59	4.74	4.35	4.12	3.97	3.87	3.79	3.73	3.68	3.64	3.60	3.57	3.55	3.53	3.51	3.49	3.48	3.47	3.46	3.44
8	5.32	4.46	4.07	3.84	3.69	3.58	3.50	3.44	3.39	3.35	3.31	3.28	3.26	3.24	3.22	3.20	3.19	3.17	3.16	3.15
9	5.12	4.26	3.86	3.63	3.48	3.37	3.29	3.23	3.18	3.14	3.10	3.07	3.05	3.03	3.01	2.99	2.97	2.96	2.95	2.94
10	4.96	4.10	3.71	3.48	3.33	3.22	3.14	3.07	3.02	2.98	2.94	2.91	2.89	2.86	2.85	2.83	2.81	2.80	2.79	2.77
11	4.84	3.98	3.59	3.36	3.20	3.09	3.01	2.95	2.90	2.85	2.82	2.79	2.76	2.74	2.72	2.70	2.69	2.67	2.66	2.65
12	4.75	3.89	3.49	3.26	3.11	3.00	2.91	2.85	2.80	2.75	2.72	2.69	2.66	2.64	2.62	2.60	2.58	2.57	2.56	2.54
13	4.67	3.81	3.41	3.18	3.03	2.92	2.83	2.77	2.71	2.67	2.63	2.60	2.58	2.55	2.53	2.51	2.50	2.48	2.47	2.46
14	4.60	3.74	3.34	3.11	2.96	2.85	2.76	2.70	2.65	2.60	2.57	2.53	2.51	2.48	2.46	2.44	2.43	2.41	2.40	2.39
15	4.54	3.68	3.29	3.06	2.90	2.79	2.71	2.64	2.59	2.54	2.51	2.48	2.45	2.42	2.40	2.38	2.37	2.35	2.34	2.33
16	4.49	3.63	3.24	3.01	2.85	2.74	2.66	2.59	2.54	2.49	2.46	2.42	2.40	2.37	2.35	2.33	2.32	2.30	2.29	2.28
17	4.45	3.59	3.20	2.96	2.81	2.70	2.61	2.55	2.49	2.45	2.41	2.38	2.35	2.33	2.31	2.29	2.27	2.26	2.24	2.23
18	4.41	3.55	3.16	2.93	2.77	2.66	2.58	2.51	2.46	2.41	2.37	2.34	2.31	2.29	2.27	2.25	2.23	2.22	2.20	2.19
19	4.38	3.52	3.13	2.90	2.74	2.63	2.54	2.48	2.42	2.38	2.34	2.31	2.28	2.26	2.23	2.21	2.20	2.18	2.17	2.16
20	4.35	3.49	3.10	2.87	2.71	2.60	2.51	2.45	2.39	2.35	2.31	2.28	2.25	2.22	2.20	2.18	2.17	2.15	2.14	2.12

F 分布分位数表 $\alpha=0.025$

n \ m	1	2	3	4	5	6	7	8	9	10	11	12	13	14	15	16	17	18	19	20
1	647.8	799.5	864.2	899.6	921.9	937.1	948.2	956.7	963.3	968.6	973.0	976.7	979.8	982.53	984.9	986.9	988.7	990.4	991.8	993.1
2	38.51	39.00	39.17	39.25	39.30	39.33	39.36	39.37	39.39	39.40	39.41	39.41	39.42	39.43	39.43	39.44	39.44	39.44	39.45	39.45
3	17.44	16.04	15.44	15.10	14.88	14.73	14.62	14.54	14.47	14.42	14.37	14.34	14.30	14.28	14.25	14.23	14.21	14.20	14.18	14.17
4	12.22	10.65	9.98	9.60	9.36	9.20	9.07	8.98	8.90	8.84	8.79	8.75	8.71	8.68	8.66	8.63	8.61	8.59	8.58	8.56
5	10.01	8.43	7.76	7.39	7.15	6.98	6.85	6.76	6.68	6.62	6.57	6.52	6.49	6.46	6.43	6.40	6.38	6.36	6.34	6.33
6	8.81	7.26	6.60	6.23	5.99	5.82	5.70	5.60	5.52	5.46	5.41	5.37	5.33	5.30	5.27	5.24	5.22	5.20	5.18	5.17
7	8.07	6.54	5.89	5.52	5.29	5.12	4.99	4.90	4.82	4.76	4.71	4.67	4.63	4.60	4.57	4.54	4.52	4.50	4.48	4.47
8	7.57	6.06	5.42	5.05	4.82	4.65	4.53	4.43	4.36	4.30	4.24	4.20	4.16	4.13	4.10	4.08	4.05	4.03	4.02	4.00
9	7.21	5.71	5.08	4.72	4.48	4.32	4.20	4.10	4.03	3.96	3.91	3.87	3.83	3.80	3.77	3.74	3.72	3.70	3.68	3.67
10	6.94	5.46	4.83	4.47	4.24	4.07	3.95	3.85	3.78	3.72	3.66	3.62	3.58	3.55	3.52	3.50	3.47	3.45	3.44	3.42
11	6.72	5.26	4.63	4.28	4.04	3.88	3.76	3.66	3.59	3.53	3.47	3.43	3.39	3.36	3.33	3.30	3.28	3.26	3.24	3.23
12	6.55	5.10	4.47	4.12	3.89	3.73	3.61	3.51	3.44	3.37	3.32	3.28	3.24	3.21	3.18	3.15	3.13	3.11	3.09	3.07
13	6.41	4.97	4.35	4.00	3.77	3.60	3.48	3.39	3.31	3.25	3.20	3.15	3.12	3.08	3.05	3.03	3.00	2.98	2.96	2.95
14	6.30	4.86	4.24	3.89	3.66	3.50	3.38	3.29	3.21	3.15	3.09	3.05	3.01	2.98	2.95	2.92	2.90	2.88	2.86	2.84
15	6.20	4.77	4.15	3.80	3.58	3.41	3.29	3.20	3.12	3.06	3.01	2.96	2.92	2.89	2.86	2.84	2.81	2.79	2.77	2.76
16	6.12	4.69	4.08	3.73	3.50	3.34	3.22	3.12	3.05	2.99	2.93	2.89	2.85	2.82	2.79	2.76	2.74	2.72	2.70	2.68
17	6.04	4.62	4.01	3.66	3.44	3.28	3.16	3.06	2.98	2.92	2.87	2.82	2.79	2.75	2.72	2.70	2.67	2.65	2.63	2.62
18	5.98	4.56	3.95	3.61	3.38	3.22	3.10	3.01	2.93	2.87	2.81	2.77	2.73	2.70	2.67	2.64	2.62	2.60	2.58	2.56
19	5.92	4.51	3.90	3.56	3.33	3.17	3.05	2.96	2.88	2.82	2.76	2.72	2.68	2.65	2.62	2.59	2.57	2.55	2.53	2.51
20	5.87	4.46	3.86	3.51	3.29	3.13	3.01	2.91	2.84	2.77	2.72	2.68	2.64	2.60	2.57	2.55	2.52	2.50	2.48	2.46

F 分布分位数表 $\alpha=0.01$

n \ m	1	2	3	4	5	6	7	8	9	10	11	12	13	14	15	16	17	18	19	20
1	>4000																			
2	98.50	99.00	99.17	99.25	99.30	99.33	99.36	99.37	99.39	99.40	99.41	99.42	99.42	99.43	99.43	99.44	99.44	99.44	99.45	99.45
3	34.12	30.82	29.46	28.71	28.24	27.91	27.67	27.49	27.35	27.23	27.13	27.05	26.98	26.92	26.87	26.83	26.79	26.75	26.72	26.69
4	21.20	18.00	16.69	15.98	15.52	15.21	14.98	14.80	14.66	14.55	14.45	14.37	14.31	14.25	14.20	14.15	14.11	14.08	14.05	14.02
5	16.26	13.27	12.06	11.39	10.97	10.67	10.46	10.29	10.16	10.05	9.96	9.89	9.82	9.77	9.72	9.68	9.64	9.61	9.58	9.55
6	13.75	10.92	9.78	9.15	8.75	8.47	8.26	8.10	7.98	7.87	7.79	7.72	7.66	7.60	7.56	7.52	7.48	7.45	7.42	7.40
7	12.25	9.55	8.45	7.85	7.46	7.19	6.99	6.84	6.72	6.62	6.54	6.47	6.41	6.36	6.31	6.28	6.24	6.21	6.18	6.16
8	11.26	8.65	7.59	7.01	6.63	6.37	6.18	6.03	5.91	5.81	5.73	5.67	5.61	5.56	5.52	5.48	5.44	5.41	5.38	5.36
9	10.56	8.02	6.99	6.42	6.06	5.80	5.61	5.47	5.35	5.26	5.18	5.11	5.05	5.01	4.96	4.92	4.89	4.86	4.83	4.81
10	10.04	7.56	6.55	5.99	5.64	5.39	5.20	5.06	4.94	4.85	4.77	4.71	4.65	4.60	4.56	4.52	4.49	4.46	4.43	4.41
11	9.65	7.21	6.22	5.67	5.32	5.07	4.89	4.74	4.63	4.54	4.46	4.40	4.34	4.29	4.25	4.21	4.18	4.15	4.12	4.10
12	9.33	6.93	5.95	5.41	5.06	4.82	4.64	4.50	4.39	4.30	4.22	4.16	4.10	4.05	4.01	3.97	3.94	3.91	3.88	3.86
13	9.07	6.70	5.74	5.21	4.86	4.62	4.44	4.30	4.19	4.10	4.02	3.96	3.91	3.86	3.82	3.78	3.75	3.72	3.69	3.66
14	8.86	6.51	5.56	5.04	4.69	4.46	4.28	4.14	4.03	3.94	3.86	3.80	3.75	3.70	3.66	3.62	3.59	3.56	3.53	3.51
15	8.68	6.36	5.42	4.89	4.56	4.32	4.14	4.00	3.89	3.80	3.73	3.67	3.61	3.56	3.52	3.49	3.45	3.42	3.40	3.37
16	8.53	6.23	5.29	4.77	4.44	4.20	4.03	3.89	3.78	3.69	3.62	3.55	3.50	3.45	3.41	3.37	3.34	3.31	3.28	3.26
17	8.40	6.11	5.18	4.67	4.34	4.10	3.93	3.79	3.68	3.59	3.52	3.46	3.40	3.35	3.31	3.27	3.24	3.21	3.19	3.16
18	8.29	6.01	5.09	4.58	4.25	4.01	3.84	3.71	3.60	3.51	3.43	3.37	3.32	3.27	3.23	3.19	3.16	3.13	3.10	3.08
19	8.18	5.93	5.01	4.50	4.17	3.94	3.77	3.63	3.52	3.43	3.36	3.30	3.24	3.19	3.15	3.12	3.08	3.05	3.03	3.00
20	8.10	5.85	4.94	4.43	4.10	3.87	3.70	3.56	3.46	3.37	3.29	3.23	3.18	3.13	3.09	3.05	3.02	2.99	2.96	2.94
21	8.02	5.78	4.87	4.37	4.04	3.81	3.64	3.51	3.40	3.31	3.24	3.17	3.12	3.07	3.03	2.99	2.96	2.93	2.90	2.88

F分布分位数表 $\alpha=0.005$

n \ m	1	2	3	4	5	6	7	8	9	10	11	12	13	14	15	16	17	18	19	20
3	55.55	49.80	47.47	46.19	45.39	44.84	44.43	44.13	43.88	43.69	43.52	43.39	43.27	43.17	43.08	43.01	42.94	42.88	42.83	42.78
4	31.33	26.28	24.26	23.15	22.46	21.97	21.62	21.35	21.14	20.97	20.82	20.70	20.60	20.51	20.44	20.37	20.31	20.26	20.21	20.17
5	22.78	18.31	16.53	15.56	14.94	14.51	14.20	13.96	13.77	13.62	13.49	13.38	13.29	13.21	13.15	13.09	13.03	12.98	12.94	12.90
6	18.63	14.54	12.92	12.03	11.46	11.07	10.79	10.57	10.39	10.25	10.13	10.03	9.95	9.88	9.81	9.76	9.71	9.66	9.62	9.59
7	16.24	12.40	10.88	10.05	9.52	9.16	8.89	8.68	8.51	8.38	8.27	8.18	8.10	8.03	7.97	7.91	7.87	7.83	7.79	7.75
8	14.69	11.04	9.60	8.81	8.30	7.95	7.69	7.50	7.34	7.21	7.10	7.01	6.94	6.87	6.81	6.76	6.72	6.68	6.64	6.61
9	13.61	10.11	8.72	7.96	7.47	7.13	6.88	6.69	6.54	6.42	6.31	6.23	6.15	6.09	6.03	5.98	5.94	5.90	5.86	5.83
10	12.83	9.43	8.08	7.34	6.87	6.54	6.30	6.12	5.97	5.85	5.75	5.66	5.59	5.53	5.47	5.42	5.38	5.34	5.31	5.27
11	12.23	8.91	7.60	6.88	6.42	6.10	5.86	5.68	5.54	5.42	5.32	5.24	5.16	5.10	5.05	5.00	4.96	4.92	4.89	4.86
12	11.75	8.51	7.23	6.52	6.07	5.76	5.52	5.35	5.20	5.09	4.99	4.91	4.84	4.77	4.72	4.67	4.63	4.59	4.56	4.53
13	11.37	8.19	6.93	6.23	5.79	5.48	5.25	5.08	4.94	4.82	4.72	4.64	4.57	4.51	4.46	4.41	4.37	4.33	4.30	4.27
14	11.06	7.92	6.68	6.00	5.56	5.26	5.03	4.86	4.72	4.60	4.51	4.43	4.36	4.30	4.25	4.20	4.16	4.12	4.09	4.06
15	10.80	7.70	6.48	5.80	5.37	5.07	4.85	4.67	4.54	4.42	4.33	4.25	4.18	4.12	4.07	4.02	3.98	3.95	3.91	3.88
16	10.58	7.51	6.30	5.64	5.21	4.91	4.69	4.52	4.38	4.27	4.18	4.10	4.03	3.97	3.92	3.87	3.83	3.80	3.76	3.73
17	10.38	7.35	6.16	5.50	5.07	4.78	4.56	4.39	4.25	4.14	4.05	3.97	3.90	3.84	3.79	3.75	3.71	3.67	3.64	3.61
18	10.22	7.21	6.03	5.37	4.96	4.66	4.44	4.28	4.14	4.03	3.94	3.86	3.79	3.73	3.68	3.64	3.60	3.56	3.53	3.50
19	10.07	7.09	5.92	5.27	4.85	4.56	4.34	4.18	4.04	3.93	3.84	3.76	3.70	3.64	3.59	3.54	3.50	3.46	3.43	3.40
20	9.94	6.99	5.82	5.17	4.76	4.47	4.26	4.09	3.96	3.85	3.76	3.68	3.61	3.55	3.50	3.46	3.42	3.38	3.35	3.32
21	9.83	6.89	5.73	5.09	4.68	4.39	4.18	4.01	3.88	3.77	3.68	3.60	3.54	3.48	3.43	3.38	3.34	3.31	3.27	3.24
22	10.58	7.51	6.30	5.64	5.21	4.91	4.69	4.52	4.38	4.27	4.18	4.10	4.03	3.97	3.92	3.87	3.83	3.80	3.76	3.73
23	10.38	7.35	6.16	5.50	5.07	4.78	4.56	4.39	4.25	4.14	4.05	3.97	3.90	3.84	3.79	3.75	3.71	3.67	3.64	3.61

F 分布分位数表 $\alpha=0.001$

n \ m	1	2	3	4	5	6	7	8	9	10	11	12	13	14	15	16	17	18	19	20
4	74.14	61.25	56.18	53.44	51.71	50.53	49.66	49.00	48.47	48.05	47.70	47.41	47.16	46.95	46.76	46.60	46.45	46.32	46.21	46.10
5	47.18	37.12	33.20	31.09	29.75	28.83	28.16	27.65	27.24	26.92	26.65	26.42	26.22	26.06	25.91	25.78	25.67	25.57	25.48	25.39
6	35.51	27.00	23.70	21.92	20.80	20.03	19.46	19.03	18.69	18.41	18.18	17.99	17.82	17.68	17.56	17.45	17.35	17.27	17.19	17.12
7	29.25	21.69	18.77	17.20	16.21	15.52	15.02	14.63	14.33	14.08	13.88	13.71	13.56	13.43	13.32	13.23	13.14	13.06	12.99	12.93
8	25.41	18.49	15.83	14.39	13.48	12.86	12.40	12.05	11.77	11.54	11.35	11.19	11.06	10.94	10.84	10.75	10.67	10.60	10.54	10.48
9	22.86	16.39	13.90	12.56	11.71	11.13	10.70	10.37	10.11	9.89	9.72	9.57	9.44	9.33	9.24	9.15	9.08	9.01	8.95	8.90
10	21.04	14.91	12.55	11.28	10.48	9.93	9.52	9.20	8.96	8.75	8.59	8.45	8.32	8.22	8.13	8.05	7.98	7.91	7.86	7.80
11	19.69	13.81	11.56	10.35	9.58	9.05	8.66	8.35	8.12	7.92	7.76	7.63	7.51	7.41	7.32	7.24	7.17	7.11	7.06	7.01
12	18.64	12.97	10.80	9.63	8.89	8.38	8.00	7.71	7.48	7.29	7.14	7.00	6.89	6.79	6.71	6.63	6.57	6.51	6.45	6.40
13	17.82	12.31	10.21	9.07	8.35	7.86	7.49	7.21	6.98	6.80	6.65	6.52	6.41	6.31	6.23	6.16	6.09	6.03	5.98	5.93
14	17.14	11.78	9.73	8.62	7.92	7.44	7.08	6.80	6.58	6.40	6.26	6.13	6.02	5.93	5.85	5.78	5.71	5.66	5.60	5.56
15	16.59	11.34	9.34	8.25	7.57	7.09	6.74	6.47	6.26	6.08	5.94	5.81	5.71	5.62	5.54	5.46	5.40	5.35	5.29	5.25
16	16.12	10.97	9.01	7.94	7.27	6.80	6.46	6.19	5.98	5.81	5.67	5.55	5.44	5.35	5.27	5.20	5.14	5.09	5.04	4.99
17	15.72	10.66	8.73	7.68	7.02	6.56	6.22	5.96	5.75	5.58	5.44	5.32	5.22	5.13	5.05	4.99	4.92	4.87	4.82	4.78
18	15.38	10.39	8.49	7.46	6.81	6.35	6.02	5.76	5.56	5.39	5.25	5.13	5.03	4.94	4.87	4.80	4.74	4.68	4.63	4.59
19	15.08	10.16	8.28	7.27	6.62	6.18	5.85	5.59	5.39	5.22	5.08	4.97	4.87	4.78	4.70	4.64	4.58	4.52	4.47	4.43
20	14.82	9.95	8.10	7.10	6.46	6.02	5.69	5.44	5.24	5.08	4.94	4.82	4.72	4.64	4.56	4.49	4.44	4.38	4.33	4.29
21	14.59	9.77	7.94	6.95	6.32	5.88	5.56	5.31	5.11	4.95	4.81	4.70	4.60	4.51	4.44	4.37	4.31	4.26	4.21	4.17
22	14.38	9.61	7.80	6.81	6.19	5.76	5.44	5.19	4.99	4.83	4.70	4.58	4.49	4.40	4.33	4.26	4.20	4.15	4.10	4.06
23	14.20	9.47	7.67	6.70	6.08	5.65	5.33	5.09	4.89	4.73	4.60	4.48	4.39	4.30	4.23	4.16	4.10	4.05	4.00	3.96
25	14.03	9.34	7.55	6.59	5.98	5.55	5.23	4.99	4.80	4.64	4.51	4.39	4.30	4.21	4.14	4.07	4.02	3.96	3.92	3.87

附表 6　秩和检验临界值表表

	(2, 4)			(4, 4)			(6, 7)	
3	11	0.067	11	15	0.029	28	56	0.026
	(2, 5)		12	24	0.057	30	54	0.051
3	13	0.047		(4, 5)			(6, 8)	
	(2, 6)		12	28	0.032	29	61	0.021
3	15	0.036	13	27	0.056	32	58	0.054
4	14	0.071		(4, 6)			(6, 9)	
	(2, 7)		12	32	0.019	31	65	0.025
3	17	0.028	14	30	0.057	33	63	0.044
4	16	0.056		(4, 7)			(6, 10)	
	(2, 8)		13	35	0.021	33	69	0.028
3	19	0.022	15	33	0.055	35	67	0.047
4	18	0.044		(4, 8)			(7, 7)	
	(2, 9)		14	38	0.024	37	68	0.027
3	21	0.018	16	36	0.055	39	66	0.049
4	20	0.036		(4, 9)			(7, 8)	
	(2, 10)		15	41	0.025	39	73	0.027
4	22	0.03	17	39	0.053	41	71	0.047
5	21	0.061		(4, 10)			(7, 9)	
	(3, 3)		16	44	0.026	41	78	0.027
6	15	0.05	18	42	0.053	43	76	0.045

续表

	(3, 4)			(5, 5)			(7, 10)	
6	18	0.028	18	37	0.028	43	83	0.028
7	17	0.057	19	36	0.048	46	80	0.054
	(3, 5)			(5, 6)			(8, 8)	
6	21	0.018	19	41	0.026	49	87	0.025
7	20	0.036	20	40	0.041	52	84	0.052
	(3, 6)			(5, 7)			(8, 9)	
7	23	0.024	20	45	0.024	51	93	0.023
8	22	0.048	22	43	0.053	54	90	0.046
	(3, 7)			(5, 8)			(8, 10)	
8	25	0.033	21	49	0.023	54	98	0.027
9	24	0.058	23	47	0.047	57	95	0.051
	(3, 8)			(5, 9)			(9, 9)	
8	28	0.024	22	53	0.021	63	108	0.025
9	27	0.042	25	50	0.056	66	105	0.047
	(3, 9)			(5, 10)			(9, 10)	
9	30	0.032	24	56	0.028	66	114	0.027
10	29	0.05	26	54	0.05	69	111	0.047
	(3, 10)			(6, 6)			(10, 10)	
9	33	0.024	26	52	0.021	79	131	0.026
11	31	0.056	28	50	0.047	83	127	0.053

附录二　数理统计内容的 python 实现

数理统计中的假设检验、方差分析、回归分析、聚类分析等内容手算工作量有些大，可以用软件来计算．下面内容介绍利用 python 计算数理统计中的题目．

一、假设检验

该部分利用 python 进行假设检验并求置信区间．下面所有的例子都默认显著性水平为 $\alpha=0.05$.

1. 单样本 t 检验和 Z 检验

【例 1】 某公司研制出一种新的安眠药，要求其平均睡眠时间为 23.8h，为了检验安眠药是否达到要求，收集到一组使用新安眠药的睡眠时间(单位：h)为：26.7，22，24.1，21，27.2，25，23.4. 试问：从这组数据能否说明新安眠药达到疗效(假定睡眠时间服从正态分布，显著性水平为 0.05).

解： 原假设和备择假设为：H_0：$\mu=23.8$，H_1：$\mu\neq23.8$，这是单个正态总体的双侧 t 检验．程序如下：

```
import pandas as pd
import numpy as np
from scipy import stats
alpha=0.05
dataSet=pd.Series([26.7, 22, 24.1, 21, 27.2, 25, 23.4])
sample_mean=dataSet.mean()
sample_std=dataSet.std()
print('样本平均值=', sample_mean)
print('样本标准差=', sample_std)
pop_mean=23.8
#使用公式：
n=len(dataSet)
t1=t.ppf(0.975, df=n-1)
c=(sample_mean-pop_mean)*sqrt(n)/sample_std
```

```
print(c, t1)
if(abs(c)<t1):
    print('接受原假设')
else:
    print('拒绝原假设')
#使用现成的统计包里的命令:
t, p_two=stats.ttest_1samp(dataSet, pop_mean)
print('t值=', t,'双尾检验的P值', p_two)
if(p_two<alpha):
    print('拒绝原假设,也就是此新安眠药未达到疗效')
else:
    print('接受原假设,也就是此新安眠药达到疗效')
t_ci=2.4469#t0.025(6)=2.4469
se=stats.sem(dataSet)
a=sample_mean-t_ci*se
b=sample_mean+t_ci*se
print('在百分之95的置信水平下,平均睡眠时间的置信区间CI=(%f,%f)'%(a, b))
```

输出结果为:

样本平均值=24.2,样本标准差=2.295648056649799,

t值=0.46100294919347745,分位数=2.4469118487916806,接受原假设

t值=0.46100294919347745,双侧尾概率P值0.6610342890730052,

接受原假设,也就是此新安眠药达到疗效

在百分之95的置信水平下,平均睡眠时间的置信区间 CI=(22.076890,26.323110)

分析:法1使用公式:t 值=0.46100294919347745,分位数=2.4469118487916806,因为 $|t|<$ 分位数,所以落入接受域,接受原假设,认为新安眠药达到疗效.

法2直接使用软件包:尾概率 $P=0.661034289073>0.05$,接受原假设,认为新安眠药达到疗效.

【例2】 有一批枪弹,出厂时其初速率 $v\sim N(950100)$,经过较长时间储存,取9发进行测试,得到样本值如下:914 920 910 934 953 945 912 924 940,据经验,枪弹经储存后其初速率仍然服从正态分布,问是否可以认为这批枪弹的初速率有显著降低?

解:原假设和备择假设为:H_0:$\mu\geqslant 950$,H_1:$\mu<950$,这是单个正态总体

的左侧 t 检验．程序如下：

```
from scipy import stats
import numpy as np
alpha=0.05
A=np.array([914 920 910 934 953 945 912 924 940])
sample_mean=A.mean()
sample_std=A.std()
print('样本平均值=', sample_mean)
print('样本标准差=', sample_std)

mu=950
t, p_two=stats.ttest_1samp(A, mu)
t=(sample_mean-mu)/(sample_std/np.sqrt(len(A)))
p_one=p_two/2
print('t 值=', t,'单侧尾概率的 P 值', p_one)
if(p_one<alpha):
    print('拒绝原假设，初速度降低')
else:
    print('接受原假设，初速度不变')
```

输出结果如下：

样本平均值=928.0，样本标准差=14.719601443879744

t 值=－4.483817055212599，单侧尾概率 P 值 0.00144331510776945

拒绝原假设，初速度降低

分析：单侧尾概率 P 值 0.00144331510776945<0.05，所以拒绝原假设．

【例 3】 有一批枪弹，出厂时其初速率 $v \sim N(950, 100)$，经过较长时间储存，取 9 发进行测试，得到样本值如下：914，920，910，934，953，945，912，924，940，据经验，枪弹经储存后其初速率仍然服从正态分布，且标准差保持不变，问是否可以认为这批枪弹的初速率有显著降低?

解：原假设和备择假设为：H_0：$\mu \geqslant 950$，H_1：$\mu < 950$，这是单个正态总体的左侧 Z 检验．程序如下：

```
from scipy import stats
import numpy as np
importstatsmodels.stats.weightstats
alpha=0.05
A=np.array([914 920 910 934 953 945 912 924 940])
```

```
l=len(A)
print(l)
sample_mean=A.mean()
print('样本平均值=', sample_mean)
d=10#总体的标准差
B=950#u0
z, p_two=statsmodels.stats.weightstats.ztest(A, value=950)
z=(sample_mean-B)/(d/np.sqrt(l))
print('z值=', z,'双侧尾概率的P值', p_two)
p_one=p_two/2
if(p_one<alpha):
    print('拒绝原假设，初速度降低')
else:
    print('接受原假设，初速度不变')
```

输出结果如下：

样本平均值=928.0，z 值=−6.6，双侧尾概率 P 值 2.364247671724567e−05

拒绝原假设，初速度降低.

分析： 双侧尾概率 P 值为 2.364247671724567e−05<0.05，所以拒绝原假设．初速度降低．

2. 卡方检验

【例 4】 已知纤维纶纤度在正常条件下服从正态分布，且标准差为 0.048，在从某天产品中抽取 5 根纤维，测得其纤度为 1.32，1.55，1.36，1.4，1.44，问这天纤度的总体标准差是否正常？

解： 原假设和备择假设为 H_0：$\sigma=0.048$，H_1：$\sigma\neq0.048$. 程序如下：

```
import pandas as pd
import numpy as np
from scipy import stats
fromscipy.stats import chisquare
fromscipy.stats import chi2
a=pd.Series([1.32, 1.55, 1.36, 1.4, 1.44])
b=0.048
a_std=a.std()
a_power=np.power(a_std, 2)
l=len(a)
```

```
c=(l-1)*(a_power)/np.power(b, 2)
print(c)
c1=chi2.ppf(0.975, df=l-1)
c2=chi2.ppf(0.025, df=l-1)
if(c2<c<c1):
    print('接受原假设')
else:
    print('拒绝原假设')
```

结果如下：

13.506944444444438，拒绝原假设

分析：卡方统计量的值为 13.506944444444438，拒绝原假设，认为正常．

3. 两个样本 t 检验

(1)独立样本 t 检验

【例 5】 有甲、乙两台机床加工相同的产品，产品直径都服从正态分布，从这两台机床加工的产品中随机地抽取若干件，测得产品直径(单位：mm)为

机床甲：20.5，19.8，19.7，20.4，20.1，20.0，19.0，19.9

机床乙：19.7，20.8，20.5，19.8，19.4，20.6，19.2

试比较甲、乙两台机床加工的产品直径有无显著差异？假设两个总体方差相等．

解：提出假设 H_0：$\mu_1=\mu_2$，H_1：$\mu_1\neq\mu_2$，为独立样本 t 检验，且使用双侧检验．程序如下：

```
import pandas as pd
import numpy as np
importstatsmodels.stats.weightstats as st
aSer=pd.Series([20.5, 19.8, 19.7, 20.4, 20.1, 20.0, 19.0, 19.9])
bSer=pd.Series([19.7, 20.8, 20.5, 19.8, 19.4, 20.6, 19.2])
a_mean=aSer.mean()
b_mean=bSer.mean()
print('甲机床加工的产品直径=', a_mean,'单位：mm')
print('乙机床加工的产品直径=', b_mean,'单位：mm')
a_std=aSer.std()
b_std=bSer.std()
print('甲机床加工的产品直径标准差=', a_std,'单位：mm')
print('乙机床加工的产品直径标准差=', b_std,'单位：mm')
```

```
t, p_two, df=st.ttest_ind(aSer, bSer, usevar='unequal')
print('t=', t,'p_two=', p_two,'df=', df)
alpha=0.05
if(p_two<alpha):
    print('拒绝原假设，接受备择假设，也就是甲、乙两台机床加工的产品直径有显著差异')
else:
    print('接受原假设，也就是甲、乙两台机床加工的产品直径没有显著差异')
t_ci=2.2010
a_n=len(aSer)
b_n=len(bSer)
se=np.sqrt(np.square(a_std)/a_n+np.square(b_std)/b_n)
sample_mean=a_mean-b_mean
a=sample_mean-t_ci*se
b=sample_mean+t_ci*se
print('百分之95置信水平下，两个平均值差值的置信区间CI=(%f,%f)'%(a, b))
```

输出结果：

甲机床加工的产品直径=19.925 单位：mm

乙机床加工的产品直径=19.999999999999996 单位：mm

甲机床加工的产品直径标准差=0.4652188425123937 单位：mm

乙机床加工的产品直径标准差=0.6298147875897069 单位：mm

t=−0.259206588375，p_two=0.800281537523df=10.9561063062

接受原假设，也就是甲、乙两台机床加工的产品直径没有显著差异

百分之 95 置信水平下，两个平均值差值的置信区间 CI=(−0.711847, 0.561847)

分析：检验统计量的值为−0.259206588375，双侧尾概率为 0.800281537523>0.05，接受原假设，认为产品直径无差异．

(2)配对样本 t 检验

【例 6】 为了试验两种不同的某谷物的种子的优劣，选取了 10 块土质不同的土地，并将每块土地分为面积相同的两部分，分别种植这两种种子．设在每块土地的两部分人工管理等条件完全一样．下面给出各块土地上的单位面积产量：

	1	2	3	4	5	6	7	8	9	10
种子1	23	35	29	42	39	29	37	34	35	28
种子2	30	39	35	40	38	34	36	33	41	31

假定单位产量服从正态分布，试问：两种种子的平均单位产量在显著性水平0.05上有无显著差异？

解：提出假设 H_0：$\mu_1=\mu_2$，H_1：$\mu_1\neq\mu_2$，使用配对样本双侧 t 检验，程序如下：

```
from scipy import stats
fromscipy. stats import t
alpha=0.05
data1=[23, 35, 29, 42, 39, 29, 37, 34, 35, 28]
data2=[30, 39, 35, 40, 38, 34, 36, 33, 41, 31]
c, p_value=stats. ttest_rel(data1, data2)
t1=t. ppf(0.975, df=9)
if(abs(c)<t1):
    print('接受原假设')
else:
    print('拒绝原假设')
if(p_value<alpha):
    print('拒绝原假设')
else:
print('接受原假设')
print(t1, c, p_value)
```

输出结果如下：

−2.3475241351724994，拒绝原假设，拒绝原假设

2.2621571627409915−2.34752413517249940.043481079673054035

分析：检验统计量的值 $t=-2.3475241351724994$，$t_{0.05}(9)=2.2621571627409915$，$t_{0.05}(9)$，双侧尾概率为 $0.043481079673054035<0.05$，拒绝原假设，认为两种种子的平均单位产量有显著差异.

4. *F* 检验

【例7】 有甲、乙两台机床加工相同的产品，产品直径都服从正态分布，从这两台机床加工的产品中随机地抽取若干件，测得产品直径(单位：mm)为

机床甲：20.5，19.8，19.7，20.4，20.1，20.0，19.0，19.9

机床乙：19.7，20.8，20.5，19.8，19.4，20.6，19.2

试比较甲、乙两台机床加工精度有无差别?

解：比较加工精度是否有区别，采用 F 检验．原假设和备择假设为：H_0：$\sigma_1^2=\sigma_2^2$，H_1：$\sigma_1^2\neq\sigma_2^2$. 程序如下：

```
import pandas as pd
import numpy as np
fromscipy. stats import f
alpha=0.05
a=pd. Series([20.5，19.8，19.7，20.4，20.1，20.0，19.0，19.9])
b=pd. Series([19.7，20.8，20.5，19.8，19.4，20.6，19.2])
a _ mean=a. mean()
b _ mean=b. mean()
a _ std=a. std()
b _ std=b. std()
F=a _ std/b _ std
df1=len(a)-1
df2=len(b)-1
p _ value=1-2 * abs(0.5-f. cdf(F，df1，df2))
print(F)
print(p _ value)
f1=f. ppf(0.975，dfn=8，dfd=6)
f2=f. ppf(0.025，dfn=8，dfd=6)
if(f2<F<f1)：
    print('接受原假设')
else：
    print('拒绝原假设')
if(p _ value<alpha)：
    print('拒绝原假设')
else：
print('接受原假设')
```

输出结果如下：

0.7386597642344669　0.6952232107585495

接受原假设接受原假设

分析：检验统计量值 $F=0.7386597642344669$，双侧尾概率 $P=0.6952232107585495$，

$P>0.05$，接受原假设，认为没有任何区别．

5. 卡方拟合优度检验

【例 8】 在 19 世纪孟德尔按颜色与形状将豌豆分为四类：黄圆、黄皱、绿圆、绿皱．根据遗传学原理判断这四类的比例应该为 9：3：3：1，为做验证，孟德尔在一次豌豆实验中收获了 $n=556$ 个豌豆，其中这四类豌豆的个数分别是 315，108，101，32，该数据是否与孟德尔提出的比例吻合？

解： 原假设为 H_0：$p_1=\frac{9}{16}$，$p_2=\frac{3}{16}$，$p_3=\frac{3}{16}$，$p_4=\frac{1}{16}$，进行卡方拟合优度检验，程序如下：

```
import numpy as np
from scipy import stats
fromscipy. stats import chisquare
fromscipy. stats import chi2
p1=9/16
p2=3/16
p3=3/16
p4=1/16
n=556
n1=n * p1
n2=n * p2
n3=n * p3
n4=n * p4
observe=np. array([315108101, 32])
expect=np. array([n1, n2, n3, n4])
#方法一：根据公式求解(最后根据 c1 的值去查表判断)
c1=np. sum(np. square(observe-expect)/expect)
d1=chi2. ppf(0. 95, df=3)#分位数
print(c1)
if c1>d1:
    print("拒绝 H0，有差异")
else:
    print("接受 H0，没有差异")
#方法二：使用 scipy 库来求解
c2, p=chisquare(f _ obs=observe, f _ exp=expect)
print(p)
```

```
"""
返回 NAN，无穷小
"""
if p>0.05or p=="nan":
  print("接受 H0，没有差异")
else:
  print("拒绝 H0，有差异")
```

输出结果如下：

0.4700239808153477　接受 H0，没有差异

0.925425895103616　接受 H0，没有差异

分析：检验统计量的值为 0.4700239808153477，尾概率 $P=0.925425895103616$，$P>0.05$，接受原假设，可以接受结论．

6. 独立性检验

【例 9】 某公司想招聘 35 名毕业生，投简历的男生和女生各 24 名，该公司录取了 21 名男生和 14 名女生．问在招聘时是否存在性别歧视？

解：这是列联表的独立性假设．原假设是没有性别歧视，备择假设是存在性别歧视．程序如下：

```
importscipy.stats as stats
data=np.array([[21，14]，[3，10]])
V，p，dof，expected=stats.chi2_contingency(data，False)#
#V———卡方值，也就是统计量，p—P 值(统计学名词)，与置信度对比，也可进行假设检验，P 值小于置信度，即可拒绝原假设，dof—自由度，re—判读变量，1 表示拒绝原假设，0 表示接受原假设，expctd—原数据数组同维度的对应理论值
print(p)
print(V)
print(expected)
```

输出结果如下：

0.022990394092464842　5.169230769230769

[[17.5　17.5]　[6.5　6.5]]

分析：检验统计量的卡方值为 5.169，$np_{ij}=17.5，17.5，6.5，6.5$，因为双侧尾概率的值为 $P=0.023<0.05$，拒绝原假设，认为存在性别歧视．

二、方差分析

方差分析是由罗纳德·费舍尔(Ronald Aylmer Fisher)发明的，用于两个及两个以上样本均数差别的显著性检验，其原理是认为不同处理组的均数间的差别基本来源有两个：

(1)实验条件，即不同的处理造成的差异，称为组间差异．用变量在各组的均值与总均值之偏差平方和的总和表示，记作 S_A.

(2)随机误差，如测量误差造成的差异或个体间的差异，称为组内差异，用变量在各组的均值与该组内变量值之偏差平方和的总和表示，记作 S_E.

1. 单因素方差分析

【例 10】 饲料养鸡增肥的研究中，某研究所提出三种饲料配方，A_1 是以鱼粉为主的饲料，A_2 是以槐树粉为主的饲料，A_3 是以苜蓿粉为主的饲料．为比较三种饲料的效果，特选 24 只相似的雏鸡随机均分为三组，每组各喂一种饲料，60 天后观察它们的重量，实验结果如下表：

饲料	鸡的重量							
A1	1073	1009	1060	1001	1002	1012	1009	1028
A2	1107	1092	990	1109	1090	1074	1122	1001
A3	1093	1029	1080	1021	1022	1032	1029	1048

方差分析可以使用 *scipy* 包，*statsmodels* 包，方法 1 和方法 2 分别使用了 *scipy*，*statsmodels*. 从代码上来看，*statsmodels* 也同样很简单，只比 *scipy* 稍微复杂了一点，但却提供了更多的信息．对比 *scipy* 和 *statsmodels* 这两种方法，可以说是各有优势．*scipy* 是一个通用型库，其包含了科学计算的多种模块，统计分析只是其中一部分，而 *statsmodels* 是一个专门进行统计分析的库，二者在功能上有一些差别，*statsmodels* 在统计分析上更专业一些．而 *scipy* 的语法更符合 *python* 常用的语法，*statsmodels* 的语法有些接近于 *R* 语言．所以可以根据需要来选择合适的方法．

程序如下：

方法 1：

```
from scipy import stats
A1=[1073，1009，1060，1001，1002，1012，1009，1028]
A2=[1107，1092990，1109，1090，1074，1122，1001]
A3=[1093，1029，1080，1021，1022，1032，1029，1048]
```

```
data=[A1, A2, A3]
#方差齐性检验
w, p=stats.levene( * data)
if p<0.05:
    print('方差齐性假设不成立')
#方差齐性成立之后，就可以进行单因素方差分析
F, p=stats.f_oneway(A1, A2, A3)
#计算当 alpha=0, .05, 自由度为(2, 21)时 F 分位数的大小
F_test=stats.f.ppf((1-0.05), 2, 21)
print('F 值是%.2f, p 值是%.9f'%(F, p))
print('F_test 的值是%.2f'%(F_test))
#比较 F 值与分位数 F_test 的大小
if F>=F_test:
    print('拒绝原假设, u1、u2、u3、u4、u5 不全相等')
else:
print('接受原假设, u1=u2=u3=u4=u5')
```

输出结果为：

F 值是 3.59，p 值是 0.045432211，F _ test 的值是 3.47，拒绝原假设，u1、u2、u3、u4、u5 不全相等.

方法 2：

```
import pandas as pd
import numpy as np
from scipy import stats
from statsmodels.formula.api import ols
fromstatsmodels.stats.anova import anova_lm
#这是那四个水平的索赔额的观测值
A1=[1.6, 1.61, 1.65, 1.68, 1.7, 1.7, 1.78]
A2=[1.5, 1.64, 1.4, 1.7, 1.75]
A3=[1.6, 1.55, 1.6, 1.62, 1.64, 1.60, 1.74, 1.8]
A4=[1.51, 1.52, 1.53, 1.57, 1.64, 1.6]
data=[A1, A2, A3, A4]
#方差的齐性检验
w, p=stats.levene( * data)
if p<0.05:
```

```
    print('方差齐性假设不成立')
#单因素分析
values=A1.copy()
groups=[]
for i inrange(1, len(data)):
    values.extend(data[i])   #extend()函数用于在列表末尾一次性追加另一个序列中的多个值

for i, j in zip(range(4), data):
groups.extend(np.repeat('A'+str(i+1), len(j)).tolist())
df=pd.DataFrame({'values': values,'groups': groups})
anova_res=anova_lm(ols('values~C(groups)', df).fit())
anova_res.columns=['自由度','平方和','均方','F值','P值']
anova_res.index=['因素A','误差']
print(anova_res)      #这种情况下看p值>0.05, 所以接受H0
```

输出结果为:

	自由度	平方和	均方	F 值	P 值
因素 A	2.0	9660.083333	4830.041667	3.594816	0.045432
误差	21.0	28215.875000	1343.613095	NaN	NaN

分析: F 值是 3.594816, P 值是 $0.045432<0.05$, 拒绝原假设, u1、u2、u3、u4、u5 不全相等.

2. 双因素方差分析

(1)无交互作用的情况.

对每一个组合因素只进行一次独立实验，每一格只有一个值，称为无重复实验. 先用 *pandas* 库的 *DataFrame* 数据结构来构造输入数据格式. 然后用 *statsmodels* 库中的 *ols* 函数得到最小二乘线性回归模型. 最后用 *statsmodels* 库中的 *anova_lm* 函数进行方差分析.

【例 11】 为了考察酸奶的广告投放媒介和产品的包装对酸奶的销量的影响，选取了该酸奶的三种广告投放媒介(电视、网络、电梯)和五种包装，调查其销量. 不考虑交互作用.

	B1	B2	B3	B4	B5
A1	276	352	178	295	273
A2	114	176	102	155	128
A3	364	547	288	392	378

程序如下：

```
import pandas as pd
import numpy as np
import statsmodels. api as sm
from scipy import stats
from statsmodels. formula. api import ols
fromstatsmodels. stats. anova import anova _ lm

#这三个交互效果的可视化画图
from statsmodels. graphics. api import interaction _ plot
importmatplotlib. pyplot as plt
from pylab import mpl          #显示中文

#这个看某个因素各个水平之间的差异
fromstatsmodels. stats. multicomp import pairwise _ tukeyhsd
#导入数据
dic _ t2=[{'广告':'A1','价格':'B1','销量': 276}, {'广告':'A1','价格':'
        B2','销量': 352},
       {'广告':'A1','价格':'B3','销量': 178}, {'广告':'A1','价格':'
        B4','销量': 295},
       {'广告':'A1','价格':'B5','销量': 273}, {'广告':'A2','价格':'
        B1','销量': 114},
       {'广告':'A2','价格':'B2','销量': 176}, {'广告':'A2','价格':'
        B3','销量': 102},
       {'广告':'A2','价格':'B4','销量': 155}, {'广告':'A2','价格':'
        B5','销量': 128},
       {'广告':'A3','价格':'B1','销量': 364}, {'广告':'A3','价格':'
        B2','销量': 547},
       {'广告':'A3','价格':'B3','销量': 288}, {'广告':'A3','价格':'
        B4','销量': 392},
       {'广告':'A3','价格':'B5','销量': 378}]
df _ t2=pd. DataFrame(dic _ t2, columns=['广告','价格','销量'])
#方差分析
price _ lm=ols('销量~C(广告)+C(价格)', data=df _ t2). fit()
table=sm. stats. anova _ lm(price _ lm, typ=2)
```

```
fig=interaction_plot(df_t2['广告'], df_t2['价格'], df_t2['销量'],
                     ylabel='销量', xlabel='广告')
#广告与销量的影响
print(pairwise_tukeyhsd(df_t2['销量'], df_t2['广告'], alpha=0.05))
#第一个必须是销量，也就是我们的指标
print(table)
```

输出结果如下：

```
Multiple Comparison of Means-TukeyHSD, FWER=0.05
group1group2meandiff    lower       upper    reject
  A1    A2    -139.8    -254.1902   -25.4098   True
  A1    A3    119.0     4.6098      233.3902   True
  A2    A3    258.8     144.4098    373.1902   True
                 sum_sq        df      F          PR(>F)
C(广告)      167804.133333   2.0   63.089004   0.000013
C(价格)      44568.400000    4.0   8.378149    0.005833
Residual     10639.200000    8.0   NaN         NaN
```

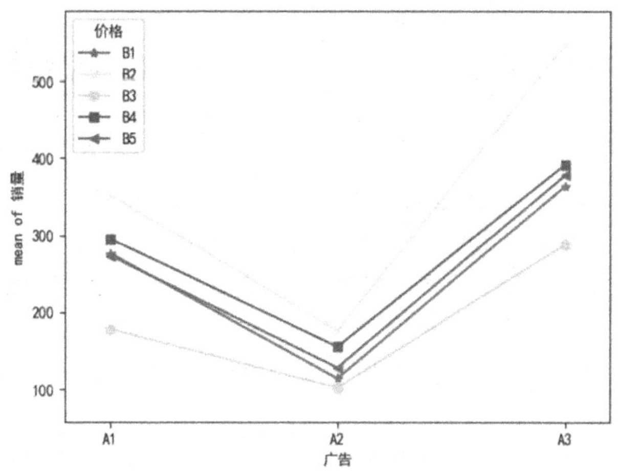

结论：不同价格和广告都会对销量有显著差异．

(2)有交互作用的情况

【例 12】 为了研究燃料、推进器对火箭射程的影响，某科研小组对一种火箭使用 4 种燃料、3 种推进器做射程试验，对每一种燃料与 3 种推进器的组合各发射火箭两枚，测得射程数据(单位：海里)如下：

	B1	B2	B3
A1	58.2 52.6	56.2 41.2	65.3 60.8
A2	49.1 42.8	54.1 50.5	51.6 48.4
A3	60.1 58.3	70.9 73.2	39.2 40.7
A4	75.8 71.5	58.2 51.0	48.7 41.4

```
import pandas as pd
import numpy as np
import statsmodels. api as sm
from scipy import stats
from statsmodels. formula. api import ols
fromstatsmodels. stats. anova import anova _ lm
#这三个交互效果的可视化画图
from statsmodels. graphics. api import interaction _ plot
importmatplotlib. pyplot as plt
from pylab import mpl          #显示中文
#这个看某个因素各个水平之间的差异
fromstatsmodels. stats. multicomp import pairwise _ tukeyhsd
#方差分析
#先构造数据
dic _ t3=[{'燃料':'A1','推进器':'B1','射程': 58.2}, {'燃料':'A1','推进
        器':'B1','射程': 52.6},
      {'燃料':'A1','推进器':'B2','射程': 56.2}, {'燃料':'A1','推进
        器':'B2','射程': 41.2},
      {'燃料':'A1','推进器':'B3','射程': 65.3}, {'燃料':'A1','推进
       器':'B3','射程': 60.8},
      {'燃料':'A2','推进器':'B1','射程': 49.1}, {'燃料':'A2','推进
        器':'B1','射程': 42.8},
      {'燃料':'A2','推进器':'B2','射程': 54.1}, {'燃料':'A2','推进
        器':'B2','射程': 50.5},
      {'燃料':'A2','推进器':'B3','射程': 51.6}, {'燃料':'A2','推进
        器':'B3','射程': 48.4},
      {'燃料':'A3','推进器':'B1','射程': 60.1}, {'燃料':'A3','推进
        器':'B1','射程': 58.3},
```

```
        {'燃料':'A3','推进器':'B2','射程': 70.9}, {'燃料':'A3','推进
         器':'B2','射程': 73.2},
        {'燃料':'A3','推进器':'B3','射程': 39.2}, {'燃料':'A3','推进
         器':'B3','射程': 40.7},
        {'燃料':'A4','推进器':'B1','射程': 75.8}, {'燃料':'A4','推进
         器':'B1','射程': 71.5},
        {'燃料':'A4','推进器':'B2','射程': 58.2}, {'燃料':'A4','推进
         器':'B2','射程': 51.0},
        {'燃料':'A4','推进器':'B3','射程': 48.7}, {'燃料':'A4','推进
         器':'B3','射程': 41.4},]
df_t3=pd.DataFrame(dic_t3, columns=['燃料','推进器','射程'])
moore_lm=ols('射程~燃料+推进器+燃料:推进器', data=df_t3).fit()
table=sm.stats.anova_lm(moore_lm, typ=1)
fig=interaction_plot(df_t3['燃料'], df_t3['推进器'], df_t3['射程'],
                     ylabel='射程', xlabel='燃料')
print(pairwise_tukeyhsd(df_t3['射程'], df_t3['燃料']))
print(pairwise_tukeyhsd(df_t3['射程'], df_t3['推进器']))
print(table)
```

输出结果如下：

```
Multiple Comparison of Means-TukeyHSD, FWER=0.05
group1  group2  meandiff   lower     upper    reject
  A1      A2     -6.3    -23.9164   11.3164   False
  A1      A3      1.35   -16.2664   18.9664   False
  A1      A4      2.05   -15.5664   19.6664   False
  A2      A3      7.65    -9.9664   25.2664   False
  A2      A4      8.35    -9.2664   25.9664   False
  A3      A4      0.7    -16.9164   18.3164   False
Multiple Comparison of Means-TukeyHSD, FWER=0.05
group1  group2  meandiff   lower     upper    reject
  B1      B2    -1.6375  -14.7292   11.4542   False
  B1      B3    -9.0375  -22.1292    4.0542   False
  B2      B3     -7.4    -20.4917    5.6917   False
          df       sum_sq      mean_sq           F      PR(>F)
```

```
燃料            3.0    261.675000    87.225000    4.417388    0.025969
推进器          2.0    370.980833   185.490417    9.393902    0.003506
燃料:推进器     6.0   1768.692500   294.782083   14.928825    0.000062
Residual       12.0    236.950000    19.745833         NaN         NaN
```

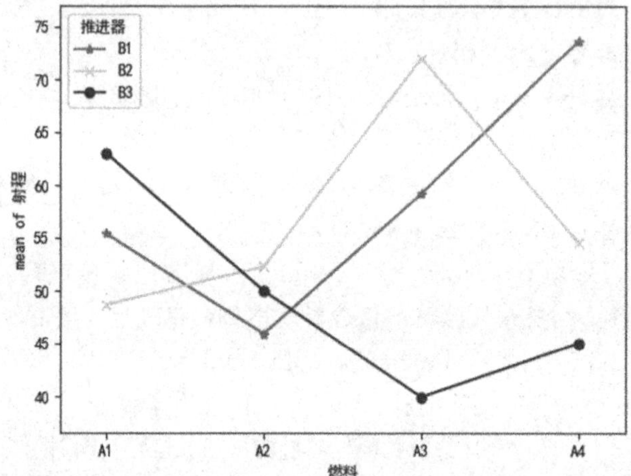

结论：火箭的燃料和推进器对火箭的射程都有影响．其交互作用对火箭的射程也有显著性的影响．

三、回归分析

1. 一元线性回归分析

【例 13】 已知汽车卖家做广告的数量与对应的卖出的汽车数量如下表，假设有一周广告数量为 6，预测该周的汽车销量．

广告数量	1	3	2	1	3
汽车销量	14	24	18	17	27

解：程序如下：

```
import numpy as np
deffitSLR(x, y):
    n=len(x)
    dinominator=0
    numerator=0
for i in range(0, n):
        numerator+=(x[i]-np.mean(x))*(y[i]-np.mean(y))
```

```
            dinominator+=(x[i]-np. mean(x)) * * 2
        b1=numerator/float(dinominator)
        b0=np. mean(y)/float(np. mean(x))
    return b0, b1
    defpredict(x, b0, b1):
    return b0+x * b1
    x=[1, 3, 2, 1, 3]
    y=[14, 24, 18, 17, 27]
    b0, b1=fitSLR(x, y)
    print("intercept:", b0,"slope:", b1)
    x_test=6
    y_test=predict(6, b0, b1)
    print("y_test:", y_test)
```

输出结果如下：

intercept：10.0　slope：5.0　y _ test40.0

分析：一元线性回归方程为：$y=5x+10$，预测值为 40.

2. 曲线回归

在回归分析中，只包含一个自变量和一个因变量，且二者的关系可以用一条曲线表示，则为一元非线性分析．

【例 14】（多项式拟合）

已知 x，y 数据如下表，试利用多项式函数拟合数据．

x	−4	−3	−2	−1	0	1	2	3	4	5
y	300	500	0	−10	0	20	200	300	1000	800
x	6	7	8	9	10	1	2	3	4	5
y	4000	5000	10000	9000	22000	20	200	300	1000	800

解：程序如下：

```
import numpy as np
importmatplotlib. pyplot as plt
x=np. array([-4, -3, -2, -1, 0, 1, 2, 3, 4, 5, 6, 7, 8, 9, 10])
y=
np. array ([ 300500, 0, - 10, 0, 20200300, 1000800, 4000, 5000,
10000, 9000, 22000])
#coef 为系数，poly_fit 拟合函数
coef1=np. polyfit(x, y, 1)
```

```
poly_fit1=np.poly1d(coef1)
plt.plot(x, poly_fit1(x),'g', label="一阶拟合")
print(poly_fit1)

coef2=np.polyfit(x, y, 2)
poly_fit2=np.poly1d(coef2)
plt.plot(x, poly_fit2(x),'b', label="二阶拟合")
print(poly_fit2)

coef3=np.polyfit(x, y, 3)
poly_fit3=np.poly1d(coef3)
plt.plot(x, poly_fit3(x),'y', label="三阶拟合")
print(poly_fit3)

coef4=np.polyfit(x, y, 4)
poly_fit4=np.poly1d(coef4)
plt.plot(x, poly_fit4(x),'k', label="四阶拟合")
print(poly_fit4)

coef5=np.polyfit(x, y, 5)
poly_fit5=np.poly1d(coef5)
plt.plot(x, poly_fit5(x),'r:', label="五阶拟合")
print(poly_fit5)

plt.scatter(x, y, color='black')
plt.legend(loc=2)
plt.show()
```

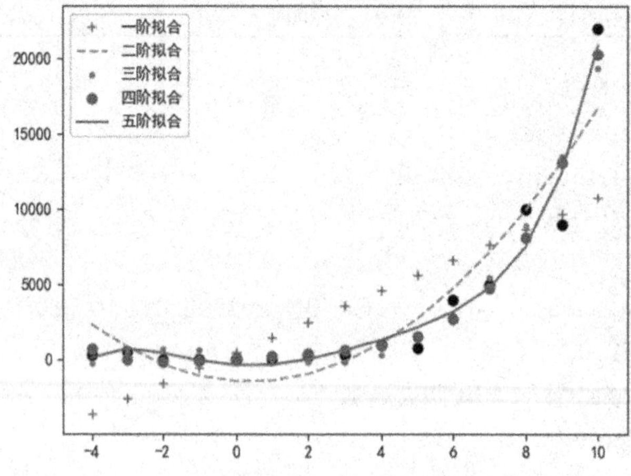

此处通过观察图形看出，五阶多项式函数拟合效果最好，

输出结果如下：

$y=1026x+462.5$，$y=197.2x^2-157.3x-1444$，

$y=23.9x^3-17.85x^2-310.2x+305.3$，

$$y=2.808x^4-9.799x^3+0.9996x^2+183.2x+65.52$$

$$y=0.6263x^5-6.586x^4+8.642x^3+173.2x^2-147.2x-382.4$$

【例 15】（指定函数拟合）已知 x，y 数据数据如下表，试利用指数函数 $y=ae^{\frac{b}{x}}$ 拟合数据．

x	1	2	3	4	5	6	7	8
y	4	6.4	8	8.8	9.22	9.5	9.7	9.86
x	9	10	11	12	13	14	15	16
y	10	10.2	10.32	10.42	10.5	10.55	10.58	10.6

解：#使用非线性最小二乘法拟合

```
importmatplotlib. pyplot as plt
from scipy. optimize import curve _ fit#用 python 拟合函数最主要模块就是 cure _ fit
import numpy as np
#用指数形式来拟合
x=np. arange(1，17，1)
y = np. array ([4.00，6.40，8.00，8.80，9.22，9.50，9.70，9.86，10.00，10.20，10.32，10.42，10.50，10.55，10.58，10.60])
def func(x，a，b)：
    return a * np. exp(b/x)
popt，pcov=curve _ fit(func，x，y)#popt 里面是拟合系数，popt 是一个一维数组，表示得到的拟合方程的参数，pcov 是一个二维数组，是在 popt 参数下得到的协方差
a=popt[0]#popt 里面是拟合系数
b=popt[1]
yvals=func(x，a，b)#拟合完参数之后就用拟合之后的参数来计算函数的值，即得到拟合拟合曲线的数值
plot1=plt. plot(x，y,'*'，label='original values')
plot2=plt. plot(x，yvals,'r'，label='curve _ fit values')
plt. xlabel('x axis')
```

```
plt.ylabel('y axis')
plt.legend(loc=4)#指定 legend 的位置
plt.title('curve_fit')
plt.show()
plt.savefig('p2.png')
print(a)
print(b)
```

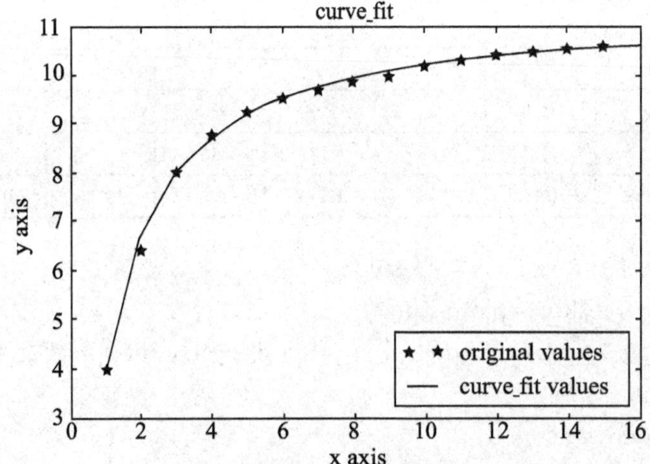

输出结果为：11.3571852591，−1.07275842983，曲线拟合方程为 $y=11.36e^{-\frac{1.07}{x}}$.

四、聚类分析

【例 16】 将 6 个数据[1，2]，[1，4]，[1，0]，[10，2]，[10，4]，[10，0]，先利用 k−均值聚类分为 2 类，再对[0，0]和[12，3]进行分类.

解：程序如下：

```
fromsklearn.cluster import KMeans
import numpy as np
import pandas as pd
importmatplotlib.pyplot as plt

dataset=np.array([[1, 2], [1, 4], [1, 0], [10, 2], [10, 4], [10, 0]])
kmeans=KMeans(n_clusters=2, random_state=0).fit(dataset)
center=kmeans.cluster_centers_ #center 为各类的聚类中心，保存在 df_center 的 DataFrame 中给数据加上标签
```

```
df _ center=pd. DataFrame(center, columns=['x','y'])
labels=kmeans. labels _ #标注每个点的聚类结果
df1=df[df. index==0]
df2=df[df. index==1]
#绘图
plt. figure(figsize=(10, 8), dpi=80)
axes=plt. subplot()
#s 表示点大小, c 表示 color, marker 表示点类型
type1=axes. scatter(df1. loc[:, ['x']], df1. loc[:, ['y']], s=50, c='red', marker='d')
type2=axes. scatter(df2. loc[:, ['x']], df2. loc[:, ['y']], s=50, c='green', marker='*')
type _ center=axes. scatter(df _ center. loc[:,'x'], df _ center. loc[:,'y'], s=40, c='blue')#显示聚类中心数据点
plt. xlabel('x', fontsize=16)
plt. ylabel('y', fontsize=16)
#显示图例(loc 设置图例位置)
axes. legend((type1, type2, typc _ ccnter), ('0','1','center'), loc—1)
plt. show()
z=kmeans. predict([[0, 0], [12, 3]])
print(z)
```

输出结果如下：

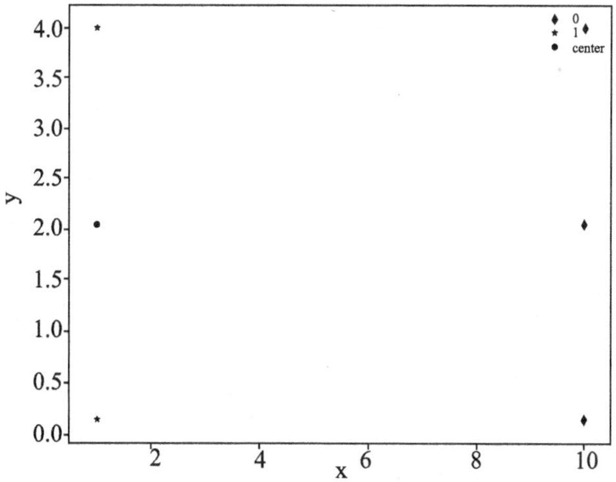

分析：聚类中心：[[10.　2.]，[1.　2.]]

分类结果：[111000]

对[0，0]和[12，3]进行预测分类的结果：分别为类 1 和类 0.

若只分类：

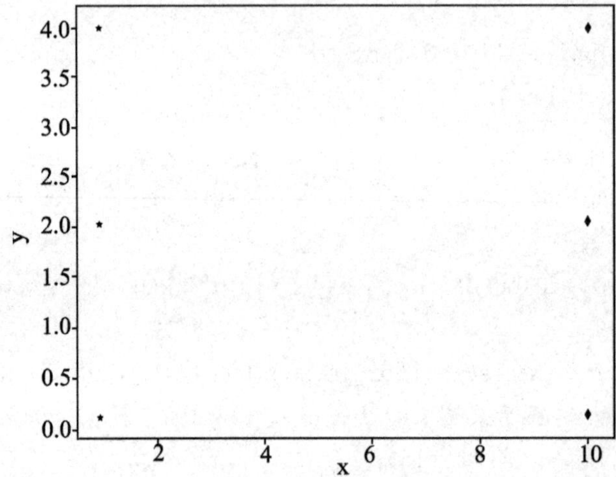

习题参考答案

习题 1.1

一、B　A　B　D　D　C　B

二、(1)$\Omega=\{2, 3, 4, \cdots\}$；(2)$\Omega=\{2, 3, 4, \cdots\}$；

(3)$\Omega=\{10, 11, 12, \cdots\}$；

(4)$\Omega=\{T, HT, HHT, HHHT, \cdots\}$；

(5)$\Omega=\{1T, 1H, 21, 22, 23, 24, 25, 26, 31, 32, \cdots, 36, \cdots 61, 62, \cdots, 66\}$；

(6)$\Omega=\{3, 4, 5, 6, \cdots, 17, 18\}$

2. (1)$A\bar{B}\bar{C}$ 或 $A-(AB+AC)$ 或 $A-(B\cup C)$

(2)$A\bar{B}C$ 或 $AB-ABC$ 或 $AB-C$　(3)$A+B+C$　(4)ABC

(5)$\bar{A}\bar{B}\bar{C}$ 或 $\Omega-(A+B+C)$ 或 $\overline{A\cup B\cup C}$　(6)$\bar{A}\bar{B}+\bar{B}\bar{C}+\bar{A}\bar{C}$

(7)$\bar{A}+\bar{B}+\bar{C}$ 或 $\overline{ABC}$　(8)$AB+BC+AC$

3. (1)$\{5\}$；(2)$\{1, 3, 4, 5, 6\}$；(3)$\{1, 2, 5, 6\}$；(4)$\{2, 3, 4\}$

习题 1.2

一、D　C　B　D

二、1. 3/8；　2. 0.2　0.3　0.7　0.3；

3. $P(A)-P(B)$，$P(A)-P(AB)$

三、1. $1-P(A)$；2. 0.4；

3. $P(\bar{A}\bar{B})=1-P(A\cup B)=1-P(A)-P(B)+P(AB)=P(AB)$；

4. $P(A\cup B)=0.625$；$P(\bar{A}B)=0.375$；$P(\bar{A}\bar{B})=0.875$；$P[(A\cup B)(\bar{A}\bar{B})]=0.5$；

5. (1)当 $A\subset B$ 时，$P(AB)$取到最大值，最大值是 $P(AB)=P(A)=0.5$

(2)当 $P(A\cup B)=1$ 时，$P(AB)$取到最小值，且最小值是 0.2

习题 1.3

1. (1)1/12；(2)1/20；2. $\dfrac{C_{10}^4\times C_4^3\times C_3^2}{C_{17}^9}$；3. $\dfrac{C_{10}^1 C_{1490}^{99}}{C_{1500}^{100}}$；$1-\dfrac{C_{1490}^{100}}{C_{1500}^{100}}$；

4. (1)8/33；(2)67/165；(3)7/99；5. 1/2；

6. (1)$\dfrac{C_{13}^4}{C_{52}^4}$；(2)$\dfrac{4C_{13}^4}{C_{52}^4}$；(3)$\dfrac{13^4}{C_{52}^4}$；(4)$\dfrac{2C_{26}^4}{C_{52}^4}$；

7. $(\frac{2}{3})^{12}$；8. 19/40；9. 1/15；10. 63/143；11. 6/16；9/16；1/16；

12. 0.72；13. 0.5；14. 1/3；2/3；15. $\frac{A_{10}^5}{10^5}$；16. $\frac{2}{n-1}$；17. 1/15；

18. 0.504；19. 0.879；20. 0.68；21. $\frac{1}{4}+\frac{ln4}{4}=0.5966$；22. $\frac{1}{2}+\frac{1}{\pi}$；

23. $1-\frac{1}{2!}+\frac{1}{3!}-\frac{1}{4!}+\ldots+(-1)^{n-1}\frac{1}{n!}\to 1-e^{-1}=0.6321$；

24. $1-\frac{1}{2!}+\frac{1}{3!}-\frac{1}{4!}+\ldots+(-1)^{n-1}\frac{1}{n!}\to 1-e^{-1}=0.6321$

习题 1.4

1. 1/3；1/5；5/7；1/7；1；2. 6/7；3. 1/5；4. 2/3；5. 9/1686；

6. $\frac{6}{11}\times\frac{7}{12}\times\frac{5}{13}\times\frac{4}{12}$；7. 1/880；8. (1)0.4；(2)0.6；(3)1/4；

9. 0.99978；10. 1.706%；11. 0.24；0.6；0.16；12. 0.52；13. 0.089；

14. 3/4；15. $\frac{m}{m+n\cdot 2^r}$；16. 0.998；17. (1)29/90；(2)20/61

习题 1.5

一、C D C A D D

二、1. 1/4；2. 2/3；3. $C_{n-1}^1 p^2 (1-p)^{n-2}$；

4. $1-(1-p)^n$；$np(1-p)^{n-1}+(1-p)^n$；5. 1/4

三、2. (1)0.29；(2)0.44；(3)0.94；3. 0.8704；4. 0.9046；5. 0.4878；

6. 0.6；7. 0.458；8. 37/64；11. 9；12. $2p^2+2p^3-5p^4+2p^5$；13. 2/3；

14. 0.0394；15. 13/256；16. $C_{n-1}^{r-1}p^r(1-p)^{n-r}$

总习题一

习题 A

一、C B B B B

二、1. {2, 4, 5, 6}；2. $1-p^n$；3. 0.75；4. $\frac{18}{95}$；5. 7/8；6. 4/70；

7. 36/169；8. $1-c$，$1-a-b+c$；9. 0.75

三、1. 11/36；2. $\frac{A_9^7}{9^7}$；3. $(1-(1-r)^2)(1-(1-r)(1-r^2))$

4. 25/28；5. 9/22；6. 13/30；7. $P(B)=\sum_{k=r}^{\infty}P(A_k)P(B\mid A_k)=\frac{(\lambda p)^r}{r!}e^{-\lambda p}$；

8. 0.019；9. 9/25；10. 0；　11. $\frac{1728}{A_{19}^{11}}$；12. 0.363；13. 3/4

习题 B

一、C B B C C

二、1. 1/4；2. 3/4；3. 3/4；4. 1/1260；5. 0. 7；6. 0. 4；7. 1/3；
8. 2/3；9. 0. 5，0. 6

三、1. (1)0. 4； (2)0. 4856； 2. (1)0. 94；(2)0. 85；
3. (1)7/15；(2)14/15；(3)7/30 4. (1)$\alpha=(0.94)^n$；
(2)$\beta=C_n^2\,(0.06)^2\,(0.94)^{n-2}$；(3)$\theta=1-(0.94)^n-n\times0.06\times0.94^{n-1}$；
5 . 1/18

习题 2. 1

一、1. 27/38；2. $e^{-\lambda}$；3. 19/27；4. $(1-p)^{k-1}p+p^{k-1}(1-p)$， $k=2，3，\cdots$；5. $1-e^{-0.5}$；6. $Ge(11/36)$

二、1.

X	3	4	5
P	0. 1	0. 3	0. 6

2.

X	0	1	2
P	22/35	12/35	1/35

3. (1)$P=p\,(1-p)^{r-1}$；(2)$P=C_{r+k-1}^{r-1}p^r\,(1-p)^k$；(3)$P=C_n^rp^r\,(1-p)^{n-r}$；
(4)$P=C_{n-1}^{r-1}p^r(1-p)^{n-r}$；4. (1)是；(2)1/3；1/16；5. 10/243；

6. (1)$P\{X=n\}=(\frac{2}{3})^{n-1}\cdot\frac{1}{3}$， $n=1，2，\cdots\cdots$；

(2)$P\{Y=1\}=\frac{1}{3}$；$P\{Y=2\}=\frac{1}{3}$；$P\{Y=3\}=\frac{1}{3}$；

(3)$P\{X<Y\}=8/27$；

(4)$P\{Y<X\}=\frac{38}{81}$；

7. (1)0. 32076；(2)0. 243；

8. 1/64；9. $P\{X=k\}=(1-p)^kp=0.9^k\times0.1$；$P\{X\geqslant5\}=0.9^5$；

10. (1)$\lambda=\ln2$；(2)$P\{X>1\}=\frac{1}{2}-\frac{\ln2}{2}$；11. e^{-8}；

12. (1)0. 2231；(2)0. 918；13. 0. 0047；

14. $P\{X=k\}=(1-p)^{k-1}p=0.6^{k-1}\times0.4$，$k=1，2，\cdots$；

15. $P\{X=k\}=C_{k-1}^{11}0.6^{12}\times0.4^{k-12}$，$k=12，13，\cdots$

习题 2.2

一、D　C　B　A　A

二、1. $a=b=1$，$P\{|x-1|<2\}=2/3$；2. ln2；1；ln2.5－ln2；3. (1)$A=\frac{1}{2}$，$B=\frac{1}{\pi}$；(2)1/3；

4. (1)$F(x)=\begin{cases}0, & x<0\\ \frac{22}{35}, & 0\leqslant x<1\\ \frac{34}{35}, & 1\leqslant x<2\\ 1, & x\geqslant 2\end{cases}$；(2)22/35；0；12/35；0；

5. $F(x)=\begin{cases}0, & x<0\\ \frac{x}{a}, & 0\leqslant x<a\\ 1, & x\geqslant a\end{cases}$；6. $F(x)=\begin{cases}0, & x<-1\\ \frac{5}{16}(x+1)+\frac{1}{8}, & -1\leqslant x<1\\ 1, & x\geqslant 1\end{cases}$；

习题 2.3

一、A　C　B　D　A　A　D

二、1. 11/3；2. $b(4, 1/2)$；3. 1；4. 3/4；5. $\frac{1}{\sqrt[4]{2}}$；6. 2，1；

7. 0.2；8. μ

三、1. $F(x)=\begin{cases}0, & x<0\\ \frac{x^2}{2}, & 0\leqslant x<1\\ 2x-\frac{x^2}{2}-1, & 1\leqslant x<2\\ 1, & 2\leqslant x\end{cases}$；

2. (1)$F(x)=\begin{cases}0, & x<-1\\ x+\frac{x^2}{2}+\frac{1}{2}, & -1\leqslant x<0\\ x-\frac{x^2}{2}+\frac{1}{2}, & 0\leqslant x<1\\ 1, & x\geqslant 1\end{cases}$；

(2)23/32；

3. (1)1/2；(2)$\frac{1}{2}(1-e^{-1})$；(3)$F(x)=\begin{cases}\frac{1}{2}\mathrm{e}^{x}, & x<0\\ 1-\frac{1}{2}\mathrm{e}^{-x}, & x\geqslant 0\end{cases}$；

4. $b=1$；$F(x)=\begin{cases}0, & x\leqslant 0\\ \dfrac{x^2}{2}, & 0<x<1\\ \dfrac{3}{2}-\dfrac{1}{x}, & 1\leqslant x<2\\ 1, & x\geqslant 2\end{cases}$；

5. (1)2/3；(2)4/9；(3)$F(x)=1-\dfrac{100}{x}$，$x>100$；6. 1/2；

8. (1)0.5328；0.9996；0.5；(2)3；

9. (1)0.0228；(2)0.8904；(3)491.775；10.75

习题 2.4

1.

Y	-1	1
P	1/3	2/3

2. $\begin{cases}\dfrac{1}{\sqrt{\pi y}}, & 0<y<\pi/4\\ 0, & 其他\end{cases}$；

3. (1)$\begin{cases}y^2/18, & -3<y<3\\ 0, & 其他\end{cases}$；(2)$\begin{cases}\dfrac{3}{2}(3-y)^2, & 2<y<4\\ 0, & 其他\end{cases}$；

4. $Y=2X-1\sim N(3, 16)$；5. $0\leqslant y<1$ 时，$f_Y(y)=\dfrac{2}{\pi\sqrt{1-y^2}}$；

6. $\begin{cases}0, & y<0\\ y, & 0\leqslant y\leqslant 1\\ 1, & y>1\end{cases}$；

7. 分布函数为$\begin{cases}0, & y<1\\ \ln y, & 1\leqslant y\leqslant e\\ 1, & y>e\end{cases}$；密度函数为$\begin{cases}\dfrac{1}{y}, & 1<y<e\\ 0, & 其他\end{cases}$；

8. 分布函数为$\begin{cases}1-e^{-\frac{y}{2}}, & y\geqslant 0\\ 0, & y<0\end{cases}$；密度函数为$\begin{cases}\dfrac{1}{2}e^{-\frac{y}{2}}, & y>0\\ 0, & 其他\end{cases}$；

9. $\begin{cases}\dfrac{3}{8\sqrt{y}}, & 0<y<1\\ \dfrac{1}{8\sqrt{y}}, & 1\leqslant y<4\\ 0, & 其他\end{cases}$；10. (1)$f_Y(y)=\begin{cases}\dfrac{1}{\sqrt{2\pi}}e^{-\frac{(\ln y)^2}{2}}\dfrac{1}{y}, & 0<y<+\infty\\ 0, & 其他\end{cases}$；

(2)$\begin{cases}\dfrac{1}{2\sqrt{\pi(y-1)}}e^{-\frac{y-1}{4}}, & y>1 \\ 0, & 其他\end{cases}$；(3)$\begin{cases}\sqrt{\dfrac{2}{\pi}}e^{-\frac{y^2}{2}}, & y>0 \\ 0, & 其他\end{cases}$

总习题二

习题 A

一、B B D C B A C A C D

二、1. 19/27；2. 1/3；3. $1-4e^{-3}$；4. $F(x_0)-F(x_0-0)$；5. $\dfrac{2e^{2\lambda}}{1+e^{2\lambda}}$

三、1.

ξ	1	2	3	4
P	10/13	33/169	72/2197	6/2197

$$F(x)=\begin{cases}0, & y<1 \\ \dfrac{10}{13}, & 1\leqslant y<2 \\ \dfrac{163}{169}, & 2\leqslant y<3; \\ \dfrac{2191}{2197}, & 3\leqslant y<4 \\ 1, & y\geqslant 4\end{cases}$$

2. $\dfrac{1}{4}$；$\dfrac{1}{6}$；$\dfrac{1}{12}$；$\dfrac{1}{2}$；3. (1)e^{-4}；(2)$1-e^{-8}$；(3)$a=\dfrac{\ln 2}{2}$；

4. (1)$\Phi(\frac{5}{2})+\Phi(\frac{3}{2})-1$；(2)$d=3.29$；

6. $f_Y(y)=\begin{cases}\dfrac{2}{\pi\sqrt{1-y^2}}, & 0<y<1 \\ 0, & 其他\end{cases}$

习题 B

一、C A A D D

二、$1-\dfrac{1}{e}$；2. 4；3. 0.2；4. $2a+3b=4$；5. 1；$1-\dfrac{\sqrt{3}}{2}$；6. [1, 3]；

7. $2\Phi(2.5)-1$；8. 0.8；

9.

X	−1	1	3
P	0.4	0.4	0.2

10. 9/64

三、1. $f_Y(y)=\dfrac{3}{\pi}\dfrac{(1-y)^2}{1+(1-y)^6}$；

2. $f_Y(y)=\begin{cases}\dfrac{1}{y^2}, & y>1\\ 0, & y\leqslant 1\end{cases}$； 3. $f_Y(y)=\begin{cases}\dfrac{1}{2y}, & \mathrm{e}^2<y<\mathrm{e}^4\\ 0, & \text{其他}\end{cases}$；

4. $1-e^{-1}$； 5. $\alpha=0.0642$，$\beta=0.009$；

6. $P\{Y=k\}=\dfrac{k-1}{64}\times\left(\dfrac{7}{8}\right)^{k-2}$，$k=2, 3, 4, \cdots$；

7. (1) $F(y)=\begin{cases}0, & y<1\\ \dfrac{1}{27}(y^3+18), & 1\leqslant y<2\\ 1, & y\geqslant 2\end{cases}$；(2) 8/27

习题 3.1

一、1. $F(b, c)-F(a, c)$； 2. $\dfrac{4}{\pi^2}$；

3. $\dfrac{\partial^2 F}{\partial x\partial y}=\begin{cases}3^{-x-y}\ln^2 3, & x\geqslant 0, y\geqslant 0\\ 0, & \text{其他}\end{cases}$； 4. 6；

5. $f(x, y)=\begin{cases}6, & 0<x<1, x^2<y<x\\ 0, & \text{其他}\end{cases}$； 6. 0； 7. 12； 8. 0.3

二、1. 3/128；

3.

Y \ X	1	2
2	0	0.6
3	0.4	0

4. (X, Y)的联合分布律为

Y \ X	0	1	2
0	1/15	4/15	1/15
1	4/15	4/15	0
2	1/15	0	0

概率为 3/5；

5.

Y \ X	1	2	3	4
1	1/4	0	0	0
2	1/8	1/8	0	0
3	1/12	1/12	1/12	0
4	1/16	1/16	1/16	1/16

6. 联合分布律为：

Y \ X	0	1	2	3
0	1/27	3/27	3/27	1/27
1	3/27	6/27	3/27	0
2	3/27	3/27	0	0
3	1/27	0	0	0

7. 0；8. $\frac{a^2}{1+a^2}$；9. (1)15/64；(2)1/2；

10. (1)$k=1/8$；(2)3/8；(3)27/32；(4)2/3；

11. (X_1, X_2)的联合分布律为

X_2 \ X_1	0	1
0	0.63212	0
1	0.23254	0.13534

习题 3.2

一、B　C　A　A　A　C　A　B　B　B

二、1. 1/2；2. 1/4；3. $\begin{cases}\frac{1}{4}, & (x, y)\in D \\ 0, & 其他\end{cases}$；1/2；

4. $\frac{1}{2}(1-e^{-5})$；5. 13/48

三、1. X和Y的边缘分布律为

X	1	3
P	0.75	0.25

Y	0	2	5
P	0.2	0.43	0.37

2.(1)$a=\frac{1}{3}$；(2)(X, Y)的联合分布函数为

$$F(x, y)=\begin{cases}0, & x<0 \text{ 或 } y<-1 \\ \frac{1}{4}, & 1\leqslant x<2, -1\leqslant y<0 \\ \frac{5}{12}, & x\geqslant 2, -1\leqslant y<0 \\ \frac{1}{2}, & 1\leqslant x<2, y\geqslant 0 \\ 1, & x\geqslant 2, y\geqslant 0\end{cases}$$

(3)(X, Y)关于X，Y的边缘分布函数为：

$$F_X(x)=\begin{cases}0, & x<1 \\ \frac{1}{2}, & 1\leqslant x<2 \\ 1, & x\geqslant 2\end{cases}, \quad F_y(y)=\begin{cases}0, & y<-1 \\ \frac{5}{12}, & -1\leqslant y<0 \\ 1, & y\geqslant 0\end{cases}$$

3.(1)联合分布律为：

Y \ X	0	1	2
0	1/4	1/6	1/36
1	1/3	1/9	0
2	1/9	0	0

(2)边缘分布律为：

X	0	1	2
P	25/36	5/18	1/36

Y	0	1	2
P	4/9	4/9	1/9

5. $f_X(x)=\begin{cases}\frac{x}{2}, & 0\leqslant x\leqslant 2 \\ 0, & \text{其他}\end{cases}$，$f_Y(y)=\begin{cases}3y^2, & 0\leqslant y\leqslant 1 \\ 0, & \text{其他}\end{cases}$；

6. $f_X(x)=\begin{cases}2.4x^2(2-x), & 0\leqslant x\leqslant 1 \\ 0, & \text{其他}\end{cases}$；

$f_Y(y)=\begin{cases}2.4y(3-4y+y^2), & 0\leqslant y\leqslant 1\\0, & 其他\end{cases}$

7. (1) $c=6$；(2) $f_X(x)=\begin{cases}6(x-x^2), & 0\leqslant x\leqslant 1\\0, & 其他\end{cases}$；

$f_Y(y)=\begin{cases}6(\sqrt{y}-y), & 0\leqslant y\leqslant 1\\0, & 其他\end{cases}$

8. $k=8$；$f_X(x)=\begin{cases}4x(1-x)^2, & 0\leqslant x\leqslant 1\\0, & 其他\end{cases}$；$f_Y(y)=\begin{cases}4y^3, & 0\leqslant y\leqslant 1\\0, & 其他\end{cases}$；

9. $f_X(x)=\begin{cases}2x, & 0\leqslant x\leqslant 1\\0, & 其他\end{cases}$；$f_Y(y)=\begin{cases}2y, & 0\leqslant y\leqslant 1\\0, & 其他\end{cases}$；

10. $a=1/18$；$b=2/9$；$c=1/6$；

11. $f(x,y)=\begin{cases}25\mathrm{e}^{-5y}, & 0<x<0.2,\ y>0\\0, & 其他\end{cases}$；$e^{-1}$；

12. 9/16；13. e^{-2}；

14. $f_X(x)=\dfrac{2\sqrt{R^2-x^2}}{\pi R^2}$，$|x|\leqslant R$；$f_Y(y)=\dfrac{2}{\pi R^2}\sqrt{R^2-y^2}$，$|y|\leqslant R$；不独立；

15. $f_X(x)=\dfrac{2}{\pi(4+x^2)}$，$-\infty<x<+\infty$；$f_Y(y)=\dfrac{3}{\pi(9+y^2)}$，$-\infty<y<+\infty$；独立；

16. (1) $f(x,y)=\begin{cases}\dfrac{1}{2}e^{-y/2}, & 0<x<1,\ y>0\\0, & 其他\end{cases}$；(2) 0.1445；19. 0.5

习题 3.3

1. $f(y\mid x)=\begin{cases}1/x, & 0<y<x,\\0, & 其他\end{cases}$；

2. $f(x\mid y)=\dfrac{f(x,y)}{f_Y(y)}=\begin{cases}\dfrac{1}{1-|y|} & |y|<x<1\\0, & 其他\end{cases}$；

3. 47/64；4. 7/15；

5. $f(x\mid y)=\begin{cases}\dfrac{2}{y-1}, & 0<y<1,\ \dfrac{y-1}{2}<x<0\\0, & 其他\end{cases}$；

$f(y\mid x)=\begin{cases}\dfrac{1}{2x+1}, & -\dfrac{1}{2}<x<0,\ 0<y<2x+1\\0, & 其他\end{cases}$；

6. (1) $P\{Y=m \mid X=n\}=C_n^m p^m (1-p)^{n-m}$，$0\leqslant m\leqslant n$，$n=0$，1，2，…；

(2) $P\{X=n, Y=m\}=C_n^m p^m (1-p)^{n-m} \cdot \dfrac{e^{-\lambda}}{n!}\lambda^n$，$0\leqslant m\leqslant n$，$n=0$，1，2，…；

(3) $P\{Y=m\}=\dfrac{(\lambda p)^m}{m!}e^{-\lambda p}$，$m=0$，1，2，…；

7. 1/5；1/3；8. $P\{Y=k\}=\dfrac{(\lambda p)^k}{k!}e^{-\lambda p}$，$k=0$，1，2，…

习题 3.4

一、B　D　C　A　B　B　A

二、1. $P\{Z=0\}=0.25$，　$P\{Z=1\}=0.75$；2. 1/9；

3. $N(k_1\mu_1-k_2\mu_2, k_1^2\sigma_1^2+k_2^2\sigma_2^2)$；4. $F^n(x)$；5. 参数为 $\lambda_1+\lambda_2$ 的泊松分布

三、1. $\dfrac{1}{2\pi}\left[\Phi\left(\dfrac{z+\pi-\mu}{\sigma}\right)-\Phi\left(\dfrac{z-\pi-\mu}{\sigma}\right)\right]$；

2. $f(y \mid x)=\begin{cases}\dfrac{3}{2}-\dfrac{3}{2}z^2, & 0<z<1\\ 0, & \text{其他}\end{cases}$；

3. (1) 7/24；(2) $f_z(z)=\begin{cases}2z-z^2, & 0<z<1\\ z^2-4z+4, & 1<z<2\\ 0, & \text{其他}\end{cases}$；

4. $f(u)=\begin{cases}u^2, & 0\leqslant u\leqslant 1\\ u(2-u), & 1\leqslant u\leqslant 2\\ 0, & \text{其他}\end{cases}$；

5. (1) $f_Z(z)=\begin{cases}\dfrac{z^3}{6}e^{-z}, & z>0\\ 0, & \text{其他}\end{cases}$；(2) $f_\eta(u)=\begin{cases}\dfrac{u^5}{120}e^{-u}, & u>0\\ 0, & \text{其他}\end{cases}$

6.

U \ V	0	1
0	1/4	1/4
1	0	1/2

7. (1) $F_Z(z)=\begin{cases}0, & z<0\\ \dfrac{z^2}{2}, & 0\leqslant z<1\\ 2z-\dfrac{z^2}{2}-1, & 1\leqslant z<2\\ 1, & z\geqslant 2\end{cases}$; $f_Z(z)=\begin{cases}0, & z<0\\ z, & 0\leqslant z<1\\ 2-z, & 1\leqslant z<2\\ 0, & z\geqslant 2\end{cases}$

(2) $F_U(u)==\begin{cases}0, & u<-1\\ \dfrac{(1+u)^2}{4}, & -1\leqslant u<0\\ \dfrac{1+2u}{4}, & 0\leqslant u<1\\ u-\dfrac{u^2}{4}, & 1\leqslant u<2\\ 1, & u\geqslant 2\end{cases}$; $f_U(u)=\begin{cases}\dfrac{1+u}{2}, & -1\leqslant u<0\\ \dfrac{1}{2}, & 0\leqslant u<1\\ 1-\dfrac{u}{2}, & 1\leqslant u<2\\ 0, & \text{其他}\end{cases}$

8. $F_Z(z)=\dfrac{1}{2\pi}\int_0^{2\pi}d\theta\int_0^{\sqrt{3z}} e^{-\frac{1}{2}r^2}rdr=1-e^{-\frac{3}{2}z}$，$f_Z(z)=\begin{cases}0, & z\leqslant 0\\ \dfrac{3}{2}e^{-\frac{3}{2}z}, & z>0\end{cases}$

9. (1) 1/2；(2) $f_Z(z)=\begin{cases}\dfrac{1}{3}, & -1\leqslant z<2\\ 0, & \text{其他}\end{cases}$

10. (1) $f_Z(z)=12(e^{-3z}-e^{-4z})$，$z>0$；(2) $f_M(m)=3e^{-3m}+4e^{-4m}-7e^{-7m}$；(3) $f_N(n)=7e^{-7n}$，$n>0$；

11.

Z	−2	−1	0	1	2
P	24/539	66/539	251/539	126/539	72/539

X/Y	−1	−2	−3
1	216/539	54/539	24/539
2	108/539	27/539	12/539
3	72/539	18/539	8/539

12.

Y \ X	0	1
0	2/3	1/12
1	1/6	1/12

Z	0	1	2
P	2/3	1/4	1/12

总习题三

习题 A

一、B A A A D D A C

二、1. 1；2. $F(b, d)-F(a, d)-F(b, c)+F(a, c)$；

3. $\alpha+\beta=\frac{1}{3}$；2/9；1/9；4. $\frac{65}{72}$；5. $F(x, y)$；6. 5/7；

7. $\begin{cases} 8e^{-(4x+2y)}, & x>0, y>0 \\ 0, & \text{其他} \end{cases}$；8. 1/4

三、1. $\frac{\sqrt{2}}{4}(\sqrt{3}-1)$；

2. (1) $f_{y\mid x}(y \mid x)=\begin{cases} \frac{1}{x}, & 0<y<x \\ 0, & \text{其他} \end{cases}$；(2) $\frac{e-2}{e-1}$；

3. (1) 4/9；(2)

Y \ X	0	1	2
0	1/4	1/6	1/36
1	1/3	1/9	0
2	1/9	0	0

4. (1) $f_X(x)=2x$，$0<x<1$，$f_Y(y)=1-\frac{y}{2}$，$0<y<2$；

(2) $f_Z(z)=\begin{cases} 1-\frac{z}{2}, & 0<z<2 \\ 0, & \text{其他} \end{cases}$；(3) 3/4；

5. $F(x, y)=\begin{cases} y^2, & x>1, 0<y<1 \\ x^2, & 0<x<1, y>1 \\ x^2y^2, & 0\leqslant x<1, 0\leqslant x<1 \\ 1, & x\geqslant 1, y\geqslant 1 \\ 0, & x<0, y<0 \end{cases}$；

6.

X / Y	0	1	2	
0	0.16	0.08	0.01	0.25
1	0.32	0.16	0.02	0.5
2	0.16	0.08	0.01	0.25
	0.64	0.32	0.04	

习题 B

1. $f_Z(z)=\begin{cases}0, & z\leqslant 0\\ \dfrac{1}{2}-\dfrac{1}{2}e^{-z}, & 0<z\leqslant 2\\ \dfrac{1}{2}e^{-z}(e^2-1), & z>2\end{cases}$；2. $f_Z(z)=\begin{cases}ze^{-z}, & z>0\\ 0, & z<0\end{cases}$；

3. (1) $f_Y(y)=\begin{cases}\dfrac{3}{8\sqrt{y}}, & 0<y<1\\ \dfrac{1}{8\sqrt{y}}, & 1\leqslant y<4\\ 0, & 其他\end{cases}$；(2) 1/4；

4. $P\{X=1\}=0.1344$；$P\{X=-1\}=0.1344$；$P\{X=0\}=0.7312$；

5. $f(u)=\begin{cases}\dfrac{1}{2}(2-u), & 0<u<2\\ 0, & 其他\end{cases}$；

6. (1) $f(x,y)=\begin{cases}\dfrac{1}{x}, & 0<y<x<1\\ 0, & 其他\end{cases}$；

(2) $f_Y(y)=\begin{cases}-\ln y, & 0<y<1\\ 0, & 其他\end{cases}$；(3) $1-\ln 2$；

7. $f_Z(z)=\begin{cases}z, & 0\leqslant z\leqslant 1\\ z-2, & 2\leqslant z<3\\ 0, & 其他\end{cases}$；

8. $f_X(x)=\int_0^{2-x}1dy=\begin{cases}x, & 0<x<1\\ 2-x, & 1<x<2\end{cases}$；

$f(x\mid y)=\begin{cases}\dfrac{1}{2(1-y)}, & 0<y<1,\ -y<x<2-y\\ 0, & 其他\end{cases}$

9. $A=\frac{1}{\pi}$；$f_{Y|X}(y|x)=\frac{f(x, y)}{f_X(x)}=\frac{1}{\sqrt{\pi}}e^{-(y-x)^2}$，$-\infty<y<+\infty$；

10. (1) $f(x, y)=\begin{cases}3, & 0<x<1,\ x^2<y<\sqrt{x} \\ 0, & \text{其他}\end{cases}$；(2) U 与 X 不独立；

(3) $F_Z(z)=\begin{cases}0, & z<0 \\ \frac{3}{2}z^2-z^3, & 0\leqslant z<1 \\ \frac{1}{2}+(2z-1)^{\frac{3}{2}}-\frac{3}{2}(z-1), & 1\leqslant z<2 \\ 1, & z\geqslant 2\end{cases}$；

12. $f_Z(z)=\begin{cases}0, & z\leqslant 0 \\ \frac{1}{2}, & 0<z\leqslant 1 \\ \frac{1}{2}z^{-2}, & z>1\end{cases}$；

13. $g(u)=0.3f(u-1)+0.7f(u-2)$；

14. $f_Z(z)=\begin{cases}\frac{1}{\sqrt{2\pi({\sigma_1}^2+{\sigma_2}^2)}}\left[e^{-\frac{(z-\mu_1+\mu_2)^2}{2(\sigma_1^2+\sigma_2^2)}}+e^{-\frac{(-z-\mu_1+\mu_2)^2}{2(\sigma_1^2+\sigma_2^2)}}\right], & z>0, \\ 0, & z\leqslant 0.\end{cases}$；

15. $F(x, y)=\begin{cases}0, & x<0 \text{ 或 } y<0 \\ \frac{1}{2}[\sin x+\sin y-\sin(x+y)], & 0\leqslant x\leqslant\frac{\pi}{2},\ 0\leqslant y\leqslant\frac{\pi}{2} \\ \frac{1}{2}(\sin x+1-\cos x), & 0\leqslant x\leqslant\frac{\pi}{2},\ y>\frac{\pi}{2} \\ \frac{1}{2}(1+\sin y-\cos y), & x>\frac{\pi}{2},\ 0\leqslant y\leqslant\frac{\pi}{2} \\ 1, & x>\frac{\pi}{2},\ y>\frac{\pi}{2}\end{cases}$

16. $A=20$；$F(x, y)==\frac{1}{\pi^2}\left(\arctan\frac{x}{4}+\frac{\pi}{2}\right)\left(\arctan\frac{y}{5}+\frac{\pi}{2}\right)$

习题 4.1

一、1. 4；2. −1；3. 1；4. 1；5. 5；6. 4/3；7. 18. 4；8. 1；
9. 0. 5；10. 9；11. 0；12. 0；13. 10

二、1. 21/8；61/8；177/8；2. 0. 501；3. 54. 05；4. 1；7/6；5. $\frac{\pi a^3}{24}$；
6. 33. 64；7. 0. 6；8. (1) $a=\sqrt[3]{4}$ (2) 3/4；9. 10 分 25 秒；

10.(1)$\frac{\theta}{5}$；(2)$\frac{137}{60}\theta$；11. $\frac{ka^2}{3}$；12. 3/4；3/8；3/10；13. 450；

14. $E(X)=m[1-(1-\frac{1}{m})^n]$；15. $10(1-\left(\frac{9}{10}\right)^{20})$；16. $\frac{k(n+1)}{2}$；

17. $\frac{1}{n+1}$；$\frac{n}{n+1}$；18. 8

习题 4.2

一、B　D　B　D　B　D　C　A

二、1. 1/2；2. 2；3. $N(\mu, \frac{\sigma^2}{n})$；4. $1-(\frac{1}{3})^9$；5. 27；

6. 7；37.25；7. 91；8. 0.45；9. 2；10. 1/3

三、1. $DX=\frac{1-p}{p^2}$；2. 0.322；3. $1/n^2$；4. 1/6；5. $\Phi(2)=0.9772$；

6. 2/9；7. $\sqrt{\frac{2}{\pi}}$；$1-\frac{2}{\pi}$；0；3

8. (1)$a=\frac{1}{4}$，$b=-\frac{1}{4}$，$c=1$；(2)$\frac{2}{3}$；(3)$\frac{1}{4}(e^2-1)^2$；$\frac{1}{4}e^2(e^2-1)^2$；

9. $a=\frac{1}{2}$，$b=\frac{1}{\pi}$；0；1/2；10. 0；1/2；

11. 0.6；0.42；12. $\sqrt{\frac{\pi}{2}}$；$2-\frac{\pi}{2}$

习题 4.3

一、D　C　B　A　D

二、1. 61；21；2. $\frac{(\alpha^2-\beta^2)}{(\alpha^2+\beta^2)}$；3. 3；4. 0；16/3；28；5. 13

三、2. $E(X)=\frac{1}{2}$；$E(Y)=\frac{3}{4}$；$E(XY)=\frac{3}{14}$；$E(X-Y)=-\frac{1}{4}$；$E(3X+2Y)=3$；$\rho_{XY}=-\frac{\sqrt{5}}{5}$；

3. $E(Y)=4$；$D(Y)=18$；$Cov(X, Y)=6$；$\rho_{XY}=1$；

5. $-2/3$；6. $E(X)=\frac{7}{6}$；$E(Y)=\frac{7}{6}$；$\rho_{XY}=-\frac{1}{11}$；$D(X+Y)=\frac{5}{9}$；

8. 0；9. $-\frac{1}{2}$；10. $-\frac{\pi^2-8\pi+16}{\pi^2+8\pi-32}$

习题 4.4

1. 原点矩 $\mu_1=\frac{4}{3}$；$\mu_2=2$；$\mu_3=3.2$；$\mu_4=\frac{16}{3}$；中心矩：$v_1=0$；$v_2=\frac{2}{9}$；

$v_3=-\frac{8}{135}$；$v_4=\frac{6}{135}$；

2. 当 k 为奇数时，$v_k=0$；当 k 为偶数时，$v_k=\lambda^k\cdot k!$；3. $\frac{5}{26}\sqrt{13}$

习题 4.5

1. 0.804；2. $H(p_0)=\log 6$，$H(p_1)=\log 3$，$H(p_2)=\log 2$，$H(p_3)=\log 5$；3. (1)log3；(2)1.5；(3)1；4. 2；5. 0.109；

6. $H(X)=\frac{1}{3}\log 3$；$H(Y)=-\frac{2}{3}\log\frac{2}{3}$；$H(X, Y)=\log 3$；$H(X|Y)=\frac{2}{3}$；$H(Y|X)=\frac{2}{3}$；$I(X, Y)=\log 3-\frac{2}{3}$；$I(Y, X)=\log 3-\frac{2}{3}$

总习题四

习题 A

一、D C B C B A D D D C

二、1. $-1/2$；2. ${\sigma_1}^2\cdot\sigma_2^2$；$r\sigma_1\sigma_2$；3. 4；4. 0.5；25；5. $\frac{11}{144}$，$\frac{11}{144}$

三、1. (1)$\frac{261}{120}$，$\frac{613}{120}$；(2)$\frac{1813}{4800}$；2. (1)5；-1；(2)61；21；3. 0；9/5；4. 1；3；5. $a+\theta$；θ^2；6. $\frac{2}{3}(a+b)$；$\frac{1}{18}(a^2+b^2)$；7. $\frac{3}{4}$；$\frac{1}{2}$；

8. $\frac{2}{5}$；9. 0；10. 0；0；11. $2a$；$20a^2$.

习题 B

一、D A D A C C

二、1. 9/2；2. $\frac{1}{e}$；3. 2；4. $2e^2$；5. $\mu^3+\mu\sigma^2$；6. $\frac{1}{2e}$

三、1. 3/2；1/4；2. 16；3. (1)2/3；(2)1/4；4. (1)1/4；(2)$-2/3$；0；

5. (1)

Y \ X	0	1	2
0	1/5	2/5	1/15
1	1/5	2/15	0

(2)$-4/45$；

6.(1)

Y \ X	0	1
0	2/3	1/12
1	1/6	1/12

(2)$\frac{\sqrt{15}}{15}$

(3)

Z	0	1	2
P	2/3	1/4	1/12

7.(1)$a=0.2$，$b=0.1$，$c=0.1$；

(2)

Z	−2	−1	0	1	2
P	0.2	0.1	0.3	0.3	0.1

(3)0.2

8.(1) $f_V(v)=\begin{cases}2e^{-2v}, & v>0\\ 0, & v\leqslant 0\end{cases}$；(2) 2；9.(1) 1/3；3；(2) 0；(3) 独立；10.(1)0；2；(2)0；不相关；(3)不独立；11.1/18；

13.(1)$f_1(x)=\frac{1}{\sqrt{2\pi}}e^{-\frac{x^2}{2}}$；$f_2(y)=\frac{1}{\sqrt{2\pi}}e^{-\frac{y^2}{2}}$；0；(2)不独立

14.(1)

X_1 \ X_2	0	1
0	0.1	0.1
1	0.8	0

(2)$-\sqrt{0.08}$

15.(1)

X_1 \ X_2	0	1
0	$1-e^{-1}$	0
1	$e^{-1}-e^{-2}$	e^{-2}

(2)$e^{-1}+e^{-2}$

习题 5.1

1. $1-\frac{1}{2n}$；2. $1-\frac{9}{\varepsilon^2}$；3. $\leqslant 1/16$

二、2. 0.9；3. 0.9475；4. 39/40；5. 1/9

习题 5.3

1. $\Phi(1.35)=0.9115$；2. $1-\Phi(2)=0.02275$；3. 0.879；4. 0.1814；
5. 250；68；6. 0.96；7. 0.6826；8. 884；9. 0.2119；10. 142

总习题五

习题 A

一、A　B　D　C　C

二、1. 224/225；2. 1/12；3. 3/4；
4. $\frac{1}{\sqrt{2\pi}}\int_{-\infty}^{x} e^{-\frac{t^2}{2}}dt$；5. $\int_{\frac{a-np}{\sqrt{np(1-p)}}}^{\frac{b-np}{\sqrt{np(1-p)}}}\frac{1}{\sqrt{2\pi}}e^{-\frac{t^2}{2}}dt$；
6. 0；7. 0；8. 1/2；9. 1/9；10. 16

三、1. 0.9；2. 0.023；3. 0.0793；4. 0.1379；5. 0.0003；0.5

习题 B

1. (1)$X\sim b(100, 0.2)$；(2)0.927；2. 98；3. 147；4. 2000

习题 6.1

1. 独立；与总体同分布；

2. $\frac{\lambda^{\sum_{i=1}^{n}x_i}}{x_1!x_2!\cdots x_n!}e^{-n\lambda}$；$P(n\lambda)$；

3. $C_m^{x_1}C_m^{x_2}\cdots C_m^{x_n}p^{\sum_{i=1}^{n}x_i}(1-p)^{mn-\sum_{i=1}^{n}x_i}$；$b(mn,p)$；

4. $\left(\frac{1}{\sqrt{2\pi}\sigma}\right)^n e^{-\frac{\sum_{i=1}^{n}(X_i-\mu)^2}{2\sigma^2}}$，$N(n\mu,n\sigma^2)$

习题 6.2

一、C　C　C　CD　C　D　C　A　D

二、1. θ；θ^2；2. $F(n, m)$；3. $F(n, m)$；4. $\chi^2(n)$；5. $\frac{\sigma_1^2}{n_1}+\frac{\sigma_2^2}{n_2}$；

6. 1；2；7. $\sqrt{\frac{3}{2}}$；3；8. 5；2.44；9. 0.1

三、1. $N\left(\frac{5}{2}, \frac{1}{12}\right)$；2. 0.937；3. 0.8293；4. $c=\sqrt{\frac{n}{n+1}}$；$n-1$；

5. $Y\sim\chi^2(n)$

总习题六

习题 A

一、B C D D A B B D A A A D C C C

二、1. $N(\mu, \sigma^2/n)$；2. 1/20；1/100；3. nk；4. $\chi^2(2n)$；5. $\frac{2}{15}\sigma^4$；

6. $t(m)$；7. $F(n, 1)$；8. 2；9. $F(3n, n)$；10. 0.75

三、1. $(\frac{X_1-1}{1})^2+(\frac{X_2-2}{2})^2+(\frac{X_3-3}{3})^2 \sim \chi^2(3)$；2. $1-[\Phi(1)]^5$；

3. 0.6744；4. (1)0.75；(2)0.9；5. (1)$\frac{n-1}{n}$；(2)$-\frac{1}{n}$

习题 B

一、C D B B C C B

二、1. t；9；2. 2；3. F(10, 5)；4. σ^2；5. 2；6. $\mu^2+\sigma^2$

三、1. $2(n-1)\sigma^2$；2. 36

习题 7.1

一、D D C B C A C A

二、1. 0.25；2. $\frac{\overline{X}}{p}$；3. $2\overline{X}-1$；4. $\frac{2\overline{X}-1}{1-\overline{X}}$；

5. 矩估计量；矩估计量；

6. 0.25；7. $\frac{2\overline{X}-11}{6-\overline{X}}$；8. $\frac{7-\sqrt{13}}{12}$；

9. $-\frac{n}{\sum\limits_{i=1}^{n}\ln X_i}-1$；10. $-\frac{n}{\sum\limits_{i=1}^{n}\ln(X_i-5)}-1$

三、1. $\hat{l}=2\overline{X}-1$；$\hat{\alpha}=\frac{2}{2\overline{X}-1}$；

2. $\hat{\alpha}=6\overline{X}$；3. $\hat{\theta}=(\frac{\overline{X}}{1-\overline{X}})^2$；4. $\hat{p}=\frac{\overline{X}}{m}$；

5. $\hat{\theta}=3\overline{X}$；6. 1.2；0.9；7. $\hat{\theta}=\frac{\overline{X}}{\overline{X}-c}$；$\hat{\theta}=(\frac{1}{n}\sum\limits_{i=1}^{n}\ln X_i-\ln c)^{-1}$；8. $\hat{\theta}=\frac{1}{\overline{X}}$；

9. $\hat{\theta}_1=\frac{1}{2}$，$\hat{\theta}_2=\frac{1}{6}$；10. (1)$\hat{\theta}=\min\{X_1, X_2, \cdots, X_n\}$；(2)$\hat{\theta}=\frac{\overline{X}}{2}$；

11. (1)$\hat{\alpha}=\overline{X}-\sqrt{3}S_n$；$\hat{\beta}=\overline{X}+\sqrt{3}S_n$；(2)$\hat{a}=\min(x_i)$，$\hat{b}=\max(x_i)$；

12. $\frac{n}{\sum\limits_{i=1}^{n}x_i^3}$；13. −0.94；0.966；

习题 7.2

一、C　B　C　D　C　C　B　C　B

二、1. μ；2. 无偏；3. $\sqrt{\frac{\pi}{2n(n-1)}}$；4. 1；5. 是；

6. 任意实数；7. 是

三、1. (1) $\hat{\theta}_1=\overline{X}-\frac{1}{2}$，是无偏估计量；(2) $\hat{\theta}_2=X_{(1)}$，不是无偏估计量；

(3) $\hat{\theta}_3=\overline{X}-\frac{1}{2}$，$\hat{\theta}_4=X_{(1)}-\frac{1}{2n}$，$\hat{\theta}_4$ 比 $\hat{\theta}_3$ 有效；2. $\hat{\mu}_2$ 的方差最小

习题 7.3

1.

$\lambda \mid X=3$	1	1.5
P	0.0422	0.9578

；

2. (1) $p\mid X$ 服从 $Be(n+1,\sum x_i-n+1)$；(2) 1/3；

3. $\pi(\theta\mid x)\sim Ga(a+\sum_{i=1}^{n}x_i,n+\mu)$；$Ga(\sum_{i=1}^{n}x_i+\alpha,\lambda)$；

4. $\pi(p\mid x_1, x_2, \cdots, x_n)=\frac{2n-1}{\theta^{2n}(x_{(n)}^{1-2n}-1)}$；

5. $Ga(n+\alpha,\sum_{i=1}^{n}x_i+\mu)$；

6. $Be(\sum_{i=1}^{n}x_i+\alpha,mn-\sum_{i=1}^{n}x_i+b)$；7. $N(11.93,(\frac{6}{7})^2)$

习题 7.4

一、A　D　D　B　B

二、1. (5.2045，36.6667)；2. (14.6803，15.3197)；

3. (4.412，5.588)；4. $Z_{\frac{\alpha}{2}}$

三、1. (5.347，6.653)；2. (3806，4198)；3. (14.765，15.057)；

4. (55.58，64.42)；5. (2.012，16.183)；6. (10.4348，73.5076)；

7. (−3.42，2.9)；8. (−2.715，4.715)；9. (0.8146，18.0794)；

10. (−7.14，11.14)

总习题七

习题 A

一、A　B　C　B　C　D　C　A　D　C

二、1. $\overline{X}/m$；$\prod_{i=1}^{n}C_m^{x_i}p^{x_i}(1-p)^{m-x_i}$；2. $n(\frac{1}{a}-\frac{1}{b})\sigma^2$；

3. $\overline{Y}/(1-\overline{Y})$；4. $2\overline{X}-8$；

5. $\theta^3 0.5^{2(\theta-1)}0.2^{(\theta-1)}$；6. $\dfrac{1}{2(n-1)}$；7. (4.412，5.588)；8. μ；

9. $E(\hat{\theta}_1)=E(\hat{\theta}_2)$，$D(\hat{\theta}_1)<D(\hat{\theta}_2)$；10. 1.71，0.0014

三、1. $\hat{\alpha}=\overline{X}^2/B_2-1$；$\hat{\beta}=B_2/\overline{X}$；

2. $\sqrt{\dfrac{1}{2n}\sum\limits_{i=1}^{n}x_i^2}$ ；

3. $\hat{\sigma}^2=\dfrac{1}{n}\sum\limits_{i=1}^{n}(x_i-a)^2$ ；

4. $\hat{p}=\dfrac{1}{\overline{X}}$；5. (0.05，0.07)；6. (0.78，5.06)

习题 B

一、1. $\dfrac{2}{5n}$；2. (39.51，40.49)；3. (8.2，10.8)

二、1. (1) $\hat{\theta}=-\overline{X}$；(2) $\hat{\theta}=\dfrac{2n}{\sum\limits_{i=1}^{n}\dfrac{1}{X_i}}$ ；

2. (1) $\hat{\theta}=2\overline{X}-\dfrac{1}{2}$；(2) $4\overline{X}^2$ 不是 θ^2 的无偏估计量；

3. (1) $\hat{\theta}=\dfrac{3}{2}-\overline{X}$；(2) $\hat{\theta}=\dfrac{N}{n}$；4. (1) $\hat{\beta}=\dfrac{\overline{X}}{\overline{X}-1}$；(2) $\hat{\beta}=\dfrac{n}{\sum\limits_{i=1}^{n}\ln X_i}$ ；

5. (1) $F(x)=\begin{cases}1-e^{-2(x-\theta)}, & x>\theta\\ 0, & x\leqslant\theta\end{cases}$；(2) $\begin{cases}1-e^{-2n(x-\theta)}, & x>\theta\\ 0, & x\leqslant\theta\end{cases}$；

(3)不具有无偏性；

6. $c=\dfrac{n}{2(n-2)}$；7. (1) $\hat{\theta}=2\overline{X}-1$；(2) $\hat{\theta}=\min\{X_1, X_2, \cdots, X_n\}$；

8. (1) $f_T(x)=\begin{cases}\dfrac{9x^8}{\theta^9}, & 0<x<\theta\\ 0, & \text{其他}\end{cases}$；(2) $a=\dfrac{9}{10}$；

9. (1) $f_Z(z)=\begin{cases}\dfrac{2}{\sqrt{2\pi}\sigma}e^{-\frac{z^2}{2\sigma^2}}, & z\geqslant0\\ 0, & z<0\end{cases}$；(2) $\dfrac{\sqrt{2\pi}}{2}\overline{Z}$；(3) $\sigma=\sqrt{\dfrac{1}{n}\sum\limits_{i=1}^{n}z_i^2}$

10. $\dfrac{2}{n(n-1)}$；11. (1) $\hat{\beta}=\dfrac{\overline{X}}{\overline{X}-1}$；(2) $\hat{\beta}=\dfrac{n}{\sum\limits_{i=1}^{n}\ln x_i}$；(3) $\hat{\alpha}=\min\{x_1,x_2,\cdots,x_n\}$

习题 8.2

一、C C A D B C B D

二、1. 为真而被拒绝；为假而被接受；一；

2. $Z=\dfrac{\overline{X}-\mu_0}{\sigma/\sqrt{n}}$，N(0，1)，$|z|>z_{\alpha/2}$；

3. $\chi^2=\dfrac{(n-1)S^2}{\sigma_0^2}$；$\chi^2(n-1)$；$\chi^2<\chi^2_{1-\alpha}(n-1)$；

4. $t=\dfrac{\overline{X}-\mu_0}{S/\sqrt{n}}$；5. F；$F=\dfrac{S_1^2}{S_2^2}$；6. $Z=\dfrac{\overline{X}-35}{\sigma/\sqrt{n}}$；

7. χ^2； 8. 必然接受；9. $\left\{\dfrac{\overline{X}-\mu_0}{S/\sqrt{n}}<-t_\alpha(n-1)\right\}$；

10. $\dfrac{\overline{X}\sqrt{n(n-1)}}{Q}$

三、1. 平均重量仍为 20g；2. 不合格；3. 该药物能够改变人的体重；
4. 长度为 3.25；5. 合格；6. 不合格；7. 方差为 25；
8.(1)拒绝原假设(2)接受原假设；9. 平均寿命显著提高；
10. 尼古丁平均含量无显著差异；11. 有显著差异；
12. 第二种设备生产的产品的寿命更小；13. 方差相等；14. 有显著差异；
15. 中药对心脑血管有显著影响；
16. 第一个小区的家庭在目前住房的时间平均来说比第二个小区短；
17. 有显著性差异；18. 有显著差异；19. 可以出厂；20. 支持

习题 8.3

1. 服从正态分布；2. 服从正态分布；3. 服从二项分布；4. 均匀；
5. 服从泊松分布；6. 服从正态分布；7. 服从泊松分布；
8. 不服从正态分布；9. 无显著差异；10. 有显著差异；11. 有显著差异

总习题八

习题 A

一、B A B C A C C A C C

二、1. $Z=(\overline{X}_1-\overline{X}_2)/\sqrt{\dfrac{\sigma_1^2}{n_1}+\dfrac{\sigma_2^2}{n_2}}$；$Z\leqslant -Z_\alpha$；

2. $t=\dfrac{\overline{X}-\mu_0}{S/\sqrt{n}}\sim t(n-1)$；$t\geqslant t_\alpha(\text{n}-1)$；

3. $t(16)$；拒绝 H_0；

4. $F=S_1^2/S_2^2=(n_2-1)\sum\limits_{i=1}^{n_1}(x_i-\overline{x})^2/(n_1-1)\sum\limits_{i=1}^{n_2}(y_i-\overline{y})^2)$；
$W=\{F\geqslant F_{\frac{\alpha}{2}}(n_1-1,n_2-1)\}\cup\{F\leqslant F_{1-\frac{\alpha}{2}}(n_1-1,n_2-1)\}$；

5. $\chi^2=\sum\limits_{i=1}^{n}\dfrac{(X_i-\mu)^2}{\sigma_0^2}$；$W=\{\chi^2<\chi^2_{1-\alpha}(n)\}$

三、1. 这批产品不能接收；2. 认为这批灯泡的平均寿命小于 2000 小时；3. 用B种原料的产品的平均重量比用原料A的要大；4. 无显著差异；5.(1)不能出厂；(2)能出厂；6. 有显著差异

习题 9.1

1. 有差异；2. 无显著性影响；3. 无显著差异；4. 有显著差异；

5. 无显著影响；6. 有显著影响；7. 有显著差异

习题 9.2

1. 因素A的水平间无差异，因素B的水平间有显著差异，交互作用显著；

2. 卖场销售量有显著差异，空调品牌之间无显著差异，交互作用有显著差异；

3. 各村间的小麦平均亩产量的差异是显著的，逐年的产量有更显著差异；

4. 各种配料方案下生产的橡胶的抗断强度有显著差异，各种硫化时间下生产的橡胶的抗断强度有显著差异；

5. 不同土质对金属管腐蚀的影响不显著；不同种类的金属管的腐蚀差异显著；

6. 不同的温度与不同的浓度对化学纤维的耐热性均无影响

总习题九

习题 A

一、C C D A A D A A B A C

二、1. $\sum_{i=1}^{r} n_i(X_{i\cdot}-\overline{X})^2$；$\sum_{i=1}^{r}\sum_{j=1}^{n_i}(X_{ij}-\overline{X}_{i\cdot})^2$；2. $\chi^2(r-1)$；3. $\chi^2(n-1)$；

4. $F(r-1,\ n-r)$；5. $\chi^2(n-r)$；6. 都相同(等)或具有方差齐性

三、1. 种子与肥料的不同搭配组合对产量有显著影响

2. 收缩率之间有显著差异；$\hat{\sigma}^2=0.081$；

3. 温度对强度的影响不显著；时间对强度的影响显著；

4. (1) $S_T=\sum_{j=1}^{s}\sum_{i=1}^{n_j}(x_{ij}-\overline{x})^2$ 或 $=\sum_{i=1}^{s}\sum_{j=1}^{n_i}(x_{ij}-\overline{x})^2$；

$S_E=\sum_{j=1}^{s}\sum_{i=1}^{n_j}(x_{ij}-\overline{x}_{\cdot j})^2$ 或 $=\sum_{i=1}^{s}\sum_{j=1}^{n_i}(x_{ij}-\overline{x}_{i\cdot})^2$；

$S_A=\sum_{j=1}^{n} n_j(\overline{x}_{\cdot j}-\overline{x})^2$ 或 $=\sum_{i=1}^{s} n_i(\overline{x}_{i\cdot}-\overline{x})^2$

习题 B

2. $\frac{S_E}{\sigma^2}\sim x^2(n-r)$；4. 因素$B$，因素$C$的不同水平对合成氨的产量的影响都

不显著，因素 A 的不同水平对合成氨的产量的影响则是特别显著的

习题 10.1

1. 回归方程为 $\hat{y}=-0.46x+3.872$；$x=1$ 时 y 的预测平均值为 3.412；

2. 回归方程为 $\hat{y}=106.68-6.46x$，$\hat{y}=42.61$；

3.(1)回归方程 $\hat{y}=-2.73935+0.48303x$；

(2)$\hat{\sigma}^2=0.90$；(3)回归效果显著；

4. $\hat{y}=84.728+0.631x$；5. 回归方程为 $\hat{y}=0.0386+3.9446x$；$\hat{y}=0.3936$；

6.(1)回归方程为 $\hat{y}=13.9584+12.5503x$；(2)回归效果显著；

7.(1)$\hat{\beta}_0=\bar{y}$，$\hat{\beta}_1=\dfrac{l_{xy}}{l_{xx}}$；(3)$\hat{\beta}_0\sim N(\beta_0,\dfrac{\sigma^2}{n})$，$\hat{\beta}_1\sim N(\beta_0,\dfrac{\sigma^2}{l_{xx}})$

8.(1)-0.9675；(2)$y=16.931-0.1294x$；(3)残差平方和为 3.8973；估计的标准差为 0.9871；(4)线性相关；

9.(1)回归方程 $\hat{y}=0.9603+3.4398x$；(2)线性关系显著；

(3)$(-2.2416,7.602)$；

(4)a 的置信区间为$(-0.5622,2.4828)$，b 的 0.95 置信区间为$(2.3174,4.6522)$

习题 10.2

1. 需求函数的回归方程 $\hat{y}=1.339x^{-1.536}$

总习题十

习题 A

一、D D C

二、1. $\sum\limits_{i=1}^{n}(x_i-\bar{x})(y_i-\bar{y})$；$\sum\limits_{i=1}^{n}x_i^2-n\bar{x}^2$；$\sum\limits_{i=1}^{n}(y_i-\bar{y})^2$；线性关系显著；

2. $\hat{\beta}_0=\bar{y}-\hat{\beta}_1\bar{x},\hat{\beta}_1=\sum\limits_{i=1}^{n}(x_i-\bar{x})(y_i-\bar{y})/\sum\limits_{i=1}^{n}(x_i-\bar{x})^2$；

三、1.(1)回归方程为 $\hat{y}=3.0332-2.0698x$，$\hat{\sigma}=0.002$；

(2)线性关系显著；

(3)预测区间 $y\in(\hat{y}-\sqrt{s(x)}\hat{\sigma}t_{\frac{\alpha}{2}}(n-2),\hat{y}+\sqrt{s(x)}\hat{\sigma}t_{\frac{\alpha}{2}}(n-2))$；

(4) $x\in(0.7802,0.8172)$；2. $\hat{\beta}_0=\bar{y},\hat{\beta}_1=\dfrac{\sum(x_i-\bar{x})y_i}{\sum(x_i-\bar{x})^2}$；

3. y 与 x 的线性关系特别显著；5. $\hat{\beta}_1=0.87$，$\hat{\beta}_0=67.51$，$\hat{\sigma}^2=0.9207$

习题 B

1. y 对 x 的回归方程为 $\hat{y}=1.724+3.477x$；

2. 电阻的温度系数 $\alpha=0.00428$，回归方程为 $\hat{M}=15.61+0.0668t$；

3. 回归方程为 $\hat{y}=1.1333+2.0303x$；

4. y 对 x 的回归方程为 $\hat{y}=24.8287+0.05886x$；x 对 y 的回归方程为：$\hat{x}=-396.941+16.613y$；

5. y 对 x 的回归方程为：$\hat{y}=2.349-0.5046x$；$\hat{\sigma}=0.7465$；

8. 回归曲线 $y=1.3250\,(0.18501)^x$；

9. (1)y 与 x 的关系为：$y=\beta_0+\beta_1 x+\beta_2 x^2+\varepsilon$；(2)回归方程为 $\hat{y}=257.070-12.620x+0.156x^2$；(3)方程效果是显著的；方程中两项均为显著

习题 11.2

1. 两个类为{1，2}和{6，8，11}；

2. $C_1=\{P_1, P_2, P_3\}$和 $C_2=\{P_4, P_5, P_6\}$两类

总习题十一

一、1. 变量；2. 标准换变换．中心化变换．对数变换；

3. 夹角余弦，匹配系数，相关系数；

4. 最短距离、最长距离、中间距离、重心法、类平均法、可变类平均法、可变法、离差平方和法；

5. 使欧氏距离；

二、4. 新类 $C_1=\{P_1, P_4, P_8\}$和 $C_2=\{P_2, P_3, P_5, P_6, P_7\}$

参考文献

[1]茆诗松，程依明，濮晓龙．概率论与数理统计[M]．3 版．高等教育出版社，2019.

[2]盛骤，谢式千，潘承毅．概率论与数理统计[M]．4 版．高等教育出版社，2008.

[3]沈恒范，严钦容，沈侠．概率论与数理统计教程[M]．6 版．高等教育出版社，2017.

[4]谢永钦．概率论与数理统计[M]．北京邮电大学出版社，2009.

[5]魏宗舒．概率论与数理统计教程[M]．2 版．高等教育出版社，2013.

[6]易正俊．数理统计及其工程应用[M]．清华大学出版社，2010.

[7]朱建平．应用多元统计分析[M]．科学出版社，2009.